主编简介

怀春计

　　男，1957年生，陕西省白水县人。研究植物免疫科学技术30余年，常年免费为全国农民提供有机食品生产技术咨询。

U0306254

编委会专家简介

孔 新

男，1967年7月出生。现任新疆农垦科学院生物技术研究所副研究员，副所长。中共党员。1999—2023年从事棉花栽培技术研究。

刘 政

男，石河子大学教授，硕士生导师，博士。新疆生产建设兵团农业局棉花专家指导组成员、新疆维吾尔自治区农药生产许可审查专家、新疆生产建设兵团科技特派员和中国航协通航委员会UTC考官。

陈 兵

男，博士，研究员，新疆农垦科学院智慧棉田创新团队首席，棉花（植物保护）研究所栽培研究室副主任，硕士生导师。新疆生产建设兵团棉花工程技术研究中心副秘书长。

赵 静

女，新疆农垦科学院棉花（植物保护）研究所副研究员，农学硕士。主要从事农药田间使用技术及农田信息智能获取相关研究工作。

孙 艳

女，1980年10月出生，新疆农垦科学院副研究员，农学硕士，主要从事农业害虫防治与兽医寄生虫学研究。

冯丽凯

男，1987年7月出生。海南省农业科学院植物保护研究所助理研究员，农学硕士，主要致力于害虫综合治理、入侵生物学和抗药性等方面研究工作。

编委会专家简介

王 刚

男，新疆农垦科学院棉花（植物保护）研究所副所长，研究员，主要从事棉花育种与农业新技术推广。

林 海

男，新疆农垦科学院棉花（植物保护）研究所，研究员，主要从事棉花遗传育种及高效栽培技术研究。

刘太杰

男，新疆农垦科学院棉花（植物保护）研究所助理研究员，主要从事作物栽培技术研究。

毛鹏志

男，新疆生产建设兵团第七师农科所副研究员，主要从事作物有害生物绿色防控，大豆育种及栽培技术研究。

王 静

女，新疆石河子职业技术学院水建分院副教授，主要从事作物生态学研究。

武 刚

男，新疆生产建设兵团第一师农科所研究员，主要从事棉花抗病育种和农作物病虫害防治研究。

编委会专家简介

张凤娇

女，塔里木大学农学院硕士。

陈文静

女，新疆农垦科学院助理研究员。研究方向为棉花农业昆虫与害虫防治、农药残留检测。

赵曾强

男，新疆农垦科学院棉花（植物保护）研究所助理研究员，农学硕士，主要致力于棉花种质资源鉴定及优异基因挖掘工作。

李文松

男，北京市农林科学院蔬菜研究所农艺师。

何良荣

女，塔里木大学农学院教授，主要从事棉花遗传育种教学与研究。

范鸿鹏

女，四川农产品检测中心农艺师。主要从事农业技术推广相关工作。

编委会专家简介

路 茜

女，石河子大学硕士。

朱宗财

男，新疆农垦科学院棉花（植物保护）研究所助理研究员。

鸣　谢

感谢参加植物免疫制剂科学试验示范的各团队专家和提供后勤支援的社会各界人士。

河北农业大学教授、博士生导师、河北省首席果树专家、人民楷模：李保国

河北农业大学林学院研究员：郭素萍

新疆农垦科学院生物技术研究所副所长、副研究员：孔新

石河子大学教授、硕士研究生导师：刘政

白水县园艺站站长、西北农林科技大学植保专家，高级农艺师：杨兴虎

新疆农垦科学院棉花研究所研究员：陈兵

赞皇县农业局首席枣专家：曹兴国

新疆农垦科学院棉花（植物保护）研究所副研究员：赵静

新疆农垦科学院副研究员：孙艳

海南省农业科学院植物保护研究所助理研究员：冯丽凯

山西省临猗县果业局局长，高级农艺师：董颖超

河北农业大学教授、博生导师、中国枣专家：刘孟军

湖南省农业科学院研究员、袁隆平大学校长：丁超英

渭南电视台记者：杨建峰 欧阳雨晨 何新园 王欣 李武毅 高军 翟军侠
　　　张阳阳 刘晓光

新疆农垦科学院棉花（植物保护）研究所助理研究员：陈文静

呼伦贝尔市植保植检站高级农艺师：张海军

新疆生产建设兵团第一师农科所研究员：武刚

塔里木大学农学院教授：何良荣

四川省内江市市中区农产品检测中心农艺师：范鸿鹏

河南省偃师市缑氏镇：李华华

塔里木大学农学院硕士：张凤娇

石河子大学硕士：路茜

新疆农垦科学院棉花（植物保护）研究所助理研究员：刘太杰

新疆石河子职业技术学院水建分院副教授：王静

新疆农垦科学院棉花（植物保护）研究所，研究员：林海

丁新辽宁省凌海市商业街鑫农农药：丁新

河北省衡水市深州市贸易城常青市场：李藏慎

白水县园艺站首席专家，高级农艺师：白景云

新疆农垦科学院棉花（植物保护）研究所助理研究员：赵曾强

新疆生产建设兵团第七师农业科学研究所副研究员：毛鹏志

崇宁镇农技推广站站长，农艺师：申景奇

黑龙江省双鸭山市宝清县五九七农场：潘亚东

陕西省大荔县安仁镇：范新兰

新疆农垦科学院助理研究员：朱宗财

北京市农林科学院蔬菜研究所农艺师：李文松

山西省运城市三联公司法人代表，高级农艺师：王茂盛

湖北省公安县天心眼葡萄专业合作社：谢家华

河北省承德县林业局：朱保国

山东省潍坊市昌邑市农资仓库：刘凤一

山西省运城市绛县南樊镇：梁瑞瑞

合阳县园艺站站长，农艺师：雷发学

山东省寿光市农资市场：李增祥

澄城县农技中心副主任，农艺师：张江才

安徽省泗县西关公路局多富农资：刘志强

丰塬镇植保站站长农技师，农艺师：闫得龙

山东省胶南市胶河经济区赵家庄：王立荣

山西万荣电视台记者：蔡志耀、李晓飞

辽宁省东港市鸿祥市场：梁骏德

渭南市科教领导小组、专家委员会主任：贺池堂

西北农林科技大学出版社：李洁苗

河北省农林科学院石家庄果树所专家：段玉春

广东省汕尾市农科所：叶林焕

广东省德庆县农技站农艺师：蔡杰雄

浙江省农技站农艺师：余元吉

四川眉山市东坡区多悦果业技术服务站：代华长

河北科技报记者：齐振华

河北农民报记者：王玮

山东省沾化县农资服务部：魏学留

山东省烟台市高级农艺师：毕哲友

海南省热带科学研究所：梁照列

陕西省白水市北井头邱木四社：张战民

山东省寿光市农资市场：周玲

山西省吉县果业局楼下服务站：刘建德

中国枣网总编：刘云霞

湖北科技报记者：付泽椋

新疆生产建设兵团第八师126团：张波

新疆生产建设兵团第八师130团：王国民

海南省永乐县农艺师：宋德永

本书主编助理：刘佩洁

《北京瓜果蔬菜报》记者：张格锋　杨良杰

呼伦贝尔市农业科学研究所：张海军　闫任沛　李殿军　徐德武　孙平丽　韩振芳
　　　郑连义　胡向敏　范丽萍

福建省三明市农业科学研究院：罗晓锋　周建金　叶炜　廖承树　乔锋　肖庆良
　　　任秉桢

甘肃省天水市农业科学研究所：裴国平　裴建文　雷建明

河南省洛阳农林科学院：张春奇　黄江涛　李红波　于新峰　吴正景　杨爱国　朱永
　　　王丽

湖北省农业科学院中药材研究所：周武先　张美德　段媛媛　王华　黄东海
　　　何银生　蒋小刚　郭坤元　刘海华　罗孝荣

吉林大学：秦建春　张雅梅　姜建华　于慧美　张明哲　张艳新

辽宁省锦州市凌西大街：褚淑华

农业科技报记者：李晓光　李社良

广东省深圳华大基因科技有限公司：张耕耘 汪建 王俊

山西惠亿农生物科技有限公司：张萌 张纹歌 张瑜

安徽金培因科技有限公司：王亚男 范思静 樊友鑫 王宝军

《运城果农报》主编：胡肖龙

辽宁省沈阳市东陵路种子公司：赵万林

《兵团日报》记者：李忠胜

广东省湛江市徐闻县：罗桂元

江苏省苏州市美人半岛齐力生态农产品专业合作社：翁惠峰

安徽省宿州市埇桥区九里梦种植专业合作社：陈逸舒

《山东科技信息报》记者：史慧敏

《山东科技报》记者：宁钦广

贵州省安顺市黄果树风景名胜区兴农种植农民专业合作社：冯立敏

安徽省阜阳市颍上县恒远种植专业合作社：黄纪春

广西壮族自治区崇左市宁明县红枫中药材种植专业合作社：农凯峰

江苏省徐州绿湾农业发展有限公司：郭迪

江苏省海门市金黄农产品有限公司：黄学兵

湖南省宝庆农产品进出口有限公司：李大江

贵州省黔东南州麻江县生产力促进中心有限责任公司：王佳英

华宁鑫梨泉实业有限公司：李才有

江苏农业科技报记者：吴贵亮

安徽科技报记者：周卫华

贵州省施秉县富民高新农业发展有限公司：侯锋 莫书亮

四川省成都依农农业科技有限公司：陈克贵 彭梅芳 范晓丽

浙江省兰溪市顺光园艺技术有限公司：杨洋

河北省石家庄市赞皇县林业局：褚新房 石建朝 曹清国 于海忠 孙辉 刘淑菊

河北省石家庄市平山县林业局：郜风海

河北省林业局三北办：刘峰

黑龙江科技报记者：李淼

湖南科技报记者：刘辉霞

山西桃运扁桃技术开发研究所：郭晓雁 曹玉贵 郭伟望 郭利萍 刘彩萍

天津农学院：张桂霞 王英超 王军辉 马恩凤 王丹 胡妍妍

广东省罗定市百事达种养专业合作社：唐开章

《广东科技报》记者：何少强

广西壮族自治区桂林市资源县鸿福生态农业发展有限公司：李艳忠

四川省自贡日月农牧科技有限公司：唐克明

广西壮族自治区贺州佳成技术转移服务有限公司：杨佳林

江苏苏林嘉和农业科技有限公司：晁计华

山东百家兴农业科技股份有限公司：宗成伟

广西壮族自治区北海市东雨农业科技有限公司：朱雨

海南梵思科技有限公司：操先梅

安徽省砀山县西苑小区：毛自立

河北省深州市商贸城长虹市场：赵中斗

四川省南充有机蔬菜工程技术中心：潘春生

安徽省马鞍山市和县天豪蔬菜种植家庭农场：狄谋军 张金龙

湖南省湘西土家族苗族自治州泸溪县农业局：周海生

湖南省湘西土家族苗族自治州泸溪县柑桔研究所：杨伟军

《南方科技报》记者：杨进军

河北省衡水学院生命科学系：侯晓杰 周文杰

河北省衡水林业技术推广站：张海章 李茂松

山东省德州市农业科学研究院：陶士会 李腾飞 李华 谭月强 王静静 贺洪军

新疆维吾尔自治区阿克苏地区阿瓦提县农业技术推广站：徐金虹

浙江省杭州市植保土肥总站：张丹 吴燕君 李丹

《河南科技报》记者：杨丛盛

新疆维吾尔自治区昌吉州农业技术推广中心：张亚兰 成金丽 张建云 牛冬梅

内蒙古呼伦贝尔莫力达瓦达斡尔族自治旗坤密尔堤乡农业综合服务中心：徐云香

内蒙古呼伦贝尔市莫力达瓦达斡尔族自治旗宝山镇农业综合服务中心：徐晓波

内蒙古呼伦贝尔市莫力达瓦达斡尔族自治旗植保植检站：王金华

江苏省宿迁学院：王芳 缪淼 孟令松 何玉婷 张楠 张丽华

辽宁省农业科学院植物保护研究所/辽宁省农作物有害生物控制重点实验室：
　　钟涛 孙柏欣 许国庆

辽宁省农业科技成果转化服务中心（辽宁农业博物馆）：范唯艳

浙江省农业科学院植物保护与微生物研究所：张震 邱海萍 柴荣耀

浙江省宁波市宁海县农业农村局：胡宇峰

河南省南阳市农业科学院/国家棉花产业技术体系南阳综合试验站：李民
全洪雷 杨立轩 周冉 徐笑锋 曹宗鹏

河南省唐河县农业技术推广中心：吕少洋

广东省高州市高凉东路农资第一经营部：龚创明

山东省青岛市平度市芝戈庄小区：王培全

福建省泉州市农业学校：叶秀妹

宁夏大学农学院：许亚丽 李映龙 孙霄 宋申 单守明 刘成敏

河北省衡水职业技术学院：尹玲莉

山东省烟台民大生航天育种产品开发有限公司：姜利 孙莅瑶 徐云增

四川省广安市武胜县荣华生态花椒种植专业合作社：尹才华

江苏省镇江市丹徒区绿业生态农业有限公司：顾柳俊

山西省长治市屯留县民康中药材开发有限公司：白艳丽

湖北省武汉绿佳移动菜园科技有限责任公司：兰桂娥

贵州省遵义市道真自治县诚信农业综合开发有限公司：游成信

安徽久裕农业科技有限公司：鞠文武 冷提玲 黄晨 鞠雷雷

贵州省铜仁市沿河安发刺梨生态开发有限公司：张和英

安徽龙眠山食品有限公司：袁凯

广西昭平县古书茶业有限公司：黄其东 唐宗军

广西都安密洛陀野生葡萄酒有限公司：周锡生

安徽省蚌埠海上明珠农业科技发展有限公司：张国前

湖南润丰达生态环境科技有限公司：黄逸强 何安乐 吴增凤 王磊

四川省达州市渠县金穗农业科技有限公司：陈奎

山东永盛农业发展有限公司：李金玲 梁增文 梁秀芹 梁友忠 杨朝霞 郭永军
袁辉

安徽省安庆市怀宁县甘家岭生态林业有限公司：汪久明 汪海军

四川省成都金田种苗有限公司：李春文

安徽省马鞍山源之美农业科技有限公司：周承东 周先月 周先亮

江苏省盐城市射阳县亚大菊花制品有限公司：吉根林 陈建凤

广西省桂林国农生态农业有限公司：徐绍宣

江西省庐山市绿游生态农业开发有限公司：程招星 程康 彭章伟

安徽省蚌埠市怀远县荆涂山石榴科技有限公司：刘长华 刘杨 王幼蝶

山东省寿光市新世纪种苗有限公司：贾松锋 桑毅冲 桑毅振 王明钦

安徽袁粮水稻产业有限公司：乔保建 乔琪 任代胜 夏祥华 付锡江 陶元平 彭冲 宾娜

山东省寿光蔬菜产业集团有限公司：李宇光 曹玉梅 李晓玲 李勇 张强 李宇光 胡永军 朱慧 辛晓菲

华南农业大学 梅州绿盛林业科技有限公司 广州美斛健生物技术有限公司：温碧柔 刘伟 李远平 张婷婷 覃萌玲 庞滢 林锐松 廖思艺 胡梅肖 李宗雨

贵州省黔东南州镇远县旺黔生态养殖有限公司：高俊 高廷斌

四川盛世佳禾农业开发有限公司：付云锋

贵州省安顺市西秀区春实绿化苗木有限公司：邱锋

安徽省六安市舒城县舒茶镇启明家庭农场：吴啟明 吴绳友

江苏省镇江市丹徒区上党温馨茶叶种植家庭农场：张志豪

石河子大学试验场：张燕 马永刚 赵新法 赵新伟 雷根伟 李前忠 李荣跃

新疆生产建设兵团142团：董琦 赵万鋆 贾新安 高庆亚 许新成 李新利 高泽坤 吴继红 刘爱玲 王振玉 颉东刚 许忠德 王胜国 刘燕 王芝芝 王芳 潘丽丽 高泽峰 胡小平 李冬梅

新疆生产建设兵团石河子136团：马杰

新疆生产建设兵团132团：刘芳 陈光华 林娟 杨福成 蔡志宇 刘艳 陈大辉 龙云锋

新疆生产建设兵团五家渠103团：周春玲 胡杨 曾辉

新疆生产建设兵团石河子141团：李玲 靳盛勇

石河子炮台镇：张晓继 龙秀琴 李海凤 张继成 张秀琴 李卫红 谢文军 王国中

山西省运城市盐湖农资市场：姚玉琪

新疆生产建设兵团沙湾县四道河子：张仁远

辽宁省朝阳县根德乡：李春明

新疆生产建设兵团133团：卞卫国 李荣祥 靳胜利 丁文珍 陈卫国 潘剑仁 胡承华 邓连国 丁代立 王建平 吕文化 邓建江 魏新林 杨宗绪 黄义高

新疆生产建设兵团石河子147团：郭梅女 马红民 朱风吾

石河子盛鑫农场：何武明 杨序贤 杨天文 王华建

河北省秦皇岛市青龙满族自治县大石岭乡：郑民

广西省来宾市金秀县头排镇建中街：李涌富

新疆生产建设兵团石河子149团：蒋光银

新疆生产建设兵团第七师130团：马红英　申鑫　申成　成淑芳

新疆生产建设兵团131团12连：晏泽国

新疆生产建设兵团第五师81团12连：钟大彪　李石均

五家渠共青团农场：刘军

新疆库车县：杨名正

石河子且末县：王博

芳草湖总场：龚凤英

新疆生产建设兵团石河子144团：熊军　刘文明　刘菊　刘阳

新疆生产建设兵团石河子135团：贾青尚

沙湾县良种场一连：杨振民

玛纳斯新湖总场：陈治惠

山东省威海市文登市葛家镇：宫春明

山西省运城市临猗县庙上乡山东庄村：樊天明

新疆阿克苏市交通路农哈哈市场：权建涛

广西桂林市市平乐县沙子镇治平村：林伯章

江苏省句容市乡土树种研究所：周鹏　束昌　王明　张为强

山西省农业科学院植物保护研究所：张治家　翟海翔　张丽娜　焦彩菊　阎世江
　　范继巧

浙江海洋大学：赵蓓蓓　李磊

四川省农业科学院土壤肥料研究所：郑盛华　陈尚洪　梁圣　陈红琳　杨泽鹏
　　沈学善　王昌桃　万柯均　门胜男　刘定辉

上海市农业科学院：施春晖　骆军　王晓庆

广西壮族自治区农业科学院：叶云峰　洪日新　付岗　覃斯华　黄金艳　李桂芬
　　解华云　柳唐镜　陈东奎　许勇　李智　何毅　李天艳

天津市植物保护研究所：郝永娟　霍建飞　姚玉荣　王万立　刘春艳　贲海燕　刘晓琳

邢台市农业科学研究院：冯少菲　李林英　冯辉　王宪宏　侯学亮　孙玉锐　李仁豹

总经理：怀春计

2024年6月16日于渭南

植物免疫科学研究与实践

◎ 怀春计　主编

中国农业科学技术出版社

图书在版编目（CIP）数据

植物免疫科学研究与实践／怀春计主编 . --北京：中国农业
科学技术出版社，2024.5
ISBN 978-7-5116-6841-7

Ⅰ. ①植…　Ⅱ. ①怀…　Ⅲ. ①植物学–免疫学　Ⅳ. ①S432.2

中国国家版本馆 CIP 数据核字（2024）第 104331 号

责任编辑　崔改泵
责任校对　李向荣
责任印制　姜义伟　王思文

出 版 者　中国农业科学技术出版社
　　　　　北京市中关村南大街 12 号　　邮编：100081
电　　话　（010）82109194（编辑室）　　（010）82106624（发行部）
　　　　　（010）82109709（读者服务部）
网　　址　https://castp.caas.cn
经 销 者　各地新华书店
印 刷 者　北京建宏印刷有限公司
开　　本　185 mm×260 mm　1/16
印　　张　30.25　彩插　16 面
字　　数　736 千字
版　　次　2024 年 5 月第 1 版　2024 年 5 月第 1 次印刷
定　　价　128.00 元

◄━━◆ 版权所有·翻印必究 ◆━━►

内容提要

这是一部探索植物免疫科学的作品，分类论述了植物免疫三要素的新概念和新论点的实践成果，汇编了大量科研成果转化产生新质生产力效应的典型实例。

全书分 6 个篇章，共 56 节，约 70 万字。入编的内容包括促花王产品的新技术发明专利 95 项，全国共 78 个农业公司和研究所参与了产品应用试验研究。书中包含研究文章、新概念论述文章共 42 篇、大田试验报告论文和专家调查报告共 129 篇。还包括免疫助剂产品使用说明书 32 个，专题采访报道 17 篇。

《植物免疫科学研究与实践》
编辑委员会

主　编　怀春计
副主编　孔　新　刘　政　陈　兵　赵　静
　　　　孙　艳　冯丽凯
编　委　刘佩洁　李　婕　孔　新　刘　政
　　　　张海军　陈　兵　赵　静　孙　艳
　　　　冯丽凯　王振辉　陈文静　武　刚
　　　　何良荣　范鸿鹏　张凤娇　路　茜
　　　　刘太杰　王　静　林　海　王　刚
　　　　赵曾强　毛鹏志　朱宗财　李文松

序　言

　　首先，感谢勇于随同我一起探索植物免疫科学研究与实践的新疆农垦科学院专家团队。也要感谢来自全国各地的专家学者和"促花王"的粉丝们，在不同作物、不同场景应用我公司产品，为本书编写提供了素材和基础资料。

　　1957 年我出生在白水县偏远山区的农村，全身都是农民的基因，满脑子灌的都是农民文化，1973 年 7 月，我 16 岁社中（初中）毕业后响应毛主席知识青年"上山下乡"的号召回乡劳动锻炼，一年四季繁重的体力劳动使我刻骨铭心，每天汗流浃背的狼狈相至今历历在目。我很"懒"，生产队干活总是想新办法"投机取巧"，在队长的心中我就不是一个好社员。一个偶然的机会把我安排到大队（村）办的科研站工作，我发现村民家家户户用草木灰垫（后院）厕所，心里倍感惊讶和纠结，就列出了酸碱反应方程式给乡亲们看，招来了一片嘲讽声，但引起了公社革委会主任在群众大会上表扬称赞，从此"科学家"的绰号至今还在故乡流传。

　　我年轻时最自卑的是我的农民身份，最向往的是能跳出农村当个工人吃商品粮，但阴差阳错，命运总是不能让我如愿。1978 年恢复高考，我和高考落榜的同学们一起报考函授，挑来选去报考了中国农民大学植保系不脱产的函授班，一年后拿到了北京邮来的结业证书，这个函授班只能是帮助包产到户的农民搞果树修剪，以及刮树皮治疗果树腐烂病。长期身处田园环境练就了我对植物生长研究的习惯，1992 年我独资注册公司开始研究制造和销售植保用品，一晃三十多年过去。每天耳濡目染的就是民间故事，梦想促使我从农民的视角不断发现、发明、创造，督导我的科研成果不断积累和推广。我有缘结识了仰慕已久的科学家、博士生导师、专家和教授，在高级知识分子的熏陶下，在现代植物免疫学、植物生理学、植物营养学等现代理论指导下，我的研究形成了一整套位居农业科技前沿的促花王植物免疫科学技术，公司正式命名为"渭南高新区促花王科技有限公司"（简称促花王公司），注册了"促化王"商标，产品定性为"植物免疫助剂"，并开启了 O2O 二元一体农资营销模式嵌入电子商务平台运营。促花王植物免疫助剂产品在全国各地开展科学试验示范。

　　促花王 2 号改变了传统环剥果树技术而避免腐烂病暴发。促花王 3 号取代了激素农药杀梢、瓜果壮蒂灵取代了激素膨大剂、光合营养膜肥促进植物光合作用、新高脂膜粉剂给植物表面披上高分子防护免疫外衣，使植物裸体成长现象成为历史。

　　值得一提的是 2012 年 8 月，新疆生产建设兵团第八师 126 团张波先生购买促花王 3 号成功代替人工打顶，每亩地只需花几毛钱，使新疆棉花打顶工获得解放。随后的几年里张波先生又用我公司的棉花壮蒂灵探索出了震撼全疆的第一例棉花塑型新技术，解决了棉田密不透风的顽疾，亩产突破 600kg，创历史纪录。新疆农垦科学院孔新老师

2017—2023 年全疆试验促花王棉花塑型剂效果调查，入编文章共计 5 万余字。

今年的我已经 66 岁了，希望后继者能继续研发植物免疫助剂繁衍品，万众一心，弘扬植物免疫科学。

生物在进化，科学在发展，在农业科技工作者的勇敢探索和共同努力下，植物免疫科学将会被全国农民所应用。安全、精准、高效的物理抗抑病虫害、提高健康食材产量和质量的新技术，将成为生态健康、全民健康、民族健康的前沿科学。

怀春计

2023 年 12 月 1 日于渭南

目　　录

第一章　植物免疫科学发展的背景和意义

　　植物免疫科学：是根据现代植物进化现状和病虫害进化程度，在植物免疫技术研究过程中发现的一门新学科。

　　植物免疫科学是在植物免疫学、植物生理学、植物营养学理论指导下，使用植物免疫助剂后产生人工免疫的技术，提高植物的对抗或应答能力并引发下游反应，从而恢复植物正常生长所需要匹配的免疫能力，使健康的植物体能生产出无污染的纯天然食品。由此列出植物科学免疫方程式：植物免疫理论+免疫助剂+免疫技术=植物免疫科学。

　　研发背景：自古以来，植物都是靠先天性免疫力在自然状态下生长，天然品质创造了"民以食为天"的千古名句。免疫力就是抵抗力，抵抗力就需要能量支撑，人体能量的产生首先需要五脏六腑、血液循环系统、新陈代谢频率、经络和脉搏共同筑起免疫防线，汇集正能量抗拒疾病侵入。

　　生命存在的最根本意义，其实都是为了"延续繁衍"，而一切生命要生存所依靠的终极物质，都是"能量"。如果从生物学角度出发去思考生命和食物的关系，就会知道这个世界上最好的"能量"莫过于吃进嘴里的各种食物。换句话说，人要吃饭的根本目的只是为了获得"能量"！生命只有补给充足的能量后，自身的机体才能正常运行，生命方能得以延续。尽管人类吃的食物种类繁多、品类多样，五花八门，但从本质而言，这些食物都是人类所需的能量来源而已。正的能量和负的能量都有很强的传播力，食物也一样，健康的食物对我们有益，垃圾食品损害我们的健康。即懂得养生知识的人，懂得通过合理搭配食物，"慧吃慧喝"，做到营养互补，每天通过正确的饮食持续给身体补充"正能量"，使得人体营养达到均衡状态，避免某一营养缺乏，同时也能强身健体，提高身体免疫力，达到祛病延年的目的。

　　古代人类繁育能力旺盛，思维敏捷，心境乐观，身强力壮，大多疾病能自愈，有纯天然食品的功劳，也是人体免疫力强大的表现。

　　20世纪20年代以后，我国开始生产高毒农药，到70年代形成了以有机碳农药为主导的农药生产体系，但在杀死害虫的同时严重损坏了生态系统，病虫害天敌几乎杀绝，次生灾害泛滥成灾，加之化学肥料的不规范滥用，严重扰乱了植物免疫系统的正常运行，植物的生长环境和生态系统都在失控的机制中运行，导致生态链的恶性循环，为了改善生态环境，我国政府多次出台相关政策、法律法规，淘汰高毒农药，农业执法部门依法管控种植基地以避免滥用国家明令禁止的有害农药，鼓励研发无公害农资产品。

　　要落实农业农村部关于农药减量增效的相关政策，保证粮食产量和质量，最大限度地降低环境污染，就必须依据植物免疫科学理论开发出大幅度提高植物免疫力的新技术，研发支撑免疫新技术的免疫助剂。

渭南高新区促花王科技有限公司在现代植物免疫学理论指导下，参考植物营养学、植物生理学、人体免疫学等科学理论，嵌入促花王公司科研成果产品，总结出了当代"进化植物"实施免疫力保护和病虫害 CIK 疗法的世界前沿农业科学技术。促花王植物免疫技术是土生土长的科学。概念和原理没有参阅"进口"的元素，也没有实验室关门造车式的研究，是在植物身上发现的智慧，是渭南促花王团队收集农民田园管理技术发现的整合。

研发的意义：促花王植物免疫技术的诞生，开启了植物 CIK 免疫预防病虫害的新方法，激活了植株高效自我防卫能力，成倍地节省劳动力，数倍保障了生长植物安全，并提高产量和质量，促花王植物免疫技术在农业科学领域风生水起，强势冲击着化学农药市场霸主地位，改造中国农民因经济因素而使用廉价"毒药"现状、不使用"毒药"就难有收成的窘境。

使用促花王植物免疫因子产品配套先进的栽培技术和优良品种培植出来的高免疫力植物及其产品，对提高和保护人体免疫力、改善当前普遍存在的亚健康人群的身体素质有很大的帮助。

促花王植物免疫技术和病虫害 CIK 疗法，是我国未来农业发展的必然趋势。也是未来世界农业、农艺脱胎换骨的一个新起点。该技术的广泛应用，将为发展智慧农业与和谐植保、精准植保提供强有力的科技支撑。

第一节　免疫科学技术基本概念

1. 助剂的基本概念

植物免疫助剂，是助力于植物提高免疫力的一种药剂，它本身不具备防治病虫害的能力，但可以激活植物体自身免疫反应功能，催化免疫因子大批量繁衍，形成强大的免疫力量，消灭病毒、防止扩散，诱导营养靶向输送，调控植株形状，提高植物吸水吸肥和营养代谢力度，提高植物细胞信号传导网络灵敏度，帮助植物恢复全面正能量。

植物免疫助剂是发展智慧农业运作过程中必不可少的技术路线，理化性质和剂型必须符合无人机航喷、弥雾机、大型小型喷雾机作业标准。这种助剂用量或大或小都不会对植物活细胞造成杀伤或危害，不会产生药害隐患，不会污染生态环境。

2. 助剂的创新点

（1）价廉：比重小、纯度高，超低用量、超低造价。

（2）安全：选择性精准，用途明确，用法用量灵活、用药条件无限制，操作方法简单、不会出现药害，与农药是完全不同的两个概念。

（3）简装：剂型轻便，定性剂型分为胶囊、晶体、可溶性粉剂、片剂、可溶性颗粒、丸剂等。

（4）卫生：产品无毒、无味、无腐蚀、无放射、无污染，对人体健康及植物生长绝对安全。

（5）流通方便：运输中安全，流通方便快捷，适用于线上线下直购，可作为普通快递包裹运输。

（6）性质稳定：用户可用当地的水资源，先将产品配制成母液是第一次稀释，再将母液按照说明书要求的稀释倍数配制成稀释液是第二次稀释，有效地解决了各地不同水质对产品有效成分的化学分解、降低药效的难题。

3. 助剂的类型

（1）防护型：植物表面保护免疫，预防病毒着落植物表面传染扩散。

（2）诱导型：植物输导系统免疫，化解植物输导管凝结物质，匹配生态营养靶向输送，充分保障果实发育需要。

（3）调控型：调理植物生理系统，诱导植物营养流向，化控和塑造理想株形。

4. 适用范围

单一使用植物免疫助剂，即可助力植物自体免疫反应能力和提高免疫力，抑制病害，提高植物的产量和质量。主要用于有机药材、茶叶、蔬菜、牧草、烟草、粮食作物、油料、瓜类、果树、花卉及其他经济林植物，亦可与叶面肥、无毒杀菌剂混用。

第二节　免疫科学方程式图解

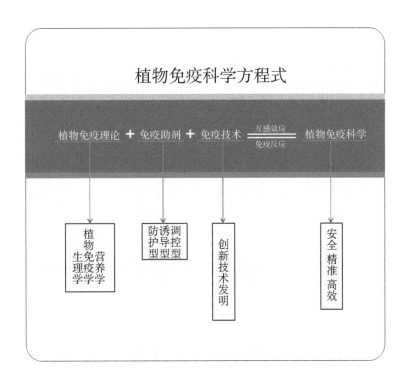

注释：本方程式是从"植物免疫学理论"演变到"植物免疫科学"新概念的图解。
植物免疫科学的三要素：免疫理论、免疫助剂、免疫技术。
植物免疫科学的终极目标：高产出无污染健康食材。
植物免疫科学的最高技术：互感效应激活植物自体高级免疫功能，产生旺盛的免疫力量。

第三节　植物免疫科学新概念词典*

1. 植物免疫科学

植物免疫科学是根据现代植物进化现状和病虫害进化程度，在植物免疫技术研究过程中发现的一门新概念科学。

2. 植物免疫科学反应方程式

植物免疫理论+免疫助剂+免疫技术＝植物免疫科学。

3. 植物免疫系统

植物免疫系统分适应性免疫系统和先天性免疫系统 2 种。

（1）适应性免疫系统：是植物适应生存环境、接触抗原物质后产生的具有针对性的、进化水平更高级的免疫功能。适应性免疫的特点：后天获得；具有特异性和记忆性。适应性免疫能识别特定病原微生物（抗原）或生物分子，最终将其清除，适应性免疫在识别自我、排除异己中起了重要作用。由免疫器官、免疫细胞和免疫分子组成。

（2）先天性免疫系统：正常生长条件下，植物免疫系统受到精密的调控。在病虫害来临时，先天性植物免疫系统捕捉到异常信号后免疫系统会被及时激活，进而高效地发挥免疫反应作用。先天免疫系统不会提供持久的保护性免疫，而是作为一种迅速的抗感染作用存在于所有的动物和植物之中。

4. 免疫抑制因子

免疫抑制因子是通过不同的机制对免疫应答产生广泛的抑制作用。

5. 免疫调节因子

免疫调节因子是一种事实存在的物质，主要用来在细胞内传递信号，以控制细胞内的遗传与代谢。

6. 能量转换

能量转换是将能量从一种形式转换为另一种形式的过程。

＊ 注：一些词汇为了本书叙述方便，重新定义或给出了不同于以往的定义。

7. 电子传递

电子传递是指生物体生化反应中的电子移动。

8. 光合速率

光合速率又称"光合强度"，是光合作用强弱的一种表示方法。

9. 呼吸速率

呼吸速率又称呼吸强度。指在一定温度下，单位重量的活细胞（组织）在单位时间内吸收氧或释放二氧化碳的量。

10. 细胞信号

细胞信号指细胞间相互传递信息的相关载体与形式，是抗原（信号分子）和细胞膜上的或者细胞膜内的受体结合的反应。

11. 植物细胞信号转导网络

植物细胞信号转导网络涉及信号通路的建立、调控和适应性演化等方面。在植物细胞中，信号通路和下游基因经过长时间的相互作用和适应性演化，在基因组水平上形成了一个相对稳定的网络结构。

12. 信号分子

信号分子是指生物体内的某些化学分子，是用于细胞间和细胞内传递信息的物质。

13. 神经递质

神经递质是神经元之间或神经元与效应器细胞如肌肉细胞、腺体细胞等之间传递信息的化学物质。

14. 诱导效应

诱导效应是在有机化合物分子中，由于电负性不同的取代基（原子或原子团）的影响，使整个分子中的成键电子云密度向某一方向偏移，使分子发生极化的效应。

15. 静态诱导效应

静态诱导效应由于分子内极性共价键的存在（内在电场）而导致的，静态分子固有的性质。对化合物反应活性的影响具有两面性，在一定条件下可增加反应活性，也可能会降低反应活性。

16. 动态诱导效应

动态诱导效应是发生在化学反应时，由于外界电场的出现而发生的。通常只是在进行化学反应的瞬间才表现出来，所起的作用大都是加速反应的进行。

17. 共轭效应

共轭效应是指能和电子云侧面交盖并形成多原子轨道的体系。

18. 溢泌物质

溢泌物质又称溢泌液，是发生溢泌时流出的导管汁液。

19. 分子运动

分子运动是分子内部的一些运动行为。除具有平移运动外，还存在着分子的转动和分子内原子的各种类型的振动。

20. 植物磁场

植物磁场是对植物的生长形态、生理代谢和生物化学反应产生直接或间接影响的磁场。

21. 植物免疫力

植物免疫力是植物体自身抵御病虫侵害的能力。

22. 免疫细胞

免疫细胞是指参与免疫应答或与免疫应答相关的细胞。

23. 靶细胞

靶细胞是指能识别某种特定激素或神经递质并与之特异性结合而产生某种生物效应的细胞。

24. 抑制细胞

抑制细胞是在免疫反应中起抑制作用的细胞。

25. 植物呼吸

植物呼吸是指植物在有氧条件下，将碳水化合物、脂肪、蛋白质等底物氧化，产生 ATP、CO_2 和 H_2O 的过程，是与光合作用相反的过程。

26. 效应因子

效应因子是指可以靶向和破坏植物免疫反应的任何阶段，以促进微生物逃避宿主免疫。

27. 植物电子

植物电子是生长植物生命运动时产生的阴性电荷。

28. 高能电子

高能电子是生长植物在阳光照射下光合作用时迸发出来的阳性电荷。

29. 生物膜离子通道

生物膜离子通道是各种无机离子跨膜被动运输的通路。

30. 跨膜运输

跨膜运输是被动运输（自由扩散、协助扩散），主要是由外界环境与细胞体内浓度不同，而产生的运输方式；主动运输，主要是由细胞体自主完成物质运输的方式。

31. 免疫反应

免疫反应是指植物机体对于异己成分或者变异的自体成分作出的防御反应。免疫反应可分为非特异性免疫反应和特异性免疫反应。

32. 非特异性免疫

非特异性免疫又称先天免疫或固有免疫，指机体先天具有的正常的生理防御功能，对各种不同的病原微生物和异物的入侵都能作出相应的免疫应答。

33. 特异性免疫

特异性免疫又称获得性免疫或适应性免疫，这种免疫只针对某一种病原体。

34. 植物的感知能力

植物的感知能力是一种基于生物学原理的自然现象，植物通过细胞间的信号传递，以及与外部环境的相互作用，来实现对环境的感知和适应。例如，植物可以感知光照的强度和方向。当光照强度增加时，植物会通过调整叶片的角度和方向，以最大限度地吸收阳光；当光照强度减弱时，植物则会通过减少光合作用，以节省能量。

35. 植物感知温度

植物感知温度是指植物细胞具有感温机制，将温度转化为生化变化，从而进一步引发下游反应。

36. 蒸腾作用

蒸腾作用是水分从活的植物体表面（主要是叶子）以水蒸气状态散失到大气中的过程。

37. 植物的气孔蒸腾

植物的气孔蒸腾是指水分在细胞间隙及气孔腔周围的叶肉细胞表面进行蒸发，然后水蒸气从气孔腔经气孔扩散到空气中去。

38. 光呼吸

光呼吸是所有进行光合作用的细胞在光照和高氧低二氧化碳情况下发生的一个生化过程。

39. 植物代谢

植物代谢是指植物利用太阳能和无机物质，形成体内的有机物，并用于各种生命活动，同时排出废物和多余能量的过程。

40. 电子传递链

电子传递链由线粒体内膜上的一系列蛋白质和有机分子组成。电子以氧化还原反应的方式流过传递链的各个组成部分。

41. 韧皮运输机理

韧皮运输机理是指植物将化学能转变成机械能，推动筛管中液流的运行。

42. 初级代谢

初级代谢是指所有生物都具有的生物化学反应。

43. 次级代谢

次级代谢是指微生物在一定的生长时期，以初级代谢产物为前提，合成一些对微生物的生命活动无明确功能的物质的过程。

44. 生理钟

生理钟是决定生物生理活动的周期性波动的内生节奏，它是生物对环境昼夜与季节变化的适应。

45. 向性运动

向性运动是植物受单向外界因素的刺激而引起的定向运动。向性运动作用机理主要是单向刺激引起植物体内的生长素和生长抑制剂分配不均匀造成的。其运动方向与刺激的方向有关。

46. 感性运动

感性运动是指无一定方向的外界因素均匀地作用于整体植物或某些器官所引起的运动。

47. 春化作用

春化作用是指植物必须经历一段时间的持续低温才能由营养生长阶段转入生殖阶段

生长的现象。

48. 光周期

光周期是指昼夜周期中光照期和暗期长短的交替变化。光周期现象是生物对昼夜光暗循环变化的反应。

49. 蒸腾拉力

蒸腾拉力也称为蒸腾牵引力，是由于植物的蒸腾作用而产生一系列水势梯度，使导管中的水分上升的一种力量。

50. 根压

根压是植物通过消耗能量，通过主动吸收离子，水分随浓度差往上沿木质部运动的生理过程。

51. 植物所需的 13 种元素

植物所需的 13 种元素：大量元素有 N、P、S、K、Ca、Mg；微量元素有 Fe、Cu、B、Zn、Mn、Mo、Se 等。

第四节　植物免疫学研究进展履历表
（1863—2023 年）

1863 年，人类发现了植物免疫机能，植物免疫学的研究从此展开，21 世纪中国诞生了植物免疫助剂，在应用中产生植物人工免疫技术，形成了一整套植物免疫科学体系。

1863 年，L. Liebig 发现增施磷肥可提高马铃薯对晚疫病的抗性，偏施氮肥可加重发病。

1879 年，Shrodter 发现醋梨锈病菌有寄生专化现象。

1881 年，路易斯·巴斯德改进了减轻病原微生物毒力的方法。

1894 年，瑞典埃里克森（J. Eriksson）通过对秆锈菌试验证实了病原物的致病性有分化现象。

1896 年，J. Eriksson 和 E. Hening 发现小麦对条锈病有 3 种反应型（严重感染、轻度感染、近乎完全抵抗）。

1900 年，G. J. Mendel 的遗传定律被重新肯定，为植物抗病性的研究和利用提供了遗传学理论。

1902 年，Ward 提出毒素抗毒素学说。

1910 年，Comes 提出酸度学说。

1910 年，Dougal 提出渗透压学说。

1913 年，Rivera 提出膨压学说。

1919 年，瓦维洛夫提出植物免疫发生学说。

1939 年，瓦维洛夫出版了《植物对侵染性病害的免疫学》专著。

1946 年，H. H. Flor 通过对亚麻锈病的研究提出"基因对基因"学说。

1946 年，杜宁编著《植物免疫性的发生及其应用》。

1951 年，高又曼编著《植物侵染性病害原理》。

1957 年，Stakman 等编著《植物病害原理》。

1959 年，苏霍鲁科夫编著《植物免疫生理学》。

1960 年，鲁宾编著《植物免疫生理与生化》。

1961 年，林传光等编著《植物免疫学》。

1963 年，J. E. Vanderplank 提出抗病性分为垂直抗病性和水平抗病性。

1977 年，Horsfall 等编著《植物病害高级教程》第五卷。

1984 年，从丁香假单胞大豆致病变种中克隆到第一个细胞无毒基因。

1985 年，首次提倡利用病原物基因转化感病植物。

1986 年，建成了表达 TMV 外壳蛋白的转基因抗病烟草。

1989 年，法勒 W. Farrer 发现小麦抗叶锈特性可以遗传。

1990 年，发现细胞无毒基因 avrBs2 具有致病作用，为二元因子。

1991 年，克隆了第一个真菌无毒基因 avr9。

1992 年，克隆了第一个植物抗病基因，玉米的 Hm1 基因。

1992 年，提出了同时转化病原物无毒基因与植物抗病基因的双元策略。

1993 年，克隆了第一个符合经典基因对基因关系的抗病基因——R 基因。

1996 年，发现病原细菌 Type-Ⅲ型效应子能够进入寄主细胞内实现功能。

1997 年，Ryals 及其合作者发现拟南芥的 NIM1 基因与脊椎动物的 I-κB 基因有同源性。

1998 年，提出了说明植物与病原物识别机制的"卫士模型"。

2000 年，发现植物转化编码双链或自我互补的 hairpinRNA 后，能诱导病毒的转录后基因沉默。

2002 年，发现了转录后水平的基因沉默（RNA 干扰）是抗病毒的重要机制。

2003 年，怀春计发现植物免疫助剂作用和研发了人工免疫产品。

2005 年，李振岐、商鸿生编著《中国农作物抗病性及其利用》。

2007 年，发现 R 基因 NB-LRR 类产物可在寄主细胞核内实现功能。

20 世纪 90 年代中期以来，陆续鉴定和克隆了一系列在拟南芥防卫信号传递中有重要调控作用的基因，使防卫信号传递途径趋于明晰。

2007—2008 年，周俭民团队和柴继杰团队通过合作提出了植物与病原细菌间攻防的"诱饵模型"，发现了病原细菌和植物之间令人惊叹的攻防策略。

2013 年，商鸿生编著《现代植物免疫学》。

2019 年 4 月 5 日，清华大学柴继杰团队、中国科学院遗传与发育生物学研究所周俭民团队和清华大学王宏伟等团队揭示了抗病蛋白管控和激活的核心分子机制。

2019 年，夏石头、李昕开启了防御之门——植物抗病小体。

2020 年 9 月 8 日，美国科学院院士、美国霍华德·休斯医学研究所研究员、美国杜克大学教授董欣年，中国科学院遗传与发育生物学研究所研究员周俭民发表的论文系统总结植物多层次的免疫和防御机制研究进展。

2021 年 3 月，《Nature》发表的两项研究成果揭示了植物两大类免疫通路 PTI 和 ETI 并不是独立发挥功能，而是存在相互放大的协同作用，从而保障植物在应对病原菌的入侵时能够输出持久且强烈的免疫响应。

2021 年 9 月 8 日，德国 University of Tübingen 的 Thorsten Nürnberger 研究组揭示了 EDS1-PAD4-ADR1 模块同时参与膜定位和胞内 LRR 受体相互作用从而参与激活植物 ETI 和 PTI 的作用机制。

2021 年 9 月 30 日，中国科学院分子植物科学卓越创新中心/植物生理生态研究所何祖华研究团队与国内外研究者合作揭示了水稻钙离子感受器 ROD1 精细调控水稻免疫反应。

2022 年 9 月 21 日，南京农业大学王源超教授团队和清华大学柴继杰教授团队合作，首次揭示了细胞膜受体蛋白具有"免疫识别受体"和"抑制子"的双重功能。

2022 年 12 月 15 日，南京农业大学植物保护学院陶小荣教授团队首次揭示病毒攻击植物激素受体有利自身侵染，植物则进化出了一种免疫受体模拟受攻击的激素受体，从而识别病毒，并激活免疫反应，研究揭示了植物免疫受体监控病毒靶向激素受体的全新机制。

2023 年，怀春计根据多年实践列出可供参考的植物免疫科学方程式（植物免疫理论+免疫助剂+免疫技术＝植物免疫科学）。

第五节　植物免疫助剂的理化性质、组分和作用机理

1. 物理性质

植物免疫助剂是从棉花下脚料中提炼出来的生物因子，可诱导植物溢泌物质（细胞液）和营养物质向性运动，促进花芽分化，提高果实发育速度，高产稳产，产品使用安全卫生，稀释液不易挥发，无毒、无腐蚀、无污染，用药条件无严格限制，用量或大或小都不会产生药害。

2. 化学性质

植物免疫助剂为黏性白色粉末，pH 值中性，黏性≥160，含固量≤2，-10~40℃化学性质稳定，可与各种溶剂稀释使用。

3. 主要组分(高通量靶标代谢组学检测)

研究一检出因子：

化合物名称	名称简写	CAS 编写	相对分子量	化学式
1-氨基环丙烷羧酸	ACC	22059-21-8	101.10	$C_4H_7NO_2$
吲哚-3-乙酸甲酯	ME-IAA	1912-33-0	189.21	$C_{11}H_{11}NO_2$
异戊烯基腺苷	IPA	7724-76-7	335.40	$C_{15}H_{21}N_5O_4$
激动素	K	525-79-1	215.20	$C_{10}H_9N_5O$
反式玉米素核苷	tZR	6025-53-2	351.36	$C_{15}H_{21}N_5O_5$
茉莉酸甲酯	Me-JA	39924-52-2	224.30	$C_{13}H_{20}O_3$
水杨酸	SA	69-72-7	138.12	$C_7H_6O_3$
吲哚-3-乙酸	IAA	87-51-4	175.18	$C_{10}H_9NO_2$
吲哚-丁酸	IBA	133-32-4	203.24	$C_{12}H_{13}NO_2$
吲哚-3-甲醛	ICA	487-89-8	145.16	C_9H_7NO
异戊烯基腺嘌呤	IP	2365-40-4	203.24	$C_{10}H_{13}N_5$
反式玉米素	tZ	1637-39-4	219.24	$C_{10}H_{13}N_5O$
二氢茉莉酸	H2-JA	3572-64-3	212.29	$C_{12}H_{20}O_3$
脱落酸	ABA	21293-29-8	264.32	$C_{15}H_{20}O_4$
N-茉莉酸-异亮氨酸	JA-Ile	120330-92-9	323.43	$C_{18}H_{29}NO_4$
顺式玉米素	cZ	32771-64-5	219.24	$C_{10}H_{13}N_5O$
二氢玉米素	dh-Z	14894-18-9	221.26	$C_{10}H_{15}N_5O$
赤霉素 A1	GA1	545-97-1	348.40	$C_{19}H_{24}O_6$
赤霉素 A3	GA3	77-06-5	346.38	$C_{19}H_{22}O_6$
赤霉素 A4	GA4	468-44-0	332.39	$C_{19}H_{24}O_5$
赤霉素 A7	GA7	510-75-8	330.37	$C_{19}H_{22}O_5$
水杨酸甲酯	Me-SA	119-36-8	152.15	$C_8H_8O_3$
(±)-茉莉酸	JA	77026-92-7	210.27	$C_{12}H_{18}O_3$
油菜素内酯	BL	72962-43-7	480.68	$C_{28}H_{48}O_6$

研究二检出因子:

物质	名称简写	物质类别	Q1 (Da)	Q3 (Da)	KEGG 编号
吲哚-3-乙酸	IAA	Auxin	176.100	130.1	C00954
吲哚-3-乙酸甲酯	ME-IAA	Auxin	190.100	130.0	—

（续表）

物质	名称简写	物质类别	Q1（Da）	Q3（Da）	KEGG 编号
吲哚-3-丁酸	IBA	Auxin	202.100	158.0	C11284
吲哚-3-甲醛	ICA	Auxin	146.100	91.0	C08493
异戊烯腺嘌呤	IP	CK	204.251	136.0	—
反式玉米素	tZ	CK	220.252	136.1	C15545
顺式玉米素	cZ	CK	220.250	136.1	C15545
二氢玉米素	DZ	CK	222.260	136.1	C02029
脱落酸	ABA	ABA	263.000	219.0	C06082

研究三检出因子：

英文名称	简称	中文名称	分类
Indole-3-acetic acid	IAA	吲哚-3-乙酸	Auxin
Methyl indole-3-acetate	ME-IAA	吲哚-3-乙酸甲酯	Auxin
3-Indolebutyric acid	IBA	吲哚-3-丁酸	Auxin
Indole-3-carboxaldehyde	ICA	吲哚-3-甲醛	Auxin
N6-Isopentenyladenine	IP	异戊烯腺嘌呤	CK
trans-Zeatin	tZ	反式玉米素	CK
cis-Zeatin	cZ	顺式玉米素	CK
Dihydrozeatin	DZ	二氢玉米素	CK
Methyl jasmonate	MEJA	茉莉酸甲酯	JA
Jasmonic acid	JA	茉莉酸	JA
Dihydrojasmonic acid	H2JA	二氢茉莉酸	JA
Jasmonoyl-L-Isoleucine	JA-ILE	茉莉酸-异亮氨酸	JA
Methylsalicylate	MESA	水杨酸甲酯	SA
Salicylic acid	SA	水杨酸	SA
Abscisic acid	ABA	脱落酸	ABA

研究四检出因子：

名称	MS2 score	rt	mZ		DDJ
胆碱-维生素 B 类	0.999 552 308	284.247 00	104.106 9	1-甲基烟酰胺 有机氮化合物	455 471.2

（续表）

名称	MS2 score	rt	mZ		DDJ
左旋肉碱	0.997 511 308	374.956 00	162.112 2		111 290.0
三甲胺乙内酯-甜菜碱	0.997 358 077	288.845 00	118.085 9	有机氮化合物	404 790.0
2-丙基哌啶	0.997 191 154	193.188 00	128.142 9	生物碱及其衍生物	15 913 423.0
四氢吡咯	0.992 728 077	289.069 00	72.080 94	有机杂环化合物	310 690.5
乌洛托品	0.983 493 769	315.275 00	141.112 9	有机杂环化合物	5 178 209.0
二甲基组胺	0.939 067 538	59.931 10	140.117 8	有机氮化合物	744 538.1
（R）-3-羟基-5-苯基戊酸	0.887 119 538	406.681 00	195.100 6	有机酸及其衍生物	1 311 696.0
羟基-1-（3-吡啶基）-1-丁酮	0.818 420 154	228.647 50	166.085 9	有机氧化合物	346 769.1
2-O-p-古马甲酰羟基柠檬酸	0.784 072 615	30.493 30	355.069 0	苯丙素和聚酮类化合物	1 198 093.0
L-异亮氨酸	0.755 311 231	8.990 80	132.101 7	有机酸及其衍生物	2 826 153.0
2-辛基-4-丙基噻唑	0.745 526 385	57.928 50	240.179 8	有机杂环化合物	57 300.31
2，2，4，4，6，6-六甲基-1，3，5-三噻烷	0.674 355 769	30.361 75	223.063 0	有机硫化合物	614 668.9
胡椒碱	0.667 242 462	34.021 10	336.325 7	脂类和类脂分子	162 348.4
2-异丙基-1，4-苯二醇	0.656 894 538	33.784 80	153.090 6	苯环型化合物	154 925.7
1-甲基组胺	0.647 300 615	50.837 60	126.102 2	苯环型化合物	1 777 674.0
红细胞异亮氨酸	0.547 116 538	698.993 00	132.101 8	有机酸及其衍生物	1 086 535.0
组胺	0.533 303 923	89.858 60	112.087 0	有机氮化合物	904 903.0
油酰胺	0.526 413 077	32.877 95	282.277 8	脂类和类脂分子	173 096.9
1-甲基烟酰胺	0.351 023 808	23.196 50	138.077 2	有机杂环化合物	3 463 278.0

以上为用高通量靶标代谢组学检测出可诱导植物营养流动方向的因子，据研究分类后，认为共有 47 种因子。

4. 作用机理

植物免疫助剂喷雾在植物叶面可发生共轭效应，产生神经元与效应器细胞游离态因子群，会及时激活先天性植物免疫系统捕捉到异常信号，进而高效地发挥免疫反应运动作用。在灾害来临时，植物细胞信号转导网络接收到植物免疫助剂信号，植物体免疫反应系统立即打开抗拒病毒侵入，并杀死不良细胞。植物免疫助剂化学性质稳定，不会因外界气象因素而停止运动，可正常助力植物生命指挥系统良性循环，营养物质靶向运输，达到果实丰产丰收的目的。

第六节　化学农药与免疫助剂的区别

1. 化学农药的定义

化学农药是指用于控制危害农林业的病、虫、草、鼠和其他有害生物以及有目的地调节植物、昆虫生长的化学合成制剂。

2. 植物免疫助剂的定义

植物免疫助剂是人工帮助植物提高免疫力的催化剂。

3. 性质的区别

化学农药是一种含有一定毒性和污染物的杀虫剂、杀螨剂、杀线虫剂、杀菌剂、除草剂、杀鼠剂、植物生长调节剂及杀软体动物剂等。剂型多为低含量的水剂，具有强烈的毒性、腐蚀性、挥发性、污染性，是快递和物流禁运物品。必须专车送货、分级批发、划片区零售等庞大的成本投入，使终端用户经济压力大，高投入、低回报。优点是速效。缺点是农药残留会危害人体健康。

植物免疫助剂是一种影响植物免疫能力引发下游效应的因子产品，无毒、无味、无污染的环保型药品，比重小，纯度高，超低用量，高选择性，剂型轻便（如胶囊、晶体、可溶性粉剂、片剂），对人类健康及植物生长安全卫生，包装精小轻便，用户投入成本低廉，产出果实品质高。适用于精准植保、统防统治大面积应用。缺点是效果较缓慢。优点是流通方便。

4. 成分的区别

传统农药的主要成分是胃毒剂、触杀剂、熏蒸剂、内吸剂、引诱剂、拒食剂、不育剂等。

免疫助剂的主要成分是防护免疫因子、营养诱导因子、靶向化控因子和其他能促进植物免疫反应的因子。

5. 应用效果的区别

传统农药在发挥作用的同时，会杀伤大量的植物活细胞或杀伤天敌动物。用过农药的果实都不同程度地含有农药残留。

免疫助剂的因子在发挥作用时不但不会伤害植物活细胞，而且会保护植物活细胞繁殖。用过免疫助剂的果实不同程度地提高了内在质量，对提高人体免疫力有益，无农药残留。

第七节　植物免疫与诱导因子的发现和探索

1. 植物免疫助剂的发现

植物免疫力衰弱是目前进化植物普遍存在的现象，多年来，全世界科研人员都在努力探索和寻找能高效提高植物免疫力的技术，一些农业院校和科研单位也成立了植物免疫研究团队，围绕主要粮食作物的重大病虫害开展协同攻关，植物免疫助剂的发现和植物免疫新技术的相继产生，从而在植物致病机理及综合防治方面取得重大突破。大量的科学试验结果发现，植物免疫因子进入植物适应性免疫系统，可产生植物进化水平上更高级的免疫功能。这种免疫功能是由免疫器官、免疫细胞和免疫电子传递链互感效应后天获得的，发挥效应具有特异性和记忆性，适应性免疫效应能识别特定病原微生物（抗原）或生物分子，在排除异己中起了重要作用，也就是免疫能量转化。人们可根据自己的目的，选择不同类型的植物免疫助剂和配套技术来强化植物自身免疫力。

2. 植物营养诱导因子的发现

进化植物受农药化肥的影响，破坏了植物先天性营养匹配功能，造成了植物特异性免疫功能和非特异性免疫功能下降，分子发生极化效应，跨膜运输方向盲目，营养输送方向紊乱，生物跨膜离子通道不畅，从而产生了形态各异、品质低劣的低产量果实。

植物营养诱导因子可激活植物的静态诱导效应和动态诱导效应，活跃植物磁场和分子运动，使植物受单向外界因素的刺激而引起定向运动，抑制或加强营养流量，控制植株横向生长或纵向生长尺度，这种功能可人工塑造理想的植物株形，单向刺激引起植物体内的生长素和生长抑制剂使植物的生长营养和生殖营养匹配，达到控制植物在优质环境中正常发育的目标。

3. 营养元素与植物营养诱导因子的区别

植物营养元素，指植物正常生长发育所需要的营养元素（如碳、氢、氧、氮、磷、硫、钾、镁、钙、硅、铁、锰、锌、铜、硼、钼、氯、钠、镍）等。

植物营养诱导因子是加强繁殖植物 DNA 基因免疫细胞，促进植物代谢，诱导筛管中液流的运行方向，提高植物免疫力的推动剂。

4. 全国实地科学实验概述

植物营养免疫助剂产品促花王 2 号、促花王 3 号、新高脂膜粉剂、药材根大灵、药材壮茎灵、蔬菜壮茎灵、壮梢灵、壮瓜蒂灵、壮果蒂灵、菜果壮蒂灵、地果壮蒂灵、花卉壮茎灵、花朵壮蒂灵、葡萄壮蒂灵、辣椒壮蒂灵、花椒壮蒂灵、枸杞壮蒂灵、壮穗灵、壮蒜灵、壮叶灵、免套袋膜、棉花壮蒂灵、棉花塑型剂、棉花打顶剂、莲藕根大灵等产品于 2013 年在陕西渭南试验成功之后，经新闻媒体传播，全国各地职业农民、农业专家纷纷来公司订货，产品几度脱销。促花王 2 号代替了果树环剥技术，解放了劳动力，特别是新疆生产建设兵团对棉花塑型剂、棉花打顶剂的青睐日益高涨，在农资行业赊账欠账遍布全国的时代，新疆棉农每年棉花采收后就争先恐后地给促花王公司缴纳货款预付定金，据推算，新疆每年可使490万棉花打顶工得到解放，棉田病虫害明显下降，棉花产量和棉农收益大幅度提升。随着电子商务的不断发展，淘宝店、微店、拼多多等电子商务平台销量火爆，也使一些假冒伪劣产品乘虚而入扰乱网络平台，市场监管和公安部门多次配合促花王公司打假，促花王、新高脂膜粉剂成了很多行业网络链接的关键词，农业院校、农业研究所、农业公司对促花王产品自发式科学试验遍布各地，截至目前，网络发现学术刊物上发表了大量的促花王实际实验报告和论文。中药材种植基地产生很多项新技术发明专利。有机蔬菜种植基地、茶叶主产区、牧草区、园林绿化区和粮棉油生产基地也出现了很多新技术发明专利，很多农业院校硕士研究生试验中有关促花王公司产品的论文也相继发表，河北省赞皇县林业局把促花王公司产品列入地方标准，关于棉花塑型剂和打顶剂的新疆生产建设兵团财政科技计划项目通过验收，促花王产品的使用热潮正在全国各地轰轰烈烈地掀起。

第八节　植物免疫和植物营养与人体健康

一个人免疫力下降超越临界点，就易出现发烧感冒，食欲不振，喉咙干痒，头晕目眩，呼吸困难，咳嗽气短等症状。如得不到及时救治，就会交叉感染，导致呼吸系统、肠胃消化道、结缔组织等次生疾病暴发，严重的会造成血管堵塞，脉搏紊乱，甚至威胁生命。要快速地治疗这些疾病，单凭给病人讲解健康常识是没用的。必须请医术高明的医生开药方消炎，输葡萄糖液补充能量，从而努力提高病人的免疫力，增强食欲，改善生活环境，病人才有康复的希望。

植物也和人体一样，一旦免疫力下降超过临界点，就会诱发多种病虫害泛滥，导致正常的生理机能和营养匹配系统不断衰弱，光合作用和生长发育停滞，直接影响果实的质量和产量。如不及时救治，极有可能导致植物死亡。要治疗免疫力衰败导致的疾病，则必须使用药品（植物免疫助剂）配套先进的施药技术，补充相关的营养肥料，才能积累能量，有效恢复植株健康和形成良性循环。

植物免疫助剂是在没有专门的免疫细胞情况下，刺激植物进化出一种复杂的免疫机制，由微生物或病原体相关分子模式触发的免疫和效应器触发的免疫组合，这种组合型免疫细胞可压制和抵御病原体。植物免疫细胞的激活会导致质外体活性氧（ROS）产生、胞质 Ca^{2+} 升高、使过敏反应（HR）的局部细胞死亡。因此，植物免疫需要精确控制，以便对病原体侵染做出快速反应，同时最大限度地减少正常条件下的生长损失。这对于大田作物尤其重要，因为它们不断受到各种病原体的威胁。节能且灵活的免疫系统有利于植物生存和作物生产。

食品健康的质量直接影响人体健康，近年来大量的农药、化肥不但破坏了植物自体的免疫力，还严重污染了粮食、蔬菜等，降低了食品中其他营养物质的天然含量，这些质量差的食品一旦被人食用，就会严重影响人体健康，当这些食品食用量超标时，人体就会产生疾病。植物免疫因子可在不同环境中微调免疫稳态促进安全作物生产，使植物采用各种机制来降低过度免疫反应的潜在成本,植物防御基因在正常条件下表现出有节奏的模式,植物可以在初始感染后进入致敏状态,这种低水平的基础免疫可在随后的病原体攻击时快速被激活,生产出携带强大免疫力的食品,这种食品可为提高人体免疫力筑起一道坚固的防线。

第九节　植物免疫反应对粮食安全建设性作用

我国自 2008 年至今已有 110 余个新食品原料获批。这些获批的新食品原料按原料来源及属性,可分为菌类、功能糖类、植食类、植物提取物等 8 类。大量研究表明,很多获批的新食品原料具有增强免疫力的作用。

菌类:目前,新食品原料中包含了多种益生菌原料,如嗜酸乳杆菌、副干酪乳杆菌、鼠李糖乳杆菌、植物乳杆菌等。研究证明,益生菌可以通过改善肠道菌群结构、抑制病原菌生长繁殖、抑制致病菌定植和繁殖、修复肠上皮屏障功能、促进矿质元素的吸收等方式,增强机体免疫力。此外,菌类中的蛹虫草、广东虫草子实体、茶藨子叶状层菌发酵菌丝体在增强人体免疫力方面具有良好的效用。其中,蛹虫草又名北冬虫夏草,与野生冬虫夏草同源同属。天然野生北冬虫夏草始载于《新华本草纲要》,有"益肺肾、补精髓,止血化痰"的功效。诸多研究证明,蛹虫草富含虫草素等含有多种活性成分,具有增强机体免疫力、抗菌、耐缺氧等作用。

糖类:研究发现,低聚糖在人体肠胃道内不被消化吸收而直接进入大肠内为双歧杆菌所利用,是肠道有益菌的增殖因子,能促进肠道菌群生态平衡,如低聚木糖对病原菌有较强的吸附力,并且不被肠道中的消化酶所降解,可携带附着的病原菌通过肠道排出体外。此外,酵母 β-葡聚糖是存在于酵母细胞壁中的一种具有增强免疫力活性的多糖。研究证明,酵母 β-葡聚糖能够与巨噬细胞结合而激活巨噬细胞;能激活 T 淋巴细胞、B 淋巴细胞、巨噬细胞、自然杀伤细胞（NK）等发挥免疫增强剂的作用;可分泌一些激活免疫细胞的细胞因子;还可活化胃肠组织中的嗜中性粒细胞和吞噬细胞,由此进一步活化和影响"免疫—神经—内分泌"调控网络,增强其抗感染、抗应激和细胞适应性保护能力,同时,还具有吸附、排出霉菌毒素、抗辐射、促进伤口愈合等作用。

植物功能食品类:雪莲培养物是选取天山雪莲离体组织,经处理和培养后获得的,大量研究发现,雪莲培养物含有生物碱、黄酮类、酚类、糖类等多种生理活性成分,具有显著提高巨噬细胞吞噬率和 T 淋巴细胞转化率;缓解 UVB 辐射诱发的细胞凋亡。人参是我国的一味对补虚和祛邪都有很好作用的传统中药材。现代化学研究表明,人参中主要成分为人参皂苷、人参多糖等多种活性物质,具有提高机体免疫能力等多种功效;白子菜、线叶金雀花、青钱柳叶、显齿蛇葡萄叶等均富含黄酮,具有抗氧化作用;显脉旋覆花、奇亚籽、圆苞车前子壳等则含有丰富的膳食纤维,可通过调节肠道健康达到增强机体免疫力的目的。

植物提取物类:植物提取物是以植物为原料,定向获取和浓缩提纯植物中的某一种或多种有效成分,在不改变其有效成分结构的基础上形成的产品。如茶叶中的茶氨酸能通过调节免疫细胞,增强人体免疫系统;菊粉能选择性地促进肠道有益菌的生长和代谢，抑制有害菌的生长，调节肠道菌群平衡，能够增加抗氧化酶和谷胱甘肽 S-转移酶的基因表达，能增加钙结合蛋白的表达，促进钙离子的吸收，能够促进肠细胞的增殖，从而增加肠道吸收的表面积；竹叶黄酮、(3R, 3′R) -二羟基-β-胡萝卜素分别是高效的生物抗氧化剂，能对游离基在人体内造成细胞与器官的损伤进行防御，抑制细胞脂质的自动氧化和防止氧化带来的细胞损伤；西兰花种子水提物中富含的萝卜硫苷是活力最强的一类异硫氰酸盐，对环磷酰胺抑制的免疫器官有保护和促进恢复正常的作用。

藻类及其提取物：藻类是一类比较原始、古老的低等生物。雨生红球藻中富含虾青素，是自然界中公认生产天然虾青素的最理想来源。虾青素作为目前发现的一种高效的纯天然抗氧化剂，在清除自由基、抗衰老、抗肿瘤和免疫调节等方面显示出良好的生物活性；蛋白核小球藻能利用太阳光制造大量的蛋白质，含量超过牛肉、大豆等高蛋白食物，同时其含有一种生长因子（CGF），能促进机体，特别是儿童及老年人体质的增强，使免疫功能得到强化；盐藻是一种极端耐盐的单细胞真核绿藻，富含多种天然类胡萝卜素，如 β-胡萝卜素、α-胡萝卜素、叶黄素、玉米黄质等，具有强抗氧化能力及提高免疫力的作用。

蛋白类：研究表明，优质蛋白作为婴幼儿或免疫系统受损人群的补充剂，能提高抗病能力，降低疾病发生频次。优质蛋白还可以作为构成具有免疫功能的抗体的原材料，抗体可与外来蛋白质结合，这是除去外来入侵者的重要步骤。专家建议，增加优质蛋白的摄入，能提高机体的免疫力，能减少易感性，也能增强自愈能力。

油类及其衍生物：不同来源的油类及其衍生物，可从不同角度改善机体免疫力。例如：番茄籽油含有番茄红素，可以有效清除自由基，调节细胞代谢，提高人体免疫力；鱼油和磷虾油中富含人体必需的不饱和脂肪酸 DHA 和 EPA，有助于整个生命周期免疫系统更好地发挥功效；花生四烯酸是合成前列腺素、血栓烷素和白细胞三烯等二十碳衍生物的直接前体，这些生物活性物质对人体心血管系统及免疫系统具有十分重要的作用；共轭亚油酸具有清除自由基，增强人体的抗氧化能力，同时还减少过敏性免疫反应。

近年来，居民的营养水平逐年提高，但生活压力及均衡营养等方面问题更加突出。随着新食品原料在增强免疫力等健康功能方面研究的深入，应用植物免疫科学技术培育出高营养和含功能性成分的食品，使越来越多的新食品原料走进大众生活。

第十节　植物免疫科学对植物生理细胞进化的借鉴意义

1. 植物生理学和植物进化发育生物学的研究进展

植物生理学是农学的主要学科领域，与作物生产密切相关。植物生理学研究，包括光合作用、水分生理、营养生理、逆境生理、激素调控等。近年来，随着分子生物学的发展，植物生理学目前已经进入到多个学科领域，植物基因组、转录组、表观组、蛋白质组、代谢组等研究迅速发展，为大规模解析植物各种复杂的生理过程奠定了基础，也为作物的高产、优质、多抗育种与绿色栽培创造了条件。

植物进化发育生物学从动物进化发育研究中得到了许多启示，借鉴了许多技术、方法和概念。然而，由于动物和植物在发育过程、形态建成、营养方式、代谢途径等诸多方面存在着较大差异，因此它们的多细胞化和结构复杂性的遗传发育机制也存在很大不同。近十几年来，随着对模式植物的研究不断深入，人们发现了大量与花、叶、根等植物器官发育相关的基因，并从结构、表达和功能等各个层面对这些基因进行了研究，提出了一系列与植物关键性状发育相关的模型。在模式植物中所取得的大量研究成果给植物进化发育生物学的发展提供了良好的研究基础；而植物分子系统学的兴起，用基因序列的系统发育关系来阐释植物类群间的亲缘关系，又为植物进化发育生物学提供了有关进化研究的思路和方法，并使人们意识到对植物发育机制的进化研究可以由模式物种扩展到其他物种，可对来自不同类群的同源发育相关基因进行进化分析，探究发育基因与植物进化的内在联系，将发育相关基因的进化与植物本身的进化相融合，在遗传和发育的水平上解释进化问题。正是沿着这样的脉络，进化植物免疫科学的研究也拉开了序幕。

2. 传统农药对植物生理细胞运行规律的干扰和破坏

传统化学农药在消灭病虫害的同时，也杀伤了大量的植物生理细胞，严重破坏了植物正常的营养运输路线和生理细胞运输规律。

光合产物受阻：传统化学农药会导致作物营养生长期光合作用下降，使气孔传导率、叶肉传导率、植株碳水化合物含量下降，叶片同化物输出受阻，光呼吸和光合强度逐渐减弱，光合产物不能充足地供给植物发育需要。

降低主要营养物质含量：许多杀虫剂和杀菌剂对各种作物的生理、生长、产量有负效应，促进或增强对害虫的吸引以及可能降低植株的防卫，间接促进或增强害虫再猖獗。传统化学农药可降低植株体内游离氨基酸和可溶性糖的含量，而这两类物质都与植株的抗虫性有关，引起害虫繁衍猖獗。

降低次生代谢产物含量：传统化学农药能直接或间接干预靶标植物或非靶标植物的次生代谢，杀虫剂能诱导作物 MFO 的同工酶并降低植物的抗虫性，除草剂是最容易影响植物次生代谢产物的农药。如草甘膦可抑制高等植物芳香族氨基酸的生物合成，使芳香族化合物含量降低，影响了果实的香度。

干扰活性氧代谢：大量使用农药后，植株正常活性氧代谢受干扰，活性氧产率提高，破坏了以 SOD 为主的细胞保护系统，活性氧伤害破坏系统不能清除掉时，会加速膜脂过氧化链式反应，增加过氧化有害产物积累，导致细胞膜系统破坏及大分子生命物质的损伤。

减弱代谢酶活性：植物代谢作用中，谷胱甘肽-S-转移酶和细胞色素 P450 单加氧酶起重要作用，传统化学农药可引起这 2 种酶活性下降而影响了植物代谢，从而对植物解毒能力产生一定的影响。

3. 免疫助剂（营养诱导因子）可使植物细胞靶向导航

植物免疫助剂是一种因子类产品，用药量和间隔时间无严格要求，浓度大不会产生药害，应用后安全高效，pH 值中性，可与各类农药、肥料兼容同时使用，不伤害天敌，不损伤活细胞，大面积使用可促进生态农业发展并形成良性循环。符合《化学农药环境安全评价试验准则》系列标准，对作物质量安全及生态环境发展都极为有利。

壮果蒂灵能清除植物输导管中的凝结物，增强营养的输导能力，修复受损的代谢系统，恢复植物天然代谢功能，可使果蒂增粗，提高营养输送量，保花、壮果。免疫因子可修复和强大植物免疫功能系统，提升植物抗逆性，可使病毒 DNA 断裂凋亡。诱生干扰素和活性细胞介素，抑制残余病毒复制，促进植物正能量生态生长。利用寄主植物抗病机理及利用病菌毒性变异原理来控制植物生理性病害和侵染性病害繁衍。

壮果蒂灵的主要组分是营养诱导因子，在植物生长形态发生奇异变化的情况下，这种因子可人工靶向导航，使生长系统的营养大量转化给生殖系统，促进果实发育速度，提高植物自身免疫力度，保护植物全身的经络系统良性运作，从而达到丰产丰收的目的。

4. 植物营养靶标导航对粮食丰产丰收的重要意义

粮食要丰产，植株健康是关键。水肥供应要充足，营养匹配要齐全。

20 世纪 80 年代前，我国粮食生产都是靠天吃饭，防治病虫害也是依赖天敌抑制，植物的生理基因一直是代代相传，植物的营养输导系统也是天然定向输送，粮食产量虽然不高，但食品品质都是纯天然，各种植物的基因都是百年不变，植物和动物的生物交替代谢链良性循环。到了 20 世纪 80 年代中期，大量的"洋科学"彻底摧毁了中国传统的生物循环链，粮食产量虽然有所提高，但粮食质量却急剧下降，食品中毒事件频发。

植物各营养器官在内部构造和生理上都是相互联系和相互影响的，从而体现植物生活的整体性。植物营养器官之间的联系主要结构特征是体内维管组织的联系上，维管组织（即木质部和韧皮部）贯穿于植物体的各个器官，构成植物体内水分、无机盐和有机养料的运输系统。茎与叶以及主茎和枝分别通过叶迹和枝迹发生维管组织联系。植物体内的维管组织，从根通过根茎过渡区与茎相连，再通过叶迹和枝迹与枝叶相连，构成一个完整的维管系统，使各器官互相联系在一起，保证了植物生活中所需的水分和养料，以及光合作用产物的运输和转移。植物在生长过程中，地上部分（茎叶系统）所需要的水分、矿物质和养料等，都是由根从地下吸收并输送来的。而根又得依靠叶的光合作用获得它所需要的有机养料。叶靠茎、枝的支持，使其扩展空间，以充分行使其光合作用功能。所谓"本固枝荣""根深叶茂"，正是说明植物地上部分与地下部分存在相互依存和相互制约的辩证关系。一棵植物的芽很多，但不是每个芽都发育，一般只有顶芽和少数近顶端的腋芽发育，其余的腋芽常处于不活动的休眠状态。但如果摘除顶芽，或顶芽变为花芽，开花结实后脱落，都会促使潜伏的腋芽萌动，发育成侧枝。这种顶芽生长对腋芽的抑制作用，称为"顶端优势"。顶芽对侧芽的抑制与激素的影响以及营养物质的供应情况有关。

为了改变农药残留对人类健康的严重危害，国务院和农业农村部多次下发文件淘汰高毒农药，制定农药减量增效规划方案，投巨资鼓励农业科研机构、国有企业、民营科技企业改造传统农药，开发农药的替代品，收到了良好的效果。21世纪初期，陕西省渭南高新区促花王科技有限公司相继推出了一系列植物免疫助剂并在全国范围内进行大型科学试验，受到了农业领域专家学者和新文化农民的积极响应，植物免疫助剂催生的植物免疫防病新技术汹涌而生，为植物营养靶标导航技术树立了风向标。在恢复和加强植物天然免疫功能的前提下，作物丰产丰收指标大幅提高，增收节支、生态环保式的案例络绎不绝，为我国大力发展精准农业、智慧农业国策提供了强有力的科技支撑。

第十一节　靶向诱导技术可改造植物营养元素不规则运行

长期使用化肥农药，严重麻木了植物生命指挥系统的敏感度，严重扰乱了植物生理机制的营养元素的运行规则，严重破坏了植物的生理结构，导致植物营养元素不能按各种作物的生态匹配运输路线规则运行，失衡的营养分配现象无疑会对作物的产量和质量造成严重威胁。

科学试验发现，农药中的激素成分、腐蚀性成分、高毒元素都会对植物的先天性免疫系统、能量转换系统、电子传递系统、细胞信号传导网络系统、神经递质系统、诱导效应系统、分子运动系统、呼吸系统、磁场系统、跨膜运输系统、气孔蒸腾系统、新陈代谢系统、定向运动系统，以及光合作用速率、呼吸速率、细胞信号、溢泌物质、生理钟等产生不同的生化反应，从而导致植物营养元素不匹配式的运动，植株养分严重失衡的作物大面积出现。树势衰弱，植株不能正常发育，落花落果落叶现象严重。

农药的着陆面最大的是叶片和枝条，叶片是植物光合作用和呼吸作用进行的主要场所，不但对光照反应敏感，而且对植株水分供应状况也十分明显。叶片大小和颜色深浅则是作物生长势强弱的重要标志，作物叶面积越大、色度越深，说明植株生长越茂盛，生长势越好，干物质积累越多。叶片的不良反应集中表现在植株的长势上。生长量越大、越壮的，生长势越强；生长量越小、越弱的，则生长势也越弱。生产上，对不同生长阶段的作物要求有不同的生长势。

使用植物人工免疫科学技术可不同程度地修复被农药刺激受损的植物细胞，畅通营养运输通道，靶向诱导技术可以使植物营养及时输送到饥饿细胞需要的位置，供给细胞营养需要，逐渐改造营养元素不规则运行的反常现状。营养助剂用量越大越频繁，免疫强度就越大，植物的代谢速率、呼吸速率、光合作用速率就提高得越快。植物的生命指挥系统功能就会逐渐苏醒。植物免疫技术在细胞水平上，可刺激形成层细胞分裂；刺激枝的细胞伸长、抑制根细胞生长；促进木质部、韧皮部细胞分化，促进插条发根、调节愈伤组织的形态建成，改善植物营养元素不能规则运行的现状。

第十二节　塑造植株标准株形对产量和质量的影响

种植密度对作物农艺性状有显著影响，种植密度增加使得群体内竞争力增加，多种农艺性状变化以适应群体结构。作物个体叶片的形态、空间分布影响了群体光合效能，且不同株形具有不同的叶片空间分布状况，随着密度增加，会出现叶片遮挡等情况而影响植株下部的光合效率，如何将光能合理分配到植株的叶片上是提高群体光合效率、提升群体产量的需要。近年来，随着科学技术的进步，植物株形人工塑造技术也在不断发展，小麦、水稻需要矮壮型抗倒伏，棉花需要圆柱形增加密植量，果树需要扇形提高透光度，这样就解决了株形混乱、果实质量下降、产量不稳定的现象。

小麦理想株形：为无分蘖、矮秆、大穗、有芒、叶小直立。小麦理想株形应有良好的透光性、遮光性和抗旱保水性，能适应小麦生长的各个阶段。

棉花理想株形及果枝叶型：新疆棉区目前棉花理想株形研究的主要方向是提高水分利用率以及机械化收获等。棉花水分利用率高的理想株形表现为：果节间长度适宜，果枝粗，果枝的弯曲度小。理想株形与合理密度相结合的是可以促进棉花水分利用率的圆柱株形。

有研究表明棉花机械化收获的理想株形是自然株高 75cm 左右、果枝始节 8 节以上、第一果枝离地面高度 20cm 以上、下部果枝节间平均长度 7.9～9.5cm、中部果枝节间平均长度 5.4～6.6cm、上部果枝节间长度 5.2～5.8cm。但这些标准达不到大型采棉机作业所需要的高度，所以采净率较差。近年来，人们使用促花王棉花塑型剂使棉花株高增加 10～20cm，这个高度不但提升了采棉机的采净率，而且果枝台数也有所增加，从而提高了棉花产量和纤维质量。

玉米理想株形：有抗倒性与密植 2 个方面。玉米抗倒伏品种的理想株形具备的特点为株高和穗位高度适中、基部茎节短、横切面积大。

水稻理想株形、叶倾角及分蘖数：水稻株高主要是由 GAs 水平调节的，GAs 水平越高，会促进茎的伸长，导致水稻株高。而水稻中株高与分蘖数呈反比关系，导致这个现象的原因是水稻分蘖数调节剂 MOC1 会通过与 DELLA 蛋白 SLR1 结合防止降解，而 GAs 会引发 SLR1 降解，导致株高伸长以及 MOC1 的降解，从而导致分蘖数的减少。

作物在不同生态区下会具有不同的表现形式。合理株形需对应具体栽培环境、具体栽培措施，且光照、密度、抗倒性等性状与株形的影响对实践具有指导意义。

第十三节　植物裸体生长的弊端

自古以来，自然界的植物基本是在裸露环境中裸体生长的，这种没有安全保护措施的植物生长环境，无疑对植物的健康造成了诸多弊端。近年来，随着科学技术的发展和探索，人们发明了温室大棚、树身涂白、果实套袋、包衣剂等户外防护措施改善了植物的生存环境，对抑制病虫害，保护植物生长质量起到了积极作用。根据这个思维，作者总结了植物裸体生长遭遇的 6 种灾害。

1. 招惹害虫

植物在生长过程中散发出的生物气体，蒸腾扩散到空气中，暴露了植物生存的位置，为害虫发出了捕食信号的定位信息，从而吸引了害虫。

2. 气象灾害

植物生长需要合适的温度和湿度，裸体生长会使植物体水分流失和温度消耗，也会遭受外界高温造成水分蒸发，若温度急剧变化，裸体植物没有恒温能力，产生气象造成的冻害或日灼危害。

3. 药害

植物裸体生长，叶面会直接接触高浓度农药或化肥刺激，叶细胞和呼吸毛孔受到损坏，有害元素趁虚而入，植物体内的内分泌系统遭到破坏，呼吸速率和光合速率急剧下降，植物自我防卫系统功能瘫痪，造成植物自身免疫力下降而引发次生灾害。

4. 污染果实

植物裸体生长缺乏表面防护措施，会受到空气中的污染源危害，茎、叶面、花瓣、果实昼夜在污尘环境中呼吸，累积了长时间的灰尘积淀，从而导致外表色泽美观的果实遭受污染。

5. 发育不良

植物生长发育需要匹配的营养促进新陈代谢，而裸体植物不能有效地接收植物电子、磁场、光呼吸、细胞信号等在植物生长免疫过程中的催化作用，不能有效保护植物生长发育所需要的温度和湿度，导致植物生长发育不良。

6. 种子发芽

种子发芽需要稳定、适合的温度和湿度，裸体种子因环境不稳定或不适合而影响了种子的发芽率。

第十四节　植物表面保护可提高植株免疫力

近年来，促花王植物免疫助剂的优秀表现和广泛应用，创造了植物免疫科学新概念，植物在适应新的生存环境时、接触抗原物质后产生了具有针对性和更高级的免疫功能。这种免疫功能是后天获得稍后发挥效应的，具有特异性和记忆性，能识别特定病原微生物（抗原）或生物分子，最终将其清除。植物表面防护免疫功能在识别自我、排除异己中起了重要作用。

植物表面防护助剂喷涂于植物表面后，会迅速形成一层柔性高分子保护膜，相当于给植物披上了一层衣服，达到保温、保湿、阻拦污染，隔离外来病虫害对植物伤害的效果，为植物健康生长创造了安全环境。

当前大气污染和农药化学污染严重破坏了植物本身的免疫功能，正常生长条件下，植物免疫系统受到严格的控制，在病虫害来临之前，先天性植物免疫系统捕捉到异常信号后免疫系统会被及时激活，强大的免疫力会抵御空气中传播的各种病毒感染。

第十五节　高残留农药将退出历史舞台

化学农药以速杀效果直观的特点在我国红火了很多年，人畜中毒事件经常发生，二次中毒现象普遍，对植物天敌的杀伤力很大，特别严重的是对植物细胞的伤害不易被察觉，生产出的食品营养素含量低。高毒农药的长期使用，使作物生产对农药产生了过分的依赖性，长期会导致病虫抗药性上升，防治效果下降，害虫种群猖獗发生，农业面源污染加剧，生态环境遭到破坏。

为了保护生态环境和食品安全，农业农村部多次发布禁令，淘汰了部分对人体健康危害严重的高毒农药，出台了全国农药减量增效计划方案，科技部出台了一系列优惠政策鼓励企业和科研单位大力研发高效低毒的农药产品和生物农药产品，在政策的鼓励下，有很多生物农药、环境友好型农药、无毒农药相继投放市场，农业技术推广部门也建立了一些现代植保体系，提升现代植保的物质装备技术水平，走科学植保、绿色植保发展道路，促进生态文明和绿色田园建设，不断增强现代农业可持续发展能力。

现代植保体系是适应经济、社会和生态总体要求，以服务现代农业为主要任务，以现代科技、现代装备、现代人才和政策保障为支撑，实现农作物病虫害可持续治理的新型农业防灾减灾体系。通过集成利用现代科学技术与现代物质装备，实现植保体系监测预警信息化、物质装备现代化、应用技术集成化、防控服务社会化、人才队伍专业化和行业管理规范化，着力促进防控策略由单一病虫、单一作物、单一区域防治向区域协防和可持续治理转变，着力促进防控方式由一家一户分散防治，向专业化统防统治和联防联控转变，着力促进防控措施由主要依赖单一化学农药向绿色防控和综合防治转变。贯彻"预防为主、综合防治"的方针，树立"科学植保、公共植保、绿色植保"的理念。大力普及和推广植物免疫技术，整合项目资源，加大政策扶持力度，增加资金投入，加快构建运转高效、职责明晰、管理规范、执行有力的植保公共服务和经营性社会化服务体系，随着植物免疫科学技术的不断成熟，植物自身免疫力的不断提升，农民传统用药思维的不断转变，科学技术服务体系的强势跟进，高毒农药将退出历史舞台。

第二章　植物免疫营养诱导技术

原始植物：植物本来都是在大自然环境中生态生长，各种营养都是靠植物本身的先天性功能合理匹配促进发育，果实的发育水平完全是靠植物自身的诱导效应达到营养饱和，植株的形状、果实的品质、生长周期的时限等都是依靠植物自身的生物膜离子通道和免疫系统调控来完成。

进化植物：自从化学肥料、化学农药被大量使用以来，农作物的天然调控系统遭受严重破坏，免疫力下降，营养失调，逼迫植物的生理结构和营养转化功能进化到了一个新模式，可称为"进化植物"。进化植物从萌芽到采收，全程都是在化学物质胁迫环境中生长的，化学元素能刺激植物生长，也会导致植物免疫力下降，植物细胞信号转导网络反应迟钝，营养匹配功能和动态诱导效应失灵。

诱导技术：植物免疫营养诱导助剂，可使植物受单向外界因素的刺激而引起定向运动，使分子发生极化的效应，使涉及信号通路的建立、调控和适应性演化信号通路和下游基因相互作用和适应性演化，在分子水平上形成了一个相对稳定的营养运输网络结构，从而代替人工打顶，取代农药化控剂、激素膨大剂、植物生长调节剂。

第一节　棉花塑型剂和打顶剂产品介绍

2011年新疆生产建设兵团126团职工张波先生，开始试验使用促花王3号在棉花上控梢打顶，用棉花壮蒂灵防止棉桃脱落，发现促花王3号可代替人工打顶，可增加棉株高度。棉花壮蒂灵可塑造株冠形状，可缩短棉枝长度，提升棉田通透性。2017年促花王3号调节配方，诞生促花王棉花打顶剂。棉花壮蒂灵调节配方，诞生促花王棉花塑型剂。

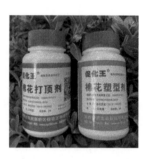

棉花塑型免打顶剂，粉剂，含大量植物营养诱导因子，可促使棉株营养生长向生殖生长转化，枝条生长速率下降，棉桃膨大活力提高，达到了丰产丰收效果。本品可取代传统化学农药化控或人工打顶。创新的营养控梢和株冠塑型可增加棉株高度，缩小侧枝长度，符合了大型采棉机作业的要求。

棉花免打顶剂：本品可迫使棉花顶部营养回流到棉桃发育，弱化顶部优势直至顶尖停止生长。从而达到打顶的目的。使用本品可有效改善棉田群体冠层通透性，防早衰，增加有效铃重，提高产量，节本增效。

用法用量：棉花免打顶剂每瓶含纯品60g粉剂，可加水1kg溶解成乳膏状母液，然后再加入500kg水中稀释后喷雾。飞机弥雾机兑水30kg弥雾。于初花期坐桃前后喷雾于棉花顶部，连续喷雾 3 次，每次间隔 7~10d。

棉花塑型剂：本品可使棉花冠层分布更科学，增加通透性，避免棉蕾把柄形成隔离层造成落花落蕾现象，用后叶缺加深，蕾大蕾多。用法用量：棉花株冠塑型剂每瓶含纯品 45g 粉剂，可加水 1kg 溶解成乳膏状母液，然后再加入 2 000kg 水稀释后喷雾。飞机弥雾机兑水 150kg 弥雾。

注意事项：①本品无毒、无污染，不含化学农药、化学肥料元素。最好现配现用。也可与各类型的农药及叶面肥混用。②使用间隔时间长短需根据棉花长势而定。③用药时间参考：第一次，7 月 5—10 日。第二次，7 月 13—18 日。第三次，7 月 23—28 日。④本纯品保质期 2 年，母液保质期 30d，稀释后保质期 16d。

第二节　壮蒂灵产品分类

1. 壮果类

壮果蒂灵、壮瓜蒂灵、菜果壮蒂灵、棉花壮蒂灵、葡萄壮蒂灵、辣椒壮蒂灵、花椒壮蒂灵、花朵壮蒂灵、壮穗灵、香料壮蒂灵、枸杞壮蒂灵。

2. 壮茎类

蔬菜壮茎灵、药材壮茎灵、花卉壮茎灵。

3. 壮叶类

壮叶灵、壮梢灵。

4. 壮根类

药材根大灵、萝卜根大灵、莲藕根大灵、地果壮蒂灵、根施通、壮蒜灵。

第三节　壮蒂灵系列产品介绍

1. 菜果壮蒂灵胶囊

本品可提高植物光合作用，提升植物免疫力，畅通营养代谢路径，促进菜果发育壮大，降低落果率，优化菜果品质。

产品亮点：本品无毒、无药害、无环境污染。取代激素农药膨大剂。

包装规格：每瓶 80 粒，每盒 25 瓶，每箱 5 盒。

施药方式：小型喷雾器喷雾。适用于小面积试验。

用法用量：先将一粒本品加入 50g 水中充分搅动溶解，配制成母液，再将母液加入 15kg 水中二次稀释，即可喷雾。也可

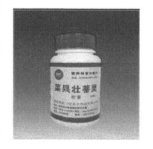

因地制宜加大浓度，浓度越大，效果越好，无副作用。一般在花蕾期喷第一次，间隔7d左右喷第二次、第三次。全生长期共喷3次即可。

适用范围：茄子、番茄、圣女果、豇豆、绿豆、豌豆、扁豆、蚕豆、黄豆、豆角，以及枸杞、豆蔻、连翘、荆芥、栀子等果实类蔬菜。

保质期：产品常温下保质期3年。乳液保质期30d，稀释液保质期60d。

2. 菜果壮蒂灵精品

本品可提高植物光合作用，提升植物免疫力，畅通营养代谢路径，促进菜果发育壮大，降低落果率，优化菜果品质。

产品亮点：本品无毒、无药害、无环境污染。取代激素农药膨大剂。

包装规格：每瓶净重45g，每盒25瓶，每箱5盒。

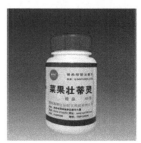

施药方式：无人机航喷、弥雾机、滴灌、大型牵引式打药机喷雾。适于大面积使用。

用法用量：先将本品加入1kg水中充分搅动溶解，配制成母液，再将1kg母液加入2 500kg水中二次稀释，即可使用。也可因地制宜加大浓度，浓度越大，效果越好，无副作用。一般在花蕾期喷第一次，间隔7d左右喷第二次、第三次。全生长期共喷3次即可。无人机航喷或弥雾机：将1kg母液加入150kg水中高温乳熔，即可弥雾。

适用范围：茄子、番茄、圣女果、豇豆、绿豆、豌豆、扁豆、蚕豆、黄豆、豆角、枸杞、豆蔻、连翘、荆芥、栀子等果实类蔬菜。

保质期：产品常温下保质期3年。乳液保质期30d，稀释液保质期60d。

3. 地果壮蒂灵胶囊

本品可提高植物光合作用，提升植物免疫力，畅通营养代谢路径，促进地下果发育壮大，优化地下果实品质。

产品亮点：本品无毒、无药害、无环境污染。取代激素农药膨大剂。

包装规格：每瓶80粒，每盒25瓶，每箱5盒。

施药方式：小型喷雾器喷雾。适用于小面积试验。

用法用量：先将一粒本品加入50g水中充分搅动溶解，配制成母液，再将母液加入15kg水中二次稀释，即可喷雾。也可因地制宜加大浓度，浓度越大，效果越好，无副作用。一般在花蕾期喷第一次，间隔7d左右喷第二次、第三次。全生长期共喷3次即可。

适用范围：生姜、芥菜、萝卜、胡萝卜、马铃薯、红薯、花生、芋头、荸荠等。

保质期：产品常温下保质期3年。乳液保质期30d，稀释液保质期60d。

4. 地果壮蒂灵精品

本品可提高植物光合作用，提升植物免疫力，畅通营养代谢路径，促进地下果发育壮大，优化地下果实品质。

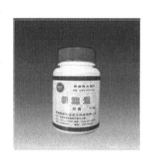

产品亮点：本品无毒、无药害、无环境污染。取代激素农药膨大剂。

包装规格：每瓶净重 45g，每盒 25 瓶，每箱 5 盒。

施药方式：无人机航喷、弥雾机、滴灌、大型牵引式打药机喷雾。适用于大面积使用。

用法用量：先将本品加入 1kg 水中充分搅动溶解，配制成母液，再将 1kg 母液加入 2 500kg 水中二次稀释，即可使用。也可因地制宜加大浓度，浓度越大，效果越好，无副作用。一般在花蕾期喷第一次，间隔 7d 左右喷第二次、第三次。全生长期共喷 3 次即可。无人机航喷或弥雾机：将 1kg 母液加入 150kg 水中高温乳熔，即可弥雾。

适用范围：生姜、芥菜、萝卜、胡萝卜、土豆、红薯、花生、芋头、荸荠等。

保质期：产品常温下保质期 3 年。乳液保质期 30d，稀释液保质期 60d。

5. 根施通胶囊

本品可提高植物光合作用，化解根管凝结物，畅通根系营养代谢路径，促进主根发育健壮和须根再生。

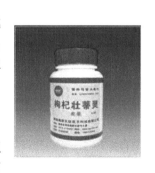

产品亮点：本品无毒、无药害、无环境污染。用于提升植株茂盛指数和防卫自然灾害能力。

包装规格：每瓶 40 粒，每盒 25 瓶，每箱 5 盒。

施药方式：喷雾、灌根。

用法用量：每粒胶囊兑水 30kg，木本植物环绕树身灌根，草本植物和藤本植物用喷雾器浇根。

保质期：产品常温下保质期 3 年。乳液保质期 30d，稀释液保质期 60d。

6. 枸杞壮蒂灵胶囊

本品可提高植物光合作用，提升植物免疫力，畅通营养代谢路径，壮叶、壮根、壮茎、壮果，优化根、皮、果天然品质。

产品亮点：本品无毒、无药害、无环境污染。取代激素农药膨大剂。

包装规格：每瓶 80 粒，每盒 25 瓶，每箱 5 盒。

施药方式：小型喷雾器喷雾。适用于小面积试验。

用法用量：先将一粒本品加入 50g 水中充分搅动溶解，配制成母液，再将母液加入 15kg 水中二次稀释，即可喷雾。也可因地制宜加大浓度，浓度越大，效果越好，无副作用。一般在花蕾期喷第一次，间隔

7d 左右喷第二次、第三次。全生长期共喷 3 次即可。

适用范围：枸杞。

保质期：产品常温下保质期 3 年。乳液保质期 30d，稀释液保质期 60d。

7. 花朵壮蒂灵胶囊

本品可提高植物光合作用，提升植物免疫力，畅通营养代谢路径，促进花蕾花朵肥大，色泽鲜艳，花瓣芬芳，花期延长。

产品亮点：本品无毒、无药害、无环境污染。取代激素农药膨大剂。

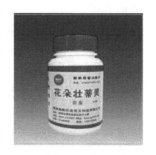

包装规格：每瓶 80 粒，每盒 25 瓶，每箱 5 盒。

施药方式：小型喷雾器喷雾。适用于小面积试验。

用法用量：先将一粒本品加入 50g 水中充分搅动溶解，配制成母液，再将母液加入 15kg 水中二次稀释，即可喷雾。也可因地制宜加大浓度，浓度越大，效果越好，无副作用。一般在花蕾期喷第一次，间隔 7d 左右喷第二次、第三次。全生长期共喷 3 次即可。

适用范围：牡丹、玫瑰、白玉兰、百合、菊花、鸡冠花、月季、芍药、芙蓉、荷花、梅花、水仙、茶花、君子兰、兰花、杜鹃花、红花、金银花、水飞蓟等。

保质期：产品常温下保质期 3 年。乳液保质期 30d，稀释液保质期 60d。

8. 花卉壮茎灵胶囊

本品可提升植株免疫力，化解输导管细胞液凝结物，畅通器官营养代谢路径，促使花草干茎强壮、花繁叶茂。

产品亮点：本品无毒、无药害、无环境污染。

包装规格：每瓶 60 粒，每盒 25 瓶，每箱 5 盒。

施药方式：小型喷雾器喷雾。适用于小面积试验。

用法用量：先将一粒本品加入 50g 水中充分搅动溶解，配制成母液，再将母液加入 15kg 水中二次稀释，即可喷雾。也可因地制宜加大浓度，浓度越大，效果越好，无副作用。一般在幼苗期喷第一次，间隔 7d 左右喷第二次、第三次。全生长期共喷 3 次即可。

适用范围：青竹、万年青、金钱树、苏铁、仙人掌、发财树、南洋杉、兰草、雪松、阴香、松柏、富贵竹、橡胶榕、龙骨、观音竹、柳杉、冬青、黄杨、四季果、睡莲、美丽针葵、山药、槟榔、美人蕉、重阳木、罗汉松、鱼尾葵、君子兰、竹柏、棕竹、仙人球、吊兰、玫瑰、郁金香、晚香王、百合、马蹄莲等。

保质期：产品常温下保质期 3 年。乳液保质期 30d，稀释液保质期 60d。

9. 花椒壮蒂灵胶囊

本品可提高植物光合作用，提升植物免疫力，畅通营养代谢路径，促进花椒发育壮大，降低落椒率，优化花椒品质。

产品亮点：本品无毒、无药害、无环境污染。取代激素农药膨大剂。

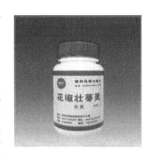

包装规格：每瓶 80 粒，每盒 25 瓶，每箱 5 盒。

施药方式：小型喷雾器喷雾。适用于小面积试验。

用法用量：先将一粒本品加入 50g 水中充分搅动溶解，配制成母液，再将母液加入 15kg 水中二次稀释，即可喷雾。也可因地制宜加大浓度，浓度越大，效果越好，无副作用。一般在花蕾期喷第一次，间隔 7d 左右喷第二次、第三次。全生长期共喷 3 次即可。

适用范围：花椒。

保质期：产品常温下保质期 3 年。乳液保质期 30d，稀释液保质期 60d。

10. 花椒壮蒂灵精品

本品可提高植物光合作用，提升植物免疫力，畅通营养代谢路径，促进花椒发育壮大，降低落椒率，优化花椒品质。

产品亮点：本品无毒、无药害、无环境污染。取代激素农药膨大剂。

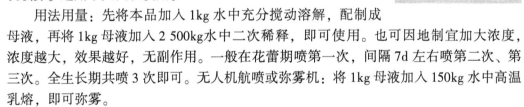

包装规格：每瓶净重 45g，每盒 25 瓶，每箱 5 盒。

施药方式：无人机航喷、弥雾机、滴灌、大型牵引式打药机喷雾。适用于大面积使用。

用法用量：先将本品加入 1kg 水中充分搅动溶解，配制成母液，再将 1kg 母液加入 2 500kg 水中二次稀释，即可使用。也可因地制宜加大浓度，浓度越大，效果越好，无副作用。一般在花蕾期喷第一次，间隔 7d 左右喷第二次、第三次。全生长期共喷 3 次即可。无人机航喷或弥雾机：将 1kg 母液加入 150kg 水中高温乳熔，即可弥雾。

适用范围：花椒。

保质期：产品常温下保质期 3 年。乳液保质期 30d，稀释液保质期 60d。

11. 辣椒壮蒂灵胶囊

本品可提高植物光合作用，提升植物免疫力，畅通营养代谢路径，提高坐果率，促进辣椒发育壮大，降低落花、落椒、落叶，优化辣椒品质。

产品亮点：本品无毒、无药害、无环境污染。取代激素农药膨大剂。

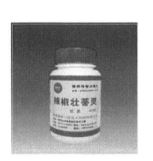

包装规格：每瓶 80 粒，每盒 25 瓶，每箱 5 盒。

施药方式：小型喷雾器喷雾。适用于小面积试验。

用法用量：先将一粒本品加入 50g 水中充分搅动溶解，配制成母液，再将母液加入 15kg 水中二次稀释，即可喷雾。也可因地制宜加大浓度，浓度越大，效果越好，无副作用。一般在花蕾期喷第一次，间隔 7d 左右喷第二次、第三次。全生长期共喷 3 次即可。

适用范围：辣椒。

保质期：产品常温下保质期 3 年。乳液保质期 30d，稀释液保质期 60d。

12. 辣椒壮蒂灵精品

本品可提高植物光合作用，提升植物免疫力，畅通营养代谢路径，提高坐果率，促进辣椒发育壮大，降低落花、落椒、落叶，优化辣椒品质。

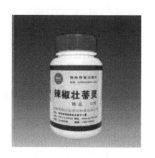

产品亮点：本品无毒、无药害、无环境污染。取代激素农药膨大剂。

包装规格：每瓶净重 45g，每盒 25 瓶，每箱 5 盒。

施药方式：无人机航喷、弥雾机、滴灌、大型牵引式打药机喷雾。适用于大面积使用。

用法用量：先将本品加入 1kg 水中充分搅动溶解，配制成母液，再将 1kg 母液加入 2 500kg 水中二次稀释，即可使用。也可因地制宜加大浓度，浓度越大，效果越好，无副作用。一般在花蕾期喷第一次，间隔 7d 左右喷第二次、第三次。全生长期共喷 3 次即可。无人机航喷或弥雾机：将 1kg 母液加入 150kg 水中高温乳熔，即可弥雾。

适用范围：辣椒。

保质期：产品常温下保质期 3 年。乳液保质期 30d，稀释液保质期 60d。

13. 莲藕根大灵胶囊

本品可提升植株免疫力，化解输导管细胞液凝结物，畅通器官营养代谢路径，饱和营养供给可使莲藕主根粗壮，高产优质。

产品亮点：本品无毒、无药害、无环境污染。

包装规格：每瓶 60 粒，每盒 25 瓶，每箱 5 盒。

施药方式：小型喷雾器喷雾。适用于小面积试验。

用法用量：先将一粒本品加入 50g 水中充分搅动溶解，配制成母液，再将母液加入 15kg 水中二次稀释，即可喷雾。也可因地制宜加大浓度，浓度越大，效果越好，无副作用。一般在幼苗期喷第一次，间隔 7d 左右喷第二次、第三次。全生长期共喷 3 次即可。

适用范围：莲藕。

保质期：产品常温下保质期 3 年。乳液保质期 30d，稀释液保质期 60d。

14. 萝卜根大灵胶囊

本品可提升植株免疫力，化解输导管细胞液凝结物，畅通器官营养代谢路径，饱和营养供给可使萝卜生长发育良好，高产优质。

产品亮点：本品无毒、无药害、无环境污染。

包装规格：每瓶 60 粒，每盒 25 瓶，每箱 5 盒。

施药方式：小型喷雾器喷雾。适用于小面积试验。

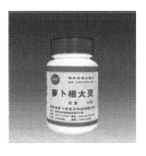

用法用量：先将一粒本品加入 50g 水中充分搅动溶解，配制成母液，再将母液加入 15kg 水中二次稀释，即可喷雾。也可因地制宜加大浓度，浓度越大，效果越好，无副作用。一般在幼苗期喷第一次，间隔 7d 左右喷第二次、第三次。全生长期共喷 3 次即可。

适用范围：萝卜。

保质期：产品常温下保质期 3 年。乳液保质期 30d，稀释液保质期 60d。

15. 萝卜根大灵精品

本品可提升植株免疫力，化解输导管细胞液凝结物，畅通器官营养代谢路径，饱和营养供给可使萝卜良性发育，高产优质。

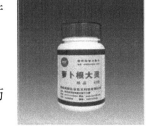

产品亮点：本品无毒、无药害、无环境污染。

包装规格：每瓶净重 45g，每盒 25 瓶，每箱 5 盒。

施药方式：无人机航喷、弥雾机、滴灌、大型牵引式打药机喷雾。适用于大面积使用。

用法用量：先将本品加入 1kg 水中充分搅动溶解，配制成母液，再将 1kg 母液加入 2 500kg 水中二次稀释，即可使用。也可因地制宜加大浓度，浓度越大，效果越好，无副作用。一般在幼苗期喷第一次，间隔 7d 左右喷第二次、第三次。全生长期共喷 3 次即可。无人机航喷或弥雾机：将 1kg 母液加入 150kg 水中高温乳熔，即可弥雾。

适用范围：萝卜。

保质期：产品常温下保质期 3 年。乳液保质期 30d，稀释液保质期 60d。

16. 棉花壮蒂灵精品

植物输导管消毒，化解细胞导管凝结物质，净化生殖生长营养质量，提高营养靶向分流输送量，达到促进棉桃良性膨大发育，提高棉花纤维质量。使用本品无药害，无毒、无污染、卫生安全，环保。

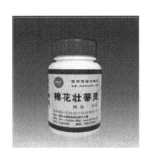

产品亮点：本品无毒、无药害、无环境污染。取代激素农药膨大剂。

包装规格：每瓶净重 45g，每盒 25 瓶，每箱 5 盒。

施药方式：无人机航喷、弥雾机、滴灌、大型牵引式打药机喷雾。适用于大面积使用。

用法用量：先将本品加入 1kg 水中充分搅动溶解，配制成母液，再将 1kg 母液加入

2 500kg水中二次稀释，即可使用。也可因地制宜加大浓度，浓度越大，效果越好，无副作用。一般在花蕾期喷第一次，间隔7d左右喷第二次、第三次。全生长期共喷3次即可。无人机航喷或弥雾机：将1kg母液加入150kg水中高温乳熔，即可弥雾。

适用范围：棉花。

保质期：产品常温下保质期3年。乳液保质期30d，稀释液保质期60d。

17. 葡萄壮蒂灵胶囊

本品可提高植物光合作用，提升植物免疫力，畅通营养代谢路径，提高果实吸水吸肥力度，促进葡萄发育壮大，均衡大小粒，降低落果率，提高果粉量，优化葡萄品质。

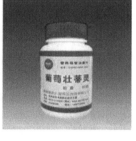

产品亮点：本品无毒、无药害、无环境污染。取代激素农药膨大剂。

包装规格：每瓶80粒，每盒25瓶，每箱5盒。

施药方式：小型喷雾器喷雾。适用于小面积试验。

用法用量：先将一粒本品加入50g水中充分搅动溶解，配制成母液，再将母液加入15kg水中二次稀释，即可喷雾。也可因地制宜加大浓度，浓度越大，效果越好，无副作用。一般在花蕾期喷第一次，间隔7d左右喷第二次、第三次。全生长期共喷3次即可。

适用范围：葡萄。

保质期：产品常温下保质期3年。乳液保质期30d，稀释液保质期60d。

18. 葡萄壮蒂灵精品

本品可提高植物光合作用，提升植物免疫力，畅通营养代谢路径，提高果实吸水吸肥力度，促进葡萄发育壮大，均衡大小粒，降低落果率，提高果粉量，优化葡萄品质。

产品亮点：本品无毒、无药害、无环境污染。取代激素农药膨大剂。

包装规格：每瓶净重45g，每盒25瓶，每箱5盒。

施药方式：无人机航喷、弥雾机、滴灌、大型牵引式打药机喷雾。适用于大面积使用。

用法用量：先将本品加入1kg水中充分搅动溶解，配制成母液，再将1kg母液加入2 500kg水中二次稀释，即可使用。也可因地制宜加大浓度，浓度越大，效果越好，无副作用。一般在花蕾期喷第一次，间隔7d左右喷第二次、第三次。全生长期共喷3次即可。无人机航喷或弥雾机：将1kg母液加入150kg水中高温乳熔，即可弥雾。

适用范围：葡萄。

保质期：产品常温下保质期3年。乳液保质期30d，稀释液保质期60d。

19. 蔬菜壮茎灵胶囊

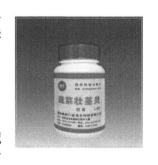

本品可提升植株免疫力，化解输导管细胞液凝结物，畅通器官营养代谢路径，促使菜苗发育干茎强壮、叶片肥厚、植株茂盛。

产品亮点：本品无毒、无药害、无环境污染。

包装规格：每瓶 60 粒，每盒 25 瓶，每箱 5 盒。

施药方式：小型喷雾器喷雾。适用于小面积试验。

用法用量：先将一粒本品加入 50g 水中充分搅动溶解，配制成母液，再将母液加入 15kg 水中二次稀释，即可喷雾。也可因地制宜加大浓度，浓度越大，效果越好，无副作用。一般在幼苗期喷第一次，间隔 7d 左右喷第二次、第三次。全生长期共喷 3 次即可。

适用范围：甘蓝、荠菜、芹菜、黄花、大白菜、苴莲、茼蒿、大青菜、韭菜、蕹菜、菠菜、油麦菜等。

保质期：产品常温下保质期 3 年。乳液保质期 30d，稀释液保质期 60d。

20. 香料壮蒂灵胶囊

本品可提高植物光合作用，提升植物免疫力，畅通营养代谢路径，提高坐果率，促进果实发育壮大，优化果实天然品质。

产品亮点：本品无毒、无药害、无环境污染。取代激素农药膨大剂。

包装规格：每瓶 80 粒，每盒 25 瓶，每箱 5 盒。

施药方式：小型喷雾器喷雾。适用于小面积试验。

用法用量：先将一粒本品加入 50g 水中充分搅动溶解，配制成母液，再将母液加入 15kg 水中二次稀释，即可喷雾。也可因地制宜加大浓度，浓度越大，效果越好，无副作用。一般在花蕾期喷第一次，间隔 7d 左右喷第二次、第三次。全生长期共喷 3 次即可。

适用范围：白豆蔻、香茅草、八角、山奈、香叶、胡椒、高良姜、灵草、肉豆蔻、罗汉果、丁香、荜茇、栀子、草果、肉桂、香果、草豆蔻、云木香、厚朴、甘松、陈皮、砂仁、孜然、茴香、红豆蔻、辛夷花、甘草、紫草、排草、白芷、山楂、花椒、千里香等。

保质期：产品常温下保质期 3 年。乳液保质期 30d，稀释液保质期 60d。

21. 药材根大灵胶囊

本品可提升植株免疫力，化解输导管细胞液凝结物，畅通器官营养代谢路径，饱和营养供给可使药材主根粗壮，须根旺盛，高产优质。

产品亮点：本品无毒、无药害、无环境污染。取代激素农药膨大剂。

包装规格：每瓶 60 粒，每盒 25 瓶，每箱 5 盒。

施药方式：小型喷雾器喷雾。适用于小面积试验。

用法用量：先将一粒本品加入 50g 水中充分搅动溶解，配制成母液，再将母液加入 15kg 水中二次稀释，即可喷雾。也可因地制宜加大浓度，浓度越大，效果越好，无副作用。一般在幼苗期喷第一次，间隔 7d 左右喷第二次、第三次。全生长期共喷 3 次即可。

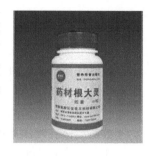

适用范围：山药、黄连、乌头、牛膝、防风、柴胡、太子参、大黄、当归、刺五加、人参、三七、独活、党参、白芷、川芎、龙胆、黄芩、丹参、地黄、板蓝根、天麻、北沙参、南沙参、半夏、甘草、白术、芍药、西洋参、何首乌、白首乌、红药子、白药子、防己、延胡索、升麻、威灵仙、续断、苍术、羌活、莪术、商陆、白蔹、白茅根、芦根、天南星、白头翁、前胡、三棱、黄芪等。

保质期：产品常温下保质期 3 年。乳液保质期 30d，稀释液保质期 60d。

22. 药材根大灵精品

本品可提升植株免疫力，化解输导管细胞液凝结物，畅通器官营养代谢路径，饱和营养供给可使药材主根粗壮，须根旺盛，高产优质。

产品亮点：本品无毒、无药害、无环境污染。取代激素农药膨大剂。

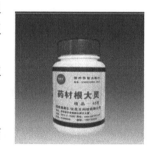

包装规格：每瓶净重 45g，每盒 25 瓶，每箱 5 盒。

施药方式：无人机航喷、弥雾机、滴灌、大型牵引式打药机喷雾。适用于大面积使用。

用法用量：先将本品加入 1kg 水中充分搅动溶解，配制成母液，再将 1kg 母液加入 2 500kg 水中二次稀释，即可使用。也可因地制宜加大浓度，浓度越大，效果越好，无副作用。一般在幼苗期喷第一次，间隔 7d 左右喷第二次、第三次。全生长期共喷 3 次即可。无人机航喷或弥雾机：将 1kg 母液加入 150kg 水中高温乳熔，即可弥雾。

适用范围：山药、黄连、乌头、牛膝、防风、柴胡、太子参、大黄、当归、刺五加、人参、三七、独活、党参、白芷、川芎、龙胆、黄芩、丹参、地黄、板蓝根、天麻、北沙参、南沙参、半夏、甘草、白术、芍药、西洋参、何首乌、白首乌、红药子、白药子、防己、延胡索、升麻、威灵仙、续断、苍术、羌活、莪术、商陆、白蔹、白茅根、芦根、天南星、白头翁、前胡、三棱、黄芪等。

保质期：产品常温下保质期 3 年。乳液保质期 30d，稀释液保质期 60d。

23. 药材壮茎灵胶囊

本品可提升植株免疫力，化解输导管细胞液凝结物，畅通器官营养代谢路径，促使药材茎壮皮厚、植株茂盛。

产品亮点：本品无毒、无药害、无环境污染。

包装规格：每瓶 60 粒，每盒 25 瓶，每箱 5 盒。

施药方式：小型喷雾器喷雾。适用于小面积试验。

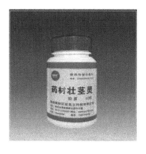

用法用量：先将一粒本品加入 50g 水中充分搅动溶解，配制成母液，再将母液加入 15kg 水中二次稀释，即可喷雾。也可因地制宜加大浓度，浓度越大，效果越好，无副作用。一般在幼苗期喷第一次，间隔 7d 左右喷第二次、第三次。全生长期共喷 3 次即可。

适用范围：山药、黄连、乌头、牛膝、防风、柴胡、太子参、大黄、当归、刺五加、人参、三七、独活、党参、白芷、川芎、龙胆、黄芩、丹参、地黄、板蓝根、天麻、北沙参、南沙参、半夏、甘草、白术、芍药、西洋参、何首乌、白首乌、红药子、白药子、防己、延胡索、升麻、威灵仙、续断、苍术、羌活、莪术、商陆、白蔹、白茅根、芦根、天南星、白头翁、前胡、三棱、黄芪等。

保质期：产品常温下保质期 3 年。乳液保质期 30d，稀释液保质期 60d。

24. 药材壮茎灵精品

本品可提升植株免疫力，化解输导管细胞液凝结物，畅通器官营养代谢路径，促使药材茎壮皮厚、植株茂盛。

产品亮点：本品无毒、无药害、无环境污染。

包装规格：每瓶净重 45g，每盒 25 瓶，每箱 5 盒。

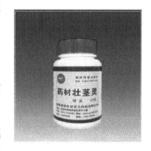

施药方式：无人机航喷、弥雾机、滴灌、大型牵引式打药机喷雾。适用于大面积使用。

用法用量：先将本品加入 1kg 水中充分搅动溶解，配制成母液，再将 1kg 母液加入 2 500kg 水中二次稀释，即可使用。也可因地制宜加大浓度，浓度越大，效果越好，无副作用。一般在幼苗期喷第一次，间隔 7d 左右喷第二次、第三次。全生长期共喷 3 次即可。无人机航喷或弥雾机：将 1kg 母液加入 150kg 水中高温乳熔，即可弥雾。

适用范围：山药、黄连、乌头、牛膝、防风、柴胡、太子参、大黄、当归、刺五加、人参、三七、独活、党参、白芷、川芎、龙胆、黄芩、丹参、地黄、板蓝根、天麻、北沙参、南沙参、半夏、甘草、白术、芍药、西洋参、何首乌、白首乌、红药子、白药子、防己、延胡索、升麻、威灵仙、续断、苍术、羌活、莪术、商陆、白蔹、白茅根、芦根、天南星、白头翁、前胡、三棱、黄芪等。

保质期：产品常温下保质期 3 年。乳液保质期 30d，稀释液保质期 60d。

25. 壮瓜蒂灵胶囊

本品可提高植物光合作用，提升植物免疫力，畅通营养代谢路径，促进瓜体发育壮大，降低落瓜率，优化瓜味品质。

产品亮点：本品无毒、无药害、无环境污染。取代激素农药膨大剂。

包装规格：每瓶 80 粒，每盒 25 瓶，每箱 5 盒。

施药方式：小型喷雾器喷雾。适用于小面积试验。

用法用量：先将一粒本品加入 50g 水中充分搅动溶解，配制成母液，再将母液加入 15kg 水中二次稀释，即可喷雾。也可因地制宜加大浓度，浓度越大，效果越好，无副作用。一般在花蕾期喷第一次，间隔 7d 左右喷第二次、第三次。全生长期共喷 3 次即可。

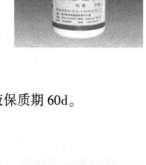

适用范围：南瓜、冬瓜、黄瓜、苦瓜、西葫芦、葫芦、佛手瓜、丝瓜、瓜蒌、木瓜、香瓜、甜瓜、伊丽莎白瓜、西瓜、哈密瓜、面瓜、乳瓜、美人瓜等。

保质期：产品常温下保质期 3 年。乳液保质期 30d，稀释液保质期 60d。

26. 壮瓜蒂灵精品

本品可提高植物光合作用，提升植物免疫力，畅通营养代谢路径，促进瓜体发育壮大，降低落瓜率，优化瓜味品质。

产品亮点：本品无毒、无药害、无环境污染。取代激素农药膨大剂。

包装规格：每瓶净重 45g，每盒 25 瓶，每箱 5 盒。

施药方式：无人机航喷、弥雾机、滴灌、大型牵引式打药机喷雾。适用于大面积使用。

用法用量：先将本品加入 1kg 水中充分搅动溶解，配制成母液，再将 1kg 母液加入 2 500kg 水中二次稀释，即可使用。也可因地制宜加大浓度，浓度越大，效果越好，无副作用。一般在花蕾期喷第一次，间隔 7d 左右喷第二次、第三次。全生长期共喷 3 次即可。无人机航喷或弥雾机：将 1kg 母液加入 150kg 水中高温乳熔，即可弥雾。

适用范围：南瓜、冬瓜、黄瓜、苦瓜、西葫芦、葫芦、佛手瓜、丝瓜、瓜蒌、木瓜、香瓜、甜瓜、伊丽莎白瓜、西瓜、哈密瓜、面瓜、乳瓜、美人瓜等。

保质期：产品常温下保质期 3 年。乳液保质期 30d，稀释液保质期 60d。

27. 壮果蒂灵胶囊

本品可提高植物光合作用，提升植物免疫力，畅通营养代谢路径，提高坐果率，提高果实吸水吸肥力度，促进果实发育膨大，优化果实天然品质。

产品亮点：本品无毒、无药害、无环境污染。取代激素农药膨大剂。

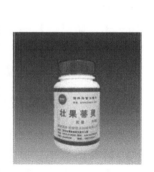

包装规格：每瓶 80 粒，每盒 25 瓶，每箱 5 盒。

施药方式：小型喷雾器喷雾。适用于小面积试验。

用法用量：先将一粒本品加入 50g 水中充分搅动溶解，配制成母液，再将母液加入 15kg 水中二次稀释，即可喷雾。也可因地制宜加大浓度，浓度越大，效果越好，无副作用。一般在花蕾期喷第一次，间隔 7d 左右喷第二次、第三次。全生长期共喷 3 次即可。

适用范围：蓝莓、黑莓、桑葚、覆盆子、葡萄、青提、红提、水晶葡萄、马奶子、蜜橘、砂糖橘、金橘、蜜柑、甜橙、脐橙、西柚、柚子、葡萄柚、柠檬、文旦、莱姆、桃（油桃、蟠桃、水蜜桃、黄桃）、李子、樱桃、杏、梅子、杨梅、西梅、乌梅、大枣、沙枣、海枣、蜜枣、橄榄、荔枝、龙眼（桂圆）、槟榔、苹果、梨（砂糖梨、黄金梨、莱阳梨、香梨、雪梨、香蕉梨）、蛇果、海棠果、沙果、柿子、山竹、黑布林、枇杷、杨桃、山楂、圣女果、无花果、白果、罗汉果、火龙果、牛油果、猕猴桃、菠萝、芒果、栗子、椰子、奇异果、芭乐、榴莲、香蕉、百合、莲子、石榴、核桃、拐枣等。

保质期：产品常温下保质期 3 年。乳液保质期 30d，稀释液保质期 60d。

28. 壮果蒂灵精品

本品可提高植物光合作用，提升植物免疫力，畅通营养代谢路径，提高坐果率，提高果实吸水吸肥力度，促进果实发育膨大，优化果实天然品质。

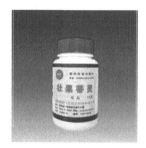

产品亮点：本品无毒、无药害、无环境污染。取代激素农药膨大剂。

包装规格：每瓶净重 45g，每盒 25 瓶，每箱 5 盒。

施药方式：无人机航喷、弥雾机、滴灌、大型牵引式打药机喷雾。适用于大面积使用。

用法用量：先将本品加入 1kg 水中充分搅动溶解，配制成母液，再将 1kg 母液加入 2 500kg 水中二次稀释，即可使用。也可因地制宜加大浓度，浓度越大，效果越好，无副作用。一般在花蕾期喷第一次，间隔 7d 左右喷第二次、第三次。全生长期共喷 3 次即可。无人机航喷或弥雾机：将 1kg 母液加入 150kg 水中高温乳熔，即可弥雾。

适用范围：蓝莓、黑莓、桑葚、覆盆子、葡萄、青提、红提、水晶葡萄、马奶子、蜜橘、砂糖橘、金橘、蜜柑、甜橙、脐橙、西柚、柚子、葡萄柚、柠檬、文旦、莱姆、桃（油桃、蟠桃、水蜜桃、黄桃）、李子、樱桃、杏、梅子、杨梅、西梅、乌梅、大枣、沙枣、海枣、蜜枣、橄榄、荔枝、龙眼（桂圆）、槟榔、苹果、梨（砂糖梨、黄金梨、莱阳梨、香梨、雪梨、香蕉梨）、蛇果、海棠果、沙果、柿子、山竹、黑布林、枇杷、杨桃、山楂、圣女果、无花果、白果、罗汉果、火龙果、牛油果、猕猴桃、菠萝、芒果、栗子、椰子、奇异果、芭乐、榴莲、香蕉、百合、莲子、石榴、核桃、拐枣等。

保质期：产品常温下保质期 3 年。乳液保质期 30d，稀释液保质期 60d。

29. 壮梢灵胶囊

本品可提升植株免疫力，化解输导管细胞液凝结物，使茶树壮梢催芽，梢芽茂盛。

产品亮点：本品无毒、无药害、无环境污染。

包装规格：每瓶 60 粒，每盒 25 瓶，每箱 5 盒。

施药方式：小型喷雾器喷雾。适用于小面积试验。

用法用量：先将一粒本品加入 50g 水中充分搅动溶解，配制成母液，再将母液加入 15kg 水中二次稀释，即可喷雾。也可因地制宜加大浓度，浓度越大，效果越好，无副作用。一般在幼苗期喷第一次，间隔 7d 左右喷第二次、第三次。全生长期共喷 3 次即可。

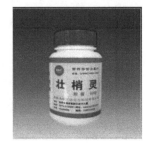

适用范围：茶叶树。

保质期：产品常温下保质期 3 年。乳液保质期 30d，稀释液保质期 60d。

30. 壮蒜灵胶囊

本品可提升植株免疫力，化解输导管细胞液凝结物，提高根系与杆径营养循环频率，提高大蒜发育质量，增加产量。

产品亮点：本品无毒、无药害、无环境污染。

包装规格：每瓶 60 粒，每盒 25 瓶，每箱 5 盒。

施药方式：小型喷雾器喷雾。适用于小面积试验。

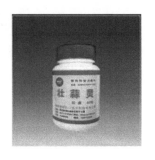

用法用量：先将一粒本品加入 50g 水中充分搅动溶解，配制成母液，再将母液加入 15kg 水中二次稀释，即可喷雾。也可因地制宜加大浓度，浓度越大，效果越好，无副作用。一般在幼苗期喷第一次，间隔 7d 左右喷第二次、第三次。全生长期共喷 3 次即可。

适用范围：大蒜、洋葱、小蒜等。

保质期：产品常温下保质期 3 年。乳液保质期 30d，稀释液保质期 60d。

31. 壮穗灵胶囊

本品可提升植株免疫力，化解输导管细胞液凝结物，畅通器官营养代谢路径，提高穗类作物授粉、受精、灌浆质量，增加千粒重。

产品亮点：本品无毒、无药害、无环境污染。

包装规格：每瓶 60 粒，每盒 25 瓶，每箱 5 盒。

施药方式：小型喷雾器喷雾。适用于小面积试验。

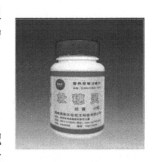

用法用量：先将一粒本品加入 50g 水中充分搅动溶解，配制成母液，再将母液加入 15kg 水中二次稀释，即可喷雾。也可因地制宜加大浓度，浓度越大，效果越好，无副作用。一般在幼苗期喷第一次，间隔 7d 左右喷第二次、第三次。全生长期共喷 3 次即可。

适用范围：玉米、麦子、水稻、芝麻、高粱、向日葵、油菜、燕麦、荞麦、谷子、薏米等。

保质期：产品常温下保质期 3 年。乳液保质期 30d，稀释液保质期 60d。

32. 壮叶灵胶囊

本品可提升植株免疫力，化解输导管细胞液凝结物，畅通器官营养代谢路径，促进叶片良性发育。

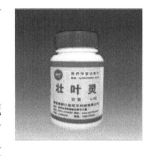

产品亮点：本品无毒、无药害、无环境污染。

包装规格：每瓶 60 粒，每盒 25 瓶，每箱 5 盒。

施药方式：小型喷雾器喷雾。适用于小面积试验。

用法用量：先将一粒本品加入 50g 水中充分搅动溶解，配制成母液，再将母液加入 15kg 水中二次稀释，即可喷雾。也可因地制宜加大浓度，浓度越大，效果越好，无副作用。一般在幼苗期喷第一次，间隔 7d 左右喷第二次、第三次。全生长期共喷 3 次即可。

适用范围：甘蓝、芥菜、芹菜、黄花、大白菜、莛莲、茼蒿、大青菜、韭菜、蕹菜、菠菜、油麦菜、香菜等各种叶类蔬菜，桑叶等各种叶类药材，卷烟、烤烟等各种烟叶。

保质期：产品常温下保质期 3 年。乳液保质期 30d，稀释液保质期 60d。

第四节　壮蒂灵产品可取代激素农药膨大剂

膨大剂是对植物可起到助长、速长作用，化学名称叫细胞激动素，属于植物激素类物质。常见膨大剂有氯吡脲，属苯脲类物质，主要是刺激细胞分裂素的物质，在促进细胞分裂和增大的同时，也会出现畸形果、果品贮藏期变短等问题。

壮蒂灵是一种植物活性调理剂，可使果实把柄变粗，水分和营养输送流畅，提高营养流量，促进果实发育和膨大，不刺激细胞，无毒，用后无不良反应，成功代替了农药膨大剂和激素。本品不含化学农药、肥料或细胞分裂素成分，可激活植物生长的正能量，拓宽植物导管路径，提升植物吸水吸肥能力，提升果实产量和质量，降低落果率，降低裂果、僵果、畸形果发生率。

决定棉花丰产的主要因素不只是棉田的施肥量多大，而是棉桃发育所需要营养量能否达到饱和状态。肥料含有棉株所必需的各种养分，这些养分既能改善光合作用的性能，提高光合作用的效率，同时也参与植物组织的合成。在一般的自然条件下，棉株对养分的需求总是处在饥饿状态。随着棉桃的膨大，棉株对养分的吸收量也会相应增加。但是，我国每年投入化肥的养分的利用率仅为 35% 左右，而 65% 的肥料养分碍于植物吸收和挥发浪费了，针对这一问题，陕西省渭南高新区怀碧植保品厂研制成功的阳离子活性剂"棉花壮蒂灵"，可帮助棉桃吸收碳、氢、氧、氮、磷、钾、钙、镁、硅、硫、铁、铜、锌、锰、钼、氯、硼等植物生存所必需的营养元素，利用率由 35% 提高到 85%~95%。棉花壮蒂灵能使棉株输导管迅速变粗，大大提高棉桃的吸收养分、水分的能力，满足棉蕾、铃、桃的发育需求，有效避免氮的挥发、氮和钾的流失等损失和浪费。棉株吸收养分的能力与棉株的重量和环境中养分或阳光的分布状态成正比，与环境对棉株获取阳光和养分的阻碍程度呈反比，与棉株的内在特质有关。这就是植物的万有引力定律。植物转化的光能远比维持自身生活所需要的能量多，它们多半把多余的能量用于制造新的组织，使自己不断地长高长大，以便在竞争中获取更多的阳光、水分和肥料。棉株转化光能的效率越高，生长就越快，其吸收养分的能力越强。由于棉株对阳光吸收能力的强弱与叶表积等有关，叶子和根系越多，棉株吸收阳光、吸取养分和转化的能量就多，棉株的吸肥力就越强，植物光合作用的速率就达最高值，棉田就不易出现落蕾、落铃、落桃等现象，棉农就可低投入高产出，丰产又丰收。棉花壮蒂灵研制成功与应用，标志着我国棉花生产进入一个新的转型期。

第五节　壮蒂灵产品可取代植物生长调节剂

植物生长调节剂是一类与植物激素具有相似生理和生物学效应的物质。现已发现具有调控植物生长和发育功能物质有胺鲜酯、氯吡脲、复硝酚钠、生长素、赤霉素、乙烯、细胞分裂素、脱落酸、油菜素内酯、水杨酸、茉莉酸、多效唑和多胺等。如果使用上出现不规范，可能会使作物过快增长，或者使生长受到抑制，甚至死亡。对农产品的品质会有一定影响，并且会对人体健康产生危害。

壮蒂灵是通过刺激植物细胞信号反应，激活内源激素和信号传导感应，诱导营养输送方向，物理调控植物的生长发育。壮蒂灵的能量转换因子能够抑制植物体内的乙烯生成，从而延缓果实的生长和成熟过程，同时修复变异细胞成为原生态细胞，合理匹配调节植物生长。壮蒂灵施药环境和剂量大小无严格要求，两者均不会产生药害或副作用。

第六节　促花王棉花打顶剂可代替传统器械或人工打顶

目前棉花化控使用的农药多为液体，其作用机理是杀伤棉株顶端活细胞致其停止生长，虽然破坏式控制了棉花顶梢的疯长现象，代替了人工打顶，但严重破坏了植物生理系统功能的正常工作，威胁棉株正常的生长，使用不当会造成大面积药害，有些化控产品对棉花病虫害的天敌杀伤力也相当惊人，助长了棉花病虫害的泛滥。大面积使用化控农药也会导致植物顶梢营养转向侧枝使其疯狂旺长，且叶片肥大，占领了棉株间距空间，封闭了植物呼吸、透光、通风、散热通道，导致高温败育。稍有不慎（如缩节胺用量过大）就会造成严重落花落果，对棉花的纤维品质和产量造成影响。

促花王棉花打顶剂是一种非农药粉剂。其主要成分可使棉株的光合产物向下输送，引导植物生长机能向生殖机能转化，迫使棉花顶部营养回流到棉桃发育，弱化顶部优势直至顶尖停止生长，从而达到封顶的目的。

第七节 试验报告和论文汇编

促花王棉花塑型免打顶 2018 年大数据采集报告

刘　政　王振辉　冯丽凯　赵　静　孙　艳

（新疆农垦科学院植物保护研究所，新疆石河子　832000）

新疆是我国最大的棉花产区，在约 670 万 hm^2 耕地中，棉花种植面积达 160 多万 hm^2。经过十几年的持续发展，新疆棉花产业已经成为当地国民经济发展的支柱产业之一。从 1993 年开始，新疆棉花面积、单产、总产、质量、调出量都始终保持全国第一。2012 年新疆棉花总产量预计达 308 万 t，增长 6.4%，首次超过全国棉花总产量的一半。2017 年 12 月 18 日国家统计局发布全国棉花产量的公告显示：2017 年新疆棉花播种面积为 1 963.1 km^2，产量达 408.2 万 t，全国棉花播种总面积为 3 229.6 km^2，总产量为548.6 万 t，新疆棉花分别占全国棉花的播种面积和产量的 60.78% 和 74.41%。

新疆及兵团棉花在生产过程中，从耕地、施肥、播种、除草、灌溉到采收等环节已经基本上实现了机械化，耕种收综合机械化水平达到 93% 以上，但田间打顶工作仍然以人工操作为主，机械化程度相对滞后。近几年随着经济的发展，新疆棉花生产中人工打顶的用工紧缺和价格上涨的矛盾日益凸显，寻求一种能替代棉花人工打顶的生产方式已迫在眉睫。

采用化学打顶药剂加农机具使用的方式将能解决劳动力短缺和人工打顶的弊端，有效提高了劳动效率，减轻了劳动强度，大大降低了植棉成本，并可显著提高棉花打顶的时效性，利用生物制剂对棉花进行化学打顶是当前最有前景的方法。

本试验所用棉花"促花王"打顶塑型剂旨在利用植物营养调节因子强制弱化或抑制棉花顶部优势，继而控制棉花的无限生长习性，此外，本产品可降低棉花果枝长度、使叶缺加深、叶面积减小，起到"塑身"效果。避免棉花生长后期棉田郁闭而造成棉花早衰、底部棉铃霉变，从而增强棉田通透性，利于棉铃的生长发育，为棉农增产增收提供有力的技术支持。

1　试验条件

1.1　试验地点

试验地点分别有：新疆农垦科学院试验地（三轮 10 号地、1 号试验地）、145 团 6分场 2 连、芳草湖农场、133 团、135 团、143 团、142 家庭农场。

种植条件：各试验点内处理与人工打顶种植棉花品种统一（各试验点之间根据不同地理条件选择不同品种）。

栽培模式：均为 1 膜 6 行，各试验点地块水肥管理、病虫害防治水平一致。

1.2　试验材料及喷药方法

供试药剂：由陕西渭南高新区促花王科技有限公司提供棉花打顶塑型剂。

施药规程：如表 1 所示。

表1　促花王棉花打顶塑型剂使用时间和用法

喷施时间	喷施方法	喷施量	加派翁（缩节胺）
第一次（7月5日至10日） 第二次（7月15日至20日） 第三次（7月25日至31日）	机车平喷	15g/亩*， 兑水30~ 40kg	根据棉花的不同长势， 决定每亩地喷施剂量

＊亩为非法定单位，15亩=1公顷。全书同。

1.3　试验调查方法

棉花农艺性状调查：在喷施完第三次后7~15d，在各试验点调查各处理和人工打顶棉田，在棉田中部区域（避免边际效应）随机选取3个点，在各点分别选有代表性的健康植株10株（内外行各5株），调查棉株的株高（子叶节到主茎顶端的长度）、果枝台数、单株结铃数、果枝长度、棉叶情况（分别对倒2、倒4和倒6台果枝的功能叶片进行测定其叶缺深、大小、形状）。

抗早衰根据田间棉花长势情况而定，具体定级标准为：

+：80%叶片泛绿，有10%棉叶出现枯黄；

++：80%叶片泛绿，有5%~10%棉叶出现枯黄；

+++：90%叶片泛绿，有5%以下棉叶出现枯黄；

棉花产量及品质调查：各处理分别收获30个正常吐絮铃进行室内考种，其中下部1~3果枝10个铃，中部4~6果枝10铃，上部7以上果枝10铃，测定衣分（30铃皮棉重/30铃籽棉重）、单铃重。检测对各试验点棉花绒长。

1.4　数据分析方法

试验数据统一采用SPSS 22.0软件进行分析。

2　试验结果与分析

2.1　促花王对棉花农艺性状的影响

表2为各试验点棉花农艺性状调查结果，由表2可以得知：

（1）使用促花王棉花打顶剂后株高较人工打顶增高，其中最为显著的为试验点1号（84.77cm）与7号（72.00cm）。

表2　不同打顶方式对棉花长势的影响

地点	处理	株高 （cm）	始节高 （cm）	果枝数 （台）	单株铃数 （个/株）	叶片数 （片）	抗早衰 情况
试验场三轮10 号地（编号：1）	促花王	84.77±1.28a	19.27±0.80	12.20±0.23	8.77±0.50	19.07±1.01a	++
	人工打顶	64.73±1.62	21.53±0.94	8.60±0.32	7.60±0.45	16.93±0.60	+
试验场1号试 验地（编号：2）	促花王	77.28±1.54	19.87±0.94	10.87±0.29	7.80±0.52	28.60±1.01	+
	人工打顶	74.80±1.79	20.97±0.86	8.73±0.24	9.20±0.42	28.83±1.24	+
133团 （编号：3）	促花王	57.77±0.84	17.77±0.85	10.00±0.25	6.90±0.39	22.53±0.98	+++
	人工打顶	58.10±1.35	15.40±0.67	8.90±0.26	6.30±0.28	21.77±0.79	+
芳草湖农场 （编号：4）	促花王	67.70±1.43	17.87±0.79	11.80±0.28	7.53±0.42	28.97±1.19a	++
	人工打顶	51.70±1.42	19.20±0.87	8.40±0.33	6.57±0.49	21.97±1.20	+
143团15连 （编号：5）	促花王	71.90±0.99	22.97±0.97	10.70±0.27a	6.50±0.33	24.50±1.57	+++
	人工打顶	75.03±1.22	22.87±1.32	8.90±0.18	5.57±0.33	23.87±1.25	+

（续表）

地点	处理	株高（cm）	始节高（cm）	果枝数（台）	单株铃数（个/株）	叶片数（片）	抗早衰情况
135 团（编号：6）	促花王	72.00±1.73a	17.30±0.97	12.53±0.31a	6.90±0.51a	27.10±1.20	+++
	人工打顶	67.40±1.07	16.97±0.95	9.80±0.23	6.03±0.32	23.00±0.97	+
145 团六分场 2 连（编号：7）	促花王	73.20±1.70	16.57±1.07	11.83±0.30	8.83±0.56	22.63±1.67	++
	人工打顶	63.48±1.35	18.18±0.74	9.97±0.26	7.60±0.54	22.33±1.77	+

注：小写字母表示显著差异水平在 0.05 以下。

（2）喷施促花王与人工打顶相比，各试验点始节高均无显著差异。

（3）在果枝数上，促花王打顶果枝台数明显较人工打顶数量增加，其中 7 号点（12.53 台）最为显著。

（4）单株铃数，使用促花王打顶剂的试验点 1、3、4、5、6、7，均较人工打顶数量多，试验 2 相差不显著。

（5）使用促花王打顶的棉株叶片总数较人工打顶多，其中 1 号（19.07 片）、4 号（28.97 片）试验点表现较为显著，其余点无显著差异。

结果表明，促花王棉花打顶剂在抑制顶端优势的同时，能够持续将营养生长向生殖生长安全转化，对棉花长势具有一定的促进作用。

2.2 促花王对棉花塑型效果的影响

表 3 为促花王塑型剂对棉花塑型效果影响，由表 3 可知：

（1）喷施促花王塑型剂的棉花果枝长度（倒 2、倒 4 果枝）均较人工打顶果枝短，其中 1、2、5 号试验点表现较为显著，而其他试验点表现差异不明显，说明促花王在一定程度上可缩短果枝长度，降低棉株所占用空间，有利于棉田内部通风透气。

（2）喷施促花王的叶缺深较人工打顶深，其中试验点 1、3、5、7 分别在倒 2、倒 4 与倒 6 果枝功能叶均有显著差异，这也说明同一品种棉花在使用促花王后叶片出现不同程度缺深，有助于缩小棉株叶片面积占用的环境空间，进而提高了棉田光照透射、通气能力，有助于棉花光合作用，提高养分利用率，最终取得一定的增产作用。

（3）在各试验点，喷施促花王的倒 2 与倒 4 台果枝功能叶面积普遍较人工打顶叶面积小，如 1 号与 2 号试验点，人工打顶的倒 2 台果枝功能叶面积分别为 172.23cm^2 与 158.99cm^2，比喷施促花王后的 158.40cm^2 与 100.88cm^2 增大，差异显著，其他试验点则无显著差异。而倒 6 台果枝功能叶面积表现不一，2 号与 6 号试验点表现出相反的结果，在棉田实际生产中，倒 6 台果枝功能叶处于棉株下部，在棉花生长后期，其功能发挥主要取决于中上部叶片的通气透光良好，因此，喷施促花王后，倒 2 与倒 4 台果枝功能叶面积变小有利于整株棉花后期营养的维持，促花王对棉株的塑型具有一定的促进作用。

2.3 促花王对棉花产量及品质的影响

表 4 为 2 种打顶方式对棉花产量及品质的影响，由表 4 可以得知：

（1）在多数试验点，喷施促花王后，棉花单铃重普遍在 6.0g 左右，其中在 142 团家庭农场，单铃重高达 6.8g，而人工打顶在 7 号试验地单铃重为 7.8g，其他试验点均在 5.0g 左右，说明喷施促花王大多数有利于棉花增产。

表3 不同打顶方式对棉花塑型效果的影响

试验地点	处理	果枝长度（cm）			叶面积（cm²）			叶缺深（cm）		
		倒2	倒4	倒6	倒2	倒4	倒6	倒2	倒4	倒6
试验场三轮10号地（编号：1）	促花王	2.39±0.19	3.15±0.33	3.12±0.30	158.40±5.13	171.87±6.18	156.93±6.90	2.36±0.14	2.94±0.30a	2.29±0.19
	人工打顶	3.73±0.27a	5.77±0.61a	8.68±0.76a	172.23±7.84a	180.63±7.18	150.53±6.17	2.63±0.20	2.19±0.14	1.66±0.12
试验场1号试验地（编号：2）	促花王	4.44±0.39	8.03±0.71	10.15±0.79	100.88±4.81	121.06±7.12	114.48±5.53	2.52±0.07	2.62±0.12	2.33±0.09
	人工打顶	6.79±0.67a	8.77±0.93	10.32±0.93	158.99±8.20a	177.77±7.76	154.41±8.71a	2.14±0.10	2.07±0.12	1.84±0.13
133团（编号：3）	促花王	3.18±0.20	6.68±0.47	9.87±0.47	92.69±3.16	102.73±4.15	107.40±4.02	1.71±0.97	1.69±0.10	1.69±0.10a
	人工打顶	8.58±0.53a	9.72±0.76a	11.04±0.69	123.93±4.77	129.73±4.07	119.03±4.87	1.35±0.11	0.99±0.07	0.87±0.10
芳草湖农场（编号：4）	促花王	5.38±0.32	7.57±0.57	9.20±0.48	114.88±6.50	133.68±3.57	142.68±6.47	1.64±0.08	1.58±0.09	1.17±0.09
	人工打顶	6.65±0.51	9.00±0.64	8.57±0.60	128.62±4.05	129.04±5.99	109.43±4.11	1.17±0.07	0.88±0.06	0.65±0.07
143团15连（编号：5）	促花王	4.30±0.50	7.02±0.46	7.17±0.55	103.87±4.35	103.26±5.10	88.52±8.45	1.18±0.05a	0.90±0.06	0.86±0.10
	人工打顶	10.37±0.81a	12.02±0.92a	11.73±0.60	121.33±7.63	133.42±7.80	127.43±8.49	0.54±0.07	0.63±0.09	0.73±0.08
135团（编号：6）	促花王	6.43±0.33	9.17±0.45	10.48±0.44	122.47±6.09	142.97±5.82	143.80±8.31a	1.44±0.06	1.43±0.10a	1.23±0.07
	人工打顶	6.90±0.44	11.27±0.70	12.00±0.49	113.47±3.78	140.67±4.51	125.60±5.72	0.89±0.07	0.94±0.06	0.71±0.07
145团六分场2连（编号：7）	促花王	5.57±0.36	9.75±0.45	10.54±0.65	114.25±7.74	120.86±5.13	115.40±10.89	2.27±0.28a	1.82±0.12	1.62±0.19
	人工打顶	6.59±0.33	8.49±0.56	10.69±0.57	131.48±9.17	131.53±5.99	133.46±6.59	1.33±0.15	1.25±0.15	1.19±0.18

注：小写字母表示显著差异水平在0.05以下。

表4 不同打顶方式对棉花产量及品质的影响

地点	处理	籽棉重(g/30个)	皮棉重(g/30个)	单铃重(g)	衣分(%)	绒长(mm)	理论株数(株/亩)	理论产量(kg/亩)	增减(kg/亩)
试验场三轮10号地(编号:1)	促花王	160.45	67.60	5.3	42	30.8	12 000	557.77	+56.17
	人工打顶	165.83	69.12	5.5	42	29.0	12 000	501.60	–
试验场1号试验地(编号:2)	促花王	179.66	78.44	6.0	44	31.0	9 500	444.60	-53.58
	人工打顶	171.57	70.56	5.7	41	30.4	9 500	498.18	–
133团(编号:3)	促花王	181.24	83.44	6.0	46	31.0	11 800	438.52	+51.95
	人工打顶	155.31	72.72	5.2	47	32.2	11 800	386.57	–
芳草湖农场(编号:4)	促花王	185.93	79.31	6.2	43	31.6	11 500	536.89	+68.45
	人工打顶	184.76	81.18	6.2	44	31.2	11 500	468.44	–
143团15连(编号:5)	促花王	153.38	69.02	5.1	45	31.8	12 200	404.43	+52.23
	人工打顶	128.57	54.72	4.3	43	30.8	12 200	352.20	–
135团(编号:6)	促花王	156.01	71.76	5.2	46	33.2	12 600	452.09	+64.6
	人工打顶	153.67	74.18	5.1	48	30.6	12 600	387.49	–
145团六分场2连(编号:7)	促花王	168.38	78.47	5.3	47	32.2	12 100	502.14	+23.95
	人工打顶	156.87	69.03	5.2	44	30.4	12 100	478.19	–
142团家庭农场	促花王	203.03	91.99	6.8	45	34.0	10 300	609.35	+161.30
	人工打顶	174.03	71.35	5.8	41	25.0	10 300	448.05	–

（2）在1、3、4、5、6号试验点，喷施促花王与人工打顶相比，衣分相差不大，而在2、7号试验点与142家庭农场，喷施促花王后，衣分则显著高于人工打顶，表明促花王有利于提高棉花效益，增加棉农收入。

（3）从表4中可以看出，喷施促花王后，大多试验点棉花绒长普遍在31mm及以上，最高出现在142团家庭农场为34mm，而人工打顶的棉花绒长则在30mm左右，说明喷施促花王有利于增加棉花绒长，对棉花品质起到一定提高作用。

3 结论与讨论

3.1 结论

从试验结果分析，初步得到以下结论：

（1）促花王对棉花长势有一定的促进作用，可增加棉花株高与果枝台数，单株棉花叶片总数也有所增加，相对于人工打顶，有较好的抗早衰作用。而在始节高与单株铃数，两者无较显著差异。

（2）促花王对棉株具有塑型作用，其中表现在果枝长度、叶缺深与功能叶面积，喷施促花王后，果枝长度缩短，叶缺深加深，功能叶面积减小，对大田中棉花通风透光有促进作用，可以直接提高棉花产量及质量。

（3）促花王对提高棉花产量与品质有良好效果，表现在单龄重、衣分和绒长，喷施促花王后，平均单龄重有所增加，绒长也有显著提高的现象。

3.2 讨论

近年来，化学封顶作为一项高效、节约成本的化控技术，引起了新疆地方和建设兵团植棉团场的高度重视。目前，市场上打顶剂种类繁多，众说纷纭。本试验旨在探究促花王对棉花长势、塑型、产量及品质的影响，真正做到节本增效，提高植棉者收入，为保障新疆社会稳定、促进团场改革提供一定的技术支撑。

在试验过程中，由于新疆棉区地域差距大，生态多样。不同地区，植棉户在品种选择、栽培管理、病虫害防控及后期的采摘等方面均存在不同程度的差异，因此，本试验所选择的试验点也均在考虑范围，结果已初步显出了促花王对棉花长势、塑型、产量与品质具有较好的促进作用。但因在实施过程中存在的不可避免的因素而造成的误差，仍需在后续的试验过程中完善弥补。

促花王棉花塑型免打顶剂作为一项新型简化植棉的措施，对新疆棉区棉花全程机械化发展具有重要的现实意义，在进一步明确其技术效果的同时需要综合考虑气候、品种等多个因素，以提高产量和不影响品质为目标，完善配套技术规程，使其早日成为新疆棉花全程机械化的常规措施。

委托单位：陕西渭南高新区促花王科技有限公司

承担单位：新疆农垦科学院植物保护研究所

试验地点：新疆生产建设兵团团场共计8个试验地点

总负责人：刘　政

技术负责人：王振辉

参加人员：冯丽凯、赵　静、孙　艳

（报告完成日期：2018年9月20日）

附表：调查数据汇总

农试场10号地	处理(1:促花王; 2:人工)	株高(cm)	始节高(cm)	果枝台数	铃数(个)	叶片数(片)	果枝长度(cm)			叶面积(cm²)			叶缺深(cm)		
							倒2	倒4	倒6	倒2	倒4	倒6	倒2	倒4	倒6
	边行1	1	87	26	11	5.0	24	5.0	6.5	10.0	180	192	208	1.8	2.5	2.6
	边行2	1	88	20	11	6	15	2.0	3.0	4.0	165	238	180	2.6	5.0	1.4
1	边行3	1	84	24	10	4	28	7.0	11.0	3.0	208	180	64	2.8	1.5	0.4
	边行4	1	90	16	12	7	25	2.0	4.0	4.0	154	221	238	1.8	2.0	2.3
	边行5	1	105	27	13	11	24	2.5	4.5	4.0	176	165	182	1.5	8.0	6.0
	边行1	1	90	16	13	9	20	1.8	3.0	2.5	104	180	221	3.6	6.0	2.0
	边行2	1	85	22	12	10	19	2.0	3.5	3.0	192	180	99	4.0	2.4	0.8
2	边行3	1	86	20	13	6	16	3.0	2.5	3.0	126	204	168	1.9	1.9	2.2
	边行4	1	81	12	14	8	15	2.5	4.0	3.0	192	192	168	2.6	2.4	2.0
	边行5	1	93	15	13	14	26	2.0	3.0	3.0	120	130	170	2.6	5.0	4.0
	边行1	1	79	23	13	8	17	3.0	4.0	3.0	143	210	143	3.8	6.0	2.0
	边行2	1	77	22	11	7	17	2.0	3.5	3.0	176	204	156	1.6	2.7	1.8
3	边行3	1	80	18	11	7	15	2.0	3.0	3.0	165	180	120	3.0	2.0	2.0
	边行4	1	80	20	13	8	18	2.0	2.0	3.0	140	160	99	2.7	2.0	1.0
	边行5	1	75	19	11	6	18	2.0	3.0	3.0	165	180	108	2.0	2.2	2.1

（续表）

农试场10号地	处理（1:促花王;2:人工）	株高（cm）	始节高（cm）	果枝台数	铃数（个）	叶片数（片）	果枝长度（cm） 倒2	倒4	倒6	叶面积（cm²） 倒2	倒4	倒6	叶缺深（cm） 倒2	倒4	倒6
1	中行1	1	100	21	14	14	31	3.0	2.0	2.0	140	140	192	3.0	4.0	3.0
	中行2	1	82	18	11	11	23	2.0	3.0	6.0	182	208	180	2.5	3.0	3.0
	中行3	1	82	19	12	9	25	2.0	3.0	3.0	176	195	168	1.5	2.0	3.0
	中行4	1	92	22	14	14	31	2.0	3.0	3.0	192	195	208	1.5	2.0	3.0
	中行5	1	93	10	14	13	21	2.0	2.0	5.0	165	130	168	1.5	2.0	3.0
2	中行1	1	75	10	13	12	16	2.0	3.0	2.0	195	180	132	3.0	2.5	2.5
	中行2	1	80	12	12	9	13	2.0	2.0	2.0	156	160	130	1.5	1.0	1.5
	中行3	1	78	20	12	10	18	2.0	2.0	2.0	120	150	156	1.5	1.5	2.0
	中行4	1	80	20	12	7	13	2.0	2.0	2.0	156	176	140	1.5	2.0	2.5
	中行5	1	84	22	14	11	18	2.0	2.0	2.0	99	150	150	3.0	3.0	1.5
3	中行1	1	87	22	11	8	16	2.0	2.0	2.0	165	156	165	1.5	3.0	1.5
	中行2	1	88	25	12	7	12	2.0	2.0	2.0	130	120	130	3.0	1.5	2.0
	中行3	1	82	16	9	7	13	2.0	2.0	2.0	180	180	165	1.5	1.0	3.0
	中行4	1	80	22	12	7	12	2.0	2.0	2.0	160	90	150	3.0	4.0	1.5
	中行5	1	80	19	13	8	13	2.0	2.0	2.0	130	110	150	3.0	4.0	3.0

（续表）

农试场10号地	边行	处理（1:促花王;2:人工）	株高（cm）	始节高（cm）	果枝台数	铃数（个）	叶片数（片）	果枝长度（cm） 倒2	倒4	倒6	叶面积（cm²） 倒2	倒4	倒6	叶缺深（cm） 倒2	倒4	倒6
1	边行1	2	64	14	10	5	22	3.0	10.0	15.0	130	99	168	3.0	1.6	2.0
	边行2	2	58	23	8	6	17	3.0	6.0	13.0	224	240	130	3.5	2.4	1.1
	边行3	2	65	15	12	10	22	4.0	3.0	6.0	108	252	256	2.2	3.0	3.0
	边行4	2	72	18	12	4	18	5.0	7.0	11.0	120	182	168	1.4	3.0	1.4
	边行5	2	59	16	10	7	17	3.0	4.0	10.0	221	195	168	1.8	0.6	1.8
2	边行1	2	64	21	8	6	18	5.0	4.0	10.0	272	224	144	4.0	3.0	1.3
	边行2	2	68	24	11	6	21	2.5	4.0	11.0	168	208	168	2.6	2.8	1.9
	边行3	2	63	20	8	4	11	3.0	11.0	11.0	165	168	120	2.0	1.4	0.8
	边行4	2	74	24	9	8	18	3.0	6.0	6.0	208	221	120	2.8	2.6	1.0
	边行5	2	73	18	9	7	19	2.5	10.0	15.0	195	210	168	2.0	1.3	1.1
3	边行1	2	67	25	7	8	17	3.0	4.0	6.0	156	210	143	6.0	2.2	1.7
	边行2	2	61	22	9	6	14	4.0	4.0	8.0	156	224	49	5.0	2.6	0.4
	边行3	2	63	26	9	8	20	6.0	4.0	7.0	192	182	182	2.3	1.6	1.8
	边行4	2	67	35	8	6	21	3.0	14.0	16.0	266	143	195	2.4	2.3	1.6
	边行5	2	80	31	11	9	13	2.0	3.0	3.5	150	238	150	1.8	2.4	2.0

（续表）

农试场10号地	处理(1:促花王; 2:人工)	株高(cm)	始节高(cm)	果枝台数	铃数(个)	叶片数(片)	果枝长度(cm) 倒2	倒4	倒6	叶面积(cm²) 倒2	倒4	倒6	叶缺深(cm) 倒2	倒4	倒6
1 中行1	2	65	24	8	8	15	2.0	4.0	6.0	165	165	132	1.5	3.0	1.0
中行2	2	54	20	8	5	11	4.0	15.0	10.0	180	156	143	1.5	1.5	1.5
中行3	2	55	22	7	7	15	3.0	3.0	10.0	195	130	140	3.0	1.5	1.5
中行4	2	50	21	6	6	17	4.0	8.0	16.0	130	130	165	1.0	4.0	1.5
中行5	2	40	13	6	6	14	8.0	10.0	5.0	204	143	143	1.0	1.0	1.5
2 中行1	2	73	20	8	11	19	6.0	6.0	12.0	160	216	168	3.0	2.0	2.5
中行2	2	63	26	8	7	21	3.0	4.0	5.0	130	180	156	4.0	1.5	1.5
中行3	2	58	25	6	6	13	4.0	3.0	5.0	140	208	180	1.5	1.5	1.0
中行4	2	64	20	7	6	13	2.0	4.0	13.0	160	165	150	2.5	2.0	3.0
中行5	2	82	29	8	13	15	2.0	4.0	2.0	221	176	160	3.0	2.5	3.0
3 中行1	2	60	23	8	10	20	4.0	4.0	5.0	210	168	150	3.0	2.0	1.5
中行2	2	70	12	11	14	19	6.0	3.0	12.0	120	156	120	3.0	3.0	1.0
中行3	2	65	23	6	9	12	6.0	4.0	4.0	110	180	120	2.5	3.0	3.0
中行4	2	66	16	9	10	19	4.0	4.0	4.0	143	130	130	2.5	1.5	1.5
中行5	2	79	20	11	10	17	2.0	3.0	3.0	168	120	130	3.0	3.0	2.0

农试场14号地	处理(1:促花王; 2:人工)	株高(cm)	始节高(cm)	果枝台数	铃数(个)	叶片数(片)	果枝长度(cm)			叶面积(cm²)			叶缺深(cm)		
							倒2	倒4	倒6	倒2	倒4	倒6	倒2	倒4	倒6
1	边行1	1	70	25	6	6	36	7.0	11.0	12.0	165	204	165	1.4	1.7	1.1
	边行2	1	40	13	5	2	20	3.0	9.0	6.0	120	96	72	0.8	0.8	0.5
	边行3	1	50	19	8	6	29	16.0	17.0	8.0	208	180	81	1.5	1.4	0.4
	边行4	1	44	20	8	3	28	6.0	7.0	7.0	88	90	88	0.5	0.7	0.6
	边行5	1	54	23	6	6	26	4.0	4.0	8.0	132	121	99	1.4	1.0	0.9
	中行1	1	50	21	6	5	27	13.0	14.0	12.0	180	110	168	2.2	1.5	1.5
	中行2	1	56	18	7	6	22	13.0	13.0	8.0	120	130	120	2.5	2.0	1.5
	中行3	1	42	15	8	5	24	7.0	12.0	10.0	110	117	88	2.2	2.2	2.0
	中行4	1	40	16	6	4	22	6.0	10.0	5.0	130	108	120	2.0	2.8	2.5
	中行5	1	51	17	8	7	32	3.0	3.0	11.0	165	143	156	2.5	1.5	1
2	边行1	1	55	16	9	7	40	10.0	5.0	11.0	90	130	130	1.5	1.5	2.0
	边行2	1	50	15	8	7	37	11.0	9.0	13.0	130	130	154	3.0	2.5	1.0
	边行3	1	58	18	14	9	43	18.0	15.0	11.0	168	154	140	2.0	2.0	1.5
	边行4	1	52	15	11	5	41	13.0	5.0	13.0	120	130	120	2.5	2.0	1.5
	边行5	1	50	20	7	4	18	12.0	11.0	10.0	132	140	143	3.0	1.5	1.0
	中行1	1	60	25	9	4	33	5.0	9.0	15.0	176	160	165	0.8	1.3	1.5
	中行2	1	54	23	8	4	34	8.0	5.0	8.0	143	130	117	1.0	0.6	0.8
	中行3	1	60	20	8	3	27	9.0	12.0	9.0	140	130	56	1.2	1.2	0.4
	中行4	1	70	23	11	7	38	4.0	16.0	3.0	192	42	300	1.6	0.5	1.5
	中行5	1	57	23	9	5	38	10.0	11.0	13.0	150	208	126	1.0	0.6	0.8

（续表）

农试场14号地	处理 (1: 促花王; 2: 人工)	株高 (cm)	始节高 (cm)	果枝台数	铃数 (个)	叶片数 (片)	果枝长度 (cm)			叶面积 (cm²)			叶缺深 (cm)		
							倒2	倒4	倒6	倒2	倒4	倒6	倒2	倒4	倒6
3	边行1	1	65	23	7	3	25	11.0	13.0	15.0	165	130	120	2.5	3.0	1.0
	边行2	1	63	16	8	6	26	15.0	7.0	10.0	140	130	120	2.5	3.0	1.5
	边行3	1	64	20	9	6	31	7.0	3.0	14.0	180	180	130	2.6	1.0	1.5
	边行4	1	56	15	10	5	28	5.0	15.0	13.0	150	108	120	3.0	1.5	1.5
	边行5	1	50	20	8	3	24	6.0	11.0	9.0	120	80	80	1.5	1.0	1.5
	中行1	1	47	21	6	4	27	7.0	7.0	7.0	198	120	96	1.1	1.4	1.0
	中行2	1	52	24	8	4	29	9.0	5.0	8.0	110	120	120	1.3	1.4	1.0
	中行3	1	55	18	10	4	31	2.0	13.0	10.0	154	96	120	1.5	0.7	0.8
	中行4	1	43	16	8	4	25	4.0	6.0	5.0	130	117	49	1.4	1.4	0.6
	中行5	1	52	12	8	3	26	3.0	7.0	12.0	126	154	108	1.4	1.2	0.9
1	边行1	2	60	25	8	7	27	3.0	4.0	3.0	140	130	81	1.5	1.0	1.5
	边行2	2	56	15	8	4	17	3.0	3.0	10.0	130	104	130	2.0	1.5	1.5
	边行3	2	55	18	6	3	13	3.0	3.0	3.0	154	96	88	1.5	1.5	2.0
	边行4	2	55	12	8	6	17	3.0	3.0	3.0	120	96	110	1.5	1.5	1.5
	边行5	2	56	12	9	5	22	3.0	3.0	3.0	150	88	99	2.0	1.0	1.0
	中行1	2	70	17	10	7	27	2.0	2.5	10.0	176	154	99	1.6	1.6	1.4
	中行2	2	57	17	7	3	18	3.0	3.5	7.0	140	96	42	1.2	1.2	0.4
	中行3	2	67	19	10	8	25	2.0	3.0	2.5	130	99	30	0.8	1.5	0.5
	中行4	2	62	23	9	3	18	2.0	2.0	2.5	130	99	30	0.8	1.5	0.5
	中行5	2	66	18	9	9	21	2.0	3.0	2.0	154	130	96	1.2	0.9	0.9

（续表）

农试场14号地	处理（1:促花王；2:人工）	株高（cm）	始节高（cm）	果枝台数	铃数（个）	叶片数（片）	果枝长度（cm）倒2	倒4	倒6	叶面积（cm²）倒2	倒4	倒6	叶缺深（cm）倒2	倒4	倒6
2	边行1　2	54	18	7	7	17	3.0	3.0	4.0	168	130	120	2.5	1.5	1.5
	边行2　2	56	10	8	6	16	3.0	3.0	3.0	120	120	90	1.5	1.0	1.0
	边行3　2	55	12	9	8	17	3.0	3.0	3.0	140	108	88	3.0	1.5	1.5
	边行4　2	55	11	8	6	17	3.0	3.0	3.0	144	108	88	3.0	1.5	1.5
	边行5　2	58	15	8	5	21	3.0	3.0	3.0	120	120	110	1.5	1.0	1.5
	中行1　2	67	23	7	5	20	3.5	3.0	3.0	126	117	12	1.6	0.8	0.3
	中行2　2	65	29	7	4	16	2.0	3.0	3.0	140	130	108	1.3	0.8	1.4
	中行3　2	54	23	6	5	17	3.0	2.0	3.0	165	120	42	1.4	1.2	0.4
	中行4　2	64	24	8	5	15	2.5	2.0	3.0	120	143	117	1.6	1.6	1.4
	中行5　2	58	24	8	5	15	2.0	3.0	4.0	154	130	56	1.2	1.2	0.8
3	边行1　2	66	11	10	6	16	3.0	3.0	2.0	140	120	120	1.5	1.5	1.0
	边行2　2	68	16	12	8	21	2.0	3.0	3.0	150	140	120	2.0	1.5	1.0
	边行3　2	65	15	8	3	13	2.0	3.0	3.0	150	130	120	1.0	1.0	1.5
	边行4　2	68	19	9	5	17	2.0	2.0	3.0	140	130	120	1.0	1.5	1.5
	边行5　2	75	20	12	6	21	3.0	3.0	2.0	140	140	130	1.0	1.0	1.0
	中行1　2	90	22	15	10	34	3.0	3.0	2.0	221	216	130	2.0	2.0	1.3
	中行2　2	85	24	8	5	30	3.5	3.0	10.0	80	176	0	0.8	1.8	
	中行3　2	90	23	7	5	14	2.0	2.0	2.0	216	208	117	1.2	1.0	1.6
	中行4　2	95	20	11	7	28	2.5	2.5	14.0	120	169	72	1.6	1.4	0.6
	中行5　2	91	20	13	8	30	2.0	3.0	3.0	140	208	154	1.4	2.2	1.5

农试场1号地	处理(1:促花王; 2:人工)	株高(cm)	始节高(cm)	果枝台数	铃数(个)	叶片数(片)	果枝长度(cm)			叶缺深(cm)			叶面积(cm²)		
							倒2	倒4	倒6	倒2	倒4	倒6	倒2	倒4	倒6
1 边行1	1	80	20	12	9	21	6.0	11.0	14.0	2.8	2.7	2.2	114.00	63.80	96.00
边行2	1	84	22.5	11	11	26	6.0	15.0	15.5	2.8	2.2	2.4	123.50	168.00	168.00
边行3	1	72	18	10	7	37	10.5	13.0	14.5	2.5	2.8	1.8	125.00	121.50	88.55
边行4	1	74	15	11	7	26	3.5	12.5	12.0	2.8	3.0	2.2	130.00	123.50	150.00
边行5	1	80	16	11	8	27	8.5	12.5	13.5	1.7	1.9	2.3	117.00	150.00	172.50
中行1	1	87	23	11	11	35	8.0	15.0	12.0	2.5	2.8	2.5	76.00	126.00	120.00
中行2	1	87	26	11	8	32	5.0	5.0	7.0	2.8	3.0	1.8	99.00	140.00	104.00
中行3	1	90	21	12	8	32	5.0	9.0	5.0	2.8	3.0	1.5	112.50	140.00	104.00
中行4	1	87.5	13	10	8	32	6.8	11.0	14.0	2.4	2.5	3.0	170.50	184.00	157.50
中行5	1	88	28	12	7	35	6.5	7.0	10.5	2.4	2.8	2.8	97.5	161.7	155.15
2 边行1	1	76	17	10	5	27	2.0	5.0	5.0	2.7	4.7	3.5	108.00	145.00	140.00
边行2	1	78	15.5	10	5	22	4.0	14.5	16.4	2.8	2.7	2.4	77.00	76.00	93.50
边行3	1	78	28	10	3	17	1.5	6.5	4.0	3.0	3.3	2.0	108.75	165.00	90.00
边行4	1	94	18	13	9	31	6.0	6.4	4.0	2.3	3.4	2.4	41.25	198.00	99.00
边行5	1	89	13	14	8	34	4.5	6.8	6.5	1.5	3.5	3.4	24.00	154.00	147.00
中行1	1	70	15	11	7	31	5.0	11.0	15.0	2.5	2.5	2.5	99.00	117.00	99.00
中行2	1	76	26	10	5.0	28.0	5.0	8.0	12.0	2.8	2.9	2.6	89.25	99.00	88.00
中行3	1	78	15	12	9	33	3.0	12.0	13.0	2.8	2.8	1.6	120.00	112.50	96.00
中行4	1	81	29	8	6	28	3.0	5.0	16.0	2.6	2.2	1.8	110.00	99.00	120.00
中行5	1	70	23	9	5	20	3.0	5.0	15.0	3.0	2.8	1.6	90.00	120.00	120.00

（续表）

农试场1号地	处理(1:促花王; 2:人工)	株高(cm)	始节高(cm)	果枝台数	铃数(个)	叶片数(片)	果枝长度(cm) 倒2	倒4	倒6	叶缺深(cm) 倒2	倒4	倒6	叶面积(cm²) 倒2	倒4	倒6
3	边行1 / 1	78	26	12	16	36	3.0	6.0	12.0	1.8	2.5	2.6	80.00	154.00	140.00
	边行2 / 1	62	15	10	7	23	2.5	4.0	3.0	1.8	2.0	2.2	96.00	104.00	130.00
	边行3 / 1	72	25	9	7	28	4.0	11.0	13.0	2.0	2.2	2.8	88.00	130.00	130.00
	边行4 / 1	65	20	9	6	26	3.5	3.0	9.0	2.8	2.0	2.2	108.00	104.00	88.00
	边行5 / 1	67	17	11	8	23	5.0	3.0	9.0	2.8	1.8	2.6	117.00	104.00	88.00
	中行1 / 1	65	18	10	5	20	3.0	6.0	9.0	2.6	2.2	1.4	102.00	58.50	60.00
	中行2 / 1	70	15	11	8	32	2.0	3.5	9.0	2.9	2.0	2.8	112.50	67.50	118.75
	中行3 / 1	74	19	13	9	28	2.5	3.0	2.2	2.4	1.2	2.4	89.25	45.50	126.00
	中行4 / 1	67	27	8	6	30	2.5	6.5	8.5	2.4	2.2	1.8	108.00	58.50	52.00
	中行5 / 1	79	12	15	16	38	2.5	3.6	5.0	2.6	2.9	2.7	93.50	141.75	93.50
1	边行1 / 2	79	18	11	11	31	5.0	2.0	2.7	2.4	1.7	0.7	99.75	85.00	90.00
	边行2 / 2	73	12	9	7	21	2.8	2.6	3.6	1.2	1.7	1.7	91.20	168.75	94.50
	边行3 / 2	73	14	11	9	33	2.0	2.6	3.8	2.8	2.4	1.9	123.50	178.25	90.00
	边行4 / 2	76	18	10	10	30	2.5	3.0	2.5	2.3	2.4	1.8	147.00	154.00	94.50
	边行5 / 2	77	24	10	9	31	2.5	8.0	5.0	1.6	1.9	1.4	165.30	187.20	99.00
	中行1 / 2	75	20	10	8	30	3.0	3.0	3.0	2.0	2.5	2.0	110.00	154.00	88.00
	中行2 / 2	75	23	9	9	18	3.0	3.0	5.0	1.8	3.0	2.0	120.00	90.00	120.00
	中行3 / 2	76	17	9	10	22	5.0	3.0	3.0	2.5	3.0	2.5	168.00	156.00	132.00
	中行4 / 2	73	16	9	12	32	3.0	5.0	12.0	1.5	2.0	1.5	120.00	154.00	88.00
	中行5 / 2	77	21	9	12	32	4.0	3.0	10.0	3.0	2.5	1.5	140.00	180.00	80.00

（续表）

农试场1号地	处理（1:促花王; 2:人工）	株高（cm）	始节高（cm）	果枝台数	铃数（个）	叶片数（片）	果枝长度（cm）			叶缺深（cm）			叶面积（cm²）		
							倒2	倒4	倒6	倒2	倒4	倒6	倒2	倒4	倒6
2	边行1 2	70	28	8	9	33	10.0	8.0	16.0	2.6	1.7	0.7	245.00	280.00	182.25
	边行2 2	65	24	7	6	24	14.0	15.0	12.0	2.0	1.3	1.5	168.00	195.00	195.00
	边行3 2	60	22	7	6	20	8.0	9.0	14.0	1.2	1.4	0.8	195.00	168.00	156.00
	边行4 2	52	23	6	5	16	10.0	10.0	12.0	1.4	1.2	0.5	154.00	168.00	168.00
	边行5 2	72	18	10	10	30	7.0	13.0	13.0	1.8	2.3	2.0	208.00	180.00	224.00
	中行1 2	66	21	8	11	27	11.0	11.0	11.0	2.2	2.8	2.0	195.00	208.00	144.00
	中行2 2	65	25	7	10	32	5.0	10.0	10.0	2.5	2.8	3.0	120.00	182.00	156.00
	中行3 2	60	21	8	5	22	3.0	3.0	3.0	1.0	2.2	2.8	56.00	110.00	150.00
	中行4 2	72	20	7	7	25	4.0	10.0	15.0	2.2	2.8	1.5	120.00	154.00	180.00
	中行5 2	68	25	7	8	21	15.0	8.0	12.0	2.8	3.0	3.0	143.00	130.00	154.00
3	边行1 2	88	26	9	12	28	10.0	16.0	13.0	2.0	1.5	2.5	154.00	168.00	168.00
	边行2 2	85	20	8	12	34	10.0	20.0	10.0	2.2	1.5	2.2	192.00	195.00	221.00
	边行3 2	75	20	9	11	34	5.0	15.0	16.0	2.3	1.5	2.3	180.00	180.00	156.00
	边行4 2	73	15	9	12	32	10.0	6.0	15.0	3.0	2.6	3.0	234.00	255.00	195.00
	边行5 2	80	17	9	13	31	6.0	15.0	17.0	2.8	1.0	1.5	154.00	221.00	165.00
	中行1 2	84	32	7	7	32	10.0	11.0	16.0	2.0	1.5	2.0	176.00	168.00	182.00
	中行2 2	92	24	10	9	46	7.0	12.0	9.0	2.6	0.7	1.5	221.00	224.00	224.00
	中行3 2	93	31	9	7	33	6.0	8.0	13.0	2.0	2.3	1.0	224.00	224.00	240.00
	中行4 2	95	17	11	12	43	8.0	12.0	12.0	2.0	2.7	2.8	192.00	208.00	204.00
	中行5 2	75	17	9	7	22	12.0	16.0	20.0	2.5	2.2	1.5	154.00	208.00	192.00

133团		处理 (1:促花王; 2:人工)	株高 (cm)	始节高 (cm)	果枝台数	铃数 (个)	叶片数 (片)	果枝长度 (cm)			叶缺深 (cm)			叶面积 (cm²)		
								倒2	倒4	倒6	倒2	倒4	倒6	倒2	倒4	倒6
1	边行1	1	60	13	11	6	20	3.0	7.0	8.0	1.0	0.8	1.4	99.00	70.00	120.00
	边行2	1	58	12	10	8	24	4.0	4.0	10.0	1.9	2.4	2.1	120.00	180.00	108.00
	边行3	1	59	12	10	7	24	3.0	5.0	9.0	2.3	1.5	2.0	99.00	99.00	120.00
	边行4	1	52	13	10	6	22	3.0	5.0	7.0	2.4	2.6	2.3	72.00	132.00	99.00
	边行5	1	56	20	8	4	17	4.0	3.0	9.0	2.5	1.8	2.1	120.00	99.00	130.00
	中行1	1	61	19	11	8	24	5.0	6.0	7.0	2.2	2.0	2.4	130.00	99.00	120.00
	中行2	1	56	17	9	5	21	3.0	7.0	9.0	1.5	2.0	2.3	99.00	108.00	108.00
	中行3	1	57	15	10	7	23	2.5	6.0	9.0	1.6	2.1	2.6	88.00	110.00	140.00
	中行4	1	52	16	8	4	18	3.0	2.0	6.0	1.4	1.1	1.9	63.00	80.00	80.00
	中行5	1	60	14	11	7	23	2.0	6.0	8.0	1.6	2.6	2.8	108.00	110.00	143.00
2	边行1	1	60	26	7	7	15	5.0	10.0	10.0	2.0	1.5	1.7	88.00	82.50	92.00
	边行2	1	55	26	8	6	23	3.0	8.0	11.0	1.5	1.6	1.8	70.00	89.25	130.00
	边行3	1	59	16	11	11	25	3.0	3.5	8.0	1.0	1.8	2.0	78.75	89.25	102.00
	边行4	1	60	26	11	11	39	1.0	1.0	13.0	1.0	1.2	1.6	96.00	77.00	132.00
	边行5	1	60	16	9	10	35	4.0	6.0	15.0	2.0	1.5	1.5	88.00	99.00	117.00
	中行1	1	70	26	9	9	29	3.0	10.0	11.0	0.6	1.0	0.8	80.00	108.00	70.00
	中行2	1	50	17	10	7	17	2.0	9.0	12.0	1.7	1.0	0.8	77.00	96.00	77.00
	中行3	1	60	18	11	7	27	5.0	11.0	18.0	1.2	1.8	1.0	77.00	108.00	96.00
	中行4	1	60	16	11	9	27	6.0	9.0	11.0	1.0	2.0	1.0	96.00	77.00	114.00
	中行5	1	56	26	7	5	16	2.0	8.0	9.0	1.0	0.8	0.7	70.00	99.00	70.00

（续表）

133团	处理（1:促花王；2:人工）		株高（cm）	始节高（cm）	果枝台数	铃数（个）	叶片数（片）	果枝长度（cm）			叶缺深（cm）			叶面积（cm²）		
								倒2	倒4	倒6	倒2	倒4	倒6	倒2	倒4	倒6
3	1	边行1	50	15	11	4	21	2.5	9.0	10.0	1.2	0.9	0.8	117.00	90.00	110.00
	1	边行2	52	13	11	6	22	2.0	8.0	8.0	1.8	2.2	1.2	110.00	143.00	70.00
	1	边行3	54	15	11	6	19	2.0	6.0	10.0	2.3	2.2	1.9	99.00	99.00	99.00
	1	边行4	57	19	10	6	18	3.0	6.0	12.0	1.8	1.4	1.3	120.00	108.00	81.00
	1	边行5	58	18	10	6	22	2.5	6.0	12.0	2.2	2.3	2.2	80.00	99.00	110.00
	1	中行1	61	11	12	8	24	4.0	10.0	11.0	2.3	1.6	2.0	80.00	99.00	120.00
	1	中行2	69	15	12	12	24	3.0	10.0	9.0	2.4	2.3	1.8	80.00	130.00	143.00
	1	中行3	53	19	9	4	13	3.0	8.0	8.0	2.1	1.3	1.4	90.00	90.00	99.00
	1	中行4	60	20	12	6	22	3.0	8.0	10.0	1.7	1.5	2.0	96.00	80.00	132.00
	1	中行5	58	24	10	5	22	4.0	3.0	6.0	2.1	1.9	1.2	90.00	132.00	90.00
1	2	边行1	53	15	8	7	21	13.0	11.0	5.0	2.0	1.8	1.8	165.00	140.00	156.00
	2	边行2	47	12	8	7	24	12.0	10.0	15.0	1.6	1.7	0.3	130.00	143.00	56.00
	2	边行3	48	19	7	4	15	12.0	10.0	12.0	1.2	1.4	0.5	64.00	143.00	49.00
	2	边行4	51	13	8	7	22	11.0	18.0	12.0	2.4	0.9	1.0	168.00	130.00	156.00
	2	边行5	51	13	8	5	15	13.0	4.0	11.0	1.4	1.1	0.8	140.00	120.00	110.00
	2	中行1	53	11	8	7	22	11.0	9.0	10.0	1.0	0.8	0.9	130.00	143.00	132.00
	2	中行2	57	14	9	7	26	10.0	5.0	11.0	1.1	0.8	0.9	154.00	120.00	108.00
	2	中行3	55	19	7	7	23	4.0	3.0	11.0	1.2	0.7	1.3	88.00	130.00	108.00
	2	中行4	58	15	10	7	17	4.0	13.0	15.0	1.1	1.2	0.7	143.00	156.00	99.00
	2	中行5	59	13	10	7	20	10.0	4.0	11.0	1.3	0.8	0.6	140.00	154.00	88.00

（续表）

133团	处理（1:促花王; 2:人工）	株高（cm）	始节高（cm）	果枝台数	铃数（个）	叶片数（片）	果枝长度（cm） 倒2	倒4	倒6	叶缺深（cm） 倒2	倒4	倒6	叶面积（cm²） 倒2	倒4	倒6
2	边行1	2	55	20	7	10	27	3.0	20.0	4.0		1.5		130.00	117.00	140.00
	边行2	2	55	16	6	5	28	10.0	11.0	14.0		0.9		110.00	132.00	114.00
	边行3	2	57	14	10	7	19	7.0	10.0	10.0		1.2		120.00	154.00	108.00
	边行4	2	42	23	7	4	16	10.0	10.0	6.0		1.5		120.00	99.00	120.00
	边行5	2	53	23	10	5	19	6.0	12.0	3.0		0.4		126.00	120.00	100.00
	中行1	2	55	16	8	6	24	7.5				0.4		108.00	96.00	154.00
	中行2	2	60	17	8	5	25	10.0				0.4		108.00	56.00	108.00
	中行3	2	68	18	10	9	29	11.0				0.4		96.00	143.00	108.00
	中行4	2	62	18	10	5	28	5.0				0.5		56.00	120.00	117.00
	中行5	2	62	24	10	4	21	9.0				0.6		108.00	99.00	130.00
3	边行1	2	63	13	9	7	27	7.0	11.0	14.0	0.8	0.9	0.5	120.00	120.00	99.00
	边行2	2	56	12	9	4	17	8.0	7.0	10.0	1.4	1.0	0.8	143.00	130.00	120.00
	边行3	2	56	10	10	5	18	6.0	11.0	12.0	0.8	1.1	0.8	130.00	156.00	130.00
	边行4	2	57	12	8	6	17	11.0	9.0	12.0	0.8	0.4	0.2	130.00	130.00	121.00
	边行5	2	61	16	9	6	18	8.0	9.0	11.0	1.6	1.3	0.7	110.00	120.00	130.00
	中行1	2	71	13	9	7	21	10.0	9.0	15.0	1.1	0.8	0.6	130.00	130.00	154.00
	中行2	2	73	13	11	9	28	2.0	11.0	16.0	0.7	1.2	1.3	117.00	143.00	126.00
	中行3	2	70	14	11	7	22	9.0	8.0	14.0	2.2	1.4	1.2	140.00	168.00	168.00
	中行4	2	69	13	11	6	26	9.0	8.0	9.0	1.5	1.2	1.3	154.00	140.00	132.00
	中行5	2	66	13	11	7	18	9.0	10.0	13.0	1.7	1.4	1.2	140.00	140.00	130.00

135团		处理 (1: 促花王; 2: 人工)	株高 (cm)	始节高 (cm)	果枝台数	铃数 (个)	叶片数 (片)	果枝长度 (cm) 倒2	倒4	倒6	叶缺深 (cm) 倒2	倒4	倒6	叶面积 (cm²) 倒2	倒4	倒6
1	边行1	1	86	14	15	8	27	10.0	10.0	13.0	0.8	1.1	1.1	120.00	130.00	168.00
	边行2	1	90	17	14	7	30	6.0	9.0	15.0	2.2	2.4	1.4	130.00	182.00	182.00
	边行3	1	72	8	13	10	27	7.0	11.0	10.0	1.6	1.1	1.3	120.00	143.00	143.00
	边行4	1	78	17	13	7	28	5.0	10.0	9.0	1.4	2.0	1.6	18.00	182.00	120.00
	边行5	1	74	20	10	3	25	3.0	9.0	10.0	1.4	0.8	1.3	99.00	90.00	132.00
	中行1	1	80	12	13	6	25	7.0	11.0	13.0	1.6	1.1	1.3	143.00	143.00	168.00
	中行2	1	93	20	13	13	29	6.0	10.0	12.0	1.1	1.5	1.4	120.00	156.00	195.00
	中行3	1	72	10	13	6	29	10.0	10.0	12.0	0.9	0.5	1.3	120.00	154.00	143.00
	中行4	1	81	20	14	10	42	8.0	13.0	10.0	1.6	1.2	1.8	130.00	143.00	156.00
	中行5	1	81	15	15	8	33	7.0	13.0	13.0	1.6	2.1	1.5	143.00	182.00	180.00
2	边行1	1	68	18	14	6	37	7.0	8.0	9.0	1.6	1.4	1.6	120.00	120.00	156.00
	边行2	1	64	24	10	3	21	7.0	8.0	7.0	1.6	0.9	2.2	120.00	99.00	121.00
	边行3	1	69	30	13	5	24	6.0	8.0	7.0	1.3	0.9	1.2	108.00	110.00	99.00
	边行4	1	66	27	11	5	18	7.0	8.0	6.0	2.0	0.4	1.2	143.00	90.00	90.00
	边行5	1	82	24	15	12	32	7.0	6.0	8.0	1.3	1.7	1.5	180.00	195.00	224.00
	中行1	1	65	14	11	6	26	6.0	6.0	10.0	1.4	1.6	1.2	88.00	110.00	90.00
	中行2	1	74	13	15	11	42	6.0	8.0	11.0	1.5	2.4	1.6	120.00	156.00	143.00
	中行3	1	58	16	12	5	28	7.0	7.0	10.0	1.0	1.2	0.9	90.00	120.00	63.00
	中行4	1	62	17	12	6	26	6.0	5.0	11.0	0.6	1.8	0.8	63.00	130.00	80.00
	中行5	1	62	23	10	4	20	7.0	5.0	6.0	1.4	1.4	0.8	99.00	99.00	80.00

（续表）

135团	处理 (1:促花王; 2:人工)		株高 (cm)	始节高 (cm)	果枝台数	铃数 (个)	叶片数 (片)	果枝长度 (cm)			叶缺深 (cm)			叶面积 (cm²)		
								倒2	倒4	倒6	倒2	倒4	倒6	倒2	倒4	倒6
3	1	边行1	85	12	15	13	40	7.0	12.0	11.0	1.9	2.2	1.5	195.00	195.00	255.00
	1	边行2	72	13	14	7	30	9.0	9.0	13.0	1.5	1.6	0.6	132.00	143.00	88.00
	1	边行3	60	12	11	4	23	9.0	10.0	11.0	1.2	1.3	0.6	132.00	168.00	120.00
	1	边行4	65	20	11	5	20	5.0	12.0	13.0	1.2	1.6	0.6	154.00	156.00	156.00
	1	边行5	63	24	10	4	21	5.0	10.0	12.0	1.2	0.9	0.5	130.00	143.00	110.00
	1	中行1	66	18	12	6	25	7.0	12.0	12.0	1.6	1.8	1.6	168.00	180.00	196.00
	1	中行2	68	17	11	6	18	5.0	11.0	13.0	1.3	1.1	1.0	120.00	156.00	156.00
	1	中行3	58	9	11	4	20	2.0	10.0	7.0	1.7	1.1	1.0	99.00	90.00	140.00
	1	中行4	72	20	11	8	25	5.0	11.0	10.0	1.9	1.4	1.2	140.00	156.00	192.00
	1	中行5	74	15	14	9	22	4.0	3.0		1.7	2.4	1.4	130.00	168.00	168.00
1	2	边行1	71	23	9	6	19	7.0	10.0	5.0	0.6	1.2	0.8	99.00	182.00	168.00
	2	边行2	66	18	10	7	22	6.0	27.0	15.0	0.8	0.7	0.5	130.00	154.00	132.00
	2	边行3	66	23	9	5	24	7.0	10.0	13.0	0.4	0.9	0.6	110.00	132.00	110.00
	2	边行4	62	23	8	5	16	4.0	11.0	15.0	0.6	1.2	0.4	90.00	120.00	90.00
	2	边行5	64	11	11	7	24	4.0	10.0	15.0	1.0	1.3	0.8	80.00	130.00	132.00
	2	中行1	62	16	9	5	21	6.0	9.0	12.0	1.0	0.9	0.7	120.00	154.00	110.00
	2	中行2	58	18	9	5	21	3.0	6.0	13.0	0.4	0.9	0.4	110.00	130.00	110.00
	2	中行3	64	25	8	5	17	8.0	12.0	12.0	0.8	0.7	0.3	156.00	168.00	121.00
	2	中行4	60	12	9	6	18	6.0	10.0	15.0	0.8	1.0	0.4	143.00	98.00	90.00
	2	中行5	62	21	9	5	17	4.0	6.0	10.0	0.4	0.8	0.6	90.00	143.00	130.00

（续表）

135团	处理（1:促花王; 2:人工）		株高 (cm)	始节高 (cm)	果枝台数	铃数 (个)	叶片数 (片)	果枝长度 (cm)			叶缺深 (cm)			叶面积 (cm²)		
								倒2	倒4	倒6	倒2	倒4	倒6	倒2	倒4	倒6
	边行1	2	73	11	12	6	31	13.0	5.0	16.0	1.0	1.0	0.9	110.00	165.00	120.00
	边行2	2	82	12	12	12	31	9.0	15.0	14.0	0.9	1.5	0.8	120.00	156.00	144.00
	边行3	2	68	10	11	6	25	11.0	12.0	15.0	0.6	0.4	1.1	88.00	72.00	110.00
	边行4	2	76	18	11	7	30	11.0	12.0	15.0	0.3	1.5	0.6	99.00	143.00	143.00
	边行5	2	68	23	9	5	25	8.0	13.0	11.0	1.5	2.0	1.8	132.00	182.00	169.00
2	中行1	2	69	6	12	10	33	9.0	12.0	14.0	1.4	1.3	0.2	130.00	182.00	121.00
	中行2	2	66	13	10	5	25	9.0	12.0	11.0	1.0	0.5	1.0	110.00	156.00	130.00
	中行3	2	65	15	9	5	27	5.0	13.0	12.0	0.9	0.7	1.4	120.00	132.00	156.00
	中行4	2	66	20	10	6	22	6.0	11.0	12.0	1.4	0.6	1.3	130.00	132.00	182.00
	中行5	2	68	9	12	7	34	8.0	13.0	6.0	0.8	1.2	1.1	120.00	156.00	140.00
	边行1	2	60	19	8	4	15	6.0	9.0	9.0	0.6	1.0	0.3	80.00	132.00	49.00
	边行2	2	65	12	9	5	21	6.0	12.0	9.0	0.5	1.0	0.4	120.00	132.00	110.00
	边行3	2	67	16	10	6	28	8.0	11.0	12.0	1.1	0.9	0.6	100.00	130.00	110.00
	边行4	2	66	18	10	5	24	8.0	11.0	12.0	1.1	0.9	0.7	99.00	156.00	130.00
	边行5	2	76	18	11	7	27	6.0	13.0	10.0	1.1	0.8	0.9	143.00	110.00	130.00
3	中行1	2	69	28	9	4	17	3.0	10.0	10.0	0.9	0.8	0.7	99.00	110.00	121.00
	中行2	2	60	18	8	4	17	8.0	7.0	10.0	0.6	0.5	0.4	143.00	156.00	90.00
	中行3	2	69	19	9	6	18	6.0	11.0	11.0	0.8	0.7	0.6	100.00	132.00	120.00
	中行4	2	74	15	10	6	19	4.0	10.0	11.0	1.2	0.8	0.5	90.00	132.00	90.00
	中行5	2	80	19	11	9	22	8.0	15.0	15.0	2.1	0.4	0.6	143.00	143.00	210.00

芳草湖农场	处理(1:促花王; 2:人工)	株高(cm)	始节高(cm)	果枝台数	铃数(个)	叶片数(片)	果枝长度(cm)倒2	果枝长度(cm)倒4	果枝长度(cm)倒6	叶缺深(cm)倒2	叶缺深(cm)倒4	叶缺深(cm)倒6	叶面积(cm²)倒2	叶面积(cm²)倒4	叶面积(cm²)倒6
1	边行1	1	49	16	9	3	17	4.0	6.0	7.0	0.4	0.8	0.5	99.00	110.00	72.00
	边行2	1	61	17	14	8	30	3.5	3.0	4.0	1.4	1.2	1.7	80.00	114.00	120.00
	边行3	1	58	23	12	6	25	3.0	5.0	7.0	1.6	1.3	1.2	99.00	80.00	99.00
	边行4	1	63	14	13	9	30	5.5	5.0	6.0	1.3	1.4	1.7	80.00	120.00	110.00
	边行5	1	64	15	14	12	41	5.0	8.0	7.0	1.4	1.8	1.3	90.00	120.00	143.00
	中行1	1	58	15	9	4	19	4.0	8.0	10.0	1.0	0.5	0.5	108.00	130.00	130.00
	中行2	1	68	10	11	6	25	4.0	10.0	10.0	2.0	1.5	0.5	90.00	154.00	136.50
	中行3	1	58	14	11	9	29	6.0	10.0	10.0	1.5	1.5	0.5	126.00	140.00	108.00
	中行4	1	60	16	10	6	29	4.5	6.5	10.0	1.5	1.0	0.8	102.00	140.00	115.00
	中行5	1	60	18	12	11	27	4.0	7.0	9.0	1.6	1.3	1.5	90.00	120.00	208.00
2	边行1	1	73	15	13	10	35	5.0	9.0	9.0	1.2	1.1	1.0	99.00	120.00	132.00
	边行2	1	77	18	12	8	22	7.0	12.0	13.0	1.2	1.8	1.6	63.00	120.00	156.00
	边行3	1	84	24	13	10	37	4.0	9.0	13.0	2.4	1.5	0.9	108.00	140.00	208.00
	边行4	1	78	23	12	6	35	5.0	3.0	11.0	1.3	1.2	1.0	99.00	154.00	143.00
	边行5	1	79	20	13	7	27	6.0	6.0	7.0	2.4	1.5	1.2	96.00	120.00	165.00
	中行1	1	76	28	12	7	23	6.0	9.0	9.0	1.9	1.6	1.5	110.00	132.00	132.00
	中行2	1	68	13	12	5	28	3.0	4.0	8.0	1.6	2.2	2.1	72.00	143.00	156.00
	中行3	1	72	15	13	6	32	7.0	5.0	8.0	2.0	1.8	1.5	120.00	143.00	156.00
	中行4	1	64	28	9	4	19	3.0	8.0	8.0	2.0	1.6	1.4	99.00	143.00	143.00
	中行5	1	77	21	13	8	33	6.0	4.0	5.0	2.1	1.8	1.4	99.00	130.00	120.00

（续表）

芳草湖农场	处理（1:促花王;2:人工）	株高（cm）	始节高（cm）	果枝台数	铃数（个）	叶片数（片）	果枝长度（cm）倒2	倒4	倒6	叶缺深（cm）倒2	倒4	倒6	叶面积（cm²）倒2	倒4	倒6
3	边行1	70	18	12	7	25	6.0	4.0	11.0	2.0	2.3	1.0	140.00	140.00	166.75
	边行2	74	13	14	11	44	9.0	10.5	12.0	2.0	1.6	1.0	165.00	168.00	240.00
	边行3	67	17	13	9	34	8.0	5.0	13.0	2.0	2.0	1.5	161.00	154.00	156.00
	边行4	68	18	12	11	37	3.0	12.0	12.0	2.0	1.5	1.0	184.00	120.00	168.00
	边行5	68	22	12	8	30	8.0	14.0	10.0	1.8	2.0	0.5	160.00	154.00	130.00
	中行1	65	14	11	7	29	7.0	14.0	14.0	1.5	2.0	0.5	176.00	140.00	143.00
	中行2	70	15	12	8	24	5.0	7.0	9.0	2.0	1.5	1.2	110.00	136.50	154.00
	中行3	60	17	8	5	20	4.0	7.0	7.0	1.5	1.0	0.5	99.00	115.00	85.00
	中行4	72	19	11	6	29	7.0	5.0	5.0	1.5	2.5	2.0	110.00	168.00	120.00
	中行5	70	20	12	9	34	9.0	11.0	12.0	1.0	2.5	2.0	212.50	165.00	165.00
1	边行1	48	19	10	6	27	4.0	5.0	5.0	0.7	0.9	0.8	99.00	120.00	120.00
	边行2	47	19	8	5	22	8.0	6.0	8.0	0.7	0.4	0.3	120.00	72.00	72.00
	边行3	47	20	9	7	25	10.0	2.0	6.0	1.0	0.8	0.5	120.00	80.00	110.00
	边行4	46	19	9	5	22	10.0	6.0	7.0	0.8	0.9	0.6	108.00	90.00	90.00
	边行5	45	20	9	5	17	8.0	5.0	4.0	0.6	0.4	1.0	99.00	99.00	72.00
	中行1	49	17	11	8	25	10.0	10.0	5.0	1.5	1.3	0.9	120.00	90.00	132.00
	中行2	55	18	10	8	25	10.0	9.0	7.0	1.3	1.1	0.8	110.00	110.00	130.00
	中行3	54	6	12	10	37	9.0	8.0	8.0	1.5	0.4	0.9	121.00	99.00	108.00
	中行4	55	19	9	6	26	12.0	9.0	6.0	0.6	0.4	0.3	154.00	80.00	100.00
	中行5	61	19	11	12	33	4.0	5.0	4.0	1.1	0.9	0.7	130.00	132.00	99.00

（续表）

芳草湖农场	处理（1:促花王;2:人工）	株高（cm）	始节高（cm）	果枝台数	铃数（个）	叶片数（片）	果枝长度（cm） 倒2	倒4	倒6	叶缺深（cm） 倒2	倒4	倒6	叶面积（cm²） 倒2	倒4	倒6
2	边行1 2	57	16	9	5	25	10.0	13.0	11.0	0.8	1.3	0.4	130.00	143.00	90.00
	边行2 2	64	15	11	11	35	10.0	12.0	12.0	1.8	0.9	0.6	154.00	168.00	130.00
	边行3 2	71	26	9	6	17	6.0	10.0	12.0	0.9	0.8	0.4	180.00	168.00	143.00
	边行4 2	58	30	8	4	17	10.0	14.0	5.0	0.7	0.7	0.6	72.00	132.00	132.00
	边行5 2	60	16	9	6	14	6.0	16.0	12.0	1.1	0.3	0.3	112.00	120.00	90.00
	中行1 2	66	18	10	11	32	6.0	13.0	11.0	1.4	0.9	0.3	140.00	168.00	80.00
	中行2 2	57	25	8	2	16	3.0	6.0	11.0	0.8	0.8	0.5	132.00	143.00	120.00
	中行3 2	51	17	8	6	20	7.0	12.0	14.0	1.7	0.9	0.5	120.00	143.00	120.00
	中行4 2	49	25	7	2	16	6.0	7.0	11.0	1.0	0.6	0.4	132.00	110.00	132.00
	中行5 2	55	13	11	13	33	3.0	10.0	13.0	1.5	1.4	1.7	143.00	180.00	156.00
3	边行1 2	42	15	7	6	16	4.0	4.5	3.0	0.8	1.0	1.0	108.00	115.00	120.00
	边行2 2	40	24	6	3	18	5.0	4.5	3.5	1.5	0.9	0.4	130.00	94.50	64.00
	边行3 2	40	18	7	5	16	3.0	8.0	6.0	1.8	1.5	1.5	117.00	178.25	132.00
	边行4 2	44	28	7	6	18	4.0	8.0	9.0	1.5	1.3	1.5	135.00	154.00	110.00
	边行5 2	43	19	6	5	15	3.5	7.5	7.5	1.0	1.0	0.8	136.50	104.50	90.00
	中行1 2	44	14	6	6	18	8.0	15.0	11.0	1.5	0.5	0.2	161.00	154.00	105.00
	中行2 2	48	22	6	6	19	3.0	10.0	11.5	0.9	0.5	0.5	130.00	136.50	90.00
	中行3 2	54	21	6	8	20	3.0	12.0	12.0	2.0	1.5	0.5	147.00	169.00	105.00
	中行4 2	52	21	6	8	16	8.0	11.5	10.0	1.0	1.0	0.2	168.00	175.50	120.75
	中行5 2	49	17	7	6	19	6.0	11.0	11.5	1.5	1.0	0.5	130.00	143.00	120.00

143团		处理（1:促花王; 2:人工）	株高（cm）	始节高（cm）	果枝台数	铃数（个）	叶片数（片）	果枝长度（cm）			叶缺深（cm）			叶面积（cm²）		
								倒2	倒4	倒6	倒2	倒4	倒6	倒2	倒4	倒6
1	边行1	1	80	23	10	4	19	9.0	10.0	7.0	1.5	1.0	1.0	132.00	168.00	
	边行2	1	72	31	9	8	24	14.0	12.0	8.0	1.0	1.0	1.0	156.00	64.00	60.00
	边行3	1	78	33	12	6	30	9.0	5.0	12.0	1.0	1.5	1.5	76.00	90.00	130.00
	边行4	1	70	25	12	6	31	7.0	5.0	3.5	2.0	1.0	1.1	156.00	56.00	56.00
	边行5	1	75	22	13	6	46	7.0	10.0	11.0	1.0	1.2	1.0	63.00	99.00	42.00
	中行1	1	69	27	12	5	29	4.0	11.0	12.0	1.2	1.0	1.5	90.00	63.75	42.00
	中行2	1	74	16	13	11	43	4.0	9.5	5.5	1.7	1.4	2.0	84.00	120.00	175.00
	中行3	1	66	36	9	5	21	4.5	6.5	3.5	1.3	1.5	1.2	115.00	120.00	100.00
	中行4	1	65	20	12	9	41	3.5	3.0	8.0	1.2	1.1	1.6	121.00	110.00	132.00
	中行5	1	68	25	13	7	40	4.5	7.0	7.5	1.7	1.6	1.9	110.00	156.00	175.00
2	边行1	1	80	18	12	9	20	6.0	9.0	10.0	0.8	0.7	0.3	120.00	120.00	63.00
	边行2	1	75	33	9	4	15	2.5	5.0	4.0	1.1	0.9	0.6	88.00	143.00	99.00
	边行3	1	76	19	11	3	20	4.0	8.0	3.0	1.2	0.5	0.5	120.00	120.00	42.00
	边行4	1	76	23	10	5	17	7.0	10.0	10.0	1.1	0.8	1.2	143.00	117.00	168.00
	边行5	1	72	25	10	8	17	3.0	6.0	5.0	0.9	1.2	0.2	99.00	120.00	63.00
	中行1	1	78	24	8	9	22	3.0	3.5	6.0	1.4	1.1	0.2	120.00	120.00	36.00
	中行2	1	76	23	8	6	16	4.0	6.0	6.0	0.8	0.7	0.4	88.00	108.00	110.00
	中行3	1	76	23	8	8	14	3.0	10.0	9.0	0.7	0.6	1.2	120.00	130.00	130.00
	中行4	1	67	23	11	6	25	3.0	9.0	9.0	1.1	0.8	1.4	130.00	120.00	63.00
	中行5	1	80	20	12	8	29	4.0	7.0	13.0	1.3	0.7	0.4	99.00	108.00	63.00

（续表）

143 团		处理（1:促花王；2:人工）	株高（cm）	始节高（cm）	果枝台数	铃数（个）	叶片数（片）	果枝长度（cm）倒2	倒4	倒6	叶缺深（cm）倒2	倒4	倒6	叶面积（cm²）倒2	倒4	倒6
3	边行1	1	63	18	11	7	23	3.0	6.0	2.0	0.7	0.2	0.6	88.00	80.00	99.00
	边行2	1	65	25	9	4	16	2.0	8.0	9.0	1.0	0.4	0.7	88.00	99.00	156.00
	边行3	1	63	15	11	5	17	2.0	3.0	3.0	1.2	0.8	0.3	80.00	80.00	42.00
	边行4	1	63	19	10	6	18	2.0	6.0	6.0	1.2	0.6	1.2	80.00	80.00	42.00
	边行5	1	65	16	12	5	20	3.0	8.0	7.0	1.1	1.1	0.8	80.00	108.00	120.00
	中行1	1	72	22	11	7	26	3.0	7.0	8.0	1.2	1.0	0.3	99.00	70.00	48.00
	中行2	1	74	17	11	8	23	2.0	8.0	6.0	1.4	0.8	1.0	99.00	63.00	130.00
	中行3	1	77	26	11	7	22	2.0	5.0	3.0	1.3	0.8	0.3	96.00	99.00	45.00
	中行4	1	72	25	10	7	22	2.0	4.0	11.0	0.9	0.7	0.2	80.00	96.00	48.00
	中行5	1	70	17	11	6	29	2.0	3.0	7.0	1.4	0.2	0.2	96.00	70.00	88.00
1	边行1	2	76	22	10	8	32	18.0	12.0	12.0	1.0	2.0	0.5	88.00	110.50	72.00
	边行2	2	85	40	8	4	15	10.0	11.0	12.0	0.3	0.2	0.5	85.00	60.00	48.00
	边行3	2	76	18	10	6	32	15.0	4.0	15.0	0.8	0.4	0.2	104.50	117.00	120.00
	边行4	2	66	17	9	3	26	11.0	14.0	13.0	0.3	1.6	1.4	143.00	132.00	182.00
	边行5	2	72	22	10	5	16	13.0	9.0	11.0	0.3	1.6	0.5	154.00	161.00	45.50
	中行1	2	88	18	11	7	34	8.0	12.5	15.0	1.0	1.1	1.6	85.50	169.00	126.00
	中行2	2	82	17	9	5	37	12.0	17.0	15.0	1.1	0.4	1.0	126.50	114.00	154.00
	中行3	2	78	13	9	5	26	17.0	17.0	14.0	0.3	1.1	1.0	108.00	252.00	161.00
	中行4	2	77	21	8	6	14	7.0	7.0	16.0	1.0	0.3	1.0	99.00	60.00	154.00
	中行5	2	84	21	9	7	26	16.0	17.0	17.0	1.5	0.3	1.5	168.00	108.00	180.00

（续表）

143团	处理（1：促花王；2：人工）	株高（cm）	始节高（cm）	果枝台数	铃数（个）	叶片数（片）	果枝长度（cm） 倒2	倒4	倒6	叶缺深（cm） 倒2	倒4	倒6	叶面积（cm²） 倒2	倒4	倒6
2	边行1	2	79	18	9	7	24	17.0	15.0	13.0	0.3	0.6	0.6	121.00	156.00	143.00
	边行2	2	73	24	8	4	17	3.0	13.0	5.0	0.7	0.2	0.5	120.00	140.00	77.00
	边行3	2	67	24	8	5	17	12.0	4.0	6.0	1.2	0.5	0.6	154.00	143.00	132.00
	边行4	2	76	20	8	7	20	10.0	16.0	8.0	0.4	0.3	0.8	143.00	117.00	143.00
	边行5	2	76	20	9	5	24	6.0	13.0	9.0	0.4	0.5	0.6	140.00	154.00	143.00
	中行1	2	76	26	10	3	24	4.0	6.0	11.0	0.4	0.5	0.8	108.00	88.00	154.00
	中行2	2	77	25	9	7	20	8.0	6.0	14.0	0.3	0.5	0.6	96.00	150.00	143.00
	中行3	2	77	26	8	5	17	14.0	9.0	14.0	0.2	1.2	0.8	80.00	180.00	168.00
	中行4	2	78	27	8	7	21	8.0	16.0	9.0	0.5	0.7	0.8	108.00	130.00	195.00
	中行5	2	73	27	7	5	18	11.0	14.0	12.0	0.5	0.5	0.6	96.00	154.00	165.00
3	边行1	2	61	18	9	6	20	14.0	5.0	5.0	0.2	0.4	0.6	126.00	120.00	130.00
	边行2	2	67	40	9	2	17	5.0	6.0	8.0	0.7	0.2	0.8	140.00	70.00	90.00
	边行3	2	66	17	9	10	25	14.0	20.0	14.0	0.2	0.6	1.2	176.00	221.00	168.00
	边行4	2	65	36	8	4	26	6.0	15.0	8.0	0.2	0.4	0.5	288.00	154.00	110.00
	边行5	2	65	38	7	8	24	7.0	12.0	11.0	0.2	0.6	0.4	77.00	120.00	90.00
	中行1	2	85	20	10	8	39	17.0	26.0	15.0	1.0	0.2	1.8	99.00	110.00	224.00
	中行2	2	77	20	10	3	24	4.0	11.0	15.0	0.2	0.2	0.2	80.00	132.00	108.00
	中行3	2	79	16	9	6	35	11.0	12.0	11.0	0.2	0.6	0.2	90.00	154.00	48.00
	中行4	2	78	21	10	5	17	8.0	11.0	10.0	0.8	0.1	0.1	137.50	70.00	70.00
	中行5	2	72	14	10	4	29	5.0	10.0	14.0	0.1	1.1	0.3	99.00	156.00	80.00

145团	处理(1:促花王;2:人工)		株高(cm)	始节高(cm)	果枝台数	铃数(个)	叶片数(片)	果枝长度(cm)			叶缺深(cm)			叶面积(cm²)		
								倒2	倒4	倒6	倒2	倒4	倒6	倒2	倒4	倒6
1	1	边行1	69	16	12	10	32	4.0	10.0	10.5	1.5	1.6	2.6	130.00	130.00	120.00
	1	边行2	63	20	12	6	22	6.0	10.0	8.0	1.4	1.6	2.8	120.00	88.00	63.00
	1	边行3	55	12	12	7	25	5.0	10.0	5.0	1.3	1.8	1.5	108.00	110.00	120.00
	1	边行4	58	10	12	9	25	5.0	10.0	2.5	0.6	1.7	1.1	42.00	99.00	96.00
	1	边行5	50	12	10	4	20	3.0	8.0	8.0	1.4	2.1	0.6	90.00	80.00	56.00
	1	中行1	77	28	10	7	26	4.0	7.0	10.0	1.3	1.2	0.8	120.00	108.00	80.00
	1	中行2	79	16	14	13	28	7.0	3.0	10.0	2.0	1.9	1.6	120.00	156.00	121.00
	1	中行3	79	12	11	9	18	7.0	10.0	12.0	1.2	1.1	1.0	154.00	108.00	90.00
	1	中行4	71	12	14	8	29	7.0	10.0	10.0	2.3	1.6	1.3	168.00	120.00	143.00
	1	中行5	66	7	12	9	22	4.0	8.0	8.0	1.8	2.0	0.4	168.00	130.00	63.00
2	1	边行1	73	19	10	5	10	2.0	11.0	11.5	5.0					
	1	边行2	80	20	12	8	12	5.0	8.0	13.0	4.0					
	1	边行3	67	18	9	4	10	6.0	9.0	2.5	5.0					
	1	边行4	77	24	9	6	10	7.0	15.0	9.0	3.0					
	1	边行5	92	15	12	10	13	5.0	9.0	13.5	2.0					
	1	中行1	86	33	11	12	11	5.5	8.5	9.0	2.0					
	1	中行2	77	16	15	18	16	5.0	9.5	14.0	2.0					
	1	中行3	78	18	13	9	16	3.0	7.5	11.0	5.0					
	1	中行4	80	24	11	6	11	2.5	7.0	13.0	4.0					
	1	中行5	71	13	13	6	13	7.0	8.5	8.2	7.0					

（续表）

	处理（1:促花王; 2:人工）	株高（cm）	始节高（cm）	果枝台数	铃数（个）	叶片数（片）	果枝长度（cm） 倒2	倒4	倒6	叶缺深（cm） 倒2	倒4	倒6	叶面积（cm²） 倒2	倒4	倒6
145 团															
边行1	1	82	18.5	9	11	35	4.0	9.0	18.0	1.5	2.0	2.5	96.00	143.00	208.00
边行2	1	71	14	11	10	25	7.0	14.0	13.0	2.0	1.5	3.0	117.00	120.00	140.00
边行3	1	69	16	10	8	28	4.0	12.5	16.5	0.5	1.5	3.0	27.00	80.00	192.00
边行4	1	66	13	12	10	37	7.0	14.0	13.0	2.0	2.5	2.0	147.00	123.50	200.00
边行5	1	72	10.5	13	10	34	8.0	14.0	14.0	1.5	3.5	1.0	120.00	137.75	85.00
中行1	1	80	14	13	11	24	12.0	10.0	12.0	1.7	2.1	1.9	110.00	156.00	156.00
中行2	1	70	12	12	7	35	6.0	10.0	9.0	1.4	1.3	1.7	110.00	143.00	156.00
中行3	1	73	25	12	6	19	6.0	10.0	8.0	1.1	1.4	2.4	108.00	132.00	63.00
中行4	1	76	10	14	13	34	6.0	9.0	14.0	1.2	2.2	0.5	110.00	110.00	56.00
中行5	1	89	19	15	13	39	7.0	11.0	10.0	1.5	1.8	0.8	120.00	143.00	100.00
边行1	2	66	18	10	6	10	8.0	9.5	8.0						
边行2	2	60	20	10	3	9	7.0	5.6	9.0						
边行3	2	63.5	20	9	5	9	6.8	6.8	6.5						
边行4	2	67	24	9	7	10	8.5	10.0	5.5						
边行5	2	85	20	12	9	12	3.0	12.5	12.5						
中行1	2	69	21	9	6	10	8.5	6.0	10.2						
中行2	2	62	16.5	9	5	19	5.0	2.2	6.0						
中行3	2	67	22	9	5	9	8.0	10.0	5.0						
中行4	2	60	17	10	4	10	4.0	9.5	7.5						
中行5	2	81	25	12	13	12	7.5	9.2	10.0						

（左侧分组：处理1 组对应「3」，处理2 组对应「1」）

（续表）

		处理（1:促花王；2:人工）	株高（cm）	始节高（cm）	果枝台数	铃数（个）	叶片数（片）	果枝长度（cm）			叶缺深（cm）			叶面积（cm²）		
								倒2	倒4	倒6	倒2	倒4	倒6	倒2	倒4	倒6
145团		边行1	2	61	15	11	13	39	8.0	10.0	13.0	2.5	2.5	2.0	126.00	154.00	148.50
		边行2	2	49	13	8	9	30	5.0	12.0	15.0	2.0	2.0	1.5	112.50	104.00	96.00
		边行3	2	60	16	8	7	26	13.0	13.5	10.0	2.0	1.0	1.5	256.00	112.00	165.00
		边行4	2	69	20	8	11	36	7.0	13.0	17.0	1.5	2.0	2.0	192.00	172.50	208.00
		边行5	2	53	11	9	9	28	6.0	2.0	15.5	2.0	1.5	1.5	143.00	140.00	112.50
	2	中行1	2	59	18	10	10	28	7.0	11.0	6.5	1.5	2.5	1.5	80.00	192.00	144.00
		中行2	2	73	26	10	7	26	6.0	8.0	16.0	2.0	1.5	3.5	110.00	90.00	182.00
		中行3	2	59	16	8	6	35	7.0	10.0	8.5	1.5	2.0	1.5	117.00	117.00	89.25
		中行4	2	61	11	11	15	36	3.5	7.0	11.0	1.0	1.0	2.0	99.00	154.00	120.00
		中行5	2	62	17	8	8	25	6.0	7.0	13.0	2.5	1.5	1.5	104.00	130.00	130.00
		边行1	2	60	10	11	8	18	6.0	6.0	12.0	1.8	1.2	1.0	110.00	90.00	110.00
		边行2	2	62	17	11	6	27	6.0	9.0	12.0	0.8	0.7	0.4	143.00	143.00	110.00
		边行3	2	67	18	11	10	31	6.0	13.0	12.0	0.4	0.3	0.3	195.00	156.00	156.00
		边行4	2	62	19	11	9	25	7.0	8.0	11.0	1.1	0.8	0.6	110.00	110.00	110.00
	3	边行5	2	56	16	10	5	17	6.0	6.0	13.0	0.5	1.2	0.4	130.00	120.00	143.00
		中行1	2	57	16	10	6	26	7.0	13.0	11.0	0.8	1.1	0.4	120.00	130.00	132.00
		中行2	2	57	26	9	3	19	7.0	5.0	11.0	0.7	0.3	0.4	88.00	110.00	110.00
		中行3	2	63	20	11	6	26	6.0	5.0	11.0	0.7	0.8	0.8	132.00	154.00	143.00
		中行4	2	64	17	11	7	26	6.0	7.0	10.0	0.8	0.4	0.5	130.00	120.00	117.00
		中行5	2	70	20	14	10	36	6.0	8.0	12.0	0.6	0.7	0.4	132.00	132.00	143.00

促花王棉花塑型免打顶 2019 年大数据采集报告

刘 政 冯丽凯 赵 静 王振辉 陈文静

（新疆农垦科学院植物保护研究所，新疆石河子 832000）

2019 年 12 月 17 日国家统计局公布全国棉花产量的公告显示：2019 年新疆棉花播种面积为 254.05 万 hm² （3 810.8 万亩），产量达 500.2 万 t，全国棉花种植面积 333.92 万 hm² （5 008.8 万亩），全国棉花总产量 588.9 万 t，新疆棉花占全国棉花的播种面积和产量分别为 76.08% 和 85.94%。

新疆及兵团棉花在生产过程中，从耕地、施肥、播种、除草、灌溉到采收等环节已经基本上实现了机械化，耕种收综合机械化水平达到 93% 以上，但田间打顶工作仍然以人工操作为主，现代化程度相对滞后。因此，寻求一种能替代棉花人工打顶的生产方式已迫在眉睫。

近几年悄然兴起的农药"化控"技术解决了人工打顶的弊端，有效提高了劳动效率，减轻了劳动强度，大大降低了植棉成本，并可显著提高棉花打顶的时效性，但同时也暴露出了农药用法用量不当所导致的负面效应。

本研究通过大面积调查使用非化控农药的植物营养诱导因子促花王棉花塑型剂及棉花免打顶剂与常规人工打顶的对比情况，考察 2 种方式下对棉花株高、果枝台数、单株结铃数、果枝长度、棉叶情况，以及对棉花品质性状，如单铃重、绒长、衣分等的影响，分析和评估促花王打顶剂的使用效果，考量在新疆棉区大面积使用的可行性情况。

1 试验条件

1.1 试验地点

试验地点分别有：新疆农垦科学院试验地，146 团 6 连、7 连，四道河子，147 团，121 团等 14 处试验地，分别设有促花王与对照（人工打顶）。

种植条件：各试验点内处理与人工打顶种植棉花品种统一（各试验点之间根据不同地理条件选择不同品种）。

栽培模式：均为 1 膜 6 行，各试验点地块水肥管理、病虫害防治水平一致。

1.2 试验材料及喷药方法

供试药剂：由陕西渭南高新区促花王科技有限公司提供棉花打顶塑型剂。施药规程如表 1 所示。

表 1 促花王棉花打顶塑型剂使用时段和用法

喷施时间	喷施方法	喷施量	加派翁（缩节胺）
第一次（7 月 5 日至 10 日）			
第二次（7 月 15 日至 20 日）	机车平喷	15g/亩，兑水 30～40kg	根据棉花长势不同，棉农决定每亩地喷施剂量
第三次（7 月 25 日至 31 日）			

1.3　试验调查方法

棉花农艺性状调查：在喷施完第三次后 7~15d，在各试验点调查各处理和人工打顶棉田，在棉田中部区域（避免边际效应）随机选取 3 个点，在各点分别选有代表性的健康植株 10 株（内外行各 5 株），调查棉株的株高（子叶节到主茎顶端的长度）、果枝台数、单株结铃数、果枝长度、棉叶情况（分别对倒 2、倒 4 和倒 6 台果枝的功能叶片进行测定其叶缺深、大小、形状）。

抗早衰根据田间棉花长势情况而定，具体定级标准为：

+：80% 叶片泛绿，有 10% 棉叶出现枯黄；

++：80% 叶片泛绿，有 5%~10% 棉叶出现枯黄；

+++：90% 叶片泛绿，有 5% 以下棉叶出现枯黄。

棉花品质调查：各处理分别收获 30 个正常吐絮铃进行室内考种，其中，下部 1~3 果枝 10 个铃，中部 4~6 果枝 10 铃，上部 7 以上果枝 10 铃，测定衣分（30 铃皮棉重/30 铃籽棉重）、单铃重。检测各试验点棉花绒长。

1.4　数据分析方法

试验数据统一采用 SPSS 22.0 软件分析。

2　试验结果与分析

2.1　促花王对棉株高度纵向调节的影响

表 2 为各试验点棉株增加高度并自然封顶调查结果。由表 2 可以得知：

（1）使用促花王棉花打顶剂后株高较人工打顶增高，其中最为显著的为 147 团 6 连试验点（87.33cm）与 121 团 12 连（85.20cm）。

表 2　不同打顶方式对棉花长势的影响

地点	处理	株高（cm）	叶片数（片）	铃数（个）	果枝数（个）	抗早衰情况
农科院 1 轮 6	促花王	79.33±2.27	23.27±1.08	12.33±1.37	11.33±0.49	+++
	人工打顶	66.80±1.90	20.07±0.83	9.40±0.65	7.80±0.30	++
146 团 4 分厂 7 连 石城棉 1 号	促花王	84.00±1.37	21.33±1.01	11.40±0.90	11.13±0.51	++
	人工打顶	83.67±2.01	24.53±1.63	10.07±0.81	9.80±0.34	+
147 团 6 连 承天 61 号	促花王	87.33±1.65	22.20±1.54	9.13±0.87a	10.67±0.39	+++
	人工打顶	66.27±1.37	18.27±0.77	7.87±0.29	8.07±0.30	++
121 团 12 连 惠远 720	促花王	85.20±2.35	23.93±1.64a	12.40±1.00a	10.67±0.45a	++
	人工打顶	67.60±1.88	18.47±0.71	7.53±0.57	8.07±0.27	+
121 团 9 连 惠远 720	促花王	74.07±2.17a	19.87±1.19	7.67±0.60	10.27±0.36	+++
	人工打顶	63.27±0.88	18.20±1.19	7.53±0.54	7.87±0.29	++
四道河子沙包村 新陆早 33 号	促花王	82.29±1.66a	17.67±0.75	8.29±0.48	9.69±0.35a	++
	人工打顶	66.27±1.13	17.00±0.95	8.53±0.79	6.60±0.35	+

注：小写字母表示显著差异水平在 0.05 以下。

（2）喷施促花王与人工打顶相比，各试验点始节高均无显著差异。

（3）在果枝数上，促花王打顶果枝台数明显较人工打顶数量增加，促花王打顶较人工打顶平均多2台果枝。

（4）单株铃数，使用促花王打顶剂的各试验点，均较人工打顶数量多，其中，147团（9.13个）、121团（12.40个）差异表现显著，其他试验点相差不显著。

（5）使用促花王打顶的棉株叶片总数较人工打顶多，其中，121团（23.93片）、147团（22.20片）试验点表现较为显著，其余点无显著差异。

结果表明，促花王棉花打顶剂在抑制顶端优势的同时，能够持续将营养生长向生殖生长安全转化，对棉花长势具有一定的促进作用。

2.2 促花王对棉株塑型横向调节的影响

表3为促花王塑型剂对棉花塑造筒状株形和缩小株冠宽度效果影响，由表3可知：

（1）喷施促花王塑型剂的棉花果枝长度（倒2、倒4果枝）均较人工打顶果枝短，其中147团试验点表现较为显著，而其他试验点表现差异不明显，与人工打顶相比，使用促花王平均果枝长度缩短2cm，说明促花王在一定程度上可缩短果枝长度，降低棉株所占用空间，有利于棉田内部通风透气。

（2）喷施促花王的叶缺深较人工打顶深，调查的各试验点无显著差异，但使用促花王的叶缺深普遍较人工打顶深，这也说明同一品种棉花在使用促花王后叶片出现不同程度缺深，有助于缩小棉株叶片面积占用的环境空间，进而提高了棉田光照透射、通气能力，有助于棉花光合作用，提高养分利用率，最终取得一定的增产作用。

（3）在各试验点，喷施促花王的倒2与倒4台果枝功能叶面积普遍较人工打顶叶面积小，如四道河子与121团试验点，其人工打顶的倒2台果枝功能叶面积分别为178.28cm² 与162.67cm²，比喷施促花王后的150.57cm² 与116.35cm² 增大，其他试验点则无显著差异。而倒6台果枝功能叶面积表现不一，121团12连与147团6连试验点表现出相反的现象，在棉田实际生产中，倒6台果枝功能叶处于棉株下部，在棉花生长后期，其功能发挥主要取决于中上部叶片的通气透光良好，因此，喷施促花王后，倒2与倒4台果枝功能叶面积变小，有利于整株棉花后期营养的维持，促花王对棉株的塑型具有一定的促进作用。

2.3 促花王对棉花品质提升的影响

表4为2种打顶方式对棉花品质全项指标提升的影响，由表4可以得知：

（1）在多数试验点，喷施促花王后，棉花单铃重普遍在6.5g左右，其中在四道河子试验点，单铃重高达6.75g，而该试验点人工打顶单铃重为6.5g，其他试验点均在5.3~6.0g不等，说明喷施促花王大多数有利于棉花增产。

（2）在各试验点，喷施促花王与人工打顶相比，衣分相差不大，而在132团试验点，喷施促花王后，衣分则显著高于人工打顶，表明促花王有利于提高棉花效益，增加棉农收入。

（3）从表中可以看出，喷施促花王后，大多试验点棉花绒长（总长）最长可达66.27mm（试验场试验点），而人工打顶的棉花绒长则在59mm左右，说明喷施促花王有利于增加棉花绒长，对棉花品质起到一定的提高作用。

表3　不同打顶方式对棉花塑型效果的影响

地点	处理	果枝长度（cm）			叶缺深（cm）			叶面积（cm²）		
		倒2枝	倒4枝	倒6枝	倒2叶	倒4叶	倒6叶	倒2叶	倒4叶	倒6叶
农科院1轮6	促花王	9.87±0.90	11.57±1.06	13.67±1.00	2.88±0.08	2.79±0.14	2.58±0.13	129.12±5.51	136.00±6.31	142.58±6.89
	人工打顶	13.00±1.07	15.53±1.39	13.20±0.96	2.59±0.09	2.53±0.10	2.59±0.11	129.60±6.20	132.50±4.68	134.07±5.44
146团4分厂7连 石城棉1号	促花王	7.00±0.53	9.27±0.59	11.40±0.92	3.17±0.11	3.01±0.08	3.02±0.08	150.88±3.89a	180.80±6.97	176.83±7.09
	人工打顶	14.60±1.01	15.47±0.91	18.53±1.22	2.88±0.08	2.87±0.09	2.87±0.09	167.48±8.23	174.73±3.40a	164.50±6.47
147团6连 承天61号	促花王	7.13±0.47a	9.87±0.77	11.13±1.06	2.93±0.12	3.05±0.12	2.97±0.10	180.90±6.67	182.33±7.85	183.33±8.06
	人工打顶	12.00±1.55	13.93±1.29	15.00±1.36	2.61±0.12	2.75±0.11	2.62±0.09	146.67±6.94	168.43±5.16	167.77±5.80
121团12连 惠远720	促花王	5.00±0.44	6.13±0.52	9.93±0.69	2.73±0.08	2.63±0.07	2.71±0.06	142.40±5.47	165.67±7.93	173.47±6.05
	人工打顶	8.13±0.82	11.00±0.88	12.80±0.90	2.51±0.09	2.52±0.13	2.31±0.06	128.42±6.19	141.05±6.41	133.82±7.22
121团9连 惠远720	促花王	6.27±0.47	7.93±0.56	9.33±0.63	2.34±0.08	2.54±0.08	2.44±0.06	116.35±5.62	126.37±6.76	131.53±6.03
	人工打顶	9.93±0.95	11.60±0.72	12.27±0.70	2.70±0.11	2.77±0.11	2.80±0.11	162.67±8.58	169.20±7.37	171.47±7.77
四道河子沙包村新陆早33号	促花王	8.71±0.55	11.41±0.62a	12.03±0.67	2.53±0.04	2.52±0.05	2.43±0.06	150.57±3.60	151.02±3.64	147.91±3.53
	人工打顶	14.27±0.73	15.40±0.63	14.70±0.87	3.18±0.17a	2.99±0.10	2.84±0.12	178.28±7.42	191.07±7.53	180.40±8.00

注：小写字母表示显著差异水平在0.05以下。

表4 不同打顶方式对棉花不同部位棉铃产量及品质的影响

地点	处理	上部铃 籽棉(g)	皮棉(g)	单铃重(g)	衣分(%)	绒长(mm)	中部铃 籽棉(g)	皮棉(g)	单铃重(g)	衣分(%)	绒长(mm)	下部铃 籽棉(g)	皮棉(g)	单铃重(g)	衣分(%)	绒长(mm)
农试场	促花王	50.63±0.63	22.52±0.14	5.06±0.06	44.49±0.43	64.00±0.81	55.15±3.54	24.57±1.83	5.51±0.35	44.51±0.73	66.27±1.13	55.39±2.59	23.99±1.07	5.54±0.26	43.33±0.77	64.80±1.44a
	人工打顶	49.88±2.28	22.64±1.21	4.99±0.23	45.37±0.74	62.00±1.06	58.03±2.43	25.82±1.32	5.80±0.24	44.45±0.41	62.60±1.20	56.78±1.70	24.50±0.77	5.68±0.17	43.14±0.30	64.47±0.80
121团9连	促花王	51.57±2.23	23.50±0.97	5.16±0.22	45.58±0.10	56.33±0.61	61.11±2.66	27.91±1.29	6.11±0.27	45.68±0.72	58.53±0.77	56.45±1.56	24.75±1.32	5.65±0.16	43.80±1.36	60.20±0.60
	人工打顶	55.72±2.32	25.34±0.91	5.57±0.23	45.50±0.38	56.87±0.56	59.15±2.26	26.94±1.18	5.92±0.23	45.53±0.25	60.60±0.81	56.09±0.51	24.84±0.44	5.61±0.05	44.29±0.42	61.53±0.70
四道河子沙包村	促花王	62.04±1.91	28.65±1.94	6.20±0.19	46.14±2.54	52.87±0.62	65.70±2.90	29.48±1.34	6.57±0.29	44.87±0.40	55.40±0.73	67.46±2.46	29.71±1.25	6.75±0.25	44.02±0.24	59.47±0.80
	人工打顶	58.81±2.62	26.73±1.25	5.88±0.26	45.45±0.51	54.60±0.45a	60.47±2.88	23.85±3.77	6.05±0.29	39.01±4.62	57.47±0.83	64.98±3.77	28.86±1.76	6.50±0.38	44.41±0.21	60.00±0.62
132团东闸	促花王	51.57±4.31	21.71±1.86	5.16±0.43	42.09±0.82	58.27±0.58	55.36±2.73	24.11±1.36	5.54±0.27	43.520.36a	60.67±0.80	58.75±2.19	23.93±0.87	5.87±0.22	40.74±0.13	61.27±0.64
	人工打顶	56.71±2.08	24.32±0.91	5.67±0.21	42.90±0.73	58.07±0.43	58.35±0.60	25.02±0.16	5.84±0.06	42.89±0.71	59.73±0.81	54.49±0.94	22.95±0.64	5.45±0.09	42.11±0.63	60.33±0.61

（续表）

地点	处理	上部铃 籽棉(g)	皮棉(g)	单铃重(g)	衣分(%)	绒长(mm)	中部铃 籽棉(g)	皮棉(g)	单铃重(g)	衣分(%)	绒长(mm)	下部铃 籽棉(g)	皮棉(g)	单铃重(g)	衣分(%)	绒长(mm)
147团6连	促花王	62.85±3.44	28.88±1.24	6.28±0.34	46.01±0.62	54.07±0.78	66.15±3.29	30.04±1.18	6.62±0.33	45.49±1.14	54.93±0.66	62.07±1.27	27.43±0.54	6.21±0.13	44.19±0.21	55.40±0.70
	人工打顶	61.59±0.62	22.64±1.21	6.16±0.06	36.78±2.08	57.53±1.15	62.91±0.90	25.82±1.32	6.30±0.09	41.07±2.28	55.33±0.85	55.43±0.99	24.50±0.77	5.54±0.10	44.23±1.63	58.80±0.80
146团7连	促花王	50.02±3.96	21.36±1.87	5.00±0.40	42.67±0.69	58.20±0.72	53.42±1.77	22.98±0.59	5.34±0.18	43.05±0.91	59.33±0.65	53.36±0.69	22.39±0.46	5.34±0.07	41.95±0.54	61.07±0.54
	人工打顶	49.88±2.28	22.64±1.20	4.99±0.23	45.37±0.74	60.07±0.87	58.03±2.43	25.82±1.32	5.80±0.24	44.54±0.41	63.60±0.86	56.78±1.70	24.50±0.77	5.68±0.17	43.14±0.30	66.53±0.62
146团6连	促花王	61.75±2.28	26.57±1.73	6.18±0.23	42.95±1.34	56.73±0.61	59.76±4.69	26.82±1.41	5.98±0.47	45.32±3.59	58.07±0.56	56.15±0.75	24.44±0.61	5.61±0.07	43.53±0.83	59.67±0.42a
	人工打顶	49.88±2.28	22.64±1.21	4.99±0.23	45.37±0.74	57.00±0.84	58.03±2.43	25.82±1.32	5.80±0.24	44.54±0.41	56.87±0.62	56.78±1.70	24.50±0.77	5.68±0.17	43.14±0.30	58.67±0.81
132团西侧	促花王	52.91±1.90	24.32±1.02	5.29±0.19	46.21±3.54	61.40±0.79	62.34±1.49	27.17±0.95	6.23±0.15	43.56±0.63	65.13±0.56	60.57±0.53	25.58±0.91	6.06±0.05	42.22±1.38	64.13±1.02
	人工打顶	61.59±0.62	22.64±1.20	6.16±0.06	36.78±2.08	57.53±0.58	62.91±0.90	25.82±1.32	6.29±0.09	41.07±2.28	61.93±0.69	55.43±0.99	24.50±0.77	5.54±0.10	44.23±1.63	62.33±0.69

3 结论与讨论

3.1 结论

从试验结果分析，初步得到以下结论：

（1）促花王对棉花长势有一定的促进作用，可增加棉花株高与果枝台数，单株棉花叶片总数也有所增加，相对于人工打顶，有较好的抗早衰作用。而在始节高与单株铃数上，两者无较显著差异。

（2）促花王对棉株具有塑型作用，其中，表现在果枝长度、叶缺深与功能叶面积，喷施促花王后，果枝长度缩短，叶缺深加深，功能叶面积减小，对大田中棉花通风透光有促进作用，可以直接提高棉花产量及质量。

（3）促花王对提高棉花产量与品质有良好效果，表现在单铃重、衣分和绒长，喷施促花王后，平均单铃重有所增加，绒长也有显著提高的现象。

（4）促花王产品是安全型环保型的化控药剂。在使用过程中没有（与其他化控农药相比）诸多的条件限制。没发现杀伤植物活细胞及破坏植物生态发育系统结构的迹象。促花王产品对棉株塑型打顶，可提高新疆大面积棉田通透性和棉桃发育质量。

3.2 讨论

近年来，化学封顶作为一项高效、节约成本的化控技术，引起了新疆地方和建设兵团植棉团场的高度重视。目前，市场上打顶剂塑型剂种类繁多，众说纷纭。本试验旨在探究促花王对棉花长势、塑型、产量及品质的影响，真正做到节本增效，提高植棉者收入，为保障新疆棉花种植全程机械化和无公害智能化提供一定的技术支撑。

在试验过程中，由于新疆棉区地域差距大，生态多样性丰富。不同地区的植棉户在品种选择、栽培管理、病虫害防控及后期的采摘等方面均存在不同程度的差异，因此，本试验所选择的试验点也均在考虑范围，结果已初步显出了促花王对棉花长势、塑型、产量与品质具有较好的促进作用。但因在实施过程中存在诸多影响因素而造成的误差，仍需在后续的试验过程中加以完善。

本试验所用棉花"促花王"打顶塑型剂旨在利用植物营养诱导因子强制调节棉株顶部优势，继而控制棉花的无限生长的习性，此外，本产品可降低棉花果枝长度，使叶缺加深、叶面积减小，起到"塑身"效果。形成"缩株宽、增株高"的棉花种植管理理念，避免棉花生长后期棉田郁闭而造成棉花早衰、底部棉铃霉变，增强棉田通透性，这都有利于棉铃的生长发育，为棉农增产增收提供有力的技术支持。

促花王棉花塑型免打顶剂作为一项新型简化植棉的措施，对新疆棉区棉花全程机械化发展具有重要的现实意义，在进一步明确其技术效果的同时需要综合考虑气候、品种等多个因素，以提高棉花的产量和不影响品质为目标，完善配套技术规程，使其早日成为新疆棉花全程机械化的常规措施。

委托单位：陕西渭南高新区促花王科技有限公司

承担单位：新疆农垦科学院植物保护研究所

试验地点：新疆生产建设兵团团场共计 14 个试验地点

总负责人：刘　政

参加人员：冯丽凯、赵　静、王振辉、陈文静

（报告完成日期：2020 年 1 月 2 日）

附表

调查原始数据汇总表 1

农科院3轮（人工打顶）		调查第一点					调查第二点					调查第三点				
		第1株	第2株	第3株	第4株	第5株	第1株	第2株	第3株	第4株	第5株	第1株	第2株	第3株	第4株	第5株
株高（cm）		65.0	68.0	67.0	65.0	70.0	56.0	70.0	68.0	70.0	57.0	65.0	69.0	70.0	68.0	66.0
叶片数（片）		14.0	16.0	18.0	10.0	19.0	20.0	20.0	12.0	23.0	22.0	15.0	14.0	15.0	18.0	19.0
果枝数（个）		12.0	8.0	9.0	3.0	8.0	9.0	12.0	7.0	15.0	9.0	6.0	5.0	8.0	6.0	11.0
铃数（个）		6.0	8.0	6.0	4.0	7.0	6.0	10.0	6.0	8.0	6.0	6.0	6.0	6.0	7.0	7.0
果枝长度（cm）	倒2枝	17.0	16.0	10.0	12.0	12.0	16.0	18.0	18.0	12.0	17.0	17.0	12.0	11.0	12.0	14.0
	倒4枝	17.0	13.0	18.0	14.5	13.5	14.0	20.0	18.0	14.0	14.0	11.0	17.0	14.0	15.0	18.0
	倒6枝	15.0	11.0	11.0	15.5	12.0	20.0	19.0	18.0	11.0	17.0	15.0	15.0	11.0	11.0	19.0
叶缺深（cm）	倒2叶	4.5	3.2	2.3	3.2	2.1	2.8	4.3	2.8	3.2	3.8	3.5	3.0	3.5	3.0	2.5
	倒4叶	3.5	3.0	2.5	2.5	3.3	2.5	2.8	3.5	3.3	2.7	2.6	2.8	3.0	3.5	3.3
	倒6叶	3.2	3.4	2.4	2.7	2.5	3.5	3.6	2.3	2.9	2.5	2.2	2.5	2.7	2.8	3.4
叶面积（cm²）	倒2叶	16.0	15.0	17.0	14.5	14.0	15.5	15.5	14.0	15.0	14.0	16.5	17.5	15.0	15.0	15.0
		12.5	11.4	12.5	12.0	10.5	13.0	12.0	10.0	12.0	8.5	13.0	12.5	11.0	11.0	12.0
		200.0	171.0	212.5	174.0	147.0	201.5	186.0	140.0	180.0	119.0	214.5	218.8	165.0	165.0	180.0
	倒4叶	16.0	14.7	15.5	13.0	14.5	15.5	16.0	16.5	18.0	18.5	16.5	14.5	14.0	16.5	16.0
		12.3	11.8	12.0	11.0	12.5	12.0	11.5	14.0	13.0	12.5	13.5	11.0	10.5	12.0	12.0
		196.8	173.5	186.0	143.0	181.3	186.0	184.0	231.0	234.0	231.3	222.8	159.5	147.0	198.0	192.0
	倒6叶	15.5	15.6	16.0	13.0	15.0	17.0	13.0	17.0	16.0	14.5	14.5	14.0	15.0	16.0	14.0
		13.2	11.0	13.5	11.0	10.0	13.0	11.0	13.5	14.0	12.5	12.0	11.0	10.0	11.0	12.0
		204.6	171.6	216.0	143.0	150.0	221.0	143.0	229.5	224.0	181.3	174.0	154.0	150.0	176.0	168.0

调查原始数据汇总表2

农科院1轮6号 （促花王）	调查第一点					调查第二点					调查第三点				
	第1株	第2株	第3株	第4株	第5株	第1株	第2株	第3株	第4株	第5株	第1株	第2株	第3株	第4株	第5株
株高（cm）	67.0	85.0	84.0	87.0	82.0	82.0	85.0	85.0	94.0	88.0	67.0	72.0	74.0	70.0	68.0
叶片数（片）	19.0	18.0	24.0	25.0	23.0	23.0	22.0	27.0	33.0	25.0	16.0	20.0	26.0	22.0	26.0
果枝数（个）	9.0	16.0	19.0	13.0	11.0	7.0	11.0	11.0	27.0	15.0	6.0	8.0	10.0	11.0	11.0
铃数（个）	11.0	11.0	13.0	11.0	8.0	10.0	10.0	11.0	15.0	13.0	8.0	12.0	13.0	13.0	11.0
果枝长度（cm） 倒2枝	3.0	15.0	9.0	12.0	8.0	16.0	13.0	9.0	13.0	11.0	7.0	6.0	8.0	8.0	10.0
倒4枝	8.5	16.0	6.0	15.0	12.0	18.0	15.0	7.0	11.0	17.0	11.0	4.0	11.0	10.0	12.0
倒6枝	14.0	10.0	8.0	16.0	17.0	16.0	23.0	13.0	17.0	16.0	11.0	10.0	12.0	12.0	10.0
叶缺深（cm） 倒2叶	3.2	2.9	2.8	3.2	3.2	3.0	2.7	2.7	3.5	2.7	2.9	2.3	2.6	2.7	2.8
倒4叶	2.5	2.5	3.0	3.4	3.6	2.9	3.1	2.7	3.4	3.7	2.0	2.2	2.4	2.0	2.5
倒6叶	2.3	2.5	2.4	3.5	3.3	2.7	2.8	2.4	3.6	2.3	2.1	2.4	2.0	2.3	2.1
叶面积（cm²） 倒2叶	12.0	13.0	13.0	15.0	13.0	14.0	14.0	13.0	14.0	14.0	11.0	14.0	12.5	12.0	13.5
	10.0	10.0	9.0	11.0	10.0	10.0	12.0	10.0	9.5	9.0	7.0	10.0	9.0	10.0	9.5
	120.0	130.0	117.0	165.0	130.0	140.0	168.0	130.0	133.0	126.0	77.0	140.0	112.5	120.0	128.3
倒4叶	13.0	12.5	13.0	16.0	14.0	14.0	15.0	15.0	13.0	15.0	13.5	13.5	11.0	13.0	12.0
	9.5	9.0	8.0	11.0	10.0	10.0	12.0	10.0	11.0	11.0	10.0	10.0	9.0	9.0	10.0
	123.5	112.5	104.0	176.0	140.0	140.0	180.0	150.0	143.0	165.0	135.0	135.0	99.0	117.0	120.0
倒6叶	13.0	13.5	11.0	16.0	15.0	14.0	15.5	15.0	15.0	15.0	12.0	13.5	13.0	13.0	13.0
	9.0	11.0	9.0	11.0	11.0	10.5	11.0	11.0	12.0	11.0	10.0	9.5	9.0	8.5	10.0
	117.0	148.5	99.0	176.0	165.0	147.0	170.5	165.0	180.0	165.0	120.0	128.3	117.0	110.5	130.0

调查原始数据汇总表 3

农科院 1 轮 6 号 （人工打顶）		调查第一点					调查第二点					调查第三点				
		第1株	第2株	第3株	第4株	第5株	第1株	第2株	第3株	第4株	第5株	第1株	第2株	第3株	第4株	第5株
株高（cm）		60.0	62.0	60.0	60.0	53.0	75.0	78.0	74.0	77.0	72.0	68.0	67.0	69.0	65.0	62.0
叶片数（片）		22.0	24.0	26.0	19.0	16.0	18.0	15.0	18.0	23.0	23.0	21.0	17.0	18.0	22.0	19.0
果枝数（个）		8.0	13.0	12.0	8.0	7.0	7.0	8.0	6.0	11.0	8.0	13.0	13.0	11.0	9.0	7.0
铃数（个）		8.0	9.0	8.0	5.0	8.0	8.0	8.0	6.0	9.0	7.0	9.0	9.0	8.0	8.0	7.0
果枝 长度 （cm）	倒2枝	12.0	13.0	15.0	20.0	6.0	10.0	8.0	18.0	14.0	10.0	18.0	18.0	13.0	9.0	11.0
	倒4枝	18.0	22.0	15.0	15.0	4.0	20.0	15.0	15.0	18.0	12.0	25.0	13.0	21.0	10.0	10.0
	倒6枝	15.0	14.0	12.0	12.0	5.0	15.0	17.0	14.0	17.0	10.0	12.0	21.0	11.0	13.0	10.0
叶缺深 （cm）	倒2叶	2.3	3.0	2.5	2.7	2.4	3.2	3.1	2.3	2.4	2.4	2.6	2.9	2.6	2.1	2.3
	倒4叶	2.5	2.7	2.1	2.3	2.0	2.8	2.6	2.0	2.5	2.8	3.3	3.0	2.8	2.7	1.9
	倒6叶	2.4	3.0	2.4	2.2	2.9	1.9	2.0	2.7	3.0	2.5	2.8	3.0	3.3	2.7	2.1
叶面积 （cm²）	倒2叶	13.0	14.0	12.0	13.0	12.0	11.0	13.0	13.0	14.0	15.0	14.0	14.0	13.0	13.0	12.0
		10.0	9.0	10.0	10.0	9.0	9.0	8.0	10.0	11.0	11.0	12.0	12.0	10.0	8.0	9.0
		130.0	126.0	120.0	130.0	108.0	99.0	104.0	130.0	154.0	165.0	168.0	168.0	130.0	104.0	108.0
	倒4叶	14.0	14.0	11.0	14.0	13.0	13.0	13.0	13.0	13.0	13.0	13.0	15.0	14.0	12.0	14.0
		10.0	11.0	9.0	10.0	10.0	10.0	9.5	8.0	10.5	11.0	12.0	10.5	10.0	9.0	9.0
		140.0	154.0	99.0	140.0	130.0	130.0	123.5	104.0	136.5	143.0	156.0	157.5	140.0	108.0	126.0
	倒6叶	12.0	14.0	13.0	14.0	12.0	13.0	12.0	13.0	15.0	13.0	15.0	15.0	14.0	13.0	13.0
		10.5	10.5	10.0	9.0	9.0	8.0	9.0	10.0	10.0	10.5	12.0	11.0	10.5	9.5	10.0
		126.0	147.0	130.0	126.0	108.0	104.0	108.0	130.0	150.0	136.5	180.0	165.0	147.0	123.5	130.0

调查原始数据汇总表4

146团6连(促花王)		调查第一点					调查第二点					调查第三点				
		第1株	第2株	第3株	第4株	第5株	第1株	第2株	第3株	第4株	第5株	第1株	第2株	第3株	第4株	第5株
株高(cm)		100.0	93.0	100.0	99.0	97.0	85.0	88.0	88.0	90.0	92.0	89.0	97.0	97.0	93.0	115.0
叶片数(片)		19.0	16.0	21.0	26.0	22.0	16.0	21.0	15.0	18.0	23.0	16.0	24.0	23.0	22.0	36.0
果枝数(个)		13.0	9.0	9.0	10.0	7.0	7.0	8.0	7.0	9.0	8.0	7.0	11.0	9.0	7.0	24.0
铃数(个)		13.0	11.0	13.0	14.0	11.0	11.0	13.0	9.0	11.0	11.0	11.0	13.0	13.0	11.0	18.0
果枝长度(cm)	倒2枝	12.0	8.0	12.0	16.0	10.0	10.0	13.0	17.0	11.0	15.0	14.0	6.0	9.0	16.0	11.0
	倒4枝	15.0	3.0	18.0	18.0	14.0	11.0	16.0	14.0	13.0	12.0	13.0	11.0	10.0	14.0	15.0
	倒6枝	16.0	15.0	10.0	17.0	11.0	13.0	13.0	18.0	17.0	14.0	6.0	14.0	16.0	6.0	18.0
叶缺深(cm)	倒2叶	2.2	2.4	2.7	2.4	2.6	2.6	2.7	2.6	2.8	2.7	2.4	2.6	2.1	2.6	2.8
	倒4叶	2.5	2.7	3.1	2.6	2.3	2.7	2.5	2.7	2.9	2.4	2.1	2.5	2.5	2.4	2.9
	倒6叶	2.7	2.8	2.4	2.7	2.2	2.7	2.0	2.0	2.3	2.5	2.1	2.4	2.2	2.0	2.7
叶面积(cm²)	倒2叶	15.0	15.0	14.5	15.0	14.0	15.0	14.0	14.0	15.0	15.5	12.0	14.0	15.0	15.0	14.0
		13.0	12.0	12.0	11.5	11.0	11.0	11.0	12.0	13.5	12.0	9.0	10.0	11.0	12.0	11.0
		195.0	180.0	174.0	172.5	154.0	165.0	154.0	168.0	202.5	186.0	108.0	140.0	165.0	180.0	154.0
	倒4叶	14.0	15.0	14.0	13.0	14.0	16.0	13.0	15.5	15.0	14.0	11.0	13.0	16.0	16.0	15.5
		12.0	12.0	12.0	11.0	11.5	11.0	10.5	12.5	13.0	11.5	9.0	11.0	12.0	11.5	12.0
		168.0	180.0	168.0	143.0	161.0	176.0	136.5	193.8	195.0	161.0	99.0	143.0	192.0	184.0	186.0
	倒6叶	14.0	14.0	13.5	13.0	14.0	15.0	12.5	12.0	16.0	14.5	13.0	15.0	15.0	12.0	16.0
		12.0	11.0	10.5	10.0	10.5	10.5	9.0	10.0	12.5	12.0	10.0	12.0	11.0	11.5	12.0
		168.0	154.0	141.8	130.0	147.0	157.5	112.5	120.0	200.0	174.0	130.0	180.0	165.0	120.0	200.0

调查原始数据汇总表 5

146团4分场7连（促花王）		调查第一点					调查第二点					调查第三点				
		第1株	第2株	第3株	第4株	第5株	第1株	第2株	第3株	第4株	第5株	第1株	第2株	第3株	第4株	第5株
株高（cm）		95.0	84.0	87.0	84.0	90.0	82.0	82.0	90.0	88.0	80.0	82.0	75.0	77.0	80.0	84.0
叶片数（片）		23.0	28.0	23.0	22.0	16.0	23.0	22.0	19.0	26.0	24.0	19.0	13.0	22.0	17.0	23.0
果枝数（个）		13.0	11.0	13.0	10.0	7.0	13.0	12.0	16.0	17.0	14.0	11.0	5.0	6.0	9.0	14.0
铃数（个）		15.0	13.0	10.0	10.0	10.0	11.0	13.0	12.0	13.0	13.0	10.0	8.0	9.0	9.0	11.0
果枝长度（cm）	倒2枝	9.0	7.0	10.0	8.0	9.0	8.0	5.0	8.0	10.0	5.0	7.0	4.0	4.0	6.0	5.0
	倒4枝	11.0	13.0	10.0	8.0	12.0	10.0	7.0	10.0	12.0	9.0	8.0	9.0	8.0	8.0	4.0
	倒6枝	14.0	17.0	14.0	11.0	14.0	9.0	9.0	15.0	10.0	3.0	14.0	13.0	11.0	10.0	7.0
叶缺深（cm）	倒2叶	3.0	3.4	3.4	3.2	2.5	3.8	3.3	2.5	3.7	2.5	3.3	2.8	3.4	3.2	3.5
	倒4叶	3.0	3.0	3.2	3.0	2.7	2.7	3.0	2.8	3.9	3.0	3.1	3.1	2.7	2.7	3.3
	倒6叶	3.3	3.2	3.1	3.0	3.0	3.2	3.5	2.5	3.4	3.1	2.9	3.0	3.1	2.5	2.5
叶面积（cm²）	倒2叶	15.0	15.0	15.0	15.0	15.0	14.0	12.5	13.0	15.0	13.0	14.0	14.0	15.0	15.5	15.0
		10.0	10.0	10.0	11.0	12.0	10.5	9.5	10.0	11.0	10.5	10.5	11.0	11.0	10.0	10.0
		150.0	150.0	150.0	165.0	180.0	147.0	118.8	130.0	165.0	136.5	147.0	154.0	165.0	155.0	150.0
	倒4叶	16.0	16.0	16.0	16.0	17.5	16.0	15.0	17.0	16.0	16.0	14.0	16.0	14.5	15.0	14.5
		12.0	11.0	12.0	12.0	13.0	12.0	10.0	13.0	12.0	12.0	11.0	12.0	11.0	9.0	10.0
		192.0	176.0	192.0	192.0	227.5	192.0	150.0	221.0	192.0	192.0	154.0	192.0	159.5	135.0	145.0
	倒6叶	16.0	15.0	17.0	17.0	16.0	16.0	14.5	14.0	16.0	15.0	15.5	15.0	16.0	14.0	15.0
		11.0	11.0	12.0	12.0	13.5	12.0	10.0	11.0	13.0	13.0	11.0	11.0	12.0	10.0	9.0
		176.0	165.0	204.0	204.0	216.0	192.0	145.0	154.0	208.0	195.0	170.5	165.0	192.0	140.0	126.0

调查原始数据汇总表6

146团4分场7连(人工打顶)		调查第一点					调查第二点					调查第三点				
		第1株	第2株	第3株	第4株	第5株	第1株	第2株	第3株	第4株	第5株	第1株	第2株	第3株	第4株	第5株
株高 (cm)		70.0	76.0	77.0	70.0	78.0	86.0	87.0	90.0	95.0	85.0	92.0	90.0	90.0	86.0	83.0
叶片数 (片)		25.0	35.0	23.0	14.0	33.0	23.0	31.0	28.0	31.0	15.0	25.0	23.0	25.0	19.0	18.0
果枝数 (个)		7.0	14.0	9.0	6.0	13.0	7.0	13.0	12.0	14.0	9.0	15.0	10.0	8.0	6.0	8.0
铃数 (个)		8.0	10.0	10.0	8.0	11.0	8.0	12.0	10.0	12.0	10.0	11.0	10.0	9.0	9.0	9.0
果枝长度 (cm)	倒2枝	7.0	7.0	17.0	12.0	12.0	21.0	15.0	14.0	15.0	19.0	16.0	14.0	21.0	13.0	16.0
	倒4枝	10.0	15.0	15.0	9.0	17.0	20.0	14.0	16.0	15.0	18.0	21.0	15.0	20.0	11.0	16.0
	倒6枝	14.0	21.0	17.0	15.0	13.0	24.0	17.0	15.0	17.0	17.0	25.0	29.0	21.0	13.0	20.0
叶缺深 (cm)	倒2叶	3.1	3.2	2.8	3.3	2.0	2.6	3.1	3.0	2.9	2.9	3.0	2.6	3.0	2.7	3.0
	倒4叶	3.2	3.3	2.7	2.9	2.9	3.4	2.9	2.7	2.8	3.1	2.2	3.1	2.7	3.0	2.2
	倒6叶	3.0	3.1	3.0	2.8	2.7	2.4	3.0	2.2	3.1	2.9	2.9	2.9	2.8	3.2	3.1
叶面积 (cm²)	倒2叶	13.0	14.0	14.5	15.0	12.0	16.0	16.0	15.0	14.0	16.0	15.0	12.0	16.0	16.0	15.0
		10.0	10.0	10.5	12.0	10.0	12.0	11.0	11.0	12.0	14.0	10.0	10.0	13.0	12.0	13.0
		130.0	140.0	152.3	180.0	120.0	192.0	176.0	165.0	168.0	224.0	150.0	120.0	208.0	192.0	195.0
	倒4叶	13.0	15.0	15.0	15.0	15.0	15.0	16.0	15.0	15.5	16.0	16.0	15.0	17.0	16.0	16.0
		11.0	11.5	11.0	11.0	12.0	11.5	11.0	12.0	12.0	11.5	11.0	11.0	12.0	11.0	11.0
		143.0	172.5	165.0	165.0	180.0	172.5	176.0	180.0	186.0	184.0	176.0	165.0	204.0	176.0	176.0
	倒6叶	12.5	15.0	15.0	13.0	14.0	16.0	18.0	14.0	16.0	16.0	13.0	14.0	16.0	15.5	15.0
		10.0	10.5	12.0	10.0	11.0	10.0	12.0	13.0	12.0	10.0	10.0	11.0	11.0	12.0	11.0
		125.0	157.5	180.0	130.0	154.0	160.0	216.0	182.0	192.0	160.0	130.0	154.0	176.0	186.0	165.0

调查原始数据汇总表 7

147团6连（促花王）	调查第一点					调查第二点					调查第三点				
	第1株	第2株	第3株	第4株	第5株	第1株	第2株	第3株	第4株	第5株	第1株	第2株	第3株	第4株	第5株
株高（cm）	97.0	87.0	89.0	86.0	98.0	85.0	88.0	91.0	96.0	90.0	79.0	80.0	77.0	83.0	84.0
叶片数（片）	20.0	18.0	20.0	24.0	37.0	18.0	16.0	21.0	18.0	21.0	20.0	21.0	19.0	34.0	26.0
果枝数（个）	10.0	5.0	8.0	10.0	19.0	8.0	7.0	7.0	7.0	7.0	8.0	9.0	8.0	13.0	11.0
铃数（个）	12.0	9.0	9.0	11.0	13.0	10.0	9.0	10.0	11.0	9.0	11.0	11.0	11.0	14.0	10.0
果枝长度（cm） 倒2枝	7.0	7.0	10.0	4.0	10.0	6.0	7.0	9.0	7.0	9.0	4.0	7.0	7.0	7.0	6.0
倒4枝	9.0	15.0	15.0	5.0	11.0	7.0	11.0	10.0	11.0	8.0	7.0	8.0	11.0	13.0	7.0
倒6枝	13.0	13.0	18.0	7.0	15.0	10.0	17.0	8.0	8.0	16.0	7.0	12.0	6.0	6.0	11.0
叶缺深（cm） 倒2叶	2.8	2.1	3.0	2.7	3.2	2.2	3.0	3.1	3.4	3.5	2.2	2.9	3.0	3.3	3.5
倒4叶	2.6	2.0	3.0	3.7	3.6	2.9	3.0	2.8	3.2	2.9	3.6	2.5	3.0	3.5	3.4
倒6叶	2.2	2.5	2.6	3.1	3.3	2.9	3.4	2.9	3.6	3.0	3.3	3.0	2.7	3.2	2.8
叶面积（cm²） 倒2叶	15.0	17.0	14.0	13.0	15.0	16.0	14.0	16.0	18.0	18.0	12.0	15.0	15.0	18.0	15.0
	12.0	13.0	11.0	10.0	11.0	11.5	11.5	12.5	13.0	13.0	11.0	11.5	11.0	12.0	11.0
	180.0	221.0	154.0	130.0	165.0	184.0	161.0	200.0	234.0	234.0	132.0	172.5	165.0	216.0	165.0
倒4叶	16.0	14.0	16.0	14.0	16.0	16.0	16.0	15.0	18.0	16.0	17.0	15.0	15.0	16.0	14.0
	14.0	11.0	12.0	10.0	10.5	11.0	11.0	11.0	14.0	13.0	12.0	12.0	10.0	12.0	11.0
	224.0	154.0	192.0	140.0	168.0	176.0	176.0	165.0	252.0	208.0	204.0	180.0	150.0	192.0	154.0
倒6叶	17.0	13.0	17.5	17.0	15.0	15.0	16.0	15.0	18.0	15.0	16.5	16.0	15.0	15.0	15.0
	13.5	11.0	13.0	11.0	12.0	10.0	11.5	12.5	13.0	13.0	12.0	12.0	10.0	9.0	11.0
	229.5	143.0	227.5	187.0	180.0	150.0	184.0	187.5	234.0	195.0	198.0	192.0	150.0	135.0	165.0

调查原始数据汇总表8

147团6连（人工打顶）	调查第一点					调查第二点					调查第三点				
	第1株	第2株	第3株	第4株	第5株	第1株	第2株	第3株	第4株	第5株	第1株	第2株	第3株	第4株	第5株
株高（cm）	57.0	70.0	70.0	64.0	59.0	58.0	68.0	74.0	72.0	70.0	71.0	65.0	67.0	67.0	62.0
叶片数（片）	18.0	18.0	19.0	19.0	21.0	15.0	13.0	23.0	18.0	20.0	15.0	18.0	22.0	21.0	14.0
果枝数（个）	7.0	10.0	9.0	8.0	8.0	7.0	7.0	8.0	8.0	6.0	8.0	8.0	7.0	10.0	7.0
铃数（个）	8.0	7.0	9.0	9.0	8.0	7.0	6.0	10.0	10.0	7.0	8.0	8.0	7.0	8.0	9.0
果枝长度（cm） 倒2枝	19.0	24.0	21.0	13.0	18.0	7.0	5.0	9.0	6.0	10.0	8.0	12.0	10.0	13.0	5.0
果枝长度（cm） 倒4枝	13.0	24.0	20.0	19.0	16.0	7.0	8.0	11.0	10.0	12.0	15.0	14.0	15.0	18.0	7.0
果枝长度（cm） 倒6枝	16.0	28.0	19.0	20.0	15.0	14.0	11.0	6.0	14.0	8.0	16.0	13.0	16.0	18.0	11.0
叶缺深（cm） 倒2叶	2.8	3.3	2.2	2.7	2.9	2.6	2.0	2.0	2.8	2.8	2.5	2.8	3.4	2.5	1.8
叶缺深（cm） 倒4叶	2.5	2.7	3.4	2.9	3.0	2.5	2.3	2.5	2.2	2.6	3.2	3.3	2.8	3.3	2.0
叶缺深（cm） 倒6叶	2.1	2.6	2.5	2.9	2.9	2.9	2.7	2.3	2.4	2.2	2.8	2.7	2.1	3.4	2.8
倒2叶	14.0	16.0	14.0	13.5	15.0	13.0	13.0	13.0	13.0	13.0	15.0	14.0	15.5	17.0	12.0
倒2叶	10.0	12.0	10.0	11.0	12.0	11.0	10.0	10.5	9.0	10.0	10.0	9.0	10.0	12.0	9.0
	140.0	192.0	140.0	148.5	180.0	143.0	130.0	136.5	117.0	130.0	150.0	126.0	155.0	204.0	108.0
叶面积（cm²） 倒4叶	14.0	17.0	15.0	16.0	16.0	13.0	15.0	16.0	15.0	15.0	14.0	15.0	15.0	18.0	14.0
叶面积（cm²） 倒4叶	11.0	10.0	11.0	12.0	11.5	11.5	11.0	12.0	10.0	11.0	11.0	11.0	11.0	12.0	10.0
	154.0	170.0	165.0	192.0	184.0	149.5	165.0	192.0	150.0	165.0	154.0	165.0	165.0	216.0	140.0
倒6叶	16.0	15.0	14.0	15.0	16.0	15.0	16.0	14.0	14.0	14.0	12.0	15.0	14.0	17.0	16.0
倒6叶	12.0	12.0	11.0	11.5	12.0	12.0	13.0	12.0	11.0	11.0	9.5	11.0	11.0	9.0	11.0
	192.0	180.0	154.0	172.5	192.0	180.0	208.0	168.0	154.0	154.0	114.0	165.0	154.0	153.0	176.0

调查原始数据汇总表9

沙湾四道河子 （促花王）		调查第一点					调查第二点					调查第三点				
		第1株	第2株	第3株	第4株	第5株	第1株	第2株	第3株	第4株	第5株	第1株	第2株	第3株	第4株	第5株
株高（cm）		75.0	66.0	79.0	70.0	77.0	88.0	78.0	81.0	80.0	84.0	70.0	63.0	66.0	66.0	70.0
叶片数（片）		20.0	15.0	15.0	17.0	23.0	14.0	11.0	15.0	17.0	15.0	16.0	12.0	9.0	11.0	16.0
果枝数（个）		12.0	7.0	5.0	8.0	9.0	7.0	6.0	7.0	7.0	7.0	8.0	4.0	4.0	4.0	9.0
铃数（个）		10.0	9.0	8.0	8.0	11.0	10.0	8.0	9.0	9.0	10.0	8.0	6.0	7.0	6.0	10.0
果枝长度（cm）	倒2枝	4.0	6.0	9.0	3.0	6.0	9.0	2.0	4.0	5.0	11.0	8.0	9.0	4.0	5.0	6.0
	倒4枝	6.0	7.0	5.0	4.5	7.0	11.0	7.0	13.0	4.0	7.0	17.0	11.0	6.0	9.0	7.0
	倒6枝	10.0	5.0	11.0	7.0	12.5	3.0	13.0	17.0	7.0	11.0	13.0	13.0	11.0	10.0	11.0
叶缺深（cm）	倒2叶	2.9	2.5	3.2	3.1	2.7	2.5	2.9	2.7	2.7	2.7	2.7	2.9	2.7	2.6	2.6
	倒4叶	2.9	2.7	3.0	2.7	2.7	2.6	3.2	2.7	2.4	2.5	2.1	2.8	2.9	2.7	2.8
	倒6叶	2.4	2.8	2.8	2.9	2.8	2.6	2.8	3.2	2.3	3.0	2.3	3.3	2.5	2.5	3.3
叶面积（cm²）	倒2叶	12.0	13.0	13.0	12.0	12.0	13.0	15.0	13.5	13.0	14.0	14.0	14.0	13.0	14.0	14.0
		10.0	8.5	10.0	8.5	10.0	10.5	12.0	11.0	9.0	10.5	11.0	12.0	11.0	11.0	11.0
		120.0	110.5	130.0	102.0	120.0	136.5	180.0	148.5	117.0	147.0	154.0	168.0	143.0	154.0	154.0
	倒4叶	12.0	13.0	12.0	13.0	14.0	14.0	12.0	14.0	12.0	14.0	13.0	13.0	13.0	14.0	14.0
		10.0	11.5	10.0	10.0	11.0	11.5	12.0	10.0	9.5	12.0	10.5	10.0	11.5	12.0	10.5
		120.0	149.5	120.0	130.0	154.0	161.0	144.0	140.0	114.0	168.0	136.5	130.0	149.5	168.0	147.0
	倒6叶	12.5	13.5	13.0	13.0	12.0	14.0	11.5	13.0	11.0	13.0	14.0	13.0	12.5	13.0	15.0
		11.5	11.0	10.0	11.0	10.5	11.0	10.5	12.0	8.5	11.0	11.0	12.0	12.5	11.0	11.0
		143.8	148.5	130.0	143.0	126.0	154.0	120.8	156.0	93.5	143.0	154.0	156.0	156.3	143.0	165.0

调查原始数据汇总表10

沙湾四道河子（促花王）		调查第一点					调查第二点					调查第三点				
		第1株	第2株	第3株	第4株	第5株	第1株	第2株	第3株	第4株	第5株	第1株	第2株	第3株	第4株	第5株
株高（cm）		75.0	75.0	72.0	80.0	81.0	78.0	75.0	77.0	80.0	71.0	76.0	80.0	80.0	80.0	87.0
叶片数（片）		18.0	14.0	15.0	14.0	14.0	17.0	16.0	16.0	22.0	9.0	16.0	24.0	19.0	13.0	24.0
果枝数（个）		10.0	8.0	6.0	8.0	8.0	7.0	10.0	6.0	11.0	4.0	8.0	8.0	10.0	7.0	13.0
铃数（个）		8.0	7.0	8.0	9.0	9.0	9.0	8.0	9.0	9.0	7.0	8.0	8.0	8.0	7.0	10.0
果枝长度（cm）	倒2枝	8.0	8.0	6.0	6.0	3.0	10.0	9.0	10.0	12.0	8.0	8.0	12.0	10.0	5.0	6.0
	倒4枝	12.0	12.0	11.0	8.0	7.0	15.0	14.0	12.0	15.0	11.0	17.0	20.0	16.0	14.0	11.0
	倒6枝	15.0	15.0	6.0	6.0	5.0	16.0	7.0	13.0	13.0	3.0	17.0	19.0	18.0	19.0	11.0
叶缺深（cm）	倒2叶	2.5	2.2	2.1	1.8	2.3	2.6	2.4	2.3	2.4	2.4	2.8	2.0	2.4	2.2	2.0
	倒4叶	2.8	2.6	2.2	1.7	2.0	2.3	2.4	2.2	2.0	2.4	1.8	2.1	2.5	2.3	2.5
	倒6叶	2.0	2.3	2.2	1.6	2.1	2.2	2.2	2.3	1.8	2.3	2.5	2.0	2.0	2.6	2.3
叶面积（cm²）	倒2叶	14.0	13.0	12.0	12.0	12.0	14.0	15.0	13.0	14.0	13.0	13.0	12.0	14.0	14.0	14.0
		12.0	12.0	11.0	10.5	9.5	11.0	13.0	11.0	10.0	11.0	12.0	11.0	11.0	10.0	10.0
		168.0	156.0	132.0	126.0	114.0	154.0	195.0	143.0	140.0	143.0	156.0	132.0	154.0	140.0	140.0
	倒4叶	14.0	12.0	11.0	13.5	13.0	13.0	16.0	14.0	12.0	12.0	13.0	13.0	13.0	14.0	12.0
		12.0	10.5	11.0	9.5	10.0	12.5	12.5	12.0	10.0	11.0	11.5	11.0	12.0	11.0	10.0
		168.0	126.0	121.0	128.3	130.0	162.5	200.0	168.0	120.0	132.0	149.5	143.0	156.0	154.0	120.0
	倒6叶	14.0	13.0	12.0	12.0	14.0	13.0	14.0	13.0	11.0	12.5	14.0	12.5	12.0	15.0	14.0
		13.0	12.0	11.0	9.0	10.0	12.0	13.0	13.5	10.0	10.0	12.0	12.0	11.0	11.0	11.0
		182.0	144.0	132.0	108.0	140.0	156.0	182.0	175.5	110.0	125.0	168.0	150.0	132.0	165.0	154.0

调查原始数据汇总表 11

121团9连何波（人工打顶）		调查第一点					调查第二点					调查第三点				
		第1株	第2株	第3株	第4株	第5株	第1株	第2株	第3株	第4株	第5株	第1株	第2株	第3株	第4株	第5株
株高（cm）		60.0	62.0	60.0	65.0	59.0	65.0	62.0	60.0	60.0	65.0	69.0	62.0	69.0	68.0	63.0
叶片数（片）		22.0	8.0	22.0	16.0	19.0	16.0	19.0	13.0	16.0	22.0	16.0	26.0	24.0	15.0	19.0
果枝数（个）		5.0	5.0	9.0	10.0	7.0	6.0	8.0	6.0	4.0	11.0	7.0	10.0	9.0	9.0	7.0
铃数（个）		7.0	6.0	7.0	8.0	8.0	10.0	8.0	7.0	7.0	9.0	7.0	9.0	9.0	9.0	7.0
果枝长度（cm）	倒2枝	18.0	12.0	9.0	8.0	3.0	9.0	9.0	10.0	8.0	10.0	14.0	11.0	11.0	4.0	13.0
	倒4枝	13.0	13.0	11.0	9.0	8.0	7.0	12.0	12.0	7.0	11.0	16.0	14.0	15.0	12.0	14.0
	倒6枝	13.0	12.0	13.0	11.0	10.0	15.0	9.0	13.0	11.0	8.0	14.0	16.0	16.0	15.0	8.0
叶缺深（cm）	倒2叶	3.2	2.2	2.2	2.7	3.1	2.5	2.4	2.2	2.5	2.5	3.7	2.9	2.9	2.8	2.7
	倒4叶	3.2	2.5	2.7	2.6	2.5	3.5	3.2	2.9	2.2	3.2	3.2	2.8	2.3	2.3	2.4
	倒6叶	3.5	2.5	2.6	2.8	2.3	2.8	3.0	3.2	1.9	3.1	3.3	2.7	3.2	2.7	2.4
叶面积（cm²）	倒2叶	17.0	12.0	14.0	15.0	13.0	13.5	15.0	14.0	14.0	13.0	16.0	16.5	16.0	12.0	15.0
		14.0	10.0	11.5	11.0	10.0	10.0	12.0	11.0	12.0	10.0	12.5	12.0	11.0	10.0	11.0
		238.0	120.0	161.0	165.0	130.0	135.0	180.0	154.0	168.0	130.0	200.0	198.0	176.0	120.0	165.0
	倒4叶	17.0	16.0	14.0	14.0	15.0	15.0	13.0	14.5	14.0	16.0	15.0	14.0	14.0	12.0	14.0
		13.0	14.0	12.5	11.0	12.0	12.0	11.0	12.0	11.0	12.0	11.0	11.0	11.0	9.5	11.0
		221.0	224.0	175.0	154.0	180.0	180.0	143.0	174.0	154.0	192.0	165.0	154.0	154.0	114.0	154.0
	倒6叶	16.0	13.0	14.5	16.0	15.0	13.0	15.0	14.0	12.0	16.0	16.0	16.0	15.0	13.0	14.0
		14.0	11.0	12.0	11.0	12.0	11.0	13.0	12.5	9.0	12.0	12.0	12.0	13.0	11.0	10.0
		224.0	143.0	174.0	176.0	180.0	143.0	195.0	175.0	108.0	192.0	192.0	192.0	195.0	143.0	140.0

调查原始数据汇总表 12

121团 9连间波 (促花王)		调查第一点					调查第二点					调查第三点				
		第1株	第2株	第3株	第4株	第5株	第1株	第2株	第3株	第4株	第5株	第1株	第2株	第3株	第4株	第5株
株高 (cm)		69.0	65.0	69.0	65.0	64.0	79.0	75.0	78.0	75.0	78.0	96.0	67.0	79.0	71.0	81.0
叶片数 (片)		22.0	14.0	14.0	18.0	21.0	24.0	20.0	24.0	20.0	22.0	31.0	14.0	15.0	20.0	19.0
果枝数 (个)		9.0	5.0	7.0	6.0	7.0	8.0	8.0	9.0	6.0	11.0	13.0	4.0	6.0	7.0	9.0
铃数 (个)		10.0	9.0	11.0	8.0	11.0	11.0	11.0	11.0	10.0	12.0	12.0	8.0	8.0	11.0	11.0
果枝长度 (cm)	倒2枝	4.0	6.0	6.0	5.0	5.0	10.0	7.0	9.0	7.0	5.0	3.0	6.0	8.0	6.0	7.0
	倒4枝	5.0	5.0	6.0	9.0	7.0	11.0	9.0	10.0	8.0	8.0	5.0	10.0	9.0	6.0	11.0
	倒6枝	9.0	8.0	3.0	12.0	10.0	9.0	7.0	11.0	6.0	11.0	11.0	11.0	11.0	11.0	10.0
叶缺深 (cm)	倒2叶	2.2	2.0	2.2	2.0	2.7	2.7	2.7	1.9	2.5	2.0	2.6	2.4	2.0	2.9	2.3
	倒4叶	2.5	2.5	2.4	2.2	2.4	2.6	2.6	2.5	2.6	2.9	3.2	2.9	2.0	2.2	2.6
	倒6叶	2.6	2.5	2.8	2.4	2.6	2.4	2.4	2.6	2.5	2.7	2.7	2.0	2.1	2.3	2.0
叶面积 (cm²)	倒2叶	12.5	12.0	12.0	12.0	13.0	13.5	13.0	11.0	10.0	10.0	12.0	15.0	13.5	12.0	11.0
		9.0	9.0	10.0	10.0	10.0	10.0	9.0	10.0	7.5	9.0	10.0	11.0	10.5	8.5	9.0
		112.5	108.0	120.0	120.0	130.0	135.0	117.0	110.0	75.0	90.0	120.0	165.0	141.8	102.0	99.0
	倒4叶	14.0	13.0	14.0	11.0	12.5	13.0	13.5	14.0	12.5	12.0	16.0	11.0	11.0	12.0	12.0
		9.0	10.0	10.5	10.0	10.0	10.0	11.0	11.0	10.0	8.0	12.0	10.0	10.0	8.0	8.0
		126.0	130.0	147.0	110.0	125.0	130.0	148.5	154.0	125.0	96.0	192.0	110.0	110.0	96.0	96.0
	倒6叶	13.0	13.0	14.0	11.0	12.0	16.0	12.0	14.0	13.0	11.0	14.0	11.0	14.0	12.0	13.0
		10.5	10.0	11.0	9.5	10.0	11.5	11.0	11.0	11.0	8.0	10.0	10.0	10.0	10.0	9.0
		136.5	130.0	154.0	104.5	120.0	184.0	132.0	154.0	143.0	88.0	140.0	110.0	140.0	120.0	117.0

调查原始数据汇总表13

121团8连(人工打顶)		调查第一点					调查第二点					调查第三点				
		第1株	第2株	第3株	第4株	第5株	第1株	第2株	第3株	第4株	第5株	第1株	第2株	第3株	第4株	第5株
株高(cm)		68.0	62.0	65.0	63.0	62.0	76.0	77.0	76.0	81.0	75.0	63.0	64.0	58.0	62.0	62.0
叶片数(片)		16.0	22.0	19.0	21.0	20.0	18.0	21.0	20.0	21.0	19.0	18.0	19.0	13.0	13.0	17.0
果枝数(个)		6.0	6.0	8.0	9.0	7.0	8.0	10.0	11.0	6.0	8.0	11.0	7.0	5.0	3.0	8.0
铃数(个)		6.0	8.0	8.0	8.0	9.0	9.0	9.0	9.0	9.0	8.0	9.0	8.0	7.0	6.0	8.0
果枝长度(cm)	倒2枝	14.0	11.0	14.0	5.0	6.0	9.0	8.0	11.0	9.0	5.0	4.0	7.0	7.0	6.0	6.0
	倒4枝	16.0	19.0	15.0	8.0	11.0	11.0	13.0	11.0	10.0	9.0	8.0	10.0	8.0	7.0	9.0
	倒6枝	18.0	16.0	18.0	9.0	13.0	17.0	14.0	11.0	15.0	14.0	9.0	11.0	10.0	9.0	8.0
叶缺深(cm)	倒2叶	2.5	2.7	2.4	2.3	2.7	2.7	2.2	2.4	3.1	2.2	2.4	3.2	2.0	2.3	2.6
	倒4叶	2.5	2.8	3.0	2.9	2.0	2.1	2.4	1.9	2.4	2.4	3.7	3.0	2.1	2.1	2.5
	倒6叶	2.4	2.6	2.2	2.0	2.2	2.4	2.4	2.1	2.7	2.2	2.6	2.6	1.8	2.3	2.2
叶面积(cm²)	倒2叶	14.5	14.0	14.0	11.0	12.0	13.0	13.0	13.0	12.0	12.0	12.0	15.0	13.0	12.0	12.0
		11.5	11.0	11.0	9.0	9.0	10.0	10.0	10.0	10.0	8.0	10.0	11.5	10.0	9.0	9.0
		166.8	154.0	154.0	99.0	108.0	130.0	130.0	130.0	120.0	96.0	120.0	172.5	130.0	108.0	108.0
	倒4叶	14.0	15.0	15.0	11.0	13.0	13.0	13.0	15.0	14.0	13.0	14.0	15.5	13.0	12.0	13.0
		10.0	12.0	12.0	9.0	9.0	10.0	10.0	11.0	10.0	11.0	10.0	11.5	10.5	10.0	9.0
		140.0	180.0	180.0	99.0	117.0	130.0	130.0	165.0	140.0	143.0	140.0	178.3	136.5	120.0	117.0
	倒6叶	13.0	14.0	14.0	13.0	12.0	14.0	14.0	15.0	14.0	13.0	14.0	15.0	12.0	13.0	10.5
		11.0	10.0	11.5	9.0	7.0	9.0	10.9	9.5	11.0	9.5	11.0	12.0	9.0	11.0	7.5
		143.0	140.0	161.0	117.0	84.0	126.0	152.6	142.5	154.0	123.5	154.0	180.0	108.0	143.0	78.8

调查原始数据汇总表14

121团12连（促花王）		调查第一点					调查第二点					调查第三点				
		第1株	第2株	第3株	第4株	第5株	第1株	第2株	第3株	第4株	第5株	第1株	第2株	第3株	第4株	第5株
株高（cm）		97.0	100.0	95.0	94.0	91.0	74.0	80.0	88.0	84.0	87.0	77.0	88.0	75.0	73.0	75.0
叶片数（片）		24.0	31.0	23.0	24.0	23.0	13.0	15.0	25.0	33.0	35.0	26.0	28.0	23.0	15.0	21.0
果枝数（个）		16.0	19.0	12.0	14.0	11.0	7.0	8.0	16.0	16.0	15.0	12.0	15.0	8.0	6.0	11.0
铃数（个）		11.0	13.0	12.0	12.0	10.0	9.0	9.0	11.0	12.0	13.0	11.0	12.0	9.0	7.0	9.0
果枝长度（cm）	倒2枝	3.0	4.0	4.0	5.0	5.0	4.0	8.0	4.0	5.0	5.0	3.0	9.0	4.0	6.0	6.0
	倒4枝	4.0	5.0	5.0	7.0	7.0	4.0	10.0	9.0	4.0	6.0	4.0	9.0	6.0	5.0	7.0
	倒6枝	8.0	14.0	11.0	9.0	9.0	10.0	16.0	12.0	8.0	8.0	7.0	11.0	11.0	6.0	9.0
叶缺深（cm）	倒2叶	2.8	3.0	3.1	3.2	2.2	2.7	3.1	2.9	2.5	2.7	2.4	2.7	2.4	2.7	2.5
	倒4叶	2.7	2.7	2.8	2.6	3.1	2.9	2.2	2.7	2.5	2.5	2.3	2.8	3.0	2.1	2.5
	倒6叶	2.8	3.1	2.7	2.8	2.6	2.6	2.5	3.1	2.7	2.4	2.5	2.9	3.0	2.6	2.3
叶面积（cm²）	倒2叶	14.0	14.0	16.0	14.0	13.0	14.0	16.0	15.0	13.0	13.0	14.0	13.0	12.0	13.0	12.0
		11.0	10.0	11.0	10.0	11.0	10.0	12.0	10.0	9.0	11.0	10.0	11.0	9.0	10.0	10.0
		154.0	140.0	176.0	140.0	143.0	140.0	192.0	150.0	117.0	143.0	140.0	143.0	108.0	130.0	120.0
	倒4叶	16.0	14.0	15.0	15.0	14.0	15.0	15.0	16.0	14.0	12.0	14.0	17.0	15.0	17.0	12.0
		14.0	10.0	12.0	11.0	11.0	11.0	11.0	12.0	10.0	10.0	10.5	12.0	11.0	12.0	10.0
		224.0	140.0	180.0	165.0	154.0	165.0	165.0	192.0	140.0	120.0	147.0	204.0	165.0	204.0	120.0
	倒6叶	16.0	15.0	15.0	16.0	16.0	15.0	14.0	15.0	14.0	15.0	14.0	17.0	14.0	16.5	15.0
		12.0	11.5	10.0	11.0	13.0	12.0	10.0	11.0	11.5	11.5	11.5	13.0	10.0	12.0	11.0
		192.0	172.5	150.0	176.0	208.0	180.0	140.0	165.0	161.0	172.5	161.0	221.0	140.0	198.0	165.0

促花王棉花塑型打顶剂2019年棉花高产栽培技术调研报告

孔　新（新疆农垦科学院生物技术研究所）

1　调研目的

近年来棉花栽培技术发生很大变化，北疆生产建设兵团个别团场涌现出实收亩产量在500kg高产棉田（扣去水杂后）。新疆农垦科学院作为棉花高产栽培技术协同创新的重要参与单位之一，紧跟当下棉花高产栽培技术演变，积极参加棉花高产栽培技术研究，为及时全面掌握新疆生产建设兵团高产栽培植棉动态，为更好地服务新疆生产建设兵团棉花生产，2019年6月29日至7月22日对北疆第五师、第八师，南疆第一师、第二师部分团场连队展开棉花高产栽培技术调研工作。

2　新疆棉花高产栽培技术现状

2.1　新疆棉花的重要地位

棉花是世界上重要的经济作物之一，在国民经济中占有重要地位。新疆地区是我国最大的棉花种植基地，据农业农村部农情调度显示：2018年新疆棉花实播面积3 362.9万亩，占全国的74%，总产量408.2万t，占全国的80%。其战略地位十分重要。

2.2　新疆棉花种植业的发展方向

为了提高棉花全程机械化水平，在过去的30多年，历经无数科技工作者的努力，基本上实现犁、耙、播、种、管、收全程机械化。随着近几年免打顶技术的突破，棉花全程机械化的最后一道瓶颈彻底解决，棉花种植真正实现全程机械化。

新疆棉花种植业要增强竞争力，关键是要实现棉花生产从数量型向质量效益型转变，改变地方现有分散经营生产模式。大力推广节水滴灌技术、规模化种植技术、机械采摘技术，努力降低棉花种植成本。建立现代机采棉植棉技术为前提的棉花全程机械化模式，可从根本上推动新疆棉花生产由数量型向质量效益型转变。

2.3　原有"矮密早"植棉技术体系名存实亡

"矮密早"技术体系在新疆实行近30年，随着当前技术的不断进步，特别是机采棉技术突破，较矮棉株劣势不适宜机械采收，机采的采锭不能采尽集中棉铃，造成浪费严重。有观察表明，采摘60cm以下棉株，每亩地浪费20~30kg以上产量，造成丰产不丰收。较矮棉株配合较高密度，在1.7万~2.1万株/亩，造成棉花郁闭现象严重，中下部中空，单株结铃能力不强，造成资源浪费，棉花品质下降。

使用"矮密早"技术体系限制棉花自然生长属性，传统的"时到不等枝枝到不等时"限制棉株果枝台数，致使棉花产量很难突破亩产500kg水平，这是多少年无数植棉户实践得出的结论。目前看"矮密早"技术体系已经沦为较落后技术，已经制约新疆棉花种植水平再提高。

2.4　"矮密早"后新植棉理念的提出

近几年机采棉发展迅速，围绕着机采为目标的植棉技术发展迅速。随着棉花免打顶技术突破，棉花全程机械化问题已经实现，植棉成本大幅度下降。2018年新疆生产建设兵团（简称兵团）农业农村局统计数据显示，兵团机采棉成本大约在1 300多元/亩，棉花价格也有小幅提高，植棉效益有了较大提高。以棉花单产 500kg/亩计算，纯收益在 1 500 元/亩以上。相比前几年大有改观。高产植棉技术研发积极性高涨。"矮密早"后时代植棉新理念也相应提出。

2.5 新植棉理念理论基础

通过适度降低植棉密度，增加果枝台数，提高单株结铃数，均衡群体和个体关系，全程使用塑性免打顶技术，促进棉花早发快长。2011—2018 年连续在兵团第八师、第七师、第六师、第五师、第一师部分团场试验，效果明显。2018 年在新疆农垦科学院与双德农业科技有限公司合作，在第八师 142 团 3 000 亩棉田采用塑型打顶剂技术进行棉花株形调控，配合相应的高产栽培技术，实现了亩产 500kg 的好成绩。合作社 2018 年推广棉花新植棉技术 10 多万亩地，充分验证了这项新植棉技术的优越性。

3 调研方式

3.1 实地查看

2019 年 6 月 29 日、7 月 6 日两次在第八师 121 团、144 团、142 团调研；7 月 11—12 日在第五师 89 团 11、12、13 连调研；7 月 18—23 日在第二师、第一师 31 团、34 团（35 团）、第一师农科所、幸福农场调研。所选地点基本上是新植棉理念的服务点，通过实地调查，北疆第八师几个团场部分棉田预计达到了 500kg 以上植棉水平，第五师 89 团 13 连队现场观摩产量水平达到 550kg/亩。第二师因光热资源突出，产量达到 500kg/亩以上比较多。第一师幸福农场小面积接近 500kg/亩。

构成棉花高产的田间基本情况是，北疆收获株数 1.1 万～1.2 万株，果枝台数在 10～12 台，高产田可以达到单株结铃在 7～9 个。南疆收获株数 1.0 万～1.2 万株，果枝台数在 11～13 台，单株结铃在 8～9 个。

3.2 2018 年新植棉理念核心技术的试验数据采集

2018 年按照新植棉理念核心技术进行多点试验得出以下结论：

（1）使用塑型技术的棉花果枝长度均较人工打顶果枝短，说明塑型技术在一定程度上可缩短果枝长度，降低棉株横向所占用空间，有利于棉田内部通风透气。

（2）使用塑型技术的叶缺较人工打顶深，使用塑型打顶技术的倒 2 与倒 4 台果枝的功能叶面积普遍较人工打顶叶面积小，这也说明同一品种棉花在使用塑型技术后叶片出现不同程度叶缺加深，有助于缩小棉株叶片面积，进而提高了棉田通风透光能力，有助于棉花光合作用。

（3）塑型和免打顶技术对提高棉花产量与品质有良好效果，表现在单株果枝台数增加、单株铃数增加、单铃重增加、棉花整齐度提高，马克隆值变小等优点。

3.3 技术协作交流

通过技术平台协作交流，广大棉农对新植棉技术是比较喜爱的，很多棉农都创造了自己植棉单产新纪录，2019 年 42 团棉田在 7 月 15 日已经结出了 7.2 个棉铃。

3.4 不同塑型技术和免打顶技术存在差异，目前市面上使用塑型和免打顶产品种类多样，优劣各异。概括起来无非是两大类：一类是以氟节胺为主添加多效唑、乙烯类、少量除草剂混合制剂，使用安全性差，在调研团场经常可以听到使用不当，造成棉花受害事件。一类是以高磷、高钾为主的高效液体肥进行塑型产品，这类产品具有见效快，塑型效果一般。第三类是以生物技术提取植物生长调控剂类的产品。此类产品具有安全性高、作用机理慢，具有累积效果、作用效果持久，是比较理想塑型和免打顶技术，也是我们新植棉理念的主推技术。

4 调研结果

（1）大量高产田涌现。经过新植棉理念技术服务的很多合作社的棉农，在 2019 年较多涌现亩产 500kg 以上棉田。例如，130 团王国民种植 1 000 多亩棉花达到亩产 500kg，最高 3.8 亩亩产达到 620kg。142 团部分植棉农户今年按照新植棉理念种植棉田也达到较大面积亩产 488kg 以上；121 团张杰合作社，两家植棉户部分田块达到亩产 500kg 以上，合作社 4 万亩棉田平均产量 420kg；博乐地区第五师 89 团众合民丰合作社、11 连李天伟和姬风社、12 连陈再辉均使用新植棉技术，13 连王新明条田接近或达到亩产 550kg。北疆地区很多植棉户按照新植棉理念都达到自己多年植棉新高产纪录。南疆喀什地区 42 团王国民 150 亩棉田亩产达到 500kg 产量；南疆库尔勒地区 31 团 9 连黄天胜 100 亩地达到亩产 503kg 产量。阿克苏幸福农场苑刚小面积棉田产量接近亩产 500kg。大部分南疆植棉户使用新技术产量也较往年有了一定的提高。

（2）新植棉技术在南北疆被棉农掌握熟化程度不一。北疆第八师、第七师、第六师掌握得好，第五师技术程度稍差。南疆受水资源的限制，技术掌握程度不一，总体比北疆差。

（3）植棉户对技术渴望度极高，很多新植棉理念和技术对种植技术集成度要求较高，灌水和施肥技术发生一定变化，棉农掌握有一定难度，渴望有懂技术的人员及时给予指导。

（4）新植棉理念和技术体系继续完善，对于南北疆两个大的生态区，技术模式存在一定共性，但区域特性也比较突出，特别是南疆地区棉花出苗依赖底墒，前期很多地区依赖季节性洪水，需要适度调整技术方案，满足不同生态区要求。

（5）部分棉田使用塑型和免打顶技术不规范，造成这种现象主要有 2 种原因：一是对新技术掌握不够精准，没有按时落实技术措施；二是 2019 年塑型和免打顶产品到位较晚。第五师部分高产棉田下部出现油条枝。第二师 31 团和 34 团棉田下部 1~2 台果枝因使用塑型技术较晚，出现空果枝，并伴生油条枝。

5 生产中存在的问题

（1）对灌水技术掌握不够精准，没有按照棉花需水规律进行灌水。第八师 144 团朱连长棉田，开花前灌水过多，棉株生长过快，株高偏高、叶片较大，造成过早郁闭。第五师开花期灌水较多，株高偏高、叶片较大，造成过早郁闭。南疆第二师 31 团、34 团后期洪水下来后灌水过多，株高偏高，2019 年 7 月 19 日高度已经达到 110~120cm，造成中下部蕾铃偏小。

（2）对施肥技术掌握不够精准，有些苗期施肥偏多造成叶色浓绿，叶片肥大，花铃盛期施肥不足，造成落花落铃。

（3）对棉田虫害防控不到位，幸福农场苑刚 1 000 亩棉田遭受蚜虫危害，一亩地至少损失 30~50kg 产量。

（4）部分棉田使用塑型和免打顶技术掌握程度较差，使用不规范，另塑型和免打顶产品到货较晚,使用错过了最佳时期,影响了产量。

6 技术措施

(1)加强技术服务,作为一项新植棉高产栽培技术,技术集成度高,技术关联度强,需要懂技术人员及时跟进并提供优质技术服务,才能确保技术体系不走样。

(2)发挥各地合作社和农业组织作用,农业合作社作为连接农户和市场重要组织,其作用十分重要。要充分发挥当地合作社和农业组织作用,发挥其联络技术源头作用,不断将技术环节落实到每一位农户的生产中。

(3)加大培训力度,相关技术部门要下大力气抓技术培训工作。强化植棉户掌握基本技术规程,提高其种植水平。

(4)加强示范展示,科技部门要加强植棉新技术高产示范,做给大家看,带着大家干。尽快让广大植棉户掌握新技术。

7 政策建议

(1)增加技术转化立项,增加资金,加快技术成果转化。

(2)各部门应为示范推广提供方便,必要时予以人力、财力支持。

(2019 年 12 月 12 日)

2020 年促花王棉花塑型打顶技术调研报告
孔 新 (新疆农垦科学院生物技术研究所)

1 调研目的

2020 年,为持续观察"促花王"塑型和打顶技术在南疆棉花上使用效果,加快完善南疆棉花塑型和打顶技术体系,及时全面掌握兵团棉花高产栽培技术新动态,更好地服务新疆棉花生产。2020 年自 3 月下旬、5 月中旬、7 月下旬、10 月上旬共对南疆第三师、第一师、第二师开展 4 次棉花高产栽培技术调研工作。

2 新疆南疆棉花高产栽培技术现状

2.1 南疆棉花的重要地位

新疆棉花经过 40 年快速发展,已经成为我国最大的棉花种植基地,据农业农村部农情调度显示:2020 年新疆棉花实播面积 3 761 万亩,占全国的 76%,总产量 600t,占全国的 85%。其中,南疆棉花占新疆棉花生产面积 2/3,约有 2 400 万亩,其战略地位十分重要。

2.2 南疆棉花种植业的发展方向

南疆植棉技术较北疆发展较慢,在过去的 40 多年,历经无数科技工作者的努力,棉花全程机械化水平提高很快,机械收获在兵团已经达到 70%,自治区也达到 50%。犁、耙、播、种、管、收全程机械化水平逐年提高。在北疆随着近几年化学封顶技术突破,棉花全程机械化的最后一道瓶颈彻底解决,棉花种植真正实现全程机械化。在南疆化学封顶技术经过近几年的不断示范推广,棉花化学调控和化学封顶技术日益成熟,也处于大面积推广临界期。

南疆棉花种植业要增强竞争力,关键实现棉花生产从数量型向质量效益型转变,改变地方现有分散低效生产经营生产模式。大力推广优良新品种、精准覆膜播种、节水滴灌、防病、杀虫、除草、棉花全程化调、化学封顶、脱叶、机械采收等技术配套，努力降低棉花用水和种植成本。建立现代机采棉植棉技术为前提的棉花全程机械化模式，可从根本上转变南疆棉花生产方式。

2.3 原有植棉技术体系较为落后

南疆由于受到土壤盐碱、干旱缺水条件制约，棉花生产方式与北疆有所不同。一些先进的技术在南疆推广比较困难，加之地区积温较高，适宜种植中熟棉花品种。表现在生产上，前期春灌，地温较低，棉花发育较缓，基本上不用化调。后期温度上来后，棉花进入生殖生长，水肥气热条件充足，易造成源小库小，产量水平一般。这也就是南疆光热条件好，产量与北疆相差不大的原因。

2.4 急需提高南疆棉花生产理论与实践创新

棉花种植技术在南北疆既存在个性也存在共性。诸如热量资源、品种熟期、洗盐压碱方式、病虫害发生规律上存在个性差异。耕播、植保机械、灌水、施肥、脱叶、采收等存在共性关系。在不同熟期品种又存在生长发育相同的规律。所以南疆棉花种植技术共性关系大于个性关系，而且个性关系有规律可循，不可过分强调个性而忽略大量共性的存在。北疆先进植棉技术很多是值得南疆学习和借鉴的。事实也证明是完全可行的。诸如塑型化学封顶技术、干播湿出滴水出苗技术、精准机械播种技术、精准水肥一体化技术等等。要加大先进技术引进吸收再创新的力度，加大对南疆种植棉花理论武装，在生产中不断进行检验，不断地创新。遵循科学发展观，不断丰富发展南疆棉花理论与实践。

3 调研方式

3.1 实地查看

分4次对南疆喀什地区图木舒克市附近的44团10连、51团4连、51团22连、53团16连、49团17连、42团进行调研；在新疆维吾尔自治区阿拉尔市调研了10团19连、第一师农科所、13团鸿添公司、温宿县青年农场9队4个点；在库尔勒地区调研了31团7连、尉犁县良种繁育基地、普惠农场、包头湖农场。查看了相关团场连队和地方乡镇棉花生产情况。以上示范点均进行了棉花塑型或化学封顶技术示范。通过示范来看，其中温宿县青年农场效果欠佳，塑型打顶均获成功，但产量较低，不足300kg。青年农场相比其他地区靠近天山南坡，积温较差，本地较少种植棉花，当地种植棉花水平较低。其他多个点塑型和化学封顶均获成功，表现较对照增产。

3.2 南疆棉花塑型打顶示范数据采集

采集的数据如表1所示。

表1 南疆棉花塑型打顶的结果分析

序号	品种	采集地	备注	铃数（个）	铃重（g）	测产/（kg/亩）	收获株数（万株/亩）	铃数（万个/亩）
1	中87	49团17连	洪水沟地、杨志方高产田、3号地、360亩	38	5.37	512.4	1.10	9.55

（续表）

序号	品种	采集地	备注	铃数（个）	铃重（g）	测产/（kg/亩）	收获株数（万株/亩）	铃数（万个/亩）
2	中81	49团17连	枣树地、塑型施肥4号地，西边	20	6.37	531.3	0.59	8.34
3	中81	49团17连	枣树地、对照只施肥、4号地，东边	35	6.04	531.5	1.11	8.80
4	双德42	42团	王国民、4.4米膜、最好地	26	5.69	577.0	1.02	10.12
5	双德42	42团	王国民、4.4米膜塑型免人工打顶（1边+2中）测产	27	6.14	501.6	1.38	8.17
6	双德42	42团	王国民、2.05米膜、（2边+1中）	24	6.23	450.4	1.22	7.23
7	中303	温宿青年农场	塑型一遍	20	测铃重		1.14	5.12
8	中303	温宿青年农场	塑型二遍免人工打顶	20	测铃重		1.30	5.26
9	新陆中56	44团10连	小柏、塑型加肥料	20	5.26	377.1	1.13	7.17
10	新陆中56	44团10连	小柏、只加肥料	20 20	5.50	342.1	0.97 0.95	6.22 6.28
11	新陆中56	44团10连	小柏、对照（没有塑型）	20	测铃重		1.01	6.58
12	中55	51团22连	老杨、塑型免人工打顶、20亩	10	4.40	372.2	1.26	8.46
13	中87	51团22连	老杨、塑型免人工打顶	20	5.69	392.6	1.31	6.90
14	新陆早55	51团22连	老杨、塑型免人工打顶	49	测铃重			
15	新陆中67	53团20连	林云、塑型打顶	20	5.70	355.1	1.04	6.23
16	新陆中67	53团20连	林云、（对照）	26	5.04	302.4	1.23	6.00
17	冀杂708	10团19连	贺书记、塑型	20	6.96			
18	冀杂708	10团19连	贺书记、对照	20	6.04			

以上数据不够完整，在后面工作中加以完善。但整体效果比较显著，塑型的棉铃重普遍高于对照。在49团17连测产，在仅有5 900株棉苗就和11 100株对照产量持平，因地块不匀，测产与实际产量之间会有出入，枣树地是100亩连片地块，实际收获平均亩产515kg，突破连队历史上没有上过亩产500kg的好成绩。42团王国民家庭农场沙土地上也实现577kg/亩高产。林云使用塑型打顶技术地块较人工打顶铃重高出了17.5%。

51 团 22 连老杨盐碱地较重地块，对 2020 年使用塑型和打顶技术可以说是成功的，只是产量不太理想。44 团 10 连小柏示范增产效果比较显著。在 10 团 19 连产量未统计，单看铃重较对照增加了 15.2%。

3.3　技术协作交流

通过微信技术平台进行技术指导，广泛地与以前使用过塑型打顶的种植户进行交流。第二师 2020 年表现最好，31 团罗勇民与黄天胜均 500kg 亩产以上，其中黄天胜 700 亩平均亩产 500kg 以上，其中 30 亩地达到亩 600kg 高产水平。包头湖和普惠农场几个大户合计接近 3 万亩棉花地，今年全部塑型和免打顶技术产量在 400~500kg/亩。第一师 13 团鸿添农业公司今年也使用塑型和免人工打顶技术，万亩平均亩产在 400 左右，其中很多条田均达到了亩产 500kg。幸福农场苑总 2 600 亩地全部使用塑型免打顶技术，平均亩产 460kg，多块条田达到了亩产 500kg。从今年棉花生产上看，促花王塑型和化学打顶技术，在南疆示范推广中又迈出一步。广大棉农对新技术是比较喜爱的，特别是一些种植大户使用技术上掌握更加成熟了，为日后在南疆示范推广打下坚实基础。

4　生产中存在的问题

（1）南疆植棉人对促花王塑型免人工打顶技术尚有顾虑，受第一代以氟节胺为主要成分打顶剂影响，普遍怕使用后减产，各师农业推广部门也告诫谨慎使用化学封顶剂。加之近几年有少数植棉户使用了此类化学封顶技术后，不增产，个别有减产现象。在南疆植棉人心中留下了根深蒂固不良印象，怕化学封顶技术不过关，普遍不接受新技术。

（2）对最新植棉技术理念认识不到位，穿新鞋走老路现象比较严重，相关技术配套不到位，技术体系混乱。譬如施肥灌水与塑型化学封顶技术关系不很清楚，使用方法上不敢大胆创新。作为新植棉核心技术之一，塑型和免人工打顶在示范推广上尚有一定难度。

（3）使用效率凸显度不够高。2020 年部分示范点受观念、土地、机械作用、种植技术等影响，产量不是很高。

（4）部分棉田使用塑型和免打顶技术不规范，造成这种现象主要有 2 种原因：一是对新技术掌握不够精准，没有按时落实技术措施。二是塑型和免打顶产品使用较晚错失了最佳使用期，出现空果枝，并伴生油条枝。

5　技术措施

（1）加强技术服务，作为一项新植棉高产栽培技术，技术集成度高，技术关联度强，需要懂技术人员及时跟进并提供优质技术服务，才能确保技术体系不走样。

（2）发挥各地合作社和农业组织作用，农业合作社作为连接农户和市场重要组织，其作用十分重要。要充分发挥当地合作社和农业组织作用，发挥其联络技术源头作用，不断将技术环节落实到每一位农户的生产中。

（3）加大宣传培训力度，企业要从发展战略眼光上加大宣传力度，要让更多植棉户相信使用促花王塑型与化学打顶技术可以增产，减少生产成本，降低劳动强度，是一项节本增效的好措施。相关技术部门要下力气抓技术培训工作。强化植棉户掌握基本技术规程，提高技术影响力。

（4）加强示范展示，科技部门要加强植棉新技术高产示范，做给大家看，带着大家干。尽快让广大植棉户掌握新技术。

6 政策建议

（1）增加技术转化立项，增加资金，加快技术成果转化。

（2）各部门应为示范推广提供方便，必要时予以人力、财力支持。

促花王棉花塑型免打顶示范田大数据采集结果报告会 PPT

刘　政（新疆农垦科学院）

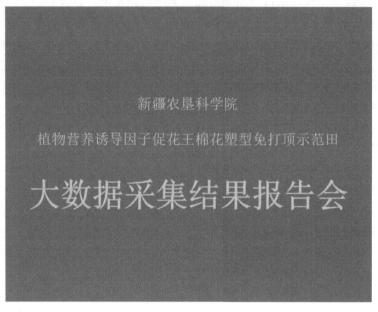

植物营养诱导因子促花王棉花塑型免打顶示范田

"促花王"棉花塑型免打顶大数据采集报告

汇报人：刘政　副研究员

2018年9月22日

汇报提纲

1. 前言背景
2. 人工打顶弊端
3. 促花王作用机理
4. 增株高、缩株宽
5. 两者效果对比
6. 大数据采集工作
7. 品质对比分析

一、前言背景

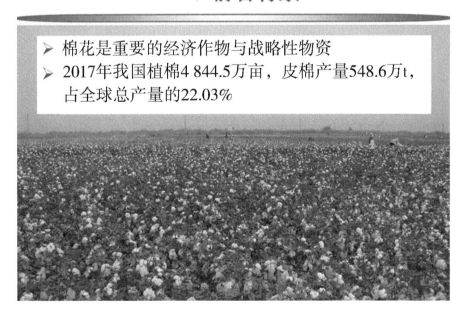

- 棉花是重要的经济作物与战略性物资
- 2017年我国植棉4 844.5万亩，皮棉产量548.6万t，占全球总产量的22.03%

我国棉花种植分布情况

2017 年 12 月 18 日国家统计局公布全国棉花产量的公告显示：2017 年新疆棉花播种面积为 196.31 万 hm²，产量达 408.2 万 t，全国棉花播种总面积为 322.96 万 hm²，总产量为 548.6 万 t，新疆棉花分别占全国棉花播种面积和产量的 60.78%和 74.41%。

新疆
面积60.78%
产量74.41%

黄河流域
面积20.4%
产量14.2%

长江流域
面积18.8%
产量11.4%

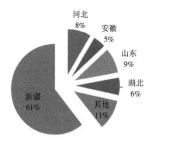

·2017年各省份棉花面积

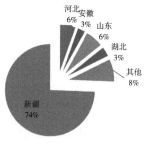

·2017年各省份棉花产量

新疆作为我国最大的优质棉生产基地，已形成集约化、规模化的生产模式。

 新疆农垦科学院 XinJiang Academy Of Agricultural And Reclamation Science　与时俱进 开拓创新

一、人工打顶耗工耗时，花费巨大

人工打顶：是依靠双手掐除棉株的顶法，需要逐株操作，并且要做到打去顶端一叶一心。据专家测算人工打顶一天8小时平均可打3亩，按现阶段兵团的800万亩棉田全由人工打顶，则需要266.7万人。若人工费按每人每天100元计算，则棉花打顶这一项工序就要花费2.67亿元，成本巨大。

二、人工打顶存在四个方面的弊端

人工打顶在劳动成本和工作效率上存在一定的问题。一是需要占用大量劳动力，而且劳务费成本高；二是劳动力缺乏，劳动生产率低；三是延长了打顶时间，使棉花在合适的时间内不能及时打顶，从而影响产量；四是在打顶过程导致蕾铃脱落和病虫害的传播扩散。

三、促花王棉花塑型和棉花打顶剂作用机理

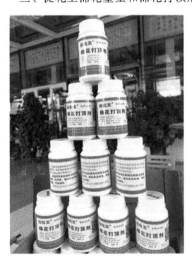

促花王棉花打顶剂是一种植物营养诱导因子，其作用机理：
既不是通过人工"掐尖"的方法裁掉棉花顶端，阻断生长；
也不是通过化学药物"抑制顶端"的方法遏制棉花生长；
而是通过营养诱导、养分回流的方式逐步塑造株型、增加株高、促进棉铃发育，进而提高产量。

四、采用"增株高、缩株宽"的管理理念指导棉花打顶

传统的人工打顶管理理念："倒塔型、盖顶桃"！

现今的营养诱导管理理念："增株高、缩株宽"！

营养调控上中下部均匀一致！

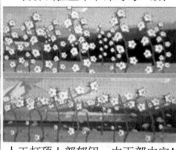

人工打顶上部郁闭，中下部中空！

14台果枝25棉铃

第14台

第13台

第12台

第11台

第10台

第9台

第8台

第7台

第6台

第5台

第4台

第3台

第2台

第1台

五、人工打顶和促花王效果对比

人工　　促花王　　人工　　促花王

棉田对比

六、8个示范团场大批量数据采集工作

新疆农垦科学院试验地
（三轮10地、1号试验地）、
145团6分场2连、芳草湖
农场、133团、135团、143
团、142家庭农场。

七、促花王和人工打顶株高、果枝台数和单株铃数对比

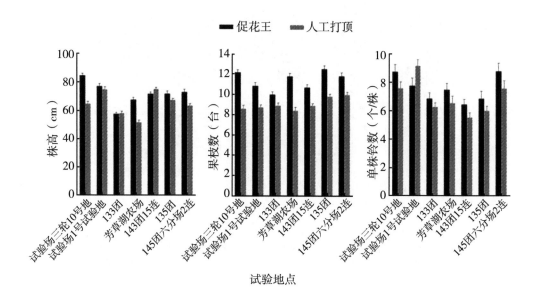

试验地点

八、促花王和人工打顶单铃重、衣分和籽棉重对比

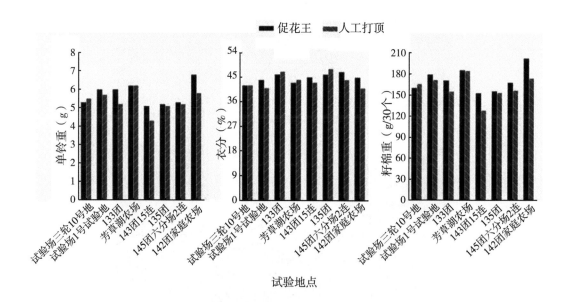

试验地点

九、促花王和人工打顶品质及产量对比

不同打顶方式对棉花产量及品质的影响

地点	处理	籽棉重（g/30个）	皮棉重（g/30个）	单铃重（g）	衣分（%）	绒长（mm）	理论亩株数（株）	理论亩产量（kg）	增减幅度（kg）
试验场三轮10号地（编号：1）	促花王	160.45	67.6	5.3	42	30.8	12 000	557.77	+56.17 ↑
	人工打顶	165.83	69.12	5.5	42	29	12 000	501.60	—
试验场1号试验地（编号：2）	促花王	179.66	78.44	6	44	31	9 500	444.60	−53.58 ↓
	人工打顶	171.57	70.56	5.7	41	30.4	9 500	498.18	—
133团（编号：3）	促花王	181.24	83.44	6	46	31	11 800	438.52	+51.95 ↑
	人工打顶	155.31	72.72	5.2	47	32.2	11 800	386.57	—
芳草湖农场（编号：4）	促花王	185.93	79.31	6.2	43	31.6	11 500	536.89	+68.45 ↑
	人工打顶	184.76	81.18	6.2	44	31.2	11 500	468.44	—
143团15连（编号：5）	促花王	153.38	69.02	5.1	45	31.8	12 200	404.43	+52.23 ↑
	人工打顶	128.57	54.72	4.3	43	30.8	122 200	352.20	—
133团（编号：6）	促花王	156.01	71.76	5.2	46	33.2	12 600	452.00	+64.6 ↑
	人工打顶	153.67	74.18	5.2	48	30.6	12 600	387.49	—
145团六分场2连（编号：7）	促花王	168.38	78.47	5.3	47	32.2	12 100	502.14	+23.95 ↑
	人工打顶	156.87	69.03	5.2	44	30.4	12 100	478.19	—
142团家庭农场	促花王	203.03	91.99	6.8	45	34	10 300	609.35	+161.30 ↑
	人工打顶	174.03	71.35	5.8	41	25	10 300	448.05	—

十、促花王和人工打顶产量对比

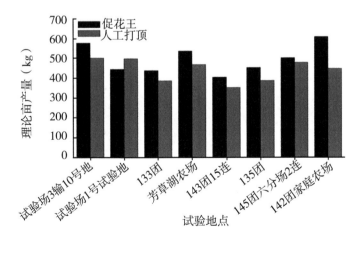

十一、存在的问题

在试验过程中，由于新疆棉区地域差距大，生态多样。不同地区，植棉户在品种选择、栽培管理、病虫害防控及后期的采摘等方面均存在不同程度的差异，因此，本试验所选择的试验点考虑了这些差异，结果已初步显出了棉花营养诱导因子（棉花塑型免打顶剂），对棉花长势、塑型、产量与品质具有较好的促进作用。但因在实施过程中存在不可避免的因素而造成误差，仍需在后续的试验过程中不断地完善。

不同打顶剂对棉花生长发育及产量品质的影响

张凤娇（塔里木大学）

论文摘要

为提高化学打顶剂应用效果，筛选棉花打顶剂在阿拉尔垦区的最佳喷施时间，2019年选用新陆中37号与新陆中70号2个南疆主推棉花品种，设置不打顶（T0）、7月1日人工打顶（T1，CK）、7月1日开始喷施棉花打顶剂（T2），7月6日开始喷施棉花打顶剂（T3）、7月11日开始喷施棉花打顶剂（T4）、7月16日开始喷施棉花打顶剂（T5）6个处理，喷施打顶剂前于6月18日、6月28日、7月8日分3次喷施塑型剂。每次施药前一天测定并比较株形、产量及棉铃纤维品质等变化情况；2020年选用南疆推广的新陆中37号、新陆中70号与新陆中82号3个棉花品种，设置人工打顶（CK）、氟节胺和促花王（促花王公司生产的产品，商标名称：促化王）处理3种处理。采用两因素裂区设计，主区为2个打顶剂处理（处理1：氟节胺复配缩节胺；处理2：促花王塑型剂与打顶剂配合喷施）与人工打顶（CK）共3个处理，副区为3个棉花品种，3次重复。

2019年试验结果表明：（1）喷施化学打顶剂的棉株较不打顶处理下的株高、节数显著降低，与人工打顶处理下的产量基本持平。（2）棉花品种不同，则最佳喷施时间会不同。（3）新陆中37号、新陆中70号的最佳喷施时间分别为7月11日、7月1日，此时喷施化学打顶剂能够对植株生长高度起到有效控制，并能够获得最大经济效益。

2020年试验结果得出：（1）促花王棉花塑型剂有良好的塑型效果。（2）主处理间对比：人工打顶处理下的各部位叶绿素含量均低于化学打顶处理下的各部位叶绿素含量，棉株上部叶倾角大于化学处理下的棉株，叶面积小于化学打顶处理下的棉株，透光率与化学打顶处理下的棉株基本持平；对比品种间最后一次叶绿素含量的测量值得出：新陆中82号棉株上中下部叶片的叶绿素含量均大于其他两品种，新陆中37号棉株中下部叶片的叶绿素含量均大于新陆中70号。（3）主处理间产量对比：促花王处理下的新陆中70号籽棉产量较其他品种最高，其余两品种棉花的籽棉产量均在氟节胺处理下较其他处理最高；新陆中37号在氟节胺处理下衣分最高，其余两品种棉花的衣分均在促花王处理下最高，人工打顶处理下的3个品种衣分均为最低；品种间对比：新陆中82号籽棉产量最高，新陆中37号皮棉产量最高。（4）比较各主处理下的品质指标，氟节胺处理下棉纤维的上半部均长与断裂比强度最优，马克隆值与伸长率最差；促花王处理下棉纤维的长度整齐度与黄度最优，比强度最差；人工打顶处理下棉纤维的马克隆值与伸长率最优，上半部均长、长度整齐度与黄度最差。品种间对比：综合6个品质指标新陆中82号整体最优，新陆中37号整体次优，新陆中70号整体最差。

综上，化学打顶处理下的棉花节数较人工打顶处理下的棉花节数多；最佳喷施时间依品种而定；棉花群体在人工打顶和化学打顶处理下均会调节自身性状以适应环境，2种化学打顶剂较人工打顶对棉花产量均有不同程度的提升；且均对棉纤维品质的不同指标有促进作用，较人工打顶处理下的棉纤维品质略优。

关键词： 化学打顶；喷施时间；塑型；产量

1 绪论

新疆是我国棉花主要产区，2019 年种植面积占全国种植面积的 76.08%，棉花总产量达全国的 84.9%，是我国商品棉最大的生产基地。在南疆棉花生产中，播种、灌水、施肥、采收等环节都已实现机械化，唯独打顶仍以人工打顶为主，耗时费力。随着劳动力成本不断增加，化学打顶成必然趋势。在北疆垦区，化学打顶已经普及，其效果较为明显，能减少落花落蕾、协调库源关系、提高抗性等。关于化学封顶，已有较多研究报道，侯丽华等认为用植物生长调节剂与缩节胺共同喷施，其单株铃数及公顷铃数均高于人工打顶，小区产量增加 1.3%。戴翠荣等比较了不同氟节胺配方的封顶效果，结果表明氟节胺处理的株高低于人工打顶处理，果枝数显著增多，籽棉与皮棉产量均显著高于人工打顶处理，且纤维品质与人工打顶无显著差异。目前，大多打顶剂杀顶作用强烈，可致生长点枯死，造成顶部节间及果枝的生长点严重缩短，使"盖顶桃"生长受到影响或脱落。氟节胺系列的化学打顶剂在北疆已经推广，但在南疆施用，因特殊的气候条件及种植模式，使其对棉花产量及棉纤维品质有影响，且化学打顶的配套技术研究尚未成熟，阻碍化学打顶在南疆的普及。本试验旨在研究促花王打顶剂对南疆棉花农艺性状与产量性状的影响，明确不同棉花品种的最佳喷施时间，为南疆阿拉尔垦区化学打顶剂的推广应用提供理论依据。

1.1 农业生产中化学打顶技术现状及展望

随着棉花生产技术的不断成熟，各个环节机械化生产都在不断发展，唯独机械打顶技术还有许多质疑，由于机械打顶不够成熟，而人工打顶又存在种种弊端，故化学打顶逐渐被诸多农户认可。许多学者研究表明：棉花化学打顶剂不仅可以促进棉花产量的形成，而且可增多单株铃数、亩收获株数。戴翠荣等用 2 种配方的氟节胺设置了 5 个梯度与人工打顶，综合对比各个处理下的棉花农艺性状及产量性状，结果显示：喷施过氟节胺的棉株高度低于人工打顶，果枝数显著增多，籽棉与皮棉产量均显著高于人工打顶处理，但纤维品质与人工打顶无显著差异。为验证种植密度对棉花化学打顶技术的影响，许多学者纷纷进行了相关试验，赵强用缩节胺、缓释剂、助剂等配成的水乳剂做化学打顶对比人工打顶，种植密度分别为（18 万株/hm²、22.5 万株/hm²、27 万株/hm²），对比不同处理下棉花的农艺性状、冠层群体透光率、棉花经济性状及纤维品质，化学打顶条件下棉花株高显著高于人工打顶；化学打顶对棉花纤维品质无影响；化学打顶的棉花单位面积的果枝数、主茎节间数多于人工打顶；在种植密度为 22.5 万株/hm² 时，人工打顶的产量较化学打顶的产量降低 10%。综上所述化学打顶适合的种植密度高于人工打顶的种植密度，化学打顶可通过增加密度达到增产的效果。棉花不同生育时期喷施化学打顶剂对棉花也有很重要的影响。蔡晓莉等用 3 个不同时间喷施氟节胺对照人工打顶，对比人工打顶各个处理的棉花农艺性状及产量性状，化学打顶剂在抑制主茎和叶枝顶芽的生长方面效果较为明显，且在 6 月 20 日和 7 月 5 日，每亩分别喷施 100、130mL 打顶效果最好，较对照增产效果明显，但各个处理下的棉花纤维品质无显著差异。袁青峰等用禾田福可（主要成分：25%氟节胺）、东立信（主要成分：甲哌鎓、缓释剂及助剂等）分别作化学打顶对照人工打顶，化学打顶处理下的棉花农艺性状均优于人工打顶，棉株株形较为理想，叶面积指数适中，田间通风透光程度较好，且产量性状显著优于人工打顶处理。

国外研究者对棉花化学打顶技术也有深入的研究。有研究者早在 1997—1999 年通过喷施化学打顶剂来代替部分人工打顶，试验结果表明：经过化学打顶后棉铃增大，成熟率增加，即化学打顶局部喷洒可增加棉铃大小并加速棉铃成熟。不同化学打顶剂对棉花的生长发育存在显著性差异，Yang C 等通过研究 2 种化学打顶剂 Flumet ralin 和 Mepiquat chloride 对棉花冠层、光合作用及产量的影响，研究结果表明：在化学打顶条件下，LAI 和叶绿素含量都保持较高水平，化学打顶改善了冠层的分布，增加了光合作用面积，使化学打顶具有最高的冠层表观光合速率和最长的光合作用时间，其中喷施 Mepiquat chloride 的棉株表现优于喷施 Flumet ralin 的棉株。施用不同化学打顶剂改善棉花农艺性状指标、产量指标以及生理指标的效果不尽相同，且喷施效果显著的化学打顶剂对棉花的生产具有十分重要的意义。

随着棉花生产大数据的到来，要做到棉田高产高效，化学打顶技术必将取代人工打顶技术。

1.2 不同化学打顶剂对棉花干物质积累及分配的影响

棉花的生长发育过程分为营养生长和生殖生长，二者在棉花的生长发育进程中扮演极其重要的角色，营养生长时间过短或过长都不利于棉花的生长发育，若营养生长时间过长，则生殖生长时间会大幅度缩短，从而影响养分向生殖器官运输，最终会因棉铃发育不足导致减产，不利于棉花的生长发育。前人通过大量研究，认为棉花化学打顶剂会有效地调控棉花的营养生长时间，通过抑制顶端发育，来调控棉花株高，缩短棉花中上部的果枝节间长度及叶面积，使其株形更加紧凑。还有学者研究认为，科学喷施化学打顶剂对棉花果枝数的增加具有促进作用，还会增加棉花的内围铃数及上部铃数，增加棉花干物质量，生育后期养分在棉铃中分配较多，无效铃数显著减少，成铃率较高，尤其棉花下部铃数增加最为明显，减少无效铃对水肥的消耗。张晗等研究表明，推后喷施化学打顶剂则会显著提高棉株株高、果节数、果枝数、单株铃数、单铃重、衣分，不仅有利于棉花生长发育，且对产量也有显著促进作用。

生殖器官的干物质分配系数一定程度上代表了经济产量，尤其收获时期生殖器官的干物质分配系数越大代表产量越高。时小娟等通过研究打顶剂与氮肥互作效应发现喷施化学打顶剂和追施一定量的氮肥可增加生殖器官的干物质分配系数。

1.3 化学打顶剂对棉花冠层、叶绿素含量（SPAD）的影响

棉花冠层指标是衡量棉花群体质量的重要指标，合理使用棉花化学打顶剂不仅能有效地提高棉花群体质量，还可以增产稳产、提高棉花品质。棉花冠层指标有冠层开度、光分布及叶面积指数。合理使用植物生长调节剂能调节群体生长，改善群体冠层结构和光分布状况，改变株形，增加田间通风透光，进而提高群体光合生产力，增加棉株光合产物，有利于棉花的生长发育。赵中华等早在 1997 年就发现在生殖生长阶段，提高棉花光合作用不仅显著增加棉株内围铃的数量，还可以提高棉花产量及优化品质。陈温福

等研究表明，水稻叶面积的形成对其冠层特征影响较大，当叶面积较大时，直立穗型群体质量较好，当叶面积较小时，弯曲穗型的群体质量较好。冯国艺等研究表明，棉田在盛铃前期具有较高的叶面积指数和群体光合速率峰值，在吐絮初期和盛絮期的叶面积指数呈缓慢下降的趋势，群体光合速率峰值仍保持较高值，非叶绿色器官对产量形成的光合贡献增大，群体干物质积累量较高。综上所述，喷施化学打顶剂对棉花冠层结构影响较大，通过抑制叶枝及果枝的生长来改变棉花株形，增加群体通风透光，增加叶面积，增加有效辐射，提高作物光合能力，增加光合产物，从而提高棉花产量。因此，研究植物生长调节剂调控植株株形，兼顾透光率和叶面积指数，对构建合理群体动态结构和增加群体光合能力具有重要意义。

叶绿素含量可影响棉株对光能的吸收能力，进而影响干物质积累。叶绿素在光合作用中起重要作用，所以叶绿素的含量直接影响着光合产物的量，影响干物质积累总量。

时小娟等研究增效缩节胺和一定的氮肥量互作有提高叶绿素含量的效应。

1.4 化学打顶剂对棉花株形及产量品质的影响

株形一直是影响棉花机械化生产重要的因素，为栽培出更加适宜机械采摘的株形，许多学者提出很多见解，徐守振等认为喷施化学打顶剂不仅可以降低植株高度。减少株宽，果枝数也显著减小，还可以缩短倒6节果枝节间及其叶柄长度，株形改变较为明显。叶秀春等研究表明，不同打顶剂处理后的株高均表现为高于人工打顶处理，株形更加紧凑；果枝数、铃数、铃重、籽棉重、皮棉重、衣分显著增加，不同打顶剂处理均表现为中下部铃及内围铃显著高于人工打顶；不同化学打顶剂处理还可以增加绒长，而人工打顶处理则无显著性差异。张允昔等认为，在棉花后期合理喷施化学打顶剂，可以极显著地降低棉花生长高度、抑制棉株上部果枝的伸长，控制棉株顶部果枝及主茎节间的伸长，减少无效果节数，增加棉田产量，塑造更加合理的株形。除此之外，关于化学打顶剂对棉花品质影响研究甚少，棉花的品质大多由自身遗传特性所决定，但由于化学打顶剂配方不同，对棉花纤维品质性状影响也不一致，故需进一步探索。

2 促花王在阿拉尔垦区最适喷施时间的筛选

2.1 试验材料与方法

2.1.1 试验地概况

试验田位于北纬40°33′15″，东经81°18′57″，在新疆阿拉尔市农一师农业科学研究所。该地早晚温差大，日照时数较长，每年约2 996h，年降水少，且年均蒸发量达1 976.6～2 558.9mm，气候干燥，适合棉花生长。试验田为壤土土质，前茬作物为棉花。

2.1.2 试验用化学打顶剂及供试棉花品种

打顶剂选用促花王棉花打顶剂和与之配套的促花王棉花塑型剂（陕西省渭南高新区促花王科技有限公司生产）。

试验材料为南疆推广种植的棉花品种新陆中37号（生育期135d，Ⅱ式果枝）和新陆中70号（生育期138d，Ⅱ式果枝）。

2.2 试验设计

2019年4月7日覆膜播种，一膜6行，行长5m，株行距配置为（66+10）cm×

10cm。试验采用随机区组设计，3 次重复。采用膜下滴灌，其他管理同大田，打顶时按照不同处理进行。试验设置了不打顶（T0）、人工打顶（T1，7 月 1 日）、化学打顶（T2、T3、T4、T5）共 6 个处理。化学打顶剂喷施前先喷施塑型剂，于 6 月 18 日、6 月 28 日、7 月 8 日分 3 次喷施，用量为 22.5g/hm²，兑水 750kg，均匀喷于植株上中下部位；打顶剂喷施分 4 个不同时间，7 月 1 日开始喷施（T2）、7 月 6 日开始喷施（T3）、7 月 11 日开始喷施（T4）和 7 月 16 日开始喷施（T5），处理之间的间隔为 5d，详细时间安排见表 2-1。浓度为 90g/hm²，兑水 750kg，各喷施化学打顶剂的处理均间隔 10d，连续喷施 3 次打顶剂。

表 2-1 打顶剂与塑型剂喷施时间

处理	药剂	喷施时间		
		第一次	第二次	第三次
T2	塑型剂	6 月 18 日	6 月 28 日	7 月 8 日
	打顶剂	7 月 1 日	7 月 11 日	7 月 21 日
T3	塑型剂	6 月 18 日	6 月 28 日	7 月 8 日
	打顶剂	7 月 6 日	7 月 16 日	7 月 26 日
T4	塑型剂	6 月 18 日	6 月 28 日	7 月 8 日
	打顶剂	7 月 11 日	7 月 21 日	7 月 31 日
T5	塑型剂	6 月 18 日	6 月 28 日	7 月 8 日
	打顶剂	7 月 16 日	7 月 26 日	8 月 5 日

2.3 试验测定项目与方法

2.3.1 测定项目

（1）农艺性状：株高、始果节节位、节数、果枝长。

（2）产量性状：单株铃数、籽棉重、皮棉重。

（3）品质指标；马克隆值（Mic）、上半部平均长度（Len，mm）、整齐度（Un,%）、断裂比强度（Str, cN/tex）及伸长率（El,%）等。

2.3.2 测定方法

（1）农艺性状

2019 年 6 月 17 日在每个小区内选取长势均匀一致的 10 株棉花，并进行挂牌标记。分别于 6 月 17 日、6 月 27 日、7 月 7 日、7 月 17 日、7 月 27 日、8 月 20 日测量棉花的株高、节数、始果节节位、果枝长、蕾铃数等农艺性状。

（2）产量性状的测定

上中下部的划分：为调查打顶剂对棉铃产量、品质性状空间分布的影响，第 8 节果枝及以下的棉铃为下部铃，第 9 至第 11 节果枝棉铃划为中部铃，第 12 节果枝及以上棉铃为上部铃。

10 月 2 日分不同节位按单铃采收棉花，室内考种，晾干后测定单铃籽棉重、皮棉重。

（3）品质指标测定

皮棉于恒温恒湿环境下放置 24h 后，用棉花纤维品质测试仪 M700 测定其品质指标。

2.4 技术路线

具体技术路线见图2-1。

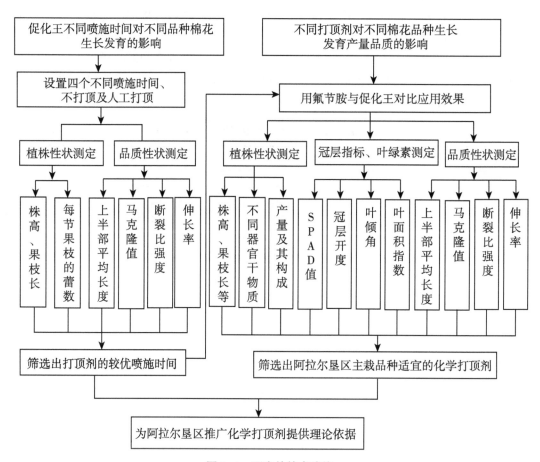

图2-1 研究的技术路线

2.5 结果与分析

2.5.1 不同处理对棉花果枝长度增长的影响

将两个品种不同处理下的各果枝长度整理于表2-2。由表2-2可知，新陆中37号的第6、第7、第8果枝长度在生长初期无显著差异，但随生育期推进各处理间差异逐渐显现；新陆中70号第6果枝长度在每次测量时均呈显著性差异，两品种的第6果枝均在T0处理下最长。

8月20日调查数据显示，新陆中37号的第9果枝长度在T0处理下最长，T4处理次之，除T0处理外，其他处理的中上部果枝均明显短于下部果枝；新陆中70号的第9节果枝在T0处理下最长，T5处理次之。两品种在T0处理下的第10节果枝均显著长于其他处理；新陆中37号第11果枝长度与第10节相近，且8月20日各处理间无差异；新陆中70号第11节果枝明显短于新陆中37号，最短的仅1.5cm，无成铃能力。仅新陆中37号有第12节果枝且各化学打顶处理下长度无差异。可见打顶剂能有效控制上部果枝长。第11、第12节果枝生长时间短，难发育出有效铃，应尽量减少其生长，避免养分不必要的供给。中上部果枝缩短，株形由桶形变为塔形，增强植株通风透光，增强叶片光合作用，使棉花更好地从营养生长转变为生殖生长，促进棉铃发育，提高棉花产量。

表2-2　不同处理下新陆中37号与新陆中70号的第6及以上各果枝长　（单位：cm）

果枝	处理	新陆中37号					新陆中70号				
		6月27日	7月7日	7月17日	7月27日	8月20日	6月27日	7月7日	7月17日	7月27日	8月20日
第6	T0	4.60a	10.33a	12.15a	13.6a	14.29a	3.06bc	7.04a	8.82a	9.58a	9.62a
	T1	4.47a	7.17ab	8.97bc	12.11ab	13.86ab	5.56a	5.74ab	6.01ab	6.86ab	6.87ab
	T2	3.91a	8.09ab	9.90b	10.10bc	10.11b	2.39c	3.77bc	5.50b	7.15ab	7.24ab
	T3	3.98a	6.28b	9.25bc	9.38c	10.38b	2.49c	3.45c	5.57b	6.51b	7.58ab
	T4	4.62a	7.06ab	9.44bc	10.74bc	10.81ab	2.90bc	4.42bc	5.58b	5.44b	5.52b
	T5	4.45a	6.92ab	8.86bc	10.86bc	10.93ab	3.83b	5.25abc	6.50ab	7.37ab	7.39ab
第7	T0	2.87a	8.62a	11.39a	12.47a	12.62a	2.02a	3.93a	7.19a	7.75a	8.32a
	T1	3.25a	6.39ab	7.39b	10.25ab	10.84ab		4.13a	4.64a	5.78a	5.79b
	T2	3.78a	6.58ab	9.80ab	10.23ab	10.27b	2.07a	3.05a	4.76a	6.00a	6.09b
	T3	4.78a	5.32b	6.72bc	8.83b	10.83ab	2.43a	2.95a	4.01a	5.40a	6.49b
	T4	3.89a	7.47ab	10.65ab	12.49a	12.53a	3.70a	4.44a	4.59a	4.59a	4.64c
	T5		5.86ab	7.92b	10.97ab	10.99ab		4.44a	6.50a	7.61a	7.66a
第8	T0	2.45a	5.93a	10.53a	12.58a	13.25a	0.78b	3.46a	8.01a	6.56a	6.89a
	T1		4.17a	7.31bc	8.8ab	8.82b		3.25a	3.58b	4.36a	4.55b
	T2	2.88a	3.97a	6.92bc	7.51ab	7.54b		2.35a	3.22b	4.59a	4.67b
	T3	2.00a	3.73a	4.80d	5.57b	7.60b	2.13a	2.29a	3.23b	3.3a	4.35b
	T4	3.03a	5.66a	8.46b	10.83ab	10.85ab		3.5a	3.93a	4.67a	4.76b
	T5		4.68a	6.11c	10.52ab	10.58ab		4.5a	5.00b	6.58a	6.60a
第9	T0		4.27b	8.67a	11.85a	11.91a		2.2b	5.79a	5.9a	6.15a
	T1		3.5bc	7.03ab	7.72b	7.82bc		3.25ab	3.34b	3.44b	3.53bc
	T2		3.8bc	6.19bc	6.86b	6.96c		2.9ab	3.83b	3.84b	3.92bc
	T3		2.21d	5.80c	7.05b	7.07c		2.13b	2.30b	2.65b	3.67bc
	T4		6.83a	7.69a	8.83ab	9.14b		2.00b	2.24b	2.95b	2.98c
	T5		3.20cd	5.75c	8.72ab	8.82b		4.00a	4.00b	4.55ab	4.85b

（续表）

果枝	处理	新陆中37号					新陆中70号				
		6月27日	7月7日	7月17日	7月27日	8月20日	6月27日	7月7日	7月17日	7月27日	8月20日
第10	T0		3.85a	5.04a	8.44a	8.53a			4.89a	5.24a	5.73a
	T1			3.75b	4.49bc	4.98b			3.2ab	3.28b	3.63b
	T2	4.00a	5.06a	5.1abc	5.19ab						1.5d
	T3		1.30b	2.34c	3.52c	4.06b	1.70b	1.9b	1.92c		1.97d
	T4		4.27a	5.88a	7.27ab	7.52a	2.00a	3b	3.17ab		3.5b
	T5			5.11a	5.33bc	5.39ab			1.8b	2.75bc	2.82c
第11	T0			3.44a	5.21a	5.62a			4a	4.36a	4.47a
	T1										
	T2			2.67ab	3.6b	3.76c					
	T3			2.45ab	3.83b	3.9c				1.5b	1.53b
	T4			3.40a	4.42ab	4.52b			1.4b	1.4b	1.50b
	T5			3.33a	4.29ab	4.37b					
第12	T0			2.60a	5.03a	5.16a					
	T1										
	T2			1.00b	2.58c	2.62b					
	T3			1.70ab	2.94c	2.96b					
	T4			2.77a	3.48b	3.56ab					
	T5					2.50b					

注：同一列不同字母表示在 0.05 水平上的差异显著性，有相同字母的差异不显著（LSD 法）。

2.5.2　不同处理对不同棉花品种主茎增长量的影响

2019 年不同打顶处理下的主茎日增长量如图 2-2，新陆中 37 号随着生育期的推进，各处理主茎增长量均逐渐下降直至停止生长，但 T1 处理从 7 月 27 日到 8 月 20 日的株高呈现负增长，可能由于掐掉生长点的顶端干枯萎缩。在各处理中，T4 处理下新陆中 37 号株高生长速度缓慢下降，其余处理的株高生长速度波动较大，不利于棉花的生长发育。由此可见，T4 处理对新陆中 37 号的生长发育具有促进作用。新陆中 70 号随着生育期的推进，各处理主茎增长量均呈现上升趋势，其中 T2 处理增长量随时间变动较为平衡，优于其他处理，由此可知 T2 处理对新陆中 70 的生长发育具有促进作用。T1 处理和 T4 处理在 7 月 27 日至 8 月 20 日出现负增长，可能由于棉株后期植株开始干枯萎缩。

2.5.3　不同处理对不同棉花品种主茎节数的影响

将不同打顶方式对不同棉花品种主茎节数的影响整理于图 2-3，由图 2-3 可知，不

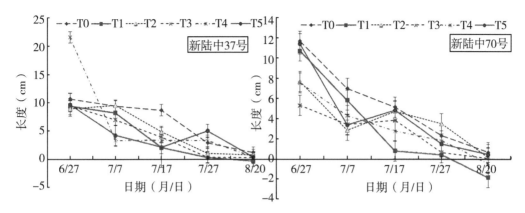

图 2-2　2019 年不同处理下主茎增长量随时间的变化趋势

打顶与化学打顶处理下的棉花主茎节数随生育期推进一直增加，人工打顶处理下的棉花主茎节数自打顶后均无增长。

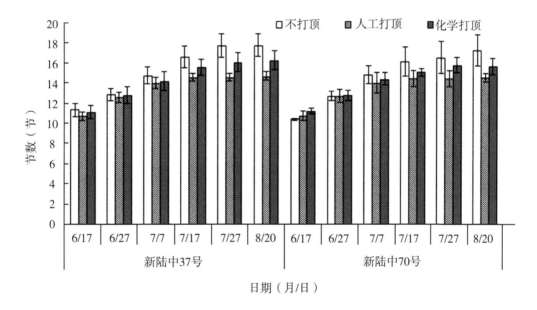

图 2-3　3 种打顶方式不同时期主茎节数的比较

2.5.4　不同处理对棉花产量性状空间分布的影响

2 个品种在不同处理下的各部位铃数所占比例见表 2-3，上中下部铃数见图 2-4。新陆中 37 号喷施过打顶剂的处理，上部铃数所占比例为 24.07%，低于不打顶和人工打顶处理；喷施过打顶剂的处理中部铃数所占比例平均为 39.31%，与不打顶和人工打顶相差不大；喷施过打顶剂的处理下部铃数所占比例平均为 41.69%，远高于不打顶与人工打顶，说明施用化学打顶剂可影响到新陆中 37 号的下部铃。综上所述，该打顶剂对新陆中 37 号品种上下部铃比例有调控效应，可大幅提高下部铃数占比，降低上部铃数占比。

新陆中 70 号喷施过打顶剂的处理，上部铃数所占比例为 17.35%，高于不打顶和人工打顶处理；喷施过打顶剂的处理中部铃数所占比例平均为 44.35%，与不打顶和人工打顶相差不大；喷施过打顶剂的处理下部铃数所占比例平均为 38.31%，略低于不打顶与人工打顶，说明施用化学打顶剂对新陆中 70 号的下部铃影响不大，原因在于该品种成熟较早，施用化学打顶剂时下部铃数已基本确定。综上，化学打顶剂对该品种上部铃比例有调控效应，可提高上部铃数占比。

新陆中 37 号 T1 至 T5 处理下的平均单株铃数为 4.75 个/株，较 T0 处理下的单株铃数多 0.05 个/株；打顶处理中，化学打顶处理下的平均单株铃数为 4.81 个/株，较 T1 处理下的单株铃数多 0.27 个/株；在化学打顶处理中 T4 的单株铃数最多，为 5.14 个/株。新陆中 70 号 T1 至 T5 处理下的平均单株铃数为 4.54 个/株，较 T0 处理下的单株铃数少 0.29 个/株；在打顶的处理中，化学打顶处理下的平均单株铃数为 4.49 个/株，较 T1 处理下的单株铃数少 0.28 个/株；在化学打顶处理中 T2 的单株铃数最多为 4.80 个/株，较 T0 处理下的单株铃数少 0.03 个/株，较 T1 处理下的单株铃数多 0.03 个/株。

新陆中 37 号棉株在 T5 处理下的单株铃数显著大于 T3 处理下的单株铃数，其余处理均无差异，化学打顶与人工打顶相比不会减少棉株产量。

从品种特性对比，新陆中 37 号较新陆中 70 号成熟晚，新陆中 37 号棉株的上部成铃数略逊于中下部，试验结果显示 T5 处理下的植株结铃数最多，故新陆中 37 号品种的棉株应尽可能在 7 月 11 日至 7 月 16 日之间开始喷施化学打顶剂；新陆中 70 号棉株的成铃集中在中下部，成熟较早，在各处理下的单株铃数均无显著差异，T2 处理下的棉株较其他处理下的棉株单株铃数更多，可用 7 月 1 日化学打顶代替人工打顶。

化学打顶剂对棉铃空间分布影响较大，尤其是中上部铃。稳长下部铃、多结中上部铃对棉花增产稳产具有重要意义。

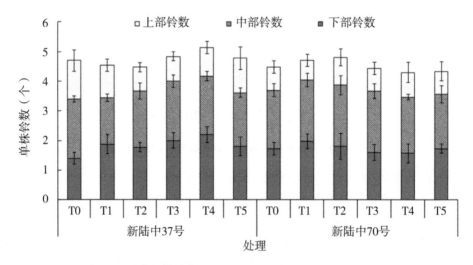

图 2-4　2 个品种棉花在不同处理下铃数的空间分布比较

表 2-3 不同处理下 2 个品种的上、中、下部铃数占比 （单位:%）

品种	处理	铃数占比		
		下部铃	中部铃	上部铃
新陆中 37 号	T0	27.79c	42.55a	27.66b
	T1	37.b	39.96b	22.31b
	T2	44.1a	39.34b	16.56c
	T3	43.92a	38.96b	37.37a
	T4	42.31a	39.04b	18.65c
	T5	36.44b	39.88b	23.68b
新陆中 70 号	T0	44.56a	41.21b	14.24b
	T1	42.66a	43.38ab	13.96b
	T2	40.07ab	44.76a	15.17ab
	T3	36.04b	46.62a	17.34a
	T4	37.25b	43.6ab	19.14a
	T5	39.86b	42.4ab	17.74a

注：同一列不同字母表示在 0.05 水平上的差异显著性，有相同字母的差异不显著（LSD 法）。

2 个品种在不同处理下的上、中、下部单铃重及其衣分见表 2-4，新陆中 37 号在 T3 处理下棉株下部铃重最重，为 4.86g，衣分最大，为 47.60%；T4 处理下中部铃单铃重最大为 5.22g，衣分也最大，为 49.09%；上部铃 T3 处理单铃重最大，达到 4.54g；下部铃以 T2 处理的衣分最高，为 48.74%；T4 处理下的平均单铃重最大，为 4.62g；T3 处理下的平均衣分最高，为 47.81%。

新陆中 70 号棉株下部铃中，T1 处理下的平均单铃重最大，达到 5.23g；T4 处理下的下部铃衣分最高，为 45.44%；T2 处理下的中部铃单铃重最重，达到 5.78g；T1 处理下的中部铃衣分最大，为 46.83%；T1 处理下的上部铃单铃重最重，达到 4.77g；T2 处理下的下部铃衣分最大，为 47.16%；T2 处理下的平均单铃重最大为 5.18g；T3 处理下的平均衣分最大，为 46.34%。

综上所述，不同时间喷施化学打顶剂对棉株产量及其构成因素有显著影响，在 T4 处理下，新陆中 37 棉株中部单铃重、衣分较其他处理均达到最大，由此可知，在 7 月 11 日喷施化学打顶剂有利于植株中部结铃；在 T2 处理下，新陆中 70 号棉株中部铃单铃重较其他处理最大，上部铃重、衣分较高，在 7 月 1 日喷施打顶剂有利于棉株的中上部棉铃发育。

表 2-4　2 个品种在不同处理下的上、中、下部单铃重及衣分的比较

品种	处理	下部铃		中部铃		上部铃		平均	
		单铃重（g）	衣分（%）	单铃重（g）	衣分（%）	单铃重（g）	衣分（%）	单铃重（g）	衣分（%）
新陆中 37 号	T0	4.37a	45.75a	4.90a	48.29ab	3.52a	42.05a	4.05c	47.43a
	T1	4.10a	44.95a	4.57a	46.94b	4.01a	44.53a	4.19bc	44.92a
	T2	4.50a	46.10a	4.60a	47.91ab	3.64a	48.74a	4.37abc	47.36a
	T3	4.86a	47.60a	4.76a	48.64ab	4.54a	45.80a	4.40abc	47.81a
	T4	4.17a	46.96a	5.22a	49.09a	4.04a	46.29a	4.62a	41.22ab
	T5	4.75a	47.00a	5.18a	48.48ab	3.98a	46.03a	4.48ab	47.34a
新陆中 70 号	T0	4.54a	43.16b	5.08a	45.62a	4.65a	45.54a	4.76a	45.05a
	T1	5.23a	44.13ab	5.52a	46.83a	4.77a	46.51a	5.18a	45.63a
	T2	5.07a	45.38a	5.78a	46.38a	4.70a	47.16a	4.85a	46.34a
	T3	4.49a	45.20ab	4.72a	46.76a	4.33a	42.27a	4.53a	44.30a
	T4	4.87a	45.44a	5.64a	46.12a	4.44a	45.38a	4.98a	45.57a
	T5	4.75a	45.43a	5.40a	47.36a	4.70a	46.05a	4.95a	41.96ab

注：同一列不同字母表示在 0.05 水平上的差异显著性，有相同字母的差异不显著（LSD 法）。

2.5.5　不同处理对不同空间棉花品质的影响

2 个品种在不同处理下的上中下部铃的棉花纤维品质见表 2-5、表 2-6。新陆中37 号：下部铃的马克隆值在 T0 处理和 T4 处理下最优，其余处理次之；中部铃的马克隆值在 T1 处理、T3 处理和 T5 处理下最优，在 T0 处理下最差；上部铃的马克隆值在 T1 处理、T3 处理下最优，在 T0 处理下最差。下部铃的上半部均长在 T0 处理和 T2 处理下最长，其余处理次之；中部铃的上半部均长在 T5 处理下最长，在 T0 处理下最短；上部铃的上半部均长在 T5 处理最长，在 T4 处理下最短。下部铃的长度整齐度在 T0 处理下最优，在 T4 处理下最差；中部铃的长度整齐度在 T4 处理下最优，在 T0 处理下最差；上部铃的长度整齐度在 T3 处理下最优，在 T1 处理下最差。下部铃的比强度在 T5 处理下最优，在 T4 处理下最差；中部铃的比强度在 T2 处理下最优，在 T5 处理下最差；中部铃的比强度在 T2 处理下最优，在 T5 处理下最差；上部铃的比强度在 T3 处理下最优，在 T1 处理下最差；下部铃的伸长率在 T1 处理下最优，其余处理次之；中部铃的伸长率在 T2 处理下最优，在 T5 处理下最差；上部铃的伸长率在 T4 处理下最优，在 T1 处理下最差；下部铃的黄度在 T0 处理下最大，在 T3 处理下最小；中部铃的黄度在 T3 处理下最大，在 T0 处理下最小；上部铃的黄度在 T3 处理下最大，在 T2 处理下最小。

新陆中 70 号：下部铃的马克隆值在 T0 处理下最优，其余处理次之；中部铃的马克隆值均在 5.0 以上，为 C2 级；上部铃的马克隆值在 T1~T4 处理下均为 B2 等级，在 T0 处理、T5 处理下最差。下部铃及中部铃的上半部均长均在 T0 处理下最长，T5 处理下

最短；上部铃的上半部均长在 T3 处理最长，在 T4 处理下最短。下部铃及中部铃的长度整齐度均在 T0 处理下最优，在 T5 处理下最差；上部铃的长度整齐度在 T1 处理下最优，在 T2 处理下最差。下部铃及中部铃的比强度在 T0 处理下最优，在 T5 处理下最差；上部铃的比强度在 T0 处理下最优，在 T2 处理及 T5 处理下最差。下部铃的伸长率在 T0 处理下最优，在 T3 处理下最差；中部铃的伸长率在 T2 处理下最优，在 T3 处理下最差；上部铃的伸长率在 T0 处理下最优，在 T4 处理下最差；下部铃的黄度在 T5 处理下最大，在 T1 处理下最小；中部铃的黄度在 T2 处理下最大，在 T1 处理下最小；上部铃的黄度在 T0 处理下最大，在 T4 处理下最小。

　　两品种的马克隆值主要差异存在于上部铃，且打顶处理下的马克隆值均优于不打顶的马克隆值；两品种铃的上半部均长和长度整齐度主要差异存在于下部铃，新陆中 70 号中部铃棉纤维的长度整齐度也有差异；新陆中 37 号的比强度上、中、下部铃均存在差异，新陆中 70 号的比强度只有下部铃存在差异；两品种的伸长率差异存在于中下部铃。综合整体情况，新陆中 37 号的棉纤维品质，T2 与 T4 处理较 T1 处理无差异，T3 处理与 T5 处理略优于 T1 处理。新陆中 70 号的棉纤维品质，综合上、中、下部铃的整体情况，化学打顶的处理与人工打顶无差异，T3 处理下的棉纤维品质略优于人工打顶下的棉纤维品质。

表 2-5　新陆中 37 号在不同处理下上、中、下部铃的棉花纤维品质的比较

部位	处理	马克隆值	上半部均长（mm）	长度整齐度（%）	比强度（cN/tex）	伸长率（%）	黄度（%）
下部铃	T0	4.02a	28.81a	85.46a	29.16a	7.74a	8.21a
	T1	4.39a	27.61ab	84.63ab	28.48ab	7.95a	7.60ab
	T2	4.70a	28.22ab	85.04ab	27.21ab	7.50a	8.22a
	T3	4.34a	27.29ab	84.83ab	27.07ab	7.64a	7.26b
	T4	4.04a	27.07b	83.16b	26.67b	7.71a	7.71a
	T5	4.79a	27.26b	84.61ab	29.27a	7.52a	7.96a
中部铃	T0	5.23a	26.67a	83.96a	25.52b	8.25a	7.42a
	T1	4.41b	27.35a	84.63a	27.70ab	7.77ab	7.90a
	T2	4.98a	27.50a	84.00a	28.08a	8.57a	8.21a
	T3	4.49b	26.93a	84.15a	27.65ab	7.89a	8.60a
	T4	4.96a	27.11a	84.84a	27.41ab	8.33a	7.88a
	T5	4.40b	27.97a	84.12a	26.62ab	6.58b	7.88a
上部铃	T0	5.01a	26.57a	84.33a	27.75ab	8.52ab	7.86a
	T1	4.09b	26.54a	82.53a	25.44b	7.03b	8.09a
	T2	4.38b	26.74a	83.82a	26.09ab	7.77ab	7.30a
	T3	4.07b	27.15a	84.86a	30.07a	8.22ab	8.54a
	T4	4.53ab	26.25a	83.84a	29.63a	8.89a	7.74a
	T5	4.36b	27.47a	84.56a	29.27ab	7.18ab	8.00a

注：同一列不同字母表示在 0.05 水平上的差异显著性，有相同字母的差异不显著（LSD 法）。

表 2-6 新陆 70 号在不同处理下上、中、下部铃的棉花纤维品质的比较

部位	处理	马克隆值	上半部均长（mm）	长度整齐度（%）	比强度（cN/tex）	伸长率（%）	黄度（%）
下部铃	T0	4.64b	28.52a	84.02a	29.23a	5.44a	8.56a
	T1	5.25a	27.94ab	82.44ab	26.25ab	5.01a	7.85b
	T2	5.44a	26.78ab	82.52ab	24.80b	5.06a	8.91a
	T3	5.34a	27.04ab	83.63a	26.60ab	4.72a	9.24a
	T4	5.14ab	26.34b	82.06ab	25.04b	4.85a	8.42ab
	T5	5.20ab	26.21b	81.11b	24.32ab	4.74a	10.07a
中部铃	T0	5.46a	27.49a	83.30a	28.37a	5.39ab	7.82a
	T1	5.47a	26.25a	81.92abc	25.64a	5.20ab	7.45a
	T2	5.28a	26.67a	82.80a	25.98a	5.90a	8.85a
	T3	5.51a	26.16a	81.55bc	24.97a	4.80b	8.30a
	T4	5.24a	26.38a	81.96abc	25.70a	5.04ab	8.57a
	T5	5.29a	26.14a	81.14c	23.92a	4.86ab	7.97a
上部铃	T0	5.17a	26.62a	82.58a	28.54a	6.84a	9.07a
	T1	4.82ab	26.79a	82.95a	27.27a	6.21a	8.75a
	T2	4.34b	26.55a	80.92a	25.12a	6.34a	8.77a
	T3	4.58ab	27.03a	82.68a	27.79a	5.81a	8.63a
	T4	4.40b	26.26a	81.11a	26.29a	4.39b	7.04b
	T5	5.16a	26.30a	82.14a	25.12a	5.63ab	8.70a

注：同一列不同字母表示 0.05 水平上的差异显著性，有相同字母的差异不显著（LSD 法）。

2.6 结论

本研究于 2019 年设置 6 个处理，选用 2 个棉花品种进行试验，根据不同处理下棉花的生长发育和产量品质情况，有如下结论：

（1）同一品种的棉花在不同时间下喷施打顶剂处理之间的产量存在差异。

（2）相较于其他处理，T4 处理（7 月 11 日开始喷施化学打顶剂）对中上部果枝长度增加有显著抑制作用，对下部果枝无显著影响；新陆中 37 号的单株铃数在 T4 处理下最多、单铃重最重、产量因素最优，同时 T4 处理对棉花中上部棉铃品质的形成具有促进作用。

（3）新陆中 70 号在 T2 处理（7 月 1 日开始喷施化学打顶剂）下，可获得最大经济效益，在 T0 处理下单株铃数最多，但单铃重较 T1、T2、T4 和 T5 处理低，T2 处理与 T0 处理下的单株铃数差异不显著。

2.7 讨论

2.7.1 喷施化学打顶剂对棉花农艺性状的影响

试验研究表明，喷施化学打顶剂对主茎增长有延缓的效果，有学者研究表明：喷施化学打顶剂的棉株株高有正增长效应，人工打顶的棉株株高在打顶初期仍在增长，可能由于掐掉生长点后的顶端还残存未消耗完的激素继续作用，或是在打顶初期大量灌水施肥使棉花进行二次生长；到后期出现负增长，可能由于断点失水萎缩，进而使株高缩短，喷施化学打顶剂一段时间后株高首先停止生长随后棉株生长点逐渐枯死。

2.7.2　喷施化学打顶剂对棉花产量及品质性状的影响

董红强等认为化学打顶剂对纤维内在品质无影响，对棉株中上部果枝长度具有调控效应，有效改善棉花株形，增加有效铃数，最终使化学打顶产量与人工打顶产量持平或略亏，同时节本、增效。本研究与前人研究结果相一致，不同棉花品种在不打顶处理下的棉株上部果枝长均显著长于化学打顶处理下棉株的上部果枝长。人工打顶掐除生长点使人工处理下的棉株比化学打顶处理下的棉株果枝数少。在不同时间喷施化学打顶剂对棉花有显著的调控效应，棉株上部果枝有显著缩短的现象，增加植株有效光热资源，有利于提高作物的群体质量。

3　不同化学打顶剂对不同棉花品种生长发育及产量品质的影响

3.1　试验材料与方法

3.1.1　试验地概况

同第 2 章。

3.1.2　试验用化学打顶剂及供试棉花品种

打顶剂选用促花王棉花打顶剂和与之配套的促花王棉花塑型剂（陕西省渭南高新区促花王科技有限公司生产），氟节胺（40%，悬浮剂，沧州志诚有机生物科技有限公司生产），复配缩节胺（张家口长城农化集团有限责任公司生产）。

供试棉花新陆中 37 号、新陆中 70 号及新陆中 82 号（生育期 133d）。

3.2　试验设计

2020 年试验选用当前阿拉尔垦区应用广泛的氟节胺与打顶王比较应用效果。试验小区于 4 月 7 日宽窄行播种，采用二因素裂区设计，主区为 2 个打顶剂处理（处理 1：氟节胺复配缩节胺；处理 2：促花王塑型剂与打顶剂配合喷施）与人工打顶（CK），副区为 3 个棉花品种，3 次重复，共 27 个小区，小区面积 10.95m^2。每个小区其株行配置为（66+10）cm×11.4cm，一膜六行，采用膜下滴灌，肥水管理同大田生产。喷施氟节胺的小区：每公顷喷施氟节胺 1 350mL 与缩节胺 75g 兑水 750kg 于 7 月 13 日喷施；喷施促花王棉花塑型剂与促花王棉花打顶剂的小区：促花王棉花塑型剂分别于 6 月 26 日、7 月 6 日及 7 月 9 日喷施，用法用量同 2019 年，每公顷促花王棉花打顶剂 90g 与缩节胺 75g 兑水 750kg 于 7 月 13 日进行第一次喷施，每公顷促花王棉花打顶剂 90g 兑水 750kg 于 7 月 23 日进行第二次喷施；人工打顶于 7 月 5 日进行。

3.3　试验测定项目与方法

3.3.1　测定项目：农艺性状测定

（1）各处理定点观察棉株生长状况，于每次喷药前及收获后对各处理根、茎、叶、花铃进行干重、鲜重测定。

（2）各处理于每次喷药前测量株高、始果节节位、节数、果枝长及蕾数等指标。

（3）各处理于每次喷药前测量冠层指标、叶绿素值。

（4）收获时统计收获株数，按小区实收记录小区产量，同时对单株铃数、铃重、衣分等产量指标考种；对各处理进行品质指标测定。

3.3.2 测定方法

3.3.2.1 农艺性状调查

2020年6月15日在每个小区内选取长势均匀一致的8株棉花，并进行挂牌标记。分别于6月15日、6月25日、7月5日、7月23日、9月3日测量株高、节数、始果节节位、果枝长、蕾铃数等农艺性状。

于每次喷药前一天（6月15日、6月25日、7月5日、7月10日、7月20日、7月30日），每小区选取连续且长势均匀、具有代表性的8株棉花于各生育时期定株调查：始果节节位、株高、节数、主茎叶数、蕾数（分节）、铃数（分节）、果枝长度等生长发育指标。

3.3.2.2 茎、叶、花、铃干物质测定

植株样品的采集与干物质测定于每次喷施药剂前采集棉株地上部分的植株样品，每小区随机选取有代表性的棉株3株，按生殖器官和营养器官：根、茎、叶、蕾、花、铃不同器官分离开，在105℃下烘箱杀青30min，然后80℃条件下烘干至恒重，称重，记录干物质重并计算干物质分配系数。干物质分配系数=器官干重/单株棉花干重×100%。

3.3.2.3 棉花冠层指标及叶绿素的测定

冠层指标：用LAI-2200C冠层分析仪于每次喷药前一天20：00—22：00测量平均叶倾角（MTA）、冠层开度（DIFN）、叶面积指数（LAI）。叶绿素测定：在每个小区选取3株棉株上生长健康的9片叶片，于每次喷药前一天使用便携式叶绿素仪SPAD-502plus测定植株叶片的叶绿素，在中午12：00左右（天气晴朗），每个小区取样3株，分别在植株的上、中、下位置取一片叶测定。

3.3.2.4 棉花产量、品质的测定

（1）产量测定

10月6日分不同节位按单铃采收棉花，室内考种，测定单铃籽棉重、衣分。棉花产量于收获期按小区实收计产，各处理各重复的棉株每一节分别收取正常开裂的5~8个棉铃，测定单铃重、籽棉重、皮棉重、衣分等产量性状，单株结铃数由最后一次的数据中所统计的小区内全部铃数与全部株数计算。

（2）棉铃品质测定

上中下部棉铃的划分：为调查打顶剂对棉铃品质性状空间分布的影响，第7节及以下的棉铃（即第1~3果枝）为下部铃，第8~10节（即第4~6果枝）棉铃划为中部铃，第11节及以上棉铃（即第7果枝以上）为上部铃。

棉纤维品质测定：同第2章。

3.4 数据统计及分析

同第2章。

3.5 结果与分析

3.5.1 不同化学打顶剂对不同棉花品种果枝与上部果枝第一果节长的影响

为区分打顶前已长出的节位与打顶后新长出的节位，将打顶前长出的最上部三节从顶端向根部数分别命名为倒一、倒二和倒三节；打顶后新长出的两节从顶端向根部数分

别命名为正一和正二节。

　　各果枝果节长度见表3-1。由表3-1可知，喷施促花王处理下的中、上部果枝果节较其他处理短，说明该处理下的棉花前期施用促花王棉花塑型剂效果显著；人工打顶处理下的上部果枝果节较其他处理的长，是由于人工打顶后顶端优势被解除，促进了侧枝生长。下部果节果枝长度无显著差异，可能由于喷施塑型剂时下部果节果枝已基本成型。

表3-1　各处理下各果枝的长度　　　　　　（单位：cm）

处理	品种	第1果枝	第2果枝	第3果枝	第4果枝	第5果枝	第6果枝	第7果枝	第8果枝	倒3果枝	倒2果枝	倒1果枝	正2果枝	正1果枝
氟节胺	新陆中37号	13.73b	12.78b	7.89b	10.52a	10.10a	8.84a	8.52a	5.68a	5.94a	3.70a	2.60a	1.36a	0.53b
	新陆中70号	11.46c	11.70b	7.74b	10.90a	9.20b	6.70b	6.65b	2.97b	3.65b	2.27b	1.40b	1.06ab	0.30c
	新陆中82号	16.82a	15.74a	9.95a	9.40b	7.36c	7.03b			4.55b	2.28b	1.32b	0.81b	0.70a
促花王	新陆中37号	14.16b	17.05a	11.18a	9.65b	8.46a	6.70a	4.94b	2.78b	6.54a	3.41a	2.11a	0.77b	0.67a
	新陆中70号	11.43c	12.18b	9.48b	8.06c	6.95b	4.93b	6.96a	2.93b	4.93b	2.86b	1.55b	0.61b	0.75a
	新陆中82号	16.88a	15.70a	9.73b	8.78bc	6.59b	5.36b	4.55b	1.02c	7.29a	3.67a	1.83ab	0.71b	0.80a
人工打顶	新陆中37号	12.80c	13.46a	11.20b	11.60a	12.54a	10.45a	3.97c	2.70b	9.29a	9.86a	3.24b		
	新陆中70号	14.15b	12.87a	11.23b	9.56b	8.11b	6.46b	7.80a	4.10a	6.60c	3.02c	5.11a		
	新陆中82号	16.51a	15.10a	12.97a	10.08a	8.13b	6.21b	5.59b	1.99bc	6.01b	3.77b	1.85c		

　　注：同一列不同字母表示在0.05水平上的差异显著性，有相同字母的差异不显著（LSD法）。

　　2020年不同打顶处理下的上部果枝第1果节长度见表3-2。氟节胺处理下的新陆中82号节数较其他品种少两节，第7果枝即为倒3果枝，第8果枝即为倒2果枝。由表3-2可知，化学打顶处理下的第7果枝第1果节比人工打顶处理下的第7果枝第1果节多出的长度均在3.05cm及以下，新陆中70号在化学打顶处理下的第7果枝第1果节多出的长度较人工打顶处理下的第7果枝第1果节短；化学打顶处理下的第8果枝第1果节比人工打顶处理下的第8果枝第1果节多出的长度均在1.98cm及以下，新陆中70号及新陆中82号在化学打顶处理下的第8果枝第1果节较人工打顶处理下第8果枝第1果节短；人工打顶处理下的倒3果枝第1果节比化学打顶处理下的倒3果枝第1果节多出的长度均在0.99cm及以下，促花王处理下的新陆中70号及新陆中82号倒3果枝第1果节分别长于人工打顶处理下的新陆中70号及新陆中82号倒3果枝第1果节；人工打顶处理下的倒2果枝第1果节比化学打顶处理下的倒2果枝第1果节多出的长度均在1.37cm及以下，促花王处理下的新陆中70号及新陆中82号倒2果枝第1果节分别长于人工打顶处理下的新陆中70号及新陆中82号倒2果枝第1果节；人工打顶处理下的倒1果枝第1果节比化学打顶处理下的倒1果枝第1果节多出的长度均在0.8cm及以下。氟节胺处理下3个品种的倒1果枝第1果节平均长度为1.64cm，促花王处理下3个品种的倒1果枝第1果节平均长度为1.77cm，人工打顶处理下3个品种的倒1果枝第1果节平均长度为2.23cm；氟节胺处理下3个品种的倒 2 果枝第 1 果节平均长度为 2.51cm，促花王处理下 3 个品种的倒 2 果枝第 1 果节平均长度为 3.02cm，人工打顶处理下 3 个品种的倒 2 果枝第 1 果节平均长度为3.27cm；氟节胺处理下 3 个品种的倒 3 果枝第 1 果节平均长度为 4.04cm，促花王处理下 3 个品种的倒 3 果枝第 1 果节平均长度为 5.30cm，人工打顶处理下 3 个品种的倒 3 果枝第 1 果节平均长度为 4.80cm；综合倒 3 节的果枝第 1 果节长度，促花王处理下的上部果枝结铃能力与人工打顶处理下的结铃能力基本持平。

表 3-2　各处理下不同品种上部果枝第 1 果节长度　　　　　（单位：cm）

处理	品种	第 7 果枝第 1 果节长	第 8 果枝第 1 果节长	倒 3 果枝第 1 果节长	倒 2 果枝第 1 果节长	倒 1 果枝第 1 果节长	正 2 果枝第 1 果节长	正 1 果枝第 1 果节长
氟节胺	新陆中 37 号	6.22a	4.68a	5.27a	3.21a	2.20a	1.36a	0.53b
	新陆中 70 号	4.80b	1.77b	3.03c	2.27b	1.40b	1.06b	0.30c
	新陆中 82 号			3.82b	2.05b	1.32b	0.81c	0.70a
促花王	新陆中 37 号	4.00a	1.48a	5.46b	3.14a	1.94a	0.77a	0.67c
	新陆中 70 号	4.06a	1.63a	4.35c	2.63b	1.55b	0.61b	0.75b
	新陆中 82 号	3.36b	1.02b	6.10a	3.28a	1.83ab	0.71c	0.80a
人工打顶	新陆中 37 号	3.17c	2.70b	5.75a	4.51a	3.00a		
	新陆中 70 号	5.85a	4.10a	4.02c	2.35c	1.84b		
	新陆中 82 号	4.49b	1.99b	4.62b	2.94b	1.85b		

注：同一列不同字母表示在 0.05 水平上的差异显著性，有相同字母的差异不显著（LSD 法）。

3.5.2　不同化学打顶剂对不同品种主茎增长量的影响

2020 年不同打顶处理下的主茎日增长量见图 3-1、图 3-2、图 3-3，3 个品种在各处理下的主茎增长量整体趋势相近，新陆中 37 号与新陆中 82 号喷施促花王打顶剂的棉株主茎到 9 月 3 日的增长量均小于喷施氟节胺处理下的棉株主茎增长量，新陆中 70 号品种在各测量日期下的主茎增长量均小于其他两品种。6 月 25 日至 7 月 4 日新陆中 37号主茎增长量大于其他两品种，7 月 4 日至 7 月 12 日新陆中 82 号主茎增长量大于其他2 个品种，7 月 12 日至 9 月 3 日 3 个品种主茎增长量基本持平。

3.5.3　不同化学打顶剂对不同棉花品种主茎节数的影响

2020 年不同打顶处理下的节数见图 3-4，2020 年人工打顶处理的新陆中 82 号品种棉株的节数较其他处理的节数少，为 12.96 节，喷施氟节胺处理的新陆中 37 号棉株节数最多，为 14.96 节；按处理求平均，喷施氟节胺处理的棉株节数最多，平均达到14.65 节，喷施促花王处理的棉株节数次之，平均达到 14.10 节。三品种相比，新陆中82 号节数最少，各处理的平均节数为 13.49 节，新陆中 70 号节数最多为 14.56 节，新陆中 37 号节数居中为 14.54 节。

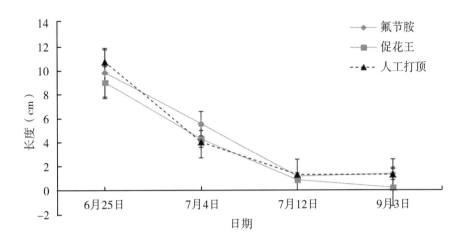

图 3-1 2020 年不同处理下新陆中 37 号棉株主茎增长量随时间的变化趋势

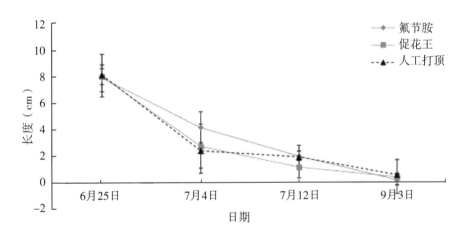

图 3-2 2020 年不同处理下新陆中 70 号棉株主茎增长量随时间的变化趋势

3.5.4 不同化学打顶剂对不同棉花品种主茎节间长的影响

节间命名同 3.5.1。2020 年不同打顶处理的节间长度见表 3-3，正 1 节间在促花王处理下的新陆中 70 号棉株最长，促花王处理的新陆中 37 号棉株最短，最短节间与最长节间相差 0.27cm；正 2 节间在氟节胺处理下的新陆中 82 号棉株最长，促花王处理的新陆中 82 号最短，最短节间与最长节间相差 0.88cm；倒 1 节间在人工打顶处理下的新陆中 37 号最长，促花王处理的新陆中 37 号最短，最短节间与最长节间相差 1.17cm；倒 2 节间在人工打顶处理下的新陆中 82 号最长，促花王处理的新陆中 70 号最短，最短节间与最长节间相差 1.18cm；倒 3 节间在人工打顶处理下的新陆中 82 号最长，促花王处理的新陆中 70 号最短，最短节间与最长节间相差 1.58cm。

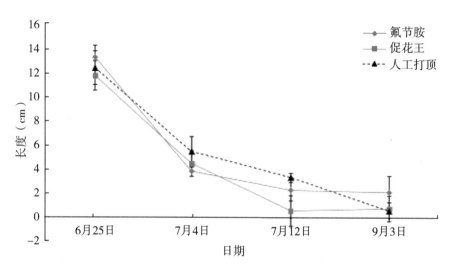

图3-3　2020年不同处理下新陆中82号主茎增长量随时间的变化趋势

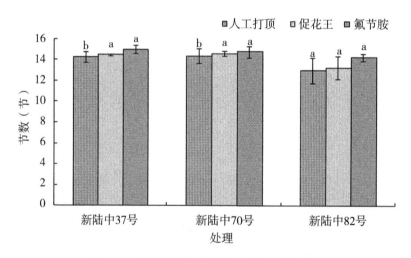

图3-4　不同品种节数在不同处理下的比较

主处理下的倒1节至倒3节节间长由长到短排列顺序均为人工打顶>氟节胺>促花王，正1节与正3节间长由长到短排列顺序为氟节胺>促花王。品种间对比：新陆中82号棉株的倒3节间、倒2节间与正2节间长度均为3个品种中最长，新陆中70号棉株的倒3节间、倒2节间、倒1节间与正2节间长度均为3个品种中最短，新陆中37号棉株的倒1节间长度在3个品种中最长，新陆中70号棉株的正1节间长度在3个品种中最长，新陆中37号棉株的正1节间长度在3个品种中最短。

表 3-3　各处理下不同品种节间长度 （单位：cm）

处理	品种	倒 3 节间	倒 2 节间	倒 1 节间	正 2 节间	正 1 节间
氟节胺	新陆中 37 号	4.20b	3.35a	2.37a	1.35b	0.93a
	新陆中 70 号	3.37c	2.48c	1.90c	1.09c	0.90a
	新陆中 82 号	4.54a	2.97b	2.19b	1.75a	0.92a
促花王	新陆中 37 号	3.68b	2.67b	1.53b	0.89ab	0.70c
	新陆中 70 号	3.18c	2.35c	1.59b	0.92a	0.97a
	新陆中 82 号	4.56a	2.96a	1.78a	0.87b	0.90b
人工打顶	新陆中 37 号	4.24b	3.43a	2.70a		
	新陆中 70 号	3.45c	2.89b	2.08c		
	新陆中 82 号	4.76a	3.53a	2.43b		

注：同一列不同字母表示在 0.05 水平上的差异显著性，有相同字母的差异不显著（LSD 法）。

3.5.5　不同化学打顶剂对不同棉花品种干物质积累与分配的影响

2020 年不同打顶处理下的营养器官和生殖器官干物质积累量见图 3-5。棉花在生长过程中干物质一直增加，到成熟期生殖器官的干物质增加占单株干物质增加的比重较营养器官更大。由图 3-5 可知，新陆中 37 号在人工打顶处理下的单株干物质量较其他处理最多，在促花王处理下的次之，与人工打顶处理的相差 5.26g，氟节胺处理的最少，与人工打顶处理的相差 37.03g；新陆中 70 号在人工打顶处理下的单株干物质量较其他处理最多，促花王处理的次之，与人工打顶处理的相差 1.08g，氟节胺处理下的最少，与人工打顶处理的相差 37.37g；新陆中 82 号在氟节胺处理下的单株干物质量较其他处理最多，促花王处理的次之，与氟节胺处理的相差 0.97g，人工打顶处理的最少，与氟节胺处理的相差 16.92g。

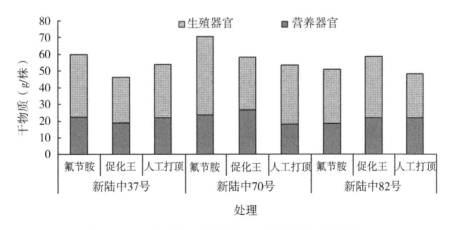

图 3-5　3 个品种棉花在不同处理下单株干物质积累量

2020 年不同打顶处理下的营养器官和生殖器官干物质分配见表 3-4。从 6 月 15 日至9月3日，生殖器官分配系数呈递增趋势，新陆中82号在7月12日至7月23日时段增长幅度较其他时段的最大，新陆中37号与新陆中82号在7月23日至9月3日时段增长幅度较其他时段的最大。各主处理下生殖器官在9月3日的占比结果：喷施氟节胺的占比最高，促花王处理下的最低；各主处理下营养器官在9月3日分配系数的占比比较：喷施促花王的占比最高，喷施氟节胺的最低。9月3日的品种间的占比结果：新陆中37号的生殖器官占比最高，达到60.03%，新陆中70号次之，为59.31%，新陆中82号最低，为59.28%。

表3-4　各处理下不同品种棉花的生殖器官与营养器官干物质占比　　　（单位:%）

器官	处理	品种	6月15日	7月12日	7月23日	9月3日
生殖器官	氟节胺	新陆中37号	2.42b	18.49a	35.54a	62.57a
		新陆中70号	3.50a	18.96a	38.15a	66.40a
		新陆中82号	1.95b	14.97b	42.15a	62.93b
	促花王	新陆中37号	1.96b	16.91b	28.26a	59.10a
		新陆中70号	2.94a	21.94a	41.56a	54.54b
		新陆中82号	2.17ab	15.80c	42.60a	62.14ab
	人工打顶	新陆中37号	1.71a	16.72b	37.24a	59.22b
		新陆中70号	1.42a	17.82a	30.85a	65.98a
		新陆中82号	2.08a	14.66c	39.86a	54.61b
营养器官	氟节胺	新陆中37号	97.58a	81.51b	60.91a	37.43a
		新陆中70号	96.50b	81.04b	62.71a	33.60b
		新陆中82号	98.05a	85.03a	57.85a	37.07a
	促花王	新陆中37号	98.04a	83.09a	73.42a	40.90ab
		新陆中70号	97.06b	78.06b	60.74a	45.46a
		新陆中82号	97.83ab	84.20a	58.79a	37.86b
	人工打顶	新陆中37号	98.29a	83.28b	57.31a	40.78b
		新陆中70号	98.58a	82.18b	71.74a	34.02c
		新陆中82号	97.92a	85.34a	60.96a	45.39a

注：同一列不同字母表示在0.05水平上的差异显著性，有相同字母的差异不显著（LSD法）。

3.5.6　不同化学打顶剂对不同棉花品种不同部位叶绿素含量的影响

棉花上部叶片的叶绿素含量整体呈现上升趋势，各处理下棉花上部叶片的叶绿素值随生育期推进不断增加，使用氟节胺的各品种棉花9月3日上部叶片叶绿素含量显著高于其他2种打顶方式处理下的棉花。

棉花中部叶片的叶绿素含量整体呈现先上升后下降的趋势，各处理下棉花中部叶片的叶绿素峰值出现在7月12日，使用氟节胺的各品种棉花中部叶片叶绿素含量高于其

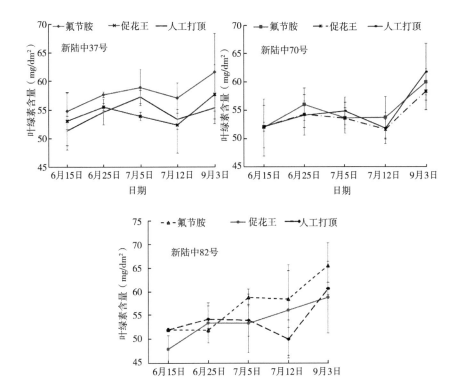

图 3-6 棉花上部叶片在各处理下叶绿素含量随时间的变化

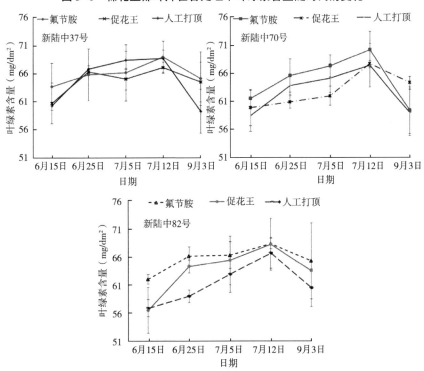

图 3-7 棉花中部叶片在各处理下叶绿素含量随时间的变化

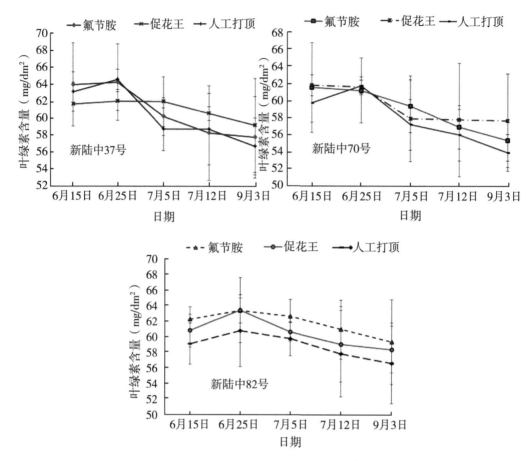

图 3-8　各处理下棉株下部叶片叶绿素含量随时间的变化

他 2 种打顶方式处理下的棉花。

棉花下部叶片的叶绿素含量整体呈先下降后上升的趋势，各处理下棉花下部叶片的叶绿素最低值出现在 9 月 3 日；6 月 25 日后，各处理下的棉花下部叶片的叶绿素含量在各处理下均呈下降趋势。

新陆中 37 号与新陆中 70 号，喷施促花王打顶的棉花下部叶片叶绿素含量高于其他 2 种打顶方式下的棉花；而新陆中 82 号，则是使用氟节胺打顶的棉花下部叶片叶绿素含量高于其他 2 种打顶方式处理下的棉花。

对比品种间 9 月 3 日的叶绿素含量得出：新陆中 82 号棉株上、中、下部叶片的叶绿素含量均大于其他两品种，新陆中 37 号棉株中下部叶片的叶绿素含量均大于新陆中 70 号，新陆中 70 号棉株上部叶片的叶绿素含量大于新陆中 37 号。

3.5.7　不同化学打顶剂对不同棉花品种不同部位叶倾角的影响

喷施氟节胺处理的棉株上部叶片的叶倾角随生育期推进逐渐增大，到 9 月 3 日基本与 7 月 12 日持平；喷施促花王处理的棉株上部叶片的叶倾角随生育期推进呈先减小后增大的趋势，最小值出现在 7 月 5 日到 7 月 12 日之间；人工打顶处理的棉株上部叶片的叶倾角随生育期推进呈一直增大的趋势，并在每个测量日期的叶倾角均大于促花王处理的叶倾角，在前 4 个测量日期的叶倾角均小于氟节胺处理下的叶倾角（图 3-9 至图 3-11）。

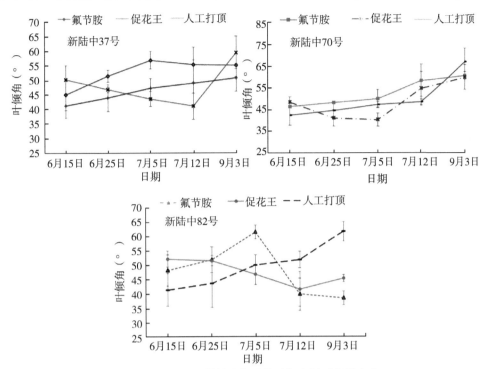

图 3-9　各处理下棉株上部叶片叶倾角随时间的变化

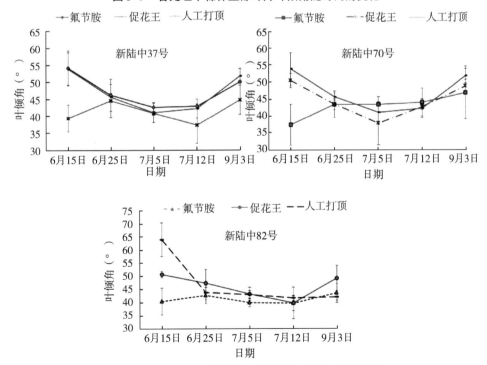

图 3-10　各处理下棉株中部叶片叶倾角随时间的变化

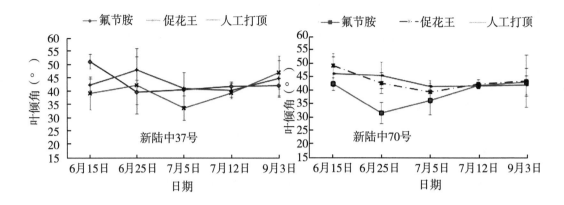

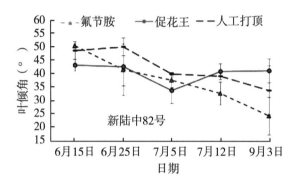

图3-11 各处理下棉株下部叶片叶倾角随时间的变化

6月15日各处理下的棉株中部叶倾角差异较大，6月25日至9月3日中部叶倾角变化一致，均呈缓慢增大趋势。

喷施氟节胺和促花王处理的棉株下部叶片叶倾角均呈先减小后增大的趋势，人工打顶处理的棉株下部叶片叶倾角呈增大—减小—增大—减小的变化趋势，其波动较化学打顶处理的波动大。人工打顶处理的棉株上部叶倾角大于化学处理的棉株，叶面积小于化学打顶处理的棉株，可能是由于植株对自身透光率的调控，人工打顶处理的棉株与化学打顶处理的棉株基本持平，但不利于上部功能叶对上部棉铃的养分供给。

3.5.8 不同化学打顶剂对不同棉花品种不同部位透光率的影响

6月15日棉花上、中、下部透光率均差别较大，上部各处理呈先增大后减小再增大的趋势，中、下部均整体呈先下降后缓慢上升的趋势；上部透光率在7月5日出现最大值，上中下部均在7月12日出现最小值，说明7月12日植株叶片最繁茂；促花王处理下的新陆中82号下部透光率在7月12日较其他处理最小，说明该处理下的小区光损失较小，光能利用较好（图3-12至图3-14）。

3.5.9 不同化学打顶剂对不同棉花品种不同部位叶面积指数的影响

上、中部的棉花叶片叶面积指数均随生育期推进呈现先增大后减小的趋势，中部棉花叶面积指数最大，下部次之，上部最小。上部棉花叶面积指数小说明棉花通风透光较好，垂直、纵向光能利用较充分。各部位棉花叶片从6月15日到9月3日均有上升趋势，下部叶片从7月5日到9月3日之间叶面积指数减小，9月3日上部叶片在喷施促

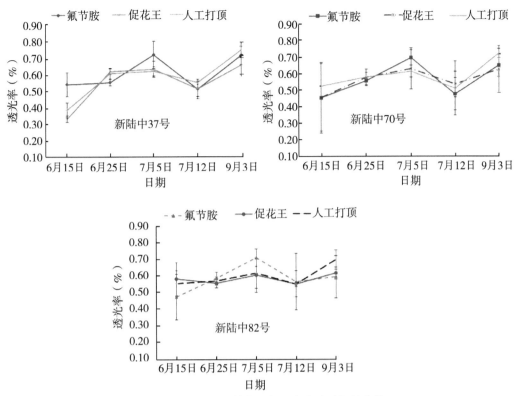

图 3-12 各处理下棉株上部透光率随时间的变化

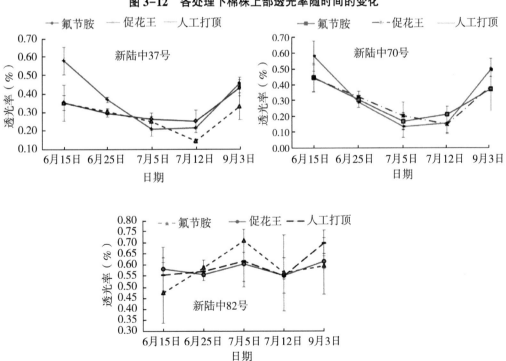

图 3-13 各处理下棉株中部透光率随时间的变化

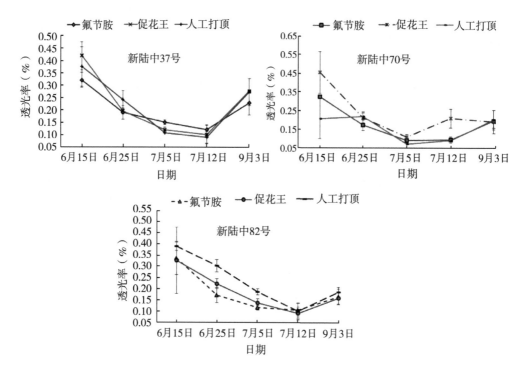

图 3-14　各处理下棉株下部透光率随时间的变化

花王处理下的新陆中 70 号品种较其他处理叶面积指数最高，人工打顶处理下的新陆中 70 号品种 9 月 3 日叶面积指数最低（图 3-15 至图 3-17）。

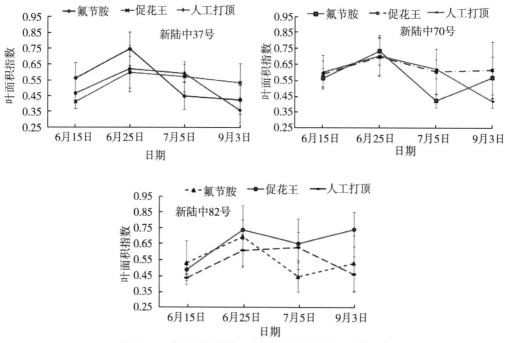

图 3-15　各处理下棉株上部叶面积指数随时间的变化

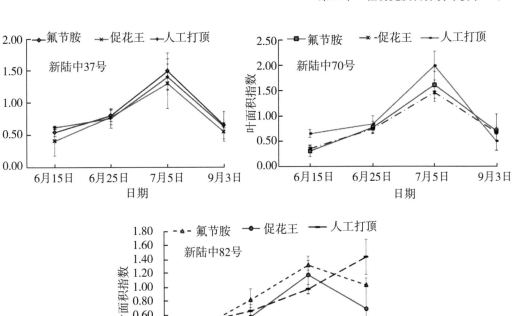

图 3-16 各处理下棉株中部叶面积指数随时间的变化

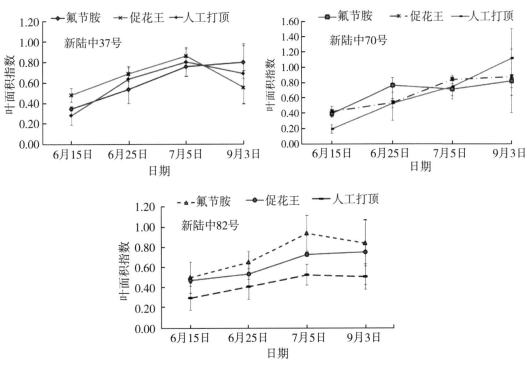

图 3-17 各处理下棉株下部叶面积指数随时间的变化

3.5.10 不同化学打顶剂对不同棉花品种产量及衣分的影响

喷施氟节胺的 3 个品种产量均值最高，人工打顶的棉花 3 个品种产量均值最低；陆中 37 号和新陆中 82 号棉花均在喷施氟节胺处理较其他处理的棉花产量高，人工打顶处理的新陆中 82 号棉花产量较其他处理的棉花产量低，喷施促花王处理的棉花产量居中。按处理求平均值，氟节胺处理的产量最高，为 5 082.80kg/hm²，促花王处理的产量次之，为 4 888.80kg/hm²，人工打顶处理的产量最低，为 4 784.10kg/hm²。

所有处理中，氟节胺处理的新陆中 37 号品种衣分最高，为 47.90%，人工打顶处理的新陆中 82 号品种衣分最低，为 41.05%。按处理的平均值比较，促花王处理的棉花衣分较其他处理高，达到 46.19%，人工打顶处理的最低，为 44.47%。

品种间对比：新陆中 82 号单株铃数最多，达到 6.63 个，新陆中 37 号次之，为 5.13 个，新陆中 70 号最少，仅 5.08 个；单铃重最以新陆中 37 号最大，达到 5.74g，新陆中 70 号次之，为 5.41g，新陆中 82 号最少，仅 4.81g；籽棉产量以新陆中 82 号最高，达到 4 962.25kg/hm²，新陆中 37 号次之，为 4 933.92kg/hm²，新陆中 70 号最少，仅 4 859.502kg/hm²；衣分以新陆中 37 号最高，达到 47.14%，新陆中 70 次之，为 45.70%，新陆中 82 号最少，仅 43.26%。

表 3-5　不同处理下不同品种棉花的产量及其构成因子

处理	品种	单株铃数（个）	单铃重（g）	产量（kg/hm²）	衣分（%）
氟节胺	新陆中 37 号	5.17b	5.74a	5 235.37a	47.90a
	新陆中 70 号	5.00b	5.66a	4 773.45b	44.90b
	新陆中 82 号	6.92a	4.93b	5 239.50a	43.51c
促花王	新陆中 37 号	5.74ab	5.16ab	4 554.15c	46.88a
	新陆中 70 号	5.02b	5.66a	5 105.55b	46.47a
	新陆中 82 号	6.04ab	5.12ab	5 006.55b	45.22b
人工打顶	新陆中 37 号	5.09b	5.13ab	5 012.25b	46.63a
	新陆中 70 号	5.22b	4.91b	4 699.50c	45.73b
	新陆中 82 号	6.33a	4.68b	4 640.70c	41.05c

注：同一列不同字母表示在 0.05 水平上的差异显著性，有相同字母的差异不显著（LSD 法）

将株高、节数、第 1 至第 8 果枝长与产量（每公顷收获的籽棉千克数）做通径分析，结果见表 3-6。由表 3-6 可见，农艺性状对产量有正向影响的指标（按影响从大到小排列）依次是：第 5 果枝长>第 1 果枝长>第 7 果枝长；有负向影响的指标（按影响从大到小排列）依次是：第 6 果枝长>第 3 果枝=第 4 果枝>节数>第 8 果枝长>株高。

表3-6 10个农艺性状与每公顷产量千克数（Y）相关的通径分析

通径系数	直接通径系数	间接通径系数									
		$X_1 \to Y$	$X_2 \to Y$	$X_3 \to Y$	$X_4 \to Y$	$X_5 \to Y$	$X_6 \to Y$	$X_7 \to Y$	$X_8 \to Y$	$X_9 \to Y$	$X_{10} \to Y$
X_1	-0.008 8		0.099 9	0.352 4	-0.040 0	0.001 5	0.025 2	-0.143 6	0.004 0	-0.032 9	0.054 5
X_2	-0.234 4	0.003 8		-0.234 7	0.026 9	0.022 0	-0.048 6	0.330 5	-0.002 1	0.079 1	-0.074 2
X_3	0.495 9	-0.006 3	0.110 9		-0.043 6	-0.035 2	0.058 8	-0.348 6	0.028 2	-0.031 0	0.044 1
X_4	-0.065 9	-0.005 4	0.095 5	0.328 3		0.009 1	0.018 1	-0.202 7	0.013 1	-0.053 1	0.073 0
X_5	-0.358 6	0.000 0	0.014 4	0.048 7	0.001 7		-0.012 4	-0.033 6	0.004 6	-0.058 3	-0.003 4
X_6	-0.358 6	0.000 6	-0.031 8	-0.081 3	0.003 3	-0.012 4		0.871 3	-0.241 3	-0.004 1	-0.018 8
X_7	1.043 4	0.001 2	-0.074 2	-0.165 7	0.012 8	0.011 5	-0.299 4		-0.310 8	0.005 1	-0.049 4
X_8	-0.371 3	0.000 1	-0.001 4	-0.037 7	0.002 2	0.004 5	-0.233 0	0.873 3		-0.013 1	-0.028 4
X_9	0.215 2	0.001 4	-0.086 2	-0.071 4	0.016 3	0.097 1	0.006 8	0.024 6	0.022 7		-0.085 9
X_{10}	-0.162 5	0.003 0	-0.106 9	-0.134 5	0.029 6	0.007 5	-0.041 4	0.317 1	-0.064 9	0.113 8	

将株高、节数、第1至第8果枝长与棉纤维品质6个指标做典型相关分析，显著性见表3-7。由表3-7可知，在0.05的显著性水平下，典型变量中第一对典型相关是极显著的，相关系数达到0.9584，第二对典型相关是显著的，相关系数达到0.901 0。

表3-7 典型相关系数显著性检验

序号	相关系数	Wilk's	卡方值	自由度	p 值
1	0.958 4	0.001 8	111.017 8	60	0.000 1
2	0.901 0	0.021 6	67.139 5	45	0.017 8
3	0.802 7	0.114 6	37.908 6	32	0.217 8
4	0.698 7	0.322 3	19.816 7	21	0.532 9
5	0.555 2	0.629 6	8.097 0	12	0.777 5
6	0.299 8	0.910 1	1.648 0	5	0.895 4

农艺性状与品质指标的相关系数见表3-8。由表3-8可知，在0.01水平下，株高（X_1）对整齐度（X_{13}）呈显著正相关，株高（X_1）与比强度（X_{14}）呈显著正相关，第1果枝长（X_3）对整齐度（X_{13}）呈显著正相关，第1果枝长（X_3）对比强度（X_{14}）呈显著正相关，第8果枝长（X_{10}）与伸长率（X_{15}）呈显著正相关，上半部均长（X_{12}）与整齐度（X_{13}）呈显著正相关，上半部均长（X_{12}）对比强度（X_{14}）呈显著正相关，整齐度（X_{13}）与比强度（X_{14}）呈显著正相关；在0.01水平下，株高（X_1）与马克隆值（X_{11}）呈显著负相关，节数（X_2）与上半部均长（X_{12}）呈显著负相关，节数（X_2）与对整齐度（X_{13}）呈显著负相关，第2果枝（X_4）与马克隆值（X_{11}）呈显

表 3-8 部分农艺性状与部分品质指标的简单相关系数

指标	X_1	X_2	X_3	X_4	X_5	X_6	X_7	X_8	X_9	X_{10}	X_{11}	X_{12}	X_{13}	X_{14}	X_{15}
X_2	-0.43*														
X_3	0.71**	-0.47*													
X_4	0.61**	-0.41*	0.66**												
X_5	0.00	-0.06	0.10	-0.03											
X_6	-0.07	0.14	-0.16	-0.05	0.03										
X_7	-0.14	0.32	-0.33	-0.19	-0.03	0.84**									
X_8	-0.01	0.01	-0.08	-0.04	-0.01	0.65**	0.84**								
X_9	-0.15	0.37	-0.14	-0.25	-0.27	-0.02	0.02	-0.06							
X_{10}	-0.34	0.46*	-0.27	-0.45*	0.02	0.12	0.030	0.17	0.53**						
X_{11}	-0.49**	0.29	-0.44*	-0.57**	-0.2	-0.2	-0.11	-0.32	0.37	0.28					
X_{12}	0.46*	-0.62**	0.46*	0.27	0.10	-0.14	-0.21	-0.05	-0.45*	-0.50**	-0.14				
X_{13}	0.66**	-0.38*	0.50**	0.24	0.26	-0.15	-0.11	-0.05	-0.55**	-0.35	-0.36	0.55**			
X_{14}	0.61**	-0.53**	0.57**	0.35	0.31	-0.16	-0.17	0.05	-0.54**	-0.30	-0.27	0.77**	0.79**		
X_{15}	-0.03	0.39*	-0.14	-0.02	0.00	0.13	03.39*	0.29	0.17	0.56**	-0.06	-0.64**	-0.05	-0.18	
X_{16}	-0.13	0.25	-0.35	-0.01	-0.01	0.26	0.32	0.29	-0.35	0.03	-0.06	-0.31	-0.14	-0.11	0.37

著负相关，第 7 果枝（X_9）与整齐度（X_{13}）、比强度（X_{14}）均呈显著负相关，第 8 果枝长（X_{10}）与上半部均长（X_{12}）呈显著负相关。在 0.05 水平下，株高（X_1）与上半部均长（X_{12}）呈显著正相关，节数（X_2）与伸长率（X_{15}）呈显著正相关，第 1 果枝长（X_3）与上半部均长（X_{12}）呈显著正相关；在 0.05 水平下，节数（X_2）与整齐度（X_{13}）呈显著负相关，第 1 果枝长（X_3）与马克隆值（X_{11}）呈显著负相关，第 7 果枝（X_9）与上半部均长（X_{12}）呈显著负相关。

将株高、节数、第 1 至第 8 果枝长共 10 个农艺性状（$X_1 \sim X_{10}$）与棉纤维品质 6 个指标（$Y_1 \sim Y_6$）做典型相关分析，得出 1 个达到极显著水平的典型相关系数，1 个达到显著水平的典型相关系数，见表 3-9。

表 3-9 部分农艺性状与部分品质指标的典型相关分析与典型变量构成

典型相关系数	典型相关变量	显著性
0.958 4	$U_1 = -0.739\ 3X_1 - 0.287\ 2X_2 + 0.307\ 8X_3 - 0.118\ 9X_4 - 0.124\ 9X_5 - 0.368X_6 + 1.066X_7 - 0.830\ 2X_8 + 0.746\ 8X_9 - 0.190\ 8X_{10}$ $V_1 = 0.478\ 2Y_1 + 0.098\ 2Y_2 - 0.258\ 6Y_3 - 0.493\ 3Y_4 + 0.168\ 4Y_5 - 0.444\ 6Y_6$	<0.01
0.901 0	$U_2 = -0.035\ 9X_1 - 0.772\ 2X_2 + 1.031\ 6X_3 - 0.702\ 4X_4 - 0.035\ 9X_5 - 1.460\ 3X_6 + 3.088\ 4X_7 - 1.678\ 6X_8 + 0.136\ 5X_9 - 0.349\ 3X_{10}$ $V_2 = 0.425\ 2Y_1 + 1.300\ 7Y_2 + 0.824Y_3 - 1.002\ 9Y_4 + 0.771\ 5Y_5 - 0.384\ 6Y_6$	<0.05

对于最大典型相关系数 0.958 4，所对应的典型变量组表示：第 5 果枝长（X_7）正向影响马克隆值（Y_1），负向影响比强度（Y_4）、黄度（Y_6）。对于次大典型相关系数 0.901 0，所对应的典型变量组表示：第 5 果枝长（X_7）正向影响上半部均长（Y_2）、整齐度（Y_3）、伸长率（Y_5），负向影响比强度（Y_4）。

3.5.11 不同化学打顶剂对不同棉花品种棉纤维品质的影响

比较各主处理下的马克隆值，人工打顶处理的棉纤维最优，氟节胺处理的棉纤维最差；上半部均长指标：氟节胺处理的棉纤维最优，人工打顶处理的棉纤维最差（表 3-10）；整齐度：促花王处理的棉纤维整齐度最优，人工打顶处理的棉纤维整齐度最差；断裂比强度：氟节胺处理的棉纤维最优，促花王处理的棉纤维最差；伸长率：人工打顶处理的棉纤维最优，氟节胺处理的棉纤维最差；黄度：促花王处理的最优，氟节胺处理的棉纤维最差。

品种间对比：马克隆值，新陆中 37 号与新陆中 82 号较优，新陆中 70 号最小；上半部均长，新陆中 82 号较优，其他两品种次之；长度整齐度与断裂比强度，均为新陆中 82 号最优，新陆中 37 号次之，新陆中 70 号最差；伸长率，新陆中 37 号最优，新陆中 70 号次之，新陆中 82 号最差；黄度，新陆中 82 号较优，其他 2 个品种次之。

表 3-10　不同品种在不同处理下上、中、下部铃的棉花纤维品质的比较

处理	品种	部位	马克隆值	上半部均长（mm）	长度整齐度（%）	比强度（cN/tex）	伸长率（%）	黄度（%）
氟节胺	新陆中37号	下	4.77cd	26.92bc	84.14ab	25.74cd	8.80a	7.75c
		中	5.17a	26.24c	82.20de	26.90bc	9.05a	8.43a
		上	5.04ab	27.45b	83.49abc	28.39b	8.42a	8.26ab
	新陆中70号	下	5.09abc	26.85b	82.63cd	24.42d	6.67b	8.45a
		中	5.12a	26.30c	81.29e	22.38e	6.48bc	7.93abc
		上	4.92a	27.33b	82.86cd	26.85bc	6.04c	7.85abc
	新陆中82号	下	4.66d	28.96a	84.57a	28.47b	6.69b	7.96abc
		中	4.85bcd	29.36a	83.45abc	30.24a	6.31bc	8.17abc
		上	4.75cd	29.21a	84.65a	30.92a	6.33bc	7.99abc
促花王	新陆中37号	下	4.46c	26.31cd	84.66ab	26.49bc	8.23b	8.05abc
		中	4.94b	25.99d	82.47de	25.40cd	8.97a	8.31a
		上	4.53c	26.47cd	83.03cd	26.89bc	8.24ab	8.25ab
	新陆中70号	下	5.16a	26.98bc	81.79ef	25.40cd	7.12cde	8.03abc
		中	5.11ab	27.10bc	81.48f	24.69d	6.86def	7.53de
		上	5.14b	27.10bc	82.89cd	27.41ab	7.36cd	8.14ab
	新陆中82号	下	4.41c	29.52a	85.87a	28.30ab	7.42c	7.32de
		中	4.80b	28.15ab	83.82bc	29.55a	6.41f	7.47e
		上	4.81b	27.50b	83.79bc	27.93ab	6.62ef	8.12bcd
人工打顶	新陆中37号	下	4.43d	26.81bcd	84.13a	26.36bcd	9.10a	8.48a
		中	5.02ab	26.31cd	82.62bc	25.67cd	8.40ab	8.59a
		上	4.41d	26.55cd	83.27abc	28.28ab	8.09bc	8.11ab
	新陆中70号	下	4.72bc	26.12d	83.19abc	25.34d	7.56cd	7.97abc
		中	5.23a	26.71bcd	81.29d	26.76bcd	7.33d	8.14ab
		上	4.65cd	27.04bc	82.56c	25.72cd	7.80bcd	8.27ab
	新陆中82号	下	4.75bc	28.75a	84.24a	29.21a	6.44e	7.57c
		中	4.78bc	28.26a	83.21abc	27.65abc	6.68e	7.64bc
		上	4.72bc	27.80ab	83.94ab	27.89abc	6.34e	7.70bc

注：同一列不同字母表示在 0.05 水平上的差异显著性，有相同字母的差异不显著（LSD 法）。

3.6　结论与讨论

3.6.1　结论

于 2020 年设置 3 个棉花品种在 3 个处理下，根据其农艺性状、冠层指标、叶绿素含量及产量品质性状，得出如下结论：

（1）比较各处理的果枝长度可知促花王处理的中上部果枝较氟节胺处理的各果枝短，说明促花王棉花塑型剂有良好的塑型效果。

（2）主处理间对比：人工打顶处理的各部位叶绿素含量均低于化学打顶处理的各部位叶绿素含量，棉株上部叶倾角大于化学处理的棉株，叶面积小于化学打顶处理的棉株，透光率与化学打顶处理的棉株基本持平。对比品种间最后一次叶绿素含量的测量值得出，新陆中 82 号棉株上、中、下部叶片的叶绿素含量均大于其他两品种，新陆中 37 号棉株中下部叶片的叶绿素含量均大于新陆中 70 号，新陆中 70 号棉株上部叶片的叶绿素含量大于新陆中 37 号。

（3）主处理间对比：促花王处理的新陆中 70 号籽棉产量较其他品种高，其余两品种棉花均在氟节胺处理下的籽棉产量较其他处理高；新陆中 37 号在氟节胺处理下衣分最高，其余两品种棉花均在促花王处理下衣分最高，人工打顶处理的 3 个品种衣分均为最低；副处理间对比：新陆中 82 号籽棉产量最高，新陆中 37 号皮棉产量最高。

（4）比较各主处理下的品质指标：氟节胺处理下棉纤维的上半部均长与断裂比强度最优，马克隆值与伸长率最差；促花王处理下棉纤维的长度整齐度与黄度最优，比强度最差；人工打顶处理下棉纤维的马克隆值与伸长率最优，上半部均长、长度整齐度与黄度最差。品种间对比：新陆中 82 号整体最优，新陆中 37 号整体次之，新陆中 70 号整体最差。

综上所述，促花王塑型效果好。化学打顶在透光率与人工打顶相同的情况下，叶绿素含量要更高。新陆中 70 号在促花王处理下的籽棉、皮棉产量均最高，品质与其他处理下的差异较小，故促花王棉花打顶剂适合对新陆中 70 号施用；新陆中 37 号在氟节胺处理下的籽棉皮棉产量均为最高，品质与其他处理下的差异较小，因此氟节胺较其他处理更适合对新陆中 37 号施用。新陆中 70 号生育期在 3 个品种中最长，可见促花王较氟节胺更适合生育期较长的棉花品种，新陆中 37 号生育期在 3 个品种中居中，氟节胺对生育期时长中等的棉花施用可获得最大经济效益。

3.6.2　讨论

3.6.2.1　喷施不同化学打顶剂对不同棉花品种农艺性状及干物质的影响

（1）喷施不同化学打顶剂对不同棉花品种的果节、果枝长度影响。在棉花的生育进程中，如何增加生殖生长时间尤为重要。对于喷施化学打顶剂而言，棉花的果节、果枝长度及各项农艺性状可以表现出棉花在不同生育时期的不同生长状况，比较出不同打顶方式对株形的影响。喷施化学打顶剂对棉花的农艺性状的影响较为显著，许多研究学者已有相关研究。杜玉倍等认为喷施化学打顶剂可以有效抑制棉花顶端的生长，同时增加果枝数，不仅有利于提高棉花产量性状，还省时省工，在一定条件下，可以起到代替人工打顶的作用。这与本研究结果基本一致，研究结果表明，喷施促花王打顶剂后，棉花顶端抑制效果较为显著，叶枝数明显减少，有利于田间通风透光，同时中上部果枝具有显著缩短的趋势，有利于进一步塑造株形，增加对光热资源的利用。

（2）喷施不同化学打顶剂对不同品种主茎增长量的影响。新疆棉花生产中，农事大多都为机械化操作，故调控棉花良好株形尤为重要。棉株过低或过高都不利于棉花机械化采收。化学打顶已在南疆地区推广应用。学者对化学打顶已有大量研究，董恒义等研究表明，化学药剂能够抑制棉株的顶端优势，从而有效控制植株生长高度，促进棉株多结铃以提高产量，同时达到省工省时、节本增效的效果。

对比各处理下的中上部果枝长，可看出促花王塑型剂的效果，相同的株行配置下施用促花王塑型剂的棉株群体较其他处理更通风透光；对比同节位的节间长，化学打顶处理的上部节间长与人工打顶处理的上部节间长基本持平，2 种不同化学打顶处理的节间长比较，促花王处理的较氟节胺处理下的略短。

本试验中化学打顶的正一果枝和正二果枝均在 2cm 以下，无成铃能力，应尽量减少其生长，避免养分不必要的消耗。促花王处理的正一果枝较氟节胺处理的正一果枝长，但最大长度差值为 0.45cm，且促花王处理的正二果枝明显短于氟节胺处理的正二果枝，可见促花王较氟节胺对棉株的营养物质的分配更有利。

3.6.2.2　喷施不同化学打顶剂对不同棉花品种冠层指标及叶绿素的影响

叶面积指数和叶绿素含量是衡量植株光合作用能力的指标。杨艳敏、杜刚锋等认为，生育后期棉花上部叶面积指数应保持在较高的水平以保证上部铃的继续生长至成熟。本试验中，在化学打顶处理的棉株上部叶面积在 7 月 5 日至 9 月 3 日大多呈上升趋势，且促花王处理的叶面积在 9 月 3 日保持在较高水平；而人工打顶的棉株大多呈下降趋势，较化学处理的棉株上部叶面积指数小，为上部棉铃提供的养分较少。棉株中上部叶片的叶绿素含量在生长期开始上升，下部叶片的叶绿素含量在成熟期持续下降且有叶片掉落，说明在生长后期棉株下部棉铃基本成型，叶片着重供给中上部棉铃的生长发育。

透光率和叶倾角是衡量植株群体通风透光性能和株形的指标。上部透光率大，可保证中下部叶片正常光合作用，本试验结果中化学打顶处理的上部透光率较人工打顶处理更大，促花王处理的新陆中 82 号下部透光率最小，说明化学打顶处理的棉株光能利用更为充分合理。各处理间的上部叶倾角差异大，人工打顶处理的植株上部叶倾角较化学打顶处理的大，叶枝果枝都较为伸展，故化学打顶处理的上部叶倾角对于中下部通风透光更有优势。

3.6.2.3　喷施不同化学打顶剂对不同棉花品种产量及品质指标的影响

董春玲等在北疆垦区设置不打顶、人工打顶及化学打顶对比产量，结果显示，化学打顶处理的棉株单铃重显著高于人工打顶处理的单铃重，这与本试验的结果相一致；化学打顶处理的产量较人工打顶处理的产量略高，这与娄善伟等的研究结果相一致。

在棉纤维品质方面，本试验测试了马克隆值、上半部均长、整齐度、比强度、伸长率及黄度，虽每个指标的最优值各处理的部位均不相同，2 种化学打顶剂同一部位同一处理品质指标均在同一等级，化学打顶处理的和人工打顶处理的整体结果无差异。这与前人研究结果相一致。

3种叶面喷施液对大五星枇杷果实生长发育和品质及光合特性的影响

范鸿鹏（四川农业大学硕士研究生）

论文摘要

本研究以大五星枇杷为材料，研究了果实生长发育规律，并在枇杷生长发育关键期施用3种叶面喷施液，研究其对大五星枇杷果实生长发育、品质和光合作用的影响。通过筛选出最佳叶面喷施液组合，以得到能有效提高枇杷果实品质和可食率及光合作用的安全、健康、环保、高效的方法。取得的主要结论如下。

（1）大五星枇杷果实的果肉与种子生长发育均为单"S"形曲线，即慢—快—慢，但果肉与种子的快速生长期时间有所不同，果实纵、横径与果实发育变化规律相同。添加了叶面营养液的各处理不会改变果实纵、横径变化规律，仍然为单"S"形变化规律，各处理的纵、横径增长速度显著加快，观测期内的净增长量显著高于对照，证明喷施叶面肥能有效促进枇杷果实生长发育，其中喷施添加了壮果蒂灵和绿芬威的叶面液处理效果最好，果实成熟时平均纵径和横径最大，分别为4.480cm和4.108cm，分别高于清水处理的对照0.986cm和0.887cm。

（2）与对照相比，所有处理都能有效提高枇杷果实外观品质和内在品质。果实成熟期提前了5d左右，且果实整齐度有明显的提高；添加了壮果蒂灵和绿芬威的处理综合效果最好，较喷施清水的对照果实单果重提高了37.37%，果实体积提高了26.17%，果实可食率提高了7.08%，可溶性固形物含量、维生素C含量、可溶性糖含量和糖酸比比喷清水的对照分别提高了7.08%、26.53%、35.98%、90.78%、17.45%，总酸含量降低了29.11%。喷施爱多收、壮果蒂灵和绿芬威叶面营养液对果实种子数量、种子重量和果皮厚度有一定影响，但未达到显著差异；外观品质改善表现在减少了果面斑点，果实成熟后颜色更红，果皮更容易剥离，添加壮果蒂灵和绿芬威提高枇杷外观品质效果最好；添加了壮果蒂灵能使大五星枇杷果蒂显著增粗，同时添加壮果蒂灵和绿芬威的处理果蒂最粗达到0.454cm，较喷施清水的对照提高了51.33%。添加叶面喷施液有利于营养物质流向果实，促进果实生长发育。

（3）绿芬威能有效提高大五星枇杷叶片叶绿素含量，促进叶片光合作用，添加了绿芬威的处理叶绿素含量和光合速率都有显著提高，在枇杷开花前（9月）只喷施了绿芬威的处理叶绿素总含量和净光合速率最高达到5.46mg/g和12.45μmol CO_2/（$m^2 \cdot s$），分别高于喷施清水的对照30.94%和25.88%；在枇杷果实快速分裂期（3月）喷施了绿芬威和壮果蒂灵组合的处理叶绿素总含量和净光合速率最高达到2.61mg/g和7.79μmol CO_2/（$m^2 \cdot s$），分别高于喷施清水的对照78.77%和44.53%；在枇杷果实快速膨大期（4月）只喷施了绿芬威的处理叶绿素总含量和净光合速率最高达到4.26mg/g和10.45μmol CO_2/（$m^2 \cdot s$），分别高于喷施清水的对照31.89%和29.17%。

关键词：枇杷；果实生长发育；叶面液；光合特性；果实

1 文献综述

1.1 枇杷简介

枇杷（*Eriobotrya japonica*（Thunb.）Lindl.）属于蔷薇科（Rosaceae）枇杷属（*Eriobotrya*），为亚热带常绿小乔木，是原产我国的果树，我国长江流域中、上游为枇杷的原产地，栽培历史已有 2 100 多年。枇杷在 6—9 月花芽分化，9 月中旬花芽萌动，大部分枇杷品种在 10 月上旬至翌年 1 月开花，花期长达 3 个月，果实在 5 月中下旬成熟，正是水果短缺的季节。枇杷广泛种植于南北纬度 35° 之间，在中国、日本、意大利、澳大利亚、美国、阿尔及利亚等国均有种植。我国是枇杷的主产国，产量占世界产量的 55% 以上。枇杷产业在我国各主产区水果产业占有一定地位，是部分地区重点规划发展的优势特色水果产业。

枇杷在 10 月至翌年 1 月冬季低温时开花，花期长，花量多，但坐果率较低。枇杷果肉由花托发育而成，果实为假果，由花托、子房、花萼三部分构成。

枇杷果实发育阶段分为幼果滞长期、细胞迅速分裂期、果实迅速生长期和成熟期，即单"S"形生长。枇杷果实滞长期为盛花后 118d 内，此时果实生长极为缓慢，盛花后 118~158d 果实快速生长，盛花后 158d 后枇杷果实生长缓慢。在枇杷果实发育关键时期喷施叶面肥，能够快速有效地保证营养供应，促进枇杷果实花托壮大、细胞分裂和细胞膨大，抓住果实生长发育的关键时期采取有效的措施，是生产上提高枇杷果实产量与品质的重要方法。

1.2 枇杷叶片的光合特性相关研究

光合作用是植物产量和品质形成的基础，对制订合理栽培技术措施具有十分重要的意义。

针对枇杷光合特性已有大量研究。李文华等以 4 个枇杷品种为材料，在 7 月对 4 个枇杷品种的光合特性进行了测定，结果发现枇杷叶片净光合速率日变化呈双峰曲线，由非气孔因素造成了枇杷叶片的净光合速率在晴天和阴天出现午休现象。周惠芬等以大红袍枇杷为试材，研究了不同浓度的 $NaHSO_3$ 及其与 KCl 和 6-BA 配合施用后对田间枇杷和毛叶枣离体叶片光合作用的影响，结果表明，低浓度（2~8mmol/L）的 $NaHSO_3$ 对光合速率有促进作用；$NaHSO_3$ 配合 KCl（1mmol/L）和 6-BA（5mmol/L）施用，对光合速率的促进效果更明显。曹雪丹等以引自日本的枇杷品种二号和当地品种麦后黄为研究对象，研究了春季的光合特性，发现光合速率随环境温度的升高而增加。曾光辉等发现枇杷光合作用的最适温度与环境温度的变化相适应，低温环境是限制枇杷光合作用的重要因子。余东以解放钟枇杷为材料，研究了镉（Cd）胁迫对枇杷光合作用的影响，研究发现镉胁迫会使枇杷叶绿素含量减少，光合作用降低。

1.3 提高枇杷果实品质的研究现状及问题

1.3.1 提高枇杷果实品质的相关研究现状

枇杷种子占果实比重很高，约占果重的 1/3。园艺科学工作者们长期致力于提高枇杷生产的经济效益，重要目标之一是提高果实可食率和品质，研究主要集中在喷施生长调节剂。生长调节剂处理较为简便，虽然提高了可食率，但有可能降低了果实品质。为提高枇杷果实品质，已有的研究多集中于使用生长调节剂、喷施叶面肥、果园生草和铺膜、果实套袋等。

1.3.1.1 生长调节剂

研究表明，增加枇杷产量效果显著的主要是赤霉素和吡效隆等生长调节剂，使用适宜的生长调节剂处理，能有效增加果实可食率，但大都不能提高果实品质甚至降低果实品质，显然产品不能被消费者接受。

吴锦程以解放钟枇杷为试验材料，在枇杷盛花期和幼果期使用不同浓度的 NAA 处理，研究了 NAA 对解放钟枇杷果实品质的影响，发现在盛花期喷施 200mg/L NAA 能增加果实单果重，果实成熟期提前 4~6d；倪照君等以青种枇杷为试材，研究了吲熟脂和钼氨酸处理对枇杷果实糖分积累的影响，结果表明 200mg/L 的吲熟脂对青种枇杷果实糖分积累有显著的促进作用；张谷雄等研究发现，用 GA 花前处理诱发枇杷单性结实的无核果率高，果形指数大，果肉厚，可食率高，但可溶性固形物含量较有核果低，从而降低无核果的商品价值；陈俊伟等发现，GA_3 诱导的枇杷中，蔗糖、葡萄糖、果糖和总糖的含量均低于正常果；胡章琼和林永高研究发现 GA_3+CPPU 诱导枇杷的花蕾能加剧雌雄异熟和雌雄异位，导致授粉受精机会大幅减少或避免，没有形成种胚是导致枇杷单性结实的主要原因，受精前的花蕾期是获得枇杷无核果实的适宜诱导时机。

1.3.1.2 叶面肥

枇杷喷施叶面肥相关研究较少。陈绍彬和储春荣经连续多年试验结果表明，海藻酸 200 倍液提高冠玉枇杷果实单果重、可溶性固形物、果实品质与商品价值。

1.3.1.3 果园生草、铺膜

枇杷果园生草、铺膜对提高枇杷果实品质有一定的效果，能增加枇杷经济效益。李靖等以大五星枇杷为材料，研究白膜、银灰色反光膜、稻草覆盖地面对枇杷果实的影响发现，银灰色反光膜处理效果最理想，能显著提高果实的单果重、可溶性固形物、可溶性糖含量；陈发兴等以解放钟枇杷为材料，研究了树盘铺反光膜对枇杷果实品质的影响，发现铺反光膜可降低枇杷果肉苹果酸含量，而苹果酸是枇杷果肉的主要有机酸，减少苹果酸能有效地改善枇杷风味；曾日秋等发现在闽南地区枇杷园套种圆叶决明，可以提高单位面积枇杷产量和果品的质量，降低总酸，提高可溶性固形物含量。

1.3.1.4 套袋

通过果实套袋提高枇杷果实品质的研究较多，多项研究均表明套袋能提高枇杷果实外观品质，但对枇杷果实内在品质有不同程度的降低。另外，选择合适的纸袋以及合理的套袋时间对枇杷果实品质影响较大。

徐红霞等以白玉枇杷为试材，分析了白单层、黄单层、黄双层、外灰内黑双层 4 种纸袋套袋对果实品质的影响，结果表明，套袋能改善果实表面光泽度，除了白色单层纸袋提高了果实可溶性固形物和总糖含量，其他 3 种纸袋都降低了果实的可溶性固形物和总糖含量，而且可滴定酸含量增加；郑伟等报道了不同果袋对大五星枇杷果实品质的影响，结果表明，枇杷套袋能提高果实外观质量，降低果实内在质量，冯建军等对宁海枇

杷研究得到同样结论；王利芬等采用不同果袋和不同套袋时间，研究了不同处理对白沙枇杷果实品质的影响，发现套袋时间早果实外观质量更好，套袋晚内在质量更好，进一步研究发现单层双色纸袋既能提高果实外在品质，又能提高果实内在品质；刘友接等研究不同纸袋对枇杷果实品质的影响发现，套袋能提高果实外观品质，黄色果袋对提高内在品质显著，提高可食率10.5%；张丽梅等以贵妃枇杷为试材，结果表明，套袋对果实外观品质有不同程度的提高，内在品质表现在可溶性固形物含量和总糖含量下降，可滴定酸含量提高，风味偏酸。

1.3.2 提高枇杷果实品质的方法存在的问题

为提高枇杷果实品质，多年来学者做了多项研究，更倾向于用喷施生长调节剂与套袋来提高枇杷果实品质，铺膜、果园生草与喷施叶面肥有少量研究，总结前人研究结果并联系枇杷生产实际发现，这些方法都存在着一定的缺陷：使用生长调节剂促进枇杷果实细胞分裂或诱导无籽枇杷均能提高枇杷可食率，且成效显著，但却对其内在营养价值与口感有较大的负面影响，消费者对此也有强烈的反映；套袋能显著改善枇杷果实的外观，但却不能改善内在品质，甚至有所降低；铺膜与果园生草技术对提高枇杷果实品质有一定的作用，但因其效果较为迟缓，仅适用于作为辅助手段；叶面肥具有施用方便、见效快的特点，但研究较少，尚鲜见适用于枇杷的、效果显著的叶面肥种类研究报道。

目前提高枇杷果实可食率较有效的方法是用生长调节剂诱导无核枇杷和培育三倍体无籽枇杷。三倍体枇杷与二倍体枇杷相比具有抗逆性强、无籽等优点，但三倍体材料往往育性较低，目前枇杷三倍体植株稀少，还没有大规模生产和应用。但无籽枇杷因缺少种子，果实生长发育需要激素调节，而果实的激素主要来源于种子，因此容易导致落果，在果实发育过程中仍然必须使用生长调节剂，才能获得具有商品价值的果实，但研究表明使用生长调节剂会降低果实内在营养品质。

1.4 叶面肥

1.4.1 叶面肥特点

经过几十年的研究和开发，目前市场中叶面肥产品众多，不同种类的叶面肥效果不同，同一种叶面肥对不同的植物效果也不同。

叶面喷施液是一种新型的液体肥料，它由一定量的表面活性剂或雾化剂与植物营养液配制而成。植物吸收养分的主要途径是根系，叶片也能够把营养元素、气体、农药等吸收到植物体内，叶片是植物重要的根外营养器官，叶面施肥技术是农业生产中的辅助施肥措施。

叶面肥能够快速为植物提供营养、调节植物生长发育，是农业生产上重要的肥料，可以改善植物生长发育。叶面肥能够快速提供营养与调节植物生长发育，需求量与根施相比少很多，能够针对不同的植物需求进行喷施，可以灵活调整施用，降低成本。植物叶片吸收养分的途径有三条：一是叶片表面的气孔；二是叶片表面角质层的亲水小孔；三是叶片细胞的质外连丝。不同的植物种类吸收途径不同，叶片背面气孔一般比正面多，而且极性通道比正面多，导致了叶片背面吸收营养物质能力比正面高。喷施叶面肥是操作简单，劳动成本低，能够实现农药、化肥混用，更加节省原料。影响叶面肥被吸收利用效果的因素较多，包括叶片类型、叶片状况、叶片形态、植物营养状况、温度、光照、湿度、风速、叶面肥种类、叶面肥形态、叶面肥浓度等。

1.4.2　叶面肥在国内外的研究现状

1884 年在法国，Griss 将 $FeSO_4$ 溶液涂抹在葡萄叶片上，有效地矫正了葡萄叶片的黄叶病。阿夫多宁等在 1995 年发现莴苣叶片能将水滴中的营养物质吸收利用，并能有效促进植物光合作用。叶面肥在多种植物增加营养、提高品质、改善缺素等方面取得了很多的成果。

经过多年的研究与实践，我国取得了很多的叶面肥研究成果，研发出了很多适应我国农作物营养需求的叶面肥种类，具有多样化功能的叶面肥，在各种作物生产实践中取得很好的效果。

1.4.3　本研究所用的叶面肥研究及其效果

1.4.3.1　爱多收

爱多收是由日本旭化学株式会社开发的植物生长调节剂，又名丰产素、复硝酚钠、特多收等。主要成分为邻硝基苯酚钠、对硝基苯酚钠和 5-硝基邻甲氧基苯酚钠。商品有 1.4%、1.8%、1.6%的水剂。易溶于水，在常下贮存比较稳定，可与一般农药混用，能促进细胞内原生质的流动，对植物生长发育、生根、开花及结实有明显的促进作用。

我国关于爱多收对植物影响的研究对象包括有白术、杉木、水稻、小麦、竹、豆类、栗等多种植物，研究结果表明爱多收能有效促进植株生长发育，提高产量和品质。

胡学勋和徐起研究发现爱多收对杉木苗生长有显著的促进作用；王冀川和黄琪研究了几种物质浸种处理的壮苗效果，发现以 2.95mg/kg 的爱多收浸种效果最好；赵宝义等研究了爱多收在杂交水稻上的应用效果，发现爱多收能明显提高种子发芽率、增加穗粒数、提高结实率；余旭平等以白术为试材，研究了爱多收等对其苗期性状的影响，发现爱多收对幼苗鲜重和干重影响显著；张建奎等研究得到爱多收能有效提高小麦结实率；刘付东标以富贵竹植株为试材，研究不同组合和浓度的营养液对富贵竹植株修口、顶侧芽生长及生根的影响，结果发现 0.8 g/L 瑞毒霉锰锌+0.15mL/L 爱多收+30mg/L 吲哚丁酸对小竹生长促进显著，0.8g/L 瑞毒霉锰锌+0.30mL/L 爱多收+30mg/L 吲哚丁酸对大竹生长促进显著；罗先富等报道了湘晚籼 11 号后期营养调控的研究结果，使用了爱多收的复配调节剂的湘晚籼 11 号的精米率和产量分别提高了 3.6%和 3.5%；陆晓明研究发现爱多收能提高毛豆的产量和品质；郑兆飞发现喷施 1.4%爱多收能显著提高锥栗产量和品质，能使锥栗增产增值；陆晓明等以大豆为材料，研究了不同种类药剂对大豆生长的影响，结果表明爱多收能增强大豆对逆境的抵抗能力、干物质积累、根系活力，促进根系生长，赵丽梅等研究得到同样结论。

1.4.3.2　绿芬威

绿芬威叶面肥是美国有利来路化学公司研制的纯营养型矿物叶面肥料，主要成分有磷、钙、锌、硫，提高水稻、柑橘、桑树、黄瓜、茄果、烤烟、苹果、鸭梨等产量和品质作用显著。

余国明对浙江省水稻、柑橘、桑树、黄瓜等八种作物进行了田间效果对比试验，发现在作物急需营养期喷施绿芬威，有增厚增大叶片，作物长势旺盛的效果，有效地促进了作物生长，其中柑橘增产了 18.9%~33.3%，并且能够改善品质、提高产量；唐元华研究了喷施绿芬威对茄子的影响，结果表明在茄苗现蕾时喷施 0.1%绿芬威，以后每隔 10~15d 喷施一次，能使茄苗植株健壮，枝叶繁茂，茄果膨大速度快，显著提高了茄果品质；邵岩研究了绿芬威对烤烟的喷施效果发现，它能有效地增强烤烟植株的抗病性，提高烤烟上等烟比例，并能增产增益；沈道英等研究了喷施绿芬威 1 号对番茄植株的影响，发现喷施绿芬威 1 号使产量提高 23.1%，能有效提高品质，崔丽莉研究得到同样的结论；谷红仓等在苹果的初花期、幼果期和果实膨大期喷施绿芬威，结果苹果果实含糖量比对照增加 0.21%~5.70%，可溶性固形物含量增加 2.4%~6.9%，显著提高了苹果产品商品价值；张再军等发现绿芬威和爱多收能使遭受虫灾后的汕优 63 和冈优 22 杂交水稻穗下部 1/3 处籽粒千粒重显著增加，而且使结实率显著提高；张文彬等进行了绿芬威喷施鸭梨试验，结果表明鸭梨叶面喷施绿芬威能显著增强果实抗病性、增加果实含糖量、提高产量。

1.4.3.3　壮果蒂灵

壮果蒂灵是阳离子活性调理剂，可使果实把柄变粗，水分和营养输送流畅，提升果实产量和质量，降低落果率，减少裂果、僵果、畸形果发生率。适用于柚、枣、桑、橙、桃、梨、杏、核桃、板栗、银杏、苹果、李子、柑橘、杨桃、脐橙、金橘、柠檬、柿子、樱桃、枇杷、石榴、橄榄、香蕉、荔枝、葡萄、龙眼、八角、腰果、猕猴桃等各种果树。鲜有对其有针对性的植株试验研究的报道。

1.5　本研究的目的与意义

随着人民生活水平的提高，大家从最初关注食品外观品质，逐渐地更加注重食品内在营养与安全。水果作为人类食物，安全优质尤为重要。使用吡效隆等生长调节剂生产上能使枇杷果实快速膨大有效的方法，但由于其降低枇杷果实品质，尤其是内在品质，使果品变长、风味变淡，受到消费者诟病。因此，找到一种健康、高效的增大枇杷果实而又能保持品质的方法显得尤为重要。

本研究使用安全、无毒、无副作用、环保的叶面喷施液，通过在枇杷果实生长发育的关键时期喷施，并配合基本的栽培管理，以期为提高枇杷的果实品质找到一种安全、健康、环保、高效的叶面肥种类与组合，力求通过简便的方法在提高枇杷果实可食率的同时保证其品质不降低甚至提高品质。本研究选用的是商品叶面喷施液，操作简便，方便生产上使用，探求在枇杷生产上提高可食率而不降低果实品质的方法，为枇杷生产提供新的技术手段，增加枇杷生产的经济效益。

2　材料与方法

2.1　试验材料

栽种于四川农业大学园艺生物技术研究中心枇杷园的 12 年生大五星枇杷。

爱多收（厂家：日本旭化学株式会社，成分：邻硝基苯酚钠、对硝基苯酚钠和 5-硝基邻甲氧基苯酚钠），壮果蒂灵（厂家：陕西省渭南高新区促花王科技有限公司，成分：植物阳离子活性剂），绿芬威（厂家：英国海德鲁光合有限公司；主要成分：磷、钙、锌、硫）。

2.2　试验方法

2.2.1　试验设计

试验设 9 个处理，见表 2-1。

处理 1~7 都添加 0.2% 尿素、0.2% 磷酸二氢钾。处理 8（CK1）仅用 0.2% 尿素、0.2% 磷酸二氢钾，处理 9（CK2）仅用清水。试验参考刘权的单株区组法设计，在 12 年生的 4 株大五星枇杷树上进行（树 1、树 2、树 3、树 4），每株树为一次重复，共 4 次重复，随机区组设计，以主枝或副主枝为小区。每重复每处理 15 个果穗，对供试果穗进行疏果，每果穗留 3 果，每处理共 60 个果穗、180 个果。

表 2-1　本研究所用的处理及配方

处理	爱多利	壮果蒂灵	绿芬威
1	4 000 倍液	—	—
2	—	300 000 倍液	—
3	—	—	600 倍液
4	4 000 倍液	300 000 倍液	—
5	4 000 倍液	—	600 倍液
6	—	300 000 倍液	600 倍液
7	4 000 倍液	300 000 倍液	600 倍液
8（CK1）	—	—	—
9（CK2）	—	—	—

在园区另选一株大五星枇杷树（树 5），不作任何处理。

2.2.2　喷施时期

现蕾期（9 月）、幼果期（3 月上旬左右）、果实快速膨大前（4 月上旬左右，果实横径 2cm 左右），采用喷施的方法，每个时期喷 2 次，间隔 5d。所有处理都在果实快速膨大前（第三次施用期）环割一刀，第三次喷施后所有处理果实套袋。

试验从 2013 年开始，第二年重复试验。

2.2.3　观测项目及方法

2.2.3.1　枇杷果实变化规律观测

2.2.3.1.1　枇杷果实重量、横径、纵径变化规律观测

从 12 月 1 日起到 5 月 18 日每隔 10d 从树 5 随机采 30 个果实样本，测出果实重量、横径和纵径，计算平均数，用于观察大五星枇杷果实生长发育规律。

2.2.3.1.2　各处理纵、横径变化测定

每个处理随机选取 30 个果并做标记，从 12 月 1 日起到果实成熟每隔 10d 测量纵、横径，每处理重复 4 次。用于观察各处理纵、横径变化规律。

2.2.3.2　各处理果实品质测定

2.2.3.2.1　各处理果实整齐度测定

果实整齐度参考景士西的 CR 法。果实成熟后，采摘所有处理的所有果实，用目测

法选出大果和小果各 30 个，分别称重。

$$CR = \frac{\sum_{i=1}^{m} Xmi}{\sum_{a=1}^{m} Xma}$$

式中，CR 为样品整齐度系数；Xmi 为样品中某个最小果重；Xma 为样品中某个最大果重。

2.2.3.2.2　各处理果实单果重、体积、可食率测定

每个处理随机选择 30 个果实样本，用天平称 30 个果实样本总重量，算出平均值；大烧杯中装一定量的水，将果实样本放入烧杯中，得出烧杯中水的上升量，即为果实总体积，计算出果实平均体积（果实平均体积 = $\dfrac{30\ 个果类排水量之和}{30}$）。每处理重复 4 次。

果实样本去掉种子和果皮后，用天平称得果肉总重量，算出可食率，每处理重复 4 次，取平均值（可食率 = $\dfrac{30\ 个果实样本果肉总重量}{30\ 个果实样品总重量} \times 100\%$）。

2.2.3.2.3　各处理种子数量和重量、果皮厚度测定

将 30 个果实样本果皮剥开，取出种子。

用游标卡尺测出各处理样本果皮厚度，每处理重复 4 次，算出平均值（果皮厚度 = $\dfrac{30\ 个果实样品果皮厚度之和}{30}$）。

数各果实样本的种子总数量，用天平称得种子总重量，每处理重复 4 次，算出平均值（种子数量 = $\dfrac{30\ 个果实样品种子数量之和}{30}$）。

2.2.3.2.4　各处理果实外观、剥皮难易、风味评价

每处理随机选择 30 个果实样本，目测法观察果实外观的色泽、光洁度等，剥皮感知果实的剥皮难易；品尝法感知果实风味。

2.2.3.2.5　各处理可溶性固形物、可溶性糖、总酸、维生素 C 测定

每处理随机选择 30 个果实样本剥皮去核后，分别捣碎混匀备用。

每处理取捣碎后的果浆 20mL，用干净干燥的纱布过滤，将过滤后的果浆滴 2~3 滴在折光仪上，读取折光仪数据，每处理重复 4 次，取平均值，测得可溶性固形物。

可溶性糖：参考熊庆娥的测定方法标准并略作修改，每个处理准确称取捣碎后的果肉 1.000g 于研钵中，加石英砂研磨至匀浆，静置 1h 后过滤，用蒸馏水定容至 100mL 的容量瓶中，吸取溶液 5mL 用蒸馏水稀释，定容至 100mL 容量瓶，然后取稀释后的溶液于试管中，先后加入蒽酮试剂和浓硫酸，盖上试管口，快速摇动后沸水浴 1min，取出放入冷水中水浴 20min 后，在 620nm 波长下，试剂空白调零，测定吸光值（A_{620nm}），每处理重复 4 次。

标准曲线的制作：将每支试管编号，按照表 2-2 分别加入试剂，测定吸光值（A_{620nm}）。

表 2-2　试剂加入顺序与用量

试剂	试管号					
	1	2	3	4	5	6
100μg/mL 蔗糖标准溶液（mL）	0.0	0.2	0.4	0.6	0.8	1.0
蒸馏水（mL）	2.0	1.8	1.6	1.4	1.2	1.0
蒽酮试剂（mL）	0.5	0.5	0.5	0.5	0.5	0.5
硫酸（mL）	5.0	5.0	5.0	5.0	5.0	5.0
葡萄糖含量（μg）	0.0	20.0	40.0	60.0	80.0	100.0

$$可溶性糖含量 = \frac{m}{V_1} \times \frac{V}{W} \times \frac{D}{1\,000} \times 100\%$$

上式中，W 为待测样品鲜重（mg）；m 为从标准曲线上查的糖含量（μg）；V 为样品总体积（mL）；V_1 为测定时取样体积（mL）；D 为稀释倍数；1 000 为样品重量由 mg 换算为 μg 的倍数。

总酸：参考张意静的测定方法，每个处理准确称取捣碎混匀后的果肉 20.0g，加入石英砂研磨至匀浆，然后用去 CO_2 蒸馏水洗入 250mL 容量瓶，定容后摇匀，过滤后吸取 50mL 滤液于锥形瓶中，加入 1% 酚酞溶液 1 滴，用已标定的 NaOH 标准溶液（0.1mol/L）滴定至溶液有微红色出现，摇晃 30s 内红色未消失，记录所消耗的氢氧化钠溶液体积，每处理重复 4 次。

$$总酸含量 = \frac{C \times V_1 \times 0.067}{V_0} \times \frac{250}{m} \times 100\%$$

上式中，C 为 NaOH 标准溶液浓度（mol/L）；V_1 为滴定时用掉的 NaOH 标准溶液体积（mL）；V_0 为滴定时消耗的样品溶液体积（mL）；m 为称取的样品重量（g）；250 为样品定容后的体积（mL）；0.067 为换算成苹果酸克数的系数。

维生素 C 的测定：参考李锡香的实验方法，每个处理准确称取捣碎混匀后的果肉 30.0g，加入 50mL 浓度 2% 的草酸，加适量石英砂研磨至匀浆，称匀浆总重量，再称取 20.00g 的样品匀浆至 100mL 容量瓶中，加入 2% 的草酸溶液定容后过滤，用移液管吸取定容后的样品溶液至 50mL 的三角瓶中，用标定后的 2，6-二氯靛酚滴定，溶液变成粉红色且 15s 不褪色，记录消耗的 2，6-二氯靛酚溶液体积。

$$维生素 C 含量（mg/100g） = \frac{V \times T \times G \times A}{W \times G_1 \times A_1} \times 100$$

上式中，V 为滴定时消耗的 2，6-二氯靛酚溶液体积（mL）；W 为样品鲜重（g）；A_1 为滴定时吸取的样品溶液体积（mL）；A 为样品溶液定容体积（mL）；G_1 为样品定容时称取的样品匀浆重量（g）；T 为 1mL 2，6-二氯靛酚溶液所氧化的抗坏血酸 mg 数（mg/mL）。

2.2.3.2.6　各处理果蒂大小测定

果实成熟后，每处理随机选取 30 个果蒂，测量果蒂大小，取平均值（果蒂粗度 = $\dfrac{30 \text{个果蒂样品粗度之和}}{30}$），每处理重复 4 次。

2.2.3.3　各处理叶片形态、叶片叶绿素含量和光合速率测定

在喷施 15d 后，观察每个处理嫩叶的颜色，将各个处理的嫩叶按照颜色差异进行分级（如：翠绿、中绿、深绿、淡绿、嫩绿等）。

在每次喷施 5d 后，用便携式光合仪到果园测定叶片的光合速率（Pn），蒸腾速率（Tr）、气孔导度（Gs），测定在上午 8—10 时，测枝条的第 3~4 片叶，每处理的每个重复取 5 个叶片，取平均数，每处理重复 4 次。

叶片叶绿素含量测定：在每次喷施 5d 后，每个处理随机选取完整无病虫害、长势良好的叶片 5 片，去除掉叶片表面的灰尘，用打孔器在叶片上打取直径为 0.25 ~ 2.00mm 的小圆片，称重后放入研钵，在研钵中加入适量的 80% 的丙酮和石英砂，研磨成匀浆后再加入 3mL 80% 丙酮，继续研磨，直到匀浆变成白色，在无光条件下处理 3min，过滤至 25mL 容量瓶，用 80% 的丙酮定容。将定容后的待测溶液装入厚度为 1cm 的比色皿，将 80% 丙酮作为对照，测定波长为 663nm、652nm、645nm 处的吸光度，每样品重复 3 次，每处理重复 4 次。

$$叶绿素 a 含量（Ca）= 12.7A_{663nm} - 2.59A_{645nm}$$
$$叶绿素 b 含量（Cb）= 22.9A_{645nm} - 4.67A_{663nm}$$
$$叶绿素总量 = Ca + Cb$$

3　结果与分析

3.1　3 种叶面喷施液对大五星枇杷果实生长发育的影响

3.1.1　大五星枇杷果实生长发育动态（表 3-1）

经观测，大五星枇杷果实生长发育呈单"S"形曲线变化（图 3-1、图 3-2）。

观测了 2013 年 12 月 1 日至 2014 年 5 月 28 日期间果实变化情况，由图 1 可以看出，大五星枇杷果实和果肉重量在 2 月 20 日前增长非常缓慢，单果平均日增长量仅为 0.04g，3 月 1 日至 4 月 10 日期间开始快速增长，平均日增长量为 0.21 g，特别是 4 月 10 日之后至 4 月 30 增长达到最快，平均日增长量达到 0.72g，5 月 10 之后基本停止增长。

由图 3-1 可以看出，枇杷种子在 3 月 1 日之前生长极为缓慢，3 月 1 日至 3 月 20 日之间快速生长，平均日增长量为 0.075g，3 月 20 日之后缓慢生长直至停止，种子生长曲线也为单"S"形。

由图 3-2 可以看出，大五星枇杷果实纵、横径为单"S"形变化规律。与果实和果肉生长规律一样，在 2 月 20 日之前纵、横径缓慢增长，2 月 20 日至 4 月 30 日快速增长，5 月 10 日后逐渐停止生长。

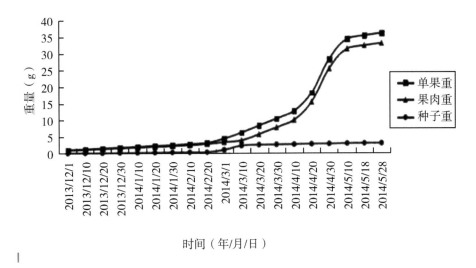

时间（年/月/日）

图 3-1 大五星枇杷果实单果重、果肉重量、种子重量变化动态

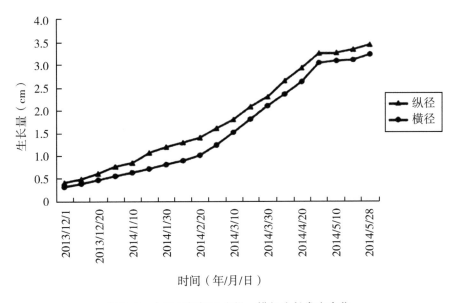

时间（年/月/日）

图 3-2 大五星枇杷果实纵、横径生长发育变化

表 3-1 大五星枇杷果实纵径、横径、单果重、果肉重量、种子重量变化动态

时间 （年/月/日）	单果重（g）	纵径（cm）	横径（cm）	果肉（g）	种子重量（g）
2013/12/1	1. 12±0. 01	0. 43±0. 00	0. 33±0. 00	1. 01±0. 00	0. 11±0. 00
2013/12/10	1. 36±0. 00	0. 50±0. 00	0. 40±0. 00	1. 22±0. 01	0. 14±0. 00
2013/12/20	1. 6l±0. 01	0. 62±0. 00	0. 48±0. 00	1. 44±0. 01	0. 17±0. 00

时间 （年/月/日）	单果重（g）	纵径（cm）	横径（cm）	果肉（g）	种子重量（g）
2013/12/30	1.80±0.01	0.78±0.00	0.57±0.00	1.60±0.02	0.20±0.00
2014/1/10	2.07±0.02	0.86±0.00	0.64±0.00	1.84±0.01	0.23±0.00
2014/1/20	2.29±0.01	1.08±0.01	0.72±0.00	2.04±0.01	0.25±0.00
2014/1/30	2.50±0.01	1.21±0.01	0.82±0.00	2.22±0.03	0.28±0.00
2014/2/10	2.81±0.03	1.30±0.01	0.90±0.00	2.50±0.01	0.31±0.00
2014/2/20	3.17±0.02	1.41±0.02	1.02±0.00	2.83±0.01	0.34±0.00
2014/3/1	4.43±0.06	1.61±0.03	1.25±0.00	3.36±0.03	1.07±0.01
2014/3/10	6.21±0.09	1.80±0.02	1.52±0.00	3.89±0.04	2.32±0.00
2014/3/20	8.29±0.05	2.08±0.02	1.81±0.00	5.71±0.08	2.58±0.03
2014/3/30	10.38±0.28	2.29±0.01	2.10±0.00	7.74±0.16	2.64±0.02
2014/4/10	12.65±0.36	2.65±0.01	2.36±0.01	9.95±0.08	2.701±0.01
2014/4/20	18.18±0.39	2.93±0.01	2.63±0.00	15.40±0.46	2.78±0.02
2014/4/30	28.31±0.55	3.25±0.01	3.04±0.00	25.47±0.71	2.84±0.01
2014/5/10	34.36±0.29	3.26±0.02	3.09±0.01	31.42±0.88	2.94±0.01
2014/5/18	35.43±0.87	3.34±0.01	3.11±0.03	32.43±0.98	3.00±0.04
2014/5/28	36.15±0.97	3.44±0.03	3.23±0.02	33.13±0.87	3.03±0.03

3.1.2 不同处理对大五星枇杷果实纵、横径变化影响

从12月1日起，每隔10d观测不同处理枇杷果实纵、横径变化情况，结果表明，不同处理对大五星枇杷果实纵、横径变化有显著影响，但所有处理都未改变其基本变化规律。在12月1日第一次测量果实纵横径时，各处理纵横径均不同程度地高于对照。

与对照相比（处理8、处理9），各处理对枇杷果实纵径都有一定的促进作用，且有显著影响，其中处理2、处理3、处理6显著地促进了枇杷果实纵径生长，效果最好。在3月1日至4月30日，果实纵径增长达到高峰，其中处理2平均日增长量最高达到0.047cm，处理6仅次于处理2为0.043cm，高于CK1（0.034cm）和CK2（0.035cm）。由表4可以看出，在整个观测期内，处理6的果实纵径净增长量最大（3.609cm），极显著高于其他处理，处理2、处理3、处理6果实采摘时纵径显著高于其他处理，其中处理6纵径（4.480cm）最大，处理3（4.438cm）次之。

与对照相比，各处理对枇杷果实横径都有一定的促进作用，且有显著影响。在 3 月 1 日至 4 月 30 期间，果实横径增长较快，其中处理 3、处理 6 增长最快。从表 3-2 可以看出，在整个观测期内，处理 6 的果实横径净增长量最大（3.542cm），显著高于其他处理，处理 3 和处理 6 果实采摘时横径极显著高于其他处理，分别为 4.109cm 和 4.108cm。综合考虑各处理果实纵径和横径的大小，处理 6（壮果蒂灵+绿芬威）效果最好，处理 3（绿芬威）次之。

表 3-2　不同处理对人五星枇杷果实纵、横径的影响

处理	果实纵径（cm）	纵径净增长（cm）	果实横径（cm）	果实横径净增长（cm）
1	3.957±0.061BCcd	3.221±0.106De	3.773±0.111Bb	3.338±Cc
2	4.440±0.111Aab	3.577±0.084Bbc	3.958+0.061Aa	3.392±0.111BCc
3	4.438±0.111Aab	3.579±0.068ABb	4.109±0.111Aa	3.484±0.116ABb
4	4.247±0.114Bb	3.204±0.106Cc	3.731±0.061Bb	3.155±0.113Cc
5	4.407±0.058Bc	3.432±0.078Cd	3.755±0.117Bb	3.209±0.11ICc
6	4.480±0.170Aa	3.609±0.112Aa	4.108±0.111Aa	3.542±0.098Aa
7	3.878±0.112Cd	3.193±0.112DEe	3.557±0.111Ce	3.170±0.067Dd
8	3.668±0.111De	3.148±0.057Ef	3.237±0.114Dd	2.866±0.113Ee
9	3.4434±0.111Ef	3.014±0.061Fg	3.221±0.111Dd	2.888±0.023Ee

注：表中不同英文小写字母表示差异显著（$P < 0.05$），不同大写字母表示差异极显著（$P < 0.01$），下表同。

3.2　3 种叶面喷施液对大五星枇杷果实品质的影响

3.2.1　不同处理对大五星枇杷果实整齐度的影响

不同处理对大五星枇杷果实整齐度有显著影响（表 3-3）。所有处理的果实整齐度都显著高于对照，由表 3-3 可以看出，处理 3、处理 6、处理 7 果实整齐度最高，CR 系数分别为 0.91、0.91 和 0.93，极显著高于其他处理，处理 9（CK$_2$）CR 系数为 0.54，果实整齐度最低，极显著低于其他处理。

表 3-3　不同处理对大五星枇杷果实整齐度的影响

项目	处理								
	1	2	3	4	5	6	7	8	9
CR 系数	0.64±0.02Cd	0.82±0.02Aab	0.91±0.02Aa	0.76±0.01Bc	0.78±0.01Bc	0.91±0.01Aa	0.93±0.02Aab	0.61±0.01Ce	0.54±0.02Df

注：CR 值越小，果实整齐度越低；CR 值越接近 1，果实整齐度越高；CR 值等于 1，果实无差异。

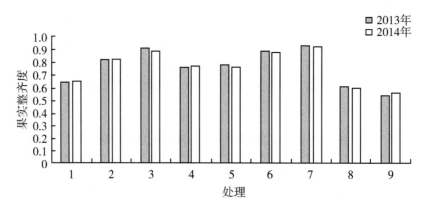

图 3-3　不同处理对大五星枇杷果实整齐度的影响

3.2.2　不同处理对大五星枇杷果实单果重、体积、可食率的影响

不同处理对大五星枇杷果实单果重、体积、可食率有显著影响（表 3-4）。

不同处理对大五星枇杷果实单果重有显著影响，其中处理 6（壮果蒂灵+绿芬威）平均单果重为 49.74g，极显著高于其他处理，比 CK1 和 CK2 分别提高了 11.73g 和 13.53g，其次是处理 2（绿芬威）和处理 3（壮果蒂灵）分别为 45.86g 和 46.17g，CK1 和 CK2 极显著低于其他处理，平均单果重仅为 38.01g 和 36.21g，可见处理 6（壮果蒂灵+绿芬威）对提高单果重效果最好，处理 3（壮果蒂灵）和处理 2（绿芬威）次之，可见绿芬威和壮果蒂灵提高枇杷果实单果重效果明显，同时添加绿芬威和壮果蒂灵的处理 6 效果最好。

不同处理对大五星枇杷果实体积有显著影响。所有处理中处理 6 果实平均体积最大，达到 51.86cm³，比 CK1 和 CK2 分别提高了 11.84cm³ 和 13.57cm³，极显著高于其他处理和对照，处理 2 和处理 3 效果较好，分别为 47.6cm³ 和 47.95cm³，CK2 平均体积为 38.29cm³，显著低于所有处理。可见，处理 6 提高枇杷果实体积效果最好，处理 3 和处理 2 次之。不同处理的果实体积与果实单果重排序一样，添加绿芬威和壮果蒂灵提高枇杷果实体积效果明显，同时添加绿芬威和壮果蒂灵的处理 6 效果最好。

不同处理对大五星枇杷果实可食率有显著影响。处理 6 果实可食率为 76.27%，显著高于其他处理，比 CK1 和 CK2 分别提高了 4.93% 和 7.08%；其次处理 2 效果较好，果实可食率为 74.38%；CK2 果实可食率为 71.23%；处理 6（壮果蒂灵+绿芬威）对提高枇杷可食率效果最好。

综上，同时添加绿芬威和壮果蒂灵的处理 6 能提高大五星枇杷果实单果重、果实体积和果实可食率，且效果好（图 3-4 至图 3-6）。

表 3-4　不同处理对大五星枇杷果实单果重、体积和可食率的影响

处理	单果重（g）	果实体积（cm³）	可食率（%）
1	41.65±0.51CDde	43.72±0.56Cc	73.24±0.41ABCbc

（续表）

处理	单果重（g）	果实体积（cm³）	可食率（%）
2	45.86±0.35Bb	47.60±0.55Bb	74.38±0.56ABb
3	46.17±0.37Bb	47.95±0.58Bb	74.19±0.51ABCbc
4	42.99±0.36Cc	44.74±0.75Cc	74.15±0.67ABb
5	41.60±0.26CDcd	43.67±0.76CDc	73.80±0.99BCbcd
6	49.74±0.28Aa	51.86±0.84Aa	76.27±1.15Aa
7	40.00±0.52De	41.46±0.80DEd	73.44±0.89ABCbc
8	38.01±0.51Ef	40.02±0.53EFde	72.69±1.13BCcd
9	36.21±0.51Eg	38.29±0.41Fe	71.23±1.09Cc

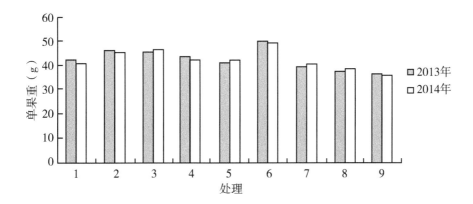

图 3-4　不同处理对大五星枇杷单果重的影响

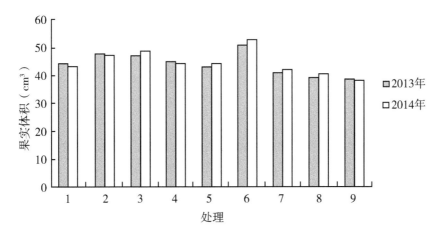

图 3-5　不同处理对大五星枇杷果实体积的影响

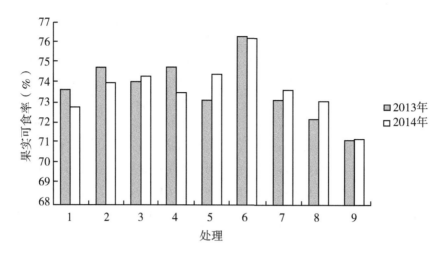

图 3-6　不同处理对大五星枇杷果实可食率的影响

3.2.3　不同处理对大五星枇杷果实种子数量、种子重量、果皮厚度的影响

由表 3-5 可以看出，不同处理对大五星枇杷果实种子数量、种子重量、果皮厚度没有显著影响，各处理的种子数量、种子重量和果皮厚度有一定的差异，但差异不明显。

表 3-5　不同处理对大五星枇杷果实种子数量、种子重量、果皮厚度的影响

处理	种子数量（个）	种子重量（g）	果皮厚度（cm）
1	2.93±0.01Aa	6.98±0.09Aa	0.62±0.01Aa
2	2.92±0.01Aa	6.96±0.35Aa	0.61±0.03Aa
3	2.93±0.01Aa	7.12±0.95Aa	0.67±0.03Aa
4	2.90±0.01Aa	7.15±0.80Aa	0.63±0.02Aa
5	2.94±0.01Aa	6.87±0.55Aa	0.63±0.01Aa
6	2.91±0.01Aa	7.03±0.82Aa	0.64±0.03Aa
7	2.94±0.03Aa	7.02±0.62Aa	0.63±0.03Aa
8	2.92±0.02Aa	6.94±0.92Aa	0.62±0.01Aa
9	2.91±0.04Aa	7.07±0.68Aa	0.63±0.02Aa

3.2.4　不同处理对大五星枇杷果实外观、剥皮难易、风味的影响

不同处理对大五星枇杷果实外观、剥皮难易、风味的影响见表 3-6。各处理枇杷果实成熟后外观的光洁度与对照相比都有一定提高，其中处理 2、处理 4、处理 5、处理 6 果面很光洁，CK2 果面光洁度最低，有较多的褐色斑点；各处理枇杷果实成熟后的剥皮难易有一定的差异，处理 7、CK1 和 CK2 与其他处理相比较难剥皮，其他处理都容易剥皮；各处理枇杷果实成熟后的风味经品尝对比后，处理 6 评价为甜，风味最好，处理 9 评价为偏酸，风味最差。综合考虑果实外观、剥皮难易与风味，处理 6（壮果蒂灵+

绿芬威）效果最好。

表 3-6 不同处理对大五星枇杷果实外观、剥皮难易、风味的影响

处理	光洁度	剥皮难易	风味
1	光洁	容易	偏酸
2	很光洁	容易	酸甜
3	光洁	容易	酸甜
4	很光洁	容易	酸甜
5	很光洁	容易	偏酸
6	很光洁	容易	甜
7	光洁	较易	酸甜
8	光洁	较易	酸
9	不光洁	较易	偏酸

3.2.5 不同处理对大五星枇杷果实可溶性固形物、可溶性糖、总酸、维生素 C 含量的影响

不同处理对枇杷果实可溶性固形物、可溶性糖、总酸、维生素 C 含量有显著影响（表 3-7）。

不同处理对枇杷果实可溶性固形物含量有显著影响。处理 6 可溶性固形物含量为 12.78%，极显著高于其他处理，对照 CK1 和 CK2 分别为 10.62% 和 10.10%，显著低于处理 1.2.3.6.7。

不同处理对枇杷果实可溶性糖含量有显著影响。所有处理中，处理 6 果实样品可溶性糖含量为 8.92%，显著高于其他处理。

不同处理对枇杷果实总酸含量有显著影响。所有处理中，CK2 总酸含量为 0.79%，最高，处理 6 含量为 0.56%，最低，且显著低于对照。

不同处理对枇杷果实糖酸比有显著影响。由表 3-7 可以看出，CK2 果实糖酸比极显著低于其他处理，处理 6 果实糖酸比达到 15.93，极显著高于其他处理。

不同处理对枇杷果实维生素 C 含量有显著影响。与对照相比，所有施肥处理维生素 C 含量都有显著增加，其中处理 6 含量最高，达到 4.18μg/g，处理 3 次之。

可见，同时添加了壮果蒂灵和绿芬威的处理 6 提高枇杷果实品质效果最好（图 3-7 至图 3-10）。

表 3-7 不同处理对大五星枇杷内在品质的影响

处理	可溶性固形物（%）	可溶性糖（%）	总酸（%）	糖酸比	维生素 C（μg/g）
1	11.37±0.08Bc	6.93±0.05Bbc	0.76±0.14ABab	9.17±0.33Gh	3.78±0.37Bb
2	11.75±0.05Bbc	7.82+0.16ABb	0.69±0.07ABab	11.42±0.15Cc	3.90±0.17ABab

（续表）

处理	可溶性固形物（%）	可溶性糖（%）	总酸（%）	糖酸比	维生素 C（μg/g）
3	11.93±0.18Bb	7.86±0.29ABb	0.64±0.11ABab	12.28±0.44Bb	3.94±0.30ABab
4	10.10±0.25CDdef	6.95±0.46Bbc	0.65±0.08ABab	10.69±0.38Dd	3.86±0.17ABab
5	10.03±0.14Df	6.91±0.57Bbc	0.71±0.03ABab	9.80±0.31Ff	3.78±0.10ABab
6	12.78±0.17Aa	8.92±0.11Aa	0.56±0.03Bb	15.93±0.46Aa	4.18±0.10Aa
7	10.83±0.31Cd	6.82±0.11Bbc	0.67±0.03ABab	10.26±0.22Ee	3.83±0.17ABab
8	10.62±0.22CDde	6.84±0.98Bbc	0.76±0.06ABa	9.05±0.31Gh	3.65±0.22Bb
9	10.10±0.20CDef	6.56±0.95Bc	0.79±0.08Aa	8.35±0.30Hi	3.55±0.11Bb

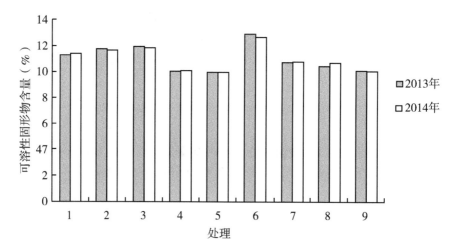

图 3-7　不同处理对大五星枇杷果实可溶性固形物含量的影响

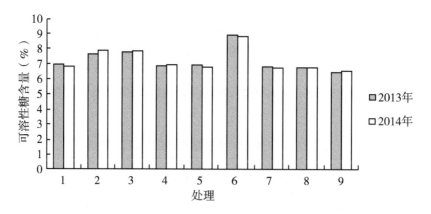

图 3-8　不同处理对大五星枇杷果实可溶性糖含量的影响

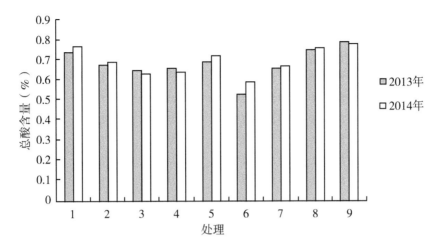

图 3-9 不同处理对大五星枇杷果实总酸含量的影响

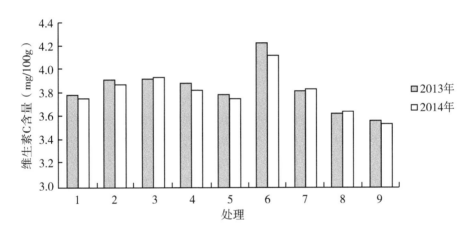

图 3-10 不同处理对大五星枇杷果实维生素 C 含量的影响

3.2.6 不同处理对大五星枇杷果蒂直径的影响

不同处理对枇杷果蒂直径有显著影响（表 3-10）。由表 10 可以看出，处理 2 和处理 6 果蒂直径显著高于其他处理，分别为 0.445cm 和 0.454cm，处理 4 果蒂直径较大，达到 0.424cm，处理 3、处理 5 果蒂直径最小，分别为 0.296cm 和 0.297cm。同时添加了壮果蒂灵和爱多收的处理 1 和处理 7 对增粗果蒂有一定的效果，但效果显著低于处理 2 和处理 6，单独添加了壮果蒂灵的处理 2 和同时添加了壮果蒂灵和绿芬威的处理 6 对增粗果蒂效果显著（图 3-11），效果最好，他们之间无显著差异。

表 3-8　不同处理对大五星枇杷果蒂直径的影响　　　　（单位：cm）

项目	处理号								
	1	2	3	4	5	6	7	8	9
果蒂直径	0.328± 0.007Dd	0.445± 0.008ABa	0.296± 0.006Ee	0.424± 0.014Bb	0.297± 0.006Ee	0.454± 0.016Aa	0.393± 0.006Cc	0.300± 0.006Ee	0.305± 0.004Ee

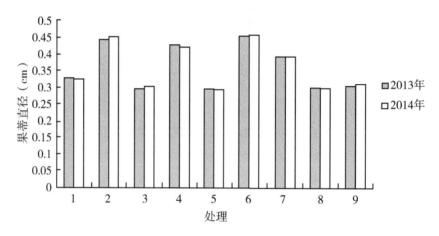

图 3-11　不同处理对大五星枇杷果蒂直径的影响

3.3　3 种叶面肥喷施对大五星枇杷光合特性的影响

3.3.1　不同处理大五星枇杷叶片叶绿素含量、叶片形态和光合作用的影响

不同处理对枇杷叶片叶绿素含量、叶片形态和光合作用有显著影响（表 3-9 至表 3-14）。

在枇杷开花前（9 月）喷施后各处理对叶片的叶绿素含量、叶片形态和光合作用有显著影响。由表 3-9 可以看出，处理 3、处理 5、处理 6 和处理 7 叶片颜色为深绿，叶绿素 a、叶绿素 b、叶绿素 a+b 都显著高于其他处理，其中处理 3 叶绿素含量最高，叶绿素 a 含量最高，达到 4.23mg/g，叶绿素 b 含量较高，达到 1.23mg/g，叶绿素 a+b 含量最高，达到 5.46mg/g；处理 6 叶绿素 B 含量最高；其他处理叶片颜色均为中绿。由表 3-10 可以看出，处理 3、处理 5、处理 6、处理 7 的净光合速率极显著高于其他处理，其中处理 3 [12.45μmol CO$_2$/（m^2·s）] 最高，处理 6 次之；处理 6 [5.02mmol H$_2$O/（m^2·s）] 蒸腾速率最高，极显著高于其他处理，其次是处理 5 [4.91mmol H$_2$O/（m^2·s）]；处理 5 [198mmol H$_2$O/（m^2·s）] 气孔导度最大，其次是处理 6 [195mmol H$_2$O/（m^2·s）]，显著高于其他处理与对照。由此可见，单独喷施绿芬威的处理 3 对提高叶片叶绿素含量的光合作用效果最好，混合喷施绿芬威和壮果蒂灵的处理 6 次之。

在枇杷果实细胞快速分裂期（3 月）喷施后各处理对叶片的叶绿素含量、叶片形态和光合作用有显著影响。由表3-11可以看出，处理3、处理5、处理6和处理7叶片颜色为翠绿，叶绿素a、叶绿素b、叶绿素a+b都显著高于其他处理，其中处理6叶绿素含量最高，叶绿素a含量最高达到1.87mg/g，叶绿素b含量最高达到0.74mg/g，叶绿素a+b含量最高达到2.61mg/g；处理3次之；其他处理叶片颜色均为嫩绿。由表3-12可以看出，处理3、处理5、处理6、处理7的净光合速率极显著高于其他处理，其中处理6 [7.79μmol CO_2/（$m^2 \cdot s$）] 最高，其次是处理3 [7.69μmol CO_2/（$m^2 \cdot s$）]；处理6（2.77mmol H_2O/（$m^2 \cdot s$）] 蒸腾速率最高，极显著高于对照；处理3 [199mmol H_2O/（$m^2 \cdot s$）] 气孔导度最大，其次是处理7 [197mmol H_2O/（$m^2 \cdot s$）]，极显著高于对照。可见，混合喷施绿芬威和壮果蒂灵的处理6提高叶片叶绿素含量和光合作用效果最好，单独喷施绿芬威的处理3次之。

在枇杷果实细胞快速膨大期（4月）喷施后各处理对叶片的叶绿素含量、叶片形态和光合作用有显著影响。由表3-13可以看出，处理3、处理5、处理6和处理7叶片颜色为深绿，叶绿素a、叶绿素b、叶绿素a+b都显著高于其他处理，其中处理3叶绿素含量最高，叶绿素a含量达到3.08mg/g，叶绿素b含量达到1.18mg/g，叶绿素a+b含量最高达到4.26mg/g；其他处理叶片颜色均为中绿。由表3-14可以看出，处理3、处理5、处理6、处理7的净光合速率极显著高于其他处理，其中处理3 [10.45μmol CO_2/（$m^2 \cdot s$）] 最高，其次是处理7 [10.33μmol CO_2/（$m^2 \cdot s$）]；处理5 [4.82mmol H_2O/（$m^2 \cdot s$）] 蒸腾速率最高，极显著高于对照；处理5 [165mmol H_2O/（$m^2 \cdot s$）] 气孔导度最大，其次是处理6 [164mmol H_2O/（$m^2 \cdot s$）]，极显著高于对照。可见，单独喷施绿芬威的处理3对提高叶片叶绿素含量的光合作用效果最好。

各处理在3个喷施时期喷施后，添加了绿芬威的处理都能显著地提高叶片叶绿素含量和促进光合作用，综合考虑3次喷施后的观测结果，单独添加绿芬威的处理3效果最好，混合喷施绿芬威和壮果蒂灵的处理6次之。

表3-9　不同处理对大五星枇杷叶片叶绿素含量和叶片颜色的影响（9月）

处理	叶绿素a（mg/g）	绿素b（mg/g）	叶绿素a+b（mg/g）	叶片颜色
1	3.59±0.22Bb	0.79±0.02Bb	4.38±0.17Bc	中绿
2	3.33±0.13Bb	0.75±0.03Bb	4.08±0.16Bc	中绿
3	4.23±0.11Aa	1.23±0.13Aa	5.46±0.75Aa	深绿
4	3.52±0.12Bb	0.87±0.04Bb	4.39±0.19Bc	中绿
5	3.99±0.12Aa	1.22±0.11Aa	5.11±0.25Ab	深绿
6	4.19±0.08Aa	1.32±0.02Aa	5.41±0.09Aab	深绿
7	4.11±0.18Aa	1.16±0.09Aa	5.27±0.18Aab	深绿
8	3.43±0.21Bb	0.81±0.0Bb	4.24±0.15Bc	中绿
9	3.38±0.11Bb	0.79±0.02Bb	4.17±0.13Bc	中绿

表 3-10　不同处理对大五星枇杷叶片净光合速率、蒸腾速率和气孔导度的影响（9 月）

处理	净光合速率 $[\mu mol\ CO_2/\ (m^2 \cdot s)\ ]$	蒸腾速率 $[mmol\ H_2O/\ (m^2 \cdot s)\ ]$	气孔导度 $[mmolH_2O/\ (m^2 \cdot s)\ ]$
1	9.45±0.30Bb	3.33±0.11De	162±2Bc
2	9.84±0.26Bb	3.41±0.11Cd	157±1Bd
3	12.45±0.73Aa	4.89±0.11Bb	191±3Ab
4	9.66±0.40Bb	3.25±0.11Ef	164±2Bc
5	12.23±0.96Aa	4.91±0.06Bb	198±4Aa
6	12.32±1.08Aa	5.02±0.07Aa	195±2Aa
7	12.13±0.98Aa	4.88±0.12Bc	189±1Ab
8	9.89±0.40Bb	3.12±0.11Fg	164±3Bc
9	10.09±0.54Bb	3.25±0.13Ef	160±2Bc

表 3-11　不同处理对大五星枇杷叶片叶绿素含量和叶片颜色的影响（3 月）

处理	叶绿素 a （mg/g）	叶绿素 b （mg/g）	叶绿素 a+b （mg/g）	叶片形态
1	1.25±0.11Bc	0.23±0.07Bc	1.48±0.12Dd	嫩绿
2	1.41±0.13Bb	0.23±0.09Bc	1.64±0.14Cc	嫩绿
3	1.87±0.14Aa	0.63±0.04Ab	2.55±0.11Ab	翠绿
4	1.23±0.12Bc	0.24±0.07Bc	1.47±0.14Dd	嫩绿
5	1.79±0：12Aa	0.69±0.09Aa	2.48±0.11Bb	翠绿
6	1.87±0.12Aa	0.74±0.09Aa	2.61±0.13Aa	翠绿
7	1.81±0.11Aa	0.70±0.10Aa	2.51±0.12Ab	翠绿
8	1.23±0.10Bc	0.24±0.11Bc	1.47±0.15Dd	嫩绿
9	1.23±0.12Bc	0.23±0.06Bc	1.46±0.11Dd	嫩绿

表 3-12　不同处理对大五星枇杷叶片净光合速率、蒸腾速率和气孔导度的影响（3 月）

处理	净光合速率 $[\mu mol\ CO_2/\ (m^2 \cdot s)\ ]$	蒸腾速率 $[mmol\ H_2O/\ (m^2 \cdot s)\ ]$	气孔导度 $[mmolH_2O/\ (m^2 \cdot s)\ ]$
1	5.24±0.12CDcd	1.71±0.04Cd	165±2Bb
2	5.13±0.12Dd	1.68±0.12Cce	158±3BCbc
3	7.69±0.04Aa	2.76±0.09Aa	199±2Aa
4	5.35±0.08BCbc	1.75±0.08Cd	162±1Bb
5	7.58±0.08Aa	2.65±0.05Aa	197±4Aa

（续表）

处理	净光合速率 [μmol CO_2/（$m^2 \cdot s$）]	蒸腾速率 [mmol H_2O/（$m^2 \cdot s$）]	气孔导度 [mmolH_2O/（$m^2 \cdot s$）]
6	7.79±0.08Aa	2.77±0.07Aa	196±2Aa
7	7.34±0.05Aa	2.58±0.02Bc	197±3Aa
8	5.46±0.09Bb	1.72±0.03Cd	160±1Bc
9	5.39±0.08BCb	1.67±0.11Ce	163±3Bb

表 3-13　不同处理对大五星枇杷叶片叶绿素含量和叶片颜色的影响（4 月）

处理	叶绿素 a （mg/g）	叶绿素 b （mg/g）	叶绿素 a+b （mg/g）	叶片颜色
1	2.55±0.12Bb	0.83±0.05Bb	3.38±0.17Bc	中绿
2	2.47±0.12Bb	0.79±0.04Bb	3.26±0.16Bc	中绿
3	3.08±0.10Aa	1.18±0.65Aa	4.26±0.75Aa	深绿
4	2.46±0.10Bb	0.90±0.09Bb	3.36±0.19Bc	中绿
5	2.97±0.13Aa	1.01±0.12Aa	3.98±0.25Ab	深绿
6	2.89±0.04Aa	1.20±0.05Aa	4.19±0.09Aab	深绿
7	3.02±0.12Aa	1.12±0.06Aa	4.14±0.18Aab	深绿
8	2.54±0.11Bb	0.80±0.04Bb	3.34±0.15Bc	中绿
9	2.44±0.11Bb	0.79±0.02Bb	3.23±0.13Bc	中绿

表 3-14　不同处理对大五星枇杷叶片光合速率、蒸腾速率和气孔导度的影响（4 月）

处理	净光合速率 [μmol CO_2/（$m^2 \cdot s$）]	蒸腾速率 [mmol H_2O/（$m^2 \cdot s$）]	气孔导度 [mmol H_2O/（$m^2 \cdot s$）]
1	7.45±0.30Bb	3.51±0.09Bb	134±2Bd
2	7.84±0.26Bb	3.46±0.13BB	138±1Bc
3	10.45±0.73Aa	4.79±0.14Aa	160±3Ab
4	7.66±0.40Bb	3.55±0.07Bb	137±1Bc
5	10.23±0.96Aa	4.82±0.06Aa	165±2Aa
6	10.12±1.08Aa	4.78±0.11Aa	164±3Aa
7	10.33±0.98Aa	4.81±0.09Aa	162±1Aa
8	7.89±0.40Bb	3.48±0.11Bb	136±3Bc
9	8.09±0.54Bb	3.50±0.12Bb	133±4Bd

4 讨论

4.1 枇杷果实生长发育规律

在枇杷开花前第一次叶面喷施，为花芽分化及时提供养分，能有效促进花蕾健壮，壮花壮果，减少落花落果，因此在 12 月 1 日第一次测量果实纵横径时，与对照相比，各处理的纵横径都有所增大。

大五星枇杷果实的果肉与种子生长发育均为单"S"形曲线，即慢—快—慢，但果肉与种子的生长高峰期有所不同。果肉在 3 月 1 日后开始快速增长，直至 4 月 30 日以后才缓慢增长直至停止；种子在 3 月 1 日后开始快速增长，3 月 20 日之后就增长极为缓慢直至停止，生长高峰期仅有约 20d，这与叶瑟琴、叶式秀、曹雪丹等的结论相同。为了提高枇杷果实可食率，可利用种子生长高峰期短，种子生长放缓之后果实果肉仍然在快速增长的特点，因此种子生长高峰期后是提高枇杷果实可食率的最关键时期，即本试验中的第三次喷施时期（果实快速膨大期）。

4.2 不同处理对大五星枇杷果实生长发育的影响

各施肥处理与对照相比，能不同程度地促进枇杷果实生长发育，特别是在果实细胞快速分裂期和果实膨大期有显著的促进作用。试验中观测了各处理枇杷果实的纵横径变化，结果表明各处理不会改变对果实纵横径变化规律，仍然为单"S"形变化规律。与对照相比，各处理的纵横径增长速度显著更快，在观测期内，果实的纵横径净增长量也显著高于对照，证明在枇杷果实快速生长期喷施叶面肥能有效促进其生长发育，本试验中喷施壮果蒂灵和绿芬威的处理效果最好，平均纵径和横径分别为 4.480cm 和 4.108cm，单用壮果蒂灵和绿芬威也有较好的效果，证明壮果蒂灵和绿芬威能有效促进枇杷果实生长发育，同时添加效果更好。

4.3 不同处理对大五星枇杷果实品质的影响

爱多收、壮果蒂灵和绿芬威喷施后，各施肥处理与对照相比，果实种子数量、种子重量和果皮厚度无显著差异；各施肥处理能有效提高枇杷果实外观品质和内在品质。外观品质主要表现在减少了果面斑点，果实成熟后颜色更红，果皮更容易剥开；内在品质主要表现在增加了果实单果重、可食率、营养物质，降低了果实总酸含量，使果实口感更好、甜度更高。与对照相比，所有处理果实成熟期提前了 5d 左右，且果实整齐度有明显的提高。本试验中，绿芬威能提高叶片叶绿素含量，促进叶片光合作用，壮果蒂灵能使果蒂增粗，综合考虑对果实外观品质与内在品质的影响，绿芬威和壮果蒂灵同时最佳，此组合在提高叶片光合作用的同时，果蒂的增粗使光合产物能更加顺利地转移到果实内，是本试验筛选出的最佳叶面营养液组合，此处理单果重、果实体积、可溶性固形物含量、维生素 C 含量、可溶性糖含量、糖酸比和可食率分别为比喷清水的 CK2 分别提高了 37.37%、35.44%、7.08%、17.75%、35.98%、90.78%、7.08%，总酸含量降低了 29.11%。爱多收对多种植物生长有促进作用，本试验中，爱多收处理对大五星枇杷果实生长发育和果实品质效果不突出，虽然与对照相比有一定的促进作用，但在绿芬威或壮果蒂灵的基础上添加爱多收，其效果不如不添加爱多收。

4.4　不同处理对大五星枇杷叶片光合特性与果蒂直径的影响

在植物的一系列生理代谢过程中，光合作用是绿色植物重要的获得营养物质的途径，在植物的生长发育中起着非常重要的作用，叶绿素在植物光合作用过程中起着吸收、传递和转化光能的作用。本试验研究结果表明，绿芬威能有效提高枇杷叶片叶绿素含量和促进叶片光合作用。

果树根、茎、叶的所有营养物质都要通过果蒂才能运输到果实内，为果实生长发育提供营养，果蒂的状况影响着营养物质和水分的运输，果蒂越粗，营养物质能越快越多地进入果实内。本试验所用的壮果蒂灵有增粗果蒂的作用，壮果蒂灵能显著使果蒂增粗，有利于更多的营养物质流向果实内，促进果实生长发育。

综合考虑大五星枇杷果实生长发育和提高大五星枇杷果实品质及叶片光合作用的效果，同时喷施绿芬威和壮果蒂灵效果最佳，喷施绿芬威和壮果蒂灵成本低，安全无毒，增效明显，能有效提高枇杷种植的经济效益，并能保证产品安全、健康、环保，是本研究筛选出的最佳叶面喷施液。

棉花化学打顶复配剂的筛选及效应研究（论文摘编）
路　茜（石河子大学硕士研究生）

摘要

【目的】使用稳定有效的化学打顶剂，通过喷施棉花叶片抑制棉花顶端生长，从而代替人工打顶或机械打顶，是实现棉花全程机械化栽培"最后一公里"的重要措施。本研究通过探究北疆滴灌棉花植株形态、干物质积累分配、内源激素、产量及其构成等在不同复配型化学药剂施用下的响应效应，结合经济效益筛选出优化学药剂配方及其用法，为棉花化学打顶技术的应用推广及棉花轻简化栽培提供依据。

【方法】于2019—2020年开展剂型优选试验。以脱落酸（ABA）、烯效唑（S3307）、青鲜素（MH）、乙烯利（ETH）等调节剂为主要基础材料，按不同成分复配形成以调控棉花顶端生长为目的的供试剂型，于蕾、铃期进行喷施处理，以当时应用面积较大的化学打顶剂品牌促花王系列剂型（促花王塑型剂、打顶剂）作为第一对照（CK1），以蕾期喷施等量清水、人工打顶方式作为第二对照（CK2），供试品种为鲁棉研24号。通过比较不同复配型化学药剂处理下棉花株形结构、产量及经济效益等指标的差异，明确SPAD、LAI、干物质积累分配及内源激素等指标的变化规律，筛选出最优剂型，在此基础上，2021年开展优选剂型下不同喷施次数、剂量的双因素随机区组试验，旨在确定优选剂型及其优化施用方案，为棉花生产中化学打顶技术的科学应用提供依据。

【结果】（1）最优化学药剂的筛选。与人工打顶（CK2）相比，促花王系列剂型（CK1）处理下棉花株宽、主茎平均节间长、角度指数、上部果枝长度及角度均表现降低趋势，有效果枝数、单株铃数增加，产量有所提高，表明"促花王"系列剂型的应用，能够达到农业生产的预期效果，适宜将其作为剂型筛选对照。

与 CK1 相比，A2B3（蕾、铃期均喷施 S3307+ABA）、A3B5（蕾期喷施 S3307、铃期喷施 S3307+ETH）处理的株高、主茎节间长、果枝数、株宽、角度指数等植株形态指标间没有显著差异，A3B5 处理上部结铃率、中下部内围果节吐絮率分别提高 3.7%、2.8%，A2B3、A3B5 处理单株铃数分别增加 0.8 个、0.7 个，产量分别提高 9.4%、8.0%，A3B5 处理经济效益最高，与 A2B3 无显著差异；A3B5 处理 SPAD、LAI 均于盛铃期达最高，营养器官与生殖器官最大生长速率（V_m）分别提高 6.3%、18.4%，吐絮期生殖器官占比最高达 57%，喷后 10d 有效降低 IAA、增加 ABA 含量，铃期 ABA/IAA、CTK/IAA 在喷后 10d 保持较高水平。

（2）优选化学药剂配方对棉花生长发育的效应研究。棉花株高、主茎节间长、果枝数、株宽、角度指数等指标均随着喷施次数及浓度的增高而呈现出逐渐减弱的趋势。T2C3 处理棉花 SPAD、LAI 于盛铃期开始达最大，且自盛铃前期开始生殖器官干物质重量保持较高水平。单株铃数在 T1、T2 处理与喷施浓度成正比，其中 T2C3 较其他处理增高 2.17%~9.19%；单铃重在不同喷施次数下与喷施浓度呈正比，在 T3C3 达最大；籽棉产量在 T2C3 下达最高，较其他处理提高 3.08%~16.69%。

与人工打顶相比，不同化学药剂均能在不同程度塑造紧凑的株形个体，减弱棉株顶端生长，其中 A3B5 处理可以显著增加上部结铃并提高中下部棉铃吐絮概率，促进棉铃集中吐絮；提高棉花 SPAD 值，增强棉花光合作用；调节棉花生殖生长与营养生长平衡，提高生殖器官干物质分配比例；降低棉株主茎功能叶内源 IAA、GA_3 含量，减弱营养生长，有利于光合产物向生殖器官转运，从而促进棉花增产；A2B3 与 A3B5 处理均具有一定的增产潜力，但结合经济效益考虑，A3B5 更占据优势。

A3B5 化学药剂在喷施次数 T2（蕾、铃期各处理两次）、喷施浓度 C3（蕾期喷施 A3 试剂 45g/hm²、铃期喷施 B5 试剂 180g/hm²）处理下可以控制棉花株高、增加果枝台数、缩短主茎节间长，减弱棉花纵向生长优势，从而有利于棉花顶部产生的营养物质更偏重向旁枝的运输；同时提高棉叶 SPAD 值，保证棉株光合作用的可持续且高效进行，扩大光合产物向生殖器官的转运量，促进棉株上部成铃，增加单株铃数，进而有利于棉花增产增收。

关键词：棉花；化学打顶剂；株形结构；干物质积累分配；产量

……

2 复配型化学药剂对棉花农艺性状的影响

植物生长调节剂对棉花徒长具有抑制作用，可以降低棉株高度，增大茎秆直径，同时对棉铃在空间上的分布有所改变，并且可以增加棉株的内围铃数量，增加单株铃数、提高单铃重，进而达到增产的效果（周抑强等，1997；Gwathmey et al.，2010；刘春芳等，1997）。棉花株形主要由两部分构成，一是棉株成铃结构，二是棉花生长结构，后者主要由株高、主茎节间长度、叶枝数、果枝数及其长度等构成。棉株合理的株形结构一方面有利于棉花收获期的机械采收，另一方面可以改善田间通风透光，确保个体植株能够充分吸收和利用太阳光能，提高棉株上部成铃优势，减少后期烂铃，从而提高群体生产力，获得高产（罗宏海等，2008）。棉花是无限生长作物，在棉花种植过程中适时适量对棉花生长进行化学调控，有利于棉花株形结构的优化。化学打顶是指利用植物生长调节剂，使棉花主茎的生长和果枝顶芽的分化速率下降，抑制棉株上部主茎节间的伸长生长，从而起到与人工打顶相似的作用（赵强等，2011；康正华等，2015）。

本研究主要研究不同植物生长调节剂复配组合成的化学药剂对棉花株形结构及产量的影响，结合经济效益，对棉花不同化学药剂的施用成本进行比较，分析复配型化学药剂应用于实际生产的可行性，筛选出最优组合化学药剂，为棉花轻简化栽培提供理论参考。

2.1 材料与方法

2.1.1 试验概况

分别于2019—2020年开展不同化学药剂的筛选试验，试验田位于新疆石河子大学农学试验站（44°29′N，86°1′E），供试品种为鲁棉研24号。

试验一：最优剂型的筛选试验。

2019年设置以ABA、CPPU、S3307、MH为主成分进行复配组合的化学药剂筛选试验。试验于棉花蕾期，棉株现蕾2~3个开始（2019年6月10日）进行第一阶段喷施；盛花期（2019年7月10日）开始第二阶段喷施，两阶段各喷施3次，间隔10d。土壤具体养分含量为有机质21.9g/kg、碱解氮186.68mg/kg、有效磷78.7mg/kg、速效钾332mg/kg。4月24日播种，10月8日收获。

试验二：化学药剂主成分验证试验。

2020年选用2019年化学药剂中最优组合A2B2处理，在其基础之上进行以S3307为主成分的逐级筛选验证试验，其中，铃期喷施化学药剂中新加入主成分ETH，其浓度根据同期试验结果进行施用。试验于棉株现蕾2~3个（2020年6月5日）进行第一阶段喷施，盛花期（2020年7月5日）进行第二阶段喷施，两阶段各喷施3次，间隔10d。土壤具体养分含量为有机质15.5g/kg、碱解氮44.26mg/kg、有效磷19mg/kg、速效钾486mg/kg。4月18日播种，9月31日收获。

两年均以当年实际生产上推广的化控剂促花王系列产品：蕾期喷施促花王塑型剂、铃期喷施促花王打顶剂（由陕西省渭南高新区促花王科技有限公司提供），作为第一对照（CK1）；蕾期喷施等量清水、打顶方式采用人工打顶作为第二对照（CK2）。其中，人工打顶时间与大田同步，各处理配方信息见表2-1。试验采用随机区组设计，各处理重复3次，每个小区面积设置为28.5m²（2.28m×12.50m），试剂喷施选择在18时以后进行，使用单肩式喷壶进行叶面喷施至叶片湿而不滴状态，喷施用水量为225L/hm²。种植模式采用"1膜3行3带"的等行距种植方式，其中行距76.0cm、株距9.5cm。其他栽培措施均按高产田栽培要求进行。

表 2-1　试验处理及成分详情

年份	处理	喷施时期	
		蕾期（A）	铃期（B）
2019	A1B1	ABA+CPPU	ABA+MH
	A1B2	ABA+CPPU	ABA+MH+S3307
	A2B1	ABA+S3307	ABA+MH
	A2B2	ABA+S3307	ABA+MH+S3307
	CK1	促花王塑型剂	促花王打顶剂
	CK2	清水	人工打顶
2020	A2B2	ABA+S3307	ABA+MH+S3307
	A2B3	ABA+S3307	ABA+S3307
	A3B4	S3307	S3307
	A3B5	S3307	S3307+ETH
	CK1	促花王塑型剂	促花王打顶剂
	CK2	清水	人工打顶

注：各药剂使用浓度参照其在其他作物上有效作用浓度进行施用，蕾、铃期施用 ABA、S3307 浓度不一，促花王系列产品均按其推荐用量用法进行施用，其他均一致。

2.1.2　测定项目及方法

2.1.2.1　农艺性状调查

于蕾期在各小区选取长势一致的棉花 10 株，自开始处理起每隔 7~10d 进行株高的测定；在吐絮期对相同棉株进行株宽［测定标准参照赵强（2011）等方法］、果枝数、主茎节间长的调查。

2.1.2.2　果枝长势调查

分别在蕾期、铃期处理结束后，于各小区选取长势一致的 10 株棉花分为下（第 1~3 果枝）、中（第 4~7 果枝）、上部（第 8 果枝及以上果枝）［棉花冠层结构的划分标准参照张祥等（2017）方法］，分别利用电子游标卡尺、电子量角器进行果枝长度及角度的测定，其中角度指数是指棉花上、中、下部果枝夹角（各部位所有果枝与主茎夹角的平均数），按由上而下的顺序测定的比值之和（裴炎，1988）。

2.1.2.3　成铃结构

在棉花盛铃期，各小区选取 10 株长势一致的棉株调查下部铃、中部铃、上部铃的结铃个数，吐絮期调查其吐絮个数。

2.1.2.4　产量测定

于吐絮期在每个小区未取样区域选取 $6.75m^2$ 面积，统计单位面积内全部株数、铃数，连续取 50 朵完全吐絮棉铃，称量，测定平均铃重，计算籽棉产量。

2.1.2.5　经济效益

收益是指单位面积籽棉所产生的收入；药剂成本是指单位面积各种主成分调节剂的总投入；机车费是每一次化控使用机车所产生的费用。经济效益在本研究中仅考虑总收益减去药剂及其周边成本，其他管理措施均一致，因此不纳入成本计算。

2.1.3　数据统计及分析

试验数据采用 Excel 2019 和 SPSS 25.0 分析，利用 Duncan's 法检验处理间差异，采用 Origin 2019 b 作图。

2.2　结果与分析

2.2.1　不同复配型化学药剂对棉花农艺性状的影响

由表 2-2 可知，不同化学药剂处理对棉花农艺性状的影响趋势相同，其中两年间株高、主茎节间长以及果枝数同 CK1 相比均没有显著差异。在 2019 年，与 CK2 相比，各处理的株高增加 7.33%~14.64%，其中处理 A2B1、A2B2 与 CK2 存在显著性差异；主茎节间长均较 CK2 缩短 5.27%~10.02%，除 A2B1 处理外，其他处理均与 CK2 存在显著性差异；各处理果枝数较 CK2 高出 1.95~3.00 个，且均与其存在显著性差异；各处理的株宽、角度指数均有所减小，其中株宽表现为 CK2>A1B1>A1B2>CK1>A2B1>A2B2，其中 A1B1、A1B2 与 CK1，A2B1、A2B2 与 CK2 存在显著性差异，角度指数表现为 CK2>A1B1>A1B2>A2B1>CK1>A2B2，其中 A2B1、A2B2 与 A1B1、CK2 存在显著性差异。2020 年各处理与 CK2 相比，株高均显著增加 11.86%~18.87%；主茎节间长缩短 2.50%~6.67%，其中 A2B2 与 CK2 存在显著性差异；果枝数增加 1.81~2.49 个，且均与 CK2 存在显著性差异；各处理株宽较 CK2 降低 3.02%~14.60%，其中处理 A2B2、A2B3 与处理 A3B4、CK2 存在显著性差异，处理 A3B5 与 CK2 存在显著性差异；各处理角度指数较 CK2 降低 2.13%~6.38%，其中处理 A2B2、A3B5 与 CK2 存在显著性差异，处理 A3B4 与 CK1 存在显著性差异。

表 2-2　不同化学药剂对棉花农艺性状的影响

年份	处理	株高（cm）	主茎节间长（cm）	果枝数（个）	株宽（cm）	角度指数
2019	A1B1	82.23±4.35ab	5.16±0.09b	11.07±0.37a	38.95±2.19a	2.83±0.07a
	A1B2	81.73±4.20ab	5.12±0.20b	11.13±0.61a	37.57±1.91a	2.76±0.08ab
	A2B1	87.30±4.45a	5.39±0.19ab	10.21±0.38ab	33.35±1.25b	2.67±0.10bc
	A2B2	84.23±3.02a	5.27±0.23b	10.08±0.45b	32.28±1.71b	2.58±0.06c
	CK1	85.93±2.39a	5.33±0.12ab	10.17±0.59ab	34.13±2.02b	2.65±0.09bc
	CK2	76.15±5.02b	5.69±0.26a	8.13±0.62c	39.09±1.06a	2.85±0.05a
2020	A2B2	84.01±3.49a	5.18±0.12b	10.28±0.38a	32.24±2.04c	2.64±0.08c
	A2B3	86.33±4.64a	5.24±0.08ab	10.42±0.71a	33.13±1.87c	2.73±0.02abc
	A3B4	89.27±2.80a	5.41±0.18ab	10.96±0.58a	36.61±2.11ab	2.76±0.04ab
	A3B5	86.83±3.50a	5.35±0.27ab	10.87±0.60a	33.68±1.64bc	2.71±0.03bc
	CK1	85.59±3.48a	5.27±0.22ab	10.33±0.40a	34.05±1.29bc	2.66±0.04c
	CK2	75.10±4.94b	5.55±0.16a	8.47±0.41b	37.75±1.56a	2.82±0.07a

注：各数值后不同小写字母表示处理间在 0.05 水平上存在显著差异，下表同。

2.2.2 不同化学药剂对棉花主茎增长量的影响

主茎增长量的变化反映的是棉株对不同化学药剂处理的响应程度。从图2-1可知，两年棉花主茎增长量在蕾期整体生长速度较快且均呈现上升趋势，铃期表现出先增加后趋于平缓的规律。随着时间的推移各处理较CK2均逐渐减小了棉花主茎增长量差距，2019年A1处理自播种后57d开始主茎增长量处于最低，在播后68d、77d分别较CK2显著降低19.31%、16.60%，较CK1下降13.37%、13.59%，其次是A2处理分别较CK1、CK2分别降低3.72%、5.68%，10.32%、8.97%；铃期人工打顶后，CK主茎增长量逐渐趋于平缓，A2B1、A2B2处理的主茎增长量在播种后97d以前呈现增加的趋势，之后则趋于平缓，其中A2B2在播种后121d较CK2显著提高16.97%，较CK1降低3.20%。而A1B1、A1B2在播种后87d呈现逐渐增高的趋势，在播种后121d较CK分别显著提高19.73%、12.04%，这说明蕾期经以CPPU为主成分的药剂处理以后，棉

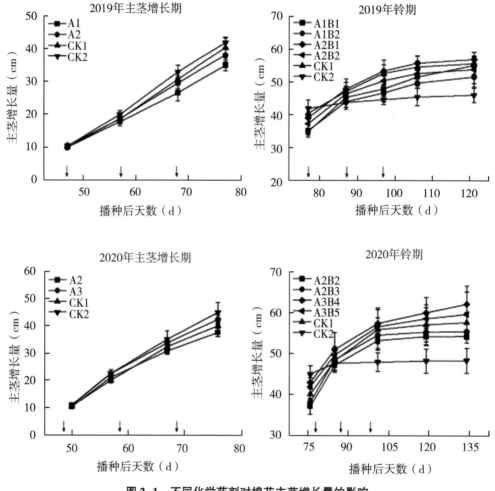

图2-1 不同化学药剂对棉花主茎增长量的影响

注："↓"表示化学药剂喷施时间

株在铃期易出现返青现象。2020年各处理主茎增长量较CK2均在不同程度上有所降低，其中A2处理在播后68、77d较CK2分别显著下降12.21%、16.48%，较CK1分别降低4.89%、6.29%，A3处理在播种后76d较CK2下降5.69%，差异不显著；铃期自播种后101d起，各处理较CK2均显著增加11.02%～19.81%，处理A2B2、A2B3在播后101d开始较CK1降低4.81%、2.47%，播后119d分别降低5.11%、3.17%，播后134d分别降低5.92%、3.78%。

2.2.3　不同化学药剂对棉花果枝夹角的影响

果枝夹角是反映棉株紧凑程度的重要指标。由图2-2可知，棉株果枝夹角由下而上呈现逐渐减小的趋势。2019年各处理中，在棉花蕾期A2、CK1处理上部果枝角度较CK2分别显著降低11.24%、8.80%，A1处理作用效果不显著，与CK2无显著差异，

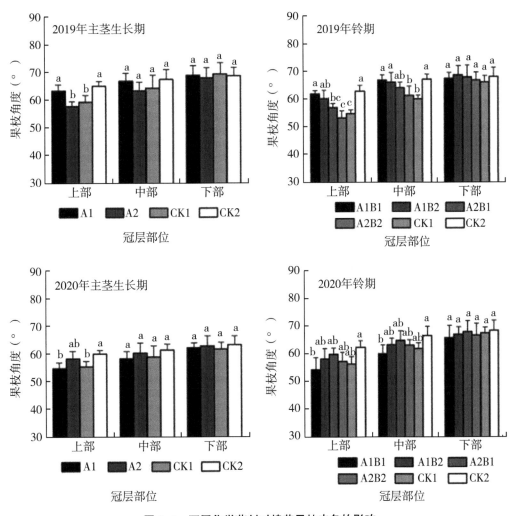

图2-2　不同化学药剂对棉花果枝夹角的影响

注：不同小写字母表示处理间在0.05水平上存在显著差异

与 A2、CK1 存在显著性差异；铃期结束后，A2B2 处理的中部果枝角度较 CK2、A1B1、A1B2 分别显著降低 8.65%、8.26%、6.98%，与 CK1 无显著差异，A2B2 处理的上部果枝角度较其他处理降低 2.87%~15.30%，并与处理 CK2、A1B1、A1B2 存在显著性差异；2020 年蕾期 A2 处理上部果枝角度较 CK2 显著降低 9.00%，与处理 A3、CK1 没有显著性差异，铃期结束后，棉花中部果枝角度 A2B2 处理较其他处理降低 2.91%~9.74%，且与 CK2 存在显著性差异，上部果枝角度表现出形同的变化规律，A2B2 处理较其他处理降低 3.41%~13.04%，且与 CK2 存在显著性差异。

2.2.4　不同化学药剂对棉花果枝长度的影响

果枝长度是反映棉花长相松散程度的重要指标。由图 2-3 可知，各处理对棉花上部果枝长度均有所抑制。2019 年蕾期，棉花上部平均果枝长度表现为 CK2>CK1>A2>A1，与 CK2 相比，倒一、倒二、倒三、倒四果枝长度分别减小 28.49%~53.02%、26.52%~47.41%、19.93%~38.26%、23.84%~45.45%，铃期棉花上部平均果枝长度表现为 CK2>CK1>A2B2>A2B1>A1B1>A1B2，倒一、倒二、倒三、倒四果枝长度分别较 CK2 减小 17.8%~68.5%、22.38%~50.46%、16.48%~41.85%、11.27%~43.14%；

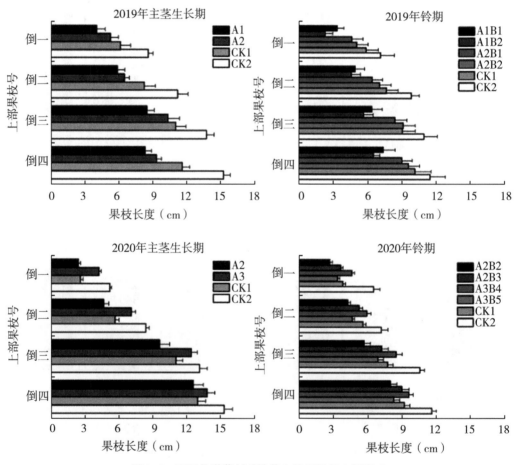

图 2-3　不同化学药剂对棉花上部果枝长度的影响

2020 年蕾期，棉花上部平均果枝长度表现为 CK2>A3>CK1>A2，倒一、倒二、倒三、倒四果枝长度分别减小 19.35% ~ 54.79%、15.55% ~ 44.26%、5.69% ~ 26.93%、9.51% ~ 17.59%，铃期棉花上部平均果枝长度表现为 CK2>A3B4>CK1>A2B3>A3B5>A2B2，果枝长度由上往下分别降低 29.29% ~ 58.89%、17.48% ~ 40.92%、19.6% ~ 46.09%、17.07% ~ 30.87%。

2.2.5　不同化学药剂对棉铃空间分布的影响

2.2.5.1　对成铃空间分布的影响

从表 2-3 可知，棉铃占比总体呈现由下而上、由里及外逐渐递减的规律，棉铃主要集中在中下部内围果节。从棉铃纵向分布来看，2019 年，A1B1、A1B2 处理下部铃占比较低，其中 A1B2 处理较其他处理显著降低 8.34% ~ 11.67%，而 A1B2 处理的中部铃占比较高，比除 CK2 外其他处理显著增高 7.33% ~ 8.33%，上部铃占比表现为 A1B1 处理最高，达 15.33%，较 CK2 显著增高 5.33%；2020 年，中下部棉铃占比在各处理下没有显著差异，其差异主要集中在上部铃，A3B5 处理上部铃占比达 18.0%，较处理 A3B4、A2B2、CK1、CK2 分别显著增高 2.33%、2.67%、3.67%、7.27%；从棉铃横向分布来看，两年间各处理下内围铃之间、外围铃之间均没有显著差异。

表 2-3　不同化学药剂对成铃空间分布的影响

年份	处理	纵向分布			横向分布	
		下部铃（%）	中部铃（%）	上部铃（%）	内围铃（%）	外围铃（%）
2019	A1B1	46.00ab	38.00b	15.33a	89.57a	10.43a
	A1B2	40.33b	45.33a	14.00ab	90.08a	9.92a
	A2B1	49.67a	37.00b	13.00bc	91.35a	8.65a
	A2B2	51.00a	38.00b	11.00d	91.50a	8.50a
	CK1	52.00a	36.00b	11.67cd	90.10a	9.90a
	CK2	48.67a	41.00ab	10.00d	90.91a	9.09a
2020	A2B2	48.11a	36.79a	15.33b	99.02a	0.98a
	A2B3	47.46a	36.42a	16.00ab	99.12a	0.88a
	A3B4	47.94a	36.51a	15.67b	98.90a	1.10a
	A3B5	45.97a	35.82a	18.00a	99.14a	0.86a
	CK1	49.84a	36.01a	14.33b	99.04a	0.96a
	CK2	49.13a	40.14a	10.73c	98.54a	1.46a

2.2.5.2　对吐絮铃空间分布的影响

吐絮情况是反映棉花群体生长整齐度的指标，也是直接影响棉花产量及收获的重要因素。从吐絮期棉铃吐絮率的空间分布来看，棉铃吐絮部位主要集中在棉株中下部果枝、内围果节（图 2-4）。不同空间位置棉铃吐絮率差异较大，其中 2019 年棉花中部果枝的内围果节各处理吐絮率平均在 20.0%~42.5%，下部果枝的内围果节各处理的吐絮率平均在 36.67%~65.00%，A1B1、A1B2 处理的中下部果枝内围果节吐絮率较低，分别为 28.33%、31.67，较 CK2 低 16.25%、12.91%，A2B2 处理达 53.75%，较 CK1、CK2 分别提高 2.08%、9.17%；2020 年棉花中部果枝的内围果节各处理的吐絮率平均在 29.58%~35.00%，下部果枝的内围果节各处理吐絮率平均在 49.17%~56.67%，中下部果枝内围果节吐絮率表现为 A3B5>A2B3>A2B2>CK1>A3B4>CK2，其中 A3B5 较其他处理高出 2.50%~5.83%。这说明 A3B5 处理对棉花群体进行集中吐絮具有促进作用。

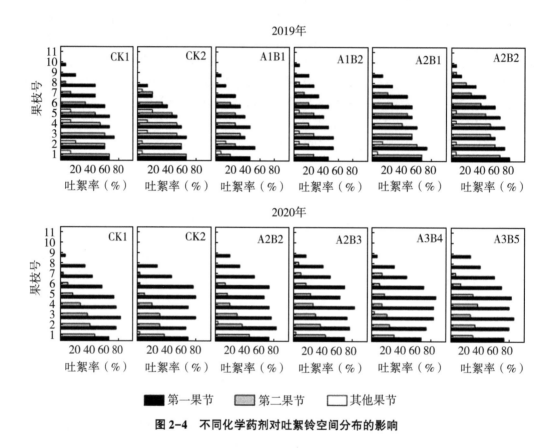

图 2-4　不同化学药剂对吐絮铃空间分布的影响

2.2.6　不同化学药剂对棉花产量及其构成因素的影响

由表 2-4 可知，2019 年棉花单株铃数 A2B2 处理达最高，较其他处理高出 0.3~3.3 个，且与 CK2 存在显著性差异，而 A1B1、A1B2 处理分别较 CK2 显著减少 1.8 个、1.7 个，且其单铃重较 CK2 分别显著降低 6.27%、8.43%，最终产量表现为 A2B2>CK1>A2B1>CK2>A1B1>A1B2，其中 A2B2 分别较 CK1、CK2 提高 2.5%、16.9%，并与 CK2 存在显著性差异；2020 年棉花单株铃数 A2B3、A3B5 处理表现较高，比 CK2 分别显著增加 1.7 个、1.6 个，各处理之间单铃重没有差异，最终产量表现为 A2B3>A3B5>A2B2>CK1>A3B4>CK2，其中 A2B3、A3B5 处理分别较其他处理提高 6.31%~19.19%、4.93%~17.64%，且均与 CK2 存在显著性差异。

表 2-4　不同化学打顶剂对棉花产量及其构成因素的影响

年份	处理	单株铃数	单铃重（g）	籽棉产量（kg/hm²）
2019	A1B1	7.1±1.0c	4.78±0.10b	3 409.04±157.08c
	A1B2	7.2±0.6c	4.67±0.12b	3 371.57±296.91c
	A2B1	9.7±0.7ab	4.99±0.08a	4 833.90±372.61ab
	A2B2	10.4±0.5a	5.07±0.09a	5 277.48±188.31a
	CK1	10.1±0.2a	5.08±0.14a	5 148.45±186.26a
	CK2	8.9±0.4b	5.10±0.11a	4 515.71±188.72b
2020	A2B2	10.0±0.7ab	5.99±0.12a	6 584.67±587.53ab
	A2B3	10.5±0.6a	6.04±0.15a	7 000.17±259.50a
	A3B4	9.4±0.8ab	5.95±0.11a	6 185.69±608.43ab
	A3B5	10.4±0.5a	6.03±0.11a	6 909.20±297.49a
	CK1	9.7±0.8ab	6.00±0.12a	6 399.59±521.50ab
	CK2	8.8±0.9b	6.09±0.11a	5 873.31±558.46b

2.2.7　棉花植株形态指标与产量的相关性分析

2.2.7.1　棉花植株形态相关性状及产量的皮尔逊相关矩阵

利用相关分析研究棉株形态指标与产量之间的相关关系，使用 Pearson 相关系数表示相关关系的强弱程度。由图 2-5 可知，产量与株高、株宽、上部果枝长度、上部成

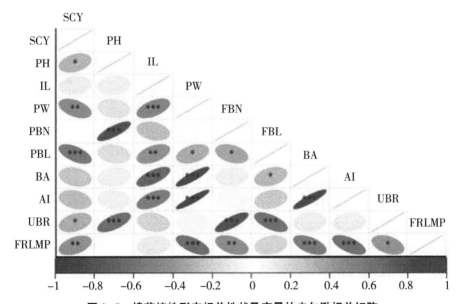

图 2-5　棉花植株形态相关性状及产量的皮尔逊相关矩阵

SCY：产量；PH：株高；IL：主茎节间长；PW：株宽；FBN：果枝数；FBL：上部果枝长度；BA：果枝夹角；AI：角度指数；UBR：上部成铃率；FRLMP：中下部吐絮率。"*"表示在 0.05 水平上差异显著；"**"表示在 0.01 水平上差异显著；"***"表示在 0.001 水平上差异显著。

铃率、中下部吐絮率共 5 项之间的相关关系系数值呈现出显著性，具体来看，产量与株高呈现出 0.05 水平的显著性；与株宽呈现出 0.01 水平的显著性；与上部果枝长度呈现出 0.01 水平的显著性；与上部成铃率呈现出 0.05 水平的显著性；与中下部吐絮率呈现出 0.01 水平的显著性。除此之外，株高与果枝数、上部成铃率；主茎节间长与株宽、果枝夹角、角度指数存在极显著正相关；株宽与果枝夹角、角度指数存在极显著正相关，与中下部吐絮率存在极显著负相关；果枝数与上部成铃率呈极显著正相关、与中下部吐絮率呈显著负相关；上部果枝长度与上部成铃率呈极显著负相关；果枝夹角与角度指数呈极显著正相关，与中下部吐絮率呈极显著负相关。

2.2.7.2　棉花植株形态相关指标的灰色关联度分析

从表 2-5 可知，棉花产量与其植株形态指标的灰色关联度范围在 0.519~0.753，其中与产量最为密切的指标是上部成铃率和果枝数，分别达 0.753、0.745，其次与产量关系密切的指标是株高，关联度达 0.741。与产量关系密切的前四项指标均是与棉株纵向生长优势有关，这说明，不同化学药剂处理主要通过改变棉花纵向生长，增加果枝数、提高上部成铃率，最终实现增产增收。

表 2-5　棉花植株形态相关指标的灰色关联度分析

指标	关联度	排序
上部成铃率	0.753	1
果枝数	0.745	2
株高	0.741	3
主茎节间长	0.733	4
中下部吐絮率	0.732	5
角度指数	0.731	6
果枝夹角	0.729	7
株宽	0.707	8
上部果枝长度	0.519	9

2.2.8　不同化学药剂对棉花经济效益的影响

由表 2-6 可知，2019 年籽棉收益 A2B2 处理达到最大，高出其他处理 2.50%~63.7%，在将药剂及喷施成本考虑在内以后，籽棉经济效益表现为 CK1＞A2B2＞A2B1＞CK2＞A1B1＞A1B2，其中 A2B2 较 CK1 降低 1.56%，较 CK2 显著增加 15.35%，而处理 A1B1、A1B2 减产较为严重，其中 A1B1 较 CK1、CK2 分别显著降低 39.69%、51.95%，A1B2 较 CK1、CK2 分别显著降低 43.42%、54.92%；2020 年籽棉收益 A2B3 处理达到最大，较其他处理提高 1.30%~19.19%，在除去药剂及机车成本以后，各处理下籽棉经济效益表现为 A3B5＞A2B3＞CK1＞A2B2＞A3B4＞CK2，其中 A3B5、A2B3 处理分别较 CK2 显著增高 19.81%、19.18%，较 CK1 处理分别增加 7.98%、7.42%。

表 2-6 不同化学药剂对棉花经济效益的影响 （单位：元/hm²）

年份	处理	收益	药剂成本	机车费	人工打顶	经济效益
2019	A1B1	17 657.39	1 455.98	315	—	15 886.42c
	A1B2	16 763.10	1 543.73	315	—	14 904.38c
	A2B1	25 136.27	1 108.35	315	—	23 712.92ab
	A2B2	27 442.90	1 196.10	315	—	25 931.80a
	CK1	26 771.96	114.75	315	—	26 342.21a
	CK2	23 481.69	—	—	1 000	22 481.69b
2020	A2B2	38 191.09	1 196.10	315	—	36 679.99ab
	A2B3	40 600.97	877.50	315	—	39 408.47a
	A3B4	35 877.01	131.63	315	—	35 430.38ab
	A3B5	40 073.35	142.43	315	—	39 615.92a
	CK1	37 117.62	114.75	315	—	36 687.87ab
	CK2	34 065.23	—	—	1 000	33 065.23b

注：成本、效益计算参照 2019 年籽棉单价为 5.2 元/kg，2020 年籽棉单价为 5.8 元/kg，人工打顶费用均为 900 元/hm²，调节剂费用为 ABA 6.5 元/g、CPPU 5.8 元/g、S3307 0.65 元/g、MH 0.472 元/g、ETH 0.08 元/g。

2.3 讨论

植物生长调节剂的合理应用对棉花的株形结构有着重要影响。研究发现，采用 DPC 处理后的棉花株形表现更为紧凑，并且棉田通风透光性较好（赵强等，2011）。ABA 作为一种较强的植物生长抑制剂，对作物主茎伸长生长、腋芽生长的抑制，茎粗的增加等具有显著作用（李琬等，2021；赵益等，2020）。S3307 作为一种低毒且高效的植物生长延缓剂，可以显著降低株高，控制旺长，同时可以减小果柄长度，增大茎粗，对降低植株重心高度起到有效作用（钟瑞春等，2015；梁建秋等，2017）。CPPU 是一种苯基脲类的 CTK 化合物，是人工合成的 CTK 中具有较高生理活性的植物生长调节剂，不同浓度 CPPU 处理对树木、草地、开花植物的疯长具有抑制作用。本研究发现，不同化学药剂均在一定程度上减缓了棉株顶部生长，但最终株高高于人工打顶，这可能是在药剂喷施后，棉株对药剂的吸收存在较长时间，因而顶部得以缓慢生长，并向侧边延伸果枝，最终与 CK 相比主茎节间长缩短、果枝数增加、株宽和角度指数减小，这可能是因为蕾期 ABA 和 S3307 共同抑制了棉株顶部 GA₃ 合成，减弱了棉株纵横生长，而铃期 ABA 与 MH 复配的化学药剂在加入 S3307 之后对顶端生长抑制效果达到最佳，这说明三者对棉株顶端抑制起到了协同作用。作为能够抑制内源 IAA 合成的植物生长调节剂：ETH，在与 S3307 的复配下也起到了相同作用效果。而 ABA+CPPU 在棉株蕾期喷施后，棉株顶部嫩叶出现枯黄且凋落的情况，这可能是由于施用浓度过高造成了棉株的枯叶现象，但植株并没有因此停止生长，后期极易出现返青现象。

棉株优质铃的数量与其纵横生长是否平衡有着紧密关系（陈德华等，2005）。纵向生长过旺，会使棉株单铃重下降，不利于产量提高，而横向生长过旺，棉花冠层的通风透光性能就会严重下降，最终导致产量难以提高。前人研究发现，化学打顶处理后的棉花单株结铃数比人工打顶的多，其中棉花的成铃优势主要集中在棉株上部，中下部成铃数没有显著差异（赵强等，2011；董春玲等，2013；徐新霞等，2015；徐宇强等，2014）。本研究结果与上述一致，各处理除 A1B1、A1B2 外，其他处理中下部果枝成铃率没有差异，成铃率的优势主要集中在上部果枝，其中处理 A3B5 的上部成铃率最高，且相较于 A2B2、A3B5 的中下部吐絮率更高，这可能是因为 S3307 与 ETH 分别抑制了内源 GA_3 生物合成、降低了 IAA 水平，从而减弱棉花顶部生长，使养分集中运输给侧枝生长，在此期间 ETH 通过影响棉铃内源激素平衡，促进棉花光合产物向棉铃转运，使光合产物的供应与棉铃的成熟吐絮实现高度同步，最终提高籽棉产量。而蕾期喷施含 CPPU 成分的处理，可能因为顶部叶片泛黄，叶片光合作用下降，以至向侧枝生长运输的光合产物减少，所以中下部成铃率较低，而后期出现贪青晚熟现象，致其吐絮率下降。

棉花产量主要由单位面积内的收获株数、单株铃数、单铃重等决定（张志刚等，2003）。其中对产量贡献最大的是单株铃数，其次是单铃重。植物生长调节剂的应用对棉花产量形成具有较大的调控潜力（李新宇等，2009）。有研究表明，外源喷施植物生长调节剂可以增加棉花的单株铃数以及单铃重，从而达到增产增收的效果（刘帅等，2018；李雪等，2009）。本研究结果发现，2020 年不同化学药剂处理下棉花产量均有所提高，且产量构成优势主要体现在单株结铃数，其中 A2B3、A3B5 单株结铃数较高，其产量也处于较高水平。

化学打顶成本是棉花净支出中不可忽视的一部分。与人工打顶所需费用相比，化学药剂中 ABA 价格较高，致使其打顶总成本高于人工打顶，但在含 ABA 的复配调节剂 A2B3 处理下，籽棉产量大幅提高，其产生的收益远远高于人工打顶，进而也就弥补了个别主成分调节剂所造成的较高成本，而 A3B5 处理在除去成本后，净效益与 A2B3 相当，其组合性价比更高。

3 复配型化学药剂对棉花干物质与内源激素的影响

棉花具有无限生长特性，棉株花芽分化开始即标志着生殖生长的出现，此后棉株叶片、茎秆等营养器官的生长与现蕾、开花、结铃等生殖器官的生长共存，该阶段营养生长和生殖生长二者并进时间较长，且存在互相促进同时又互相限制的关系，在此时期，若不控制棉株营养生长，棉田则会易出现棉株高大、冠层遮蔽严重等问题，对棉株群体通风透光不利，会减少光合物质向生殖生长的转运比例，最终造成产量低下（郑泽荣等，1980）。长期以来，棉花生产中普遍采用的人工打顶方式，是指人工摘除棉株顶尖生长部位，调整养分分布位置，使营养生长向生殖生长的过渡（Ren et al.，2013）。但人工打顶费时费工，效率低下，在我国植棉业的转型和升级过程中，研制出能够取代人工打顶的技术手段显得尤为重要。目前，棉花生产上逐步大面积应用的化学打顶技术是利用植物生长调节剂控制顶尖生长的技术措施。植物生长调节剂是一类可以调控植物的生长、分化和发育，能够促进、抑制或者改变植物的生长，并刺激植株内源激素产生相对的响应（Davies，2010；Rademacher et al.，2015）。植物生长调节剂在许多作物上的应用已经取得显著作用效果（Gupta et al.，2003；Gao et al.，2017；文廷刚等，2020）。然而，应用于棉花化学打顶技术的植物生长调节剂对棉株生殖生长与营养生长的调控规律及其作用机理有待进一步明确。

本研究通过分析比较棉花光合作用基础、干物质积累分配规律及内源激素等指标在不同化学药剂处理下的响应程度，明确棉花生殖生长与营养生长在不同处理下的变化特征，筛选出对棉花生长发育平衡具有调控效应的最优化学药剂，为实现棉花轻简化栽培提供理论依据。

3.1　材料与方法

3.1.1　试验设计

同"2"

3.1.2　测定项目及方法

3.1.2.1　SPAD 值

采用 SPAD-502 型叶绿素计进行测定，从棉花盛蕾期开始，在各小区随机选取 10 株具有相同长势的棉花，测量棉花植株倒四叶相对叶绿素含量，在叶片的上、中、下部各测 1 次，取平均值作为该叶片的 SPAD 值。

3.1.2.2　叶面积

盛蕾期开始每隔 15d 左右于棉花主要生育时期测定 1 次，各小区选取 3 株长势具有代表性的棉花，将每株叶片取下平铺在白纸板上进行拍照，利用 Matlab 软件对照片进行处理、提取，计算叶面积（cm²），再利用以下公式计算叶面积指数：

LAI（m²/m²）= 单株总叶面积（m²/株）× 单位面积总株数（株）/单位土地面积（m²）

3.1.2.3　干物质重量

在棉花各主要生育时期内［盛蕾期（FS）、盛花期（FF）、盛铃前期（EFB）、盛铃后期（LFB）、吐絮期（BO）］，于各小区选取 3 株长势具有代表性且一致的棉花，将其子叶节以上采收，分解为叶片、茎秆和生殖器官，于烘箱中 105℃ 下杀青 30min 后，调温至 85℃ 烘干，分别测定各器官干物质重量。

利用 Logistic 方程（王士红等，2020）对单株棉花生殖器官及营养器官干物质重量分别进行拟合。

$$Y = Y_m / \left[1 + e^{(a+bt)} \right] \tag{1}$$

式中，Y_m 为棉花干物质累积量最大值，t 为棉花播种后天数，a、b 是待定系数。

$$\Delta t = t_2 - t_1 \tag{2}$$

式中，Δt 为干物质快速累积持续时间，t_1 与 t_2 分别为干物质开始进入、结束快速累积时期的两个节点，在 t_1 之前，棉花干物质累积速率较为缓慢，t_1 至 t_2 时间段为干物质快速累积期，在 t_2 之后，干物质累积速率开始减缓。

在 $T = a/b$ 时，$\qquad V_m = -bY_m/4 \tag{3}$

式中，T 为干物质最大增长速率出现时间，V_m 为干物质最大增长速率。

$$GT = -bY_m/4 \cdot \Delta t \tag{4}$$

式中，GT 为 t_1 至 t_2 快速累积期生长特征值，表示棉花干物质快速增长达到最高值 65%以上。

3.1.2.4 内源激素

分别在蕾、铃期各阶段喷施完后 1、2、5、10d 于每个小区随机选取 3 片棉花倒四叶，人工打顶后取倒三叶，用锡纸包裹，液氮冷冻，于-80℃的低温冰箱保存，采用酶联免疫法对棉株倒四叶叶片中 IAA、GA₃、ABA、CTK 的含量进行测定。

3.1.3 数据统计及分析

试验数据选用 Excel 2019 进行统计分析，选用 SPSS 25.0 进行方差分析，选用 Duncan's 法检验处理间差异，用 Origin 2019 b 作图，用 CurveExpert 1.4 进行数据拟合分析。

3.2 结果与分析

3.2.1 不同化学药剂对棉花 SPAD 的影响

叶绿素与叶片光合关系密切，其中 SPAD 值可以定量叶绿素含量。从图 3-1 可知，SPAD 值随着棉花生育进程的推移呈现出先增高后降低的趋势，两年各处理均在播后盛铃期达到峰值，在此之前各处理间没有差异。2019 年盛铃期，与 CK2 相比，处理 A1B1、A1B2 分别降低 5.44%、3.87%，且均与处理 A2B2、CK1 存在显著性差异，在盛铃后期，处理 A2B2 较其他处理提高 2.21%~11.84%，且与 A1B1 存在显著性差异；2020 年处理 A3B5、A2B3 在盛铃期较 CK2 分别显著提高 8.22%、6.47%，在盛铃后期，处理 A2B3、A3B5 仍保持较高水平，较 CK2 分别显著提高 9.20%、8.46%。

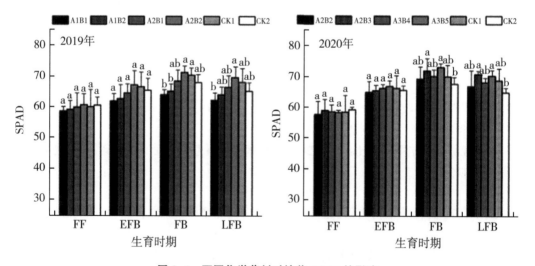

图 3-1　不同化学药剂对棉花 SPAD 的影响

注：不同小写字母表示处理间在 0.05 水平上存在显著差异。FF：盛花期；EFB：盛铃前期；FB：盛铃期；LFB：盛铃后期；BO：吐絮期。

3.2.2　不同化学药剂对棉花叶面积指数的影响

棉株主要生育时期的 LAI 可以反映棉株群体利用光能的动态趋势，同时也是判断棉花冠层结构是否合理的重要指标。从图 3-2 可知，棉株 LAI 在全生育期内呈现先增后降的规律，两年各处理均在盛铃期达到峰值。2019 年在处理 A2B2 达最高，较 CK1、CK2 分别提高 3.23%、19.11%，A1B1、A1B2 处理则较低，同 CK2 相比分别降低 10.96%、6.29%，盛铃后期各处理 LAI 表现为 A2B2>CK1>A2B1>CK2>A1B2>A1B1，其中 A2B2 较其他处理提高 3.23%~33.78%，处理 A1B1、A1B2 分别较 CK2 降低 12.3%、6.72%；2020 年盛铃前期各处理 LAI 表现为 A3B5>A2B3>A2B2>CK1>A3B4>CK2，其中 A3B5 较其他处理高出 4.37%~25.36%，盛铃期各处理 LAI 表现为 A2B3>A3B5>A2B2>CK1>A3B4>CK2，其中 A2B3 较其他处理高出 2.39%~18.59%，盛铃后期各处理表现为 A2B3>A3B4>A2B2>CK1>A3B5>CK2。

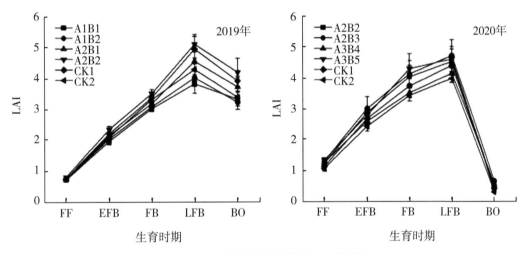

图 3-2　不同化学药剂对棉花 LAI 的影响

3.2.3　不同化学药剂对棉花干物质累积的影响

3.2.3.1　对棉花营养器官干物质累积动态特征值的影响

用 Logistic 生长函数对不同复配型调节剂处理下棉花生殖器官和营养器官干物质积累量进行拟合，各处理下棉花干物质动态累积均符合"S"形曲线变化规律，特征值如表 3-1、表 3-2 所示。与 CK2 相比，两年间不同化学药剂处理均推迟了最大生长速率出现时间（T）和进入快速累积时期节点（t_1）。从表 3-1 可知，2019 年，处理 A1B1、A1B2 营养器官干物质最大累积速率（V_m）较其他处理分别降低 10.06%~22.70%、14.47%~26.49%，T 较其他处理分别推迟 0.10~2.78d、1.15~3.83d；生长特征值（GT）较 CK1 分别降低 15.97%、13.01%，持续时间较其他处理分别增加 1.53~2.34d、4.29~5.10d；处理 A2B2 V_m、GT 值均处于最高，其中较 CK1 分别提高 0.54%、3.45%，较 CK2 分别提高 16.35%、18.94%。2020 年，A3B5 处理 V_m 最高，其次是 A2B3，分别较 CK1 提高 6.34%、5.63%，较 CK2 分别提高 15.27%、14.50%；快速累积期生长特征值在 A2B3 处理下最高，其次是 A3B5，分别较其他处理提高 4.00%~17.96%、2.95%~16.77%。

表3-1 不同化学药剂处理下棉花营养器官干物质累积动态特征值变化

年份	处理	回归方程	R^2	V_m/[g/(株·d)]	T(d)	t_1(d)	t_2(d)	(Δt)(d)	GT(g/株)
2019	A1B1	$y=68.39/(1+e^{(6.79-0.084t)})$	0.981 2	1.43	81.31	65.54	97.07	31.53	45.03
	A1B2	$y=70.79/(1+e^{(6.33-0.077t)})$	0.977 9	1.36	82.36	65.22	99.51	34.29	46.62
	A2B1	$y=76.54/(1+e^{(7.09-0.088t)})$	0.951 4	1.69	80.46	65.52	95.41	29.90	50.40
	A2B2	$y=84.19/(1+e^{(7.13-0.088t)})$	0.954 7	1.85	81.21	66.21	96.21	30.00	55.44
	CK1	$y=81.39/(1+e^{(7.19-0.090t)})$	0.944 6	1.84	79.70	65.11	94.29	29.19	53.59
	CK2	$y=70.79/(1+e^{(7.04-0.090t)})$	0.936 4	1.59	78.53	63.84	93.23	29.39	46.61
2020	A2B2	$y=79.72/(1+e^{(5.04-0.072t)})$	0.912 5	1.44	69.82	51.59	88.06	36.47	52.49
	A2B3	$y=82.90/(1+e^{(5.01-0.072t)})$	0.927 9	1.50	69.36	51.12	87.61	36.49	54.59
	A3B4	$y=75.88/(1+e^{(5.14-0.075t)})$	0.904 8	1.42	68.44	50.89	85.99	35.09	49.96
	A3B5	$y=81.09/(1+e^{(5.22-0.075t)})$	0.908 6	1.51	70.01	52.10	87.91	35.81	54.04
	CK1	$y=77.63/(1+e^{(5.02-0.073t)})$	0.904 6	1.42	68.54	50.57	86.50	35.93	51.12
	CK2	$y=70.29/(1+e^{(5.01-0.074t)})$	0.892 1	1.31	67.39	49.69	85.09	35.40	46.28

y：干物质累积量，t：播种后天数；V_m：干物质最大增长速率；T：干物质最大增长速率出现时间；t_1：干物质开始进入快速累积时期节点；t_2：干物质结束快速累积时期节点；Δt：干物质快速累积持续时间；GT：干物质快速累积期生长特征值。下表同。

3.2.3.2　对棉花生殖器官干物质累积动态特征值的影响

从表 3-2 可知，2019 年 A1B1 处理进入快速累积期时间（t_1）较晚且结束快速累积时间（t_2）较早，其单株最大累积速率（V_m）、快速累积期生长特征值（GT）均较低，比其他处理分别降低 16.82%～28.8%、9.29%～27.41%，其次是 A1B2 处理，比其他处理分别降低 12.62%～25.2%、3.58%～23.51%；处理 A2B2 的 V_m、GT 最高，分别比 CK2 提高 16.82%、2.76%；2020 年处理 A3B5 下 V_m 值达最大，较其他处理提高 1.67%～60.53%，其 t_1 值较小，比其他处理延迟 0.96d～4.84d，且整体持续时间（Δt）较短，比其他处理减少 1.09d～4.74d；GT 在 A2B3 处理下最高，较其他处理提高 2.66%～39.94%。

3.2.3.3　对棉花干物质累积与分配的影响

干物质是棉花光合产物的最终表现形态，合理的转运及分配是棉花产量形成的关键。由图 3-3 可知，随着生育时期的推进，各处理下的茎、叶干物质积累总量均呈现出先增高后降低的趋势，在盛铃后期达到峰值，其中叶片、茎秆的分配比例均在盛花期达到峰值；生殖器官的干物质积累量表现出逐渐增高的趋势，其分配比例均在吐絮期达到峰值。2019 年，到盛铃期为止，棉花以营养生长为主，从盛铃后期开始进入以生殖生

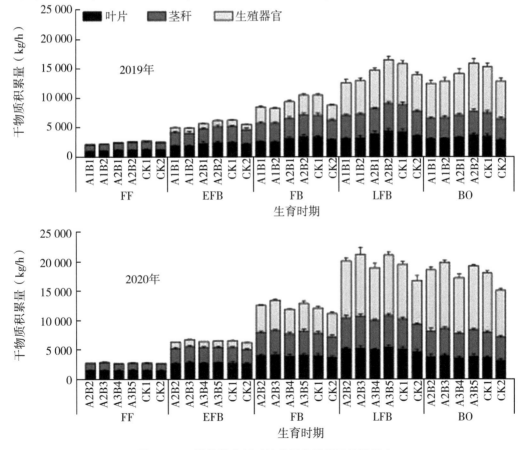

图 3-3　不同化学药剂对棉花干物质积累量的影响

表3-2 不同化学药剂处理下棉花生殖器官干物质累积动态特征值变化

年份	处理	回归方程	R^2	V_m [g/(株·d)]	T (d)	t_1 (d)	t_2 (d)	(Δt) (d)	GT (g/株)
2019	A1B1	$y=63.58/(1+e^{(11.71-0.112x)})$	0.996 7	1.78	104.31	92.59	116.04	23.46	41.86
	A1B2	$y=66.99/(1+e^{(11.86-0.112x)})$	0.994 6	1.87	106.17	94.38	117.96	23.59	44.11
	A2B1	$y=75.85/(1+e^{(12.33-0.116x)})$	0.995 1	2.20	106.13	94.80	117.46	22.66	49.94
	A2B2	$y=87.58/(1+e^{(12.10-0.114x)})$	0.995 9	2.50	105.92	94.38	117.45	23.06	57.67
	CK1	$y=84.54/(1+e^{(11.24-0.106x)})$	0.998 7	2.25	105.64	93.26	118.02	24.76	55.66
	CK2	$y=69.47/(1+e^{(13.07-0.123x)})$	0.989 9	2.14	105.91	95.24	116.58	21.34	45.75
2020	A2B2	$y=93.08/(1+e^{(9.49-0.096x)})$	0.997 9	2.23	99.07	85.32	112.83	27.51	61.29
	A2B3	$y=100.29/(1+e^{(9.45-0.096x)})$	0.998 3	2.40	98.63	84.89	112.37	27.48	66.04
	A3B4	$y=84.84/(1+e^{(9.37-0.095x)})$	0.997 4	2.01	98.85	84.95	112.75	27.80	55.87
	A3B5	$y=97.69/(1+e^{(9.93-0.100x)})$	0.997 1	2.44	99.47	86.28	112.67	26.39	64.33
	CK1	$y=90.80/(1+e^{(9.08-0.091x)})$	0.997 1	2.06	100.02	85.52	114.52	29.00	59.79
	CK2	$y=71.67/(1+e^{(8.21-0.085x)})$	0.997 4	1.52	97.00	81.44	112.57	31.13	47.19

长为主阶段，此阶段干物质总积累量表现为处理 A2B2>CK1>A2B1>CK2>A1B2>
A1B1，其中 A2B2 处理的生殖器官占比在盛铃后期和吐絮期达到最大，分别为
47.86%、53.87%，生殖器官积累量分别高出其他处理 6.77%~34.63%、3.52%~
37.08%，这表明处理 A2B2 有利于促进光合产物向生殖生长的转运。2020 年，棉花
在盛铃期进入以生殖生长为主阶段，各处理下的干物质总积累量从该时期开始均表
现为处理 A2B3>A3B5>A2B2>CK1>A3B4>CK2，A2B3、A3B5 处理自盛铃前期开始持
续表现出较高的生殖器官分配比例，在吐絮期生殖器官占比达 57%，较同时期其他
处理高 1%~4%，这表明 A2B3 和 A3B5 处理棉花光合产物向生殖器官的输送能力较
强，有利于提高棉花产量。

从表 3-3 可知，2019—2020 年两年间不同化学药剂处理对棉花不同生育时期下
SPAD、LAI、干物质重量均有着不同程度的影响。不同化学药剂处理在盛铃期前对棉花
影响不大，自盛铃期开始对各指标产生较大影响，其中，LAI 和干物质重量在不同化学
打顶剂处理呈现出 0.01 水平的极显著差异，相比之下，对 SPAD 的影响较小，呈现
0.05 水平的显著差异。

表 3-3 各处理间叶绿素含量、叶面积指数、干物质重量的方差分析

生育时期	指标	2019 年	2020 年
盛花期	叶绿素含量	ns	ns
	叶面积指数	ns	ns
	干物质重量	ns	ns
盛铃前期	叶绿素含量	ns	ns
	叶面积指数	ns	ns
	干物质重量	*	ns
盛铃期	叶绿素含量	*	*
	叶面积指数	**	**
	干物质重量	**	**
盛铃后期	叶绿素含量	*	*
	叶面积指数	**	*
	干物质重量	**	**
吐絮期	叶绿素含量	—	—
	叶面积指数	**	**
	干物质重量	**	**

注：* 与 ** 分别表示在 0.05、0.01 水平下差异显著，ns 表示在 0.05 水平差异不显著。

3.2.4 不同化学药剂对棉花内源激素的影响

3.2.4.1 对主茎叶内源激素含量的影响

由图 3-4 可知，GA₃ 含量在蕾期 A2 处理喷施 2d 后开始逐渐减少，在喷施后 5d、

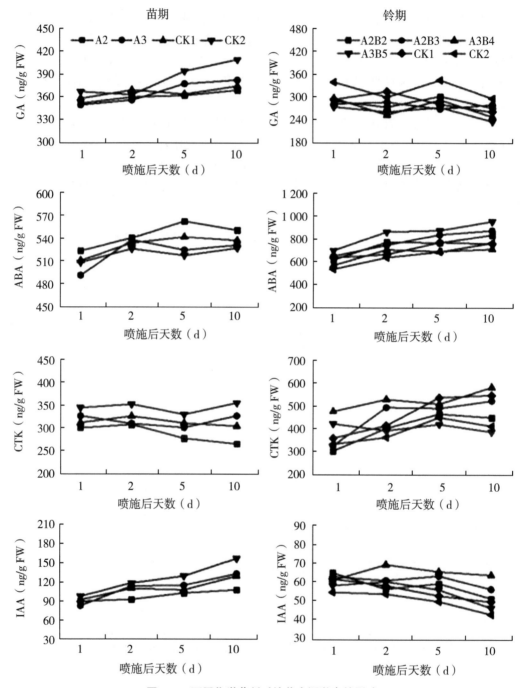

图 3-4 不同化学药剂对棉花内源激素的影响

10d 较 CK2 降低 8.06%、9.76%，与 CK2 存在显著性差异，其次是 CK1 处理，A3 处理差异不显著，各处理于铃期喷后 5d、10d 分别降低 12.14%~21.85%、5.60%~20.32%；ABA 含量在蕾期 A2 处理呈现先增后降的趋势，在喷后 5d 达到峰值，较 CK2 显著增加 8.70%，铃期 ABA 含量呈现逐步上升的趋势，A3B5 处理在喷后 10d 较其他处理高出 1.12~1.35 倍；CTK 在 A2、CU 处理呈现先增后降的趋势，其中 A2 处理在喷后 5d、10d 下降明显，分别较其他处理降低 7.7%~15.7%、12.61%~24.98%，铃期在喷后 1d、2d 于 A3B4 处理下保持较高水平，在喷后 2d 处理 A2B3、CK1 上升较快，A3B5 开始逐渐降低，喷后 5d 处于最低；IAA 在蕾期呈现上升的趋势，与 CK2 相比，A2 处理在喷后 2d 上升趋势减缓，较 CK2 显著降低 21.8%，在喷后 5d 处理 A2 比 CK2 显著降低 20.8%，在喷后 10d 与 CK2 相比，其他处理显著降低 15.25%~31.44%，铃期开始 IAA 逐渐降低，喷后 2d A3B4 处理 IAA 含量保持最高，其次是 A2B3 处理，A3B 在喷后 10d 下降速度较快，除 CK2 外，比其他处理降低 6.6%~27.17%。

3.2.4.2　对棉花内源激素间比值的影响

内源激素间的相对平衡对作物生长发育有着重要影响。从图 3-5 可知，蕾期 GA_3/IAA、ABA/IAA、CTK/IAA 在各外源复配剂处理下随着喷后天数的推移，均呈现出降低的趋势，其中，GA_3/IAA、ABA/IAA 喷后 2d 开始均表现为处理 A2>CK1>A3>CK2，而 CTK/IAA 在喷后 1d、2d 各处理存在显著差异，喷后 5d 开始趋于平缓，各处理间没有显著差异，ABA/CTK 在喷后 5d、10d 表现为处理 A2>CK1>A3>CK2，A2 处理较其他处理分别高出 16.67%~30.13%、17.61%~38.93%，而 A3 处理呈现先增后降的趋势，比值在喷后 5d 达到峰值。铃期 GA_3/IAA 自喷后 1d 开始各处理均低于 CK2，其中 A3B4 处理比值在喷后 2d、10d 均显著低于其他处理，ABA/IAA、CTK/IAA 自铃期处理后均呈现增高的趋势，并在喷后 10d 均达峰值，分别具体表现为处理 A3B5>CK2>A2B2>A2B3>CK1>A3B4，其中处理 A3B5 高出其他处理 15.71%~83.97%，处理 CK1>CK2>A2B3>A3B4>A2B2>A3B5，其中 CK1 高出其他处理 14.91%~31.98%，ABA/CTK 自喷后 1d 起处理 A3B4 一直处于最低，自喷后 2d 起处理 A3B5 保持最大。

3.3　讨论

SPAD 值反映的叶绿素含量，是影响作物进行光合作用的重要因素，作物体内叶绿素含量直接影响光合速率。棉花化学打顶后叶片叶绿素含量高，持续时间长，光合作用时间延长，保证了群体光合能力提高的同时也延长了其持续时间（杨成勋等，2016）。前人研究表明，ABA 可以延长叶片保绿时间，减缓叶绿素降解速率（Travaglia et al.，2010），并加快叶绿素合成速度，增强光能转换效率（张浩等，2021）。S3307 可延长叶绿素含量的缓降期，提高叶绿素合成的相关酶活性，从而增高叶绿素含量及净光合速率（项祖芬等，2004；Liu Y et al.，2015）。本研究发现，蕾期喷施 ABA+S3307 与 ABA+CPPU 相比 SPAD 值更高，这说明 ABA 与 S3307 对棉花叶绿素合成起到了协同作用，共同提高了 SPAD 值，而 CPPU 破坏了叶片叶绿素形成，进而造成 SPAD 值降低。两年试验均呈现在蕾期处理一致基础下，铃期 SPAD 值表现为喷施 ABA+MH+S3307 优于 ABA+MH 的趋势，这可能与 MH 会减弱作物光合作用有关（Cline et al.，2017）。

叶片作为光合作用的重要载体，适宜的 LAI 是衡量棉花营养生长和生殖生长协调的

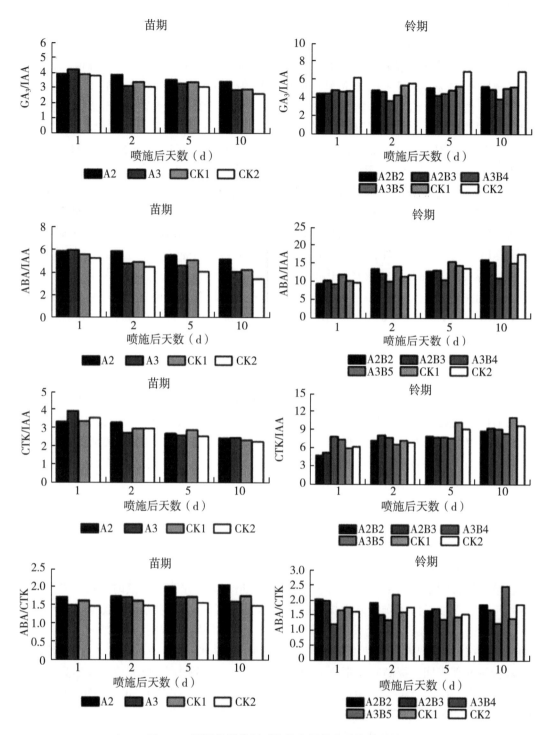

图 3-5 不同化学药剂对棉花内源激素比值的影响

关键指标，与产量密切相关，其过大会造成群体间光照条件恶化，影响植株光合作用与产量，而过小也会影响个体光合产物形成。本研究结果表明蕾铃期均喷施化学药剂除蕾期喷施 ABA+CPPU 处理外，其他处理均可提高 LAI 且延长其持续时间至盛铃后期，为棉株光合产物的形成提供了基础保障。其中蕾期均喷施 ABA+S3307 处理，铃期喷施 ABA+S3307 叶面积指数较 ABA＋S3307＋MH 高，其次是蕾期喷施 S3307、铃期喷施 S3307+ETH 处理，结合最终产量来看，蕾铃期均喷施 ABA+S3307 处理产量最高，其次是蕾期喷施 S3307、铃期喷施 S3307+ETH 处理，这说明叶面积的提高作为基础，光合能力的强弱作为关键，二者均处于最佳状态才能充分利用光能最终获得高产，否则过高的叶面积但光合速率得不到提升，就会造成叶片冗余，达不到增产的效果。

棉花干物质生产、累积和分配的过程是棉花产量形成的基础。不同器官干物质积累量在不同生育期内保持在适宜的范围内有利于产量提高（李淦等，2016；罗宏海等，2008；Yang et al.，2019），而光合产物的累积与转运离不开植物生长调节剂的调控参与。S3307 可以通过调控植物内源激素或抗氧化酶活性来维持较高的叶绿素含量、叶面积指数及叶片光合效率，延长叶片功能期，提高光合产物向生殖器官的转运速率，进而提高产量（Luo，2020）。ABA 可以促进叶绿素浓度的增加，间接促进光合系统的稳定性，进而有利于更高的干物质累积（Claudia et al.，2007）。本试验结果表明，蕾铃期均喷施 ABA+S3307 处理下棉花营养器官干物质积累量与总干物质积累量自盛铃期开始较其他处理达最高，盛铃后期开始生殖器官分配比例保持较高水平，这可能是 ABA 与 S3307 之间存在协同作用，二者对同一生理效应同时发挥作用，从而达到了增强效应的结果（Jogawat et al.，2021；刘拥海等，2012），而蕾期喷施 ABA+S3307，铃期喷施 ABA+S3307+MH 处理在盛铃期之后棉花干物质积累总量均出现较其减小的规律，这可能是因为铃期喷施药剂中 MH 的加入造成棉花顶端分生组织的破坏（Cline et al.，2017），致使顶端优势丧失，棉花光合产物的转化效率也随之降低，从而导致光合产物的合成转化受到限制。

作物干物质累积速率是反映群体生长的重要指标之一（韦还和等，2021；刘朋程等，2018）。干物质累积最大速率出现早，对营养生长向生殖生长转化有利，促使光合产物向生殖器官进行有效转移，而当棉花进入快速累积时期较晚时，虽然会保持较高累积速率，但会使棉花出现贪青晚熟现象，所以适宜的群体生长特征值是棉花获得高产的必要条件（李文娟等，2009；尔晨等，2020）。本研究结果表明，在营养生长阶段，A2B3 处理可以增加快速增长持续时间，期间保持较高的生长特征值，而 A3B5 处理干物质最大累积速率最高，虽然进入最快累积时期节点较晚且持续时间不长，但保持了相对较高的生长特征值，二者使棉花营养生长在这一时期内占据优势，与此同时营养器官能够汲取保存较多的营养物质。在生殖生长阶段，A2B3 处理棉花生殖器官干物质最大积累速率、快速累积期生长特征值依旧保持较大，其次是 A3B5 处理，从而实现单株棉花生殖器官干物质积累量的增加，为棉花产量形成奠定了基础。这可能与 ABA 和 S3307 能同时提高棉花光合作用（Ahmad et al.，2020；Luo et al.，2020），ETH 可以增加作物功能叶中光敏色素含量，提高作物净光合速率（高芳等，2021），与 S3307 复配同样发挥协同作用从而促进棉花生长有关。这也说明 A2B3 处理是通过促进和延长棉花营养生长，而 A3B5 处理则是提高营养生长最大累积速率，通过不同的途径获得较高营养物质量，为接下来棉花在生殖生长为主阶段光合产物向生殖器官的转运效率的提高提供了物质保障，进而保证了棉花光合产物的合理分配。

作物全生育阶段外部形态或者生理的变化，不是由某单一激素作用引起，而是其体内所有激素之间相互影响、共同作用的结果。而植物生长调节剂则可以通过调节作物内源激素的含量，进而构建新的内源激素动态平衡，使作物的生长发育朝向人们预期的方向发展。前人研究表明，ABA 能够抑制 GA_3 合成基因的表达，使植物体内的活性 GA_3 含量降低，从而抑制幼苗地上部的生长（戚义东等，2019）。S3307 主要是通过抑制贝壳杉烯氧化酶活性来抑制植物体内源 GA_3 的生物合成，从而达到植株高度降低、茎宽增大、紧密度提高以及植株抗倒伏能力增强的效果，Izumi 等（1988）发现 S3307 处理对水稻幼苗中 GA_3 含量的降低有显著作用，但对 ABA 和 IAA 影响不大。但有研究发现 S3307 能抑制拟南芥 ABA 分解代谢，其处理后 ABA 含量较对照高出两倍。本研究结果发现不同化学药剂在喷施后与 CK 相比均有效降低 GA_3、CTK、IAA 含量，提高 ABA 含量，以蕾期喷施 ABA+S3307 处理效果最佳，这说明二者与 GA 存在拮抗，共同施用后发挥了协同作用，而出现这一现象可能的原因是 GA_3 与 ABA 同属萜类化合物，有相同的合成前体——法尼基焦磷酸（FPP），当 GA_3 合成受阻时，合成前体就会更加偏向 ABA 的合成（周秀琳，2017），同时 IAA 氧化酶活性提高，植株体内 IAA 分解速度加快，从而 IAA 含量有所降低。铃期处理 A3B5 则表现相同的规律，这与前人研究一致（卫晓轶等，2011）。

内源激素比值大小反映植株的生长势水平，其比值越低，表示植株的营养生长越旺盛；比值增高，则抑制了植株迅速生长的趋势，进而促进了植株的生殖生长（周娟，2012）。本研究中蕾期 A2 处理能够显著提高各激素间比值，这说明 ABA+S3307 能降低棉株体内 IAA 含量，减弱棉花蕾期顶端生长，将生长中心逐渐向侧枝转移，铃期喷施 S3307+ETH 处理也可以显著提高 ABA/IAA、ABA/CTK，这也是棉株由营养生长转向生殖生长为主的重要标志。

棉花塑型打顶技术在新疆的试验示范效果

孔新[1]　刘　政[2]　李有忠[3]　赵曾强[3]　王志军[1]　朱宗财[1]

（1. 新疆农垦科学院生物技术研究所，新疆石河子　832000；2. 石河子大学农学院，新疆石河子　832000；3. 新疆农垦科学院棉花研究所，新疆石河子　832000）

摘要

【目的】化学调控是新疆种植棉花的一项关键技术措施，合理的化控技术可以缩短棉花生育进程，有效提高棉花产量和品质，是当前棉花栽培技术体系中的必备技术。

【方法】引进棉花新型塑型和打顶化学调控技术，利用多年多点试验示范，探索化学调控对棉花株形、铃数、铃重、品质的影响，创新了棉花化控技术体系。

【结果】通过在棉花生产中应用效果评价，证明该技术体系是实现新疆棉花增产的有效途径。

【结论】新疆作为我国棉花重要的生产基地，总产占比达到 90%，具有十分重要的推广价值。

关键词：棉花；塑型剂；打顶剂

【研究意义】新疆是我国最大的棉花产区，新疆棉花在生产过程中，从耕地、除草、播种、灌溉、施肥、防治病虫害、脱叶、采收等环节已经基本上实现了机械化，耕、种、管、收机械化水平达到93%以上。随着技术进步和机械化程度提高，人员管理面积大幅度提高，棉花生产中人工打顶的用工紧缺和价格上涨的矛盾日益凸显，采用棉花化学打顶替代人工打顶的生产方式已成趋势。本试验所用棉花"促花王"塑型、打顶技术，属于生物类药剂，能有效抑制棉花中上部侧枝和顶部营养生长优势，继而控制棉花的无限生长习性，可有效降低棉花果枝长度、使叶缺加深、单片叶面积减小，起到"塑型"效果。避免棉花生长后期棉田郁闭而造成棉花早衰、底部棉铃霉变，增强棉田通透性，利于棉铃的生长发育，为棉农增产增收提供有力的技术支撑。

【前人研究进展】利用化学调控技术，来控制棉花营养生长，早在20世纪80—90年就开始使用，典型新疆"矮、密、早"植棉模式，几乎必须通过化学调控来实现，从矮壮素到缩节胺大范围使用，奠定"矮、密、早"化控技术体系。

【拟解决的关键问题】随着机采棉时代的到来，"矮、密、早"技术体系受到了挑战，过矮的棉株，机采浪费较大，过高棉株密度造成郁闭、倒伏、减产、品质变差现象凸显。如何协调棉花高度、密度、产量、品质等关键指标，提到滴灌机采棉种植技术要求上来。适度增加株高、降低种植密度、促早壮单株、精准化控、塑造合理株形结构是棉花进一步增加产量，提高棉花品质必然要求。新疆棉花塑型概念是2013年初次提出来的，到2018年经过新疆农垦科学院连续两年试验示范后，在北疆棉花生产中进行应用。2020年之后引入南疆进行试验示范。提出利用塑型技术调控棉花合理株形，改善棉花的通风透光性。同时使用"塑型+打顶"技术组合，提高化学打顶成功率，提高棉花单产和品质。

1 材料与方法

1.1 试验处理

采用"促花王塑型剂"和"促花王打顶剂"。该药剂是陕西渭南高新区科技有限公司提供棉花塑型打顶剂。经武汉市迈维有限公司对两个药剂进行检测，其主要药剂成分是吲哚-3-乙酸（IAA）、吲哚-3-乙酸甲脂（MEIAA）、吲哚-3-丁酸（IBA）、吲哚-3-甲醛（ICA）、异戊烯腺嘌呤（ED）、反式玉米素（他Z）、顺式玉米素（CZ）、二氢玉米素（DZ）、脱落酸（ABA）。2种药剂色谱检测高度相似，有效含量不同。按照生产厂家说明，结合当地经验，施药进行塑型打顶的技术规程见表1。对照为人工打顶。

表1　塑型打顶技术使用说明

喷施时间	喷施方法	喷施量	甲哌鎓（缩节胺）
第一次塑型在棉花高度50~55cm，时间6月15日；打顶在7月5日。 第二次塑型6月22日；打顶在7月15日。 第三次塑型6月29日；打顶在7月25日	机车平喷	塑型剂使用量0.7g/亩、1.0g/亩、1.3g/亩；打顶剂使用量4.0g/亩、5.0g/亩、6.0g/亩。每亩对水30~40kg	根据不同棉花长势，棉农决定每亩地喷施剂量

1.2 试验和示范地点

试验地点分别有：新疆农垦科学院试验地（三轮 10# 地、1 号试验地）、145 团 6 分场 2 连、芳草湖农场、133 团、135 团、143 团、142 家庭农场。130 团、42 团。

种植条件：各试验点内处理与人工打顶种植棉花品种统一（各试验点之间根据不同地理条件选择不同品种）。

栽培模式：均为 1 膜 6 行，行距为 66+10+66+10+66+10 或 63+13+63+13+63+13 模式。各试验点地块水肥管理、病虫害防治水平一致。

另外，还在 130 团、142 团、49 团、42 团、44 团、45 团、49 团、53 团、且末县等地方进行了示范，面积 2 万多亩。

1.3 试验调查方法

1.3.1 棉花农艺性状调查

在喷施完第三次后 15d，在各试验点调查各处理和人工打顶棉田，在棉田中部区域（避免边际效应）随机选取 3 个点，在各点分别选有代表性的健康植株 10 株（内外行各 5 株），调查棉株的株高（子叶节到主茎顶端的长度）、果枝台数、单株结铃数、果枝长度、棉叶情况（分别对倒二、倒四和倒六台果枝的功能叶片进行测定其叶缺深、大小、形状）。

1.3.2 棉花农艺性状调查

抗早衰根据田间棉花长势情况而定，具体定级标准为：

+：80% 叶片泛绿，有 10% 棉叶出现枯黄；

++：80% 叶片泛绿，有 5%~10% 棉叶出现枯黄；

+++：90% 叶片泛绿，有 5% 以下棉叶出现枯黄。

1.3.3 棉花产量及品质调查

各处理分别收获 30 个正常吐絮铃进行室内考种，其中下部 1~3 果枝 10 个铃，中部 4~6 果枝 10 铃，上部 7 以上果枝 10 铃，测定衣分（30 铃皮棉重/30 铃籽棉重）、单铃重。检测对各试验点棉花绒长。

1.3.4 数据分析方法

试验数据采用 SPSS 22.0 软件分析。

2 结果与分析

2.1 塑型打顶对棉花农艺性状的影响

表 2 为各试验点棉花农艺性状调查结果，由表 2 可以得知：使用塑型打顶技术后株高较人工打顶增高，其中最为显著的为试验点 1 号（84.77cm）与 7 号（72.00cm）。使用塑型打顶剂与人工打顶相比，各试验点始节高均无显著差异。在果枝数上，塑型打顶果枝台数明显较人工打顶数量增加，其中 7 号点（12.53 台）最为显著。单株铃数，使用塑型打顶技术的试验点 1、3、4、5、6、7，均较人工打顶数量多，试验 2 相差不显著。使用塑型打顶技术的棉株叶片总数较人工打顶多，其中 1 号（19.07 片）、4 号（28.97 片）试验点表现较为显著，其余点无显著差异。结果表明，使用塑型打顶技术棉花在抑制顶端优势的同时，能够持续将营养生长向生殖生长安全转化，对棉花长势具有一定的促进作用。

表 2　不同打顶方式对棉花长势影响

地点	处理	株高（cm）	始节高（cm）	果枝数（台）	单株铃数（个/株）	叶片数（片）	抗旱衰情况
试验场三轮10号地（编号：1）	塑型打顶	84.77±1.28a	19.27±0.80	12.20±0.23	8.77±0.50	19.07±1.01a	++
	人工打顶	64.73±1.62	21.53±0.94	8.60±0.32	7.60±0.45	16.93±0.60	+
试验场1号试验地（编号：2）	塑型打顶	77.28±1.54	19.87±0.94	10.87±0.29	7.80±0.52	28.60±1.01	+
	人工打顶	74.80±1.79	20.97±0.86	8.73±0.24	9.20±0.42	28.83±1.24	+
133团（编号：3）	塑型打顶	57.77±0.84	17.77±0.85	10.00±0.25	6.90±0.39	22.53±0.98	+++
	人工打顶	58.10±1.35	15.40±0.67	8.90±0.26	6.30±0.32	21.77±0.79	+
芳草湖农场（编号：4）	塑型打顶	67.70±1.43	17.87±0.79	11.80±0.28	7.53±0.42	28.97±1.19a	++
	人工打顶	51.70±1.42	19.20±0.87	8.40±0.33	6.57±0.49	21.97±1.20	+
143团15连（编号：5）	塑型打顶	71.90±0.99	22.97±0.97	10.70±0.27a	6.50±0.33	24.50±1.57	+++
	人工打顶	75.03±1.22	22.87±1.32	8.90±0.18	5.57±0.33	23.87±1.25	+
135团（编号：6）	塑型打顶	72.00±1.73a	17.30±0.97	12.53±0.31a	6.90±0.51a	27.10±1.20	+++
	人工打顶	67.40±1.07	16.97±0.95	9.80±0.23	6.03±0.32	23.00±0.97	+
145团六分场2连（编号：7）	塑型打顶	73.20±1.70	16.57±1.07	11.83±0.30	8.83±0.56	22.63±1.67	++
	人工打顶	63.48±1.35	18.18±0.74	9.97±0.26	7.60±0.54	22.33±1.77	+

注：小写字母表示显著水平差异在 0.05 以下。

2.2　使用塑型打顶技术对棉花株形效果的影响

表 3 为塑型打顶技术对棉花塑型效果影响，由表 3 可知，使用塑型打顶技术的棉花果枝长度（倒二、倒四果枝）均较人工打顶果枝短，其中 1、2、5 号试验点表现较为显著，而其他试验点表现差异不明显，说明塑型打顶技术在一定程度上可缩短果枝长度，降低棉株横向所占用空间，有利于棉田内部通风透气。使用塑型打顶技术的叶缺深较人工打顶深，其中试验点 1、3、5、7 分别在倒二、倒四与倒六果枝功能叶均有显著差异，这也说明同一品种棉花在使用塑型打顶后叶片出现不同程度缺深，有助于缩小棉株叶片面积占用的环境空间，进而提高了棉田光照透射、通气能力，有助于棉花光合作用，提高养分利用率，最终取得一定的增产作用。在各试验点，使用塑型打顶技术的倒二与倒四台果枝功能叶面积普遍较人工打顶叶面积小，如 1 号与 2 号试验点，人工打顶的倒二台果枝功能叶面积分别为 172.23cm^2 与 158.99cm^2，比喷施塑型打顶后的 158.40cm^2 与 100.88cm^2 增大，差异显著，其他试验点则无显著差异。而倒六台果枝功能叶面积表现不一，2 号与 6 号试验点表现出相反的现象，在棉田实际生产中，倒六台果枝功能叶处于棉株下部，在棉花生长后期，其功能发挥主要取决于中上部叶片的通气透光良好，因此，喷施塑型打顶后，倒二与倒四台果枝功能叶面积变小有利于整株棉花后期营养的维持，塑型打顶对棉株的塑型具有一定的促进作用。

表 3　不同打顶方式对棉花的塑型效果影响

试验地点	处理	果枝长度（cm）			叶面积（cm²）			叶缺深（cm）		
		倒二	倒四	倒六	倒二	倒四	倒六	倒二	倒四	倒六
试验场三轮10号地（编号：1）	塑型打顶	2.39±0.19	3.15±0.33	3.12±0.30	158.40±5.13	171.87±6.18	156.93±6.90	2.36±0.14	2.94±0.30a	2.29±0.19
	人工打顶	3.73±0.27a	5.77±0.61a	8.68±0.76a	172.23±7.84a	180.63±7.18	150.53±6.17	2.63±0.20	2.19±0.14	1.66±0.12
试验场1号试验地（编号：2）	塑型打顶	4.44±0.39	8.03±0.71	10.15±0.79	100.88±4.81	121.06±7.12	114.48±5.53	2.52±0.07	2.62±0.12	2.33±0.09
	人工打顶	6.79±0.67a	8.77±0.93	10.32±0.93	158.99±8.20a	177.77±7.76	154.41±8.71a	2.14±0.10	2.07±0.12	1.84±0.13
133团（编号：3）	塑型打顶	3.18±0.20	6.68±0.47	9.87±0.47	92.69±3.16	102.73±4.15	107.40±4.02	1.71±0.97	1.69±0.10	1.69±0.10a
	人工打顶	8.58±0.53a	9.72±0.76a	11.04±0.69	123.93±4.77	129.73±4.07	119.03±4.87	1.35±0.11	0.99±0.07	0.87±0.10
芳草湖农场（编号：4）	塑型打顶	5.38±0.32	7.57±0.57	9.20±0.48	114.88±6.50	133.68±3.57	142.68±6.47	1.64±0.08	1.58±0.09	1.17±0.09
	人工打顶	6.65±0.51	9.00±0.64	8.57±0.60	128.62±4.05	129.04±5.99	109.43±4.11	1.17±0.07	0.88±0.06	0.65±0.07
143团15连（编号：5）	塑型打顶	4.30±0.50	7.02±0.46	7.17±0.55	103.87±4.35	103.26±5.10	88.52±8.45	1.18±0.05a	0.90±0.06	0.86±0.10
	人工打顶	10.37±0.81a	12.02±0.92a	11.73±0.60	121.33±7.63	133.42±7.80	127.43±8.49	0.54±0.07	0.63±0.09	0.73±0.08
135团（编号：6）	塑型打顶	6.43±0.33	9.17±0.45	10.48±0.44	122.47±6.09	142.97±5.82	143.80±8.31a	1.44±0.06	1.43±0.10a	1.23±0.07
	人工打顶	6.90±0.44	11.27±0.70	12.00±0.49	113.47±3.78	140.67±4.51	125.60±5.72	0.89±0.07	0.94±0.06	0.71±0.07
145团六分场2连（编号：7）	塑型打顶	5.57±0.36	9.75±0.45	10.54±0.65	114.25±7.74	120.86±5.13	115.40±10.89	2.27±0.28a	1.82±0.12	1.62±0.19
	人工打顶	6.59±0.33	8.49±0.56	10.69±0.57	131.48±9.17	131.53±5.99	133.46±6.59	1.33±0.15	1.25±0.15	1.19±0.18

注：小写字母表示显著差异水平在 0.05 以下。

2.3 塑型打顶技术对棉花产量及品质的影响

表4为2种打顶方式对棉花产量及品质的影响，由表4可以得知，在多数试验点，使用塑型打顶技术后，棉花单龄重普遍在6.0g左右，其中在142团家庭农场，单龄重高达6.8g，而人工打顶在7号试验地单龄重为7.8g，其他试验点均在5.0g左右，说明喷施塑型打顶大多数有利于棉花增产。在1、3、4、5、6号试验点，使用塑型打顶技术与人工打顶相比，衣分相差不大，而在2、7号试验点与142团家庭农场，喷施塑型打顶后，衣分显著高于人工打顶，表明塑型打顶技术有利于提高棉花效益，增加棉农收入。从表4可以看出，塑型打顶后，试验点棉花绒长普遍在31mm及以上，最高出现在142团家庭农场，为34mm，而人工打顶的棉花绒长则在30mm左右，说明喷施塑型打顶技术有利于增加棉花绒长，对棉花品质起到一定提高作用。

2.4 技术示范效果

2019年，在130团王国民家庭农场，采用前期塑型后药物打顶等技术，现场实地采收，折算亩产量达到627kg。2020年在49团17连测产，前期在55cm进行2遍塑型，后人工打顶。测产525kg/亩，实际收获平均亩产515kg好成绩，突破连队历史上亩产没有上过500kg的记录。2020年，42团王国民家庭农场，采用前期塑型后药物打顶等技术，在沙土地上也实现577kg/亩高产。2022年在44团16连张西田的60亩地里进行高产创建，土地盐碱度中等，采用干播湿出（滴水出苗）耕作模式，棉花品种是三师农发中心自育新陆中61号。70%出苗进行两遍缩节胺轻量化控，并带杀蓟马农药。苗期4~6片真叶进行1次轻量缩节胺化控。在棉花60cm连续3次塑型打顶，间隔7~8d。在苗期和盛花期补充锌肥和钼肥。人工打顶后一周，再次进行2g塑型剂调控。2022年10月6日委托三师技术推广站、农业局、农科所、农发中心、44团5位农业专家进行现场验收，4个样点平均亩收获株数1.4万株、单株结铃7.04个、亩收获铃数9.862 5万个，单铃重5.67g，亩产达到559.25kg。

2023年44团16连、44团原种连、53团刘建华、53团林云、49团17连、45团、42团1连、42团5连，共计8个棉花示范点，均采用棉花塑型技术+人工打顶，经测产结合实收，产量均在480~570kg/亩，进一步说明采用该项技术集成，棉花产量保持了较高的产量水平。

3 讨论

3.1 新疆棉花化学打顶较早用以缩节胺为主要成分，外加缓释剂及助剂，如"金棉"打顶剂。因缩节胺对不同棉花品种敏感不同，适宜使用面积不大。到以氟节胺为主要成分的化学打顶研发成功，一些产品复配除草剂，在实际使用过程中，基本能够达到人工打顶效果，棉花产量与人工打顶持平，若使用不当，产量表现下降。后期经过改造，演变出以氟节胺为主的复合型产品，使用对技术要求比较高。随化学打顶产品种类增多，在北疆棉花化学打顶占比基本维持在接近50%，难有更大的突破。

表4 不同打顶方式对棉花产量及品质影响

地点	处理	籽棉重(g/30个)	皮棉重(g/30个)	单铃重(g)	衣分(%)	绒长(mm)	理论亩株数(株)	理论亩产量(kg)	增减幅度(kg)
试验场三轮10号地(编号:1)	塑型打顶	160.45	67.6	5.3	42	30.8	12 000	557.77	+56.17
	人工打顶	165.83	69.12	5.5	42	29	12 000	501.60	–
试验场1号试验地(编号:2)	塑型打顶	179.66	78.44	6	44	31	9 500	444.60	–53.58
	人工打顶	171.57	70.56	5.7	41	30.4	9 500	498.18	–
133团(编号:3)	塑型打顶	181.24	83.44	6	46	31	11 800	438.52	+51.95
	人工打顶	155.31	72.72	5.2	47	32.2	11 800	386.57	–
芳草湖农场(编号:4)	塑型打顶	185.93	79.31	6.2	43	31.6	11 500	536.89	+68.45
	人工打顶	184.76	81.18	6.2	44	31.2	11 500	468.44	–
143团15连(编号:5)	塑型打顶	153.38	69.02	5.1	45	31.8	12 200	404.43	+52.23
	人工打顶	128.57	54.72	4.3	43	30.8	12 200	352.20	–
135团(编号:6)	塑型打顶	156.01	71.76	5.2	46	33.2	12 600	452.09	+64.6
	人工打顶	153.67	74.18	5.1	48	30.6	12 600	387.49	–
145团六分场2连(编号:7)	塑型打顶	168.38	78.47	5.3	47	32.2	12 100	502.14	+23.95
	人工打顶	156.87	69.03	5.2	44	30.4	12 100	478.19	–
142团家庭农场	塑型打顶	203.03	91.99	6.8	45	34	10 300	609.35	+161.30
	人工打顶	174.03	71.35	5.8	41	25	10 300	448.05	–

3.2　新疆棉花塑型技术经历几个阶段，较早采用人工塑型技术，即脱裤腿，通过人工将棉花下部油条枝摘除，后采用"矮、密、早"技术体系。通过增加密度，喷施缩节胺也可以达到一定的塑型作用。通过缩节胺塑型的效果并不理想，棉株高度降下来了，棉花果枝横向距离很难控制，油条枝也容易徒长，与塑造理想株形差距较大。棉花塑型技术作为一项高效、节约成本的化控技术，引起了新疆地方和建设兵团植棉团场的高度重视。采用新型棉花塑型技术，可以有效控制油条枝徒长，使中上部果枝横向距离变短，棉株呈现正塔形理想株形。

3.3　本试验旨在探究"塑型与打顶"对棉花生长发育、对产量及品质的影响。对其进一步研究表明塑型和打顶技术既可以组合使用，也可以分开使用。在南疆布示范点时，大多数种植户不能接受药物打顶，调整方案采用塑型加人工打顶，也取得很好效果。在北疆有接近一半人可以接受药物打顶，采用前期塑型后期药物打顶方案。较常见的打顶技术有多种，有一遍的、二遍的、三遍的。在选择好打顶剂后，建议前期喷施2~3遍塑型剂，把营养生长降下来，快速转向生殖生长，再进行药物打顶，成功概率增大很多。避免为保成功率，任意加大药量，导致棉株受损，产量下降。

3.4　塑型打顶剂不能完全取代缩节胺，塑型技术对棉花中上部果枝横向调节较为显著，缩节胺对棉花纵向调节比较明显。两项技术的配合使用，可以取得较好的效果。

3.5　化学调控遵循"控旺不控弱"的原则。对于盐碱地胁迫较重的地块、前期肥水失调棉株长势较弱棉田、受自然灾害危害的棉田等要慎重使用。

3.6　使用棉花塑型打顶技术的棉田，棉花中上部横向缩短，通过降低棉花密度，促进生育进程，增加棉株果枝台数，棉株高度可以适度提高到90~100cm，强化中下部成铃，突破"矮、密、早"的模式，为后"矮、密、早"提供新的技术模式。

4　结论

4.1　塑型技术对棉花长势有一定的促进作用，塑型技术可以有效促进棉花提早开花结铃，生产中可以多留一至两台果枝数，可增加棉花株高与果枝台数，单株棉花叶片总数也有所增加，相对于人工打顶，有较好的抗早衰作用。而始节高度与单株铃数，二者无较显著差异。

4.2　塑型技术对棉株具有塑型作用，其中表现在果枝长度、叶缺深度与功能叶面积，使用塑型技术后，果枝长度缩短，叶缺加深，功能叶面积减小，棉株横向距离变大，有利于棉花通风透光，可以有效提高中部、中下部结铃，直接提高棉花产量及质量。

4.3　塑型技术对提高棉花产量与品质有良好效果，表现在单铃重、衣分和绒长，使用塑型打顶技术后，平均单铃重有所增加，绒长也有显著的提高。

根据以上研究，结合南疆推广"干播湿出"种植模式，棉花化学塑型打顶可以较好保持"干播湿出"早发旺长的优势，技术要点是，在棉花生长发育到50~55cm时，棉花大约有4台果枝时，根据棉花长势采用喷施塑型剂，长势较旺棉花喷施0.7g/亩，长势较缓喷施塑型剂量可以降低，保持在0.3~0.5g/亩，喷施塑型剂可以带上叶面肥或缩节胺，不影响使用效果。棉花长势缓慢，受盐碱、药害、土地瘠薄长势较差，不宜使用。推荐使用3遍，时间间隔6~8d，第二次药量加大到1.0g/亩，第三次间隔与第2遍相同，打顶前后都可以使用，使用药量 1.3~2.0g/亩，可以添加叶面肥和缩节胺等。在使用过程中，喷施 2 遍效果也比较显著。

塑型技术也可以和人工打顶相结合，从示范效果看，能够起到增产作用。塑型技术也可以和化学打顶技术相结合，棉花经过塑型后，营养生长受到抑制，此时再化学打顶，成功率大幅度增加。在使用"促花王"塑型和免人工打顶时，因"促花王"打顶的独特性，需要采用 3 遍方式，每次用量为 4g/亩，北疆选择时间为 7 月 1—5 日，每 7~8d 进行 1 次；南疆选择 7 月 5—15 日，每 7~8d 进行 1 次。打完第一次，棉花表现缓慢生长属于正常现象。经过 3 遍喷施，便于药剂在棉株里积累，最后棉株被封顶，达到打顶的目的。如果棉株表现过旺，可以在喷施打顶剂中添加缩节胺，用量比单独使用缩节胺减少到 1/3~1/2。

"促花王"塑型打顶剂属于生物农药，无毒副作用，使用安全高效。对不同棉花品种无特异性。符合棉花种植技术的发展方向。对于其作用机理需要进一步研究。

新疆兵团促花王棉花塑型剂和打顶剂
2018 年棉花塑型效果调查表

1 刘军，五家渠共青团农场。

用药时间：7 月 4 日，7 月 14 日，7 月 25 日。

用药面积：1 759 亩。   用药量：22kg

田间观察：棉花行间距明显露出来了，空隙增加，棉株高度增加，果枝台数增加 2 台，内围铃数增加，结铃紧凑，开花提前，且开花集中，落蕾较少，增产 10% 以上。

用户评价：解决棉花透气透光问题，使用方便，无污染，是个好产品。

建议：大力推广这个产品，使农民受益。

2 董琦，142 团 5 营 25 连。

用药时间：7 月 10 日，7 月 20 日，8 月 1 日。

用药面积：150 亩。   用药量：（4g/亩）×3

田间观察：果枝台数明显增加，果枝节间缩短，叶缺深，田间通透性好，开花快，结铃早，单铃重增加了。

用户评价：有效的解决人工劳动紧缺的状况，实现了棉花的高产。

建议：用药后，浇水施肥周期 7 天一轮最好。

3 赵万銮，142 团 5 营 29 连。

用药时间：7 月 9 日，7 月 19 日，7 月 29 日。

用药面积：120 亩。   用药量：（4g/亩）×3

田间观察：棉田株形紧凑，开花、结铃早，田间通透性好。

用户评价：省工、省时、省力，高产。

建议：开花后水肥加强，别脱水脱肥。

4 张燕，石河子大学试验场。

用药时间：7 月 5 日，7 月 16 日，7 月 26 日。

用药面积：100 亩。　　用药量：（4g/亩）×3

田间观察：果枝台数明显增加了，从以前的 7 台增加到 11 台，果枝节间明显变粗、变短，叶片缺刻明显加深，开花速度明显加快，蕾铃脱落率明显降低。

用户评价：很好地解决了棉田中后期田间郁闭不通透的问题，更利于高产优质。

建议：开花结铃速度加快以后，施肥措施必须跟上。

5　马永刚，石河子大学试验场。

用药时间：7 月 4 日，7 月 15 日，7 月 25 日。

用药面积：420 亩。　　用药量：（4g/亩）×3

田间观察：果枝台数增加了，从以前的 7 台变成 9 台，果枝节间明显变粗、变短，叶片缺刻明显加深，开花速度明显加快，蕾铃脱落率明显降低。

用户评价：很好地解决了棉田中后期郁闭不通透的问题，为优质高产打好了基础。

建议：开花结铃速度加快以后，施肥措施必须跟上。

6　刘芳，132 团 24 连。

用药时间：7 月 3 日，7 月 16 日，7 月 25 日。

用药面积：100 亩。　　用药量：（4g/亩）×3

田间观察：果枝台数明显递增 1~2 台，果节果枝缩短，叶片缺刻明显，棉行清秀、通透，花期提前，开花期比较集中。

用户评价：解决田间通透，棉桃单铃增加。

建议：开花速度过快，水肥运筹要到位，药价位比较高，建议吊喷比较合适。

7　周春玲，五家渠 103 团。

用药时间：7 月 6 日，7 月 16 日，7 月 26 日。

用药面积：400 亩。　　用药量：（4g/亩）×3

田间观察：果枝台数增加明显，株高增加了，果枝节间明显变粗、变短，外围铃减少，开花速度明显加快，蕾铃脱落明显降低。

用户评价：解决了棉花田管中郁闭不通透问题，能提高单产基础。

建议：生殖生长加快，肥水要及时跟上。

8　贾新安，142 团 25 连。

用药时间：7 月 12 日，7 月 22 日，7 月 30 日。

用药面积：130 亩。　　用药量：（4g/亩）×3

田间观察：果枝台数明显增加，果枝节间缩短，叶缺深，田间通透性好，开花快，结铃早，单铃量增加了。

用户评价：有效地解决人工劳力紧缺的状况，实现了棉花的高产。

建议：用药后，浇水施肥周期 7d 一轮最好。

9　高庆亚，142 团 5 营 29 连。

用药时间：7 月 8 日，7 月 18 日，7 月 28 日。

用药面积：150 亩。　　用药量：（4g/亩）×3

田间观察：棉田株形紧凑，开花、结铃早，田间通透，棉株结铃中空现象降低了很多。

用户评价：表现出了省工省力高产。

建议：后期管理注意别脱水、脱肥。

10 许新成，142团25连。

用药时间：7月10日，7月20日，7月29日。

用药面积：800亩。   用药量：（4g/亩）×3

田间观察：果枝台数明显增加，果枝节间缩短，叶缺深，田间通透性好，开花快、结铃早，单铃重增加了。

用户评价：有效地解决人工劳力，实现了棉花的高产。

建议：用药后浇水施肥周期7d一轮最好。

11 张晓继，石河子炮台镇121团23连。

用药时间：7月2日，7月13日，7月25日。

用药面积：105亩。   用药量：（4g/亩）×3

田间观察：果枝台数明显增加，果枝节间变短、变粗，叶片缺刻加深了，田间通透性比较好，开花速度明显加快。

用户评价：很好地解决了棉花田管中后期叶片大、果枝长，郁闭不通透的问题。

建议：开花速度加快了，用户施肥措施要跟上。

12 龙秀琴，石河子炮台镇121团23连。

用药时间：7月3日，7月13日，7月25日。

用药面积：100亩。   用药量：（4g/亩）×3

田间观察：果枝台数明显增加，果枝节间明显变短、变粗，叶片缺刻加深，田间通透性比较好，开花速度明显加快。

用户评价：较好地解决了棉花田管中后期叶片大、果枝长，郁闭不通透的问题。

建议：开花速度加快了以后，施肥措施要跟上。

13 李海凤，石河子炮台镇农八师121团。

用药时间：7月3日，7月13日，7月25日。

用药面积：50亩。   用药量：（4g/亩）×3

田间观察：果枝台数明显增加，果枝节间明显变短、变粗，叶片缺刻加深，田间通透性比较好，开花速度明显加快。

用户评价：较好地解决了棉花田管中后期叶片大、果枝长，郁闭不通透的问题。

建议：开花速度加快了，后续施肥要跟上。

14 张继成，石河子炮台镇121团23连。

用药时间：7月2日，7月13日，7月25日。

用药面积：100亩。   用药量：（4g/亩）×3

田间观察：果枝台数明显增加，果枝节间明显变短、变粗，叶片缺刻加深，田间通透性比较好，开花速度明显加快。

用户评价：较好地解决了棉花田管中后期叶片大、果枝长，郁闭不通透的问题。

建议：开花速度加快以后，施肥要跟上。

15　张秀琴，石河子炮台镇 121 团 23 连。

用药时间：7 月 5 日，7 月 15 日，7 月 25 日。

用药面积：70 亩。　　用药量：（4g/亩）×3

田间观察：果枝台数明显增加，果枝节间明显变粗、变短，叶片缺刻加深，田间通透性比较好，开花速度明显加快。

用户评价：较好地解决了棉花田管中后期叶片大、果枝长，郁闭不通透的问题。

建议：开花速度加快以后，施肥措施要跟上。

16　李卫红，石河子炮台镇农八师 121 团。

用药时间：7 月 3 日，7 月 14 日，7 月 25 日。

用药面积：120 亩。　　用药量：（4g/亩）×3

田间观察：果枝台数明显增加，果枝节间明显变粗、变短，叶片缺刻加深，田间通透性比较好，开花速度明显加快。

用户评价：较好地解决了棉花田管中后期叶片大、果枝长，郁闭不通透的问题。

建议：开花速度加快以后，施肥措施要跟上。

17　谢文军，石河子炮台镇 121 团 23 连。

用药时间：7 月 2 日，7 月 13 日，7 月 25 日。

用药面积：200 亩。　　用药量：（4g/亩）×3

田间观察：果枝台数明显增加，果枝节间明显变粗、变短，叶片缺刻加深，田间通透性比较好，开花速度明显加快。

用户评价：较好地解决了棉花田管后期叶片大、果枝长，郁闭不通透的问题。

建议：开花速度加快以后，施肥措施要跟上。

18　赵新法，石河子大学试验场。

用药时间：7 月 5 日，7 月 15 日，7 月 25 日。

用药面积：420 亩。　　用药量：（4g/亩）×3

田间观察：果枝台数明显增加，果枝节间明显变粗变短，叶片缺刻明显加深，开花速度加快，蕾铃脱落明显降低。

用户评价：较好地解决了棉花田管中后期郁闭不通透的问题，解决了劳动力不足的问题。

19　杨名正，新疆库车县。

用药时间：7 月 7 日，7 月 17 日，7 月 27 日。

用药面积：1 600 亩。　　用药量：（4g/亩）×3

田间观察：果枝台数比传统打顶多 3~4 台果枝，果枝长度明显缩短，叶子变小，开花速度变快。

用户评价：很好解决了棉花的郁闭问题，通风透光。

建议：后期重视水肥的跟进，成本太高。

20　王博，石河子且末县。

用药时间：7 月 15 日，7 月 25 日，8 月 5 日。

用药面积：9 767 亩。　　用药量：（4g/亩）×3

田间观察：果枝台数增加明显，果枝节间短而且粗，叶片缺刻加深，田间通透性比较好，开花速度明显加快。

用户评价：解决了棉田中后期管理过程中出现的果枝长、叶片大、郁闭不通透的弊端。

建议：开花速度加快了以后，施肥措施要跟上。

21　王博，石河子农三师42团。

用药时间：7月15日，7月25日，8月5日。

用药面积：15 000亩。　　用药量：（4g/亩）×3

田间观察：果枝台数增加明显，果枝节间非常短，叶片缺刻加深，田间通透性较好，开花速度明显加速。

用户评价：解决了棉田中后期管理中果枝长、叶片大、郁闭不通透的弊端。

建议：开花速度加快了以后，施肥措施要跟上。

22　赵新伟，石河子大学实验场。

用药时间：7月4日，7月15日，7月25日。

用药面积：360亩。　　用药量：（4g/亩）×3

田间观察：果枝台数明显增加，株高增加了，外围铃减少了，果枝节间明显变粗、变短，叶缺加深了，开花速度明显加快了，蕾铃脱落率明显降低了。

用户评价：很好地解决了棉花田管中后期田间郁闭不通透的问题，为高产优质打好了基础。

建议：开花速度加快以后，施肥措施必须跟上。

23　雷根伟，石河子大学实验场。

用药时间：7月5日，7月15日，7月25日。

用药面积：120亩。　　用药量：（4g/亩）×3

田间观察：果枝台数增加了，从7台至11台，果枝节间明显变短、变粗，叶缺明显增加，开花速度明显加快，蕾铃脱落率明显降低了。

用户评价：很好地解决了棉花田管中后期田间郁闭不通透的问题，更利于高产优质。

建议：开花结铃速度加快了，施肥措施要跟上。

24　李前忠，石河子。

用药时间：7月2日，7月15日，7月25日。

用药面积：130亩。　　用药量：（4g/亩）×3

田间观察：果枝台数增加了，果枝节间变短、变粗，叶缺加深，通透性增加了，开花速度明显加快，蕾铃脱落率明显降低。

用户评价：很好地解决了棉花田管中后期郁闭不通透的问题，为优质高产打好基础。

建议：开花结铃速度加快以后，施肥措施必须跟上。

25　李荣跃，石河子大学实验场。

用药时间：7月4日，7月15日，7月25日。

用药面积：200 亩。　　用药量：（4g/亩）×3

田间观察：果枝台数明显增加了，株高普遍增加，基本上都是内围铃，叶缺增加明显，开花速度明显加快，蕾铃脱落率明显降低了。

用户评价：很好地解决了棉花田管中后期田间郁闭不通透的问题，更利于高产优质。

建议：开花结铃速度加快了，施肥措施必须跟上。

26　卞卫国，133 团。

用药时间：7 月 1 日，7 月 7 日，7 月 28 日。

用药面积：56 亩。　　用药量：（4g/亩）×3

田间观察：施药后控制旺长棉花迅速加快生殖生长，开花明显加快，通透性明显增加，叶片缺刻加深，果枝变短。

用户评价：增加通透性，使铃重上下一致，解决人工打顶贵而效果差的问题。

建议：开花加快，水肥一定跟上。

27　李荣祥，133 团 12 连。

用药时间：7 月 8 日，7 月 18 日，7 月 30 日。

用药面积：134 亩。　　用药量：（4g/亩）×3

田间观察：施药后叶片变小，缺刻加深，增加果枝台数，果枝间距变短，开花速度加快，提前生育进程。

用户评价：加快生育进程，从人工打顶的繁重劳动中解放出来。

建议：增加水肥。

28　靳胜利，133 团 20 连。

用药时间：7 月 5 日，7 月 15 日，8 月 1 日。

用药面积：110 亩。　　用药量：（4g/亩）×3

田间观察：果枝台数明显递增 2 台，果枝间距明显缩短，叶片缺刻加深，通透性增强，开花提前。

用户评价：加快生育进程，使从人工打顶的繁重劳动中解放出来。

建议：增加水肥。

29　郭梅女，石河子 147 团。

用药时间：7 月 15 日，7 月 26 日，8 月 3 日。

用药面积：50 亩。　　用药量：（4g/亩）×3

田间观察：第三次打完药后，好棉花长得太旺，补打了缩节胺之后，看着棉花也不太好，没想到采的时候达到了 400kg/亩，这就是免打顶。

用户评价：棉桃铃重增加。

建议：花絮之后使用更好。

30　龚风英，芳草湖总场。

用药时间：7 月 6 日，7 月 16 日，8 月 26 日。

用药面积：1 000 亩。　　用药量：（4g/亩）×3

田间观察：果枝台数明显增加，株高增加了，内围铃明显增加，节间变短、变粗壮，开花速度明显加快，不易落蕾。

用户评价：很好地解决了棉田的通透性，不荫蔽，明显增加产量。

建议：中后期水肥要加大用量。

31　胡杨，五家渠 103 团。

用药时间：7 月 5 日，7 月 15 日，7 月 25 日。

用药面积：600 亩。　　用药量：（4g/亩）×3

田间观察：果枝台数明显增加，株高增加了，外围铃减少了，果枝节间明显变粗、变短，叶缺加深了，开花速度明显加快了，蕾铃脱落率明显降低了。

用户评价：很好地解决了棉花田管中后期田间郁闭不通透的问题，为高产优质打好基础。

建议：开花速度明显加快以后，施肥措施必须跟上。

32　李玲，石河子 141 团。

用药时间：7 月 5 日，7 月 15 日，7 月 25 日。

用药面积：900 亩。　　用药量：（4g/亩）×3

田间观察：果枝台数明显增加，株高也增加了，外围铃减少，果枝节间明显变粗、变短，叶缺加深，开花速度明显加快了，减少了蕾铃脱落。

用户评价：很好地解决了棉花田管中后期田间郁闭不通透的问题，为高产优质打好基础。

建议：开花速度明显加快以后，施肥措施一定跟上。

33　熊军，144 团。

用药时间：7 月 5 日，7 月 15 日，7 月 25 日。

用药面积：1 000 亩。　　用药量：（4g/亩）×3

田间观察：果枝台数增加明显，株高也增加了，外围铃减少了，果枝节间变粗，叶缺加深，开花集中，蕾铃脱落减少。

用户评价：很好地解决了中后期郁闭不通透问题，为高产打好基础。

建议：开花速度明显加快了，后期施肥要跟上。

34　贾青尚，石河子 135 团。

用药时间：7 月 5 日，7 月 15 日，7 月 25 日。

用药面积：300 亩。　　用药量：（4g/亩）×3

田间观察：果枝台数增加明显，株高增加，外围铃减少了，果枝节间明显变粗，叶缺加深，开花速度快、集中，蕾铃脱落降低。

用户评价：很好地解决了棉花田间管理中后期田间郁闭不通透的问题，为高产优质打好了基础。

建议：开花速度明显加快以后，必须跟上施肥。

35　靳盛勇，石河子 141 团。

用药时间：7 月 5 日，7 月 15 日，7 月 25 日。

用药面积：600 亩。　　用药量：（4g/亩）×3

田间观察：果枝台数增加明显，株高增加了，外围铃减少了，果枝节间明显变粗、变短，叶缺加深了，开花速度加快，蕾铃脱落明显降低。

用户评价：很好地解决了棉花田间管理中后期郁闭不通透问题，为高产打基础。

建议：开花速度明显加快，加大施肥量。

36　陈光华，132 团。

用药时间：7 月 6 日，7 月 15 日，7 月 25 日。

用药面积：160 亩。　　用药量：（4g/亩）×3

田间观察：果枝节间缩短，叶片变小，田间通透性增加，控旺效果明显，单铃增加，开花速度加快，不长油条，果枝台数增加。

用户评价：棉花中后期田间不郁闭，铃数增加、增多，明显提高产量。

建议：后期棉花明显贪青晚熟，用药时间应稍微提前到 6 月底至 7 月 5 号。

37　丁文珍，133 团 18 连。

用药时间：7 月 5 日，7 月 15 日，7 月 26 日。

用药面积：150 亩。　　用药量：（4g/亩）×3

田间观察：用免打顶的基础上存在上部果枝掉蕾空枝的情况，解决了田间郁闭的现象，开花提前统一。

用户评价：田间通透，单铃重提高。

建议：为了降低成本，提高农户使用便利性，应改进成吊喷为好，希望改进。

38　陈卫国，133 团 24 连。

用药时间：7 月 5 日，7 月 15 日，7 月 25 日。

用药面积：110 亩。　　用药量：（4g/亩）×3

田间观察：果枝台数增 2~3 台，果枝果节明显缩短，叶片变小，通透性增强，开花提前。

用户评价：解决郁闭，产量提高。

建议：开花速度太快，水肥供求要跟上。价格太高，成本加大。

39　何武明，石河子盛鑫农场。

用药时间：7 月 10 日，7 月 20 日，8 月 1 日。

用药面积：500 亩。　　用药量：（4g/亩）×3

田间观察：果枝台数增加，果枝节间短，叶片缺刻加深，田间通透性较好，开花较快。

用户评价：解决棉田中后期管理中果枝长、叶片大、密不通透弊端。

建议：开花速度加快以后，施肥措施要跟上。

40　潘剑仁，133 团 12 连。

用药时间：7 月 8 日，7 月 22 日。

用药面积：263 亩。　　用药量：（4g/亩）×2

田间观察：施药后棉花从营养生长迅速转换生殖生长，开花加快，叶片缺刻变深，棉铃上下一致。

用户评价：开花加快，通透性好。

建议：增加水肥投入。

41　林娟，石河子农八师 132 团。

用药时间：7月3日，7月14日，7月26日。

用药面积：230亩。　　用药量：（4g/亩）×3

田间观察：果枝台数明显增加了，果枝节间变短、变粗，叶片缺刻加深了，田间通透性较好，开花速度明显加快。

用户评价：很好地解决了棉花田管中后期叶片大、果枝长、郁闭不通透的问题。

建议：开花速度加快了以后，施肥措施要跟上。

42　胡承华，133 团 12 连。

用药时间：7月6日，7月16日，7月28日。

用药面积：77亩。　　用药量：（4g/亩）×3

田间观察：施药叶片明显变小，缺刻加深，开花速度加快，田间增加通透性，果枝明显变短。

用户评价：增加通透性，加快开花速度。

建议：开花加快，加大水肥。

43　张波，石河子炮台镇 121 团 23 连。

用药时间：7月2日，7月13日，7月25日。

用药面积：130亩。　　用药量：（4g/亩）×3

田间观察：果枝变短、变粗，果枝台数明显增加了，叶片缺刻加深，田间通透性较好，开花速度明显加快。

用户评价：较好地解决了棉花田管中后期果枝长、叶片大、郁闭不通透的问题。

建议：开花加快了以后，施肥措施要跟上。

44　杨福成，石河子农八师 132 团 2 连。

用药时间：7月3日，7月15日，7月25日。

用药面积：85亩。　　用药量：（4g/亩）×3

田间观察：果枝台数明显增加了，果枝节间变粗、变短，叶片缺刻加深了，田间通透性比较好，开花速度明显加快。

用户评价：较好地解决了棉花田管中后期叶片大、果枝长、郁闭不通透的问题。

建议：开花速度加快了以后，施肥措施要跟上。

45　李新利，142 团 13 连。

用药时间：7月7日，7月17日，7月27日。

用药面积：300亩。　　用药量：（4g/亩）×3

田间观察：果枝台数明显增加，果枝节间非常短，叶片缺刻明显加深，田间通透性好，开花明显加快。

用户评价：解决了棉田中后期果枝长、叶片大、郁闭不通透的弊端。

建议：开花后轮灌 7d 一次，加大施肥量。

46　高泽坤，142 团五营 29 连。

用药时间：7月9日，7月19日，7月29日。

用药面积：300亩。　　用药量：（4g/亩）×3

田间观察：果枝台数明显增加，果枝节间缩短，叶缺深，田间通透性好，开花快、结铃早，单铃重增加了。

用户评价：有效地解决人工劳力紧缺的情况，实现了棉花的高产。

建议：用药后，浇水施肥周期 7d 一轮最好。

47. 吴继红，142 团五营 29 连。

用药时间：7 月 10 日，7 月 20 日，7 月 30 日。

用药面积：150 亩。   用药量：（4g/亩）×3

田间观察：棉花株形紧凑，开花、结铃早，通透性好，棉株结铃中空现象降低了很多。

用户评价：解决了劳力紧张、省工，解决了棉花中后期枝条过长、叶片大、郁闭不通透的弊端。

建议：开花后加快施肥、浇水，措施跟上。

48 刘爱玲，142 团五营 25 连。

用药时间：7 月 11 日，7 月 20 日，7 月 30 日。

用药面积：50 亩。   用药量：（4g/亩）×3

田间观察：果枝台数明显增加，果枝节间缩短，叶片缺口明显加深，田间通透性好，开花明显加快。

用户评价：解决了棉田中后期管理中果枝长、叶片大、郁闭不通透的弊端。

建议：开花速度加快后，施肥措施跟上。

49 王振玉，142 团五营 25 连。

用药时间：7 月 7 日，7 月 17 日，7 月 27 日。

用药面积：180 亩。   用药量：（4g/亩）×3

田间观察：棉花株形紧凑，开花、结铃早，通透性好，棉株结铃中空现象降低了很多。

用户评价：解决了劳力紧张、省工，解决了棉花中后期枝条过长、叶片大、郁闭不通透的弊端。

建议：开花后加快施肥、浇水，措施跟上。

50 颉东刚，142 团五营 30 连。

用药时间：7 月 11 日，7 月 21 日，8 月 1 日。

用药面积：180 亩。   用药量：（4g/亩）×3

田间观察：果枝的台数明显增加，果枝节间缩短，叶片叶缺明显加深，田间通透性好，开花明显加快。

用户评价：解决了棉田中后期管理中果枝长、叶片大、郁闭不通透的弊端。

建议：开花速度加快后，施肥措施跟上。

51 王国中，石河子炮台镇农八师 121 团。

用药时间：7 月 1 日，7 月 12 日，7 月 25 日。

用药量：（4g/亩）×3

田间观察：果枝节间明显变粗、变短，叶片缺刻加深，田间通透性比较好，开花速度明显加快。

用户评价：较好地解决了棉花田管中后期叶片大、果枝长、郁闭不通透的弊端。

建议：开花速度加快以后，施肥量要跟上。

52　马红英，沙湾县七师130团。

用药时间：7月3日，7月14日，7月26日。

用药面积：12 000亩。　用药量：（4g/亩）×3

田间观察：株形紧凑，果枝节间较短，叶片缺刻加深，田间通透性较好，开花速度加快。

用户评价：较好地解决了棉花中后期管理中果枝长、叶片大、郁闭不通透的弊端。

建议：棉花管理中后期施肥量应该加大。

53　邓连国，133团12连。

用药时间：7月6日，7月13日，7月27日。

用药面积：200亩。　用药量：（4g/亩）×3

田间观察：施药后叶片明显变小，叶片缺刻加深，棉田通透性明显增加，开花速度明显，花蕾明显变大。

用户评价：开花加快，通透增加解决中下部通风透光，使上下铃重一致。

建议：施药后加大水肥投入。

54　晏泽国，131团12连。

用药时间：7月7日，7月20日，7月30日。

用药面积：183亩。　用药量：（4g/亩）×3

田间观察：果枝台数增加明显，果枝节间明显变短，叶片缺刻加深，棉田的通透性变好。

用户评价：增加通透性，使铃重上下一致，产量增加明显。

建议：开花加快，增加水肥投入。

55　丁代立，133团12连。

用药时间：7月6日，7月20日，8月2日。

用药面积：123亩。　用药量：（4g/亩）×3

田间观察：施药后开花加快，不用担心水肥的用量，叶片变小、缺刻加深。

用户评价：不像别家的，控制水肥是个好东西。

建议：加大水肥。

56　王建平，133团。

用药时间：7月3日，7月14日，7月29日。

用药面积：300亩。　用药量：（4g/亩）×3

田间观察：施药后生长稳健，开花快了，行间通透，叶片小了，棉田下能看到光斑。

用户评价：棉桃上下一样大小。

建议：要加大肥料的投入。

57　吕文化，133团6连。

用药时间：7月8日，7月18日，7月28日。

用药面积：200亩。　　用药量：（4g/亩）×3

田间观察：施药后棉花非常好管理，开花快了，行间出来了，叶片变小了，果枝短了。

用户评价：开花快，叶片小，棉桃一样大小。

建议：按棉花长势及长相用药。

58　邓建江，石河子133团6连。

用药时间：7月6日，7月18日，7月28日。

用药面积：300亩。　　用药量：（4g/亩）×3

田间观察：施药开花速度加快，果枝明显变短，叶片缺刻加深，植株间通透性明显。

用户评价：解决了人工打顶后顶部成伞状的问题，解决了通透性，单铃重基本一致。

建议：开花速度加快，水肥一定要跟上。

59　魏新林，第八师133团18连。

用药时间：7月10日，7月20日，7月30日。

用药面积：300亩。　　用药量：（4g/亩）×3

田间观察：果枝台数增加明显，果枝节间短，田间通透性好，开花速度快。

用户评价：解决了棉田中后期的果枝长、叶片大、郁闭不透光的弊端。

建议：开花加快，施肥要跟上。

60　杨序贤，132团盛鑫农场。

用药时间：7月15日，7月25日，8月10日。

用药面积：400亩。　　用药量：（4g/亩）×3

田间观察：果枝台数增加明显，果枝节间短，田间通透性良好，开花速度快。

用户评价：解决了棉田中后期的果枝长、叶片大、郁闭不透光的缺点。

建议：开花加快以后的施肥要跟上。

61　杨天文，132团盛鑫农场。

用药时间：7月15日，7月25日，8月10日。

用药面积：163亩。　　用药量：（4g/亩）×3

田间观察：果枝台数增加明显，果枝节间短，田间通透性好，开花速度快。

用户评价：解决了棉田中后期的果枝长、叶片大、郁闭不透光的弊端。

建议：开花加快以后，施肥要跟上。

62　蔡志宇，132团。

用药时间：7月15日，7月25日，8月10日。

用药面积：130亩。　　用药量：（4g/亩）×3

田间观察：果枝节间非常短，田间通透性较好，开花速度明显加快。

用户评价：解决了棉田中后期管理中果枝长、叶片大、郁闭不通透的弊端。

建议：开花速度加快以后，施肥措施要跟上。

63　刘艳，132 团。

用药时间：7 月 6 日，7 月 16 日，8 月 3 日。

用药面积：100 亩。　　用药量：（4g/亩）×3

田间观察：果枝台数递增 2 台，果枝果节明显缩短，叶片缺刻，通透性增强，开花提前。

用户评价：解决郁闭，产量提高。

建议：开花速度太快，水肥要跟上。价位有点高，技术指导要到位。

64　王华建，132 团盛鑫农场。

用药时间：7 月 15 日，7 月 25 日，8 月 10 日。

用药面积：160 亩。　　用药量：（4g/亩）×3

田间观察：果枝台数增加明显，果枝节间短，田间通透性好，开花速度明显加速。

用户评价：解决了棉田中后期管理中果枝长、叶片大、郁闭不通透的弊端。

建议：开花速度加快了以后，施肥措施要跟上。

65　陈大辉，石河子农八师 132 团。

用药时间：7 月 15 日，7 月 23 日。

用药面积：450 亩。　　用药量：（4g/亩）×2

田间观察：果枝台数增加明显，果枝节间非常短，叶片缺刻加深，田间通透性较好，开花速度明显加快。

用户评价：解决了棉田中后期管理中果枝长、叶片大、郁闭不通透的弊端。

建议：开花速度加快了以后，施肥措施要跟上。

66　许忠德，142 团 29 连。

用药时间：7 月 8 日，7 月 18 日，7 月 28 日。

用药面积：120 亩。　　用药量：（4g/亩）×3

田间观察：果枝台数增加明显，果枝节间短，叶缺加深，田间的通透性较好，开花速度明显加快。

用户评价：解决了棉田中后期管理中果枝长、叶片大、郁闭不通透的弊端。

建议：开花速度加快了以后，施肥措施要跟上。

67　钟大彪，农伍师 81 团 12 连。

用药时间：7 月 6 日，7 月 18 日，7 月 28 日。

用药面积：500 亩。　　用药量：（4g/亩）×3

田间观察：顶部棉桃坐得好，下面棉花空枝少，成熟期好。

用户评价：产量增产。

建议：减少点成本。

68　王国民，石河子农八师 142 团。

用药时间：7 月 5 日，7 月 15 日，7 月 25 日。

用药面积：3 000 亩。　　用药量：（4g/亩）×3

田间观察：株形紧凑，果枝节间短粗，叶缺加深，通透性较好，开花速度加快。

用户评价：很好地解决了棉花中后期郁闭不通透、果枝长、叶片大的弊端。

建议：使用 1~2 次以后，加大肥料投入。

69　杨宗绪，石河子 133 团盛鑫农场。

用药时间：7 月 15 日，7 月 25 日，8 月 12 日。

用药面积：320 亩。　　用药量：（4g/亩）×3

田间观察：果枝台数增加明显，果枝节间短，开花速度快。

用户评价：解决了棉田中后期果枝长、叶片大的问题。

建议：使用 1~2 次后，间隔时间再长几天。

70　龙云锋，132 团盛鑫农场。

用药时间：7 月 15 日，7 月 25 日，8 月 10 日。

用药面积：220 亩。　　用药量：（4g/亩）×3

田间观察：果枝台数增加明显，果枝节间短，田间通透性较好，开花速度明显加快。

用户评价：解决了棉田中后期管理中果枝长、叶片大、郁闭不通透的弊端。

建议：开花速度加快了以后，施肥措施要跟上。

71　周××，142 团五营 29 连。

用药面积：110 亩。　　用药量：（4g/亩）×3

田间观察：棉田株形紧凑，开花结铃早，田间通透性好。

用户评价：解决了棉田中后期管理中果枝长、叶片大、郁闭不通透的弊端。

建议：用药后，浇水施肥周期 7d 一轮最好。

72　王胜国，142 团 25 连。

用药时间：7 月 9 日，7 月 18 日，8 月 28 日。

用药面积：150 亩。　　用药量：（4g/亩）×3

田间观察：株形紧凑，开花、结铃早，通透性好，棉株结铃中空现象降低了很多。

用户评价：解决了劳动力紧张、省工，棉花中后期枝条过长、叶片大、不通透的问题。

建议：用药后，浇水施肥周期 7d 一轮较好。

73　刘燕，142 团五营 29 连。

用药时间：7 月 9 日，7 月 19 日，8 月 28 日。

用药面积：105 亩。　　用药量：（4g/亩）×3

田间观察：棉株紧凑，开花结铃早、桃大，田间通透，叶片叶缺加深。

用户评价：省工、省力、高产、高效。

建议：后期水肥要跟上。

74　王芝芝，142 团 25 连。

用药时间：7 月 9 日，7 月 19 日，7 月 29 日。

用药面积：400 亩。　　用药量：（4g/亩）×3

田间观察：果枝台数明显增加，果枝节间缩短，叶片缺口明显加深，田间通透性好，开花明显加快。

用户评价：解决了棉田中后期管理中果枝长、叶片大、郁闭不通透的弊端。

建议：开花速度加快后，施肥措施跟上。

75 王芳，142团五营29连。

用药时间：7月9日，7月19日，7月29日。

用药面积：500亩。   用药量：（4g/亩）×3

田间观察：棉株紧凑，开花、结铃早，桃大，田间通透，叶片叶缺加深。

用户评价：解决了棉田中后期管理中果枝长、叶片大、郁闭不通透的弊端。

建议：开花加快后，施肥措施跟上。

76 潘丽丽，142团25连。

用药时间：7月9日，7月19日，7月29日。

用药面积：150亩。   用药量：（4g/亩）×3

田间观察：棉株紧凑，开花、结铃早，桃大，田间通透，叶片叶缺加深。

用户评价：解决了人工劳力紧缺的情况，实现了高产。

建议：用药后，浇水施肥周期7d一轮最好。

77 高泽峰，142团五营29连。

用药时间：7月8日，7月18日，7月29日。

用药面积：300亩。   用药量：（4g/亩）×3

田间观察：棉花株形紧凑，开花、结铃早，桃大，田间通透性好，叶片叶缺加深。

用户评价：表现出了省工、省力、高产。

建议：后期管理注意别脱水、脱肥。

78 胡小平，142团。

用药时间：7月7日，7月17日，7月28日。

用药面积：300亩。   用药量：（4g/亩）×3

田间观察：棉花株形紧凑，开花、结铃早，田间通透性好。

用户评价：有效地解决人工劳力紧缺，实现了棉花高产。

建议：用药后，浇水施肥周期7d一轮较好。

79 李冬梅，142团25连。

用药时间：7月8日，7月19日，7月28日。

用药面积：1 100亩。   用药量：（4g/亩）×3

田间观察：棉田株形紧凑，开花、结铃早，田间通透性好。

用户评价：省工、省时、省力、高产。

建议：开花后，水肥加强，别脱肥。

80 黄义高，133团。

用药时间：7月15日，7月25日，8月10日。

用药面积：270亩。   用药量：（4g/亩）×3

田间观察：果枝节间短，田间通透性好，开花速度快。

用户评价：解决了棉田中后期管理中果枝长、叶片大、通透性不好的问题。

建议：开花速度加快后，施肥措施要跟上。

81 杨振民，沙湾县良种场一连。

用药时间：6月7日，6月17日。

用药面积：120亩。 用药量：8瓶

田间观察：棉花株形好，更通透，现蕾快，棉株清秀。

用户评价：不错，要和缩节胺配合好。

建议：能不用平喷，带上吊喷就好了。

82 马红民，147团17连。

用药时间：6月7日，6月17日。

用药面积：50亩。 用药量：4瓶

田间观察：现蕾快、蕾壮、蕾大，上花速度快。

用户评价：是好产品，就是用平喷不好。

建议：用药量方面更精准就好了。

83 曾辉，五家渠103团。

用药时间：7月4日，7月14日，7月23日。

用药面积：120亩。 用药量：（4g/亩）×3

田间观察：底部桃子多，单铃重可以。

用户评价：用了多年免打顶，这个打顶剂是使用比较好的，产量也提高了。

建议：降低点价格就好了。

84 朱风吾，147团。

用药时间：7月5日，7月15日，7月27日。

用药面积：120亩。 用药量：（4g/亩）×3

田间观察：桃子大，有不少封顶桃。

用户评价：是人工打顶的理想替代品。

85 申鑫，农七师130团14连。

用药时间：7月5日，7月15日，7月26日。

用药面积：50亩。 用药量：（4g/亩）×3

田间观察：果枝台数变多，叶片通透，易管理。

用户评价：增产明显。

建议：效果好。

86 刘文明，144团。

用药时间：7月8日，7月20日。

用药面积：50亩。 用药量：（4g/亩）×2

田间观察：用药后的田间通风透光，大大减少了棉花的发病，光照也增加了。

用户评价：产品效果明显。

建议：浇水方面要解决好。

87 陈治惠，玛纳斯新湖总场。

用药时间：7月6日，7月16日，7月26日。

用药面积：90亩。 用药量：（4g/亩）×3

田间观察：顶部逐渐弱化，不一下子干死，桃子还能发育。

用户评价：产量好、棒。

建议：成本低点。

88 蒋光银，石河子 149 团。

用药时间：7 月 8 日，7 月 18 日，7 月 28 日。

用药面积：50 亩。   用药量：（4g/亩）×3

田间观察：坐桃多，不中空，单铃重，上面看着不咋样，下面桃子多。

用户评价：产量高。

建议：用药 3 次太麻烦了。

89 申成，农七师 130 团 14 连。

用药时间：7 月 5 日，7 月 15 日，7 月 26 日。

用药面积：50 亩。   用药量：（4g/亩）×3

田间观察：果枝台数增加明显，叶片不肥大，通透性强，开花明显加速。

用户评价：好，产量提高很多。

建议：效果能更好。

90 李石均，农伍师 81 团 12 连。

用药时间：7 月 7 日，7 月 17 日，7 月 30 日。

用药面积：200 亩。   用药量：（4g/亩）×3

田间观察：顶心简化，坐桃率高，成熟期好。

用户评价：增加产量。

建议：希望进一步提高效果。

91 张仁远，沙湾县四道河子。

用药时间：7 月 2 日，7 月 12 日，7 月 22 日。

用药面积：160 亩。   用药量：34 瓶

田间观察：田间通透性强，增加光合作用，显铃早，统一开花。

用户评价：很好，还会用。

建议：能一次封顶就好了。

92 刘菊，石河子 144 团。

用药时间：7 月 8 日，7 月 18 日，7 月 28 日。

用药面积：400 亩。   用药量：（4g/亩）×3

田间观察：果节短，通风好。

用户评价：挺好，明年还继续用。

建议：遍数太多，能打两次就好了。

93 刘阳，石河子 144 团。

用药时间：7 月 8 日，7 月 18 日，7 月 28 日。

用药面积：660 亩。   用药量：（4g/亩）×3

田间观察：果枝台数明显增多，通风透光。

用户评价：省钱省心，棉花压秤。

建议：技术人员多来几次地里指导。

94　赵铃宝，阿克苏。

用药时间：7月9日，7月19日，7月29日。

用药面积：80亩。　　用药量：（4g/亩）×3

田间观察：挺好的，不是一次打死的那种，打完还能坐桃，底部桃子多。

用户评价：能有效地提高产量。

95　成淑芳，130团。

用药时间：7月3日，7月18日，7月30日。

用药面积：150亩。　　用药量：（4g/亩）×3

田间观察：果枝台数多，叶片小、棉桃大。

用户评价：最好的打顶剂。

建议：最好能用2遍。

96　马杰，136团。

用药时间：7月9日，7月19日，7月29日。

用药面积：145亩。　　用药量：（4g/亩）×3

田间观察：顶部棉花坐桃多，空枝少。

用户评价：效果明显，增产多。

建议：3次麻烦。

第八节　新技术发明专利内容节选

1. 一种优质多花黄精种苗繁育的方法

（专利申请号：202010857596.2 摘选）初次出苗后，每天喷一次药材根大灵（1 000倍液）（可使药材主根更粗壮，须根旺盛，高产优质），连续3次，增强叶面光合作用和抗病能力。

发明内容：本发明提供了一种优质多花黄精种苗繁育的方法，其目的在于克服现有多花黄精栽培方法不够理想、难以满足多花黄精试管苗的规模化生产需求等缺陷。

三明市农业科学研究院：罗晓锋　周建金　叶　炜　廖承树　乔　锋　肖庆良　任秉桢

2. 一种促进小秦艽营养生长的种植方法

（专利申请号：201710525320.2 摘选）在正常盛花期过后，对已摘蕾的植株喷施药材根大灵，药材根大灵采用陕西渭南高新区促花王科技有限公司生产的"促化王"牌药材根大灵（胶囊），该产品是植物保健活性剂，不含激素、不属农药、不是肥料，将1粒药材根大灵胶囊放进15kg水中，待胶囊溶解后搅拌均匀，用喷雾器喷施于小秦艽叶面上，每亩用量为2粒胶囊兑30kg水。喷施药材根大灵可加大光合产物向根部转移，促进药用根茎部位快速生长。

发明内容：本发明的目的在于提供一种促进小秦艽营养生长的种植方法，旨在解决因小秦艽生殖生长旺盛，消耗大量的养分而造成其营养生长缓慢，养分无法集中供应根茎生长，导致药用的小秦艽根茎产量低的问题。

甘肃省天水市农业科学研究所：裴国平　裴建文　雷建明

3. 一种延长冬季观果期的珊瑚樱盆栽方法

（专利申请号：202011424933.5 摘选）7—10月是珊瑚樱植株的开花结果旺盛期间，定期浇水以保持土壤湿润但不积水状态，一面通过疏花使7—8月间保持50%的挂果量，9—10月逐渐增加到70%~80%的挂果量；另一面维持珊瑚樱良好的营养生长，通过剪枝保持株形。该期间宜每月施加一次磷酸二氢钾肥水，在蕾期喷施壮果蒂灵，以增粗果蒂而提高营养输送量，减少落花、落果率。

发明内容：本发明所要解决的技术问题在于提供一种延长冬季观果期的珊瑚樱盆栽方法。

句容市乡土树种研究所：周鹏束昌　王　明　张为强

4. 一种臭氧水应用于大棚番茄的绿色种植方法

（专利申请号：201810954688.5 摘选）膨果前期和膨果后期要及时喷洒菜果壮蒂灵，保证果实正常发育，防治畸形果、裂果的产生，防止老化及早衰。

发明内容：本发明公开了一种臭氧水应用于大棚番茄的绿色种植方法，该方法设计合理，在大棚番茄种植期内，根据苗龄及生长情况，按一定的频次在番茄整株作物上喷施不同浓度的臭氧水，预防并杀灭病虫害，减少化学农药用量，试验增产增收，生产出天然、安全健康的番茄，达到绿色种植的目的。

山西省农业科学院植物保护研究所：张治家　翟海翔　张丽娜
焦彩菊　阎世江　范继巧

5. 一种有机马铃薯的种植装置及方法

（专利申请号：201811124250.0 摘选）在马铃薯开花前、块茎形成期和膨大期适时喷洒地果壮蒂灵，以有效控制地表上层枝叶狂长，加速地下块茎超快膨大，增强抗御虫害能力，确保马铃薯的优质高效和丰收。

发明内容：本发明提供一种能够提高马铃薯的产量及品质的有机马铃薯的种植装置及方法。

浙江海洋大学：赵蓓蓓　李　磊

6. 一种有机菠菜的种植装置及方法

（专利申请号：201811124272.7 摘选）在幼苗长出2~4片真叶时浇第一次水，清除田间杂草，适时喷施蔬菜壮茎灵。

发明内容：本发明提供一种能够大面积推广，提高菠菜的产量及质量的有机菠菜的种植装置及方法。

浙江海洋大学：赵蓓蓓　李　磊

7. 间种薄荷和苦楝防控黄精病虫害的方法

（专利申请号：201711369569.5 摘选）黄精块状根发芽至长出幼苗期间喷洒药材根大灵溶液，每 8~12d 喷洒一次，每次每株 2~3mL。

发明内容：本发明提供了间种薄荷和苦楝防控黄精病虫害的方法，该方法的优点在于通过间种薄荷和苦楝使黄精幼苗免遭害虫的咬食及病原真菌的侵扰，在提高黄精产率的同时，也使得种植出来的黄精更加环保无毒害，对食用者无副作用。

吉林大学：秦建春　张雅梅　姜建华　于慧美　张明哲　张艳新

8. 一种根及根茎类中药材的种植方法

（专利申请号：201210367448.8 摘选）7—9 月花期除留种外，植株及时摘薹和摘除分蘖，还包括向叶面上喷施药材根大灵。

发明内容：本发明的目的是提供一种便于收获的根及根茎类中药材种植方法。其特征在于，种植时采用稻草、谷壳或杂草覆盖在最上面一层，使种植的中药材的根及根茎类大部分长于土壤表层，并部分裸露于稻草、谷壳或杂草中。

深圳华大基因科技有限公司：张耕耘　汪　建　王　俊

9. 一种富硒红薯种植方法

（专利申请号：201811262425.4 摘选）根据红薯成长分为扎根阶段、结薯阶段、块根膨大阶段和生长后期；在扎根阶段要及时查苗补苗，根据天气情况及时浇缓苗水，在栽插后，要浇一次，以后每隔 10~15d 中耕一次以松土、提温、消除杂草，适时喷洒新高脂膜；在结薯阶段要及时加强水肥管理，摘顶，及时中耕松土；在块根膨大阶段用 50mg/kg 的多效唑液加地果壮蒂灵在田间均匀喷打，以叶面沾满药液而不流为佳，在此期，如遇伏旱，需浇水，可每亩用膨大素一袋 16g 对水 18kg，隔 8~12d 喷一次，连喷两次；在生长后期要保证土壤最大持水量，以最大持水量 60%~70% 为宜，如天气久旱无雨，土壤干旱，要及时浇小水，但在红薯收刨前 18d 内不宜浇水；若遇秋涝，要及时排水，进行叶面喷肥，亩用磷酸二氢钾 250g 对水 28~38kg 加新高脂膜 800 倍液进行喷打，每隔 14d 喷一次，共喷两次，配合使用膨大素。

发明内容：本发明提供了一种富硒红薯的种植方法，其能够从土壤开始增加硒元素量，增强土壤肥力和微量元素，便于红薯吸收利用。

山西惠亿农生物科技有限公司：张　萌　张纹歌　张　瑜

10. 一种胡萝卜垄作种植方法

（专利申请号：201710124032.6 摘选）选好优良抗病品种，用新高脂膜拌种，播种后用新高脂膜 600~800 倍液喷雾土壤表面，可保墒防水分蒸发、防晒抗旱、保温防冻、防土层板结、窒息和隔离病虫源，提高出苗率。由肉质根破肚到收获都为肉质根生长期，此期肉质根进行次生生长，细胞间隙也不断增大，形成横向生长，因而肉质根由幼苗期的细长形状逐渐加粗，喷施地果壮蒂灵使地下果营养运输导管变粗，提高地果膨大活力，果面光滑，果型健壮，优质高产。

发明内容：本发明的目的在于提供一种优质高产的胡萝卜垄作种植方法。

安徽金培因科技有限公司：王亚男　范思静　樊友鑫　王宝军

11. 一种高产姜的栽种方法

（专利申请号：201410324770.1 摘选）姜在生长期中要进行多次中耕松土及追肥培土工作，当苗高 15cm 左右时结合中耕，除草进行培土，追肥以人粪尿为主，并配合喷洒地果壮蒂灵，每次施以 100kg/亩，培土 5cm，随着分蘖的增加，每出一苗追肥一次并培土一次，培土厚度以不埋没苗尖为度，使原来的种植沟变成埂。培土可以抑制过多的分蘖，使姜块肥大。同时在行间套种包谷或上架豆类，也可搭阴棚或插树枝、蒿秆遮阴，避免阳光暴晒。

发明内容：本发明主要解决的技术问题是提供一种有助于姜的健康生长，生长快，质量好，保证营养成分的充足，食用价值高的高产姜的栽种方法。

苏州市美人半岛齐力生态农产品专业合作社：翁惠峰

12. 一种番茄晚疫病的综合防治方法

（专利申请号：201610773288.5 摘选）移栽定植后，在缓苗期内，每隔 5~7d 喷洒氟吡菌胺粉剂 300 倍液；在缓苗期后，每隔 7~10d 喷氟吡菌胺粉剂 200 倍液，连喷 3 次；在始花蕾期，每隔 7~10d 喷菜果壮蒂灵粉剂 200 倍液，连喷 2 次；对染病植株要及时清除，并在病苗处喷洒多菌灵粉剂 300 倍液。

发明内容：本发明提供一种番茄晚疫病的综合防治方法，用于防治番茄晚疫病，从而提高番茄的产量和品质。

宿州市埇桥区九里梦种植专业合作社：陈逸舒

13. 一种人工种植白芷的方法

（专利申请号：201710733172.3 摘选）出苗后应每 3~5d 浇一次水，保持水分充足。当幼苗长到 6~8cm 高时，进行间苗。在播种后 5~6 个月时喷施药材根大灵，可促使叶面光合作用产物向根系输送，提高营养转换率和松土能力，使根茎快速膨大，有效物质含量大大提高。

发明内容：本发明的目的是提供一种人工种植白芷的方法。

安顺市黄果树风景名胜区兴农种植农民专业合作社：冯立敏

14. 一种紫薯种植方法

（专利申请号：201811397037.7 摘选）本发明所述的一种紫薯种植方法，及时提滕、抓松、扯断根毛，实现适时控苗，并喷施地果壮蒂灵。提滕是为了提高紫番薯产量，喷施地果壮蒂灵是为了使地下果营养运输导管变粗，提高地果膨大活力，提高产量。

发明内容：本发明的主要目的在于提供一种紫薯种植方法，可以有效解决背景技术中的问题。

颍上县恒远种植专业合作社：黄纪春

15. 一种砂仁的种植方法

（专利申请号：201510269019.0 摘选）通过向砂仁喷施壮果蒂灵，有效提高坐果率，促进果实发育，确保无畸形、无空壳以及无秕粒。如权利要求 1 所述的砂仁的种植方法，其特征在于，定植后头两年，每年施肥 2~3 次，除施磷钾肥外适当增施氮肥并喷施新高脂膜增强肥效。

发明内容：本发明的目的是提供一种砂仁的种植方法。通过该方法可以提高砂仁的授粉率，增强砂仁的抗逆性和抗病性。

宁明县红枫中药材种植专业合作社：农凯峰

16. 一种提高桃树坐果率的方法

（专利申请号：201911091651.5 摘选）适时施花果肥，分别在花蕾期、幼果期和果实膨大期，喷施壮果蒂灵。

发明内容：本发明提供一种提高桃树坐果率的方法，该方法有助于提高桃树的坐果率。

徐州绿湾农业发展有限公司：郭　迪

17. 一种洋葱的种植方法

（专利申请号：201710839532.8 摘选）在花球形成前，从花苞的下部剪除，或从花薹尖端分开，从上而下一撕两片，同时适时喷洒地果壮蒂灵。

发明内容：本发明的目的是提供一种洋葱的种植方法，能提高洋葱的产量。

海门市金黄农产品有限公司：黄学兵

18. 一种龙牙百合的栽培方法

（专利申请号：201410287303.6 摘选）行距 30~33cm，株距 15~20cm，定植沟深 10~12cm，分层施基肥，沟底先放一层肥料，盖一层土，播后盖土厚 3cm，再喷施新高脂膜保墒保肥。现蕾后喷洒花朵壮蒂灵，可促使花蕾强壮、花瓣肥大、花色艳丽、花香浓郁、花期延长；若为收获鳞茎，要在花期前喷施地果壮蒂灵，增粗营养运输导管，提高鳞茎膨大活力，果面光滑，果型健壮，优质高产。

发明内容：本发明的目的是提供一种龙牙百合的栽培方法。

湖南省宝庆农产品进出口有限公司：李大江

19. 一种高产牡丹的种植方法

（专利申请号：201710891431.5 摘选）开花前 18~20d 喷洒浓度为 15% 的磷肥水，开始有花苞时喷洒镁、锰、硼、铜等微量元素，磷酸二氢钾、花朵壮蒂灵的混合液；开花后 15~20d 施一次复合肥；入冬之前施一次堆肥，以保第二年开花；花谢后及时摘花、剪枝，常规方法防病防虫，喷施新高脂膜，大大提高农药的有效成分率。

发明内容：本发明旨在提供一种排水良好、有效防止根系腐烂的高产牡丹的种植方法。

麻江县生产力促进中心有限责任公司：王佳英

20. 一种人工种植水果的病虫害防治方法

（专利申请号：202010446295.0摘选）本发明公开了一种人工种植水果的病虫害防治方法，包括以下操作步骤：土壤选址消毒、果树种植、发芽前喷洒复合药液、开花前喷洒促生长药液、花凋谢后喷洒石硫合剂药液、幼果期喷洒壮果蒂灵药液、水果采摘后喷洒混合药液、秋末冬初对果园进行清园、春季对果园进行清园。

发明内容：本发明的主要目的在于提供一种人工种植水果的病虫害防治方法，可以有效解决背景技术中的问题。

华宁鑫梨泉实业有限公司：李才有

21. 一种提高地萝卜产量的种植方法

（专利申请号：201610924154.9摘选）如权利要求1所述的萝卜的种植方法，其特征在于，步骤（4）中地果壮蒂灵溶液为每16kg水中加入地果壮蒂灵胶囊1粒，搅拌溶解后而得。

发明内容：本发明旨在提供一种提高地萝卜产量的种植方法，来解决现有技术中因光照、土壤、肥力状况控制不到位而造成产量低、水分不充足、质感粗糙、干涩、口感极差等不足。

施秉县富民高新农业发展有限公司：侯　锋　莫书亮

22. 一种水稻直播与川芎和大蒜轮作的免耕种植方法

（专利申请号：201811637014.9摘选）根据实际天气情况，7~10d浇水一次，并喷洒蔬菜壮茎灵一次，在大蒜抽薹期，5~7d浇水一次，并喷施地果壮蒂灵一次，大蒜菜薹时及时浇水施肥，亩施复合肥10kg，收获前5~7d停止浇水。

发明内容：本发明公开了一种水稻直播与川芎和大蒜轮作的免耕种植方法，利用该种植方法不仅有效解决川芎和大蒜连作种植的退化问题，而且提高了水稻、大蒜和川芎的种植效益。

成都依农农业科技有限公司：陈克贵　彭梅芳　范晓丽

23. 一种用于盆栽花卉的叶面喷肥的制备方法

（专利申请号：201711064705.X摘选）叶面喷肥如喷施花卉壮茎灵或花朵壮蒂灵，可以用来补充土壤施肥和水溶性施肥的不足，特别是对于某种植物缺乏并且需要迅速补充的养分。

发明内容：本发明的目的在于提供一种简单可行、机械化操作程度高、原材料的利用率高，得到的叶面喷肥具有全营养、全水溶、无公害、利用率高的优势的用于盆栽花卉的叶面喷肥的制备方法。

兰溪市顺光园艺技术有限公司：杨　洋

24. 一种袋料栽培天麻的方法

（专利申请号：201410514522.3 摘选）用新高脂膜 10~50 倍液拌种，防止病害侵入。在根茎膨大期喷施药材根大灵溶液于叶面，可促使叶面光合作用产物（营养）向根系输送，提高营养转换率和松土能力，使根茎快速膨大，有效物质含量大大提高。

发明内容：本发明提供了一种袋料栽培天麻的方法，该方法以树枝作为培养基，采用袋料栽培，降低了栽培难度，并节约了成本。

专利权人：刘　波

25. 一种防治三七黑斑病的新方法

（专利申请号：201410645781.X 摘选）选用无病种苗，做好种苗消毒工作：用代森铵或多菌灵 1：500 倍液+新高脂膜浸种可达到消毒的目的。严格选地：三七园一般宜选用生荒地，忌连作，尤忌与花生连作，可与非寄土作物如玉米等轮作 3 年以上，以减少田间菌源数量。加强田间管理：及时清除中心病株、病叶、病根与杂草，并一同烧毁作肥料用，合理密植，控制田间透光度，加强水肥管理，使苗壮抗病力强，除施足基肥外，要适时喷施药材根大灵提高植株自身抗病能力。药剂防治：试验表明代森铵、代森锌（1：300 倍）混合液+新高脂膜对此病均有较好的防治效果。

发明内容：本发明为解决目前三七黑斑病防治技术上的不足，发明一种预防三七黑斑病的方法。

发明人：李元刚

26. 一种药效完整的天麻种植方法

（专利申请号：201410376261.3 摘选）在根茎膨大期喷施药材根大灵溶液于叶面，可促使叶面光合作用产物（营养）向根系输送，提高营养转换率和松土能力，使根茎快速膨大，有效物质含量大大提高。

发明内容：本发明提供一种可保持天麻完整药力、药效的种植方法。

发明人：牛玉琴

27. 紫山药的栽培方法

（专利申请号：201310472085.9 摘选）幼苗形成后，向叶面喷施药材根大灵。在离植株两侧 30cm 处各挖 1 条 6~10cm 深的施肥沟，地下块茎进入旺盛生长盛期时，亩用复混肥 20~30kg 沟施，施肥后覆土。

发明内容：本发明的目的是提供紫山药栽培方法。

发明人：朱全顺

28. 一种龙牙百合的种植方法

（专利申请号：201710968820.3 摘选）行距 35～38cm，株距 20～30cm，定植沟深 14～16cm，分层施基肥，沟底先放一层肥料，盖一层土，播后盖土厚 3～6cm，再喷施新高脂膜保墒保肥。现蕾后喷洒花朵壮蒂灵，可促使花蕾强壮、花瓣肥大、花色艳丽、花香浓郁、花期延长；若为收获鳞茎，要在花期前喷施地果壮蒂灵，增粗营养运输导管，提高鳞茎膨大活力，果面光滑，果型健壮，优质高产。

发明内容：本发明提供一种龙牙百合的种植方法。

发明人：彭永财

29. 一种天麻无性繁殖高产技术

（专利申请号：201410565609.3 摘选）用新高脂膜 10～50 倍液拌种，防止病害侵入。在根茎膨大期喷施药材根大灵溶液于叶面，可促使叶面光合作用产物向根系输送，提高营养转换率和松土能力，使根茎快速膨大，有效物质含量大大提高。

发明内容：本发明提供一种可增加天麻产量，保持天麻完整药效的天麻无性繁殖高产技术。

发明人：李　威

第九节　新疆《棉花塑型技术》操作技术规程

1　制定操作技术规程的目的

兵团棉花种植从 20 世纪 80 年代中期开始使用缩节胺（化学调控剂）试验示范，逐步形成一套完整的"矮、密、早"化调栽培技术模式，棉花产量大幅度提升。目前，除棉花打顶作业外，棉花生产基本上实现机械化，为解决棉花生产全程机械化的瓶颈，科技工作者广泛开展化学调控棉花株形和免打顶试验示范，并取得了一定的成效。从实践效果看化学调控棉花株形和免打顶技术受产品限制，推广效果不佳。原因一是不同棉花品种对缩节胺敏感程度差异较大，生产中没有统一标准，植棉户不宜掌握调控技术。二是化学免打顶产品对技术要求很高，一般植棉户不易掌握。三是产品服务跟不上，导致减产，植棉户不愿意用。四是某些化学免打顶产品含有除草剂，使用过量，极易导致棉花受到药害，影响棉花产量和品质。

植物营养诱导因子（棉花促花塑型打顶剂）是生物制剂，主要技术突破是"增加株高、缩小株宽"。经过 6 年试验示范应用，其效果突出，表现在塑造棉花理想株形，缩小叶片，通风透光，增加果枝台数，增加铃重，提高棉花品质，实现棉花高产优质。缩株宽、增株高，适宜机械收获，通过塑型打顶产量普遍增产，一般增幅在 8%～10%。这项技术使用为棉花实现全程机械化提供了新的解决方案。

2　促花王棉花塑型剂和打顶剂使用技术规范适用范围

本技术规程适用于新疆滴灌棉田和新疆滴灌机采棉田。

3 产品推介

3.1 棉花塑型剂

本品可以缩短叶枝、果枝，增加蕾柄粗度，缩小叶片面积，达到保花保果，缩小棉花植株宽度，减轻棉花株行间郁闭，从而塑造棉花理想株形。

3.2 棉花打顶剂

本品可以迫使棉花顶部营养回流，弱化顶部优势直至顶尖停止生长，从而达到打顶的目的。可以改善棉田群体冠层通透性，防早衰，增加铃数和铃重，提高产量。

4 播前准备

4.1 土地准备

4.1.1 秋收后秸秆还田，秸秆割茬高度5cm以下，秸秆粉碎长度为5~6cm，做到到头到边、抛撒均匀、无堆集、无漏割现象。

4.1.2 残膜回收，在秸秆粉碎还田前后，用搂膜耙进行残膜回收；在播种前必须进行机械或人工捡拾残膜，减少残膜对土地的影响。

4.1.3 整地

整地质量必须达到"齐、平、松、碎、墒、净"六字标准，突出一个"平"字，狠抓一个"碎"字，保证一个"净"字，掌握一个"墒"字。滴水出苗对土壤墒情要求不严，干土更有利出苗一致。

化学除草，在整地后播种前进行化学封闭除草处理。选用效果好、无公害除草剂，喷洒达到均匀一致、不重不漏，及时耙地处理。

4.2 种子准备

4.2.1 品种选择

品种选择在具备早熟、优质、丰产、抗病的基础上，具备始果枝节位不低于18cm，抗倒伏、上桃快，结铃性好，吐絮集中、含絮性好，成熟一致、对脱叶剂敏感的特点。

4.2.2 种子质量

种子质量是精量播种技术的关键，种子经过人工精选，做到种子纯度96%以上，种子净度95%以上，发芽率85%以上，含水率12%。种子包衣处理后，残酸含量小于0.15%，破碎率小于3%。

5 播种

5.1 株行距配置

行距（10+66+10）cm，接行行距应控制在（66±2）cm，平均行距38cm。应采用13~16穴的点种器（理论株数0.8万~1.5万株/亩以内）实行精量点种。

5.2 滴灌设施

一膜六行或一膜三行播种机采用一膜一管，滴灌带置于两个中行的中间。或一膜两管。

5.3 适期早播

当5cm地温稳定通过12℃时开始播种。

6 播后管理

6.1 滴水带肥

需滴水出苗的，播种后1~2d每亩滴水10~15m³出苗水，根据实际情况，可以每亩带上 1kg 生物菌肥，能够减轻棉田病害发生。

6.2 补种

播种时出现的断垄地段插上标记，播后及时补种，并在播后及时补齐地头地边，应做到不重播不漏播。

6.3 进行中耕作业

中耕应做到"宽、深、松、碎、平、严"，要求不拉沟、不拉膜、不埋苗，土壤平整、松碎，镇压严实。中耕深度 12~14cm。

7 生育期管理

7.1 生育进程

播种期：4 月初至 4 月 20 日。

出苗期：4 月 15 日至 4 月底。

现蕾期：5 月 20 日至 6 月初。

开花期：6 月 25 日至 7 月初。

吐絮期：8 月 25 日至 9 月初。

实现 4 月苗、5 月蕾、6 月花、7 月伏桃满腰，8 月下旬青枝绿叶吐白絮，9 月中旬棉桃吐絮达到 30%。

7.2 长势长相

7.2.1 苗期

实现苗齐、苗匀、苗壮、壮苗早发、生长稳健，主茎日生长量保持在 0.6~0.7cm，3~4d 长一片真叶，株高 20cm 左右（从子叶节算起，下同），节间长度为 3.5cm。

7.2.2 蕾期

要求长势稳健，早现蕾，主茎日生长量 1.0~1.5cm，节间长度为 5~6cm，株高保持在 50cm 左右。

7.2.3 花铃期

要求初花期不旺长、后期不早衰、不贪青，保持日生长量 1.5~2.0cm，9 月青枝绿叶吐白絮，节间长度为 6cm，有效果枝台数北疆 11~12 台，南疆有效果枝台数 13~14 台，单株结铃 7 个以上，株高 85~95cm；宽行上封下不封，中间一条缝。

8 全程合理塑型和化调

棉花具有蕾、铃、花的同生共栖性，因而形成了个体与群体、营养生长与生殖生长、促与控、肥与水的多种矛盾，由于受特定的地理环境条件影响，通过实践与探索形成了新疆棉区独有的"看天、看地、看苗"的综合调控技术措施。因地因苗分类调控，根据棉花品种、土壤肥力、气候情况、棉花长势长相灵活掌握。保证果枝始节高度 20cm 以上。

塑型剂使用技术。棉花塑型剂一般在 5~6 片真叶开始喷施。即第一台果枝开始伸出的时期。棉花塑型剂一般使用 3 次，从第一次开始，每次间隔 7~10d。棉花塑型剂使用剂量每亩地每次使用 0.9~1.0g，使用浓度 22.5mg/kg，使用背负式打药机喷施，喷头离棉花顶部 50cm 高度平喷。因此时棉苗较小，建议最好不用无人机作业。

塑型剂配合缩节胺施用。塑型剂不能完全替代缩节胺，喷施塑型剂时要带上缩节胺，因缩节胺对棉花品种敏感程度差异较大，要结合棉花长势进行，棉花营养生长较弱时，应少用或不用；棉花营养生长较旺盛，可以多用。应针对不同棉花品种施用不同量，化调采取"轻，勤"的原则，以调为主，促控结合，促中有控，控中有促；严格控制主茎节间，使主茎节间分布均匀。一般全程化调3~4次，不建议苗期化控，如果旺长，苗期2叶时，用缩节胺0.1~0.2g/亩，加快棉花营养生长向生殖生长的转化过程，5~6叶0.3~0.5g/亩，10~12叶1.0~1.2g/亩，14叶2.0~2.5g/亩。

使用塑型剂配合缩节胺进行调控时，如果日生长量达不到要求，可以通过水肥进行调节，或推迟下一次调控时间。

9　棉花塑型打顶节水滴灌新技术

使用塑型剂塑型棉株时，应早进水，水量不宜太大，一般在5月20日左右进头水，进水时间1.0~1.5h。

使用塑型剂+打顶剂棉田，要在出苗水或第一遍施用塑型剂带上促进棉花深根产品。确保搭好丰产架子，有来自足够的根部营养供给。

加压灌全期灌水13~15次，头水在5月20日左右，5~7d一遍水，8月底至9月初停水。全程灌水300~350m³。膜下滴灌棉田棉花需水规律总的特点是随生育进行的渐进需水量增加，花铃期达到高峰，吐絮期逐渐下降。一般苗期耗水占总耗水量的9.3%，蕾期占11.4%，花铃期占56.4%，吐絮期占22.9%，呈现阶段性差异。开花后棉花对水分的需要量加大，灌水量为25~30m³/亩，灌水周期5~7d，最长不超过9d。盛铃期以后每次灌水量可逐渐减少，最后停水时间一般在8月下旬至9月初，遇秋季气温高的年份，停水时间适当延后。

每次施用打顶剂时，必须结合灌水，有条件提前2~3d进水。第二次施用打顶剂时棉花处于盛花期，处于营养生长和生殖生长进入旺盛时期，灌水量可以适当加大。

10　棉花塑型打顶配套施肥技术

肥料根据棉花现阶段需肥规律，投肥总量为标肥130~150kg/亩，N、P、K比例为N:P_2O_5:K_2O=1.0:（0.4~0.5）:（0.1~0.2）。

苗期尽量不施或少施N肥，以P、K肥为主。肥量不宜太多。在棉花的一生中，对氮磷钾的吸收苗期和成熟期较少，现蕾以后逐渐增多，以初花至盛花期最多，各生育时期吸收的比例因产量和生长情况而变化。从出苗到现蕾，吸收氮、磷、钾分别占总量3.18%~3.74%、2.22%~4.22%、2.29%~2.40%。

从现蕾到开花的25d内吸收的氮、磷、钾占总量的18.30%~23.60%、14.30%~19.60%、18.26%~29.92%；从开花到盛铃的34d内前半期营养生长较快，后半期生殖生长加快，结铃多，铃重增加，是产量形成的关键时期，此期出现需氮、需钾高峰期，其吸收量占总量的49.60%~52.36%、60.00%~60.28%，需磷高峰期推迟到吐絮期前。

从盛铃到吐絮的27d内吸收的磷量占总量的41.49%~50.93%。此时肥料一定要十分充足，尤其是速效氮肥，可以适当加大用量，一般这时期不能低于15~20kg/亩，这样做上桃快，而且还不容易缺肥。其他肥量较人工打顶棉花要适当加大10%以上。

11　使用打顶剂进行打顶

11.1　打顶时间

棉花打顶剂一般在初花期开始施用。北疆在7月5~10日，南疆参照北疆时间推迟

10d 左右。棉花打顶剂一般使用 3 次，从第一次开始，每次间隔 7~10d。第二次施用打顶剂时间在 7 月 13—18 日，此时棉花处于盛花期，7~10d 后棉花顶部优势变得很弱，开花果枝上部一般仅有 2~3 台不占优势的果枝，这说明棉花已进入生殖生长旺盛时期。第三次打顶时间在 7 月 23—28 日。

11.2 打顶剂使用量和配套机具

棉花打顶剂使用剂量约每亩地每次使用 4g，使用浓度普通打药机 120mg/kg。背负式打药机喷头离棉花顶部 50cm 高度平喷。无人机离棉花顶部 200cm 以上高度喷施。

11.3 打顶剂不能完全替代缩节胺

第一次喷施打顶喷和第二次喷施打顶剂时要带上缩节胺，因缩节胺对棉花品种敏感程度差异较大，应针对不同棉花品种施用不同量，要结合棉花长势进行，棉花营养生长较弱时，应少用或不用；棉花营养生长较旺盛，可以多用，每亩不超过 10g。缩节胺配合打顶剂使用时，参考人工打顶时使用正常量即可。高产棉田早打顶技术是关键措施，既可以解决棉株中空和顶部成铃差的问题，同时又可以全面促进棉铃早熟吐絮。忌用一次性大剂量缩节胺化控。

12 病虫害防治

12.1 坚持预防为主，综合防治

以农业生态防治为主，重视田间调查，坚持预测预报。发现于点片，防治于点片，严禁滥施药，杜绝大面积施药。运用农业、物理、生物、化学防治等多种技术措施，综合防治，严格指标，选择用药，力求经济、有效、安全、简便，将病虫害控制在经济阈值之下。

12.2 棉花主要病害

棉枯萎病及黄萎病，主要靠选用抗病品种，结合冬耕冬灌消灭病源或喷施药剂，来减轻病害的发展。

12.3 棉花主要虫害

棉蓟马、棉铃虫、棉蚜、棉红蜘蛛。棉铃虫主要种植玉米诱集带和性诱剂和人工捕捉等，把经济损失降到最低程度；棉蚜和棉叶螨的防治主要采取摘心，涂茎，点片防治；认真做好调查中心株的工作，控制在点片。

12.4 棉铃虫防治

强化以综合防治为主，采用秋耕冬灌、铲耕除蛹、杨枝把、频振灯诱蛾、种植诱集带诱杀等措施。控制棉花徒长，喷施磷酸二氢钾，降低棉铃虫落卵量，达到防治指标时应用选择性药物防治。防治原则：严防一代降基数，主防二代降虫口，不放松三代保产量，坚持做到药打卵高峰，治在 2 龄前。

13 棉花使用塑型打顶技术产量结构

亩保苗株数 0.8 万~1.5 万株，亩收获株数 0.7 万~1.2 万株，稀植单株果枝台数 13~14 台，密植单株果枝台数 10~11 台。稀植亩铃数 9.1 万~9.8 万个，密植亩铃数 10 万~11 万个，单铃重 5g，稀植亩产 450~460kg，密植亩产 500kg 以上。建议使用密植模式，更容易高产。

14　经济效益

棉花塑型打顶技术为棉花搭好丰产架子，按照技术规程进行管理，可以获得 8% ~ 10%增产。在生产实践中也证明这项技术的先进性。

15　编后语

棉花塑型打顶技术是解决棉花全程机械化关键技术，比较人工打顶和化学打顶具有节约成本、减轻劳动强度、防治病虫害传播、技术容易操作、对棉花无伤害、提高棉花产量和品质等优点。是一项集新颖性、先进性、实用性为一体的利国利民植棉技术，值得大力推广。

第十节　数据效益分析

一、节支效益分析

按照人工打顶农艺要求一叶一心掐顶，宜在 7 月 25 日至 7 月 30 日前完成，也就是说最佳完成时段是 5d 内。2017 年棉花打顶工钱中途已经涨到 60 元/亩。随着内地来疆的短期工减少，导致用工紧张，成本升高，不仅难以满足 5d 左右的时间对大面积地块处理的要求，而且人工漏打率也较高。对于拥有上千亩甚至上万亩棉田的种植户来说，每 100 亩左右的棉田就需要一个工人进行长期管理。全国 322.96 万 hm^2，每公顷 15 亩折算，2017 年全国棉花总面积 4.8444 亿亩，以每人管理 100 亩工作量计算，每年就需要投入劳动力约 484.44 万人长期管理。以技术熟练的打顶工每天最多 5 亩地计算，全国 5 天内要完成 484 440 000 亩人工打顶任务，就需要投入 1940 多万人高强度劳动。投资工费 291 亿元人民币。

新疆棉花播种面积为 196.31 万 hm^2，产量达 408.2t，新疆棉花占全国棉花的播种面积和产量分别为 60.78%和 74.41%。196.31 万 hm^2 也就是 294 465 000 亩棉花。若要 5d 内完成打顶任务，就需要约 1 200 万人进入新疆干临时工。投资工费 180 多亿元人民币。

若无需人工打顶，在全程机械化种植下，每个工人可管理的棉田面积不限于 100 亩，省下的人工支出是笔不小的数目。就新疆而言，若使用棉花营养诱导因子（棉花塑型免打顶剂）产品代替人工打顶，每人每天可操作 500 亩，5d 可操作 2 500 亩。处理 29 000 万亩棉花 116 000 个工时，5d 内要完成全新疆的棉花打顶任务，只需要操作工不到 12 000 人操作即可。直接减少了 1 188 万多人临时工的招聘难问题。按每亩药品和操作工投入不到 40 元计算，294 465 000 亩棉花免打顶总投资不到 12 亿元人民币。全新疆棉区棉农每年可节省打顶投资 188 多亿元。

照此推算，全国 48 500 万亩棉花每年就需要 1 940 万棉花打顶临时工。打顶工费需要 243 亿元，若使用棉花营养诱导因子（棉花塑型免打顶剂）产品代替人工打顶，操作工仅需要 1.9 万人。减少了 1 938 万临时工。产品和操作工每年总投资不到 20 亿元，全国棉农每年可节省打顶投资 230 多亿元。

二、经济效益分析

兵团职工王国民算了一笔账，自己 13 000 亩棉花使用促花王棉花塑型免打顶剂，平均每亩比往年增产籽棉约 80kg，2017 年每千克一级籽棉收购价 7 元，即每亩增值 560 元，13 000 亩棉花即当年增值 728 万元。若雇用人工打顶每亩 50 元，即投资 65 万元工费。而改用促花王棉花免打顶塑型剂每亩投资 34 元，即每亩节省 16 元，13 000 亩棉花共节省约 21 万元，当年节支加增收共计 749 万元，投入产出比高达 1∶17。

据新疆农垦科学院植物保护研究所 2018 年大数据采集测定，使用棉花营养诱导因子（棉花塑型免打顶剂）产品的棉花纤维长度和质量都有所增加。亩产籽棉 410kg 比人工打顶 366kg 高出约 50kg。王国民的 13 000 亩棉田 2018 年达到了亩产籽棉 550～600kg。就按每亩最低 50kg 增产率推算，全国 48 500 万亩棉花每年可额外增产约 2.5 亿 kg 优质籽棉，按每千克籽棉 7 元收购价推算，全国每年应用该技术成果可增值 875 亿元。加上免打顶节省的 230 多亿元，该项目每年可增收节支共计 1 105 亿元。我国对农产品是免税的，增收节支的这一千多亿元就归棉花种植者所有了。

三、市场前景预测

收益是调动植棉户积极性的主动力，该发明专利成果产品安全卫生无公害，使用方法简单而方便，棉花质量产量稳定提升，大型采棉机采净率大大提高，这些因素都是棉农的向往和市场的需求。一旦批量投放市场，将会对新疆维护社会稳定，棉农脱贫致富和实现植棉农艺全面机械化提供强有力的物质基础科技支撑。该发明专利成果的转化，将是中国棉花走向世界，世界棉花向中国看齐的民族工程，发展前景灿烂光明。

四、社会效益

一旦大面积投入市场应用，将会产生巨大的经济效益和社会效益。根据 2017 年国家棉花监测系统统计到的数据显示，我国的棉花种植面积达到了 4 603.8 万亩，比 2016 年增加了近 5%。预计 2018 年、2019 年的棉花种植面积会在这个增长率的基础上继续增加。按照人工打顶农艺要求一叶一心掐顶，宜在 7 月 25 日至 7 月 30 日前完成，也就是说最佳完成时段是 5d 内。按每人每天 8h 工作制可掐顶 3 亩左右，5d 打顶效率是 15 亩。全国每年约 5 000 万亩棉花则需要 350 万技术熟练的专业工人工作 5d 才能完成一次打顶工序。也就是说全国棉花需要打顶的最佳时段要同时出动 350 万人 5d 才能完成一次打顶工序。集结 350 万"田间短工"干 5d 活，人力资源就是个天大的难题。打顶工每天可打 5~7 亩顶，2017 年棉花打顶工钱刚开始是 35 元/亩，中途已经涨到 60 元/亩，我国人工打顶工费每年可达 30 亿元之多，而应用棉株塑型助剂技术操作投入费用不足 2 亿元，也就是说该发明的应用每年可为棉农节省 28 亿元。

温馨提示：第二章分 10 个小节，论述了壮蒂灵系列植物营养诱导助剂在部分作物上的试验示范数据和表现。还有根大灵系列、壮茎灵系列产品在多种作物上的试验尚未发现相关报道。随着这些产品使用面积的不断扩大和人们对植物免疫科学技术关注的不断提高，正在关注广大专家学者新作品的发表。

第三章 植物靶向免疫化控技术

韧皮部运输的特点是养分在活细胞内进行的，而且具有两个方向运输的功能，一般来说，韧皮部运输养分以下行为主，养分在韧皮部中的运输受蒸腾作用的影响很小。

阳离子活性剂免疫助剂进入树体输导系统消灭病毒，激活树体内阴离子，诱导光合作用产物反向输送，刺激植物春化作用，抑制顶端疯长，迫使饱和的生长机能向生殖机能转化，健壮成花及花器子房，孕育大量优质花芽并促进分化。从而代替果树手工环剥，代替草本植物人工打顶，代替激素农药杀梢和杀根。

第一节 果树靶向化控研究的背景和意义

传统抑制植物顶梢疯狂旺长的办法有 2 种：一是用激素农药抑制枝条顶端的活细胞，叫化控。二是用人工对植物做外科手术，果树环状剥皮，叫环剥。棉花掐梢，叫打顶。大量的实践数据证明，这些方法虽然起到了控梢促花的效果，但同时为病虫害侵入创造了介质，严重时会造成死树现象，且繁重的劳动量和低效率的作业水平，耽误了植物花芽分化的最佳时期。环剥不当会造成伤口难以愈合，使果实品质下降和减产。使用农药不规范，会抑制植物整体的发育和造成免疫力下降。

果树调控型助剂的研究和靶向技术配套使用，规避了上述传统作业的诸多弊端，科学复修了植物细胞信号、植物诱导的功能，促进了营养靶向运动和植物呼吸强度以及跨膜运输力度，使植物生长营养饱和地供给给果实发育，生殖营养饱和地供给给成花因子的繁育，既节省了营养调控时段，又安全卫生地减少了农药的用量，减少了人工操作的劳动力。植物生态系统的复修，给提高果实的质量和产量提供了保障。

第二节 可取代农药多效唑

多效唑的农业应用价值在于它对作物生长的控制效应。具有延缓植物生长、抑制茎秆伸长、缩短节间、促进植物分蘖、促进花芽分化、增加植物抗逆性能、提高产量等效果。但是，多效唑在土壤中残留时间较长，常温（20℃）储存稳定期在两年以上，如果多效唑使用或处理不当，即使来年在该基地上种植出口蔬菜也极易造成药物残留超标。

植物营养诱导型免疫助剂是配套化控技术刺激植物静态诱导效应和动态诱导效应而诱导植物营养靶向运输，饱和供给植物的生态发育需求，达到了控夏梢、控冬梢、促进花芽分化、提高坐果率的目的，大量的试验结果表明，植物营养诱导化控技术对果实的产量和质量提高优于农药多效唑。

第三节　可取代农药杀梢剂

农药控旺一般是用缩节胺，缩节胺对植物营养生长有延缓作用，可通过植株叶片和根部吸收，传导至全株，可降低植株体内赤霉素的活性，从而抑制细胞伸长，使顶芽长势减弱，控制植株纵横生长，使植株节间缩短、株形紧凑、叶色深叶片厚、叶面积减少，并增强叶绿素的合成，可防止植株旺长，推迟封行等。缩节胺能提高细胞膜的稳定性，增加植株抗逆性。使用时应遵守一般农药安全使用操作规程，避免吸入药雾和长时间与皮肤接触。

植物生长调节剂是一类与植物生长调节物质具有相似生理和生物学效应的物质。现已发现具有调控植物生长和发育功能物质有胺鲜酯（DA-6）、氯吡脲、复硝酚钠、生长素、赤霉素、乙烯、细胞分裂素、脱落酸、油菜素内酯、水杨酸、茉莉酸、多效唑和多胺等，而作为植物生长调节剂被应用在农业生产中主要是前9大类。植物生长调节剂属于农药类产品，严格按照说明书使用，做好防护措施，防止对人、畜及饮用水安全造成影响。

调控型植物营养诱导免疫助剂的工作原理是激活和繁衍植物靶细胞产生向性运动而调节植物生长。是一种安全系数高、植物知感效应敏感、绿色而无公害的科学技术，全国各地试验证明这种技术大大减少了杀梢农药的用量，取代了杀梢农药。

第四节　可代替果树环剥（枣树开甲）

环剥，就是将果树的枝干韧皮部环割一圈剥去其树皮，常见的方式有环割、倒贴皮、大扒皮等都算是环剥措施。环剥的目的主要是通过中断果树有机物质向树干下部输送，暂时增加环剥部位以上的碳水化合物的积累，以及水分和生长素含量下降而乙烯和脱落酸含量则增加。通过环剥的果树，可以抑制营养生长、促进生殖生长，从而实现多挂果。

促花王2号只需要在果树环割口上涂抹一圈，就可抑制枝条旺长，促进花芽分化。避免了环剥不当造成死树现象，预防了夹口虫繁衍和腐烂病侵染。

第五节　可均衡果树大小年

果树树势下降，常常会造成不同程度的大小年现象，大年的花超多，不仅浪费了营养，疏花疏果也浪费了大量的劳力和投资。小年的花稀少，产量低。

促花王2号可均衡大小年，是根据我国南、北方果树的生理特性，采用免疫调控技术研制成功的果树阳离子活性剂，不用环剥（开甲），不必杀梢，就可控梢、促花、消毒、活性，改造大小年。只涂本品于环割口，便可进入树体输导系统，阻碍光合产物向下输送，致使果树生长机能向生殖机能转化，健壮成花及花器子房，孕育大量优质花芽并促进分化，大年的花量明显减少，不用人工疏花，小年的花量增多，多开花、多坐果，连年稳产优质。

使用 2 号促花王，果树不环剥。割口轻轻一环刷，年年满树都是花。

第六节　调控型免疫助剂产品说明书

1. 促花王 1 号

本品用于不可环割的果树。控梢，抑制枝条疯长，促进花芽分化，降低生理落果率。均衡大小年，促进果实发育。取代农药杀梢，代替果树环剥（开甲）。缺点是直观效果缓慢。优点是安全、环保，无药害副作用。

适用范围：适用于葡萄、桃、杏、香蕉、猕猴桃、椰子、花椒、樱桃等不可以环割的树种。

母液配制：每袋可加入 500g 水中搅拌，呈有细腻拉丝状黏性母液后，即可根据不同的使用方法，选择不同的稀释倍数使用。

施药方式：灌根，涂干，喷雾。

用法用量：

（1）大树灌根：每 500g 母液可兑水 200kg 灌根，围绕树根浇灌一周即可。每天早、晚各灌 1 次，连灌 3d 即可。

（2）树体涂干：每 500g 母液可兑水 2kg 涂主干，大约距地面 60cm 以上扎孔，环周涂抹约 20cm 高即可。在树身或主枝下部嫩皮处用锥针环周扎两排孔，间距 10cm，孔距 2cm，孔径 3mm。用毛刷压孔环刷促花王乳膏即可。

（3）小树喷雾：每 500g 母液可兑水 200kg 全树喷雾。

包装规格：每瓶 500mL，2 袋装，每箱 20 瓶。

保质期：常温下保质期 3 年。母液保质期 30d，稀释液保质期 15d。

2. 促花王 2 号（北方品）

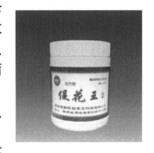

本品是根据北方（长江以北）果树的生理特点、气象条件、伤口病毒感染规律，研发的果树控梢、促花药剂，可有效预防环剥伤口腐烂病侵入和环剥过度造成果树死亡，本品无毒、无药害、无污染、无激素成分。适用于有机食品生产基地大面积使用。

功能：代替果树环剥（开甲），促花控梢、均衡大小年、促进果实发育，提升果实品级。

适用范围：适用于苹果、枣树、柿子、核桃等各种可以环割的北方果树。

母液配制：在原包装瓶内加水至瓶口，放入本品一袋搅拌成有细腻拉丝状黏性乳膏即可。

施药方式：涂抹。

用法用量：先在果树主干或主枝嫩皮处环割一周，再用小毛刷将本乳膏轻轻涂抹在环割口上封闭伤口，宽度 1cm 左右。每瓶可涂树径 10cm 左右的树 400 余株。

使用时段：枣树花开 20% 左右环割涂抹本品第一次，其他果树苗幼果期（5 月下旬）开始用第一次，间隔 20d 左右再用第二次，柿子树和核桃树 5 月上旬至 9 月下旬均可使用。

包装规格：每瓶 500mL，2 袋装，每箱 20 瓶。

保质期：常温下保质期 3 年。母液保质期 30d，稀释液保质期 15d。

3. 促花王 2 号（南方品）

本品是根据南方（长江以南）果树的生理特点和气象条件，研发的果树控梢促花药剂，可取代激素农药杀梢杀根。

功能：6 月下旬使用本品，可促进花器子房成花，提高有效成花率。11 月上旬使用本品，可有效控制枝条冬旺，提高果树冬季休眠质量。本品无毒、无药害、无污染、无激素成分，不影响植物生态生长。

适用范围：适用于芒果、龙眼、栗子、砂糖橘、荔枝、杨梅、柚子、八角等各种南方树种。

母液配制：每袋本品加水 500g，搅拌成有细腻拉丝状黏性乳膏即可。

施药方式：涂抹。

用法用量：使用时用小毛刷将本乳膏轻轻涂抹在环割口上封闭伤口，宽度 1cm 左右。每瓶可涂树径 10cm 左右的树 400 余株。

使用时段：一般全生长期共用 2 次即可，幼果期（6 月上旬）开始用第一次，秋梢老熟后（11 月）再用第二次。

包装规格：每瓶 500mL，2 袋装，每箱 20 瓶。

保质期：常温下保质期 3 年。母液保质期 30d，稀释液保质期 15d。

4. 促花王 3 号（大精品）

本品适用于大型喷雾机或飞机作业，无毒，操作方法简便，安全卫生。也可加入便携式弥雾机使用，施药环境无严格要求，用量大小都不会产生副作用。植物整个生长周期一般用 2~3 次即可，本品 pH 中性，最好单独使用，可保持果实天然品质和生态生长。也可与酸性或碱性肥料混用。

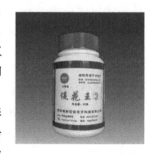

功能：取代人工打顶。使用本品可迫使植物顶端精华营养回流，导致顶梢生长缓慢或停止生长，改变营养输送路径供给果实发育之需要，从而抑制顶梢疯长，促进花芽大量分化，孕

育优质成花。同时可有效降低落果率，加速果实膨大。

适用范围：棉花、蔬菜、花卉、药材、西瓜、南瓜、甜瓜、冬瓜、桃树、猕猴桃、香蕉、花椒等不可以环割的植物。

母液配制：将 1 瓶本品加入 1kg 水中搅拌稀释成母液备用。

施药方式：喷雾，弥雾。

用法用量

1. 大型喷雾机喷施：将 1kg 母液加入 1 000kg 水中二次稀释后喷雾。

2. 飞机或弥雾机喷施：将 1kg 母液加入 50kg 水中，再加入直升机或弥雾机水箱中高温溶解后施用。

3. 滴灌或根施：将 1kg 母液加入 1 000kg 水中二次稀释后灌根。

使用时段：幼果期开始用第一次，间隔 7~10d 再用第二次、第三次。

包装规格：每瓶净重 60g，每盒 25 瓶。

保质期：常温下保质期 3 年。母液保质期 30d，稀释液保质期 15d。

5. 促花王 3 号（小精品）

本品适用于比较大面积的作物使用，无毒，无污染，操作方法简便，安全卫生。也可加入便携式弥雾机使用，施药环境无严格要求，用量大小都不会产生副作用。植物整个生长周期一般用 2~3 次即可，本品 pH 中性，最好单独使用，可保持果实天然品质和生态生长。也可与酸性或碱性肥料混用。

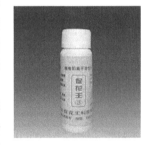

功能：取代人工打顶。使用本品可迫使植物顶端精华营养回流，导致顶梢生长缓慢或停止生长，改变营养输送路径供给果实发育之需要，从而抑制顶梢疯长，促进花芽大量分化，孕育优质成花。同时可有效降低落果率，加速果实膨大。

适用范围：棉花、蔬菜、花卉、药材、西瓜、南瓜、甜瓜、冬瓜、桃树、猕猴桃、香蕉、花椒等不可以环割的植物。

施药方式：喷雾。

用法用量：先将每瓶精品促花王 3 号加入 1kg 水中搅拌稀释成母液，然后将母液加入 300kg 水中搅拌稀释喷雾，浓度越大效果越好。

使用时段：幼果期开始用第一次，间隔 7~10d 再用第二次、第三次。

包装规格：每瓶净重 20g，每盒 49 瓶。

保质期：常温下保质期 3 年。母液保质期 30d，稀释液保质期 15d。

6. 促花王 3 号（胶囊）

本品适用于便携式喷雾器（容积 15kg）小面积试验示范使用，每瓶 16 粒胶囊，每个胶囊配稀释液 1 喷雾器，本品无毒，操作方法简便，安全卫生。也可加入便携式弥雾机使用，施药环境无严格要求，用量大小都不会产生副作用。植物整个生长周期一般用 2~3 次即可，本品 pH 中性，最好单独使用，可保持果实天然品质和生态生长。也可与酸性或碱性肥料混用。

功能：取代人工打顶。使用本品可迫使植物顶端精华营养回流，导致顶梢生长缓慢或停止生长，改变营养输送路径供给果实发育之需要，从而抑制顶梢疯长，促进花芽大量分化，孕育优质成花。同时可有效降低落果率，加速果实膨大。

适用范围：棉花、蔬菜、花卉、药材、西瓜、南瓜、甜瓜、冬瓜、桃树、猕猴桃、香蕉、花椒等不可以环割的植物。

施药方式：喷雾。

用法用量：在加入水的一次性纸杯里放入 1 粒或几粒胶囊搅拌稀释成母液，然后将母液加入 15kg 水中搅拌稀释喷雾，浓度越大效果越好。

使用时段：幼果期开始用第一次，间隔 7~10d 再用第二次、第三次。

包装规格：每瓶 16 粒，每盒 49 瓶。

保质期：常温下保质期 3 年。母液保质期 30d，稀释液保质期 15d。

第七节　试验报告和新闻采访

苹果园管理新技术培训会授课
（根据现场音频整理）

李保国：全国先进工作者、全国优秀科技特派员、时代楷模、人民楷模、省管专家、河北省首席果树专家，河北农业大学教授、博士生导师，促花王科研成果试验示范指导专家。2018 年 12 月 18 日，党中央、国务院授予李保国同志改革先锋称号，2019 年 9 月 17 日，国家主席习近平签署主席令，授予李保国"人民楷模"国家荣誉称号。

李保国：时代楷模、共和国勋章获得者、河北省首席果树专家、河北农业大学教授、博士生导师

地点：河北省赞皇县浆水镇岗底村

时间：2008 年 5 月

培训会主持：苹果园的夏季管理很重要，从我们浆水镇来讲现在我们的苹果种植规模已经达到了 1.1 万亩，规模相当大，这是我们全镇的主导产业，也是一个非常富

民的项目。今天我们可以向李保国老师请教，无论从理论上还是实践上进行交流，希望大家一定认真听讲。从苹果的角度来讲，无论是冬季管理还是夏季管理都是非常重要的，在大家认知当中对冬季果园管理已经有了一定的认识，但是夏季管理认识还略显不足，夏季管理才是我们果农提高果品品质的重要环节。现在我们欢迎李保国老师给大家授课。

李保国：针对苹果管理这个问题，目前我们看了一下果农所栽培的这些树，主要就是腐烂病，有的人，刮腐烂病树时不注意，剥了病树后连带着把上面的好树也剥掉了，结果好树也传染上了腐烂病，现在有一种新技术可以不用剥了，那不用剥怎么办？可以割成两道印，抹上一点药，就起到保果的作用了。这个产品叫促花王，它能代替环剥，那么至于怎么抹怎么割，一般情况下，咱们要求拿刀在树底下割两道印，割通两圈，割的时候请注意，第一别用磨的特别锋利的刀子，用钝一点的镰头或者用钝点的杀猪刀也行。在这个树枝根的底部压出印，让压下去的印稍微宽一点，间隔1~2cm再割一道，一共割两道，抹上促花王，按照说明书兑水，然后用毛笔蘸上药往上面涂抹，让药充分地渗进去。因为刚割下去的时候树皮底下就冒出水了，所以在割了两道印之后，稍微停一下等它不冒水了，然后再往里面抹药，不要抹两边，药一定要抹稀抹匀，这样它就能充分吸收，如果药渗不进去，就起不到环剥的作用，如果发挥作用了，就会很稳定而且效果又好。有人说操作起来太麻烦，我认为最起码把下面四五个大枝处理了，上面剩下1m左右，处理的时候就在这些大枝比较细、比较薄的地方割2cm就可以了，一定注意割的时候刀不能太快了，一定要割到木头最耐受的地方，有的农户随意地划了两道印，往里面抹点药，这样是起不到环剥的作用。有的人为了防止当时水往外冒，药抹不进去，那怎么办呢？我们就中午去割，然后下午抹药。效果也是非常好的。

这个枝处理坏了或者一剪子剪了对树影响其实不大，将来环割也好，环剥也好，一定要在大枝根，千万不要处理树干。有个村在前年的时候他们就听信了别人，从前都没处理过树枝，一直在处理树干，人家去了一个人说剥树干没事，结果死了两千多棵树，最好不要处理树身子。环剥和环割只能选一种，抹了药就不要环剥，环剥了就不要抹药，环剥本身对于树损伤太大，为什么咱们这儿的树弄了一年必须两年剥，越剥越残，不剥就不干活，不剥明年就不挂果。这样会影响树的生长，所以我们将来就算不搞环剥，就延续用环割，通过环割加促花王来治愈病树。

有人问小树，第一，小树的根没起来在上面的树枝它吸收不到，如果你要割下面，一下把整个树枝都包括进去了，就像一家人有五个孩子，大的二十多岁该结婚了，小的五六岁你让他去结婚他也受不了，就是这个道理。像这个果子，它已经停长了那就不管它了，就把它给拧了。上面这些根为了做到果树通风透光，这些枝都是鸡毛掸子，出来之后最长不超过20cm，在周围形成一个鸡毛掸子，再长了的都把它弄掉。所以，留下来开花的留着，留了环割。上面的长枝是花的留着，不是花的剪去。年年都结花，年年有好果。

促花王对赞皇大枣的影响

赞皇县林业局　褚新房

1　目的意义

赞皇大枣是河北省著名的土特产品，它在赞皇县有上千年的栽培历史，近年来在众多展览会上获多项殊荣。自 20 世纪 80 年代以来，赞皇县历届领导狠抓枣树生产，产量和面积逐年提高，目前，全县赞皇大枣面积达到 50 万亩，年产鲜枣突破 6 000 万 kg，全县大枣加工企业和加工户达到 580 多家，形成了 8 个大枣加工专业村，6 个大枣交易市场，大枣产业已逐步发展成为赞皇经济发展和农民增收的支柱产业。但由于多年来赞皇大枣的产品多以青枣和其加工产品蜜枣出售，由于蜜枣不是未来食品发展方向，加工增值少，致使近几年枣的收入与快速增加的面积相比，没有较大的提高，徘徊不前，前景渺茫，严重阻碍了枣业的可持续稳定快速发展。为此，赞皇县委、县政府提出赞皇大枣"二次创业"思路，力求通过保留红枣、搞精加工、挖掘多种红枣制品等措施，再创赞皇大枣辉煌。赞皇大枣"二次创业"中最急需的就是解决目前由采摘青枣向保留红枣的转化问题。连续二十余年来，枣农对枣树进行花期开甲，坐果很多，有机肥、化肥施入量少，采摘青枣，由于采摘青枣早，对产量和质量影响相比较小。若留红枣，如果花期不开甲而让其多坐果，枣农无把握；如果花期进行开甲，多坐果有把握了，但生理落果、缩果病、炭疽病、遇雨裂果、腐烂等现象严重，有可能造成丰产不丰收，且枣质量低，风味、口感极差。为此，在枣园增加有机肥使用量的基础上，作了促花王 2 号对赞皇大枣的影响试验，报告如下。

2　试验材料

试验地点设在赞皇县赞皇大枣主产区的阳泽乡营儿村，户主张成文，树龄 14 年生，连续两年亩施烘干鸡粪 750kg，试验园园貌整齐，管理水平较高。试验用果树阳离子活性剂促花王 2 号。

3　试验方法

做了以下几个试验，每个处理单株小区，各重复 5 株。

3.1　不同抹药次数试验

处理 1 是在枣树盛花期（花开 50% 左右时，6 月 1 日）主干环割两圈，按照促花王 2 号使用说明用药涂抹两圈；间隔一个月（7 月 3 日）在原位置再环割两圈，再用药涂抹环割口两圈。处理 2 是在枣树盛花期主干环割两圈，涂抹环割口两圈；间隔一个月（7 月 3 日）在原位置再环割两圈，不再用药涂抹。于以上处理同期环割两圈，两次均不涂抹促花王 2 号为对照。

3.2　不同抹药时期试验

处理 1 是在枣树盛花期（6 月 1 日）环割两圈加抹药一次；处理 2 是在枣树末花期（花开 10% 左右时，6 月 13 日）环割两圈加抹药一次。

3.3　抹药与不抹药比较试验

布置枣树盛花期环割两圈加抹药一次；枣树盛花期环割两圈不抹药两个处理；在枣

树花期不环割不抹药为对照。

3.4 开甲与抹药两次的比较试验

布置枣树盛花期开甲和枣树盛花期环割两圈加抹药一次，间隔一个月在原位置再环割两圈，再一次涂抹环割口两圈两个处理。

对以上试验，我们分别于7月5日、7月25日调查了果吊比（每株各调查东西南北单位枝各一个，单株调查枣吊200个以上），9月8日对缩果病发生情况进行了调查（每株随机调查果实100个）和亩产量进行了估产。

4 结果分析

4.1 促花王2号不同抹药次数对赞皇大枣坐果率的影响

从表1看出，涂抹促花王2号对提高赞皇大枣坐果率有显著提高作用，涂抹一次和二次分别比对照提高111%和155%。

表1 促花王2号不同抹药次数对赞皇大枣坐果率的影响

处理	7月5日果吊比	7月25日果吊比	两次比较下降（%）	比对照提高%
涂抹一次	1.38	0.57	58.7	111
涂抹二次	1.43	0.69	51.7	156
不涂抹（对照）	0.45	0.27	40.0	

4.2 促花王2号不同抹药时期对赞皇大枣坐果率的影响

从表2看出，枣树盛花期涂抹比末花期涂抹提高果吊比14.5%；但枣树盛花期涂抹的落花少、落果多，营养消耗多；枣树末花期涂抹的落花多、落果少，营养消耗少，对弱树更利于营养树体。

表2 促花王2号不同抹药时期对赞皇大枣坐果率的影响

处理	7月5日果吊比	7月25日果吊比	两次比较下降（%）	盛期比末期提高（%）
枣树盛花期	1.92	0.87	54.7	14.5
枣树末花期	0.89	0.76	14.6	

4.3 促花王2号对赞皇大枣坐果率的影响

从表3看出，枣树环割两圈涂抹促花王2号一次比枣树不环割不涂促花王2号果吊比提高100%，比环割两圈不涂促花王2号果吊比提高63%；枣树环割两圈不涂"促花王"比枣树不环割不涂"促花王"果吊比提高22.7%。

表3 促花王2号用与不用对赞皇大枣坐果率的影响

处理	7月5日果吊比	7月25日果吊比	两次比较下降（%）	比不环割提高（%）
环割加抹一次	1.06	0.44	58.5	100

（续表）

处理	7月5日果吊比	7月25日果吊比	两次比较下降（%）	比不环割提高（%）
环割	0.66	0.27	59.1	22.7
不环割	0.31	0.22	29.0	

4.4 开甲和涂抹促花王2号两次对赞皇大枣的影响

从表4看出，枣树开甲后5d，叶片开始呈淡黄绿色，一直持续24d，待甲口愈合好后才转为绿色，而环割两次加涂促花王2号两次的枣树没有这种现象，叶片始终是浓绿色的；9月8日调查的果吊比两者相差无几，但缩果病病果率开甲的高达83.6%，而用促花王2号的病果率仅6.3%，使用促花王2号比开甲的果实生长发育推迟成熟13d，错过了缩果病发病高峰，有效地预防了缩果病的发生；使用促花王的亩产鲜红枣865kg，比开甲的738kg增产17.2%，增收1270余元。从枣树的情况看，使用促花王2号的枣树比开甲的枣树落叶期估计可推迟8~14d，有利于贮藏养分的积累。

表4 开甲和涂抹促花王2号两次对赞皇大枣的影响

处理	7月5日果吊比	7月25日果吊比	9月8日果吊比	黄叶期（d）	果实发育推迟天数（d）	缩果病病果率（%）	亩产鲜枣（kg）
开甲	1.87	0.72	0.66	24		83.6	738
环割2次+促花王2号2次	1.43	0.69	0.64	0	13	6.3	865

5 建议

通过三年来的试验示范，在增加有机肥使用量的基础上，赞皇大枣于花期和幼果期使用促花王2号1~2次（肥力和管理水平高的用两次，亩产鲜枣控制在750~1000kg；肥力和管理水平一般的在开花末期用一次，亩产鲜红枣控制在500~750kg），可较好地提高枣坐果率，推迟枣果发育期，大大减少缩果病发生，抗病、壮树养树，适度结果，提质增效，实现赞皇大枣枣园的可持续生产。

不同环剥强度对枣树坐果率影响试验

郜凤海　平山县林业局　河北平山（050400）

刘　峰　河北省林业局三北办　河北石家庄（050081）

摘要：在枣树盛花期对赞皇大枣进行单道环割、双道环割、环剥等不同强度处理，对提高枣树坐果率具有不同影响。结果表明，双道环割和环剥均可显著提高枣树坐果率。促花王2号及环割对提高黄骅冬枣幼树坐果率无明显效果。

关键词：枣树；环割；环剥；强度；坐果率

环剥是提高枣树坐果率的重要技术措施，环剥强度对枣树生长结果影响极大。特别是近年来，开展利用野生酸枣嫁接枣树，发展的红枣基地，大部分处在荒山地段，土壤瘠薄，立地条件较差，为了在枣树科学管理中既能保持枣树正常生长，又可提高枣树坐果率，达到早产早丰优质，提高经济效益，2004 年在北马土冢枣树科技示范园进行了不同环剥强度试验，现将试验情况总结如下。

1　材料和方法

1.1　试验地点及条件

试验地设在平山县温塘镇北马土冢枣园，西洼小区，面积为 444m²。栽植密度为 3m×4m，其中赞皇大枣 18 株，树龄 5~7 年生，黄骅冬枣 18 株，树龄 3~4 年生，砧木为酸枣，土壤为沙壤土。土壤母质为花岗片麻岩和页岩。

1.2　试验材料与方法

采用陕西省渭南怀碧制药厂生产的促花王 2 号。试验 2 个品种共 7 个处理。赞皇大枣 3 个处理，分别为处理 1 单道环割、处理 2 双道环割、处理 3 环剥；黄骅冬枣有 4 个处理，即处理 4 单道环割+促花王 2 号、处理 5 双道环割+促花王 2 号、处理 6 环剥、处理 7 环剥+拉枝。处理 1~3 的处理时间为 2004 年 5 月 27 日。处理 4~7 为 2004 年 6 月 3 日。

1.3　调查方法

2004 年 8 月 16 日采用随机抽样法确定调查枝。以树冠基部东南部主枝作为调查枝，调查枝上所有正常枣吊数和枣果数。

2　结果与分析

2.1　对赞皇大枣坐果的影响

调查表明：单道环割、双道环割和环剥 3 项处理均可提高赞皇大枣坐果率。由于单道环割阻隔时间短，平均枣吊坐果数为 0.46 个，且多为外围果，而双道环割与环剥无显著差异，平均枣吊坐果数分别为 0.57 个、0.60 个，且双道环割无甲口虫为害，树势较为健壮，见表1。

2.2　不同处理对黄骅冬枣坐果的影响

黄骅冬枣原产沿海地带，自 2000 年引入平山县后，幼树坐果率较低，从调查看，单道环割+促花王 2 号、双道环割+促花王 2 号对提高冬枣坐果率均无明显效果，平均枣吊坐果数为 0.043 个和 0.061 个，采用环剥处理的平均枣吊坐果数为 0.490 个，而采用环剥+拉枝的平均枣吊坐果数为 0.561 个，据此分析，冬枣坐果率低与冬枣生长势强有关（表2）。

表 1　不同处理对赞皇大枣坐果影响

处理	调查枝数	调查枣果数	调查枣吊数	平均枣吊坐果数	备注
单道环割	7	509	1 098	0.46	无夹口虫为害

处理	调查枝数	调查枣果数	调查枣吊数	平均枣吊坐果数	备注
双道环割	6	275	483	0.57	无夹口虫为害
环剥	5	316	526	0.60	夹口虫2条
对照	6	213	778	0.35	

表2 不同处理对黄骅冬枣坐果影响

处理	调查枝数	调查枣果数	调查枣吊数	平均枣吊坐果数	备注
单道环割+促花王2号	6	15	347	0.043	
双道环割+促花王2号	6	25	413	0.061	
环剥	6	258	527	0.490	主枝角度50°~60°
环剥+拉枝	6	366	652	0.561	主枝角度80°~85°
对照	6	213	778	0.274	

试验结果表明：在5~7年生赞皇结果枣树上采取单道环割、双道环割和环剥处理均可提高坐果率，双道环割处理与环剥处理相比，坐果率略低，但无显著差异，且可防止夹口虫为害，保持健壮树势，采用环剥处理可显著提高坐果率，但受夹口虫危害和削弱树势，在太行山瘠薄地可推广双道环割。

在3~4年生黄骅冬枣幼树上采用单道环割+促花王2号、双道环割+促花王两项处理对提高坐果率均无明显效果，而采用环剥特别是环剥+拉枝对提高黄骅冬枣幼树坐果率具有明显作用。

促花王2号处理对象为黄骅冬枣幼树，对其他枣树品种和成年黄骅冬枣的促花效果有待进一步试验。

（《河南林业科技》2005年第2期）

促花王在陕西渭南研制成功

渭南电视台记者：杨建峰　主持：欧阳雨晨

地点：渭南市临渭区丰原镇、崇凝镇、山西省临猗县、万荣县。

受访人：临猗县果业局局长董颖超、果农王天奎、果农王宏源、渭南市科教领导小组专家委员会专家贺池堂、丰塬镇植保站站长闵得龙、闫村二组果农张发安、崇凝镇农技推广站站长申景奇、郭村支部书记杨安佗、郭村一组果农高钢铁等。

采访时间：2003年5月

节目主持人 欧阳雨晨：我市白水县农民技术员怀碧同志潜心十年研制的果树阳离子活性剂"促花王"，前不久获得陕西省化工产品质量认证，促花王已经在陕西渭南市高新技术产业示范区投入批量生产。

怀碧同志是全国著名果乡白水县人，过去一直在县乡农科所工作，有较为厚实的农业技术基础知识和丰富的农科实践经验，他研制的果树封剪膏曾荣获中国杨凌农博会金奖。

促花王是根据苹果、梨、桃、红枣、柿子等果树的生理结构及生长原理应用高新技术研制成的一种果树阳离子活性剂，只需在果树环切口上用毛刷蘸取乳膏涂刷一次就可以阻碍光合产物向下输送，促进内源乙烯产生激发果树花芽大量分化，促使果树早开花、多开花、早坐果、多坐果、不落果，同时还可以保护果树伤口不污染、愈合快，消除了传统环剥的诸多弊端。促花王在试验和推广阶段产生了奇特效果，受到果区农民的高度评价。果农朋友把促花王的使用效果和操作要领编成了好懂、好记的顺口溜，是这样说的："使用促花王，果树不疯长，切口一环刷，满树都是花，花繁坐果多，不再用环剥。"促花王的使用办法虽然简单，但也有许多细节需要注意，如果你操作到位就会产生奇特效果，我们还是看一看科技人员是怎么操作的。

怀碧（怀春计）：现在有许多树不能使用环剥或者环割的方式，所以我们研发出促花王1号，促花王1号适宜于桃树、八角和芒果等多种不可以环割的果树，现在这是促花王1号，我们在使用时，打开防伪签，给里面加水，不要加满，距瓶口1cm左右，然后搅匀，要使劲充分搅匀，拿手试的时候，会有一种长长的拉丝。如果树不能环切那么药液怎么进入树体内呢？咱们使用锥针进行扎孔，然后大约2cm扎一周，现在用毛刷把这个药涂在孔上，再在间距10cm处再扎一排孔，这药中有一种高脂膜，这保护膜洒到上面后会自动把这个口封上了，也不害怕氧化，也不害怕天雨，像这一种挂满果子的树才需要使用促花王，就是因为它今年的果子挂得多，从而说明它明年的果苔很少，促花王涂抹到这上面后保证它明年还要开这么多花，结这么多果，割多少刀要根据树势来决定的，就我看如果这需要割两刀，你就割两刀，促花王在上面一涂就行了，不要抹的太宽，涂到伤口上就行了，这样就不害怕下雨，也不害怕氧化，因为在它上面已经形成一层保护膜，效果具体怎么样，金秋看果苔。

这是一棵红富士苹果树，现在到了环剥促花的季节，这是这个树的基本环剥的部位主枝现在用环割刀割，这上面到底割几刀子比较合适？这要根据树势来决定，树势旺的可以割一刀或者割两、三刀，树势弱的咱们割一刀，像这个树势咱们在上面割一刀就可以了，然后我们打开促花王，取开它的防伪签，然后给里面加水，这是自来水，加的位置就是距瓶口1cm处，然后我们把它进行搅匀，最好农民朋友们用的时候晚上浸泡，早上起来使用，它能充分的使药液溶化，可以拉这个长丝，开始涂药，顺着切口涂一周就行了，不要涂得太宽，操作的方式就这么简单。

节目主持人欧阳雨晨：促花王投入批量生产后，以其良好的信誉和奇特的效果走红市场，2002年11月促花王厂家受国家知识产权局邀请参加了第九届中国杨凌农高会在国际会展中心举办的高新技术成果展览，引起全国数十家新闻媒体的广泛关注，现在促花王已经走出三秦跨过长江，热销全国各地，受到果农和专家的一致好评。

山西省临猗县果农王天奎：去年，我听说促花王能代替环剥，我就买了一瓶，割了100多棵树，效果很好，这个产品完全能够代替环剥，既省工、少投资，对树体影响也小，我今年计划还用这个办法。

山西省临猗县果农王宏源：去年，我从果农报社看到促花王这个产品，就从县果业局购买了7瓶给我家八亩地全部进行了环割涂抹，我村不少人看后，叫我又捎了几十瓶，一共有十几户果农用了这个产品，今年成花效果都很好，请果农朋友放心使用。

山西省万荣县果农：这个产品是果业局去年从陕西引进的，通过试验以后在全县各个乡镇试验后效果很明显，产品成本低，价格便宜，效果很明显，用和不用大不相同，是一种比较理想从而代替环割环剥的产品，像这片果树就是去年用了促花王，和没用的大不一样，去年处理方式一直都是环割、环剥，所以说效果不太理想，同时也给果树本身带来了很大伤害，用上促花王以后，今年效果特别明显，还没有环剥但是效果已经很明显了。

山西省万荣县果农：我在报纸上看到了促花王，就说试着用一下，用一下之后今年花长势就特别好，丰收有希望了，这面的是没用促花王的，一天都没有心情打药，心都在这边都不想管它，打算到明年了全部都用一下，这样到最后都有很大的丰收了，这边花开得这么茂盛，今年就很高兴了。

西北农林科技大学学生张娟丽：由于家里的苹果树连年环剥，造成了树势比较弱，再就是由于环割不当造成了树枯死比较严重一点，从报纸上、听同学说，了解到了促花王，抱着试一试的态度带回家里，看能不能把这个果树调整好，结果用了用，今年这个花开的是相当不错，家里人真的很高兴，认为我带回来了一个好的产品。

陕西省临渭区崇凝镇农技推广站站长申景奇：我总想有个啥办法能代替环剥这个措施，去年3月我听说渭南高新区怀碧植保厂生产一种药叫促花王，能解决隔年结果这个问题，代替环剥这个问题技术，抱着这个问题，我走访专程约请了一个朋友，我们一块到高新区怀碧厂去，怀厂长热情地接待了我们，把这个产品的生理机能和使用的办法以及在各类果树上使用的实际效果详细地给我们做了介绍，我一直抱着积极慎重的态度就是说对一个新的产品既要研究分析它的生理机能又要对群众负责，究竟怎么样，我听了怀厂长介绍以后很感兴趣。随即就带了一件回来进行试销，到今年的花蕾期我就亲自到用过的丰塬、崇宁用过的同志的果园里去观察了一下，结果看了以后很好，看见满树的花很振奋人心，从这个结论上看这个促花王还是很可以的，从实践中我也掌握了一些使用过的人效果不佳的原因，实话实说对农民同志负责，对一个新的产品负责。一个高新的产品要使用成功，必须严格地按照它的技术操作规程办事。

陕西省临渭区崇凝镇郭村书记杨安佗：我作为村上的支部书记，今后在我们这个地方首先要引导群众向群众宣传使用新的促花王这种产品，以此来解决我们这里苹果的"大小年"问题。今年我们这里苹果的挂果量比较好一些，丰收可望。从今年看，花量都特别大，也很可能是根据富士苹果的特点，明年就很可能出现花少、"小年"问题。今年如果说大家都用了促花王以后，明年就可以解决了这个"小年"问题。

陕西省临渭区崇凝镇郭村一组果农高钢铁：对于渭南怀碧厂植保系生产的促花王我当初拿到这药的时候有半信半疑的态度。我拿到以后犹豫不决，这真的可以使苹果成花吗？秉着半信半疑的态度，我去年就拿了一瓶给我园里的果树亲自试验，我具体的方法是灵活利用，采用环割一刀的技术涂在树上10cm处，对于旺树割两圈，对于过旺的树割三圈涂上促花王，涂了促花王以后到直到6月我给树打药的时候，就发现所有的短枝已经全部封顶。从6月封顶到9月拉枝的时候就发现花芽十分饱满，短枝封顶、长枝再不狂长。这是我实话实说，到今年的4月10日，这个花芽一律都饱满得很。

陕西省丰塬镇闫村二组果农张发安：要想克服苹果树的"大小年"问题，要想叫树不腐烂、寿命长，就需要涂促花王，时间只要掌握住，涂上以后花的长势是不停的，花又大于树叶，对于促花王我做了一个详细的比较，西边的四行到六行我是使用的这种促花王，东边这两行我是使用的老传统用这个环剥，第三行我用的是化学药剂，通过这3个促花对比，效果明显看来是促花王的效果比环剥、环割效果好，更比化学药剂效果好。因为这方面我的试验今年已经是第三年了，实践出了这个促花王的优点：一是没有腐烂病；二是树势健壮；三是花势好。这个树干很低，我把促花王涂抹在这个部位，底下有三股没有处理，这股就是鲜明的例子，但是这股一朵花都没有，从这儿往上满树是花。

陕西省丰塬镇植保站站长农技师闵得龙：是报纸上登怀碧厂家造出有一种药可以对果树进行促花，叫促花王，我就拿了一箱子，各样产品一箱，一种是促花王1号，另一种是2号，我就让群众进行试验，看这产品情况如何，可以随时详细地看一下和环割、环剥有什么区别，进行一个大致了解，在科技这一项也负起责任。

山西省临猗县果业局局长、高级农艺师董颖超：陕西省渭南高新区怀碧植保厂研制的果树促花王，救了果树的命。果农都知道红富士苹果脾气怪，不用刀子很难抽花。所以，近年来果农对红富士果树都采取了环剥促花措施，有些果农说剥得越快越好愈合，所以环剥的宽度由1cm宽剥到了三寸*宽，导致了红富士质量严重削弱，果小质差，还有个别环剥不当，造成不能愈合的伤口致使果树死亡。环剥后，由于树上树下的营养受阻，造成树上叶发黄，树下根死亡的情况，这大大缩短了果树寿命。我们也多方寻找，期待良方，2001年5月我在市场上偶然发现了促花王这个产品，立即对促花王进行了试验，结果表明促花王完全可以替代环剥成花。因而2001年我在临猗县全县大力推广促花王，这个产品有三大好处：一是对树体影响小，只需在树干上用刀子环割一圈，涂抹上促花王就行；二是投资小，一瓶促花王可涂抹100多株树，一棵树只投资一角多钱；三是效果好，用了促花王可促进花芽大量分化，抑制枝条疯长，正如果农所说"富士一环刷，满树都是花，花繁坐果多，不再用环剥"。这个产品已被我们临猗县果农所接受而且大面积广泛使用，促花王产品有1号和2号。1号主要用于不宜环剥的品种，比如桃、梨、杏、柿子、枣、石榴，它的用法是在树干一周用环扎的措施再环刷一下；2号主要用于苹果，用法是在树干一周环割一圈再用促花王环刷一圈，时间在5月下旬至6月上旬，对特别旺的苹果树可在7月再环割环刷一次。果农朋友们，要想果树成花好，放心使用促花王。

渭南市科教领导小组、专家委员会专家贺池堂：促花王改善树的生长势，在调节它

* 1寸≈3.33cm，全书同

的营养成长或生理生长这方面有一定的作用，希望咱们生产厂家进一步搞好试验、示范、推广，把这个产品搞大，为咱们果农做出更大的贡献。

节目主持人欧阳雨晨：果树阳离子活性剂促花王对提高果实品质和产量起到了决定性作用。请果农朋友注意，对龙眼、荔枝、芒果、八角、板栗、香蕉、银杏、柚子、桃类、枇杷、葡萄、花椒等不能环剥的树种配套环扎技术，使用促花王1号；对苹果、梨、红枣、柑橘等可以环割的果树使用促花王2号；对牡丹、荷花、玫瑰、菊花等花卉喷施促花王3号。

促花王采用先进技术和工艺，运用高科技手段合成特色剂型，使用高档玻璃缸标识防伪，促花王已经申报国家专利，选购时请认准"怀碧植保"商标。

走近"促花王"

渭南电视台记者：何新园　主持：王　欣

王欣：近年来，随着产业结构的调整，水果业已经成为我国农村经济迅速腾飞的主导产业。但普遍存在的北方落叶果树隔年结果现象，南方常绿果树的冬旺现象却始终没有能够得到有效的解决，严重影响到了果品的产量和质量，令人感到无比欣慰的是如今这一国际性的科技难题已经被处于西部大开发前沿的陕西东大门渭南市的一家科技企业攻克。这种不用环剥、不用喷施化学抑制剂就可以使各种果树从体内促进花芽大量分化的高科技产品，被取名为果树阳离子活性剂"促花王"，这一获得国家发明及外观设计两项专利的科研成果，填补了国内果树应用物理法促控促花技术的一项空白。

促花王是目前国内外唯一能从植物体内促控、促花、消毒、活性实现四效合一的果树阳离子活性剂。只需在环割口上用毛刷涂抹一下，就可以使伤口消毒激活生理机制，控制抽条疯长，达到强健树势，多开花、多坐果的目的。来自全国不同树种、不同地域、不同气候条件的大量对比试验结果表明，使用促花王平均增花可高达其他果树的2~5倍。这一产品主要是根据我国北方落叶果树和南方常绿果树的生理共性，采用电子控标系统等高科技手段研制成功的果树阳离子活性剂。因而，一投入市场就产生了巨大反响，不到三年时间产品便火爆全国各地市场，果农对其更是青睐有加。现在来自长城内外、大江南北的订单汹涌而至，电传、电话更是应接不暇。那么促花王到底具有哪些奥秘？为什么会产生如此巨大的吸引力？带着这些问题，记者来到这家在农科领域产生巨大轰动效应的企业。渭南高新区怀碧植保厂是陕西省科技厅审批的科技企业，它位于陕西省渭南高新技术产业示范区万国商城，专门从事研制品质高、实用效益好，具有高科技水平的植物保护用品。企业拥有强大的科技后盾和科学的管理体系，已研制成功的促花王系列专利成果深受广大用户和农科专家的青睐。

怀碧（怀春计）：我们在研制"促花王"的过程中给它设计了活性剂，目的就是使它里面的各种机能得到复活，药中阳离子活性剂可以激活树内长期以来受化肥、农药刺激影响，造成麻木状态的阴离子，使阴离子和阳离子共同体发挥应具备的作用。同时在这里面也设计消毒剂，使里边长期以来所保存的毒素或者是树体在吸收水分或营养里面所保存的这些毒素都得到水解和分解，使树体不断地健康化。我们在这里面配制的其他功能，比如它的促控剂可以迫使果树的生长机能向生殖机能转化，加大成花基因繁殖量。我们在这里面配制的内源乙烯增加的这个浓度是通过电子感应浓度使它不断增加来达到发芽分化，既健壮了树势也达到了促花稳定发芽的效果，使果树每年的成花基因大年的成花基因不能充分利用，要控制一下部分留给小年使用而小年所需要的花芽，这个成花基因得不到满足的情况下大年所保留下来的满足小年使用，所以每年稳定的花量使果树每年多开花、高产、稳产。

成红（业务主管）：我们厂的产品分为促花王 2 号和 1 号，现在我就给大家讲"促花王"2 号的使用方法。使用时先拧开它的盖子，盖子上有"陕西省渭南高新区怀碧植保品厂"质量检验章，然后我们把防伪标签撕开，里面装有这个产品的使用说明书，今年的包装和去年的包装不同，去年是 100g 散装，今年我们用袋子装，每袋是 50g，用时加水 400g，一个瓶子有 2 袋。

王欣：记者注意到促花王是一种白色可湿性粉剂，每瓶含纯品 100g，pH 中性，无毒。它不属于农药也不属于化肥，使用起来非常简便，一般在使用前 10h 左右瓶内加 400g凉水搅拌，充分溶解后形成乳膏，有黏性，细腻拉丝。涂抹环割口迅速形成软膜紧贴木质，封闭伤口防止受到细菌感染和雨水污染。促花王操作简便，不需要费力剥皮也不需要大量的水溶液喷洒，既安全、卫生、高效，又省工、省钱，是果农增收节支的理想选择，对其独特的效果果农们总结出这样几句顺口溜"使用 2 号促花王，树不抽条不疯长，割口轻微一环刷，年年满树都是花，花大瓣壮坐果多，不用农药不环剥。"而来自全国各地的反馈信息则进一步说明了广大果农对促花王这一高科技产品的高度认可。

姚玉琪（山西运城用户）：从 2002 年开始，我们开始专营促花王 2 号，在这三年中用户突破 8 000 余户，果农普遍反映使用促花王 2 号确实可以减少"大小年"。

张王民（陕西省白水用户）：去年销售促花王通过实验以后有相当的效果，用过的果农说后悔去年没有多用，他去年只用了一瓶，今年就说要多用这个产品，明年还继续用这产品，这是个好产品。

王忠录（陕西省白水县农技员）：开始时，我是从科技报上看到怀碧促花王。因为我身为村上果协的副会长，心里面还很害怕万一给果农卖出去后不好用咋办，所以把货进回来后先叫大家用，大家用过以后感觉是相当好，我才放下心来。

姚公社（陕西咸阳用户）：2002 年通过"杨凌博览会"国家知识产权局展团引进渭南高新区怀碧植保厂生产的促花王 2 号产品，在淳化、旬邑、礼泉等地通过 2003 年进行示范，2004 年春季花普遍是比较好，花势壮、果瓣长，群众反映良好。

马万社（陕西省白水县果农）：我今年通过用"促花王"就觉得"促花王"效果确实不错。这园子已经十一二年了，产量一直不行，去年用了"促花王"，今年整个就没有空树。

魏金海（陕西省淳化县果农）：我这片园子建于 1993 年，1993 年到现在一直没挂果，去年坐果率相当差，没办法的情况下听说有"促花王"。去年使用后今年花势相当喜人相当好，还有另一片园子去年也是高产，只有 300 株树，但单产量都在 40kg 左右，今年通过用"促花王"以后，花势比去年还好。

姚小县（陕西省淳化县果农）：我从 2003 年用了"促花王"以后，今年花量特别好，要是不用"促花王"今年就没有这花量。也是去年作为大年，今年根本就是"小年"，根本就应没有花，这就是听了"促花王"2号的效果。

杜文泉（陕西省白水县果农）：像我去年这边没有结，这半边整个都是花都是苹果，也是由于去年雨水好，今年这边花还是这么好。

记者：那等于说去年是大年，今年相对来说也是大年了。

果农：今年这边也算是大年了。

王玉峰（陕西省蒲城县罕井镇科技带头人）：经过我们试验，老百姓觉得特别好。去年有6亩是大年产了3万多斤*，而今年抹了以后花还是满满的，还有我这个园子才刚挂果，没有抹的就没有花，抹了的花都满满的。

刘亚通（河北省博野县果农）：这边花多的是我用了"促花王"的效果，这边我没抹药的它到现在还是没花，这就是个明显的例子。

刘计刚（河北省博野县果农）：我是博野县程委镇中阳庄村的，去年我买了两瓶"促花王"，原先我这树有大小年之分，现在我抹了这"促花王"，大小年分不出来而且又省工省时省力，是一个被公认的好的产品。

牛焕道（山西省临汾果树专家）："促花王"涂抹用了以后，代替了过去老办法环剥。但是它一个最大的好处是它的促花功能是一种活性阳离子剂，它进了树体以后平衡促进了果树体内离原基数的平衡形成，使果树不断加强了树势而且成花多、坐果多、坐重果、不落果，保证质量提高了农民的利益。

梁建仓（陕西省白水县果农）：现在环剥了以后，伤口还没有愈合好就很容易产生副作用——腐烂，这就是环剥不得当造成的后果，树体就腐烂了。可用了"促花王"以后，像这环割伤口愈合也好了，对树体也没有产生那么多的副作用。相应地来说环剥以后的另外一个副作用就是愈合不当，一个腐烂，另一个是可能出现死枝甚至从中杆环剥以后愈合不当还出现死树，再者还会出现叶片变小"小叶病"，可用了以后这些树没有出现"小叶病"，出现伤口愈合不好的情况也不会对整个树体产生副作用。

史建兴（河北省深州双井开发区果农）：大家看到的这个苹果，是我参加整个河北省红富士擂台比赛得了冠军，咱的苹果上了750g（1.5斤），省台市场栏目播了一个星期。今天我主要是介绍"促花王"，"促花王"这种产品我认为效果不错，去年苹果长了这么大个。为什么长这么大个？都是沾了"促花王"的光，以往的苹果都没有长这么大个。因为它有一定的道理，根据我自己的经验环剥过的树整整一两个月才愈合，有时候就会把这树就剥死了，现在使用了"促花王"以后它不剥皮了，营养供应相对充足，正赶在苹果的膨大期，细胞发生分裂了，如果营养供应足了细胞分裂比较快、比较多，细胞分裂多了以后秋季苹果就长得好。

王欣："促花王"研制的成功，既是高智慧的结晶，也是社会进步的必然，它的横空出现使得长期淤积在广大果农心中的种种忧愁，彻底一扫而空。它诞生于人们望眼欲穿，急切期盼之时，必将长时间地发挥其无与伦比的巨大作用。

（2004年5月播出）

---

* 1斤=0.5千克，全书同

致富金点子

河北电视台记者：蔡志耀 摄影：李晓飞

节目主持人：很多老乡为了能让枣树多坐果，一直以来都是采取开甲，也就是环剥的办法，但这样做对树体的伤害比较大，严重的时候还会造成树势衰弱甚至死树的现象。而在赞皇县有位老乡他采用的则是另外一种提高坐果率的好方法，不仅对树体没有伤害还能让枣树增产。

任增瑞（赞皇县北竹村）：老常开始摘枣呀，今年的收成怎么样？

常素恒（赞皇县北竹村）：我一直精心管理着，差不多1 000kg左右了吧，你那怎么样呀？

任增瑞：我那比你这个产量高。

常素恒：估计能摘多少呀？

任增瑞：我那个在1 250kg左右吧！

常素恒：哎呀，不可能吧？

任增瑞：不可能咱去看看去。

常素恒：走，不摘了，上你那看看去。

节目主持人：一亩地多收250kg呀，老常怎么也不相信自己精心管理了一年，最后人家的产量会比自己高这么多，可是到了人家树边这么一看呀，他还真服气了。

常素恒：哦，看来你这个就是比我的强，你这是怎么管的？

任增瑞：我这管理方法和原先不一样，你往树上看。

常素恒：你这也没什么区别呀！

任增瑞：原先我枣树都开甲，今年没开甲，用的这个促花王。

节目主持人：原来呀，以前不少老乡尽管知道开甲会造成树势衰弱，枣的质量低，口感差，但是为了提高坐果率只能坚持这样做，如今不开甲了这坐果率还能得到保障吗？

段玉春（河北省农业科学院石家庄果树所）：促花王是对促进果树坐果效益非常好的一种农药。

节目主持人：它的主要作用是什么？跟以前的开甲相比有什么好处？

段玉春：这个代替开甲以后，农民可以省好多劳动力，也可以营养树体。树体比较健壮，所以坐果多，促进果实的品质。

节目主持人：营养树体提高品质，看来这促花王作用还真是不小，而且老乡们说它使用起来也是非常简单的。

任增瑞：在6月20号以前把树的老皮先剥掉，6月20号枣花到了盛花末期，用刀围着枣树环割一圈，把促花王抹到上面，抹到枣树的木质部，壮树往上10cm再环割一圈，再抹上促花王，弱树有一圈就行了。

节目主持人：以割代剥确实减少了对树体的伤害，可是用这促花王咱老乡得多花多少钱啊！

任增瑞：使用促花王非常经济，一瓶20元钱能用3亩地，一棵树也就平均1毛5，一亩地多产五六百斤枣，这样下来一亩地多拿几百块钱效益。

节目主持人：最后专家告诉我们促花王的作用主要是促花坐果，所以不仅在枣树上可以使用，在其他一些果树上的效果也是很明显的。

段玉春：你像苹果、梨、桃呀，它促进成花的作用也是非常明显的。如果是其他的果树都是第一年成花，第二年才能坐果。你第一年花多了，第二年产量自然也就高了。

节目主持人：促花王不但成功的代替了枣树"开甲"，而且完全可以代替各种果树环剥。

（2007 年 5 月播出）

促花王 3 号可防止棉铃虫泛滥成灾

棉株顶尖是棉铃虫等害虫集中为害的部位，人工打顶会给顶心招惹棉铃虫卵残留，成虫、若虫刺吸危害棉花顶尖、嫩叶、幼蕾、幼铃等，可造成棉苗顶芽焦枯变黑，形成多头棉或枝叶丛生疯长，棉叶破碎，幼蕾、铃脱落。给棉花整枝打顶芽，又叫摘心，是棉花整枝工作中的中心环节，打顶方法是摘除棉株主茎顶尖一叶一心。

通过打顶能控制棉株主茎继续长高，改变体内水分养分等物质分配运输方向，抑制营养生长促进生殖生长，棉花顶端芽自身产生的生长素和优势较多的养分供生殖器官生长，有利提高果枝、生殖器官和棉桃的发育质量，还能改善棉田通风透光条件，提高光合效率，促进棉株早结铃、多结铃、减少脱落，有明显的增产增收效果。对发达根系发育有一定的营养导向作用。

促花王 3 号，成功的代替了人工打顶芽的传统技术，减少了劳累，代替了用农药化控，避免了药害效应；是当前科学、省力、经济的植物营养转化新技术，并能促进棉株损伤（创伤、虫咬伤等伤口）快速愈合，防止棉铃虫卵残留及病毒侵害，抑制赘芽、旁心生长；用法简单，绿色环保。是世界可把植物能转化向果实发育空间的植物生长调节药剂。实践证明，在棉花等许多作物上，根据顶端生长素转化原理，应用促花王 3 号代替人工打顶技术，有明显的增产效果。棉花应用促花王 3 号可增产 60%左右；南瓜、西瓜可增产 40%以上；蓖麻可增产 80%～90%；油菜和红薯增产幅度更大。黄瓜、甜瓜、西瓜、苦瓜、南瓜、冬瓜等瓜类，四季豆、豇豆、扁豆、刀豆等，花生、玉米、大豆、芝麻、果树等都可应用促花王 3 号代替人工打顶技术。

（《植物医生》2014 年 4 期）

促花王 2 号在短枝富士苹果园试验报告

怀　碧

红富士苹果连年稳产高产优质问题一直困扰着苹果生产，各地果农普遍使用环剥及多效唑化控技术。这两种措施可能对苹果质量及生长带来不良的后果，造成果实呈扁形，果柄短，树不长，个别树剥死，果色浅，销不出去，影响果农收入。为了克服以上弊端，提高产量及质量，于 2004 年、2005 年在河北省深州市双井区史庄村 40 亩果园内辟出 1 亩果园进行促花王 2 号生产性试验对照区对比试验。

1　材料与方法

1.1　试材

试验用促花王 2 号，由陕西渭南高新区促花王科技有限公司生产，设甲、乙两个处理区，栽植密度都是 3m×4m，试验区和相应的对照区各为 1 亩，树各为 56 株。土壤为较肥沃的壤土，各区树势旺，绝大部分是发育枝，花芽极少，果实偏小，着色不良，产量低。

1.2　促花王使用方法

试验区于 6 月 5 日、6 月 30 日在树干分叉处下端环割涂施一圈，两次的环割圈不在同一处。对照区按照传统的环剥法于 6 月 7 日进行一次环剥。2004 年和 2005 年重复2 年。

2　结果与分析

2004 年环割涂施促花王 2 号后第 7 天见叶色转浓，光亮，叶片厚，新梢缓长，秋季观察花芽多，且极饱满，而对照区树势转衰，叶片发黄，到第 20 天后才逐渐转为正常，到秋季观察，虽有花芽但弱而不充实；试验区果实大，色浓红，有金属光泽，对照区果小，着色不良，无光泽。到第二年试验区的花量比对照区花量增加 1.5 倍，花期比对照区提早 3d，且开花整齐，产量、质量、效益明显提高，见表 1。

表 1　环割涂施促花王 2 号效果比照

地点	亩产（kg）	色泽	全红率（%）	风味	80mm 直径果占比（%）	单价（元/kg）	效益（元）	增效（倍）
试验区	607.5	浓红光亮	95	甜香硬脆	80	3.5	2 126.25	1.34
对照区	415.7	浅红、无光泽	35	不香、甜度低	50	2.2	914.54	—

2004 年试验区产量 607.5kg，比对照区高出 191.8kg，由于优质商品率大大提高，经济效益提高了 1.34 倍。2005 年实验区的花芽量比对照区增加 1.5 倍多，对照区产量以及次年的花量与往年持平，是一鲜明的对照。

促花王 2 号能激化苹果短枝顶芽基原细胞基因，促进成花，同时能平衡子房 3 种激素的数量动态，促进果实细胞分裂，诱导根系、茎叶的养分输向果实，割涂后的树体叶片浓黑，增厚 40%，叶绿素含量增加 75%，光反应速率增强，光能生产率增长，光合产物相应增加。从实际结果看出，试验区和对照的产量、优质果率增长幅度明显，果实固形物增加，色泽深红，果皮光亮，商品价值高。

通过 2 年的对照试验，确认促花王 2 号使用方便，无任何毒、副作用，确保树体健康不受损，果实发育健康，无畸形果、无裂果。果实不扁，果柄不短，形状周正。涂施后叶色浓绿，叶片增厚，效果优于其他生长调节剂。在秋季现场验收会议上各地专家一致认为，促花王 2 号在果树生产上是一个新创举、新成就，而且可以推广应用。

促花王 3 号棉花打顶剂批量投放新疆棉区

一种可代替棉花人工打顶、改变棉株营养流向的生物药剂促花王 3 号棉花打顶剂在新疆石河子 1261 团历经多年的大面积试验示范取得圆满成功，2015 年将批量投放新疆各大棉区安全使用。

在当地具有多年丰富植棉经验的技术员张波的引导下，棉农将促花王 3 号棉花打顶剂按每瓶加水 1kg 溶化成母液后，再加入 500kg 水充分搅拌溶解，在初花期坐桃前后喷雾于棉花顶部，可迫使棉花顶部营养回流到棉桃发育，弱化顶部优势直至顶尖停止生长，从而达到打顶的目的。同时可有效改善棉田群体冠层通透性，防早衰，增加有效铃重，提高产量，节本增效。

本品酸碱度中性，可与其他任何类型的农药混用，也可单独使用。陕西省渭南高新区促花王科技有限公司研制成功的促花王 3 号棉花打顶剂每瓶纯品净重 60g，每次可化控棉田 1hm²，整个生长期用 3 次就行，是栽培高产优质抗虫棉的廉价生物制剂，无毒、无味、无污染，安全、环保，适用于农村电子商务网购和特快专递送达终端用户。产品二维码防伪和全程栽培技术跟踪服务一个疗程完成。

（《植物医生》2015 年第 28 卷第 3 期）

五招解决石榴园大小年问题
马 顿

科学促花调控树势。通过实践和对比应用证明，环割配套促花王 2 号促控技术可成功的代替环剥皮和化学激素杀梢。促花王 2 号阳离子涂抹环割口，可进入树体的成功效果抑制顶端优势，控前促后，由营养生长（枝条生长）转化为生殖生长（结果），促进花芽分化，有效培养早长早停的壮枝结构。

合理负载。石榴树修剪时控制花芽留量，调整花、叶芽比。疏花优于疏果也是控制大小年的重要措施，并要按枝果比和叶果比适当留果，合理负载。修剪后要立即用保护剂"愈伤防腐膜"涂擦伤口，消毒防病，促进伤口快速愈合，恢复和健壮树势。

积极防治石榴树病虫害。预防为主、防治结合，在上年喷施"护树将军"消毒清园的基础上，早春再次喷涂树干和树枝保温，消毒防霜冻，避免花期遭晚霜危害，阻碍越冬病毒着落于树体繁衍，减少菌源和虫源。在病虫害初发期使用药剂防治时，农药中加入适量"新高脂膜"提高药效达 300% 以上。

石榴树施基肥应以有机肥为主，并辅以追肥和叶面肥。在果树开花前、幼果期、果实膨大期各喷 1 次"瓜果壮蒂灵"，可加大果树营养输送，满足开花和结果的生理需要。防止因营养不良而导致果树弱花落花，落果裂果。提高果实膨大速度、果实产量和质量。

石榴果园不要连年深翻。由于深翻会伤根，导致树上冒条严重而难以成花，应地面种油菜，利用自然控制大小年。

（《农业科技报》2017年8月25日）

苹果树周年管理10大技术要点
怀 碧

1 开春管理要点

惊蛰前后，冬眠的动物开始苏醒并出土活动。植物醒了、病虫害醒了、病虫害的天敌也醒了。果树根系首先开始活动，并促使树液流动，使其根系和枝干中贮藏的营养物质向枝芽运输，因而枝条变软，芽眼膨大。在此期间，消耗的养分几乎全是上年贮藏的。对此，春管至关重要，其具体内容如下。

1.1 查治腐烂病

果树粗翘皮常常隐藏多种病虫，如山楂红蜘蛛、星毛虫、小卷叶虫、腐烂病等。冬剪结束后，从2月中旬起重点检查主干、枝杈、剪锯口有无腐烂病，随发现随涂波美10度石硫合剂加入"护树将军"100倍液，半月后再涂一次。最近以来大量的媒体报道，陕西省渭南高新区怀碧植保品厂应用紫外线杀菌；新高脂膜防毒技术研制成功的复方制剂"护树将军"。涂树体病患处可迅速形成一层保护膜，窒息性杀死病菌，方法是用毛刷涂乳液，再用护树将军乳液100倍液（50kg）全园喷涂树干和树枝消毒，可阻碍腐烂病毒着落于树体繁衍，30d后染有死孢子的病皮开始脱落，"护树将军"还可与各类农药或叶面肥混合使用。

1.2 施肥灌水，覆膜保墒

上年秋冬没有施基肥的果园，应在解冻后随即施入（但效果不如秋施好）。施肥后如有灌溉条件的园地应浇水一次，并及时浅锄。旱地果园应采取顶凌和保墒，而后施肥，再速将园地整平拍光保墒。幼、弱树随之采取带状覆膜，增温保墒，促使树体健壮生长。施肥量及方法，在树冠投影下开挖宽、深各50cm的环状沟或"井"字沟，施入秋备基肥的全部，并与土搅匀；再于树盘内撒施春备追肥的全部（多元复合肥、尿素等），然后翻入土内，耙平拍紧。施肥要求：一是尽量不伤直径0.5cm以上的根；二是树盘追肥部位应与主干保留20~30cm，以免造成肥害。

1.3 刻芽、抠芽

一般苹果枝后部芽不易萌发，尤其缓放枝常常为"光腿枝"。为促使需枝部位萌芽抽枝，减少光腿，应于3月底至4月初，在需要萌芽左上方（中心主枝）或前方（斜生主枝及辅养枝）0.5cm处用利刀或小锯条伤及木质部的1/4~1/3。随之将中心主枝的竞争（枝）、芽、主枝和辅养枝的背上（枝）芽抠除，以免萌发抽枝，浪费营养，扰乱树形。

1.4 熬制、喷石硫合剂

过了立春，气温逐渐回升，石硫合剂是广谱、高效、残效期较长，且成本低的杀菌、杀螨、杀虫剂，尤其是果树萌芽前后喷布较高浓度，对降低多种病虫基数、减少全年用药、降低成本，效果十分显著。

石硫合剂的熬制：硫磺粉 10 份，生石灰 7 份，水 60 份。先将水加热，取少量热水将硫磺粉调成糊状倒入锅内烧开，再慢慢投入生石灰，增大火力，并不停地搅拌直至投完石灰块再熬 45min（前 15min 用大火，后 30min 用温火）熬至液体呈酱油色时熄火冷凉。冷后用波美比重计量出准确浓度。一般要求 3 年生以上苹果树于萌芽期喷"护树将军"100 倍液+3 波美度石硫合剂清园消毒，不但杀菌灭虫，还促进萌发，防治红蜘蛛、介壳虫，杀灭越冬虫卵。4 月上旬喷农药防治蚜虫、顶梢卷叶虫，4 月上旬（萌芽后），用 0.3% 的尿素液和磷酸二氢钾液，间隔 7~10d 交替喷施 1~2 次，以利于枝梢叶片强壮，促进新根发生，逐渐恢复树势，保证长期精神饱满。果树在日常喷施叶面肥或农药时加入"护树将军"100 倍液可抑制病毒侵染。注意在消灭病虫害的同时，保护蚯蚓等有益动物和果树害虫天敌的种群与数量。

1.5　复剪、舒蕾

复剪：一是对过旺适龄不结果的树，可将冬剪延迟到发芽后，以缓和树势；二是较旺的树除骨干枝冬剪外，其他枝条推迟到发芽后再剪，以缓和枝势；三是进入结果期树按目标产量，如花量过多，可短截一部分中长花枝、缩剪串花枝或疏掉弱短花枝，以减少花枝量，增加预备枝。

1.6　喷肥、放蜂

进入初花期（5%中心花开放）应及时喷一次 0.3%硼砂+0.1%尿素+1%蔗糖水溶液，在花期后和幼果期还可以叶面追壮果肥，可用 0.3%~0.5%的尿素+瓜果壮蒂灵，提高坐果率和膨大果实效果都很明显。果实膨大期需要大量的营养和水分，才能满足果实发育的需要；进入盛花期再喷一次 0.3%硼砂加 1%蜂蜜水溶液+瓜果壮蒂灵，以增加养分，利于授粉坐果。花期距果园 500m 以内放置蜜蜂，一箱可保证授粉 10 亩左右，可提高坐果率 30%~50%。

2　苹果树施肥要点

2.1　施肥时期

施肥一般分作基肥和追肥，具体时间因品种、需肥规律、树体生长结果状况而定。一般情况下，全年分 4 次施肥为宜：①花前肥或萌芽肥（4 月上旬）。②花后肥（5 月中旬）。这两次肥能有效地促进萌芽、开花并及时防止因开花消耗大量养分而产生脱肥，提高坐果率，促进新枝生长。③花芽分化和幼果膨大肥（5 月底至 6 月上旬）。此次追肥是为了满足果实膨大、枝叶生长和花芽分化的需要。此次施肥以钾肥为主。④积肥施入时期以秋季最佳（9 月上中旬）。以农家肥为主施基肥时，磷素按全年总量全部施入，为了充分发挥肥效，磷肥要先与有机肥一起堆积腐熟，然后拌匀施用。它的作用是保证采收后到落叶前果树光合作用，提高营养积累，为下年果树生长发育打好基础。在这 4 次施肥的基础上，还要考虑配合叶面喷肥+瓜果壮蒂灵。7 月以前喷施 0.3%~0.5%尿素液+瓜果壮蒂灵，7 月以后配喷 0.3%~0.5%磷酸二氢钾或果树微肥+瓜果壮蒂灵。

2.2　施肥部位

根系中的毛细根是果树吸收养分的主要器官，果树对肥料的吸收主要靠根系中的根毛来完成，在根系集中分布区施肥是提高肥效的关键。

果树的地上部和地下部存在着一定的相关性。一般情况下，水平根的分布范围约为树冠径的 1～2 倍，大部分集中于树冠投影的外缘或稍远处。其垂直分布，随树种、土质、管理水平而有差异。一般苹果、梨、核桃、板栗、葡萄等的根系分布较深，可达70～80cm，但 80% 以上的根系集中于 60cm 以内的土层中；桃、杏、李、樱桃的根系分布较浅，绝大部分在 40cm 以内的土层中。所以，在施肥时，要根据这一特点来施用肥料。根系分布深的要适当深施；反之浅施；有机肥料分解缓慢，供肥期较长，宜深施肥；化肥移动性较大，可浅施。如施有机肥，苹果等深根性果树施用深度为 40～60cm，而桃等浅根性果树则为 30～40cm。同时，施肥时应以树冠投影边缘和稍远地方为主，这样才能最大限度地发挥肥效。

2.3　叶面喷肥的要点

要看果树的长势，如果果树长势弱、枝叶伸长缓慢、叶片趋黄色或淡黄色，这表明果树缺氮缺铁，应当以喷施氮肥为主，并且适当喷一些柠檬酸铁和磷肥、钾肥；如果叶大嫩绿、枝条间节过长，表明氮肥充足，应当以喷施磷肥和钾肥为主，适当喷一些微量元素。

（1）要注意喷施时间，在花前期、花期、壮果期的阴天或晴天下午 5 时后进行。间隔期 10～15d。

（2）要注意肥料，氮肥中的碳铵、磷肥中的磷矿粉等叶面喷洒无效或有害，应严禁喷洒。适宜的品种有尿素、过磷酸钙、磷酸二氢钾、硫酸钾、草木灰及微量元素中的硼砂、硫酸锌、硫酸锰、硫酸铁、柠檬酸铁等。

（3）要分清主次，叶面喷肥不是施肥的主要方式，而仅仅是在土壤供肥不足的情况下采用的辅助施肥方式。

（4）要注意喷施浓度，尿素 0.3%～0.5%，过磷酸钙 0.5%～1.2%，磷酸二氢钾 0.2%～0.4%，三元复合肥 0.4%～0.5%，草木灰 1.5%～2.0%，微量元素中的硼砂、硫酸锌、柠檬酸铁、硫酸镁等的浓度为 0.08%～0.15%。

果树叶面喷肥要注意部位。树叶背面气孔多而大，肥料容易被吸收，所以喷洒应当从上到下以叶的背面为主。这样自然会有肥液滑到叶的下面。

果树叶面喷肥的方法是，各种肥料和微量元素能否配成混合液，要看各自的理化性能而定，不能盲目混合，否则会失去肥效和引发肥害。另外，为了提高肥液附着，可以少量加一点肥皂液或洗衣液等湿润剂，可以使肥液附着叶面，有利于叶片吸收。

3　苹果套袋的要点

3.1　套袋优点

（1）着色艳丽。套袋可明显提高果实着色，可达全红果，果面光洁美观，无果锈，外观好，据实验果面着色大于 75% 的比例占 86.7%。

（2）防病虫。套袋后，果实与外界隔离，病菌、害虫不能入侵，可有效防治轮纹病。煤污病、斑点落叶病、痘斑病、桃小食心虫、梨春坤等病虫的危害。

（3）减轻冰雹危害。冰雹多发生于幼果期。此时果子尚小，悬于袋中，冰雹落到鼓胀的袋子上，减缓了它的机械冲力，可使果实免受其害。据调查，未套袋果受到小冰雹危害时，套袋果不受害；不套袋果受到冰雹严重危害时，套袋果受害较轻。

（4）有利于生产绿色食品。套袋后，果实不直接接触农药，同时可减少打药次数。不套袋果园一年需打8次农药，套袋果园打4~5次即可。可以有效地减少农药的残留量，有利于生产无公害绿色食品。

（5）经济效益高。苹果市场已由卖方市场转向买方市场，客商对果品质量要求越来越严格，一些果园虽然产量高，但商品率低下，效益并不好。套袋可使果园商品率提高到90%左右，同时果面细嫩光洁、着色艳丽、外观极佳、农药残留低、售价高、易销售，从上年市场销售情况看，套袋果比不套袋果价格高出一倍左右，且供不应求。

3.2 苹果袋的种类与规格

苹果袋的好坏直接影响套袋的效果，用袋不当不仅不会提高果品质量而且会严重损伤果实，还会造成一些虫害的发生（康氏粉蚧），果袋的质量决定于袋纸的质量和制作工艺。外袋纸质要求能经得起风吹日晒雨淋、透气性好不渗水遮光性强，内袋要求不褪色、蜡层均匀、日晒后不易化蜡。在制作工艺上要求果袋有透气孔，袋口有扎丝，内外袋相互分离。不同品种用不同袋子，一般红色品种用双层袋、黄色品种用单层袋。现在生产上主要给价值较高的红富士套袋，所以应以双层袋为主。纸袋规格以大小而定，一般内袋为155~135mm（直径86mm），要求套袋苹果最好为80、85果；外袋180~140mm，外袋口粘有40mm的扎口丝，纸袋下部两角有5mm的通气孔。

3.3 套袋技术规程

（1）套袋果园应具备的条件：①需具备较高的土肥水管理水平，应控氮增钾，多施有机肥增加叶面喷肥+瓜果壮蒂灵，有条件的果园可进行生草或覆草，努力提高果园土壤有机质含量，改大水漫灌为滴灌、喷灌或渗灌。②合理修剪，树冠必须通风透光，树体结构良好，枝组强壮，配备合理，负载适中。③疏花疏果，为确保套袋果能长大、长好，必须进行疏花疏果。红富士苹果进行套袋时必须疏成单果，留中心果，强壮枝上的果、下垂枝果。④病虫害防治，苹果套袋后果品再不接触药肥，易造成病虫危害和缺素症，因此加强套袋之前的病虫防治和叶面喷肥非常重要，在这一时期至少喷两次杀虫杀菌剂以及微肥+瓜果壮蒂灵，以保证果实免受病虫危害以及对钙、硼、铁、锌等微量元素的吸收。

（2）套袋的时期和方法：①套袋宜在6月下旬进行，7月初完成，这样6月落果已经结束，果实优劣表现明显，果柄木质程度和果皮老化程度都增高，不易损伤果子。同时暴露时间长，病虫防治时间拉长，病虫危害和缺素症少。②套袋方法。将袋子下部两角横向捏扁向袋内吹气，撑开袋子，袋口扎丝置于左手，纵向开口朝下，果柄置于纵向开口基部，将果子悬于袋中（不要让果子和袋子摩擦，勿将枝叶套入袋内）再将袋口横向折叠，最后用袋口处的扎丝夹住折叠袋口即可。

3.4 摘袋的时间和方法

（1）在采前30d左右摘袋，如果太早，果子暴露时间长，易发生日灼和轮纹病，且着色差；如果太晚，果子含糖量低，风味淡，且采收后易褪色。如果单从着色考虑可稍晚（采前20天）一些摘袋。

（2）方法：先摘外袋，再摘内袋。最好在阴天摘除外袋，一般在袋内外温差较小时摘袋，即上午10时至下午4时摘除外袋，经5~7个晴天后开始摘除内袋，摘内袋时应于上午 10—12 时摘树冠东、北方向的，下午 2—4 时摘树冠西、南方向的，这样可以减少日灼发生，摘除袋时应一手托果子一手解袋口扎丝，然后从上到下撕烂外袋，这样可以防止果子坠落。

3.5　套袋应注意的问题

（1）套前防病虫。虽然套袋有预防病虫的功效，但有些病虫在套袋前已侵染果实，如果不搞好病虫防治，套袋后果子不直接接触农药，病虫就会在袋内继续危害果实。因此，在早春要刮粗老树皮，萌芽前要打石硫合剂+瓜果壮蒂灵+护树将军，花期到套袋前是果实染病的敏感时期。轮纹病、霉心病易在此期侵入果内，潜而不发（8 月以后，果实内糖度增大，酸度、钙浓度以及酸类物质含量下降，轮纹病就会发生），此期又是钙、硼等多种元素吸收的高峰期，是康氏粉蚧、蚜虫、红蜘蛛、潜叶蛾等多种虫害的并发期，而且是果实纵径增长的关键时期，这时注意喷药和喷肥对病虫防治、提高坐果率、增加单果重、防止缺素症有很大作用。

（2）认真进行疏果疏花，疏去弱花、晚茬花、腋花、梢部花。定果时 20～25cm 留一果，留中心果。将果柄长的果、果顶不闭合的果、小果、扁果、畸形果、肉质柄果、朝天果、病虫果、有伤果疏去。

（3）选择适合的果袋，注意纸质和制作工艺。

（4）套袋顺序应先上后下，先内后外，逐枝逐果整株成片进行，以便管理，套袋时不要将铁丝扎在果柄上。

（5）适当晚采。推迟到立冬前后采收，这样可提高含糖量，增加着色面，回味变浓。

3.6　在生产中存在的问题及解决方法

（1）落果严重、受精不好、营养不良、套袋太早、伤及果柄所至，应注意花期喷肥+瓜果壮蒂灵，疏花疏果，加强肥水，延迟套袋。

（2）日灼，与袋纸的透光性、果袋有无透气孔、套袋时果实是否悬于果袋之中以及高温有关。应注意选择质量高的果袋，套袋时不要让果子贴在纸壁上，将果放中间，高温天气注意果园喷水，剪大透气孔。

（3）果实有斑点，主要是土壤黏重、通风透光不好、轮纹病菌浸染、康氏粉蚧危害、苦痘病发生，应注意合理修剪、增施有机肥以及套袋前的喷药喷肥。

（4）果实失水，主要是高温干旱，蒸腾加剧，叶片枝条内汁液浓度升高，引起库源逆转，果实内水分、养分倒流于枝叶引起，应注意给果园少量多次灌水，如有喷灌滴灌设施最好。

苹果套袋由于各地气候条件、肥水条件、栽培技术、纸袋质量等一些因素的差异，出现了这样那样的问题，望广大果农根据实际情况，仔细分析，认真总结，以免造成生产上的严重损失和对套袋技术的消极影响。

4　控梢促花技术要点

4.1　幼树到初果期树

一般成花较难，除在夏季进行促花修剪外，秋季即 8 月中旬至 9 月中旬对较旺的直立枝修剪、内向枝、辅养枝的 1 年枝在春秋梢交界处戴帽修剪，可促发短枝、形成花芽,但要注意树势枝势强弱,一般旺枝戴活帽、弱枝不戴帽、旺树多戴帽、弱树少戴帽,这种方法对红富士、国光品种效果明显。

4.2 断根促花

幼旺树结合秋施基肥,深翻土壤进行断根修剪,可减弱根系生长优势,调节树体生长开花坐果的矛盾,提高地上部营养积累,使较多的营养用于花芽分化。

4.3 调控肥水促花

在秋分前后或果实采收后至落叶前对果树施入长效性肥料,如人粪尿或过磷酸钙等,一般苹果树对氮、磷、钾吸收比例为2:1:2,而幼树吸氮较多。所以对于幼树施基肥应多施磷、钾肥,在不是过分干旱时可只进行冬灌和春灌,后期雨水多时要及时排水,控制枝梢贪青旺长。

4.4 开张角度

拉枝最宜时间是8月中旬,也可延长至9月底,这时正值秋梢缓慢生长期。适时开角能使所有芽发育均衡,使枝的背上背下、两侧及枝的前后结果枝组发育一致,强弱相同,有利于促发短枝成花,短枝型密植园对各层枝可拉成90°,保持中干直立。

4.5 叶面喷肥

苹果幼龄至初果树于9月上旬、中旬各喷1次500~1 000倍磷酸二氢钾,可促进枝条生长,提高叶片光合强度,促进形成花芽。

4.6 促花王2号可有效控制苹果树新梢旺长,增加短枝比例,促进花芽分化

河北省深州市双井开发区史庄果农史建兴接受深州电视台采访时说,过去几年,红富士苹果在我区普遍采用环剥和使用多效唑等措施促花。虽然有一定效果,但副作用大,使苹果树早衰,各种病害满树,大大缩短了苹果树的寿命,影响了果农的正常收益。去年我在深州偶然发现了"促花王"这种产品,于是马上买了几瓶。按说明进行了操作和对比试验,我村也有二十多户用了这种产品,到今年春天,大家都说这种促花王产品真是太神奇了,花钱不多,但增收特别明显。"促花王"这种促控剂,替代了环剥及促控技术,树体不受任何损害,延长了果树的寿命。大家想一想在树上剥下近一寸宽的树皮,直到秋后,它也长不平,就是愈合好了,它的树皮也是薄的,这样直接影响了根部养分对树体的正常供应,尤其在果实细胞分裂期,由于树体养分供应不足,树体弱,细胞分裂不完全,造成果实个小,易落果。根据实验表明,使用"促花王"后,树体正常生长,树势强壮,树体养分供应充足,果实细胞分裂及时,果实明显增大。去年,我的苹果树在使用"促花王"之后,苹果长得特别大,而且含糖量高,色泽好,最大的苹果达到每个750g,也就是一斤半,这可不是瞎吹,河北电视台"世纪乡风"栏目进行了专访,在河北电视台连续播出两个星期。我的大苹果在河北省红富士苹果擂台上夺得全省第一名,登上了擂主宝座,奖了一辆大摩托车。我村凡是用了"促花王"的几十户,家家苹果单个250g以上,500g左右的占80%,别人的果卖5、6毛一斤,而我们的苹果去年卖到了8毛多一斤,而且还争着要。

5 果实管理要点

秋季是苹果果实发育的季节,也是叶片与花芽积累营养的重要时期。为了促进树体的生长与果实发育,秋冬季管理中既要重视果实管理,也要重视培肥土壤、病虫害防治

等工作。

为促进果实着色与风味品质发育，红色品种，如红富士苹果，通常需要进行采前摘叶、转果、脱袋等工作。

5.1　采前摘叶

采前摘叶通常分 2～3 次进行。第一次摘叶大约在采前 20～25d，以摘除贴果叶为主。第二次摘叶，在采前 7～10d 进行，主要摘除近果叶。第三次摘叶可在采前 3～5d 进行，可摘除果实周围 10cm 左右的遮阳叶片。

5.2　采前转果

采前转果时期与摘叶相似，通常分为单向转果、双向转果、连续转果等方法。应注意的是，采前转果应在阴天或下午 3、4 时之后进行，以避免强光造成果面日灼伤。

5.3　脱袋管理

苹果脱袋既要注意时期，又要注意方法。脱袋时期与用途有关。采后贮藏的苹果，通常在规定的采收期之前 7～10d 脱袋。而采后直接鲜食的苹果，通常在采前 20～30d 脱袋，以促进果面充分着色，也有利于果实的风味发育。脱袋通常分两次进行，应注意的问题与转果相似。

6　土壤管理要点

为促进树体与果实的正常发育，应重视秋冬季的果园土壤管理。秋冬季土壤管理主要包括果园施肥、灌水等方面，下面分别介绍。

6.1　果园施肥

果园土壤施肥既要注意肥源类型，也要注意施肥时期与方法。为了提高果实品质、减少缺素发生，应提倡使用有机肥、农家肥。以往提出的斤果斤肥仍然适用。牛羊粪、鸡粪都是较好的有机肥源。作为常用的基肥，施肥时期通常在秋季。从 9 月中下旬到 10 月上旬施肥，对根系生长及树体营养积累最为有利。

施肥的方法因树龄而异。幼树时期，通常结合果园改土扩穴施肥，每年在定植坑以外挖坑施肥，坑深 40～50cm，将有机肥与果园表土 1∶2 混合均匀后填入坑内，依次向外扩展。成龄果园可全园耕翻施肥或开沟施肥。

6.2　果园灌水

果园灌水要根据自然降水多少来定。一般年份，在果实着色期或采果之后都需要进行果园灌水。着色期灌水有利于果实色泽发育，采后灌水常与果园施肥同步进行，有利于根系生长，积累树体营养。各地应根据实际墒情确定是否需要灌水。

7　病虫害防治要点

苹果早期落叶病主要为褐斑病、灰斑病、斑点落叶病等类型，其侵染途径与防治方法不尽相同，下面分别作介绍。

7.1　褐斑病

药剂防治应抓好 3 个时期，即在落花后（发病前半月）、雨季来临前和雨季及时喷药防治。生长前期喷 1∶3∶200 石灰多量式波尔多液+瓜果壮蒂灵，后期喷施也可采用 50%退菌特 600 倍液、50%多菌灵 800 倍液、50%甲基托布津 1 000 倍液、65%代森锌 500 倍液+瓜果壮蒂灵进行防治。雨季喷药时应混加 2 000～3 000 倍的黏着剂液。

苹果早期落叶病主要表现为褐斑与灰斑的混合侵染，加强土肥水管理，提高树体抗病力也是必不可少的。

7.2 斑点落叶病

斑点落叶病一般年份6月下旬开始发病，7月下旬至8月上旬为发病盛期。春雨早发病早，秋雨多发病重。10月上旬停止发生。防治苹果斑点落叶病，应重视化学防治，从花后开始连续喷50%扑海因可湿性粉剂1 000倍液+瓜果壮蒂灵，或70%代森锰锌可湿性粉剂500倍液+瓜果壮蒂灵，或10%多氧霉素1 200倍液+瓜果壮蒂灵，或40%乙磷铝200倍液+瓜果壮蒂灵，或70%乙锰500倍液+瓜果壮蒂灵。石灰多量式波尔多液也有较好的防治效果。进入中秋季节，各类早期落叶病将逐渐停止新的侵染。但对于当年发病较重的果园，应及时清扫果园落叶，剪除病枝，集中深埋，以消灭病源，减少下年的发病率。

8 苹果采后的管理要点

苹果树休眠期是指从秋末冬初自然落叶到第2年春季萌芽为止的一段时期。果树在一年中经过发芽、抽枝、开花、结果，消耗了大量的营养物质，采收了果实的树就像生了孩子的母体，身体极度虚弱，如不及时供养和保护，病毒就会乘虚而入。为了给树体增加营养贮备，使其安全越冬，果树休眠期管理工作至关重要。根据年周期及营养物质运输规律，从果成熟至落叶为营养贮备期，一般在8—11月，其营养生长先后停止，当年制造的营养物质逐渐向贮藏器官内运输贮藏。此期间管理的关键是维护好叶片的同化功能，预防早期落叶。此期间管理的好坏，直接影响着树体冬季抗寒性和花芽分化质量，对来年的开花和长势起着决定性作用。应抓好以下几个环节。

8.1 速施"产后"肥

因结果期内树体消耗了大量的营养，采果后应尽快追施速效性肥料，促其早日恢复树势，增强叶片制造碳水化合物的功能，保证有充足的营养供花芽分化和树体营养的贮藏，提高抗旱、抗寒和抗病的能力，一般株施尿素400~500g、磷肥250~300g、钾肥150~300g，或三元复合肥1.0~1.3kg。

8.2 及时抹芽、摘心或扭梢

树冠内的新梢长至20~30cm时，应摘心或扭梢。当第二次梢长30cm时再摘心或扭梢，促进枝梢早日老化。对丛生枝、过密枝、细弱枝、下垂枝、徒长枝、病虫害枝则应选择部分或全部剪除。

8.3 防治病虫害

（1）除剪除病虫害的枝条外，还要钩除钻入树干内越冬的钻蛀性害虫幼虫，也可以将80%的敌敌畏乳油加水100倍液浸透的棉花或拌成的浓泥浆塞入虫道口，可杀死天牛等多种害虫。

（2）清除园内枯枝、落叶，刮除树干翘裂的粗皮，并集中烧毁。用石硫合剂护树将军100倍液刷白树干，可杀死虫卵。

（3）用火将茶枯饼烧成焦黄色并打碎后，再用4倍的热开水浸泡4h，冷却后浇入园地内，能杀死地老虎、蝼蛄、金针虫、金龟子幼虫等害虫。

8.4 浅耕盖草

为满足果树根部生长和呼吸的需要，采果后应在树冠下浅锄10~15cm。但在近树干处只锄 7~10cm，并盖些稻草、秸秆或青草，然后盖些碎土，防止被风吹走。这样，既可以使土壤疏松通气，又可以保湿抗旱和保温抗寒，草料腐烂后还可以为园地增肥。

8.5 深翻土壤，施足基肥

10—11 月的秋末冬初，对未进行农果间作的果园进行全面的深翻改土（不含树下的根盘），深度 20~25cm，并单株施入人畜粪肥、堆肥、沤青、污沟泥、碎稻草 40~50kg（在树冠垂直滴水线外开环行沟施入并覆土），然后在全园内盖 8~10cm 厚稻草，并盖些碎土，有利于保护园内水、土、肥和增强抗寒、抗旱能力。

9 冬剪技术要点

9.1 修剪前要四观察

（1）观察品种特性。苹果树品种不同，其萌芽力和成枝力多不相同。萌芽力和成枝力强的品种，树冠容易郁闭，光照不足，修剪量要大，修剪时要多疏少截，改善光路条件。相反萌芽力或成技力不强的品种，修剪量就要控制，否则会造成树冠缩小、枝条光秃等现象。

（2）观察树势强弱。同品种、同树龄的苹果树，幼树和旺树的修剪程度要轻，以缓为主，促进花芽形成，增加结果量。而老弱树，则要以截为主，通过短截刺激发枝，使之尽快恢复树势。但对树龄较大的老化树，则要用重回缩修剪。

（3）观察花芽情况。在准确分清花芽的前提下，当果树花芽过多时，要采取破花修剪，多留顶花芽，对成串花芽最多留 2 个，从而达到控制花芽总量和花芽、叶芽比例的合理化。对于花芽少的树，要尽可能多留花芽，对没有花芽的枝组，则要重剪更新，为下年结果打好基础。

（4）观察修剪反应。进入果园剪树前，要仔细观察上年修剪反应，总结修剪中的得失，从而确定当年修剪方案。首先要明确判断出骨干枝和辅养枝，然后采取相应判断出哪些枝组需要更新，哪些正在培养。只有掌握上年果树修剪状况和修剪反应，才能使冬剪中少走弯路，减少不必要的失误。

9.2 修剪后要封闭伤口

对苹果树枝进行修剪时会形成伤口，对这些伤口一定要采取有效措施加以保护。修剪枝条时，修剪口一定要平滑，以利于愈合；疏除大枝用手锯锯除时，锯口要平，不要留桩，否则容易造成伤口木质部枯死或者腐烂；严禁用斧子砍大枝，锯除后的枝条伤口，要用锋利的刀子削平、削光，直径在 1cm 以上的伤口要立即涂上保护剂，不能让伤口暴露在空气中，以免造成干裂。苹果幼树期间修剪，应以促为主。短枝型苹果有成枝力弱、树冠扩大缓慢的特点，幼树期间，促使多生枝条，加快树冠的形成。结果期间修剪，对于生长强壮的枝条、饱满的芽，要多加以利用；多疏除一些花芽，使树体合理负载，以保持健壮中庸的树势；各主枝延长枝延伸生长时，要用壮枝带头，在中部饱满芽处短截；结果枝组应适当回缩或疏去失去结果能力的枝组；对于临时性枝条，去弱留强、去平留斜，将直立枝拉斜。调整上强下弱的长势。短枝型苹果树极易出现树体上强下弱现象，纠正这种现象，修剪时一般应该保持下部的主枝开张角度要小于上部主枝的开张角度；如果上部主枝长势强时，要用弱枝带头，在弱芽处短截。边修剪边涂抹愈伤防腐膜封闭剪锯伤口，促进伤口愈合，达到早结果早丰产的目的。全园修剪完毕，要认真细致地清理果园内的杂物，及时喷洒一遍护树将军100倍液消毒保温防冻害。

（2008年《湖北科技报》第三版）

河北人惊现枣树大救星

怀 碧

减轻劳动强度、降低果园投入成本、大幅度提高果品质量和产量，是每一位果农的欲望。促花王2号等和谐植保产品的相继问世，必将改写果园粗暴管理的历史。

1 枣树的开甲之痛

中国栽培枣始于7 000年前，到2 000年前的汉代，枣的栽培已遍及中国南北各地。中国是全世界上大量栽培枣的国家。

枣树的花芽分化，具有单花分化期短、全树持续期长和一年多次分化的特点，因而花期很长而落花落果严重。自然着果率仅达1%左右。除与树体营养密切有关外，花期不良气候（低温、干旱、多风、霾雨等）也常是重要因素。以枣富家的果农苦盼红枣丰收能让他们盆满钵盈，但遇到问题和困难时又可能颗粒无收。困扰他们的主要问题是：枣树春季多开花少结果，枣却长不红，收果时遇雨季致使枣霉烂等。人们采用开甲这一技术使枣树多坐枣、早结果，但连年给枣树开甲，又对枣树的树势造成了很大影响，树势衰弱得早，形成不少小老树。有的开甲树因甲口难愈合，甚至出现死树现象。

2 怀碧科技推动了世界枣业科学管理技术大进步

为了攻克长期以来困扰枣业发展的这类国际性科技难题，陕西省渭南高新区怀碧植保品厂采用电子控标系统等高科技手段终于研制成功了几种和谐植保药剂——促花王2号、瓜果壮蒂灵、护树将军、愈伤防腐膜，使国内外农业科学家悬而未决的技术难题突破，应用效果赢得了有关政府部门、专家、用户的肯定，为无公害枣业发展"杀"出了一条新路径。科研人员为了群众规范化应用这一科学技术，免费向全国各地农民提供技术指导。渭南电视节目主持人曾评论这些科研成果"既是高智慧的结晶，又是人类社会进步的必然，它的研制成功将为我国农业高效化、现代化、无公害化作出巨大贡献"。河北农业大学中国枣研究中心周俊义先生和承德市农广校李振举先生2005年11月13日在枣网发表《北方地区临猗梨枣规范化栽培技术》一文强调：临猗梨枣在华北果实成熟期易染铁皮病，严重影响产量，因此坐果不宜过早，在河北适宜的坐果时期为6月下旬至7月上旬。推迟结果的方法，一是推迟修剪，在枣树萌芽前采用更新式重修剪可使结果推迟10~15d；二是晚开甲，在新生枣头开花量达50%~60%时进行环割或主干环剥，在环剥处抹施10%~20%促花王。

3 产生漂亮红衣枣的三绝招

孙阁、剧慧存、徐敏华在2005年12月30日《中国绿色时报》发表题为《石家庄三招让枣倍儿红》的文章说：石家庄市在多年探索之后，有效解决了红枣产前、产中、产后的处理问题，新科技、新理念、新管理方式让红枣更红。该市枣农高兴地说："是高科技让我们的枣如今倍儿红。"

科技"红"枣第一招：改枣树自然粗放管理为集约园艺化管理，解决枣树不丰产的问题。

科技"红"枣第二招：改传统的开甲技术为利用促花王调控技术，解决大枣长不红的问题。过度开甲会使枣树挂果量过大、树势衰弱、果实生长后期落果严重，枣长不红，频繁的"开甲依赖症"让大量的长不红的枣只能采青加工蜜枣。石家庄市以行唐为示范点在枣树上推广应用促花王调控技术，不仅使枣树获得合理丰产，而且让树势得到恢复，通过控制坐果时间，有效降低枣缩果病的发生。

科技"红"枣第三招：改枣自然晾干为烘干房烘干，解决大枣采摘晾晒期果实霉烂问题。给"赞皇大枣金招牌"锦上添花。

记者张树华，通讯员范绪国、褚新国在 2005 年 11 月 24 日《石家庄日报》发表文章《赞皇县进行二次创业 提出重振赞皇大枣》中报道：十几年前，赞皇人学会了做蜜枣，蜜枣在南方一直供不应求，于是赞皇大枣 98% 以上都采青做了蜜枣，鲜红枣自然少得可怜，干枣更是难觅踪影。赞皇金丝大枣的品牌是干红枣给打下的，人们只能在特产名录上查到"赞皇大枣"这个词了，品尝干枣成了奢望，赞皇金丝大枣这块"金字招牌"被白白浪费了。量与质贪求高产损质量，多年来，受利益驱使，枣农为增加枣产量，引进了一种枣树丰产技术——给枣树开甲。前几年，青枣价格一般在每千克 2 元左右，最高时卖到 3 元。但是，近年来，随着人们生活水平的提高，包括蜜枣在内的高糖食品越来越受到人们的冷落。人们饮食观念的变化使蜜枣不再是市场的宠儿，青枣价格也就一降再降，有的年份，青枣沦落到论堆卖的境地。而此时，在市场上干红枣卖到了上百元 1kg，好的到了 200 元。青枣便宜、干红枣贵，可为什么不把青枣留作红枣呢？大河道村的枣农李进华道出其中的缘由，"一是开惯甲的枣树要等三四年才能恢复挂果。二是开过甲的枣树结的枣容易缩果，不等长红，就落了 2/3。三是开过甲的枣树结的枣就算有长红的也极易裂，赶上雨天、雾天，枣全烂了，还不如趁早卖了青枣。"李进华说，开甲使枣的产量高了，但品质却下降了。长与短浅尝当止贵深做为了改变枣农丰产不丰收状况，赞皇县针对开甲后的枣树挂果稀和留不住干红枣的问题，从技术上加以解决。由县林业局技术站牵头，成立了专门队伍，访枣树专家，问枣树学者，跑产枣大县河南新郑，去山西、陕西，经过无数次的对比后引进了"促花王"，这种药剂能起到品质与丰产的双重功效。

4　绿色产业——大枣无公害五战略

2006 年 1 月 4 日《河北农业信息网》发表了题为《赞皇县倾力打造金丝大枣绿色大产业》文章，提出了赞皇大枣二次创业发展方略，把实现大枣无公害生产、打造绿色大产业作为推动这一战略实施、提升产业整体水平的核心内容和重大举措，并采取有力措施，全力推进。

（一）大力推广大枣标准化无公害管理技术，规范生产。重点是通过应用推广增施有机肥、合理修剪、调整树势、应用促花王提高坐果率。

（二）着力抓好大枣标准化园区建设，以点带面。

（三）倾力搞好无公害大枣基地认定，提升档次。

（四）鼎力举办大枣节、生态大枣采摘节，扩大影响。

（五）全力申报赞皇大枣的地理标志产品保护，挖掘大枣文化内涵。

5 促花王2号使枣农每亩增值超千元

记者齐振华采访枣农张成文后，在《河北科技报》2005年9月20日发表题为《千百年常规被打破 枣树不开甲照样坐枣多》文章。赞皇县林业局技术站褚新房站长告诉记者，他们已在大枣树上连续搞了3年促花王试验，试验结果表明，涂抹促花王2号能提高大枣坐枣率，涂抹一次和二次的枣树分别比对照（环割两次不涂抹促花王2号的枣树）提高坐枣率111%和155%；枣树盛花期涂抹比末花期涂抹提高果吊比14.5%，但枣树盛花期涂抹的落花少、落果多、营养消耗多，枣树末花期涂抹的落花多、落果少、营养消耗少，对弱树更利于营养树体；枣树环割两圈涂抹促花王2号一次比枣树不环割、不涂促花王2号的果吊比提高100%，比环割两圈不涂促花王2号果吊比提高63%。通过赞皇县林业局技术站技术人员对开甲枣树和使用促花王2号枣树对比观察发现，开甲的枣树开甲后5d，叶片开始呈淡黄绿色，一直持续24d，待甲口愈合好后才转为浓绿色，而环割两次加涂抹促花王2号两次的枣树叶片始终是浓绿色的。从9月8日县技术站的调查结果看，通过2种处理，果吊比两者相差无几，但缩果病病果率开甲的树高达83.6%，而用促花王的病果率仅6.3%，而且使用促花王比开甲的果实成熟期推迟13d，这样错过了缩果病发病高峰，有效的预防了缩果病的发生。枣农张成文算了一笔账，他的同一块枣园，在其他管理条件相同的情况下，使用促花王2号的亩产鲜红枣865kg，而开甲的枣树亩产鲜红枣738kg，比开甲的枣树增产17.2%，亩增收1 270余元。

6 枣树开甲技术下岗了，今将一去不复返

河北林业网2006年1月4日登载河北省林业局发布的2005年第1号公告冀S-SV-ZJ-026-2005（栽培技术要点）中指出，枣在坐果期间，要注意对枝势的控制，减少不必要的营养消耗，通过新枣头及早摘心和利用促花王等植物生长调节剂促进坐果。据了解，赞皇县现有大枣面积50万亩，在全县枣区推广这一新技术。省林业局技术推广总站朱泽琳站长看了试验现场后评价说，"我省是枣树栽植大省，此技术的应用是枣树管理上一次创新，有必要在全省枣产区推广"。赞皇县阳泽乡人民政府2005-08-31公布的赞皇大枣科技示范园区简介中制定完善了一套标准化红枣生产操作规程，禁止开甲，涂抹促花王无公害药剂。

7 综合配套技术至关重要

在枣树环割口上先涂促花王2号乳膏约1cm宽，再涂护树将军母液同样宽度，既能迫使促花王有效成分全部进入树体内工作，又可保护伤口不受环境污染，提升其效果。枣树萌芽迟而落叶早，生长期短，在花前、花期和幼果期还可进行叶面追壮果肥，可用0.3%~0.5%的尿素+瓜果壮蒂灵，对提高着果率和膨大果实效果都很明显。果树在日常喷施叶面肥或农药时加入护树将军1 000倍液可提高抗病毒能力；用护树将军母液可防治皮层病害。枣树修剪时要及时涂抹"愈伤防腐膜"防止伤口干裂、防枝头枯死、促进伤口愈伤组织。经控长后二次枝生长充实，有效结果部位增加，并可提高摘心枣头的着果率。在落叶前喷施尿素，可推迟落叶，提高树体的营养积累。在落叶后树体全面喷涂护树将军100倍液消毒防冻、防病，对来年提高果树树体质有很大帮助。早春

用护树将军 100 倍液+波美 3 度石硫合剂清园消毒，不但杀菌灭虫，还能激发果树防卫反应，使果树产生强烈抗性，同时可促进萌发、增强树势。

促花王不但在我国北方枣树上有如此神奇的效果，在苹果树克制大、小年方面功效卓越，河北因此出现了苹果王，陕西的公树变母树，层出不穷的精彩故事更是引人入胜；国家主流网站及报刊杂志的强力报道，激发了南方果树科研单位的极大兴趣，众多科技意识较强的果农正在积极示范。随着应用面积的迅速增长，必将不断出现更多具传奇色彩、动人心弦的故事！

作者简介：怀碧，陕西省渭南高新区万国商城人，从事植保科学研究工作 20 余年，发明促花王等多项专利成果，在报刊和权威杂志上发表学术交流文章 70 余篇，讲课录像录音光盘分布全国，发行量达 1 万多张，深受读者喜爱。

（《河北农民报》）

赞皇大枣绿色生产技术

雷　玲　商素娟

（河北省赞皇县林业旅游局河北赞皇 051230）

赞皇大枣是赞皇县的"县树"，种植面积达 3 万 hm^2，占全县国土面积的 1/4。近几年通过开展大枣生产关键技术的试验与推广，取得了很好的效果，总结出赞皇大枣绿色生产技术体系。

1　整地建园

采用机械整地方式，利用挖掘机进行带状整地，高标准建园。赞皇大枣绿色生产采用"机整地、路上山、窖集水、自流灌、统一治、分户管、栽大苗、早丰产"的高标准栽培新模式，保证枣树栽植成活率、生长健壮。

2　苗木栽植

选用优质品种纯正壮苗，苗高 1.5m 以上，无病虫害、劈裂伤，根系完整，须根发达。秋栽或春栽，栽后在苗木周围覆地膜，栽植密度 3m×4m 或 3m×5m。

3　间作生草

树下间作甘草或苜蓿等，种植禾本科、豆科牧草或绿肥，覆盖作物秸秆、杂草等保持生态环境。间作物和草要适时刈割并覆盖于树盘或株间，覆盖厚度一般为 10~20cm。

4　施肥

重施有机肥，进行环状沟施。每亩施用干鸡粪 1 000kg 或湿鸡粪 2m³ 或厩肥 3~4m³，追肥或叶面喷肥，提高树体营养水平，提高抗性和土壤肥力。

5　整形修剪

幼树采用自由纺锤形、开心形或主干疏层形整形。赞皇大枣整形修剪多在生长期或生长结果初期完成，目的是要树体形成一个良好的树体结构，以发挥树体的最大生产效能；大树采用树缩冠、头开心、枝拉平的方式进行改造和树体结构调整，保持树体的生长势，均衡生长与结果。

6　应用促花王

末花期应用促花王2号替代开甲，促进结果，保持树势，保证果实优良品质。在每亩施用干鸡粪500~1 000kg的基础上，肥力和管理水平高的赞皇大枣园于花期和幼果期使用促花王2次，肥力和管理水平一般的在开花末期用1次，可较好地提高坐果率，延长枣果发育期，大大减少缩果病发生，抗病、壮树、养树，提质增效。

7　主要病虫害无公害防治

7.1　果园卫生

秋冬季深翻土壤，搞好果园卫生（清除落叶、落果、树皮、枣吊、杂草等），人工刷除虫体（龟蜡蚧、刺蛾等），剪除虫枝（知了、木蠹蛾等）、病枝，刮除老翘皮、病斑，集中烧毁，减少越冬病虫害基数。主枝干进行涂白，剪锯口、伤口处要涂抹保护剂，预防冻害和病害的发生。

7.2　萌芽前喷药

萌芽前喷布3~5波美度的石硫合剂，可有效防治枣锈病、缩果病、绿盲蝽、红蜘蛛等多种越冬病虫害。

7.3　涂粘虫胶

早春（3月和5月）树干涂刷2次粘虫胶。在枣树距地面30cm处将树干老皮刮掉，在光滑处用5~10cm宽的胶带缠绕树干一圈，然后均匀涂一层黏虫胶，要求黏胶环闭合。

7.4　挂杀虫灯

4月初使用佳多牌杀虫灯，田间棋状分布或闭环状分布，单灯辐射半径120m左右。

7.5　利用性诱剂

6月上中旬利用枣桃小性诱剂，制成粘虫板（30cm×30cm，每亩8~10块，40d后换1次）。

7.6　虫害高峰期喷药

虫害发生严重时，全年喷施1~2次菊酯类、灭幼脲、吡虫啉或苦参碱药剂。

7.7　幼果期喷药

6月下旬、7月初开始，隔20d左右喷布1次大生等杀菌剂，预防病害发生，全年喷施2~3次。

7.8　生物防治

保护利用蜘蛛、捕食螨、草蛉、瓢虫及多种寄生性天敌，扩大天敌繁衍栖息场所，减少害虫。

8　采后处理

分期分批采收，采后及时清洗、分级、烘干（预热阶段温度50~55℃、6~8h，烘干阶段温度60~65℃、12~16h，完成阶段温度45~50℃、8~12h），包装，低温（4℃）贮藏。枣果清洗后按大小、成熟度分级装盘，厚度以重叠两个枣为宜，及时烘干避免二次污染，保证枣果商品价值。

（《果农之友》2015年第12期）

果树使用促花王正当时

雷 玲 商素娟 褚新房

（赞皇县林业旅游局）

我国北方落叶果树易出现隔年结果现象（俗称大小年），传统的解决方法如环剥（开甲）等，对树势伤害极大，劳动强度大，且促花效果不尽人意，大量施用化学药品对果实发育破坏性大，果实品质大大下降。为减轻劳动强度，降低果园投入成本，大幅度提高果品质量和产量，赞皇县果农使用促花王2号代替环剥，达到了优质、高产、高效的目的，并且此技术在河北省赞皇县枣产区推广多年，应用效果赢得了有关政府部门、专家、用户的肯定。

现就促花王2号的使用方法介绍如下。

适用范围：适用于苹果、枣、栗子、柿子、石榴、核桃等各种可以环割的北方果树。

乳液配制：促花王2号系白色可湿性粉剂，使用前先取粉剂1袋（50g），倒入瓶内加凉水450g，浸泡12h，用力搅动，使其悬浮呈黏性可拉丝的乳膏状即可待用。久置或出现沉淀时，搅匀可再用。

使用方法：先刮去老皮，在树干光滑处（嫩皮）环割宽约1~2mm的割口，深达木质部，将乳膏涂抹环割口，使药剂充分进入割口缝隙。在割口缝隙涂1~1.5cm宽乳膏。间隔10~35d再在另一位置以同样的方法用第二次。高温多雨天气可多用1~2次。

使用时间：果树花芽分化期（当地环剥时期），北方大多数树种一般5月下旬开始用。枣树花开20%左右时使用第一次，待30~35d后用第二次；苹果新梢长出不足20cm时使用第一次，待10~20d后用第二次。少数树种根据需要灵活确定使用时间。

注意事项：①弱树，病树，根腐病、腐烂病严重的果树慎用。②对于枣树，萌芽后首先把多余的枣头（枣嫩枝）抹去；环割前一定要把所有枝条拉平以开张角度，并对新枣头摘心，且以后再萌生的枣头芽要随见随去。③涂药时须用软质新毛刷（笔），严禁用牙刷、硬质棕刷及其他不洁毛刷涂药。

（《河北科技报》2016年5月7日）

河北有个大苹果 换了一辆大摩托

史建兴

河北省深州市双井开发区史庄果农——史建兴接受深州电视台采访时说："2003年河北省苹果擂台赛，咱是冠军，这是沾了'促花王'的光"。

过去几年，红富士苹果在我区普遍采用环剥和使用多效唑等措施促花。虽然有一定效果，但副作用大，使苹果树早衰，各种病害满树，大大缩短了苹果树的寿命，影响了果农的正常收益。

几年前，我在《河北农民报》上看到陕西省渭南高新区怀碧植保品厂研制的专利产品促花王的介绍，感觉不错，决定试用一下。但本区没有人销售，邮寄又不保险，只好作罢。去年我在深州偶然发现了这种产品，真是喜出望外，于是马上买了几瓶。按说明进行了操作和对比试验，我村也有二十多户用了这种产品，到今年春天，大家都说这种促花王真是太神奇了，花钱不多，但增收特别明显。

现在我把我的实际情况（对比试验和几点小经验）讲给大家，共同研究交流，争取果农朋友们的果树多产大个果，多产优质果，多卖好价钱，大家共同致富。

促花王这种促控剂，替代了环剥及促控技术，树体不受任何损害，大大延长了果树的寿命。大家想一想在树上剥下近一寸宽的树皮，直到秋后，它也长不平，就是愈合好了，它的树皮也是薄的，这样直接影响了根部养分对树体的正常供应，尤其在果实细胞分裂期，由于树体养分供应不足，树体弱，细胞分裂不完全，造成果实个小，易落果。根据实验表明，使用"促花王"的树比进行环剥的树增产25%左右。

使用促花王后，树体正常生长，树势强壮，树体养分供应充足，果实细胞分裂及时，果实明显增大。

去年，我的苹果树在使用促花王以后，长的苹果特别大，而且含糖量高，色泽好，最大的苹果达到每个750g，也就是一斤半，这可不是瞎吹，河北电视台"世纪乡风"栏目进行了专访，在河北电视台连续播出两个星期。我的大苹果在河北省红富士苹果擂台赛上夺得全省第一名，登上了擂主宝座，奖了一辆大摩托车。

大家可能要问，就一个吧？我在这里明确的告诉大家，我村凡是用了促花王的几十户，家家苹果单个半斤以上，1斤左右的占80%，别人的果卖5、6毛一斤，而我们的苹果却卖到了8毛多一斤，而且还争着要。

2003年春天，我们几十户使用促花王的苹果树，树势特别强壮，枝芽粗壮饱满，还是满树花，花芽有光泽，坐果率高，克服了大小年现象。实践证明，采用促花王以后有五大优点：

（1）环剥的树和使用促花王的树作比较，使用促花王的树，树势明显强壮，叶片浓绿，促进了树体营养的大循环，抽条现象极少，有利于花芽形成。而环剥的树，叶片脱落太多，影响了光合作用，树势衰弱。

（2）环剥的树，因树势弱，树体储存营养不足，花芽虽然也不少，但不饱满，坐果率极低。反之因使用促花王的树，花芽饱满，坐果率就高。

（3）使用促花王的树果实明显增大，色泽好，含糖量高，果面光洁，售价高，增加了果农的收益，而环剥的树远不如使用促花王的树苹果个大，所以，效益也就不行了。

（4）主要一点是克服了苹果树大小年现象，目前还没有药品能和促花王抗衡。

（5）用促花王大大延长了苹果树的寿命，环剥的树，伤口愈合不好，造成坏树、死树，病魔缠身，阻碍了树体营养的循环供应，缩短了果树的正常寿命，等于杀鸡取卵。

综上所述，是我个人的一点小小看法和经验，望各位果农朋友及有识之士共同研究探讨，取长补短，千万别再环剥树了。

老枣树的更新修剪技术

枣树随着树龄的增大，骨干枝逐渐枯萎，树冠变小，生长明显变弱，枣头生长量小，枣吊短，结果能力显著下降。对这种老树需进行更新修剪，复壮树势。更新程度要按有效枣股（即活枣股）的数量多少而定。当枣树上有效枣股在 300~500 个时应进行重更新，就是在骨干枝上选向外生长的壮股处，锯掉骨干枝总长度 1/3~1/2，停止开甲，养树 2~3 年；当有效枣股在 500~1 000 个时可采取中更新，锯掉骨干枝总长度的 1/4~1/3，停止开甲，养树 1~2 年；有效枣股在 1 000~1 500 个时，可进行轻更新，锯掉骨干枝总长度的 1/7~1/5，照常开甲，但传统的开甲方式会削弱树势，日前陕西省渭南高新区怀碧植保品厂研制的促花王 2 号，经河北赞皇、鹿泉、行唐等多个县市林业局技术站使用，不但可以代替开甲，而且对于果面着色和提高产量都具有非常好的效果。

（《河北林业》）

我国果园管理存在的问题及对策

怀　碧

目前我国鲜果贮藏能力相当于总产量的 20% 左右，冷藏能力 7% 左右，远不能满足果品季产年销，一地生产多地销售需要。全国水果平均单产长期徘徊在 200~300kg，1998 年虽达历史最高，也只及中等发达国家的 40% 左右。我国果品加工量占总产量的 5%~10%，90% 以上鲜食，消费方式单一，而世界上果品鲜食与加工的比例大约为柑橘 63∶30、苹果 70∶30。近年尽管引进果汁等加工生产线，但由于缺乏适合加工专用优良果品原料，加上技术、组织管理跟不上，加工品质量不高，价格贵，销量少，出口竞争力不强。果树种类、品种比例不当，长期以来，苹果、柑橘、梨树面积和产量占果树总面积和总产量比例过高，1993—1997 年年均分别占 61.14% 和 64.58%。其中占果树总面积苹果 35.17%、柑橘 15.61%、梨 10.36%；占果树总产量苹果 33.10%、柑橘 19.75%、梨 11.81%。近年，要求果品供应多样性，于是卖果难、售价低、压库、烂果、有果没人采收，首先出在这 3 个树种。多数树种尚存在品种比例不当，普遍中熟品种过多，早、晚熟品种不足或缺乏，缺少加工专用良种。目前潜在红富士、元帅系品种比例过高。柑橘以温州蜜柑为代表的宽皮柑橘比例占柑橘产量的 60% 以上，砀山酥梨、鸭梨两品种面积占梨树总面积 50% 以上，其中砀山酥梨占 35%、鸭梨占 17%，也属过多。一些地区已出现卖果难问题，其原因是果品质量差，在市场上表现是果个大小不一、形状欠齐、果面着色差、病斑、挤压碰伤、肉质发面、味淡、偏酸、香气不足等。估计优质苹果产量不到总产量的 30%，高档果产量不到总产量的 50%。其原因是多方面的，除栽培管理和缺乏优良品种外主要是普遍早采，如新红星苹果，多数果园生产不出果面鲜红、果型高桩、果顶五棱突出的果品，红富士苹果，有的果园在正常成熟前 15~30d 就采收上市；芒果提前采收、后熟或人工催熟上市。必须清醒地认识到，在供大于求、价格下滑、竞争加剧的形势下，全国水果总产量增加；时令特色水果发展迅速，加上洋水果抢占国内市场以及入世后的绿色技术壁垒"门槛"抬高，使果品市场竞争更加激烈，形势十分严峻。

一些果区的园主，往往只注重挂果后的治虫治病，而忽视春季黄金时期的花前管理，这是一个极大的错误思想。果园管理要以无公害栽培和生态农业为切入点，力争全年果园管理的主动权，病虫害防治是果园管理的重要课题，尽管化学农药能快速高效地控制病虫的发生与危害，但负面效应巨大。因此，减少农药尤其是剧毒农药的使用是生产优质果品的关键。针对我国果树生产存在的问题。面对国内外市场对果品的需求和发展趋势，陕西省渭南高新区怀碧植保品厂为了攻克长期以来困扰果业发展的这类国际性科技难题采用电子控标系统等高科技手段终于研制成功了几种和谐植保药剂——促花王2号、瓜果壮蒂灵、护树将军、愈伤防腐膜。使国内外农业科学家悬而未决的技术难题突破，应用效果赢得了有关政府部门、专家、用户的肯定，为无公害枣业发展"杀"出了一条新路径，目标是大力依靠科技进步发展果品业：①以市场经济为导向，使果树生产适应国内外市场的变化。逐步实现果树生产和科技成果产业化，建立技术密集型的果树企业，提高果农文化和科技素质。使果树业由传统农业向商品化、专业化、现代化方向转变。②要转变大部分果园广种薄收、高投入低产出的现状，加强对现有低产园的改造，提高单产和品质。应用现有果树生态区划的研究成果，因地制宜，发挥优势，适当集中，发展名优品种，建立优质果树商品基地。改进栽培技术，实现以矮化密植为中心的现代集约化栽培，充分利用国外先进技术，并与国内已取得的成果组装配套，形成规范化、系列化、实用化的生产技术。③进一步对丰富多彩的种质资源进行鉴定。研究并加速利用，通过常规育种或生物工程，培育优质、高产、多抗新品种（或类型），以充分挖掘和开发生物本身的潜力。④应用细胞工程技术，建立无病毒良种组培苗木的繁疗和推广体系，实现果树无病毒良种化栽培。借助生物工程技术，将特殊性状的基因进行遗传转化或重组，选用自然的优质、多抗、高产新品种。⑤果树生产逐步向股份合作制、股份制过渡，实现规模经营。在建立农村社会服务体系过程中，注意完善果树生产中产前、产后的服务，特别是流通销售、包装贮运和加工等产后服务，实现农工商三位一体，统一经营管理，以提高果树生产的商品率和果品的附加值。

要想摆脱果业生产中的劣势处境，必须全面推广"巧施肥、科学修剪改形、轻松控梢促花、物理法保果壮果、无公害管理"五大技术，进一步提高果树对光、热、水、气、能的综合利用率；统一认识，加强对果品营销工作的领导和指导。全面提高农民的科学文化素质，是提升农业、振兴农村、富裕农民的关键所在。把提高农民综合素质摆在农业和农村经济工作的重要位置。增强农民的自我发展能力和提高学科学、用科学的意识，大力加强科学知识普及和先进实用技术培训，以适应农业专业化、规模化和现代科技发展需要，培养造就一代新型农民。了解农户需求，与专家一起研究对策，支持农户学科技，用现代化手段管理农业。引导农民学习和掌握商品生产、市场营销和经营管理方面的知识，把握农业和农村经济结构调整的机遇，提高农产品的科技含量。农户摸索出果树配套栽培技术，其操作规程是在惊蛰前，全园进行深翻（深度10~15cm），将在土中越冬的地老虎、蝉、蜗牛等翻上地面，以便杀死部分越冬地下害虫。弱树主要是由于土壤、肥料、管理等条件太差营养不良形成的，导致叶片少而小，枝条细而短，根系也弱。促进弱树的生长必须抓住养根这个关键，因为只有根深才能叶茂。根据树体大小，每株于早春补施饼肥 1~3kg，配制的水肥 30~50kg。施肥坑深挖在树冠外缘，以使根系向深度和广度伸展。4 月（花期前后）每株施尿素 0.25~0.5kg，加过磷酸钙 0.5~1kg。有条件的每株还可施入草木灰 1.5~2.5kg，但不可与氮、磷肥同施。现代果树栽培推行"矮、密、早、丰、优"，能实现果树栽培的高效益。为了实现早结丰产，密植园在定植当年就应促花。促花技术是涂抹"促花王 2 号"乳剂，促花时间以果树花芽分化初期开始进行为宜，苹果、梨等落叶果树花芽分化多在 6—8 月，枣树在芒种最佳，桃树、猕猴桃、葡萄等不可环割的树则在冬眠期涂抹"促花王 1 号"控梢促花效果好。常绿果树则在花芽分化期（枇杷在 6—8 月，柑橘在 11 月至次年元月）促花，晚秋控梢。使用"促花王"产品有三大好处。一是对树体影响小，只需在树干上用刀环割一圈，涂抹上"促花王"就行。二是投资小，一瓶"促花王"可涂抹 100 多株树，一株树只需投资几分钱。三是效果好，用了"促花王"，可促进果树花芽大量分化，抑制枝条疯长。使用"促花王"的树，花芽饱满，坐果率高，果实明显增大快，色泽好，含糖量高，果面光洁，增加了果农的收益。果树使用物理调节的方法是在环割口上用"果树涂药笔"先涂"促花王 2 号"乳膏约 1cm 宽，再涂"护树将军"母液同样的宽度，既能使促花王有效成分进入树体内，提升其效果，又可保护伤口不受环境污染。枣树萌芽迟而落叶早，生长期短，在花前、花期和幼果期还可以叶面追施壮果肥，可用 0.3%~0.5%的尿素+瓜果壮蒂灵，提高坐果率和膨大果实效果明显。果树在喷施叶面肥或农药时加入"护树将军"1 000 倍液可抑制病毒病发生；用"护树将军"母液可防治皮层病害。枣树修剪时要及时涂抹"愈伤防腐膜"防止伤口干裂、防枝头枯死，促进伤口愈合、组织再生。经控长后二次枝生长充实，有效结果部位增加，并可提高摘心枣头的着果率。在落叶前喷施尿素，可推迟落叶，提高树体的营养积累。在落叶后树体全面喷涂"护树将军"100 倍液消毒防冻、防病，增强果树体质。早春用"护树将军"100 倍液+波美 3 度石硫合剂清园消毒，不但杀菌灭虫，还可激发防卫反应，使果树产生强烈抗性，同时可促进萌发。

　　病虫害防治应贯彻"预防为主、综合防治"的原则，充分发挥天敌、农业措施和物理防治的作用。在消灭病虫害的同时，保护蚯蚓等有益动物和果树害虫天敌的种群与数量。只是在必要时才选用低毒、低残留、轻污染的农药，通过综合治理把病虫害复发的源头压下去。现代科学技术使果树的产量、质量和品质得到了全方位的提高，果树的现代化管理经验是通过和谐的、生物的、物理的手段来控制病虫害的发生和蔓延，达到了与传统农业相匹配的效果。当前，世界果树发展的新趋势是：采用常规手段和先进的生物技术手段培育新品种（类型），高产、优质、配套、抗病虫、抗逆境、耐贮藏和具有特殊性状是果树育种的目标。品种更新速度加快，周期缩短，优新品种能较快地应用于生产，转化为生产力。矮化密植集约化栽培，主要途径是应用矮化砧木，采用短枝型、紧凑型品种，使用矮化植株的技术。无病毒化栽培，以充分发挥树体的生产潜力。良种栽培区域化、基地化，广泛使用阳离子活性调控技术稳定和平衡产量，加强和谐植保技术管理的研究，采用气调等先进的贮藏技术，与包装、运输等组配成完善的果品流通链，形成大量优质的拳头产品，打开国际市场，实现优质鲜果周年供应，已成为果树发展的总趋势。

千年常规被打破　枣树不开甲照样坐枣多

齐振华

枣树花期长、花量大，但落花、落果严重，自然坐枣率低。为了提高坐枣率，人们都采用开甲这一技术使枣树多坐枣。但连年给枣树开甲，又对枣树的树势造成了很大影响，树势衰弱的早，形成不少小老树。有的开甲树因甲口难愈合，甚至出现死树现象。记者近日在赞皇县阳泽乡营儿村的张成文枣园采访时，了解到他采用了一种新的技术处理枣树，不开甲照样坐枣率高。

到底什么妙招打破了千百年来常规的枣树管理？原来他采用了果树阳离子活性剂"促花王2号"处理枣树技术。枣农张成文说，肥力和管理水平高的枣园，枣花期和幼果期分别在主干环割两圈，用促花王2号涂抹环割口两圈；肥力和管理水平一般的枣园，仅于开花末期环割主干两圈，涂抹一次促花王2号，就能达到不开甲照样坐枣多的效果。

记者在张成文的枣园里看到，在其他管理条件相同的情况下，开甲的枣树虽坐枣多，但枣果大多已提早变红，而且缩果病发生较重，而没有开甲、使用促花王2号处理的枣树却仍青果累累，基本上没有缩果病发生。

张成文指着开过甲的枣树和用促花王2号处理的枣树说，你们看，开甲的枣树现在已经摘了枣，树势仍然很弱，而用"促花王2号"处理的枣树现在虽满树枣，而树势仍然较壮。这就是促花王2号神奇的地方。

赞皇县林业局技术站褚新房站长告诉记者，他们已在大枣树上连续搞了3年促花王试验，试验结果表明，涂抹促花王2号能提高大枣坐枣率，涂抹一次和二次的枣树分别比对照（环割两次不涂抹促花王2号的枣树）提高坐枣率111%和155%；枣树盛花期涂抹比末花期涂抹提高果吊比14.5%，但枣树盛花期涂抹的落花少、落果多，营养消耗多，枣树末花期涂抹的落花多、落果少，营养消耗少，对弱树更利于营养树体；枣树环割两圈涂抹促花王2号一次比枣树不环割、不涂促花王2号的果吊比提高100%，比环割两圈不涂促花王2号果吊比提高63%。

通过赞皇县林业局技术站技术人员对开甲枣树和使用促花王2号枣树对比观察发现，开甲的枣树开甲后5d，叶片开始呈淡黄绿色，一直持续24d，待甲口愈合好后才转为浓绿色，而环割两次加涂抹促花王2号两次的枣树叶片始终是浓绿色的。

从9月8日县技术站的调查结果看，通过2种处理，果吊比两者相差无几，但缩果病病果率开甲的树高达83.6%，而用促花王的病果率仅6.3%，而且使用促花王2号比开甲的果实成熟期推迟13d，这样错过了缩果病发病高峰，有效地预防了缩果病的发生。

枣农张成文算了一笔账，他的同一块枣园，在其他管理条件相同的情况下，使用促花王2号的亩产鲜红枣865kg，而开甲的枣树亩产鲜红枣738kg，比开甲的枣树增产17.2%，亩增收1 270余元。

据了解，赞皇县现有大枣面积50万亩，目前正在全县枣区推广这一新技术。省林业局技术推广总站朱泽琳站长看了试验现场后评价说，"我省是枣树栽植大省，此技术的应用是枣树管理上一次创新，有必要在全省枣产区推广"。

（《河北科技报》）

第八节　植物免疫化控技术发明专利内容节选

1. 扁桃病虫害的治理办法

（专利申请号：201410547673.9 摘选）3月下旬至4月中旬，施用植物激素促花王3号、壮果蒂灵、新高脂膜、微肥。

发明内容：本发明所要解决的技术问题是提供一种扁桃病虫害综合治理的技术方案。

山西桃运扁桃技术开发研究所：郭晓雁　曹玉贵　郭伟望　郭利萍　刘彩萍

2. 一种高效环剥促进冬枣提质稳产的方法

（专利申请号：202010804790.4 摘选）应用本发明的实施方式与常规环剥相比，每年可减少环剥次数2~3次，节省人工费100~150元/亩，涂抹促花王2号既能防止环剥口的过早愈合，又能提高坐果率，改善果实品质，增加冬枣单果重，提高果实可溶性固形物含量，大大提高其商品价值，环剥过程中严格控制环剥宽度和深度，大幅减少了环剥对树体造成的伤害，强壮树势，为冬枣树的高产稳产提供保障。

发明内容：本发明提供一种通过环剥后涂抹促花王2号减缓环剥口愈合速度，减少环剥次数，节省环剥人工费用，而且可以提高冬枣的坐果率和果实品质，提高树势和树体抗性的高效环剥促进冬枣提质稳产的方法。

天津农学院：张桂霞　王英超　王军辉　马恩凤　王丹　胡妍妍

3. 一种提高奶香红提品质和产量的栽培方法

（专利申请号：201910702147.8 摘选）4月生长期时喷施促花王3号，抑制主梢旺长，促进花芽分化。

发明内容：本发明的目的在于提供一种提高奶香红提品质和产量的栽培方法。

罗定市百事达种养专业合作社：唐开章

4. 一种高山油桃的矮化种植方法

（专利申请号：201610444165.7 摘选）在油桃开花前、幼果期、果实膨大期对叶面喷施"瓜果壮蒂灵"+0.2%尿素和0.2%磷酸二氢钾，每10d一次，有助于缓解新梢生长与坐果对养分的竞争，提高坐果率。生长势强壮比生长势弱的树，每个果枝多留1~3个花芽，弱树的短果枝一般不留花，修剪时造成的伤口用"愈伤防腐膜"涂抹杀菌消毒，防治干裂。在油桃休眠期于树身或主枝下部嫩皮处用锥针周扎两排孔，然后用毛刷环刷"促花王1号"，有效地控制新梢生长、促花、节约营养、提高坐果率。细菌性穿孔病、褐斑穿孔病害，用"新高脂膜"+70%甲基托布津可湿性粉剂800倍液或65%代森锌可湿性粉剂500倍液或石硫合剂、代森锌喷布。

发明内容：本发明的目的是提供了一种高山油桃的矮化种植方法，该方法能够适用于具有特殊生态环境的高山地区，采用该方法栽培油桃，管理方便，果实成熟期提前，高产、高效，果皮颜色美观，果实甜、脆、口感好，取得较高的经济收益。

资源县鸿福生态农业发展有限公司：李艳忠

5. 一种茴香的种植方法

（专利申请号：201710891461.6 摘选）采用辛硫磷、新高脂膜、多菌灵拌种，能驱避地下病虫，隔离病毒感染，加强呼吸强度，提高种子发芽率，从而提高产量；坑内施有机肥、尿素、磷酸二氢钾，能保证长茴期茴香茎叶鲜嫩翠绿；在茴香生长期喷施促花王3号能有效抑制各种作物主梢、赘芽、旁心疯长，促进花芽分化，多开花，多坐果，防落果，促发育，并使用菜果壮蒂灵增强茴香花粉受精质量，循环坐果率强，促进果实发育，无畸形、无秕粒、整齐度好、品质提高、提高茴香种实产量。

发明内容：本发明旨在提供一种茴香的种植方法，来解决茴香发芽率低、生长过程中茎叶容易泛黄变老而无法食用、种实产量低等问题。

麻江县生产力促进中心有限责任公司：王佳英

6. 一种尤力克柠檬的栽培方法

（专利申请号：201610721176.5 摘选）在花蕾期、幼果期和果实膨大期，喷施壮果蒂灵，能增粗果蒂，加大营养输送量，防落花、提高授粉能力，提高坐果率，加快膨大速度，每年的花芽分化期环刷促花王2号，彻底均衡大小年。结合农业防治、物理防治、药剂防治等有效措施，同时加施新高脂膜增强药效，秋末冬初，要涂刷护树将军，做好园地和树体的越冬抗寒准备，要增施肥强底墒。

发明内容：本发明的目的是提供一种有利于提高尤力克柠檬质量、挂果产量的栽培方法。

自贡日月农牧科技有限公司：唐克明

7. 一种石榴栽培方法

（专利申请号：201711242411.1 摘选）石榴开花前，在旺树主干或主枝、大辅养枝上环割涂抹促花王2号，提高坐果率。利用天敌或喷布吡虫啉、抗蚜威、灭幼脲3号、阿维菌素类、杀铃脲、桃小灵等杀虫剂防治，摘除病虫枝和果实深埋，随即喷施护树将军消毒杀菌，防止病菌蔓延，适量喷布杀虫剂防治，采用新高脂膜微膜套袋，均匀喷涂果面，就可自动扩散包裹果实，不仅对多种真菌病害有较好的防治效果，而且隔离农药残留高、增加着色艳丽度、生产无公害水果。在石榴开花前、幼果期、果实膨大期各喷1次瓜果壮蒂灵。可补充树体养分消耗，保花保果，提高坐果率。

发明内容：本发明的目的是提供一种石榴栽培方法，采用本发明的栽培方法，可以提高石榴的坐果率，病虫害少，果子大小均匀，产量高。

贺州佳成技术转移服务有限公司：杨佳林

8. 一种猕猴桃幼苗的种植方法

（专利申请号：201710684857.3摘选）在猕猴桃开花前、幼果期、果实膨大期分别施保花保果肥和"瓜果壮蒂灵"，满足果实发育的生理需要，防止弱花或落花、落果，提高果实膨大速度，壮果、增色。全树新梢旺长时，可在新梢迅速生长前在树身或主枝下部嫩皮处用锥针环周扎两排孔，用毛刷压孔环刷促花王1号，可有效控制枝条疯长，使猕猴桃早开花、多坐果。修剪时难免造成伤口，如不及时封闭，就会干裂，还会引起病虫害的侵染，造成树势早衰，因此要在伤口处涂抹"愈伤防腐膜"，向内使树体内的病原菌窒息死亡，向外阻止了病虫害的侵入；保护伤口愈合组织生长，使树势得到很好的恢复。

发明内容：本发明的目的之一是开发出一种猕猴桃树的害虫集中且合适的处理方法，该种方法也可应用于其他领域；本发明还有一个目的在于提供一种全面的猕猴桃的种植方法，使各个地区都能进行猕猴桃的种植，为社会带来更大的经济效益。

江苏苏林嘉和农业科技有限公司：晁计华

9. 一种优质小米的生态种植方法

（专利申请号：201810213281.7摘选）本发明采取轮作倒茬，深耕土壤，不仅改良土壤结构、增强保水能力、加深耕层，更利于小米根系下扎，使小米生长健壮，从而提高产量，甩大叶前喷施促花王3号促进花芽分化，提高花粉受精质量；在开花前喷施壮穗灵能强化小米生理机能，提高受精、灌浆质量，增加千粒重，增加坐果率，使籽实饱满，达到产量提高，用新高脂膜拌种处理后的小米种子或与种衣剂混用，使得小米植物体表面有一层很薄的脂肪酸膜，提高了小米抗病害的能力。

发明内容：本发明的目的在于提供一种优质小米的生态种植方法。

山东百家兴农业科技股份有限公司：宗成伟

10. 一种克服荔枝大小年结果的方法

（专利申请号：201410497225.2摘选）采果后的10~15天，减掉果柄、枯枝、重叠枝、过密枝、弱枝、病虫枝、徒长枝等不理想枝，使树冠不露顶，光线透过树冠有金钱状投影，每隔35~40cm留一枝，保留4~6片复叶，并给伤口涂抹愈伤防腐膜，用护树将军600~800倍液喷涂树干和树枝。喷第一次控梢药后的10~15d，对长势较旺的树，离地面15~25cm对直径为6~10cm的树干进行环割至木质部，环割切断韧皮部1~3圈，两圈间距为5~7cm，形成螺旋形，剥去的皮层宽度为0.3~0.5cm，每株环割枝条的数量占主枝的30%~60%，并在环割处涂抹促花王2号，再调制药泥敷在割口上，用反光膜包好。

发明内容：本发明提供了一种克服荔枝大小年结果的方法。通过合理的果园基本条件建设、培养适时健壮秋梢、控冬梢促花、保花保果和病虫防治等方法来克服荔枝大小年结果问题，从而提高了荔枝的产量和质量。

北海市东雨农业科技有限公司：朱　雨

11. 一种增红莲雾的培育方法

（专利申请号：201711418899.9 摘选）在发芽开始萌发至开花阶段，采用920硼锌肥兑水喷施莲雾叶面，同时，通过环割并涂抹阳离子活性剂促花王2号促使花期集中，使莲雾从营养生长转入生殖生长，人工减少每株莲雾果树花蕾，保持每株果树留花80~130穗，每穗留花2~4朵。

发明内容：本发明的目的在于提出一种增红莲雾的培育方法。

海南梵思科技有限公司：操先梅

12. 一种结球茴香的叶茎共用的种植方法

（专利申请号：201711174410.8 摘选）选择分枝能力强、丰产、抗倒伏，且经提纯复壮、籽粒饱满、色泽鲜艳、无病虫种子，进行精选，除去杂物，并于播种前用辛硫磷和新高脂膜拌种待播，以利于驱避地下病虫，隔离病毒感染，加强呼吸强度，提高种子发芽率。在茴香生长期喷施促花王3号有效抑制各种作物主梢、赘芽、旁心疯长，促进花芽分化，多开花，多坐果，防落果，促发育。并结合使用菜果壮蒂灵增强茴香花粉受精质量，循环坐果率强，促进果实发育，无畸形、无秕粒，整齐度好、品质提高，使茴香连连丰产。

发明内容：本发明提供一种高产、叶茎共用的结球茴香的种植方法。

南充有机蔬菜工程技术中心：潘春生

13. 一种大棚水果黄瓜早春栽培方法

（专利申请号：201610251273.2 摘选）所述水果黄瓜植株在出花时，即摘除侧芽和藤须，并喷洒促花王3号。在苗床上添加锯末等填充物，可以增加土壤中的空气含量，促进黄瓜种子根系发育，提高植株成活率；在植株上喷洒壮瓜蒂灵，能使瓜蒂增粗，强化营养定向输送量，促进瓜体快速发育，使瓜型漂亮、汁多味美；本发明病虫防治及时得当，瓜果产量高、品质好。

发明内容：本发明提供了一种生产效率高、瓜果品质好，方法科学、病虫防治得当的大棚水果黄瓜早春栽培方法。

和县天豪蔬菜种植家庭农场：狄谋军　张金龙

14. 一种柚子早秋开花结果第二年夏天成熟采摘的种植方法

（专利申请号：201811388233.8 摘选）初夏时施用低氮、低磷和高钾复合肥，叶面喷施多效唑控夏梢抽发，并于5—6月上旬对壮旺树进行环割或环剥，同时涂拌促花药剂促花，促花药剂为陕西渭南高新区促花王公司的促花王2号"南方品"，促花王2号属促花王公司研发的促花新产品（本品不是农药，也不是化肥，不含任何激素），内含阳离子活性剂，可激活树体阴离子，促树体植物电子与高能电子极性逆向反应，迫使植物顶梢营养冲力导向回流，营养流向成花基因和花器子房，控制抽条疯长（控制营养生长，促进生殖生长），供给果实膨大，可使果树小年满树花，大年不疏果。

发明内容：本发明提供了一种柚子早秋开花结果第二年夏天成熟采摘的种植方法，具备可实现柚子早秋成熟的优点。

专利权人：罗文禄

第九节 枣丰收定律

怀碧先生科学推算出枣树环割日及环割周

66 定律+76 定律，是枣树节能增收到最高极限的 2 个绝佳时段。简称：枣丰收定律。

枣树花器子房孕育成花基因有两个高潮时刻。花芽分化分为生理分化期和形态分化期。生理分化期先于形态分化期 30d 左右。怀碧先生依据枣树生物学特征、微电子学、高分子科学、气象科学、节气规律精确推算出枣树的发育指数。

每年第一个环割日应为 6 月 6 日，第二个环割日为 7 月 6 日。限于自然环境、天气现象等因素，以环割日加前、后 3d（共 1 个星期）形成环割周，第一个环割周为 6 月 3—9 日，第二个环割周为 7 月 3—9 日。由此得出枣丰收定律：6 月 3—9 日是枣树开甲的最佳时段，简称 66 定律；7 月 3—9 日是提高枣品质的最佳时段，简称 76 定律。

枣丰收定律确定了刺激枣丰产丰收的核心时间。遵循枣丰收定律，可激活果园现代化管理的科技脉搏，使枣产量、质量、着色度、天然品质提升到最高极限；使树体能量消耗、病虫害侵害率下降到最低极限。

注：定律 2009 年发布后，引起了国内枣专家的关注和枣业媒体的大量转载，很多枣农遵循定律管理枣园，在同等气象环境和水肥供给的条件下，相比普通管理的鲜枣质量和产量明显提高。特别是植物免疫抗病系统明显发达。

（《中国枣业报》创刊号 2009 年 4 月 20 日）

第十节　河北省地方标准

无公害食品　赞皇大枣生产技术规程
前　言

本标准的编写依据了 GB/T 1.1—2000《标准化工作导则第一部分：标准的结构和编写规则》的规定。

本标准由河北省林业局提出。

本标准由河北省林业局归口。

本标准起草单位：赞皇县林业局。

本标准主要起草人：褚新房、石建朝、曹清国、于海忠、孙辉、刘淑菊。

1　范围

本标准规定了无公害食品赞皇大枣生产的园地选择与规划、品种选择、栽植、土肥水管理、整形修剪、花果管理、病虫害防治、果实采收和红枣干制等技术。

本标准适用于无公害食品赞皇大枣的生产。

2　规范性引用文件

下列文件中的条款通过本标准的引用而成为本标准的条款。凡是注日期的引用文件，其随后所有的修改单（不包括勘误的内容）或修订版均不适用于本标准，然而，鼓励根据本标准达成协议的各方研究是否可使用这些文件的最新版本。凡是不注日期的引用文件，其最新版本适用于本标准。

GB/T 18407.2—2001 农产品安全质量无公害水果产地环境要求

DB13/T 609—2004 无公害果品　农药使用准则

DB13/T 608—2004 无公害果品　肥料使用准则

DB13/T 481—2002 优质枣生产技术规程

NY/T 5012—2001 无公害食品 苹果生产技术规程

3　园地选择与规划

3.1　园地选择

3.1.1　园地适宜的基本自然条件

园地适宜的基本自然条件应符合 DB13/T 481—2002 中第二章的相关规定。

3.1.2　产地环境

产地环境应符合 GB/T 18407.2—2001 的相关规定。

3.2　园地规划

栽植前对道路、排灌渠道、小区、品种配置、房屋及附属设施等进行规划设计，做到合理布局并绘制出平面图。坡度在 8°~20° 的山区、丘陵要修筑成梯田或条田。坡度在 20° 以上的山坡要按水平沟成鱼鳞坑整地。平地采用南北行，山地沿等高线栽植。

4　品种选择

品种的选择应以区域化和良种化为基础，做到适地适栽。优先选用赞宝、赞晶、赞玉等优种。砧木以酸枣为宜。

5　栽植

5.1　整地

按 DB13/T 481—2002 的 5.3 进行。

5.2　栽植密度

平地建园，株距 3~4m、行距 4~5m；山地建园，株距 2~3m、行距 3~4m；枣粮间作，株距 3~4m、行距 10~15m。

5.3　苗木的选择和处理

按 DB13/T 481—2002 的附录 B 选用合格苗木。栽前修剪根系，划除嫁接时的塑料条，用促根剂处理，分级分批次栽植。

5.4　栽植时期和方法

按 DB13/T 481—2002 的 5.6 和 5.7 进行。

6　土肥水管理

6.1　土壤管理

6.1.1　土壤深翻

按 DB13/T 481—2002 的 6.1.1.1 执行。

6.1.2　中耕除草

按 DB13/T 481—2002 的 6.1.1.2 执行。

6.1.3　覆草埋草和覆盖地膜

在春季施肥后，树下覆麦小麦秸秆、玉米秸秆、干草、锯末等，厚度 10~15cm，上面压少量土，灌水，秋冬季结合深翻施肥，把覆盖物埋进土内。也可在春季灌水或雨后覆盖地膜，上面压一层薄土，以利保墒和防病灭虫。

6.1.4　间作

按 DB13/T 481—2002 的 6.1.1.3 执行。

6.2　施肥

6.2.1　施肥原则

以有机肥为主，化肥为辅，以保持或增加土壤肥力及土壤微生物活性，所使用的肥料不应对果园环境和果实品质产生不良影响。

6.2.2　允许使用的肥料种类

按 DB13/T 608—2004 中的相关规定执行。

6.2.3　禁止使用的肥料

按 DB13/T 608—2004 中的相关规定执行。

6.2.4　施肥方法和数量

6.2.4.1　基肥

按 DB13/T 481—2002 的 6.1.2.1 进行。

6.2.4.2 追肥

6.2.4.2.1 土壤追肥

按 DB13/T 481—2002 的 6.1.2.2 进行。

6.2.4.2.2 叶面喷肥

按 DB13/T 481—2002 的 6.1.2.3 进行。

6.2.4.3 平衡施肥

按 DB13/T 481—2002 的 6.1.2.3 进行。

6.3 灌溉及排水

6.3.1 灌水时期

在开花期、果实膨大期，遇干旱时有灌溉条件的枣园要进行浇水。

6.3.2 灌水方法

按 DB13/T 481—2002 的 6.1.3.2 进行。

6.3.3 排水

沟道地排水不良的枣园，要设置排水沟，雨季及时排出积水，防止涝害。

7 整形修剪

7.1 修剪时期

按 DB13/T 481—2002 的 6.3.1 进行。

7.2 主要树形及结构

按 DB13/T 481—2002 的 6.3.2 执行。

7.3 整形技术要点

7.3.1 主干疏层形

7.3.1.1 定干

苗木长到 1.0m 左右时摘心，促使整形带内的芽体饱满。冬剪定干时将摘心处下的第一个二次枝从基部疏除，其下的 3~4 个二次枝，基部留 1~2 个枣股短截，枣萌芽前在最下部的 2 个二次枝基部上方刻伤、促使其下枣股顶端主芽的萌发和均衡枣头之间的长势，并将之培养成为第一层主枝。整形带以下的二次枝只剪除干死的二次枝。

7.3.1.2 中心主干和主枝的培养

按 DB13/T 481—2002 的 6.3.3.1a 进行。生长季对主干和主枝的枣头要依长势进行适当摘心。

7.3.1.3 侧枝的培养

按 DB13/T 481—2002 的 6.3.3.1c 进行。在主枝长度达到 0.8m 左右时，再培养侧枝，对侧枝枣头也要依长势适当摘心，不留辅养枝。

7.3.2 自由纺锤形

按 DB13/T 481—2002 的 6.3.2 进行生长季对各级枣头依长势适当摘心。

7.4 不同年龄时期枣树的修剪

7.4.1 幼树的修剪

通过定干、短截二次枝和刻芽促使枣头萌发，培养主枝和侧枝。除培养主枝和侧枝的枣头外，其余枣头及早抹芽，不需再留辅养枝。生长季对所留枣头依长势进行适当摘心，程度以摘心后最顶部的二次枝在当年停长时直径在 0.6cm 左右为宜，摘心后结合拉枝，角度 70°~80°。

7.4.2　初果期树的修剪

此期要对各级骨干枝的延长枝进行摘心，程度以摘心后最顶部的二次枝在当年停长时直径在 0.5cm 左右为宜。适时开甲。

7.4.3　盛果期树的修剪

此期通过抹芽控制枣头数量；通过枣头摘心维持稳定的树势。对 10~15 年生以上的结果枝组适时进行更新。此期每株（每亩 50 株左右的密度）保持二次枝数 130~160 个、枣股 850~950 个。

7.4.4　衰老期树的修剪

按 DB13/T 481—2002 的 6.3.4.4 进行。

8　花果管理

8.1　花期开甲

对采青加工蜜枣的树，按 DB13/T 481—2002 的 6.2.1 进行。

8.2　花期涂抹促花王

对采摘红枣的树，花期环割主干两圈，间隔 5cm，在各环割口涂抹促花王 1.0~1.5cm 宽。

8.3　枣园放蜂

按 DB13/T 481—2002 的 6.2.2 进行。

8.4　花期喷水

按 DB13/T 481—2002 的 6.2.3 进行。

8.5　花期喷肥

按 DB13/T 481—2002 的 6.2.4 进行。

8.6　抹芽摘心

萌芽后对无生长空间的枣头进行抹芽，做扩冠的枣头一般不超过 8 个，且看长势面 2~8 个二次枝进行摘心。对二次枝不摘心。

8.7　果实膨大期开甲和涂抹促花王

果实膨大期遇连阴雨天气时，对采青加工蜜枣的树进行二次开甲，甲口宽 0.3cm，此次开甲后即刻用塑料条包住甲口；对采摘红枣的树，再环割一圈涂抹促花王。

9　病虫防治

9.1　防治原则

按 NY/T 5012—2001 的 9.1 相关规定执行。

9.2　农业防治

按 NY/T 5012—2001 的 9.2 相关规定执行。

9.3　物理防治

根据病虫害生物学特征，采取树干绑塑料围裙、涂黏虫胶、树干基部堆土堆、田间安装杀虫灯等方法诱杀或阻止害虫上树危害。

9.4 生物防治

保护瓢虫、寄生蜂等天敌，利用昆虫性外激素诱杀或干扰成虫交配防治枣桃小食心虫和枣黏虫，利用生物农药治虫。

9.5 化学防治

按 NY/T 5012—2001 的 9.5 相关规定执行。

9.6 病虫害防治

防治措施参照 DB13/T 481—2002 的附录 C。用药种类、时间次数按 DB13/T 609—2004 的相关规定执行。3 月下旬至 10 月中旬田间需要安装杀虫灯诱杀害虫成虫。对红蜘蛛、枣粉蚧、大球胸象甲等害虫，可于 3 月下旬在树干分枝处涂黏虫胶阻止其上下树。5 月下旬至 8 月下旬在枣园相互间隔 10m 左右挂枣桃小食心虫和枣黏虫的性激素诱捕器诱杀成虫。

10 果实采收

按 DB13/T 481—2002 的 8 执行。

11 红枣干制

提倡人工干制。

11.1 自然干制

按 DB13/T 481—2002 的 9 执行。晒场就在平房顶即可。

11.2 人工干制

通过建造枣烘干房，用红枣烘干技术使枣果脱水。红枣烘干过程中，预热阶段需4~6h，温度逐渐上升至 50~55℃；蒸发阶段保持 10~14h，温度控制在 60~65℃，此期枣果表面潮湿时就进行多次通风排湿；干燥完成阶段需 8h 左右，温度不低于 50℃，当相对湿度高于 60% 时，仍应通风排湿。烘干后取出摊开自然降温，密封保存。

（本标准文本为网络搜索编辑，标准号：DB13/T 653—2005　本标准号与 DB13/T 733—2005 标准号内容相同，使用时仅作参考）

第十一节　国家计划项目

赞皇大枣国家标准化示范区项目通过验收

赞皇县林业局

受国家林业局委托，河北省林业局组织河北省农林科院、河北农业大学等有关单位专家组成考核验收组，对赞皇县大枣国家林业标准化示范区项目进行了考核验收。

验收组听取了示范区工作领导小组的汇报，实地考察了示范基地，查阅了相关资料。与会专家一致认为，赞皇县 2004 年承担赞皇大枣标准化示范区项目以来，通过采取一系列措施，该项目取得了良好的经济、社会和生态效益，项目区内赞皇大枣经过标准化管理，果实质量明显提高，鲜枣平均亩产增加 200kg 以上，好果率 90% 以上，含糖量 65% 以上，带动了周围乡镇 35 万亩大枣的无公害标准化生产。全县 43 万亩枣园已全部通过无公害产地认证。该项目圆满完成了项目任务书规定的各项任务指标，起到了良好的示范带动作用，专家评分结果 96.89+8.62（创新）分。专家组一致同意该项目通过验收，认为赞皇县大枣标准化示范区项目在用"促花王"促进坐果、无公害病虫防治、精细配套管理、枣的人工干制方面有创新。

　　温馨提示：第三章共十一节，论述了促花王系列植物营养诱导调节助剂在部分果树和棉花上的试验示范数据和表现，还有很多作物上没有试验或者我们没有发现相关试验的报告和论文。随着这项科学试验的进展，不断深入，试验范围不断扩大，我们期待更多的学术文章和新技术发明专利源源不断地产生，也希望广大农业科研人员对这一植物营养诱导调控助剂在实际应用过程中的不足之处提出宝贵意见，共同努力提高植物免疫新科学的含金量。

第四章　植物表面防护免疫技术

第一节　研发植物表面防护科学的背景和意义

极端气候频频出现，冬天天气变暖影响植物休眠；春天至初夏倒春寒频频发生。极端气候给病虫害高度繁衍提供了有利条件，也给植物病虫害的天敌造成抑制。空气污染对人类健康造成严重危害，我国政府颁布了相关的法律法规改良大气环境，联合国和全世界各个国家也成立了防污减排机构。为了解决这一世界性的科技难题，国家农业农村部、科技部鼓励农业科研单位和全民减少农药化肥使用，收到了良好的效果。陕西省渭南高新区促花王科技有限公司发明的产品——新高脂膜粉剂不但可以保护植物提高免疫力，而且创造了"文明植保"新概念，使自古以来植物裸体生长现状变为历史。

第二节　植物裸体生长状态将成为历史

远古时期，"亚当夏娃"智慧开启，发现羞耻感，人类开始用树叶遮蔽身体。轩辕黄帝时代，白水县姑娘丽娱创制了天下第一套蚕丝衣裳。人类的祖先造出的衣装，经过千百年的演变，其功能已由单一的遮身蔽体变为具有防寒避暑、抵御疾病、预防外伤和装饰仪表等多种作用。科学实践证明着装与人的健康有密切关系。

160年多前英国生物学家、进化论的奠基人达尔文著作《物种起源》。本书作者怀春计通过不断探索，发明了植物免疫助剂（新高脂膜粉剂），开启了植物免疫防卫生长。高新脂膜粉剂喷涂植物体表面就好比给植物穿上防护服，可以御寒保温，可以阻隔病菌，也可以提升作物颜值级别。喷涂植物表面保护膜，不但使蛮荒生长的"传统植物"步入了身披保护衣生长的"现代植物"状态，而且大大提高了植物自身免疫力，降低病虫危害。随着新高脂膜粉剂的广泛应用，原始的裸体状态植物生长将沦为历史，植物身披保护衣生长的科学时代开始登场。

第三节　植物表面防护剂的理化性质和作用机理

植物表面防护剂可提高植物的感知能力，这种能力是一种基于生物学原理的自然现象，植物通过细胞间的信号传递，以及与外部环境的相互作用，来实现对环境的感知和适应。植物通过光合作用，可以感知到光照的强度和方向。当光照强度增加时，植物会通过调整叶片的角度和方向，以最大限度地吸收阳光；当光照强度减弱时，植物则会通过减少光合作用，以节省能量。植物表面防护剂可恒温植物的感知温度，植物细胞具有感温机制，将温度转化为生化变化，从而进一步引发下游反应，并抑制水分从活的植物体表面（主要是叶子）以水蒸气状态散失到大气中的频率。植物表面防护剂可缩小植物的气孔蒸腾，首先是在细胞间隙及气孔腔周围叶肉细胞表面进行水分蒸发，其次才是水蒸气从气孔腔经气孔扩散到空气中去，提高光呼吸，这是所有进行光合作用的细胞在光照和高氧低二氧化碳情况下发生的一个生化过程。也促进春化作用，指的是植物必须经历一段时间的持续低温才能由营养生长阶段转入生殖生长阶段的现象。

第四节　化学农药增效剂与新高脂膜粉剂的区别

我国目前现有传统农药增效剂都是水剂为主。多是以提高农药有效成分毒性和刺激植物生理代谢速度，才能达到提高药效的目的。这些增效剂虽能起到增效的作用，但是在提高农药有效成分利用率的同时，也增加了农副产品的残毒量，对消费者的身体健康造成严重的威胁。这些易挥发、易水解的农药/化肥对土壤和空气造成了污染，破坏了空气质量。

我国目前农资的经营模式基本是分户经营，千家万户分散防治病虫，家家户户买药、存药和施药。农户受文化水平限制，出现盲目、乱用农药现象，甚至在蔬菜、果树、茶叶等经济作物上施用高毒、禁用农药，造成农药浪费、成本增加、天敌减少、害虫抗性增强、污染环境和农产品，造成人、畜中毒。

新高脂膜助剂是一种无毒粉剂产品。使用时需要二次稀释，安全高效无污染。喷施植物表面可形成一种高分子保护膜紧贴植物表面，抑制因挥发、水解、光解及水质因素造成的农药有效成分利用率降低等负面效应。但不影响作物吸水透气透光。可影响植物性昆虫对寄主植物的感应，阻止害虫获得植物信息素，切断其情报来源，类似于隔音墙的效果，让害虫无法"听"到植物的声音。扰乱其行为，不再对寄主植物造成伤害。

第五节　新高脂膜粉剂是一种高分子免疫膜

新高脂膜粉剂可提升植物表面免疫力，是一种含量达 600 万单位的高分子保护膜，是喷涂植物表面、黏附在叶面绒毛呼吸孔上的防尘过滤膜（就像人戴的口罩一样），不影响植物正常呼吸，也不影响植物自身温度和湿度，能阻拦浮尘或者病毒的侵入，也能屏蔽植物的信号。在植物体膨大时，高分子膜同步增大。这种高分子膜不会受氧化而分解，也不会受雨水冲刷而消失，但遇到外部环境撞击或者暴雨撞击时容易脱落。这种高分子膜物理性质、化学性质相对稳定，遇酸性、遇碱性都不会分解，可与各种液体兼容。

第六节　植物表面防护技术使传统农药减量增效

农药失效的途径一是挥发消耗，二是化学分解。

植物表面防护技术是一项抑制液体挥发、避免化学分解的植物表面防护新技术。具体方法是把新高脂膜粉剂稀释液喷涂在植物表面，能自动形成一层肉眼看不见的高分子保护膜，优化植物吸水、透气、透光质量。屏蔽病虫信号和削弱传播媒介，抵抗和防御自然环境灾害。降低农药毒素，提高农药或肥料应用效果。

新高脂膜粉剂加入农药/化肥中可防止飘逸、缓释分解反应，减少施药次数，减小施药量，降低污染。综合提升有机食品安全品级。同时可保温、保湿、防病驱虫。过滤植物呼吸杂质，防污染，抑制病毒感染。无激素、农药、肥料成分。轻装无毒、无味、无污染、无不良反应。

第七节　植物表面防护技术可屏蔽害虫的捕食信号

昆虫能高灵敏度（类似于雷达）地捕捉食物信号，只要在它的捕食识别区内发现情报，就会奔着锁定目标而去。

植食性昆虫通过捕获植物信息素，掌握寄主植物的生长情况，并由此做出相应的行为反应。新高脂膜可影响植食性昆虫对寄主植物的感应，阻止害虫获得植物信息，切断其情报来源，扰乱其行为，减轻对寄主植物造成伤害。

新高脂膜作用于植物表面后，会形成一层膜，相当于给植物盖了一层被子，牢牢地将植物信息素"捂"在被子里；另一方面增加了植物体表含水层，将植物信息素溶解在含水层中。

植物次生代谢产物具有光学特性，每一化学物质都对应着特定的波长，新高脂膜像一面三棱镜，能够反射一定波长的光，从而阻止了具有那些特定波长的信息素物质刺激到昆虫的化学感受器。

第八节　植物表面防护技术可提升肥料有效成分利用率

肥料利用率是作物所能利用肥料养分的比率。用以反映肥料的利用程度。传统提高肥料利用率的主要途径是：①根据土壤各种养分的稀缺状况合理施肥；②根据不同作物对养分的不同需要合理施肥；③改进施肥技术，使肥料的损失减少。而对于易挥发性肥料缺少减小挥发量的好办法。

新高脂膜喷施植物叶面，能合理调控气孔活动，促进化肥进入植物体内，从而减少化肥的使用量；也能将化肥封闭在一个密闭小环境之中，阻止挥发，提高化肥的利用率，提高综合肥效。新高脂膜粉剂在各种作物上的应用是农业农村部提出肥料减量增效战略的创新技术。它能在提升化肥利用率的同时，提高植物免疫力。

第九节　植物表面防护技术可提高种子发芽率和质量

发芽率是指种子成功发芽的比例，通常以百分数表示。它是衡量种子种植时存活和生长能力的重要指标。一般情况下，种子的发芽率会受到多种因素的影响，如种子品质、贮藏条件、温度、湿度、光照等因素。在种植过程中，合理控制这些因素可以提高种子的发芽率，从而获得更好的收成。

用新高脂膜粉剂做包衣剂，可将光照、温度和土壤水势等环境因子对植物光合、呼吸、同化物运输及生长等生理过程优化，促进各生理过程之间的交互作用，建立了营养生长期内良好的植物器官比例及对环境因子综合效应，激活生命运动，使种子在条件匹配的环境中出苗健壮。

（1）用新高脂膜浸种，保温度。适宜的温度是种子萌发的必要条件。种子萌发时，种子内的一系列物质变化，包括胚乳或子叶内有机养料的分解，以及由有机和无机物质同化为生命的原生质，都是在各种酶的催化作用下进行的。而酶的作用需要有一定的温度。一般来说，一定范围内温度的提高，可以加速酶的活动，如果温度降低，酶的作用也就减弱，低于最低限度时，酶的活动几乎完全停止。酶本身又是蛋白质，过高的温度会破坏酶的作用，失去催化能力。所以，种子萌发对温度的要求表现出3个基点，就是最低温度、最高温度和最适温度。最低和最高温度是两个极限，低于最低温度或高于最高温度，都能使种子停止萌发，只有最适温度才是种子萌发的最理想的温度条件。

（2）用新高脂膜拌种，可优化植物光照。部分植物种子在发芽的过程中需要一定的光照条件，只有光照才能打破它的休眠。当它已经完全后熟、脱离休眠状态之后，开始它的萌发过程，继之以营养生长，形成幼苗。

（3）用新高脂膜不影响植物呼吸。种子萌发时要有足够的空气。种子各部分细胞的代谢作用加快进行，贮存在胚乳或子叶内的有机养料，在酶的催化作用下就很快分解，运送到胚，而胚细胞利用这部分养料加以氧化分解，以取得能量，维持生命活动的进行，还把一部分养料经过同化作用，组成新细胞的原生质。所有这些活动是需要能量的，能量的来源只能通过呼吸作用产生。

（4）用新高脂膜可增加吸水量。水分是种子发芽的重要条件，只有适量的水分，才能使种子膨胀、种皮破裂、促使酶的活动。只有种子吸收了足够的水分以后，才能使生命活跃起来、才会正常出芽。地面喷洒新高脂膜保墒能防水分蒸发、防土层板结，隔离病虫源，提高出苗率。

（5）新高脂膜可保护芽苗免受病虫攻击。新高脂膜粉剂是采用特色科研新工艺合成的可湿性粉剂。稀释后使用可在苗体上形成一层超薄的保护膜紧贴植物体，不影响作物吸水透气透光，保护作物不受外部病害的侵染，被美称为"植物透明保健衣"。使用方法是打开包装，将新高脂膜粉剂放进原包装瓶内，加凉水至瓶口，充分搅动（要求粉剂全部溶解）成母液乳膏。使用时将配制好的母液以每瓶300g重量计算，根据需求不同按比例加水稀释至全部溶解，即可喷雾使用。

幼苗健壮，为作物整个生长周期奠定良好的基础。一粒小小的种子要萌发成一整棵植株，就需要具备最良好的内外因素和人为地进行精心呵护。新高脂膜的广泛应用，将告别植物裸体生长的旧时代，取而代之的将是植物出苗后就穿上"透明衣"防病、防毒、防自然灾害攻击，以高超的免疫力抗击病虫害，提高种子发芽率和发芽质量。

第十节　植物表面免疫保护技术可延长果实保鲜期

我国水果生产存在着较强的季节性、区域性及水果本身的易腐性，与广大消费者对水果需要的多样性及淡季调节的迫切性相矛盾。由于贮藏力不足，保鲜技术不完善等各种因素，年产损失20%。采收后的水果仍是一个生命的有机体，还会进行休眠、水分蒸发、呼吸作用等复杂的生命活动。这些活动都与水果保鲜密切相关，影响和制约着水果的贮藏寿命，其中影响水果新陈代谢活动及贮藏效果的外界因素主要是温度、气体成分、湿度。国内外在水果保鲜领域采用的技术手段主要有物理和化学两大类，每一类衍生的新技术很多，各自依托不同的保鲜原理。

新高脂膜是一种适用范围广泛的保鲜剂，它的作用机理是封闭植物表面呼吸孔达到保温保湿，减缓新陈代谢速度，达到果实保鲜的目的，不但对各种水果有保鲜作用，而且可延长蔬菜、鲜药材的保鲜期，对防护气象灾害也有明显的作用，其用法简单、安全卫生、无污染的特点受到用户青睐。

第十一节　植物表面免疫保护剂说明书

1　免套袋膜（A、B、C组合制剂）

本品是培植"阳光果"的果面护肤品，由A、B、C 3种型号制剂组合，加水稀释后，喷涂果面可形成一种高分子防护膜，过滤空气尘污，优化果实呼吸质量，提升果面光亮度，口感天然。无毒、无污染、环保无药害。阳光果口感好，但颜色不可能达到套纸袋出来的螺纹红。

适用范围：苹果、葡萄、樱桃、草莓、番茄、茄子、圣女果等各种果实。

用法用量：从包装瓶内取出A、B、C 3种粉剂混合搅匀，投入装满水的原包装瓶内，充分搅动，即成乳膏状，再加入500kg水，稀释后喷涂于果面，1瓶一般喷涂1亩果园，每次用1/3，幼果直径1cm左右用第一次，间隔7d再用第二次、第三次。喷涂2h后若遇到雨水冲刷，不必补喷。

包装规格：500mL，3袋组装。

保质期：在常温下产品保质期3年，乳膏保质期180d，稀释液保质期20d。

2 新高脂膜粉剂（标准型）

喷涂本品，能在植物呼吸孔表面形成一层高分子活性保护膜，过滤空气尘污，清洁绒毛呼吸道，提升植物吸水吸肥能力，透气、透光性能好。本品无毒无味、无药害、无不良反应、安全卫生。亦可用于叶面肥减量增效。

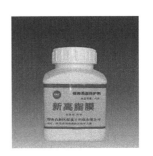

功能：保温、保湿、抑制病毒扩散，提高免疫力，防止气传性病毒着落植物表面繁衍。

用途：可用于各种植株保护、拌种催芽、果蔬保鲜、叶面肥增效、抗旱防冻。

包装规格：22 标准型，每瓶 300mL，每箱 32 瓶。

母液配制：打开包装，将新高脂膜粉剂放进原包装瓶内，加水至瓶口，充分搅动（要求粉剂全部溶解成乳膏状）即成母液待用。

母液稀释：根据用途选择稀释倍数。母液 pH 值中性，与酸性、碱性叶面肥都可兼容，加入水中二次稀释溶解。计算方法是：稀释液倍数×300÷1 000＝加水千克量。稀释液现配现用。

用量：标准型新高脂膜一般稀释 800 倍液（240kg 左右），浓度越大效果越好，安全、卫生、无药害。

使用技术参考：

（1）拌种催芽。每瓶母液一般稀释 2~10kg 液体，也可根据种籽体积大小、身价度调整稀释浓度，拌种后捞出晾干即可下种。可保温、保湿、吸胀，提高种子发芽率，使幼苗健壮。

（2）植株保护。每瓶母液一般稀释 200kg 左右液体，喷雾在植株和叶面，可提高抗自然灾害能力和光合作用强度，保护植物健壮成长。

（3）叶肥增效。每瓶母液一般稀释 200kg 左右叶面肥液体，可减少叶面肥用量，提升肥力效果。

（4）果蔬保鲜。每瓶母液一般稀释 100~150kg 液体，浸涂采收的成熟果实或鲜菜，可阻止水分蒸腾，抗冻、恒温，延长储存保鲜时间。

（5）抗旱保湿。每瓶母液一般稀释 80~100kg 液体，干旱季节喷涂苗株叶面，可保护苗体本身湿度和温度，提高植物抗旱因子活力和自我抗旱能力。

（6）保温御寒。每瓶母液一般稀释 80~100kg 液体，喷涂果枝或植株叶面，可提升抗冻因子活力，预防倒春寒对嫩枝花芽和叶芽造成的冻害。

温馨提示：①本技术参考中，用药量为基本稀释度，用户可根据作物身价和株冠大小适当加大或减小浓度。母液保质期 6 个月，稀释液保质期 20d 内。②本品 pH 值中性，可单独使用，亦可与各类叶面肥混配使用。

保质期：本品理化性质稳定，常温下保质期 4 年。

3 新高脂膜粉剂（航喷型）

本品耐高温、易雾化，主要用于飞机航喷，飘逸率低。亦用于弥雾机喷雾。能在植物呼吸孔表面形成一层高分子活性保护膜，过滤空气尘污，清洁绒毛呼吸道，提升植物吸水吸肥能力，透气、透光性能好。适用于牧草区、风景绿化区、公园绿植区、棉花、药材、茶叶、果园、菜园、粮食作物等大面积种植区使用。本品无毒无味、无药害、无不良反应、安全卫生。亦可用于叶面肥减量增效。

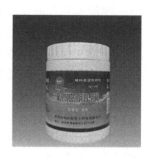

功能：保温、保湿、抑制病毒扩散，提高免疫力，防止气传性病毒着落植物表面繁衍。

用途：可用于各种植株保护、果面保洁、叶面肥增效、抗旱防冻。

包装规格：22 航喷型，每瓶 4 袋，每袋 50g，包装容积 500mL，每箱 20 瓶。

用法用量

用法：打开包装瓶，取出 4 袋中的其中 1 小袋新高脂膜粉剂，放进原包装瓶内，加水至瓶口，充分搅动成乳膏状 500g 母液。使用时，将 500g 母液兑水 30~40kg，加入一直升机水箱内高温溶解雾化，喷雾。每瓶 4 袋，可兑 4 飞机水箱雾化剂。

用量参考：兑 1 飞机水箱雾化剂可喷雾果园 15 亩左右，1m 以下其他作物 60 亩左右。浓度越大效果越好。安全卫生无药害。

温馨提示：①使用技术参考中，用药量为基本稀释度，用户可根据作物身价和株冠大小适当加大或减小浓度。母液保质期 6 个月，稀释液保质期 10d 内。②本品 pH 值中性，可单独使用，亦可与各类叶面肥混配使用。

保质期：本品理化性质稳定，常温下保质期 4 年。

4 新高脂膜粉剂（浓缩型）

本品适用于 2 000kg 水箱的喷雾机使用，大面积施用于棉花、药材、茶叶、粮食等农作物。本品无毒、无挥发、无污染、无药害、飘逸小，安全卫生。

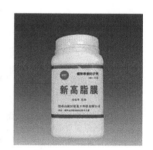

功能：保温、保湿、抑制病毒扩散，提高免疫力，防止气传性病毒着落植物表面繁衍。

用途：可用于各种植株保护、叶面肥增效、抗旱防冻。

包装规格：22 浓缩型，每瓶 4 袋，每袋 50g，包装容积 700mL，每箱 20 瓶。

母液配制：打开包装，取出瓶内 4 袋本品，全部加入 3kg 水中，充分搅拌使其溶解成乳膏状，即成 3kg 母液。

用法用量：使用时，将 3kg 母液共兑水 2 000kg 二次稀释后，即可喷雾。

温馨提示：使用技术参考中，用药量为基本稀释度，用户可根据作物生长情况和株冠大小适当加重或减小浓度。母液保质期 6 个月，稀释液保质期 30d 内。本品 pH 值中性，可单独使用，亦可与各类叶面肥混配使用。

保质期：本品理化性质稳定，常温下保质期 4 年。

第十二节 试验报告和论文汇编

"新高脂膜粉剂" 在湘西椪柑贮藏保鲜中的增效试验

周海生 杨伟军 丁超英

（1. 泸溪县农业局，湖南泸溪 426100；2. 泸溪县柑桔研究所，
湖南泸溪 426100；3. 湖南省农业科学院，湖南长沙 410125）

摘要：为提高湘西椪柑秋末冬前采后贮藏质量，延长保鲜期，开展了 "新高脂膜粉剂" 在湘西椪柑保鲜中的增效试验。结果表明：新高脂膜粉剂在椪柑保鲜贮藏中增效明显，显著降低了果实腐烂率和果实失重率，对果实可溶性固形物含量影响小，与其他柑橘保鲜剂配合使用，效果更佳。

关键词：新高脂膜粉剂；椪柑贮藏保鲜；增效试验

泸溪县位于湖南省湘西自治州南端武陵山脉，全县面积 1 566km²，总人口 30.93 万人，自然环境十分优越，盛产的椪柑色泽鲜艳、汁甜味美，被誉为 "中国椪柑之乡"。目前，泸溪县主栽的椪柑品种为 "辛女椪柑"，全县种植总面积达 1.533 万 hm²，挂果面积达 1.4 万 hm²，年均产量达 19 万 t，年产值达 2.6 亿元。椪柑生产已成为泸溪县农业生产的主导产业，已建成省内第一个县级椪柑种苗园，规范管理的无公害椪柑生产基地 0.67 万 hm²，绿色食品生产基地 0.07 万 hm²，椪柑生长过程中喷施生长调节剂可以促进发芽分化、保花保果，采后用保鲜剂处理，能延长果实贮藏期，提高果品质量。针对泸溪椪柑秋末冬前采后贮藏中果实失水严重、腐烂率较多，处理方法单一的现象。为了降低椪柑贮藏期损耗，提高椪柑保鲜经济效益，笔者于 2014—2015 年开展 "新高脂膜粉剂" 在湘西椪柑保鲜中的增效试验，现将试验结果报道如下。

1 材料与方法

1.1 试验材料

1.1.1 供试品种

辛女椪柑，系泸溪县农业局选育，2006 年经省品种审定委员会审定登记（XPD003—2006）。一般于 11 月中下旬成熟，平均单果重 132.7～135.1g，皮薄易剥，可食率达 75%；肉质脆嫩，化渣爽口，风味浓郁，可溶性固形物含量为 12%～17%，总糖为 11.06%～11.72%，全酸为 0.52%～0.77%，维生素 C 含量为 25～35mg/100mL（果汁），富含硒及人体所需多种微量元素。

1.1.2 供试保鲜剂

新高脂膜粉剂（陕西渭南高新区促花王科技有限公司）；40%百可得、45%扑霉灵（江苏龙灯化学有限公司）。

1.2 试验方法

从 2014—2015 年，试验连续进行了 2 年。试验在湖南省泸溪县武溪镇上堡村柑橘贮藏库进行。

1.2.1 试验设计

试验共设 4 个处理，每个处理选取辛女椪柑 60kg，其中 50kg 分 4 次重复，用于测定处理对椪柑失重率、腐烂率的影响，10kg 用于测定可溶性固形物含量，每次随机抽取 5 个果实进行测定可溶性固形物含量，取平均值。

处理 1：空白对照，清水洗果，不做任何处理。

处理 2：用新高脂膜粉剂 800 倍液浸泡椪柑 1min。

处理 3：用新高脂膜粉剂 800 倍液+40%百可得 1 000 倍液+45%扑霉灵 1 000 倍液浸泡椪柑 1min。

处理 4：用 40%百可得 1 000 倍液+45%扑霉灵 1 000 倍液浸泡椪柑 1min。

1.2.2 试验管理

试验用果第一年于 2014 年 12 月 5 日进行采摘，第二年于 2015 年 11 月 27 日进行采摘，采摘时 2/3 椪柑开始着色，采摘当天选取 80%着色、无机械伤、病虫果、60～75mm 的果实进行试验处理。处理完成后先在贮藏库发汗 7d，然后对各组处理椪柑进行套袋，贮藏于武溪镇上堡村椪柑标准化生产示范基地贮藏保鲜库。从椪柑处理后 7d（即发汗 7d）、37d、57d、72d、82d、92d 进行检查，清除腐烂果实（腐烂果以果实表面出现病斑为标准），计算损耗，并对每个处理可溶性固形物含量变化情况进行测定。

1.2.3 测定指标及方法

用称重法测定失水量，计算失重率；失重率=总失重量/贮前总重×100%。称量腐烂果重，计算腐烂率；腐烂率=腐烂量/总重量×100%。用手持数字糖度计测定可溶性固形物含量。

2 结果与分析

2.1 不同处理对椪柑失重率的影响

从表 1 看出，贮藏 92d 后，处理 2 和处理 3 失重率显著低于处理 1 对照。处理 2 和处理 3 失重率为 9.8%，比处理 1（对照）失重率低 4.8 个百分点，说明新高脂膜粉剂在椪柑果实贮藏保鲜中具有保持水分、减少水分散失、减少损耗的作用。

表 1 不同处理 92 d 后的椪柑平均失重率和腐烂率

处理	总重量 （kg）	好果重量 （kg）	失重量 （kg）	腐烂量 （kg）	失重率 （%）	腐烂率 （%）
1	50	32.0	7.3	10.7	14.6	21.4
2	50	39.0	4.9	6.1	9.8	12.2
3	50	40.5	4.9	4.6	9.8	9.2
4	50	39.3	5.7	5.0	11.4	10.0

注：测定日期分别为 2015 年 3 月 6 日和 2016 年 2 月 28 日，结果取两次测定的平均值。

2.2 不同处理对果实腐烂率的影响

从表1看出，不同处理贮藏92d后，椪柑果实腐烂率处理2明显低于处理1，说明新高脂膜粉剂对椪柑果实具有保护、防护作用，能抑制各种病菌繁衍，对各种病害有较好的预防效果。同时处理3果实腐烂率最低，效果最好，说明新高脂膜粉剂与其他柑橘保鲜剂配合使用，保鲜贮藏效果更佳。

2.3 椪柑固形物变化情况

从表2看出，在贮藏7d和92d时，处理3和处理2可溶性固形物含量两年平均降低量最少，分别为0.6个和0.8个百分点；而处理4可溶性固形物含量两年平均降低量为0.9个百分点；处理1可溶性固形物含量两年平均降低量为1.15个百分点。这说明通过新高脂膜处理后的椪柑固形物含量影响变化不大。

表2 各处理对椪柑固形物含量的影响

处理	年份（年）	固体物含量（%）						降低量（个百分点）	平均降低量（个百分点）
		7d	37d	57d	72d	82d	92d		
1	2014	12.2	12.2	11.8	11.4	11.4	11.4	0.8	1.15
	2015	11.9	11.8	11.3	10.9	10.6	10.6	1.3	
2	2014	12.0	12.0	11.8	11.5	11.3	11.3	0.7	0.8
	2015	12.2	12.0	11.8	11.6	11.4	11.3	0.9	
3	2014	12.1	12.1	12.1	12.0	11.6	11.5	0.6	0.6
	2015	12.2	12.0	11.9	11.7	11.6	11.6	0.6	
4	2014	12.6	12.4	12.1	11.8	11.8	11.7	0.9	0.9
	2015	12.0	11.8	11.5	11.1	11.1	11.1	0.9	

3 讨论

新高脂膜粉剂溶液均匀附着在椪柑皮表面，形成一层肉眼见不到的单分子膜，把椪柑果实包裹起来，阻隔了外部病害的侵染、防止了病菌扩展，而不影响椪柑果实呼吸作用，达到了透气透光、有效防病作用。新高脂膜对多种真菌病害有较好的预防效果，因其防病是物理作用，病菌不会产生抗性，是一种优效绿色安全的保鲜剂。

应用新高脂膜粉剂对椪柑进行保鲜，果实腐烂率和果实失重率均比对照低，表明新高脂膜粉剂对病害有较好的预防效果，能保护果实不受外部病害的侵染和病菌扩展、减少水分散失，起到防病作用。研究发现，新高脂膜粉剂配合其他柑橘保鲜剂使用果实的腐烂率和失重率均有所降低，说明新高脂膜粉剂与其他柑橘保鲜剂配合使用具有明显的增效作用，保鲜贮藏效果更佳；新高脂膜处理后对椪柑固形物含量变化影响小。虽然新高脂膜粉剂复配使用效果显著，但复配保鲜处理对椪柑品质的其他影响，以及复配剂的使用方法还有待进一步研究。

湖南湘西系全国优势柑橘产业带，椪柑种植面积5.3万hm²，年产55万t，新高脂膜粉剂配合其他柑橘保鲜剂使用，将对湖南湘西椪柑生产果农保鲜增效提供极好的帮助。试验结果表明，新高脂膜粉剂配合其他柑橘保鲜剂使用，果实失重率降低4.8个百分点，腐烂率降低12.2个百分点，损耗可减少170kg/t，按产地销售价1.6元/kg计算，可增加收益272元/t，湘西年产椪柑55万t，每年可增加收益14 960万元。因此，新高脂膜粉剂的推广应用可极大地提高果农经济收益和果农椪柑种植的积极性，有效促进湘西椪柑产业的可持续发展。

（湖南农业科学，2016（12）：66-67）

2017年阿荣旗新高脂膜农药减量控害增产试验示范总结
报告单位：呼伦贝尔市植保植检站

按照呼伦贝尔市植保植检站印发《2017年农药减施增效技术示范方案》要求，2017年阿荣旗开展新高脂膜农药减量控害增产试验示范，现总结如下。

1 试验目的

为扎实推进农业农村部提出的《到2020年农药使用量零增长行动方案》的实施，实现农药减施增效、减量控害和农作物病虫害可持续治理，保障粮食安全、农产品质量安全和农业生态安全。达到农药减量使用、保证病虫防治效果、保障农产品有效供给目标。

2 试验地点

玉米试验点在向阳峪镇两方六村，大豆试验点在新发乡唐王沟村。

3 试验药剂

新高脂膜由陕西促花王科技有限公司提供，除草剂在当地选购。

4 母液的配制

打开包装，先将包装瓶内小袋粉剂取出（每袋约50g）共同放在一个器皿里，加水（50g/袋+250g水）用力充分搅动成母液乳膏，将配制好的母液以每瓶300g重量计算。

5 供试作物及对象

大豆和玉米田苗后除草试验。

6 农药减量方法

除草剂按常量减40%、30%，每亩加新高脂膜膏剂30g。

7 试验设计和处理

试验示范采取大区对比试验（表1），设3个处理，每个处理区面积0.5亩（333.3m²）。处理与对照作物栽培方式、品种、管理、水肥条件一致。

表1 试验设计

	新高脂膜+24%硝磺烟莠去津		24%硝磺烟莠去津
	（克/333.3m²、毫升/333.3m²）		（克/333.3m²、毫升/333.3m²）
	处理1	处理2	处理3
玉米	-40%	-30%	常规用药
	15+50	15+58	84

（续表）

大豆	新高脂膜+24%硝磺烟莠去津		24%硝磺烟莠去津
	新高脂膜+35%松喹氟磺胺		35%松喹氟磺胺
	（克/333.3m²、毫升/333.3m²）		（克/333.3m²、毫升/333.3m²）
	处理1	处理2	处理3
	−40%	−30%	常规用药
	15+42	15+49	70

8　试验方法

各处理分别于玉米大豆苗后茎叶喷雾处理，亩兑水量 30kg，药剂采用二次稀释方法，充分搅拌，均匀喷雾。

9　防治效果调查

9.1　气象及土壤资料（表2）

表2　施药当日试验地天气状况表

施药日期	天气状况	风向与风力（m/s）	温度（℃）	相对湿度（%）	降雨情况	其他气象因素
6月16日	晴	西北风1.3	23.4	58.4	0	

玉米试验田土壤为暗棕壤，地势平坦，肥力均匀，有机质含量为 2.8%，pH 值为 6.5，速效钾为 220mg/kg，速效磷为 39.1mg/kg，水解氮为 328.1mg/kg。前茬大豆，杂草分布均匀。

大豆试验田土壤为暗棕壤，地势平坦，肥力均匀，有机质含量为 2.1%，pH 值为 6.1，速效钾为 211.3mg/kg，速效磷为 38.2mg/kg，水解氮为 313.2mg/kg。前茬玉米，杂草分布均匀。

9.2　调查的方法、时间和次数

各处理分别于施药前和施药后 15、30d 进行调查，每个处理取 5 点调查杂草数量。

9.3　各处理方法保护天敌对比

施药后通过多点观察，各处理对天敌和其他非靶标生物无影响。

9.4　对作物药害的影响

施药后 7 和 15d 进行调查，各处理对作物均无药害症状。

9.5　防除效果（表3）

表3　防除效果调查表

作物	处理	施药前杂草数量（株/m²）	施药后15d杂草数量（株/m²）	防效（%）	施药后30d杂草数量（株/m²）	防效（%）
玉米	1	62.5	6.5	89.6	5.5	91.2
	2	64.5	4.3	93.3	4	93.8
	3	65.5	2.5	96.2	1	98.5

（续表）

作物	处理	施药前 杂草数量 （株/m²）	施药后 15d 杂草数量 （株/m²）	防效 （%）	施药后 30d 杂草数量 （株/m²）	防效 （%）
大豆	1	78	7.5	90.4	5.5	92.9
	2	72.5	5.4	92.6	4.5	93.8
	3	76	3.5	95.4	2	97.4

9.6 产量调查（表4、表5）

表4 玉米产量调查表

处理	株高 （cm）	药害情况	除草效果 （%）	亩穗数 （穗）	穗粒数 （粒）	百粒重 （g）	折亩产 （kg）	增产率 （%）
1	239	无	91.2	3 660	420.5	31.2	480.2	4.8
2	236	无	93.8	3 660	410	31.2	468.2	2.1
3	234	无	98.5	3 660	404	31	458.4	

表5 大豆产量调查表

处理	株高 （cm）	药害 情况	除草效果 （%）	密度 （株/m²）	单株荚数 （个）	单株粒数 （个）	百粒重 （g）	折亩产 （kg）	增产率 （%）
1	85	无	92.9	22.5	29.5	65.4	17.5	171.7	3.3
2	84.5	无	93.8	22.3	29	66.0	17.5	171.7	3.3
3	82.5	无	97.4	22.3	27	64.6	17.3	166.2	

10 效益分析与结论报告（表6、表7）

表6 玉米效益分析表

处理	亩产量 （kg）	亩增产 （kg）	产品单价 （元/kg）	亩成本 （元）	新增产值 （元）	投入产 出比
1	480.2	21.8	1.1	12.20	25.78	1∶6.8
2	468.2	9.8	1.1	13.60	11.18	1∶2.9
3	458.4		1.1	14.00		

表7 大豆效益分析表

处理	亩产量 （kg）	亩增产 （kg）	产品单价 （元/kg）	亩成本 （元）	新增产值 （元）	投入产出比
1	171.7	5.5	3.4	8.00	17.70	1∶4.7

（续表）

处理	亩产量（kg）	亩增产（kg）	产品单价（元/kg）	亩成本（元）	新增产值（元）	投入产出比
2	171.7	5.5	3.4	8.70	17.00	1：4.5
3	166.2		3.4	7.00		

　　通过试验调查，采用新高脂膜加除草剂，防除玉米和大豆田杂草，除草剂减量使用与常规用量的除草效果没有明显差异，防效分别为：玉米田除草新高脂膜+24%硝磺烟莠去津减量40%防效91.2%；新高脂膜+24%硝磺烟莠去津减量30%防效93.8%；大豆田除草新高脂膜+35%松喹氟磺胺减量40%防效92.9%；新高脂膜+35%松喹氟磺胺减量30%防效93.8%。新高脂膜加除草剂对玉米和大豆有一定增产效果，其中玉米增产2.1%~4.8%，投入产出比1：（2.9~6.8）；大豆增产3.3%，投入产出比1：（4.5~4.7）。应用陕西促花王科技有限公司提供的新高脂膜，可以达到农药减施增效、减量控害效。

委托单位：呼伦贝尔市植保植检站

承担单位：呼伦贝尔市农业科学研究所

试验地点：扎兰屯市呼伦贝尔市农研所试验地

参加人员：张海军　闫任沛　李殿军　徐德武　孙平丽　韩振芳　郑连义　胡向敏　范丽萍

报告完成日期：2017年10月28日

大豆褐斑病田间药效试验报告摘要

试验名称：25%嘧菌酯减量加助剂新高脂膜防治大豆褐斑病药效试验

试验作物：大豆

防治对象：大豆褐斑病

供试药剂：25%嘧菌酯SC 先正达南通作物保护有限公司

供试助剂：新高脂膜陕西省渭南高新区促花王科技有限公司

施药方法及用水量（L/hm²）：茎叶喷雾，用水量750L/hm²。

试验结果见表1。

表1　大豆褐斑病田间药效试验结果

药剂处理	制剂用量（mg/L）	末次药后防效（%）（各重复平均值）	差异显著性	
25%嘧菌酯	800	81.8	b	B
25%嘧菌酯+新高脂膜	480+600	94.9	a	A
25%嘧菌酯+新高脂膜	400+600	95.7	a	A
新高脂膜	600	67.3	b	B
清水对照				

适宜施药时期和用量：在 7 月中下旬降水量集中时期，大豆田间发病前进行茎叶喷雾。使用嘧菌酯防治大豆褐斑病，每隔 7d 再施用 1 次，共计 2 次。推荐使用剂量为制剂量：如上表。

使用方法和注意事项：茎叶喷雾，注意施药时要尽量使雾滴均匀分布到叶片的正反两面。

安全性：在试验剂量范围内对作物无不良影响、使用安全，观察对蚜虫有趋避作用。

25%嘧菌酯减量加助剂新高脂膜防治大豆褐斑病药效试验报告

1 试验目的

明确杀菌剂 25%嘧菌酯常规用量、嘧菌酯减量 40%加助剂新高脂膜、嘧菌酯减量 50%加助剂新高脂膜防治大豆褐斑病的田间药效，为安全高效防治大豆病害农药减量技术提供科学依据。

2 试验条件

2.1 试验对象、作物和品种的选择

大豆褐斑病；大豆品种蒙豆 15。

2.2 环境条件

试验地设在内蒙古扎兰屯农研所试验地。缓坡地，土壤属棕壤土，pH 值为 6.2。前茬作物为大豆，土壤有机质含量 3.5%。每亩施硫酸钾型复合肥（14-16-15）30kg。5 月 10 日播种，5 月 25 日出苗。保苗数 18 000 株/亩左右。苗期使用茎叶除草剂 1 次，机械中耕 3 次。植株生长整齐茁壮，初花期 7 月 1 日喷 0.2%尿素 1 次，8 月 23 日喷施叶面肥 1 次。

3 试验设计和安排（表 1）

3.1 药剂

3.1.1 试验药剂 25%嘧菌酯 SC 先正达南通作物保护有限公司

3.1.2 试验助剂 新高脂膜陕西促花王科技有限公司

3.1.3 药剂用量与处理编号

表 1 供试药剂试验设计

处理	药剂	施药剂量浓度（mg/L）	施药量有效成分量（g/hm²）
1	25%嘧菌酯常规用量	800	600
2	25%嘧菌酯减量 40%+新高脂膜	480+600	360+450
3	25%嘧菌酯减量 50%+新高脂膜	400+600	300+450

（续表）

处理	药剂	施药剂量浓度（mg/L）	施药量有效成分量（g/hm^2）
4	新高脂膜	600	450
5	清水对照		

3.2 小区安排

3.2.1 小区随机区组排列

3.2.2 小区面积和重复

小区面积：20m^2。重复次数：3 次。

3.3 施药方法

3.3.1 使用方法 茎叶喷雾

3.3.2 施药器械 使用 3WD-16L 背负式电动喷雾器。

3.3.3 施药时间和次数 在大豆开花结荚期 7 月 24 日、7 月 31 日分别施药 2 次。喷雾时，对整个植株叶片反正面喷洒均匀，不留死角，力求均匀。

3.3.4 使用容量 药液用量均为 750L/hm^2。

4 气象资料

扎兰屯市 2017 年总体上是 5 月 6 日以后至 7 月 26 日无有效降水，显著低于历年均值，出现大范围的严重干旱。本试验区施药日天气较好，药后 10h 无降雨。7 月 24 日第一次喷药后第 4 天，普降中雨，7 月 31 日第二次喷药后 10h 无降水。具体天气情况详见气象资料表。

5 调查方法、时间和次数

5.1 调查时间和次数

每次用药前，第一次用药 7d 后（7 月 31 日），第二次用药 7 天后（8 月 7 日）。

5.2 调查方法

小区调查采用目测方法，除去边行，估算病斑面积占叶片总面积的百分比，每次调查不少于 3 人。

大豆褐斑病调查方法：调查 2 次，在空白对照发病充分时进行，每小区 5 点取样，每点取 5 株调查全部叶片。

分级标准如下：

0 级：无病；

1 级：病斑面积占叶片面积的 5 以下；

3 级：病斑面积占叶片面积的 6%~10%；

5 级：病斑面积占叶片面积的 11%~25%；

7 级：病斑面积占叶片面积的 26%~50%；

9 级：病斑面积占叶片面积的 51%以上。

5.3 药效计算方法

$$病情指数 = \frac{\sum（各级病叶数×相对级数值）}{调查总叶数×最高级数值}×100\%$$

$$防治效果 = \frac{对照病指 - 处理病指}{对照病指}×100\%$$

5.4 对作物的直接影响

5.5 对其他生物影响

6 结果与分析

6.1 不同处理防治大豆褐斑病防效分析

由表2可见，25%嘧菌酯减量40%加新高脂膜防效和25%嘧菌酯减量50%加新高脂膜防效均高于25%嘧菌酯常规用量防效。25%嘧菌酯常规用量与25%嘧菌酯减量40%加新高脂膜，25%嘧菌酯减量50%加新高脂膜两个处理间差异显著，25%嘧菌酯常规用量与新高脂膜处理差异不显著。

表2 嘧菌酯减量防治大豆褐斑病田间药效试验调查结果

| 处理 | 第一次调查（7月31日）平均防效（%） | | | 第二次调查（8月7日）平均防效（%） | | |
	发病率	病指	防效	发病率	病指	防效
1	3.1	0.3	97.8	26.0	2.9	81.8bB
2	0	0	100	7.8	0.8	94.9aA
3	0	0	100	6.1	0.7	95.7aA
4	7.7	0.7	95.3	27.5	5.8	67.3bB
5	19.2	2.1	86.5	63.6	16.3	

注：表中数据为平均值，数据后大小写字母表示经 Duncan 氏新复极差法检验在 $P<0.01$ 和 $P<0.05$ 水平上差异显著，下同。

6.2 不同处理对产量的影响

由表3可见，由于6、7月无有效降水，大豆株高较常年略低，各处理较对照均有增产的作用，增产幅度在 10.7%~14.6%。25%嘧菌酯减量40%加新高脂膜、25%嘧菌酯减量50%加新高脂膜两个处理无显著差异。

表3 嘧菌酯减量防治大豆褐斑病田间药效试验各处理产量（9月25日）调查结果

处理	株高（cm）	1粒荚数	2粒荚数	3粒荚数	4粒荚数	百粒重（g）	产量（kg/亩）
1	70.9	2.1	5.9	9.7	2.2	21.7	167.9aA
2	65.6	2.6	6.5	9.3	1.3	23.0	171.7aA
3	69.8	2.6	5.2	9.7	2.6	23.1	165.9aA
4	68.8	2.8	6.7	11.1	2.0	22.4	167.6aA
5	65.7	2.0	6.2	8.9	1.1	22.0	149.8bB

6.3　不同处理对大豆的直接影响及对其他生物影响

试验地大豆苗期生长健壮，由于扎兰屯 6、7 月无有效降水，大豆地上部分无病害发生，7 月中下旬雨水较集中，气候条件适合大豆病害发生，第一次喷药大豆田间未发生病害，第二次喷药时正是褐斑病发病初期，在试验用药剂量范围内对大豆无不良影响、使用安全，发现新高脂膜对蚜虫有趋避作用。

7　小结与讨论

（1）试验结果表明，25% 嘧菌酯减量 40% 新高脂膜和 25% 嘧菌酯减量 50% 加新高脂膜两个处理较 25% 嘧菌酯常规用量防效高并且有显著提高产量的作用。所以，25% 嘧菌酯加入助剂新高脂膜，能显著提高大豆病害防治效果和增加大豆产量。

（2）试验结果表明，25% 嘧菌酯减量 40% 新高脂膜和 25% 嘧菌酯减量 50% 加新高脂膜两个处理对防治大豆病害效果无显著差异。所以，在当地推荐嘧菌酯减量 50% 可以有效防治大豆病害。

附表一　扎兰屯 2017 年 5 月至 9 月气象资料

地点	日期 （年/月/日）	日最高气温 （℃）	日最低气温 （℃）	降水量 （mm）	日平均相对湿度 （%）
扎兰屯	2017/5/1	28.6	2.2		26
扎兰屯	2017/5/2	32.9	8.9		18
扎兰屯	2017/5/3	29.5	15.5		30
扎兰屯	2017/5/4	22.2	10.3		26
扎兰屯	2017/5/5	10.3	1.5	15	70
扎兰屯	2017/5/6	10.1	0.0	3.2	64
扎兰屯	2017/5/7	17.4	3.6		33
扎兰屯	2017/5/8	26.4	0.9		42
扎兰屯	2017/5/9	33.3	7.7		24
扎兰屯	2017/5/10	24.3	12.7		38
扎兰屯	2017/5/11	18.7	4.1		47
扎兰屯	2017/5/12	14.9	1.7		47
扎兰屯	2017/5/13	16.0	3.8		53
扎兰屯	2017/5/14	19.4	7.3		51
扎兰屯	2017/5/15	25.5	8.1		33
扎兰屯	2017/5/16	27.6	13.9		40
扎兰屯	2017/5/17	32.0	10.9		41
扎兰屯	2017/5/18	36.7	12.4		41
扎兰屯	2017/5/19	28.6	13.3		21

（续表）

地点	日期 （年/月/日）	日最高气温 （℃）	日最低气温 （℃）	降水量 （mm）	日平均相对湿度 （%）
扎兰屯	2017/5/20	19.8	13.2		30
扎兰屯	2017/5/21	16.2	10.5		25
扎兰屯	2017/5/22	19.6	3.1		36
扎兰屯	2017/5/23	18.6	5.0		37
扎兰屯	2017/5/24	19.0	3.6		38
扎兰屯	2017/5/25	22.6	4.0		30
扎兰屯	2017/5/26	26.5	6.4		36
扎兰屯	2017/5/27	30.0	8.6		35
扎兰屯	2017/5/28	23.9	15.7		27
扎兰屯	2017/5/29	20.0	3.8		32
扎兰屯	2017/5/30	20.6	2.4		26
扎兰屯	2017/5/31	18.0	4.5	0.2	45
扎兰屯	2017/6/1	18.5	6.8	0.1	51
扎兰屯	2017/6/2	19.1	6.9		64
扎兰屯	2017/6/3	22.4	8.6	0.7	57
扎兰屯	2017/6/4	24.6	9.4		50
扎兰屯	2017/6/5	30.6	8.6		44
扎兰屯	2017/6/6	28.1	15.7	0.9	37
扎兰屯	2017/6/7	23.8	7.7		54
扎兰屯	2017/6/8	20.0	9.1	1.4	52
扎兰屯	2017/6/9	18.9	5.6	10.4	54
扎兰屯	2017/6/10	20.0	11.1		47
扎兰屯	2017/6/11	23.7	10.7		54
扎兰屯	2017/6/12	27.4	11.6		51
扎兰屯	2017/6/13	35.4	14.2		42
扎兰屯	2017/6/14	35.5	20.4		30
扎兰屯	2017/6/15	30.0	15.4		47
扎兰屯	2017/6/16	27.4	17.5		54
扎兰屯	2017/6/17	28.4	14.6		59

地点	日期 （年/月/日）	日最高气温 （℃）	日最低气温 （℃）	降水量 （mm）	日平均相对湿度 （%）
扎兰屯	2017/6/18	23.2	15.2	5.3	71
扎兰屯	2017/6/19	25.3	12.5		62
扎兰屯	2017/6/20	22.4	15.9	0.8	75
扎兰屯	2017/6/21	25.9	14.8	0.6	67
扎兰屯	2017/6/22	31.8	14.3		38
扎兰屯	2017/6/23	33.7	16.3		42
扎兰屯	2017/6/24	34.5	20.6	18.2	52
扎兰屯	2017/6/25	30.0	18.6	0.3	66
扎兰屯	2017/6/26	33.0	18.6		56
扎兰屯	2017/6/27	34.9	17.6		51
扎兰屯	2017/6/28	36.5	19.8		53
扎兰屯	2017/6/29	30.3	22.3	11.1	69
扎兰屯	2017/6/30	32.3	18.5	6.2	75
扎兰屯	2017/7/1	30.2	17.1		63
扎兰屯	2017/7/2	30.5	19.0		57
扎兰屯	2017/7/3	33.3	19.6		49
扎兰屯	2017/7/4	34.0	17.6		50
扎兰屯	2017/7/5	35.7	16.8		45
扎兰屯	2017/7/6	34.3	18.8		50
扎兰屯	2017/7/7	33.5	23.2		53
扎兰屯	2017/7/8	30.3	21.4	7.4	81
扎兰屯	2017/7/9	29.4	20.3	0.1	71
扎兰屯	2017/7/10	29.5	18.4	1.8	73
扎兰屯	2017/7/11	30.6	19.9		54
扎兰屯	2017/7/12	33.8	14.1		42
扎兰屯	2017/7/13	33.6	15.3		33
扎兰屯	2017/7/14	31.0	15.5		40
扎兰屯	2017/7/15	32.0	17.9		46
扎兰屯	2017/7/16	30.5	19.0	0.1	57

（续表）

地点	日期 （年/月/日）	日最高气温 （℃）	日最低气温 （℃）	降水量 （mm）	日平均相对湿度 （%）
扎兰屯	2017/7/17	31.8	18.7		65
扎兰屯	2017/7/18	32.9	21.6		59
扎兰屯	2017/7/19	31.9	17.0		42
扎兰屯	2017/7/20	27.9	19.0		40
扎兰屯	2017/7/21	31.3	14.9		49
扎兰屯	2017/7/22	35.2	19.9		43
扎兰屯	2017/7/23	31.5	20.5	1.1	51
扎兰屯	2017/7/24	26.5	15.9		40
扎兰屯	2017/7/25	30.3	10.8		38
扎兰屯	2017/7/26	23.7	15.0	18.4	80
扎兰屯	2017/7/27	25.2	14.8	1.0	78
扎兰屯	2017/7/28	29.5	13.7		69
扎兰屯	2017/7/29	24.0	16.7	7.4	83
扎兰屯	2017/7/30	24.8	18.0	3.0	84
扎兰屯	2017/7/31	29.0	17.6		82
扎兰屯	2017/8/1	22.7	19.1	4.7	90
扎兰屯	2017/8/2	25.8	19.5	4.0	87
扎兰屯	2017/8/3	23.4	19.7	0.2	85
扎兰屯	2017/8/4	28.0	20.7		75
扎兰屯	2017/8/5	27.1	19.7	17.7	83
扎兰屯	2017/8/6	27.5	19.3	1.5	83
扎兰屯	2017/8/7	26.2	18.5	8.2	82
扎兰屯	2017/8/8	29.3	16.4		68
扎兰屯	2017/8/9	29.1	17.1		75
扎兰屯	2017/8/10	23.9	18.9	43.3	93
扎兰屯	2017/8/11	25.0	19.6	9.8	90
扎兰屯	2017/8/12	24.8	19.7		90
扎兰屯	2017/8/13	27.0	17.8		85
扎兰屯	2017/8/14	25.8	18.2	11.6	85

地点	日期 （年/月/日）	日最高气温 （℃）	日最低气温 （℃）	降水量 （mm）	日平均相对湿度 （%）
扎兰屯	2017/8/15	27.2	19.3	0.3	84
扎兰屯	2017/8/16	25.7	19.6	2.3	83
扎兰屯	2017/8/17	27.6	17.4		81
扎兰屯	2017/8/18	28.4	17.3		82
扎兰屯	2017/8/19	28.6	16.4		81
扎兰屯	2017/8/20	28.7	16.4		79
扎兰屯	2017/8/21	30.8	21.1		72
扎兰屯	2017/8/22	25.1	11.2		58
扎兰屯	2017/8/23	25.3	11.2		71
扎兰屯	2017/8/24	20.3	16.0		57
扎兰屯	2017/8/25	17.6	13.9	0.4	70
扎兰屯	2017/8/26	23.3	12.7	0.1	59
扎兰屯	2017/8/27	22.4	11.3		68
扎兰屯	2017/8/28	16.8	7.5		51
扎兰屯	2017/8/29	15.2	7.6		46
扎兰屯	2017/8/30	21.1	7.5		55
扎兰屯	2017/8/31	22.8	7.0		60
扎兰屯	2017/9/1	23.7	12.0		69
扎兰屯	2017/9/2	24.3	9.3		76
扎兰屯	2017/9/3	19.4	10.8	0.9	92
扎兰屯	2017/9/4	19.9	15.8	19.6	95
扎兰屯	2017/9/5	24.0	14.1	0.4	89
扎兰屯	2017/9/6	27.4	8.0		57
扎兰屯	2017/9/7	19.1	5.8	0.4	68
扎兰屯	2017/9/8	21.1	7.8		62
扎兰屯	2017/9/9	21.9	7.0		64
扎兰屯	2017/9/10	15.7	5.2	5.3	90

委托单位：呼伦贝尔市植保植检站

承担单位：呼伦贝尔市农业科学研究所

试验地点：扎兰屯市呼伦贝尔市农研所试验地

总负责人：闫任沛

技术负责人：李殿军

参加人员：韩振芳　郑连义　胡向敏

报告完成日期：2017 年 10 月 28 日

2017 年大豆田间药效试验报告摘要

试验名称：大豆除草剂减量加助剂新高脂膜茎叶处理药效试验

试验作物：大豆

防治对象：大豆杂草

供试药剂：96%异丙甲草胺（杭州颖泰生物科技有限公司）

　　　　　25%氟磺胺草醚（安徽丰乐农化有限责任公司）

　　　　　48%灭草松（安徽丰乐农化有限责任公司）

供试助剂：新高脂膜陕西促花王科技有限公司

施药方法及用水量（L/hm²）：茎叶喷雾，用水量 1 500L/hm²。

试验结果见表 1。

表 1　大豆田间药效试验报告结果

药剂处理	制剂用量（mg/L）	末次药后防效（%）	
		株防效	鲜重防效
灭草松+精喹禾灵+氟磺胺草醚	1 000+1 000+800	82.4aA	93.8aA
灭草松+精喹禾灵+氟磺胺草醚+新高脂膜	700+700+560+600	85.5aA	95.1aA
灭草松+精喹禾灵+氟磺胺草醚+新高脂膜	600+600+480+600	60.2bB	74.0bB

适宜施药时期和用量：在 2017 年 6 月 6 日（大豆 1~2 片复叶期）喷施茎叶除草剂，由于土壤干旱，用水量加大。喷雾时，对整个植株叶片反面不留死角，力求均匀。推荐使用剂量为制剂量：如上表。

使用方法和注意事项：茎叶喷雾，注意施药时要尽量使雾滴均匀分布到叶片的正反两面。

安全性：在试验剂量范围内对作物无不良影响、使用安全，也未发现对其他生物有影响。

大豆除草剂减量加助剂新高脂膜茎叶处理药效试验报告

1　试验目的

明确大豆除草剂常规用量、除草剂减量 30%加助剂新高脂膜、除草剂减量 40%加助剂新高脂膜防除大豆杂草的田间药效和对大豆的安全性，为大豆田降低生产成本和农药高效安全使用提供科学依据。

2　试验条件

2.1　试验对象、作物和品种的选择

大豆杂草

大豆品种：蒙豆15。

2.2　环境条件

试验地设在内蒙古扎兰屯农研所试验地。缓坡地，土壤属棕壤土，pH 值为6.2。前茬作物为大豆，土壤有机质含量3.5%。每亩施硫酸钾型复合肥（14-16-15）30kg。5月10日播种，5月25日出苗。保苗数17 000株/亩左右。苗期使用茎叶除草剂1次，机械中耕3次。植株生长整齐苗壮，初花期7月1日喷0.2%尿素1次。

3　试验设计和安排（表1）

3.1　药剂

3.1.1　试验药剂　96%异丙甲草胺（杭州颖泰生物科技有限公司）

25%氟磺胺草醚（安徽丰乐农化有限责任公司）

48%灭草松（安徽丰乐农化有限责任公司）

3.1.2　试验助剂　新高脂膜陕西促花王科技有限公司

3.1.3　药剂用量与处理编号

表1　供试药剂试验设计

编号	药剂	施药剂量浓度（mg/L）	施药量有效成分含量（g/hm²）
1	灭草松+精喹禾灵+氟磺胺草醚	1 000+1 000+800	720+75+300
2	灭草松+精喹禾灵+氟磺胺草醚+新高脂膜	700+700+560+600	504+52.5+784+450
3	灭草松+精喹禾灵+氟磺胺草醚+新高脂膜	600+600+480+600	432+45+672+450
4	清水对照（CK）		

3.2　小区安排

3.2.1　小区排列　随机区组排列。

3.2.2　小区面积和重复　小区面积：20m²。重复次数：3次。

3.3　施药方法

3.3.1　使用方法　茎叶喷雾。

3.3.2　施药器械　使用3WD-16L背负式电动喷雾器。

3.3.3　施药时间和次数　在大豆苗期（1~2片复叶）6月6日茎叶喷雾。

3.3.4　使用容量　由于5月7日以后没有有效降水，土壤干旱，加大用水量1 500L/hm²。

4 气象资料

施药当天晴，气温12~26℃，微风。大气和土壤干旱，药后一个半月无有效降雨，7月26日普降中雨。扎兰屯2017年5月至9月气象资料查看附表。

5 调查内容和方法

5.1 大豆安全性调查

药后1d、3d、5d、7d、15d调查安全性，观察各处理对作物有无药害症状产生。若有药害详细记录表现症状。

5.2 防效调查

每处理区3点取样，每点调查0.25m²。于药后10d、20d调查株防效，在第20天，同时调查药剂的鲜重防效。

5.3 调查产量

大豆收获前进行测产，方法为每处理区3点取样，每点取1m²，折算公顷产量。

5.4 药效计算方法

$$防治效果 = \frac{空白对照草数（或鲜重）- 处理区草数（或鲜重）}{空白对照草数（或鲜重）} \times 100\%$$

6 结果与分析（图1~图6）

6.1 除草剂对大豆的安全性

施药后第1天，处理1、2、3大豆均有不同程度的灼伤症状，叶片变褐色。处理2较处理1药害症状重；处理1、处理3药害症状相同。药后3d观察，各处理灼伤程度较第1天重，灼伤部位干枯，处理1、处理3干枯面积占30%，处理2干枯面积占50%，叶片皱缩，心叶畸形处理2较处理1和处理3重。5d后，处理2新生叶片略有皱缩，处理1和处理3心叶正常，3个处理株高较对照矮2cm，7d后观察，处理2心叶叶片边缘干枯，展开叶片干枯面积占40%，处理1、处理3心叶叶片新鲜，已正常生长，有2~3cm，展开叶片干枯面积占20%。15d观察，各处理生长正常。大豆喷药1周表现症状详见图3~图6。

6.2 除草剂对大豆田除草效果

试验地单子叶杂草以稗草、野黍为主，双子叶杂草以藜、铁苋菜、苍耳、苣荬菜为主，10d后株防效较高，20d后株防效降低，鲜重防效较高（表2）。大豆田秋季翻地、春季土壤干旱杂草基数少，平均12.1株/m²，施药后10d后单双子叶总株防效有显著差异，处理1和处理2达到90%以上，对双子叶杂草苍耳防除效果均达到100%。施药后20d后单双子叶总防效也有显著差异，株防效较施药10d后总株防效有所降低。20d后单双子叶总鲜重防效有显著差异，处理1和处理2达到90%以上。防效见图1~图2。

6.3 除草剂对大豆产量的影响

除草剂常规用量减量30%加新高脂膜与除草剂常规用量两个处理的大豆产量无显著差异（表3）；除草剂常规用量减量40%加新高脂膜与除草剂常规用量和除草剂常规用量减量30%加新高脂膜大豆产量有显著差异。

表 2　除草剂减量防治大豆杂草田间药效试验调查结果

（单位：%）

| 处理 | 单子叶杂草防效 | | | | | | 双子叶杂草防效 | | | | | | 单双子叶杂草总防效 | | |
| | 10d 防效 | | 20d 防效 | | | | 10d 防效 | | 20d 防效 | | | | 10d | 20d | 20d |
	杂草数	株防效	杂草数	鲜重	株防效	鲜重防效	杂草数	株防效	杂草数	鲜重	株防效	鲜重防效	株防效	株防效	鲜重防效
1	0.7	87	2.4	2.3	81.5	96.4	0.3	94.5	1.6	3.5	82.4	93.8	90.8aA	82.4aA	93.8aA
2	0.4	92.6	2.2	2.4	82.8	95.9	0.1	97.3	1.1	2.2	85.5	95.1	94.9aA	85.5aA	95.1aA
3	1.1	80.2	5.9	15.5	54.2	73.2	0.6	87.7	3.3	9.8	60.2	74	84.0bB	60.2bB	74.0bB
4	5.4		12.8	57.9			4.9		9.4						

注：表中数据为平均值，数据后小写字母表示经 Duncan 氏新复极差法检验在 $P<0.01$ 和 $P<0.05$ 水平上差异显著，下同。

图1　大豆除草剂茎叶处理

图2　茎叶处理 10d 后处理除草剂减量 30%加新高脂膜与对照比较

图3　大豆茎叶除草剂常规用量

图4　大豆茎叶除草剂减量30％加新高脂膜

图5　大豆茎叶除草剂减量40％加新高脂膜

图6　大豆未施用茎叶除草剂

表 3　除草剂减量防治大豆杂草田间药效试验各处理产量（9 月 25 日收获）调查结果

处理	株高（cm）	1 粒荚数	2 粒荚数	3 粒荚数	4 粒荚数	百粒重（g）	产量（kg/亩）
1	65.2	2.7	7.1	6.3	1.1	21.6	135.6 a A
2	60.3	2.1	4.5	6.4	1.8	21.9	131.4 a A
3	62.1	2.1	4.8	6.8	1.5	21.0	90.5 b B
4	60.8	2.8	4.	4.2	1.3	22.0	81.2 b B

7　结论

（1）结果表明，除草剂常规用量减量 30% 加新高脂膜防除杂草效果达到了除草剂常规用量防治效果。

（2）试验所选药剂为当地常用茎叶处理药剂，对大豆安全，对产量无影响。掌握好防治适期和施药方法，虽然天气和土壤干旱，除草剂减量 30% 可以达到较为理想的防除效果和大豆产量。

附表一：扎兰屯 2017 年 5 月至 9 月气象资料见本节的《25% 嘧菌酯减量加助剂新高脂膜防治大豆褐斑病药效试验报告》。

委托单位：呼伦贝尔市植保植检站

承担单位：呼伦贝尔市农业科学研究所

试验地点：扎兰屯市呼伦贝尔市农研所试验地

总负责人：闫任沛

技术负责人：李殿军

参加人员：韩振芳　郑连义　胡向敏

报告完成日期：2017 年 10 月 28 日

2017 年玉米田间药效试验报告摘要

试验名称：玉米除草剂减量加助剂新高脂膜茎叶处理药效试验

试验作物：玉米

防治对象：玉米杂草

供试药剂：81.5% 乙草胺乳油（哈尔滨利民农化技术有限公司）

　　　　　75% 噻吩磺隆水分散粒剂（安徽丰乐农化有限责任公司）

　　　　　96% 异丙甲草胺乳油（杭州颖泰生物科技有限公司）

　　　　　550g/L 耕杰（莠去津 500g/L，硝磺草酮 50g/L）（先正达南通作物保护有限公司）

供试助剂：新高脂膜陕西促花王科技有限公司

施药方法及用水量（L/hm²）：茎叶喷雾，用水量 1 500L/hm²。

玉米除草剂播后苗前处理试验结果见表 1。

表1 玉米播后苗前除草剂处理试验结果

药剂处理	制剂用量（mg/L）	总防效（%）（平均值）	
		株防效	鲜重防效
乙草胺+异丙甲草胺+噻吩磺隆	1 000+1 000+20	59.5aA	74.1aA
乙草胺+异丙甲草胺+噻吩磺隆+新高脂膜	700+700+14+600	66.6aA	72.7aA
乙草胺+异丙甲草胺+噻吩磺隆+新高脂膜	600+600+12+600	43.4bB	56.0bB

玉米苗后茎叶除草剂处理试验结果见表2。

表2 玉米苗后茎叶除草剂处理试验结果

药剂处理	制剂用量（mg/L）	总防效（%）（平均值）	
		株防效	鲜重防效
耕杰	1 000	80.4aA	95.6aA
耕杰+新高脂膜	700+600	76.7aA	93.2aA
耕杰+新高脂膜	600+600	59.1bB	77.9bB

适宜施药时期和用量：玉米除草剂播后苗前处理试验在2017年5月19日（播后5d）进行，玉米苗后茎叶除草剂处理试验在2017年6月6日（三叶期）喷施茎叶除草剂，由于土壤干旱，用水量加大。喷雾时，力求均匀。推荐使用剂量为制剂量：如表1、表2。

使用方法和注意事项：茎叶喷雾，注意施药时要尽量使雾滴均匀分布到叶片的正反两面。

安全性：在试验剂量范围内对作物无不良影响、使用安全，也未发现对其他生物有影响。

玉米除草剂减量加助剂新高脂膜药效试验报告

1 试验目的

明确除草剂常规用量、除草剂减量30%加助剂新高脂膜、除草剂减量40%加助剂新高脂膜防除玉米田杂草效果和对玉米的安全性，为玉米田降低生产成本和农药高效安全使用提供科学依据。

2 试验条件

2.1 试验对象、作物和品种的选择

玉米杂草

玉米品种：先达205。

2.2 环境条件

试验地设在内蒙古扎兰屯农研所试验地。缓坡地，土壤属棕壤土，pH值为6.2。前茬作物为玉米，土壤有机质含量中等。每亩施硫酸钾型复合肥（14-16-15）30kg。

5月14日播种，5月25日出苗。保苗数4 000株左右/亩。

3 试验设计和安排

3.1 药剂

3.1.1 试验药剂

81.5%乙草胺乳油（哈尔滨利民农化技术有限公司）

75%噻吩磺隆水分散粒剂（安徽丰乐农化有限责任公司）

96%异丙甲草胺乳油（杭州颖泰生物科技有限公司）

550g/L耕杰（莠去津500g/L，硝磺草酮50g/L）（先正达南通作物保护有限公司）

3.1.2 试验助剂 新高脂膜陕西促花王科技有限公司

3.1.3 药剂用量与处理编号（表1、表2）

表1 供试药剂试验设计

处理编号	药剂	施药剂量浓度（mg/L）	施药量有效成分量（g/hm²）
1	乙草胺+异丙甲草胺+噻吩磺隆	1 000+1 000+20	1 222+1 440+3.4
2	乙草胺+异丙甲草胺+噻吩磺隆+新高脂膜	700+700+14+600	855+1 008+2.4
3	乙草胺+异丙甲草胺+噻吩磺隆+新高脂膜	600+600+12+600	733+864+2.0

表2 供试药剂试验设计

处理编号	药剂	施药剂量浓度（mg/L）	施药量有效成分量（g/hm²）
1	耕杰	1 000	825
2	耕杰+新高脂膜	700+600	577.5+450
3	耕杰+新高脂膜	600+600	495+450

3.2 小区安排

3.2.1 小区排列 小区随机区组排列。

3.2.2 小区面积和重复 小区面积：20m²。重复次数：3次。

3.3 施药方法

3.3.1 使用方法 茎叶喷雾。

3.3.2 施药器械 使用3WD-16L背负式电动喷雾器。

3.3.3 施药时间和次数 玉米苗前土壤处理5月19日喷药（播后5d后）；茎叶处理6月6日喷药（玉米三叶一心期、单子叶杂草2~3叶期、双子叶杂草2~4叶期）。喷雾时，不留死角，力求均匀。

3.3.4 使用容量 药液用量均为1 500L/hm²。

4 气象资料

玉米除草剂苗前土壤处理和茎叶处理前后1周无有效降水，气象数据见附表一。

5　调查内容和方法

5.1　玉米安全性调查

土壤处理在玉米出苗后 5d、10d、15d；茎叶处理在药后 5d、10d、15d 调查安全性，观察各处理对作物有无药害症状产生。若有药害详细记录表现症状。

5.2　防效调查

土壤处理在施药后 15d、30d 调查株防效，在第 30 天，同时调查药剂的鲜重防效；茎叶处理在施药后 10d、20d 调查株防效，在第 20 天，同时调查药剂的鲜重防效。每处理 5 点取样，每点调查 0.25m²。

5.3　药效计算方法

$$防治效果 = \frac{空白对照草数（或鲜重）- 处理区草数（或鲜重）}{空白对照草数（或鲜重）} \times 100\%$$

6　结果与分析

6.1　玉米除草剂苗前土壤处理防除杂草药效试验结果分析

使用方差分析结果见表 3，除草剂常规用量与除草剂减量 30% 加激健和除草剂减量 30% 加新高脂膜 15d 后株防效与 30d 后株防效和 30d 后鲜重防效无显著差异；除草剂常规用量与除草剂减量 40% 加激健和除草剂减量 40% 加新高脂膜 15d 后株防效与 30d 后株防效和 30d 后鲜重防效有显著差异。试验地单子叶杂草以稗草、野黍为主，双子叶杂草以苍耳、铁苋菜、刺儿菜、问荆为主，试验选用除草剂为当地普遍使用的品种，由于 5 月下旬土壤湿度低，单双子叶株防效和鲜重防效均不高。见图 1。

6.2　玉米除草剂苗后茎叶处理防除杂草药效试验结果分析

使用方差分析结果见表 4，除草剂常规用量与除草剂减量 30% 加新高脂膜 10d 后株防效与 20d 后株防效和 20d 后鲜重防效无显著差异；除草剂常规用量与除草剂减量 40% 加新高脂膜 10d 后株防效与 30d 后株防效和 20d 后鲜重防效有显著差异。550g/L 耕杰除草剂选用当地使用中间剂量，双子叶防效较单子叶防效好，苍耳防效最佳，达到 100%。见图 2～图 4。

6.3　玉米除草剂苗前土壤处理和茎叶处理对玉米的安全性

玉米除草剂苗前土壤处理试验和玉米出苗后各处理玉米出苗期、叶色、株高等无明显差异；玉米茎叶处理在三叶一心期，施药后观察各处理无明显差异，使用药量对玉米安全。

7　讨论与分析

玉米除草剂苗前土壤处理试验和苗后茎叶处理试验结果表明，除草剂减量 30% 加新高脂膜处理除草效果与除草剂常规用量除草效果无显著差异。试验表明，除草剂加入助剂新高脂膜，能显著提高除草效果。在土壤干旱的情况下，农药减量 30% 能发挥较高药效，节约用药成本，玉米除草剂减量增效技术，在当地可以扩大试验示范面积。

表3 玉米除草剂苗前土壤处理防除杂草药效试验调查结果

| 处理 | 单子叶杂草防效 | | | | | | 双子叶杂草防效 | | | | | | 单双子叶杂草总防效（%） | | |
| | 15d 防效 | | 30d 防效 | | | | 15d 防效 | | 30d 防效 | | | | | | |
	杂草数（株）	株防效（%）	杂草数（株）	鲜重（g）	株防效（%）	鲜重防效（%）	杂草数（株）	株防效（%）	杂草数（株）	鲜重（g）	株防效（%）	鲜重防效（%）	15d 株防效	30d 株防效	30d 鲜重防效
1	4.4	71.6	16.5	25.1	53.6	62.6	2.3	77.4	5.6	8.4	65.4	85.5	74.5aA	59.5aA	74.1aA
2	3.9	74.8	11.3	24.8	68.2	63.0	2.1	78.7	5.7	10.3	64.9	82.3	76.8aA	66.6aA	72.7aA
3	6.8	56.0	21.3	38.6	40.1	42.5	5.0	49.8	8.6	17.7	46.6	69.4	52.9bB	43.4bB	56.0bB
4	15.5		35.5	67.0			10.0		16.2	57.9					

注：表中数据为平均值，数据后大小写字母表示经 Duncan 氏新复极差法检验在 P<0.01 和 P<0.05 水平上差异显著，下同。

表4 玉米除草剂苗后茎叶处理防除杂草药效试验结果

| 处理 | 单子叶杂草防效 | | | | | | 双子叶杂草防效 | | | | | | 单双子叶总防效（%） | | |
| | 10d 防效 | | 20d 防效 | | | | 10d 防效 | | 20d 防效 | | | | | | |
	杂草数（株）	株防效（%）	杂草数（株）	鲜重（g）	株防效（%）	鲜重防效（%）	杂草数（株）	株防效（%）	杂草数（株）	鲜重（g）	株防效（%）	鲜重防效（%）	10d 株防效	20d 株防效	20d 鲜重防效
1	10.2	79.7	18.0	2.5	74.1	95.7	0.8	91.9	1.9	3.0	86.7	95.5	85.8aA	80.4aA	95.6aA
2	12.1	76.0	21.8	4.4	68.6	92.5	0.3	96.6	2.2	4.0	84.7	93.9	86.3aA	76.7aA	93.2aA
3	18.8	62.9	31.7	10.5	54.3	81.9	3.0	72.9	5.3	17.1	63.8	73.8	67.9bB	59.1bB	77.9bB
4	50.5		69.5	57.9			9.8		14.6	65.4					

图1 玉米除草剂苗前土壤处理

图2 玉米除草剂茎叶处理常规用量与对照比较

图3 玉米除草剂减量30%新高脂膜

图 4　玉米除草剂减量 40%加新高脂膜

附表一：扎兰屯 2017 年 5 月至 9 月气象资料见本节的《25%嘧菌酯减量加助剂新高脂膜防治大豆褐斑病药效试验报告》。

委托单位：呼伦贝尔市植保植检站

承担单位：呼伦贝尔市农业科学研究所

试验地点：扎兰屯市呼伦贝尔市农研所试验地

总负责人：闫任沛

技术负责人：李殿军

参加人员：韩振芳　郑连义　胡向敏

报告完成日期：2017 年 10 月 28 日

2018 年大豆田间药效试验报告摘要

试验名称：大豆除草剂减量加助剂新高脂膜药效试验

试验作物：大豆

防治对象：大豆杂草

供试药剂：900g/L 乙草胺乳油（德州祥龙生化有限公司）

　　　　　480g/L 异噁草松乳油（安徽丰乐农化有限责任公司）

　　　　　960g/L 异丙甲草胺乳油（杭州颖泰生物科技有限公司）

　　　　　250g/L 氟磺胺草醚（安徽丰乐农化有限责任公司）

　　　　　480g/L 灭草松水剂（安徽丰乐农化有限责任公司）

　　　　　240g/L 烯草酮乳油（辽宁沈阳和田化工有限公司）

供试助剂：新高脂膜陕西促花王科技有限公司

施药方法及用水量（L/hm²）：大豆苗前土壤处理用水量 750L/hm²，茎叶喷雾用水量 375 L/hm²。

试验结果：见表 1。

适宜施药时期和用量：大豆苗前土壤处理在 2018 年 6 月 2 日进行。茎叶处理在 2018 年 6 月 22 日进行（大豆 1~2 片复叶期），喷施茎叶除草剂，由于土壤较干旱，用水量加大。推荐使用剂量为制剂量，见表 2。

表 1　大豆苗前土壤处理

药剂处理	制剂用量（mg/L）	末次药后防效（%）	
		株防效	鲜重防效
乙草胺+异丙甲草胺+广灭灵	2 000+2 000+1 400	95.3	99.7
乙草胺+异丙甲草胺+广灭灵+新高脂膜	2 000+2 000+ 1 400+600	95.7	97.8

表 2　大豆茎叶处理

药剂处理	制剂用量（mg/L）	末次药后防效（%）	
		株防效	鲜重防效
灭草松+烯草酮+氟磺胺草醚	8 000+1 200+3 200	100	100
灭草松+烯草酮+氟磺胺草醚+新高脂膜	5 600+840+2 240+600	100	100

使用方法和注意事项：土壤处理要求喷雾均匀，不留死角。茎叶喷雾，注意施药时要尽量使雾滴均匀分布到叶片的正反两面。

安全性：在试验剂量范围内对作物无不良影响、使用安全，也未发现对其他生物有影响。

大豆除草剂减量加助剂新高脂膜茎叶处理药效试验报告

1　试验目的

明确大豆除草剂常规用量、除草剂减量 30%加助剂新高脂膜防除大豆杂草的田间药效和对大豆的安全性，为大豆田降低生产成本和农药高效安全使用提供科学依据。

2　试验条件

2.1　试验对象、作物和品种的选择

大豆杂草

大豆品种：蒙豆 16。

2.2　环境条件

试验地设在内蒙古扎兰屯农研所试验地。缓坡地，土壤属棕壤土，pH 值为 6.2。前茬作物为大豆，土壤有机质含量为 3.5%。每亩施硫酸钾型复合肥（14-16-15）30kg。5 月 30 日播种，6 月 10 日出苗。保苗数 12 000 株/亩左右。机械中耕 3 次。植株生长整齐苗壮，7 月 19 日喷 0.003%丙酰芸苔素内酯加矮壮素 1 次。

3 试验设计和安排

3.1 药剂

3.1.1 试验药剂

900g/L 乙草胺乳油（德州祥龙生化有限公司）

480g/L 异噁草松乳油（安徽丰乐农化有限责任公司）

960g/L 异丙甲草胺乳油（杭州颖泰生物科技有限公司）

250g/L 氟磺胺草醚（安徽丰乐农化有限责任公司）

480g/L 灭草松水剂（安徽丰乐农化有限责任公司）

240g/L 烯草酮乳油（辽宁沈阳和田化工有限公司）

3.1.2 试验助剂　新高脂膜（陕西渭南高新区促花王科技有限公司）

3.1.3 药剂用量与处理编号（表1、表2）

表1　供试药剂试验设计

编号	药剂	施药剂量浓度（mg/L）	施药量有效成分量（g/hm²）
1	乙草胺+异丙甲草胺+广灭灵	2 000+2 000+1 400	1 350+1 440+504
2	乙草胺+异丙甲草胺+广灭灵+新高脂膜	2 000+2 000+1 400+600	1 350+1 440+504+75
3	清水对照（CK）		

表2　供试药剂试验设计

编号	药剂	施药剂量浓度（mg/L）	施药量有效成分量（g/hm²）
1	灭草松+烯草酮+氟磺胺草醚	8 000+1 200+3 200	1 440+108+300
2	灭草松+烯草酮+氟磺胺草醚+新高脂膜	5 600+840+2 240+1 200	1 008+75.6+210+75
3	清水对照（CK）		

3.2 小区安排

3.2.1 小区排列　随机区组排列。

3.2.2 小区面积和重复　小区面积：20m²。重复次数：3次。

3.3 施药方法

3.3.1 使用方法　苗前土壤处理和茎叶喷雾。

3.3.2 施药器械　使用3WD-16L背负式电动喷雾器。

3.3.3 施药时间和次数　大豆除草剂苗前土壤处理在2018年6月2日进行。茎叶处理在2018年6月22日进行（大豆1~2片复叶期）喷施茎叶。

3.3.4 使用容量　土壤较干旱，大豆除草剂苗前土壤处理用水量750L/hm²，茎叶

处理用水量 375L/hm²。

4　气象资料

施药当天晴，气温 20~32℃，微风。扎兰屯 2018 年 5 月至 9 月气象资料查看附表。

5　调查内容和方法

5.1　大豆安全性调查

土壤处理在大豆出苗后 5d、10d、15d；茎叶处理在药后 1d、5d、10d、15d 调查安全性，观察各处理对作物有无药害症状产生。若有药害详细记录表现症状。

5.2　防效调查

土壤处理在施药后 15d、30d 调查株防效，在第 30 天，同时调查药剂的鲜重防效；茎叶处理在施药后 7d 调查株防效，每处理 5 点取样，每点调查 0.25m²。

5.3　药效计算方法

$$防治效果 = \frac{空白对照草数（或鲜重）- 处理区草数（或鲜重）}{空白对照草数（或鲜重）} \times 100\%$$

5.4　产量调查

大豆收获前进行测产，方法为每处理区 5 点取样，每点取 1m²。

6　结果与分析

6.1　除草剂对大豆的安全性

大豆除草剂苗前土壤处理出苗后第 5 天，各处理对出苗无影响，大豆 1 对真叶已展开，株高无明显差别。处理 1 有药害，真叶发黄，心叶皱缩发黄。处理 2 无药害。10d 后大豆第一片复叶展开，处理 1 复叶叶色发黄，处理 1 株高显著低于对照和处理 2。15d 长势、叶色恢复正常，第一片复叶展开正常，心叶无药害，株高与对照无显著差异。大豆除草剂茎叶处理，处理 1d 后，处理 1 和处理 2 均有药害症状。大豆均有不同程度的灼伤症状，叶片变褐色，心叶皱缩，处理 1 较处理 2 药害症状重；5d 后观察处理 1 株高较处理 2 对照低，叶色较处理 2 对照发黄。10d 后，处理 1 叶色较对照略黄，处理 2 叶色正常，15d 观察各处理生长正常，株高无明显差异。总体来看，试验中所使用的药剂对大豆出苗、整齐度及生长均无显著影响。

6.2　除草剂对大豆田除草效果

试验地单子叶杂草以稗草、野黍为主，双子叶杂草以藜、铁苋菜、苍耳、苣荬菜为主，大豆田秋季翻地、春季土壤干旱杂草基数少，平均 11.9 株/m²。

本试验选择除草剂组合为当地最佳配方，本试验选择药剂用量为当地除草剂中间用量。由表 3 可见，除草剂土壤处理 15d 株防效达到 100%，30d 株防效、鲜重防效都达到 95% 以上。

苗前土壤处理结果显示，处理 1 与处理 2 防效无明显差异，对苍耳、藜防除效果均达到 100%。茎叶处理 7d 后处理 1 与处理 2 防效均达到了 100%（表 4）。

表3 大豆除草剂苗前土壤处理药效试验调查结果

处理	单子叶杂草防效						双子叶杂草防效						单双子叶杂草总防效（%）		
	15d 防效		30d 防效				15d 防效		30d 防效				15d 株防效	30d 株防效	30d 鲜重防效
	杂草数（株）	株防效（%）	杂草数（株）	鲜重（g）	株防效（%）	鲜重防效（%）	杂草数（株）	株防效（%）	杂草数（株）	鲜重（g）	株防效（%）	鲜重防效（%）			
1	0	100	0	0	100	100	0	100	2.4	1.1	90.5	99.3	100	95.3	99.7
2	0	100	0	0	100	100	0	100	2.2	4.1	91.3	97.5	100	95.7	97.8
3	12.3		15.5	127.3			11.5		25.2	165.9					

表 4 大豆除草剂茎叶处理药效试验调查结果

| 处理 | 单子叶杂草防效 | | 双子叶杂草防效 | | 单双子叶杂草总防效（%） |
| | 7d 防效 | | 7d 防效 | | 10d |
	杂草数（株）	株防效（%）	杂草数（株）	株防效（%）	株防效
1	0	100	0	100	100
2	0	100	0	100	100
3	9.3		2.7		

大豆除草剂试验田间表现详见图 1~图 6。

图 1 大豆除草剂常规用量土壤处理 15d 药害症状

图 2 大豆除草剂减量 30%土壤处理 15d 药害症状

图 3　大豆除草剂土壤处理 15d：对照

图 4　大豆除草剂土壤处理 30d

图 5　大豆茎叶处理：除草剂减量 30％加新高脂膜

图6 大豆茎叶处理：对照

6.3 不同处理对产量的影响

由表5、表6各处理产量比较可见，大豆除草剂苗前土壤处理试验处理1与处理2产量比较无明显差异。茎叶处理试验处理2产量较处理1产量高，4粒荚、3粒荚、荚粒数、百粒重处理2较处理1高。

表5 大豆除草剂苗前土壤处理田间药效试验各处理产量（9月25日）调查结果

处理	株高（cm）	4粒荚数	3粒荚数	2粒荚数	1粒荚数	空荚	荚粒数	百粒重（g）	产量（kg/亩）
1	80.8	4.2	11.0	5.6	2.0	1.2	63.0	21.0	142.9
2	81.5	4.5	10.8	5.3	3.0	1.2	64.0	21.2	146.5
3	82.8	1.4	9.6	8.2	4.4	3.4	55.2	20.5	122.2

表6 大豆除草剂茎叶处理田间药效试验各处理产量（9月25日）调查结果

处理	株高（cm）	4粒荚数	3粒荚数	2粒荚数	1粒荚数	空荚	荚粒数	百粒重（g）	产量（kg/亩）
1	86.2	3.3	10.8	9.0	4.4	2.0	68.0	21.2	155.7
2	90.4	3.9	12.2	9.3	3.5	1.3	74.3	21.7	174.1
3	83.6	3.0	10.6	7.0	3.8	3.0	61.6	20.7	138.0

7 结论

（1）结果表明，除草剂常规用量减量30%加新高脂膜防除杂草效果在苗前土壤处理和茎叶处理达到了除草剂常规用量防治效果，药害较常规用量轻。除草剂减量30%加新高脂膜产量较常规用量增产11.8%，有明显增产作用。

（2）选用除草剂减量30%加新高脂膜在苗前土壤处理和茎叶处理对大豆安全。

（3）除草剂减量 30%加新高脂膜可以在当地大面积推广使用。

附表 扎兰屯市 2018 年 5 月至 7 月气象资料

地点	日期 （年/月/日）	日最高气温 （℃）	日最低气温 （℃）	降水量 （mm）	日平均相对湿度 （%）
扎兰屯	2018/5/1	13.8	5.4	0.5	51
扎兰屯	2018/5/2	16.3	2.6	0	41
扎兰屯	2018/5/3	21.3	4.1	0	24
扎兰屯	2018/5/4	21.8	2.7	0	22
扎兰屯	2018/5/5	17.2	5.7	0	25
扎兰屯	2018/5/6	13.2	3.2	0	33
扎兰屯	2018/5/7	18.5	5.0	0	48
扎兰屯	2018/5/8	20.8	5.0	0	38
扎兰屯	2018/5/9	24.1	2.2	0	35
扎兰屯	2018/5/10	22.6	11.4	0.7	36
扎兰屯	2018/5/11	26.2	3.2	0	35
扎兰屯	2018/5/12	22.0	9.2	0	34
扎兰屯	2018/5/13	21.9	5.5	0	39
扎兰屯	2018/5/14	28.4	12.1	0	43
扎兰屯	2018/5/15	25.6	9.4	0	32
扎兰屯	2018/5/16	20.6	9.7	0.5	35
扎兰屯	2018/5/17	23.0	8.4	0	47
扎兰屯	2018/5/18	26.8	7.1	0	47
扎兰屯	2018/5/19	30.6	9.7	0	38
扎兰屯	2018/5/20	24.0	14.0	1.3	52
扎兰屯	2018/5/21	28.1	11.3	0.1	31
扎兰屯	2018/5/22	22.0	3.5	9.2	72
扎兰屯	2018/5/23	14.8	0.1	1.5	72
扎兰屯	2018/5/24	21.4	5.5	0	67
扎兰屯	2018/5/25	23.3	7.9	0	50
扎兰屯	2018/5/26	20.0	10.1	0	59

地点	日期 （年/月/日）	日最高气温 （℃）	日最低气温 （℃）	降水量 （mm）	日平均相对湿度 （%）
扎兰屯	2018/5/27	14.0	10.5	8.7	83
扎兰屯	2018/5/28	19.7	9.0	11.8	74
扎兰屯	2018/5/29	25.1	11.6	0	58
扎兰屯	2018/5/30	33.2	8.8	0	53
扎兰屯	2018/5/31	33.2	17.3	0	40
扎兰屯	2018/6/1	38.2	13.7	0	50
扎兰屯	2018/6/2	35.1	17.7	0	43
扎兰屯	2018/6/3	29.8	17.4	0	29
扎兰屯	2018/6/4	24.9	12.1	0	54
扎兰屯	2018/6/5	23.4	10.8	2.5	69
扎兰屯	2018/6/6	20.1	9.5	4.7	92
扎兰屯	2018/6/7	26.2	13.7	0	60
扎兰屯	2018/6/8	27.8	11.1	0	67
扎兰屯	2018/6/9	22.8	14.9	4.3	81
扎兰屯	2018/6/10	25.2	13.3	0.2	74
扎兰屯	2018/6/11	25.2	15.7	18.0	79
扎兰屯	2018/6/12	24.6	14.2	0.7	79
扎兰屯	2018/6/13	24.6	15.3	0	74
扎兰屯	2018/6/14	21.1	14.8	0	78
扎兰屯	2018/6/15	21.3	11.1	4.3	81
扎兰屯	2018/6/16	25.0	17.2	5.7	76
扎兰屯	2018/6/17	27.0	15.1	1.9	56
扎兰屯	2018/6/18	21.6	14.1	16.2	88
扎兰屯	2018/6/19	21.2	12.5	0.2	71
扎兰屯	2018/6/20	23.0	11.6	4.9	76
扎兰屯	2018/6/21	29.5	12.4	2.8	63
扎兰屯	2018/6/22	30.1	13.2	0	59

（续表）

地点	日期 （年/月/日）	日最高气温 （℃）	日最低气温 （℃）	降水量 （mm）	日平均相对湿度 （%）
扎兰屯	2018/6/23	27.2	15.0	7.8	61
扎兰屯	2018/6/24	25.2	13.7	0	68
扎兰屯	2018/6/25	23.8	15.8	19.2	91
扎兰屯	2018/6/26	20.7	16.2	5.2	91
扎兰屯	2018/6/27	24.1	14.6	19.9	83
扎兰屯	2018/6/28	29.6	14.3	3.0	67
扎兰屯	2018/6/29	28.2	14.5	0	68
扎兰屯	2018/6/30	28.5	15.9	2.8	81
扎兰屯	2018/7/1	30.8	16.0	0	77
扎兰屯	2018/7/2	30.6	17.5	0	67
扎兰屯	2018/7/3	30.5	18.9	0	75
扎兰屯	2018/7/4	24.9	18.0	2.5	87
扎兰屯	2018/7/5	20.8	18.4	11.1	95
扎兰屯	2018/7/6	23.0	16.1	0.6	76
扎兰屯	2018/7/7	21.9	15.3	3.3	86
扎兰屯	2018/7/8	25.3	17.7	65.6	91
扎兰屯	2018/7/9	27.3	15.7	0.5	81
扎兰屯	2018/7/10	27.7	15.3	0	74
扎兰屯	2018/7/11	28.6	17.5	0	84
扎兰屯	2018/7/12	29.6	21.1	20.6	82
扎兰屯	2018/7/13	28.7	17.7	0.3	61
扎兰屯	2018/7/14	29.0	16.2	0	65
扎兰屯	2018/7/15	31.0	18.5	0	67
扎兰屯	2018/7/16	24.8	20.4	4.6	86
扎兰屯	2018/7/17	29.1	19.2	0.1	83
扎兰屯	2018/7/18	28.3	21.4	0.3	82
扎兰屯	2018/7/19	31.5	19.5	4.4	84

（续表）

地点	日期 （年/月/日）	日最高气温 （℃）	日最低气温 （℃）	降水量 （mm）	日平均相对湿度 （%）
扎兰屯	2018/7/20	29.2	21.9	4.9	85
扎兰屯	2018/7/21	25.4	22.6	7.9	95
扎兰屯	2018/7/22	35.1	22.3	0.1	70
扎兰屯	2018/7/23	31.1	19.7	0	63
扎兰屯	2018/7/24	24.7	19.4	25.5	83
扎兰屯	2018/7/25	26.5	18.1	1.6	80
扎兰屯	2018/7/26	28.8	16.9	0	72
扎兰屯	2018/7/27	30.5	16.3	0	77
扎兰屯	2018/7/28	31.1	16.6	0	78
扎兰屯	2018/7/29	29.9	21.6	0	86
扎兰屯	2018/7/30	27.4	19.7	7.8	81
扎兰屯	2018/7/31	30.5	19.5	0	59
扎兰屯	2018/8/1	27.1	18.8	0	66
扎兰屯	2018/8/2	28.3	17.1	0.4	80
扎兰屯	2018/8/3	23.9	18.3	23.6	94
扎兰屯	2018/8/4	22.0	16.3	31.4	87
扎兰屯	2018/8/5	25.5	16.3	0	80
扎兰屯	2018/8/6	26.0	16.3	0	79
扎兰屯	2018/8/7	26.3	14.8	0	81
扎兰屯	2018/8/8	28.3	15.8	0	81
扎兰屯	2018/8/9	29.3	19.1	0	71
扎兰屯	2018/8/10	27.8	17.7	0	67
扎兰屯	2018/8/11	21.7	17.6	13.1	90
扎兰屯	2018/8/12	24.4	14.7	0.3	83
扎兰屯	2018/8/13	21.9	16.1	2.1	90
扎兰屯	2018/8/14	25.3	17.8	1.7	86
扎兰屯	2018/8/15	25.4	16.5	0	85

（续表）

地点	日期 （年/月/日）	日最高气温 （℃）	日最低气温 （℃）	降水量 （mm）	日平均相对湿度 （%）
扎兰屯	2018/8/16	25.7	14.0	0	76
扎兰屯	2018/8/17	22.5	14.6	1.6	88
扎兰屯	2018/8/18	27.4	13.5	0	73
扎兰屯	2018/8/19	28.9	14.3	0	72
扎兰屯	2018/8/20	27.6	15.4	24.4	79
扎兰屯	2018/8/21	25.2	16.3	8.5	81
扎兰屯	2018/8/22	27.9	14.5	0	68
扎兰屯	2018/8/23	28.0	15.8	0	71
扎兰屯	2018/8/24	27.0	15.9	0	78
扎兰屯	2018/8/25	22.2	16.5	12.1	90
扎兰屯	2018/8/26	23.3	15.8	2.0	88
扎兰屯	2018/8/27	27.1	15.7	0	80
扎兰屯	2018/8/28	22.5	15.6	0	90
扎兰屯	2018/8/29	23.6	14.3	2.2	87
扎兰屯	2018/8/30	24.4	16.2	0.4	83
扎兰屯	2018/8/31	26.9	14.3	0	70
扎兰屯	2018/9/1	26.0	12.5	0	76
扎兰屯	2018/9/2	18.4	14.3	45.4	95
扎兰屯	2018/9/3	19.5	16.1	11.6	94
扎兰屯	2018/9/4	18.0	15.5	11.3	90
扎兰屯	2018/9/5	20.4	13.0	0.6	75
扎兰屯	2018/9/6	19.4	10.6	0.3	56
扎兰屯	2018/9/7	18.4	6.5	0	61
扎兰屯	2018/9/8	15.5	5.3	0	61
扎兰屯	2018/9/9	15.8	2.6	0	60
扎兰屯	2018/9/10	20.6	3.4	0	78
扎兰屯	2018/9/11	23.7	7.7	0	79

（续表）

地点	日期 （年/月/日）	日最高气温 （℃）	日最低气温 （℃）	降水量 （mm）	日平均相对湿度 （%）
扎兰屯	2018/9/12	24.5	12.6	0	62
扎兰屯	2018/9/13	24.2	5.7	0	61
扎兰屯	2018/9/14	22.1	5.4	1.3	66
扎兰屯	2018/9/15	19.1	8.0	2.3	46
扎兰屯	2018/9/16	21.1	3.8	0	53
扎兰屯	2018/9/17	23.4	2.1	0	60
扎兰屯	2018/9/18	23.1	8.9	0	49
扎兰屯	2018/9/19	22.8	7.3	0	56
扎兰屯	2018/9/20	22.4	6.2	0	66
扎兰屯	2018/9/21	18.0	6.6	1.9	62
扎兰屯	2018/9/22	12.7	6.8	1.3	75
扎兰屯	2018/9/23	14.0	6.7	0.5	74
扎兰屯	2018/9/24	18.3	5.9	0.5	63
扎兰屯	2018/9/25	20.9	4.1	0	49
扎兰屯	2018/9/26	21.0	5.3	0	55
扎兰屯	2018/9/27	20.9	2.3	0	56
扎兰屯	2018/9/28	13.7	5.6	6.0	78
扎兰屯	2018/9/29	11.9	9.5	17.8	87
扎兰屯	2018/9/30	17.9	7.3	0	67

委托单位：呼伦贝尔市植保植检站

承担单位：呼伦贝尔市农业科学研究所

试验地点：扎兰屯市呼伦贝尔市农研所试验地

总负责人：闫任沛

技术负责人：李殿军

参加人员：韩振芳　郑连义

报告完成日期：2018 年 10 月 18 日

2018 年玉米田间药效试验报告摘要

试验名称：玉米除草剂减量加助剂新高脂膜药效试验

玉米品种：兴农 5 号

防治对象：玉米杂草

供试药剂：550g/L 耕杰（莠去津 500g/L，硝磺草酮 50g/L）（先正达南通作物保护有限公司）

供试助剂：新高脂膜陕西促花王科技有限公司

施药方法及用水量（L/hm²）：茎叶喷雾，用水量 375L/hm²。

玉米苗后茎叶除草剂处理试验结果：见表 1。

表 1　茎叶除草剂处理试验结果

药剂处理	制剂用量（mg/L）	平均防效（%）	
		株防效	鲜重防效
耕杰	4 000	95.1	97.1
耕杰+新高脂膜	2 800+1 200	90.4	88.4

适宜施药时期和用量：玉米苗后茎叶除草剂处理试验在 2018 年 6 月 11 日（三叶期）喷施茎叶除草剂。推荐使用剂量为制剂量，见表 1。

使用方法和注意事项：茎叶喷雾，注意施药时要尽量使雾滴均匀分布到叶片的正反两面。

安全性：在试验剂量范围内对作物无不良影响、使用安全，也未发现对其他生物有影响。

玉米除草剂减量加助剂新高脂膜药效试验报告

1　试验目的

明确除草剂常规用量、除草剂减量 30%加助剂新高脂膜防除玉米田杂草效果和对玉米的安全性，为玉米田降低生产成本和农药高效安全使用提供科学依据。

2　试验条件

2.1　试验对象、作物和品种的选择

玉米杂草

玉米品种：兴农 5 号。

2.2　环境条件

试验地设在内蒙古扎兰屯农研所试验地。缓坡地，土壤属棕壤土，pH 值为 6.2。前茬作物为玉米，土壤有机质含量中等。每亩施硫酸钾型复合肥（14-16-15）30kg。5 月 12 日播种，5 月 26 日出苗。保苗数 4 000株/亩左右。

3　试验设计和安排

3.1　药剂

3.1.1　试验药剂

550g/L 耕杰（莠去津 500g/L，硝磺草酮 50g/L）（先正达南通作物保护有限公司）

3.1.2　试验助剂　新高脂膜（陕西渭南高新区促花王科技有限公司）

3.1.3　药剂用量与处理编号（表 1）

表 1　供试药剂试验设计

处理编号	药剂	施药剂量浓度 （mg/L）	施药量有效成分含量 （g/hm²）
1	耕杰	4 000	825
2	耕杰+新高脂膜	2 800+1 200	577.5+75

3.2　小区安排

3.2.1　小区排列　小区随机区组排列。

3.2.2　小区面积和重复　小区面积：20m²。重复次数：3次。

3.3　施药方法

3.3.1　使用方法　茎叶喷雾。

3.3.2　施药器械　使用3WD-16L背负式电动喷雾器。

3.3.3　施药时间和次数　茎叶处理6月11日喷药（玉米三叶一心期、单子叶杂草2~3叶期、双子叶杂草2~4叶期）。喷雾时，不留死角，力求均匀。

3.3.4　使用容量　药液用量均为375L/hm²。

4　气象资料

茎叶处理前后1周有有效降水，扎兰屯市5月至9月气象数据见附表。

5　调查内容和方法

5.1　玉米安全性调查

茎叶处理在药后5d、10d、15d调查安全性，观察各处理对作物有无药害症状产生。若有药害详细记录表现症状。

5.2　防效调查

茎叶处理在施药后10d、15d调查株防效。每处理5点取样，每点调查0.25m²。

5.3　药效计算方法

$$防治效果 = \frac{空白对照草数（或鲜重）- 处理区草数（或鲜重）}{空白对照草数（或鲜重）} \times 100\%$$

5.4　产量测定方法

每小区测产面积9m²，采用平均穗重法，选取10个果穗作为标准样本室内考种，测定穗行数、穗粒数、百粒重。

6　结果与分析

6.1　玉米除草剂苗后茎叶处理防除杂草药效试验结果分析

防效结果见表2，试验10d后处理1与处理2株防效无显著差异；15d后处理2株防效、鲜重防效较常规用量低；550g/L耕杰除草剂选用当地使用中间剂量，双子叶杂草防效较单子叶杂草防效好，对苍耳的防效最佳，达到100%。

玉米除草剂试验田间表现详见图1至图6。

表2 玉米除草剂苗后茎叶处理防除杂草药效试验调查结果

处理	单子叶杂草防效						双子叶杂草防效						单双子叶杂草总防效（%）		
	10d 防效		15d 防效				10d 防效		15d 防效				10d 株防效	15d 株防效	15d 鲜重防效
	杂草数（株）	株防效（%）	杂草数（个）	鲜重（g）	株防效（%）	鲜重防效（%）	杂草数（株）	株防效（%）	杂草数（株）	鲜重（g）	株防效（%）	鲜重防效（%）			
1	5.7	71.6	2.3	11.9	90.2	94.2	0	100	0	0	100	100	85.8	95.1	97.1
2	6.9	65.7	4.5	47.5	80.8	76.7	0	100	0	0	100	100	82.6	90.4	88.4
3	20.1		23.5	203.5			13.6		16.2	173.5					

图 1　玉米除草剂茎叶处理 10d：除草剂常规用量

图 2　玉米除草剂茎叶处理 10d：除草剂减量 30%+新高脂膜

图 3　玉米除草剂茎叶处理 10d：对照

图 4　玉米除草剂茎叶处理 15d：除草剂常规用量

图 5　玉米除草剂茎叶处理 15d：除草剂减量 30%+新高脂膜

图 6　玉米除草剂茎叶处理 15d：对照

6.2　玉米除草剂苗前土壤处理和茎叶处理对玉米安全性

玉米茎叶处理在三叶一心期，施药后 5d、10d、15d 观察各处理均无药害，无明显差异，玉米叶色、株高正常，所用药量对玉米安全。

6.3　各处理对玉米产量的影响

2018 年 9 月 8 日，扎兰屯出现初霜冻，试验田玉米进入乳熟期末期，玉米穗上部叶片遭受霜冻，对产量影响较大，正常年份玉米兴农 5 号百粒重 33.1g。

由表 3 可知，处理 1 与处理 2 各经济性状无显著差异。除草剂减量 30% 加新高脂膜对杂草防效好，对供试玉米产量无影响。

表 3　玉米叶面施肥效试验经济性状统计表（10 月 8 日收获）

处理	株高（cm）	穗长（cm）	穗行数	行粒数	穗粒数	百粒重（g）	每亩株数（株）	产量（kg/亩）
1	2.89	16.8	17.5	35.9	628.3	30.2	4 000	569.9
2	2.90	16.7	17.4	36.5	635.1	30.0	4 000	573.3
3	2.80	16.8	17.5	35.5	621.3	29.7	4 000	554.3

注：玉米籽粒含水量 25%。

7　讨论与分析

玉米苗后除草剂茎叶处理试验结果表明，除草剂减量 30% 加新高脂膜除草效果与除草剂常规用量除草效果略低，但株防效也达到了 90%。试验表明，除草剂减量 30% 加助剂新高脂膜能达到较高除草效果。

附表：扎兰屯市 2018 年 5—7 月气象资料。见本节《大豆除草剂减量加助剂新高脂膜茎叶处理药效试验报告》的附表。

委托单位：呼伦贝尔市植保植检站
承担单位：呼伦贝尔市农业科学研究所
试验地点：扎兰屯市呼伦贝尔市农研所试验地
总负责人：闫任沛
技术负责人：李殿军
参加人员：韩振芳　郑连义
报告完成日期：2018 年 10 月 18 日

枣缩果病高效杀菌剂筛选研究

侯晓杰[1]　张海章[2]　李茂松[2]　周文杰[1]

（1. 衡水学院生命科学系　053000；2. 衡水林业技术推广站　053099）

摘要：为有效控制枣缩果病的危害和发展，选用药剂新高脂膜、50% 多菌灵 S-WP、80% 大生 M-45 代森锰锌 S-WP、特谱唑 12.5% 可湿性粉剂、72% 农用链霉素可溶性粉剂、40%氧化乐果乳油、高效氯氰菊酯，组合成6种药剂配方进行了田间药剂试验。结果表明：在衡水市不同的枣园单独施用新高脂膜、50%多菌灵S-WP和80%大生M-45代森锰锌S-WP中的一种药剂或者综合施用3种药剂，平均每年的病果率可降低20%左右，防效在33%以上。

关键词：枣缩果病；化学防治；病果率；防效

枣树原产我国，是我国最具特色和优势的果树之一。河北省是红枣最佳适生区之一，栽培面积25万hm²，居全国第1位。其中，衡水市栽培面积9 220 hm²。随着衡水市红枣种植规模的不断扩大，红枣已成为农业产业结构调整及农民增收的一个重要渠道。但是，近年来缩果病及其引起的枣果浆烂造成的危害越来越大，已经给河北省乃至我国的枣树生产造成了巨大的经济损失，严重影响着枣产业的可持续发展。

枣缩果病又名枣铁皮病、枣干腰缩果病，俗称雾抄、雾落头、雾焯、雾焯头等。我国有关枣缩果病的正式报道始见于20世纪70年代后期。20世纪80年代，科学工作者拉开了此病害研究的序幕，围绕枣缩果病的病原，如初侵染来源、病原体的诱导和鉴定、主要病原菌的生物学特性等，以及发病过程和流行规律，症状类型，影响发病因素等进行了大量的研究，在防治技术方面也有了初步的探索。时至今日，枣缩果病的生理指标的变化、病原和防治方法等仍在不断研究中。由于所报道的病原种类多，生产上难以制定有效的防治策略，枣农为了控制病害的流行，在枣果生长期多次施用化学农药，花费了大量的人力、物力。从目前药物防治效果来看，还没有实用、高效的枣缩果病防治药物。鉴于此，加紧筛选实用、高效、无公害防治药剂，最大限度地减少红枣损失成为当务之急。这对于枣产业持续、健康发展，具有重要意义。

1 材料与方法

1.1 供试药剂

新高脂膜（陕西省渭南高新区促花王科技有限公司生产），50%多菌灵S-WP（上海升联化工有限公司生产），80%大生M-45代森锰锌S-WP（美国陶氏华农公司生产），12.5%特谱唑可湿性粉剂（江苏剑牌农药化工有限公司生产），72%农用链霉素可溶性粉剂（北京金禾源绿色发展有限公司生产），40%氧化乐果乳油（山东坤丰生物化工有限公司生产），4.5%高效氯氰菊酯乳油（青岛好利特生物农药有限公司生产）。

1.2 试验方法

2012—2013年枣果生长期间，在历年发病严重的河北省衡水市枣强县枣强镇孟庄村（枣园1）、武邑县龙店乡黄口村（枣园2）和武强县武强镇东厂村（枣园3）3个枣园进行试验。试验共设6个药剂处理和1个对照（清水）。10株树为1个药剂处理，各处理重复3次。对照10株树为1个重复，3个重复分别设在每个试验枣园内各种药剂处理的邻近。各处理在7月25日枣果膨大前期进行第一次喷药，施药方法为手动，正反面叶面喷雾，每隔10d喷1次，连续喷药4~5次。9月中旬鲜枣采收前（距最后1次喷药7~10d）进行枣园试验的最后药效调查。每株树在东、南、西、北、中5个方位各随机抽取20个枣果，统计病果数，计算病果率和防治效果。

$$病果率 = （病果总数/调查总果数）\times 100\%$$

防治效果＝［（对照病果率－处理病果率）/对照病果率］×100%

2 结果与分析

2.1 2012年田间药剂防治效果比较

由表1可知,在2012年田间试验中,枣园1施用新高脂膜、50%多菌灵S-WP和80%大生M-45代森锰锌S-WP的病果率与对照差异显著;在枣园2施用新高脂膜、50%多菌灵S-WP和80%大生M-45代森锰锌S-WP、50%多菌灵S-WP+新高脂膜、新高脂膜+72%的农用链霉素可溶性粉剂+40%氧化乐果的病果率与对照都有显著性差异;在枣园3的6个药剂处理和枣园1的效果一样,只是新高脂膜、50%多菌灵S-WP和80%大生M-45代森锰锌S-WP与对照有显著性差异。但从3个枣园之间的对照数据来看,枣园之间的病果率没有显著性差异,所以,初步判断,药剂的试验效果可能与当地小气候环境有关,效果相对稳定的药剂为新高脂膜、50%多菌灵S-WP和80%大生M-45代森锰锌S-WP。

表1 2012年试验结果 （单位:%）

处理	枣园1		枣园2		枣园3	
	病果率	防效	病果率	防效	病果率	防效
新高脂膜300倍液	30.9	42.5	37	39.2	28.7	42.1
50%多菌灵S-WP 800倍液	31	42.3	27.8	54.4	21.2	57.3
80%大生M-45代森锰锌S-WP 600倍液	37.4	30.4	35.9	41.1	35.6	28.2
50%多菌灵S-WP 800倍液+新高脂膜300倍液	49.2	8.4	35.2	42.2	37.8	23.8
新高脂膜200倍液+72%农用链霉素140单位/mL+40%氧化乐果1 000倍液	54.2	-0.9	42.1	30.9	49.8	-0.4
新高脂膜200倍液+12.5%特普唑WP 3 000倍液+4.5%高效氯氰菊酯乳油3 000倍液	53.5	0.3	52	14.6	55.8	-12.5
CK（清水）	53.7	—	60.9	—	49.6	—

2.2 2013年田间药剂防治效果比较

由表2可知,在2013年田间试验中,枣园1施用新高脂膜、50%多菌灵S-WP和80%大生M-45代森锰锌S-WP的病果率与对照差异显著;在枣园2施用新高脂膜、50%多菌灵S-WP和80%大生M-45代森锰锌S-WP、50%多菌灵S-WP+新高脂膜的病果率与对照都有显著性差异;在枣园3的6个药剂处理和在枣园1的效果一样,只是新高脂膜、50%多菌灵S-WP和80%大生M-45代森锰锌S-WP、50%多菌灵S-WP+新高脂膜的病果率与对照有显著性差异。

表2 2013年试验结果 （单位:%）

处理	枣园1		枣园2		枣园3	
	病果率	防效	病果率	防效	病果率	防效
新高脂膜200倍液	25.8	53.8	33.9	39.2	24.1	52.8
50%多菌灵S-WP 800倍液	30.8	44.8	25.6	54.4	23.3	54.4
80%大生M-45代森锰锌S-WP 600倍液	43.7	21.7	34.6	41.1	32.1	37.2
50%多菌灵S-WP 800倍液+新高脂膜200倍液	45.3	18.8	55.7	42.2	38.3	25
新高脂膜200倍液+72%农用链霉素140U/mL+40%氧化乐果1 000倍液	57.6	−3.3	50.8	30.9	50.4	1.37
新高脂膜200倍液+12.5%特普唑WP 3 000倍液+4.5%高效氯氰菊酯乳油3 000倍液	59.4	−6.5	51.5	14.6	53.8	−5.28
CK（清水）	55.8	—	57	—	51.1	—

3 结论与讨论

枣园两年试验结果表明，效果稳定的药剂为新高脂膜、50%多菌灵S-WP和80%大生M-45，可以判断这3种药剂对枣缩果病有一定的防效。在衡水市不同的枣园单独施用新高脂膜、50%多菌灵S-WP和80%大生M-45中的1种药剂或者综合施用3种药剂，平均每年的病果率可降低20%左右，防效在33%以上。枣缩果病的发生轻重与地势、气候条件等关系密切。由于化学农药的缺点，尤其是对枣果等食物类植物病害进行防治时，应该在采取综合防治措施的基础上对抗病品种的选育及生物制剂进行深入研究。

[来源于：河北果树，2014（3）]

新高脂膜与苦参碱复配对韭蛆的田间防效

陶士会 李腾飞 李 华 谭月强 王静静 贺洪军

（山东省德州市农业科学研究院，山东德州 253000）

摘要：采用新高脂膜与1.1%苦参碱可溶液剂复配顺垄灌根防治韭蛆，试验结果表明，新高脂膜500倍液与苦参碱200倍液复配后，药后21d防效达到90%，可较好地控制韭蛆危害，效果良好。

关键词：新高脂膜；苦参碱；韭蛆；防效

韭蛆是危害韭菜的重要害虫，其繁殖力强，虫口密度大，幼虫群集蛀食韭菜地下根茎，严重威胁韭菜生产。生产上由于长期采用单一化学农药灌根防治韭蛆，导致该虫耐药性提高，因此时常出现滥用高毒农药的现象，影响了消费者的健康。

新高脂膜类物质常作为蒸腾抑制剂，使植物增强抗旱、抗寒能力，也可用来提高植物苗木移栽成活率，还有抗虫、增产作用；苦参碱作为生物杀虫剂，在韭蛆上也有应用。本试验旨在验证新高脂膜在生物农药中的增效作用，为其在生物农药复配方面提供理论依据。

1　材料与方法

1.1　试验材料

供试药剂为40%毒死蜱乳油、1.1%苦参碱水剂、新高脂膜。

1.2　试验方法

试验设在德州市黄河涯科技示范园，设毒死蜱500倍液、苦参碱200倍液、苦参碱200倍液+新高脂膜500倍液、苦参碱400倍液+新高脂膜500倍液以及清水对照，共5个处理，每个处理小区面积18m^2，4次重复。2015年5月6号韭蛆幼虫危害严重时施药，用喷雾器去掉喷头，对准韭菜根部进行灌根，亩灌药液量60kg。

1.3　调查统计方法

施药后3d、7d、14d、21d各调查1次。各处理定点定株调查，每小区定5个调查点，每点调查10株，每处理共计调查50株，总计定株调查200株。分别调查受害株数和健株数，以各处理与对照区受害株率计算防治效果。

受害株率=（调查受害株数/调查总株数）×100%

防治效果=[（对照被害株率-处理被害株率）/对照被害株率]×100%

2　结果与分析

表1　各参试药剂对韭蛆的田间防效　　　　　　　　（单位:%）

处理	施药后3d		施药后7d		施药后14d		施药后21d	
	受害株率	防治效果	受害株率	防治效果	受害株率	防治效果	受害株率	防治效果
清水（CK）	14		22		32		40	
毒死蜱500倍液	4	71	6	73	10	69	12	70
苦参碱200倍液	6	57	6	73	6	81	8	80
苦参碱200倍液+新高脂膜500倍液	6	57	4	82	4	88	4	90
苦参碱400倍液+新高脂膜500倍液	6	57	8	64	12	63	14	65

由表1可知，施药后3d，毒死蜱500倍液处理的韭菜受害株率和防治效果要优于其他处理，表现出化学农药毒死蜱见效快的优点。施药后7d，苦参碱200倍液处理的

防治效果和毒死蜱 500 倍液处理防治效果相当，苦参碱 200 倍液+新高脂膜 500 倍液处理韭菜受害株率及防治效果要好于其他处理。施药后 14d 及 21d，毒死蜱 500 倍液处理和苦参碱 400 倍液+新高脂膜 500 倍液处理的防效大致相当，苦参碱 200 倍液处理和苦参碱 200 倍液+新高脂膜 500 倍液处理的防治效果要优于毒死蜱 500 倍液处理和苦参碱 400 倍液+新高脂膜 500 倍液处理。苦参碱 200 倍液+新高脂膜 500 倍液处理的受害株率及防治效果要好于其他处理，并在持效期上也好于其他处理。

3 小结

田间药效试验结果表明，苦参碱 200 倍液与新高脂膜 500 倍液复配对韭蛆有很好的防治效果，优于对照，也好于其他处理。苦参碱 400 倍液与新高脂膜 500 倍液复配对韭蛆的防治效果稍低于毒死蜱的防效。综合比较，苦参碱 200 倍液与新高脂膜 500 倍液复配能有效控制韭蛆危害，是一种高效的复配药剂，效果优于毒死蜱，同时优于苦参碱单独使用，值得推广应用。

[来源于：上海蔬菜，2016（1）：59-60]

新高脂膜防治红枣裂果病试验

徐金虹

（阿瓦提县农业技术推广站，新疆阿瓦提 843200）

自 2009 年以来，阿瓦提县 9—10 月间雨水较常年增多，特别是 2010 年 9 月底至 10 月初，连续小雨，造成红枣大量裂果，严重地块裂果率达 70%~80%。为解决红枣裂果病的发生，在前几年试验基础上，选择新高脂膜，在 2011 年 9 月红枣裂果病发病始盛期进行试验。

1 材料与方法

试验设在阿瓦提县多浪乡克其克拜什艾日克村 4 组，面积 23hm²，试验地枣树于 2005 年定植，品种为金昌 1 号，亩种植 110 株。供试材料为新高脂膜。

2 试验设计

2.1 室外试验

（1）处理试验设 3 个处理，每个处理选择成熟度高的 3 棵树。处理 1：喷新高脂膜 1 次；处理 2：喷新高脂膜 2 次；处理 3：不喷药。

（2）喷药方法药剂配制方法：打开包装，将新高脂膜粉剂放进原包装瓶内，加凉水至瓶口，充分搅动成乳膏母液，放置 8h 后使用，每瓶兑水 200~220kg。处理 1：新高脂膜 800 倍药液喷 1 次，平均每株喷药液 2kg。处理 2：新高脂膜 800 倍药液喷 2 次，在第一次喷完后 4h 再喷 1 次，平均每株每次喷药液 2kg。CK 为空白对照，不喷药，喷等量清水。9 月 6 日上午、下午各喷药 1 次，10 日、11 日喷水，用车载式喷雾器对各小区喷水，平均每株喷水 40kg，上午、下午各 1 次，共喷 4 次，3d 后调查裂果率。

（3）调查方法：喷药前调查每棵红枣树红枣总量、裂果数量，喷药或喷水后第 3 天调查红枣总量、裂果数量。

2.2 室内试验设计

采摘点红、片红、全红红枣各 10 个,用 800 倍液新高脂膜处理 3 类果实各 5 个,3h 后,将处理和未处理的果实投入到清水中,12h 内调查裂果率。

3 结果与分析

3.1 田间试验

在试验中,选择成熟度高的红枣树,处理 1 的 3 株红枣总果实数 662 个,已裂果 10 个,裂果率已达 1.51%,处理后,调查裂果 15 个,扣除前 10 个裂果数,实际裂果达 5 个,裂果率达 1%(表 1);处理 2 的 3 株红枣总果实数 539 个,已裂果 14 个,裂果率达 2.6%,处理后,调查裂果 14 个,扣除前 14 个裂果数,实际裂果达 0 个,裂果率为 0;对照 3 株红枣总果实数 457 个,已裂果 7 个,裂果率达 1.53%,处理后,调查裂果 38 个,扣除前 7 个裂果数,实际裂果达 31 个,裂果率达 6.8%。喷 1 次新高脂膜校正防效为 85.3%,喷 2 次新高脂膜校正防效为 100%。

表 1 田间试验调查结果

处理	喷药前			喷药后				防效(%)
	果实总量(个)	裂果量(个)	裂果率(%)	果实总量(个)	裂果量(个)	实际裂果(个)	矫正裂果率(%)	
1	662	10	1.51	662	15	5	1.0	85.3
2	539	14	2.60	539	14	0	0	100.0
3	457	7	1.53	457	38	31	6.8	

3.2 室内试验

为继续验证新高脂膜防治效果,采摘点红、片红、全红红枣各 10 个,用 800 倍液新高脂膜处理以上 3 类果实各 5 个,处理阴干后 3h,将处理的果实和未处理的果实投入到清水中,在 12h 内调查裂果率。由表 2 可知,用新高脂膜处理的红枣果实全部没有裂果,未处理的红枣果实点红裂果 1 个,裂果率为 20%,片红裂果 4 个,裂果率为 80%,全红裂果 5 个,裂果率为 100%。

表 2 室内试验结果 (单位:个)

处理	点红	片红	全红	处理后裂果数量		
				点红	片红	全红
新高脂膜处理	5	5	5	0	0	0
未处理	5	5	5	1	4	5

4 结论

新高脂膜防治红枣裂果病效果显著,特别是喷 2 次效果最佳,在今后红枣裂果病防治中可大面积使用。室内试验结果表明,新高脂膜表面有防护膜,防水效果好。

[来源于:农村科技,2012(1)]

新高脂膜对瓜类白粉病的防治效果

张　丹　吴燕君　李　丹

（杭州市植保土肥总站，浙江杭州　310020）

摘要：试验新高脂膜处理在不同瓜类蔬菜上对白粉病的控制效果。结果表明，新高脂膜粉剂 800 倍液处理对 2 种瓜类蔬菜上的白粉病均有一定防治效果，但在不同发病条件下的应用效果有差异；长瓜白粉病使用前病情相对较轻，防治效果明显优于南瓜白粉病。表明新高脂膜对瓜类白粉病主要为预防作用，生产中应于发病初期或未发病时使用。

关键词：新高脂膜；南瓜；长瓜；白粉病；防治效果

瓜类蔬菜病害种类多，防控不力可造成严重经济损失。白粉病是瓜类蔬菜生产中发生普遍的真菌性病害之一，设施及露地栽培均可发生。该病潜伏期短，再侵染速度快，流行性强，可减产 20%~40%。生产上对瓜类病害的防治目前仍以化学防治为主，化学药剂使用后，瓜类产品质量安全隐患较多，亟须优化防治策略，研究应用各类绿色防控技术，实现病害的综合控制。高脂膜类物质常作为蒸腾抑制剂，使植物增强抗逆性，也有抗虫、抗病作用的报道。新高脂膜粉剂是以高级脂肪酸与多种化合物合成的一种可湿性粉剂，不属于化肥、农药，不参与植物体的生物化学反应。有研究表明，新高脂膜田间使用后，能在作物表面形成一层肉眼看不见的高分子保护膜，优化植物吸水、透气、透光质量；屏蔽病虫取食信号或繁殖所需营养物质及削弱传播媒介，抵抗和防御自然环境灾害；与农药复配后可产生一定的增效作用。本试验通过新高脂膜在不同瓜类蔬菜上白粉病的防治效果，分析其对病害的控制作用，为推广应用提供依据。

1　材料与方法

1.1　材料

试验在杭州市滨江区顺坝村进行，试验地排灌条件较好，水、肥条件良好。试验作物为胜栗南瓜、杭州长瓜，设施栽培。试验用新高脂膜粉剂由陕西省渭南高新区促花王科技有限公司生产。防治对象为瓜白粉病。施药器械为 WS-16 型手动喷雾器，喷孔直径 0.7mm。

1.2　处理设计

试验以新高脂膜粉剂 800 倍液为处理，以清水作对照（CK），小区面积 30m² 重复 3 次，随机区组排列。于 2016 年 5 月 30 日施药 1 次，采用工作压力 3~4kg/cm²，均匀喷雾，用药液量 562.5kg/hm²。

1.3　调查项目与统计方法

每小区随机 5 点取样，每点定 2 株，于新高脂膜使用前和使用后 4d、7d、13d、17d 分别调查叶发病率和病情指数。每株逐叶自下而上调查中部叶，再对照分级标准予以记载，并计算防效。发病程度分级标准如下：0 级，无病斑；1 级，病斑占整叶面积 5% 以下；2 级，病斑占整叶面积 5%~20%；3 级，病斑占整叶面积 20%~50%；4 级，病斑占整叶面积 50% 以上。

试验期间观察新高脂膜使用后植株生长、叶色等，调查新高脂膜使用后的安全性和对作物生长的影响。

2　结果与分析

2.1　防治效果

表1表明，新高脂膜处理前调查南瓜、长瓜白粉病病情，南瓜白粉病处于发病盛期，病情指数为45.8~48.9，长瓜白粉病处于发病始盛期，病情指数为36.3~41.1；新高脂膜使用后4d，对照白粉病病情上升快，不同瓜类作物防控效果有差异，长瓜白粉病防治前发病相对较轻，新高脂膜处理病情得到有效抑制，防效为14.5%，南瓜白粉病防治前发病重，新高脂膜处理防病效果不显著。新高脂膜使用后7~13d，处理区南瓜白粉病的发生蔓延得到一定的控制，病情指数增幅减缓，长瓜白粉病防效上升，病情指数为38.6~40.5，防效为22.0%~24.4%；新高脂膜使用后17d，随着新叶的生长，南瓜白粉病病情指数有一定降低，长瓜白粉病病情指数为42.0~59.4，防效为19.7%，对病害仍有一定的控制效果。总体分析，新高脂膜处理后对瓜类白粉病有一定的控制作用，病情发展得到一定的抑制，对病害的控制效果受发病条件的影响较大，使用前发病程度轻，则防治效果较好。

表1　新高脂膜对不同瓜类蔬菜白粉病的防治效果

瓜类处理		药前病情指数	药后4d		药后7d		药后13d		药后17d	
			病情指数	防效（%）	病情指数	防效（%）	病情指数	防效（%）	病情指数	防效（%）
南瓜	新高脂膜800倍液	48.9	75.7	3.6	83.4	14.3	93	7	83.7	6.8
	CK	45.8	73.6	0	91.2	0	93.7	0	84.2	0
长瓜	新高脂膜800倍液	36.3	45.2	14.5	38.6	24.4	40.5	22	42	19.7
	CK	41.1	59.9	0	58	0	58.9	0	59.4	0

2.2　安全性

试验期间田间调查，各处理的南瓜，长瓜均生长正常，未发现有抑制生长的现象，新高脂膜按推荐剂量使用对瓜类蔬菜生长安全。

3　小结与讨论

试验结果表明，新高脂膜800倍液处理对南瓜、长瓜2种瓜类蔬菜上的白粉病均有一定控制效果，但在不同发病条件下的防治效果有差异，使用前发病较轻的防治效果较优，表明新高脂膜对瓜类白粉病主要为预防作用，而治疗作用不明显。新高脂膜作为多功能植物保护外用品，防病机理属物理防治，使用后自动扩散，形成一层超薄的保护膜紧贴植物体，保护作物不受外部病害的侵染，本身不具备杀菌作用，建议在生产中于发病初期或未发病时使用，这样对瓜白粉病的预防效果较好。以往对新高脂膜的研究，主要在于北方地区各种作物拌种，土壤保墒，防病防虫，果实保鲜等。南方地区因气候条件，栽培方式等差异较大，应用效果如何，有待研究。本试验首次在南方地区应用新高脂膜防治瓜类蔬菜白粉病，研究其应用效果，这对瓜类蔬菜绿色、有机生产技术的研究应用具有一定的意义。至于其对其他作物，其他病虫害的防治效果，及与农药复配的增效作用，有待于进一步试验研究。

［来源于：浙江农业科学，2017（1）］

新高脂膜（粉剂）在新疆昌吉州棉花上防虫效果试验

张亚兰　成金丽　张建云　牛冬梅

（昌吉州农业技术推广中心，新疆昌吉　831100）

摘要：为寻找减少棉田农药使用次数和计量的途径，选择新高脂膜（粉剂）进行试验，棉花整个生长期平均施药 5 次，验证新高脂膜对棉花苗体、植株保护效果，验证是否有提增药效、减少棉株虫害、达到高效低毒保护天敌的效果。

关键词：棉花；新高脂膜；防虫

昌吉州棉花种植过程中，由于棉蚜、棉铃虫、棉叶螨等害虫危害，每年自 5 月下旬起，棉田即开始使用农药防除虫害，棉花整个生长期平均施药 5 次，个别地区棉花施药次数多达 6~8 次。为寻找减少棉田农药使用次数和计量的途径，选择新高脂膜（粉剂），在 2014 年 5 月底棉花苗期开始进行试验，验证新高脂膜对棉花苗体、植株保护效果，是否有提增药效、减少棉株虫害、高效低毒保护天敌的效果。

1 材料与方法

试验地设在昌吉市滨湖镇下泉子村四组，面积 4 亩。该试验地 2014 年 4 月 27 日播种，基施 25kg/亩磷酸二铵+钾肥 5kg/亩+有机肥 50kg/亩，全生育期井水灌溉。试验过程中共使用缩节胺 4 次，前 3 次用量 1.5~2g/亩，6 月 24 日第四次使用缩节胺 4g/亩。

2 试验设计

2.1 处理

试验设 3 个处理，不设重复

处理 1：棉田常规防除病虫害。

处理 2：新高脂膜 600 倍液+常规防病虫害药剂。

处理 3：只喷施新高脂膜。

处理 4：对照，不施药。

2.2 施药时间

棉花整个生育期共喷施高脂膜 2 次，5 月 26 日棉花苗期第一次化控时喷施，6 月 14 日棉花蕾期防控棉蚜时第二次喷施。喷药时采用人工背负式喷雾器喷药，用药量 40L/亩。

2.3 施药方法

打开新高脂膜包装后，将新高脂膜粉剂放进原包装瓶内，加凉水至瓶口，充分搅动成母液乳膏，放置 1h 后使用。处理 1 按常规棉田病虫防除，不喷施新高脂膜，处理 2

在常规棉田病虫防除的同时加喷新高脂膜，处理 3 为只喷施新高脂膜不喷施其他药剂，处理 4 为清水对照。

3　试验调查

3.1　调查方法

各处理为定点定株调查，每点定 5 个调查点，每点调查 10 株，每处理共计调查 50 株，试验总计定株调查 200 株。每次施药前调查虫口基数，药后调查虫口数，计算虫口减退率和防效。

3.2　调查时间

施药后 3d、5d 各调查 1 次，分别计算防效。

4　结果与分析

由表 1 可以看出，药后 3d，处理 2 防除蚜虫效果最好，防效达到 88.83%，处理 3 防除蚜虫效果最差，只有 34.58%。药后 5d 处理 2 防除蚜虫效果最好，防效达到 91.34%，处理 3 防除蚜虫效果最差，只有 49.31%。

表 1　苗期施药效果统计　　　　　　　　（单位:%）

处理	蚜虫减退率		蚜虫防效	
	药后 3d	药后 5d	药后 3d	药后 5d
1	78.39	67.03	82.23	74.45
2	86.41	82.85	88.83	91.34
3	20.44	15.09	34.58	49.31
4	−21.62	−29.05		

由表 2 可以看出，防治蚜虫，药后 3d 处理 2 防效最高，为 80.67%，处理 3 防效只有 2.92%。药后 5d，处理 2 防效（66.86%）高于处理 1（57.36%），处理 3 防效只有 2.99%。

表 2　蕾期施药效果统计　　　　　　　　（单位:%）

处理	蚜虫防效		棉铃虫防效		棉叶螨防效	
	药后 3d	药后 5d	药后 3d	药后 5d	药后 3d	药后 5d
1	73.21	57.36	91.11	47.83	88.58	89.33
2	80.67	66.86	88.15	80.67	92.63	92.07
3	2.92	2.99	36.92	−83.95	59.92	−79.35

防治棉铃虫，药后 3d 处理 1 防效最高，为 91.11%，处理 3 防效最差，为 36.92%。药后 5d，处理 2 防效（80.67%）高于处理 1（47.83%），处理 3 防效为负。

防治棉叶螨，药后 3d 处理 2 防效最高，为 92.63%，处理 3 防效最差，为 59.92%。药后 5d，处理 2 防效（92.07%）高于处理 1（89.33%），处理 3 防效为负。

5 结论

新高脂膜与杀虫剂、杀螨剂混用，有增强药效、增大施药间隔时间的作用，但是单独使用新高脂膜不能起到阻止虫害危害棉株的作用，在生产应用中可作为增强剂使用，尤其是棉花苗期长势弱的田块，使用新高脂膜可起到保护幼苗、增强抗害能力的作用。

［来源于：新疆农业科技，2014（6）］

莫力达瓦达斡尔族自治旗新高脂膜示范初报

徐云香　徐晓波　王金华

（1. 莫力达瓦达斡尔族自治旗坤密尔堤乡农业综合服务中心，
内蒙古坤密尔堤乡　162882；2. 莫力达瓦达斡尔族自治
旗宝山镇农业综合服务中心，内蒙古宝山镇　162863；
3. 莫力达瓦达斡尔族自治旗植保植检站，内蒙古尼尔基镇　162850）

创新新高脂膜在农作物病虫草害防治上的新途径，从而实现绿色防控和农药减量控害作用，达到提高防治效果和增加产量之目的，为发展有机食品、绿色食品、无公害食品的生产提供技术支持。用新高脂膜拌种（可与种衣剂混用），能驱避地下病虫，隔离病毒感染，不影响萌发吸胀功能，提高呼吸强度，提高种子发芽率。新高脂膜喷施在植物表面，能防止病菌侵染，提高抗自然灾害能力，提高光合速率，保护禾苗苗壮成长。

1 示范方法

1.1 母液的配制

打开包装，将新高脂膜粉剂放进原包装瓶内，加凉水至瓶中，充分搅动（要求粉剂全部溶解）成母液乳膏。

1.2 母液的稀释

将配制好的母液以每瓶300g重量计算，根据需求不同按比例加水稀释至全部溶解，即可喷雾使用。配成的母液也可根据需要直接使用。

2 示范地点

大豆新高脂膜600倍液拌种、玉米新高脂膜混叶面肥600倍液喷雾，落实在汉古尔河胜利村，大豆面积2hm²，对照0.67hm²；玉米1.33hm²，对照0.67hm²。水稻新高脂膜蘸根500倍液、600倍液示范落实在汉古尔河朝阳村，面积1hm²，对照0.67 hm²。

3 示范结果

3.1 大豆

用新高脂膜拌种600倍液，出苗率比对照提高26%，幼苗长势整齐，中期大豆植株健壮，叶片浓绿，后期植株高比对照高20cm，株粒数比对照多30粒，百粒重比对照高1.5g，平均产量比对照高53.2kg/亩，增产率30%。

3.2 玉米

用新高脂膜600倍液与叶面肥混用，可提高叶面肥的肥效，植株长势健壮，根系发达，须根多，植株高度比对照高3cm，穗粒数比对照多28粒，百粒重比对照高3.2g，平均产量比对照增产 91.5kg/亩，增产率 13.7%。

3.3　水稻

用新高脂膜 500 倍液、600 倍液蘸根，移栽田返青快，比对照田返青快 4~5d，而且根系发达，须根多，叶片深绿。500 倍液蘸根的株高，比对照高 7cm，600 倍液蘸根的株高比对照高 12cm；500 倍液蘸根的有效小穗，比对照多 1 穗，600 倍液蘸根的有效小穗，比对照多 2 穗；穗粒数 500 倍液蘸根比对照多 6 粒，600 倍液蘸根比对照多 22 粒；百粒重 600 倍液蘸根比对照高 4.5g，平均产量比对照增产 147.9kg/亩，增产率 39.1%；百粒重 500 倍液蘸根比对照高 6.5g，平均产量比对照增产 96.5kg/亩，增产率 25.5%。通过 1 年的示范，结果表明，新高脂膜拌种、叶面喷雾、蘸根表现非常好，增产效果显著，建议大面积推广新高脂膜 600 倍液大豆拌种、600 倍液玉米喷雾、600 倍液水稻蘸根。

［来源于：内蒙古农业科技，2013（5）］

不同稀释倍数的新高脂膜对月季切花保鲜效果的影响

王　芳　缪　森　孟令松　何玉婷

（宿迁学院，江苏宿迁　223800）

摘要：以清水处理的月季切花为对照，用稀释 300 倍、500 倍、700 倍液的新高脂膜处理修剪好的月季切花，置于光线充足但无阳光直射的室内，研究不同浓度新高脂膜对月季切花的保鲜效果。结果表明，稀释 300 倍、500 倍液的新高脂膜均能显著延长切花寿命，增加花枝鲜重，促进水分平衡，延缓丙二醛的产生。稀释 300 倍液的新高脂膜还能显著增大切花直径。

关键词：月季切花；新高脂膜；保鲜

月季切花是世界四大鲜切花之一，多年稳居我国切花第一的位置。月季切花是全球花卉贸易中的重要商品，其年销售量高达 50 亿枝，而月季切花的自然寿命一般在 8~23d，大部分品种瓶插寿命只有 3.5~7 d，这就给月季的采收、贮藏、运输提出了新的挑战。关于月季切花保鲜的研究，国内外一直较为活跃。现有的保鲜技术有物理保鲜、基因工程、化学保鲜等，其中物理保鲜有气调法、冷藏法、辐射处理，化学保鲜有杀菌剂、蔗糖、植物生长调节剂、乙烯抑制剂和拮抗剂、无机盐、有机酸等。但这些保鲜方法均有缺点。例如，基因工程技术要求较高，我国相关的技术还未成熟，成本较高，不利于推广。各方法的原理不同，限制性因素较多：①气调法。技术复杂，且对包装材料的品种及性能要求较高，在我国还未广泛实施。②冷藏法。技术还不完善，虽然冷库建筑、装卸设备、自动化冷库不断推陈出新，计算机技术也已经开始渗透到自动冷库中，控制冰点贮藏保鲜的鲜花绿植外观好，色泽鲜艳，但是这种方法在少部分地区才开始应用，还没有普及。③辐射处理法。不同切花能忍受的辐射剂量不同，过量会造成损伤，由于剂量难以控制，目前这种方法较少应用。④杀菌剂。使用浓度要根据处理方式

（预处理或瓶插）、切花品种及瓶插时环境条件而定。⑤蔗糖。月季品种繁多，不同的品种对含糖量的要求有差异，且外源糖的浓度不宜过高，以免引起组织坏死，过低又达不到预期的效果。⑥生长调节剂。由于月季花的种类繁多，有时候无法找到合适的生长调节剂以及适合的浓度，不能得到很好的推广。⑦乙烯抑制剂和拮抗剂。常用的抑制剂 $AgNO$，会造成环境的污染，虽然现在采用了别的试剂代替，但月季花的品种较多，很难找到合适的试剂达到保鲜的效果。⑧无机盐。对无机盐保鲜的研究不多，研究较多的钙盐对月季有一定的保鲜效果，但由于钙盐容易沉淀，在保鲜液中很少应用。⑨有机酸。月季花的种类繁多，最合适的 pH 值和有机酸的种类不能准确地确定，例如，抗坏血酸作为抗氧化剂可延长小苍兰切花的寿命，但却加速了青花菜花蕾的衰老。本试验采用稀释不同倍数的新高脂膜处理月季切花，以研究其保鲜效果。新高脂膜粉剂是在保持古老膏剂新高脂膜效果的基础上革新配方工艺，喷涂新研发出的无毒成膜剂可迅速形成提高植物呼吸质量的柔性透明保护膜。新高脂膜不是化肥，不属于农药，是多功能植物保护外用品，无毒、无污染，理化性质稳定，容易推广。

1　材料与方法

1.1　材料供试

月季品种为切花月季"萨蔓莎"，由江苏省宿迁市红玫瑰鲜花店提供。挑选无病虫害、植株挺拔、花径直立，且开放程度和花茎大小基本一致的花枝为试材。新高脂膜（粉剂）从陕西省渭南市高新区促花王科技有限公司购买。试验于2012年4月9—26日在宿迁学院园林园艺实验室内进行。

1.2　试验方法

1.2.1　花材处理

1.2.1.1　花材修剪。将花茎基部削去，留取花枝长约20cm，切口斜削，以增大切花的吸水面积，剪切过程中尽量避免切花的组织受到损伤。

1.2.1.2　新高脂膜溶液配制。母液的配制：将新高脂膜粉剂放进原包装瓶内，加凉水至瓶口，充分搅动（要求粉剂全部溶解）成母液乳膏。母液的稀释：将配制好的母液以300g/瓶的重量计算，加水稀释配制成300倍液、500倍液、700倍液。

1.2.1.3　试验设计将剪切好月季分为两大组，每组分为4个小组，分别标记为CK、300倍液、500倍液、700倍液。用清水和配制好的3种浓度新高脂膜对2组月季分别进行喷雾处理。一组用来测定丙二醛（MDA）含量，另一组用来测定切花鲜重变化率、水分平衡值、直径变化率、切花寿命。处理后的月季放于装有水的三角瓶中，将三角瓶口用保鲜膜密封，将花枝穿过保鲜膜插入瓶中。三角瓶放于光线充足但无阳光直射的室内。

1.2.2　测定指标

1.2.2.1　切花直径变化率。每隔1d用直尺量取3个方向的花朵直径，取其平均值作为当天的花朵直径，并计算直径变化率。直径变化率＝（R_n-R_1）/R_1×100%（$n=3$、5、7、9），R_1为第1天的花朵直径，R_n为第n天的花朵直径。

1.2.2.2　瓶插寿命。以插瓶开始作为瓶插寿命的起点，以花朵2/3外层花瓣严重失水萎蔫、花瓣尖出现枯萎、花茎弯茎达到90°作为瓶插寿命结束标志。

1.2.2.3　花枝鲜重变化率。每隔 1d 采用电子天平称重法测量花枝鲜重，计算出花枝鲜重的变化率。花枝鲜重变化率＝（M_n－M_1）／M_1×100%（n＝3、5、7、9），M_1 为第 1 天的花枝鲜重，M_n 为第 n 天的花枝鲜重。

1.2.2.4　水分平衡值。从切花插瓶当天起，每天测量瓶重+溶液重，2 次连续称重之差为花枝的吸水量，同样每天测定花枝鲜重+瓶重+溶液重，2 次连续称重之差为花枝的失水量。水分平衡值＝吸水量–失水量。

1.2.2.5　MDA 含量。MDA 含量的测定采用硫代巴比妥酸（TBA）法。仪器设备包括紫外可见分光光度计 1 台，离心机 1 台，10mL 离心管 4 支，研钵 2 套，试管 4 支，10mL 吸管 1 支，2mL 吸管 2 支，剪刀 1 把。试剂包括 10% 三氯乙酸（TCA）、0.6% 硫代巴比妥酸（先加少量的 1mol/L 氢氧化钠溶解，再用 10% 三氯乙酸定容）、石英砂。其具体的试验方法如下：称取试材 1g，加入 20mL 10% 三氯乙酸和少量的石英砂，研磨至匀浆，再加 8mL TCA 研磨，匀浆在 4 000r/min 下离心 10min；吸取离心上清液 2mL（对照加 2mL 蒸馏水），加入 2mL 0.6% 硫代巴比妥酸溶液，混合均匀，于沸水浴上反应 15min，迅速冷却后再离心，取上清液测定 532nm、600nm、450nm 波长下的吸光度。MDA 在酸性和高温条件下可以和硫代巴比妥酸反应生成红棕色的化合物，其最大吸收波长在 532nm 处。利用该性质能测出 MDA 含量，从而推导出切花衰败的程度。

2　结果与分析

2.1　不同稀释倍数新高脂膜对月季切花寿命的影响

由图 1 可以看出，经不同浓度新高脂膜处理后的月季切花瓶插寿命比对照延长了 2~5d。其中，以稀释 300 倍液的新高脂膜处理切花寿命最长，且极显著高于对照和稀释 700 倍的新高脂膜处理的切花寿命，但与稀释 500 倍液的新高脂膜处理的切花寿命间无显著差异。

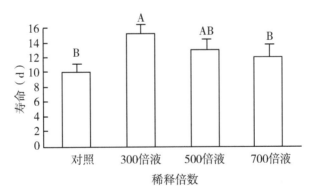

图 1　不同浓度新高脂膜对月季切花寿命的影响
（图中不同的大写字母表示在 1% 的水平差异显著）

2.2　不同稀释倍数新高脂膜对月季切花直径变化率的影响

表 1 显示，瓶插后第 3、第 5、第 7 天，稀释 300 倍液的新高脂膜处理的切花直径变化率显著高于其他处理；但瓶插后第 9 天，不同稀释倍数处理与对照间无显著差异。由此可得出，稀释至 300 倍液的新高脂膜可显著增大月季切花直径；至第 9 天时各处理

切花均已出现不同程度的凋萎，4 组处理间并无显著差异。从表 1 中还可看出，不同处理的月季切花直径变化率均在第 3 天最大，随着时间的延长而下降。

表 1　不同稀释倍数新高脂膜对月季切花直径变化率的影响　　（单位:%）

处理	时间			
	第 3 天	第 5 天	第 7 天	第 9 天
CK	14.54bB	11.88bB	6.99bB	5.89bB
300 倍液	40.58aA	35.04aA	36.26aA	31.49aA
500 倍液	8.87bB	8.56bB	5.24bB	4.85bB
700 倍液	3.12Bb	0.46bB	−3.19bB	−6.17aB

注：数据后不同大写、小写字母表示在 5%、1% 水平上差异显著；相同字母表示差异不显著。表 2、表 3 同。

2.3　不同稀释倍数新高脂膜对月季切花鲜重变化率的影响

表 2 显示，瓶插后第 3、第 5、第 7、第 9 天，稀释 300 倍液、500 倍液的新高脂膜处理的切花鲜重变化率之间无显著差异，但均显著高于其他 2 个处理。各处理花枝鲜重变化的总趋势是一致的，即均随瓶插时间的延长逐渐上升。

表 2　不同稀释倍数新高脂膜处理对月季切花鲜重变化率的影响　　（单位:%）

处理	时间			
	第 3 天	第 5 天	第 7 天	第 9 天
CK	2.27b	8.57b	19.50b	31.11b
300 倍液	8.57a	18.48a	28.06a	37.19a
500 倍液	5.19a	17.15a	29.66a	39.58a
700 倍液	2.12b	10.45b	20.74b	31.55b

2.4　不同稀释倍数新高脂膜对月季切花水分平衡值的影响

由表 3 看出，瓶插后第 3、第 5 天，稀释 300 倍液、500 倍液的新高脂膜处理的切花水分平衡值之间无显著差异，但显著高于对照和稀释 700 倍液的新高脂膜处理的切花。而瓶插后第 7、第 9 天，各处理间的切花水分平衡值无显著差异。

表 3　不同稀释倍数新高脂膜对月季切花水分平衡值的影响　　（单位:%）

处理	时间			
	第 3 天	第 5 天	第 7 天	第 9 天
CK	−1.53b	−2.18b	−2.07a	−2.01a
300 倍液	−0.37a	−1.32a	−2.29a	−2.46a
500 倍液	−0.31a	−1.39b	−2.10a	−2.22a
700 倍液	−1.29b	−2.03b	−2.18a	−1.73a

2.5　不同稀释倍数新高脂膜对月季切花 MDA 含量的影响

植物器官衰老或在逆境下受伤害，往往发生膜脂过氧化作用，MDA 是膜脂过氧化的最终分解产物，其含量可以反映植物器官的衰老程度。从图 2 可以看出，各处理的变化规律基本一致，即月季切花花瓣中 MDA 的含量随花朵衰老而增加，总体呈上升趋势，对照和稀释 700 倍新高脂膜处理切花中 MDA 含量明显高于其他 2 个处理。说明一定浓度新高脂膜处理的切花，可以减缓膜脂过氧化，减少 MDA 的产生，从而延缓植物的衰老，达到延长切花寿命的效果。

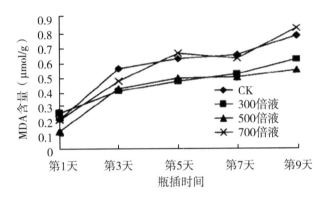

图 2　不同稀释倍数新高脂膜对月季切花 MDA 含量的影响

3　结论

从试验结果来看，稀释 300 倍液、500 倍液的新高脂膜均能延长切花寿命，增加花枝鲜重，促进水分平衡值，延缓 MDA 的产生，稀释 300 倍液的新高脂膜还能显著增大切花直径。水分平衡值=吸水量−失水量，好的切花鲜度只有在吸水量大于失水量时才能维持。随着时间的推移，花瓣会因失水而导致凋萎，水分平衡值减少，最后变为负值，即吸水量<失水量。经处理的月季切花在第 3、第 5、第 7、第 9 天的水分平衡值均为负值。这是因为从花店购得的鲜花正处于生命最旺盛阶段，在实验室进行试验时，切花生命力已开始缓慢下降；但稀释 300 倍液、500 倍液的新高脂膜处理的切花水分平衡值显著高于对照和稀释 700 倍液新高脂膜处理的切花。说明稀释 300 倍液、500 倍液的新高脂膜能明显改善月季切花体内水分状况，延缓花瓣因失水而导致凋萎过程，达到延长切花寿命的效果。

MDA 含量与切花衰老密切相关。由于切花衰老过程中，各种逆境加速膜脂过氧化链式反应，自由基增多，而 SOD 等保护酶系统又被破坏，于是积累了很多有害的过氧化物，MDA 便是其中之一。MDA 含量越高，表明膜脂过氧化程度越强，植物衰老越迅速。而 MDA 本身对植物生长发育和细胞分裂有明显的毒害作用，它与蛋白质结合引起蛋白质分子间的交联而形成交联物，从而使细胞膜系统发生变形，引起膜透性变化，最后导致植物受害死亡。试验结果证明，随着花朵的发育与衰老，MDA 含量增加，预示着花的发育走向衰老甚至死亡。稀释 300 倍液、500 倍液的新高脂膜均可延迟 MDA 含量的增加，达到延衰保鲜的功效。

从不同稀释倍数新高脂膜对月季切花鲜重变化率的影响可以得出，各处理花枝鲜重变化率均呈逐渐上升趋势，即花枝重量不断增加。"各处理花枝鲜重变化的总趋势一致，即在瓶插的前期逐渐上升，达到一个最高值以后又逐渐降低"不一致。其原因有待于进一步研究。

新高脂膜粉剂是以高级脂肪酸与多种化合物科学复配，采用特色科研新工艺合成的一种可湿性粉剂。本品稀释使用后自动扩散，形成一层超薄的保护膜紧贴植物体，不会影响作物吸水透气透光，保护作物不受外部不良环境的侵染，被美称为"植物保健衣"。可用于各种作物拌种、土壤保墒、苗体保护、防病减灾、果实保鲜等。本试验所采用的新高脂膜在切花的表面形成一层膜，可以有效地防止水分散失，减少切花水分蒸腾，从而延长切花的寿命，达到保鲜的效果。

[来源于：江苏农业科学，2013（2）]

辽宁棚室西甜瓜蚜虫种群动态与药剂试验

钟　涛[1]　范唯艳[2]　孙柏欣[1]　许国庆[1]

（1. 辽宁省农业科学院植物保护研究所/辽宁省农作物有害生物控制
重点实验室，辽宁沈阳　110161；2. 辽宁省农业科技成果转化
服务中心/辽宁农业博物馆），辽宁沈阳　110161）

摘要：为掌握瓜蚜的发生动态，完善农药减施技术，对辽宁省西甜瓜棚开展监测、调查与药剂试验。利用黄板监测棚内瓜蚜的发生动态，同时对棚内瓜蚜展开系统调查，并检验混配药剂的防控效果。结果表明，北镇市大屯乡脆宝甜瓜蚜虫有翅蚜高峰在3月上旬，蚜量高峰在2月底；营口市熊岳镇甜王西瓜蚜虫有翅蚜高峰在5月中旬，蚜量高峰在5月上旬；凤城市大堡蒙古族乡甜王西瓜蚜虫有翅蚜高峰在5月下旬，蚜量高峰在5月中旬。新高脂膜剂可显著提升25%噻虫嗪水分散粒剂对瓜蚜的防效，药后14d防效达97.0%。棚室脆宝甜瓜和甜王西瓜蚜虫的防控关键期可分别在2月下旬和5月中上旬进行，防控效果好，省时省力。

关键词：瓜蚜；温室；种群动态；防控关键期；新高脂膜

西甜瓜是广受消费者喜爱的夏季消暑水果。辽宁棚室果蔬栽培起步较早，其中，辽南地区横贯北纬40°黄金水果种植带，被视为东北的瓜果之乡。得益于瓜果栽培较高的经济回报率，在辽宁省内以大中城市近郊为中心逐渐形成了西甜瓜种植区域，全省基本均有种植，大多数选择棚室栽培方式。随着瓜果种植规模的扩大，瓜蚜（*Aphis gossypii*）上升为棚室西甜瓜栽培上的重要害虫。瓜蚜又名棉蚜，寄主种类较为广泛，以成蚜和若蚜刺吸汁液，多发生于叶背，世代重叠且生殖力高，可传播西瓜花叶病毒病等。棚室环境密闭，缺乏天敌有效控制，瓜蚜种群增长较快。瓜蚜多发生于授粉期、膨瓜期至采收期，对西甜瓜产量和品质影响很大。应用微剂量内吸性杀虫剂可精准高效防治刺吸式口器害虫，且不会产生交互抗性。噻虫嗪是第2代烟碱类高效低毒杀虫剂，内吸活性高，持效期长，瓜类作物上安全性好。新高脂膜可作为保鲜剂保护贮藏水果，能

有效抑制病斑的扩展，且不影响鲜果的正常呼吸。

本地区西瓜栽培方式主要有地膜加小拱棚栽培和大中棚栽培2种，甜瓜栽培方式主要有大中棚栽培。由于土地资源紧张，难以进行倒茬和轮作，通常采取苗木嫁接方式提高抗重茬效果。棚内病虫害发生较重，防治时严重依赖化学农药，瓜农几乎每周都要喷施1次农药，严重制约西甜瓜品质的提升。为摸清本地区棚室西甜瓜蚜虫发生动态，通过田间调查和黄板诱集的方法对瓜蚜的发生和危害进行系统调查，初步明确棚内瓜蚜种群的消长动态，旨在为本地区西甜瓜蚜虫的科学防控提供理论参考。同时，本研究检验一种助剂与常规化学农药混配后防治瓜蚜的效果，以期建立适合本地区西甜瓜蚜虫的有效防控技术。

1 材料与方法

1.1 试验时间与地点

2019年4—7月分别于营口市熊岳镇和凤城市大堡蒙古族乡栽培的西瓜棚内，自移栽至吊蔓期开展瓜蚜调查，每周调查1次，栽培品种均为甜王西瓜。2019年1—4月于北镇市大屯乡调查反季节栽培的香瓜棚，栽培品种为脆宝。田间管理遵循当地习惯。田间药剂试验在辽宁省农业科学院试验基地（沈阳市沈河区东陵路84号）进行，土壤为壤土，有机质含量中等偏上。西瓜品种为懒汉瓜王。定植时间为2020年5月25日，栽植密度10 500株/hm² 左右，行距1.5m，株距0.6m，收获时间为8月15日。试验选在西瓜伸蔓期进行，此时瓜蚜种群处于初盛期。

1.2 试验药剂

试验药剂为25%噻虫嗪水分散粒剂（瑞士先正达作物保护有限公司）、新高脂膜粉剂（陕西省渭南高新区促花王科技有限公司）。

1.3 调查方法

1.3.1 田间调查。选择代表性棚室，采取随机5点取样，每点按单株分别调查上、中、下层共5片叶，记录瓜蚜发生数量。

1.3.2 黄板诱蚜。在棚室内沿中线间隔10m悬挂1张黄板，共挂10张，高度1m，每周更换1次黄板。统计黄板上瓜蚜数量。

1.3.3 田间药剂试验。在田间共设4个处理，在蚜虫高峰期进行茎叶喷雾。①25%噻虫嗪水分散粒剂5 000倍液+新高脂膜粉剂500倍稀释液；②25%噻虫嗪水分散粒剂5 000倍液；③新高脂膜粉剂500倍稀释液；④空白对照（清水）。试验采用4次重复，随机区组排列，共设置16个小区，每小区20m²。采用新加坡利农AGROLEX-HD400喷雾器进行喷雾，用水量为50 L/hm²。在田间采用5点取样法，每点在植株相同部位标记1片叶，施药前调查每小区的虫口基数，施药后分别于第1、第4、第7、第14天调查叶片上存活蚜量，并按式（1）和式（2）计算虫口减退率和防治效果。

1.4 数据分析

采用Microsoft Excel 2003对数据进行分析作图，采用IBM SPSS Statistics 24.0邓肯氏新复极差法（DMRT）对数据进行差异显著性分析。

$$虫口减退率 = \frac{施药前活虫数 - 施药后活虫数}{施药前活虫数} \times 100\% \quad (1)$$

$$防治效果 = \frac{药剂处理区虫口减退率 - 空白对照区虫口减退率}{1 - 空白对照区虫口减退率} \times 100\% \tag{2}$$

2 结果与分析

2.1 瓜蚜种群动态发生调查

2.1.1 北镇市棚室甜瓜瓜蚜有翅蚜种群发生动态

对北镇市大屯乡甜瓜棚瓜蚜有翅蚜开展黄板监测发现，有翅蚜最早出现于 11 月中旬，表明扣棚后即有瓜蚜发生（图 1）。棚内有翅蚜种群一直维持较低密度水平，随着秧苗生长发育，瓜蚜种群在完成定殖后，到第二年 3 月上旬瓜蚜有翅蚜达到诱集虫量高峰，其后数量小幅回升后下降。棚内抽样调查的结果表明，叶片上瓜蚜的种群动态呈单峰型增长曲线（图 2），蚜量高峰早于黄板高峰 1 周左右。田间实际蚜量高峰出现在 3 月上旬，因此黄板监测到的蚜量高峰相对滞后。2 月下旬开始，瓜蚜种群密度明显升高，由于食料短缺，竞争压力增大，导致产生大量有翅蚜。3 月下旬蚜量出现下降趋势，4 月中旬随着甜瓜采收，蚜量下降至最低点。因此，无论是黄板监测还是瓜叶调查，瓜蚜都是集中在 3 月发生危害，生产中应密切注意防控。

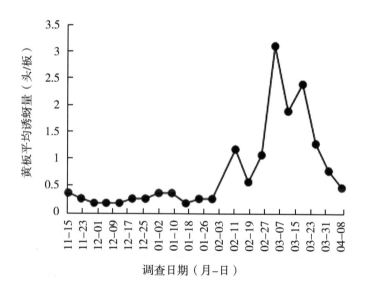

图 1 北镇市大屯乡甜瓜大棚黄板诱集瓜蚜发生动态（2018—2019 年）

2.1.2 熊岳镇棚室西瓜瓜蚜有翅蚜种群发生动态

对营口市熊岳镇西瓜棚瓜蚜有翅蚜开展黄板诱集监测发现，有翅蚜最早出现于 4 月下旬。棚内温湿度适宜秧苗生长发育，瓜蚜种群完成定殖后，到 5 月下旬达到高峰，其后诱集数量逐渐下降（图 3）。棚内抽样调查的结果（图 4）表明，叶片上瓜蚜的种群动态呈多峰型增长曲线，蚜量最大高峰出现在 5 月中旬左右。随后蚜量出现明显下降趋势，5 月下旬和 6 月中旬分别小幅回升，随着夏季高温来临，蚜量开始回落。因此，无论是黄板监测还是瓜叶调查结果，应选择在 5 月中下旬进行瓜蚜防控。

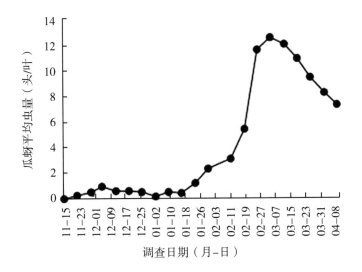

图 2　北镇市大屯乡甜瓜大棚叶片上瓜蚜发生动态（2018—2019 年）

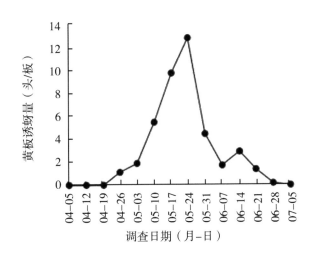

图 3　营口市熊岳镇西瓜大棚黄板诱集瓜蚜发生动态（2019 年）

2.1.3　棚室西瓜瓜蚜有翅蚜种群发生动态

对凤城市大堡蒙古族乡西瓜棚瓜蚜有翅蚜开展黄板诱集监测发现，最早于 5 月初黄板可监测到瓜蚜有翅蚜，监测到的有翅蚜高峰出现在 5 月下旬，其后有 2 个小高峰（图 5）。而田间调查发现 4 月下旬即有瓜蚜发生。随着棚内温湿度适宜秧苗生长发育，瓜蚜种群完成定殖后，到 5 月中旬达到蚜量高峰后下降，其后于 7 月上旬又出现 1 个小高峰，随后受温度升高影响蚜量呈下降趋势（图 6）。棚内调查时也发现有天敌昆虫活动，如蚜茧蜂、小花蝽等。僵蚜发生率有一定程度增加。对辽宁 3 地西甜瓜棚内瓜蚜种群发生动态分析，可以发现营口市熊岳镇和凤城市大堡蒙古族乡西瓜蚜虫的发生趋势基本一

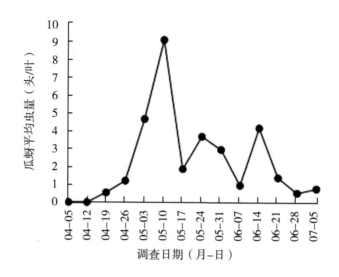

图 4　营口市熊岳镇西瓜大棚叶片上瓜蚜发生动态（2019 年）

致。在西瓜生长季，初期蚜量均较低，及时施药对瓜蚜有较好的控制效果。随着瓜叶老化，瓜蚜种群下降，西甜瓜采收后瓜蚜危害都有所减轻。根据上述调查结果，北镇市棚室甜瓜蚜虫的防控关键期应选择在 2 月下旬，棚室春茬西瓜蚜虫的防控关键期应选择在 5 月中上旬。

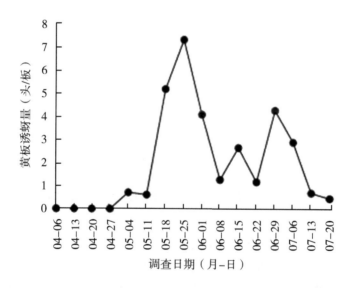

图 5　凤城市大堡蒙古族乡西瓜大棚黄板诱集瓜蚜发生动态（2020 年）

2.2　田间药效试验

试验结果（表 1）表明，3 种不同处理对西瓜蚜虫均有显著的防治效果。其中，25%噻虫嗪水分散粒剂 5 000 倍液+新高脂膜粉剂 500 倍稀释液处理在药后 7d、14d 防效分别达到 89.11%、97.06%，显著高于 25%噻虫嗪水分散粒剂 5 000 倍液处理。表明新

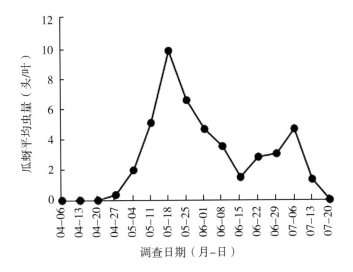

图6 凤城市大堡蒙古族乡西瓜大棚叶片上瓜蚜发生动态（2020年）

高脂膜粉剂作为一种植物表面保护膜剂可显著提高化学农药的防治效果，实现减药和增效的目的。新高脂膜遇水自动扩展为连续的高分子膜，显著提高混配药剂中化学农药有效成分的持效性。新高脂膜粉剂500倍稀释液处理在药后14d的防效达到52.70%左右，其作用机制是干扰蚜虫取食，促进植株对内吸性杀虫药剂的吸收，抑制病斑的扩展，发挥抑病控蚜的双重防治效果。

表1 不同时间调查各处理后蚜虫虫口减退率和防治效果

处理	制剂用量（倍液）	虫口基数（头）	药后1d 虫口减退率（%）	药后1d 防治效果（%）	药后4d 虫口减退率（%）	药后4d 防治效果（%）	药后7d 虫口减退率（%）	药后7d 防治效果（%）	药后14d 虫口减退率（%）	药后14d 防治效果（%）
噻虫嗪+新高脂膜	5 000+500	142.3	24.43	27.79a	68.37	72.71a	86.11	89.11a	95.94	97.06a
噻虫嗪	5 000	142.0	12.70	16.58b	52.43	58.96b	77.63	82.46b	92.07	94.24b
新高脂膜	500	137.0	0	4.44c	5.64	18.59c	22.62	39.34c	34.84	52.70c
空白对照	—	139.8	-4.65	—	-15.90	—	-27.56	—	-37.76	—

注：同列防效后不同小写字母代表不同处理在0.05水平上的差异显著。

3 结论与讨论

研究西甜瓜蚜虫种群的发生动态具有重要的经济学和生态学意义，不仅可确定瓜蚜的防控关键期，适时开展有效的防控，还能提升瓜果品质，实现国家大力倡导的农药减量施用目标。通过混配提高现有农药杀虫效果是最直接有效的方法。针对上述问题，本研究在辽宁省3地开展了瓜蚜的监测和调查，并开展了噻虫嗪与新高脂膜剂的混配增效研究。相较于单一药剂的施用，本研究结果可将防效显著提高 3% ~ 8%，同时还能实现控斑抑病的效果，节约杀菌药剂的投入成本。由于温室环境密闭且高温高湿，害虫发生较大田具有明显特殊性。由于瓜蚜抗寒能力强，发育起点温度 6℃ 左右，在 15 ~ 30℃ 条件下均可繁殖。温室内虫源由外界迁入，棚内无有性阶段，大面积保护地栽培有利于瓜蚜种群数量恢复和迅速增长。北镇大屯乡甜瓜栽培扣棚早，得益于光照和棚膜、草毡的保温效果，冬季棚内温度可升至 16.0℃ 左右，适宜瓜蚜的繁殖，因此蚜量在 3 月上旬出现高峰。营口市熊岳镇和凤城市大堡蒙古族乡两地棚室西瓜蚜虫发生规律较为相近，这是由于两地均位于北纬 40° 附近，栽培模式相近，因此蚜量高峰均发生在 5 月中旬。黄板是温室害虫种群动态监测的最有效工具，一般瓜苗定植后即可悬挂，根据黄板指示的害虫发生程度可及时喷药防治。根据调查结果，瓜蚜集中于 2 月底（甜瓜棚）或 5 月中旬（西瓜棚）发生危害，其后瓜蚜受防治措施影响种群下降，因此，应密切监测瓜蚜的发生动态，在防控关键期进行喷药以降低瓜蚜的种群密度。本研究中熊岳镇和大堡蒙古族乡西瓜蚜虫发生特点，与张民照对北京大兴、昌平两地春棚西瓜蚜虫的发生特点较类似，瓜蚜数量均于 5 月达到高峰，6—7 月出现一次较小的蚜量高峰。此外，本研究结果还与李一帆等调查北京地区早茬西瓜蚜虫的规律也较一致，盛发期均出现在 5—6 月，这与上述地区普遍采用相近的西瓜栽培模式有关。

新高脂膜粉剂在农业害虫的防治上效果较理想，其本身无毒。研究表明，噻虫嗪对瓜蚜毒力较强。本研究通过田间试验明确了新高脂膜剂与 25% 噻虫嗪水分散粒剂混配有增效作用，结果表明 25% 噻虫嗪水分散粒剂对瓜蚜的 14d 防效达 94.24%，新高脂膜也表现出较好的物理隔绝和 52.70% 的抑蚜防效，这与陈君等防治杞果蚜的研究结果较为接近。此外，本研究结果与李一帆等的试验结果也较为一致。表明噻虫嗪对瓜蚜的控害效果较理想，还可与生物制剂混配施用。尽管噻虫嗪对瓜蚜的速效性防效不突出，但喷施后蚜虫停止取食，最终死亡。有研究表明，在瓜蚜发生初期，以 1∶10 益害比投放天敌异色瓢虫，对西瓜蚜虫的防效可达 85.0% 左右。瓜蚜发生早期蚜量少、聚集程度高，且零星分布于中心株，此阶段可通过天敌的培育和人工助迁异色瓢虫等益生昆虫在瓜蚜发生初期进行控制，在蚜量高峰到来前采取必要化学防治，可实现减药控蚜的目的。田间调查虫株发生率超过 5% 时应注意防治。当蚜量较大时，可燃放 22% 敌敌畏烟剂 250 ~ 300g 进行应急熏杀防治。辽宁地区每年普遍用于瓜蚜和病害防治就高达 15 次以上，而采用低毒噻虫嗪药剂与新高脂膜粉剂混配可减轻化学农药的选择压力，提高防效的同时还可延缓蚜虫抗性产生。由于温室中天敌种类相对较少，一旦瓜蚜暴发成灾，对象又是西瓜等高经济附加值作物，将造成不可估量的严重后果。因此，在开展瓜蚜种群动态监测和调查时，科学指导农户进行施药干预是十分必要的。下一步，本研究将深入辽宁省其他西甜瓜产区开展瓜蚜的调查与监测，以期更全面掌握辽宁地区瓜蚜的发生与危害规律，为实现瓜蚜的绿色防控和农产品质量安全提供技术支撑。

[来源于：中国农学通报，2021，37（25）：132-137]

农药桶混助剂在小麦赤霉病农药减量防控中的效果

张　震[1]　邱海萍[1]　柴荣耀[1]　胡宇峰[2]

(1. 浙江省农业科学院植物保护与微生物研究所，浙江杭州　310021；

2. 宁海县农业农村局，浙江宁海　315600)

摘要：为明确农药桶混助剂在小麦赤霉病农药减量防控中的应用效果，开展了 2 种桶混助剂分别与多菌灵和氰烯菌酯组合对小麦赤霉病的防治效果试验。结果显示，激健的应用可实现 40%多菌灵悬浮剂减量 20%~30%，也可显著增加生物药剂 0.3%四霉素水剂的防治效果；新高脂膜的应用可实现 40%多菌灵悬浮剂和 25%氰烯菌酯悬浮剂减量 20%~30%。

关键词：小麦；赤霉病；农药；桶混助剂；防治效果

小麦赤霉病的发生不仅造成小麦产量的损失，而且受病菌侵染的籽粒含有脱氧雪腐镰刀菌烯醇等真菌毒素，严重影响人畜健康。浙江省小麦生长中后期气候温暖湿润，极易发生赤霉病。近年来，基本上每 3 年发生 1 次较重的赤霉病，导致部分地区小麦达不到收购标准。赤霉病的发生已成为阻碍浙江省农民种植小麦的主要原因之一。

目前，浙江省小麦赤霉病的防控用药，以氰烯菌酯、多菌灵、戊唑醇等单剂及其复配剂为主。为了降低赤霉病对小麦产量和品质的影响，种植户往往过量用药，这不仅增加了种植成本，也易引发食品安全问题和生态环境安全问题。合理用药可提高小麦赤霉病的防控效果，对实现浙江省粮食增产稳产和农户增收具有重要意义。从发展现代生态循环农业的需要，根据《浙江省农药减量行动实施方案》中病害防控和化学农药减量要求，本文就桶混助剂在小麦赤霉病农药减量防控中的应用效果进行了试验，现将试验结果报道如下。

1　材料与方法

1.1　材料

试验在宁海县茶院乡郑公头村进行，土壤类型为沙壤土。参试小麦品种为金运麦 1 号。

参试的桶混助剂有激健（成都激健生物科技有限公司）和新高脂膜（陕西省渭南市高新区促花王科技有限公司）。防治小麦赤霉病的药剂有 40%多菌灵悬浮剂（江苏蓝丰生物化工股份有限公司）、25%氰烯菌酯悬浮剂（江苏省农药研究所股份有限公司）和 0.3%四霉素水剂（辽宁微科生物工程股份有限公司）。施药器械采用 3WBD-16 型背负式电动喷雾器（台州市黄岩绿野喷雾器厂）。

1.2　处理设计

试验共设 18 个处理，各处理亩用药量：处理 1，40%多菌灵悬浮剂 125mL；处理 2，40%多菌灵悬浮剂 100mL；处理 3，40%多菌灵悬浮剂 88mL；处理 4，40%多菌灵悬浮剂 100mL+激健 15mL；处理 5，40%多菌灵悬浮剂 88mL+激健 15mL；处理 6，40%多菌灵悬浮剂 100mL+新高脂膜 30mL；处理7，40%多菌灵悬浮剂 88mL+新高脂膜 30mL；处理8，25%氰烯菌酯悬浮剂 150mL；处理9，25%氰烯菌酯悬浮剂 120mL；处理10，25%氰烯菌酯悬浮剂 105mL；处理11，25%氰烯菌酯悬浮剂 120mL+激健 15mL；处理12，25%氰烯菌酯悬浮剂 105mL+激健 15mL；处理13，25%氰烯菌酯悬浮剂 120mL+新高脂膜 30mL；处理14，25%氰烯菌酯悬浮剂 105mL+新高脂膜 30mL；处理15，0.3%四霉素水剂 65mL；处理16，0.3%四霉素水剂 65mL+激健 15mL；处理17，0.3%四霉素水剂 65mL+新高脂膜 30mL；处理18，以清水作对照（CK）。小区面积30m²，随机区组排列，重复4次。试验共施药2次，分别于小麦始穗期（2019年4月8日）和其后7d（4月15日）。亩用水量30L。

1.3　调查与统计

小麦乳熟后，每小区按棋盘式5点进行病害调查，每点不少于40穗，记录各病级病穗数和总穗数，计算病情指数和防治效果。赤霉病病级划分标准和病情指数计算方法按 GB/T 15769—2011 执行。试验数据采用 DPS 17.10 软件进行 Duncan's 新复极差法分析。

2　结果与分析

2.1　多菌灵和氰烯菌酯减量防治小麦赤霉病的效果

表1中数据显示，多菌灵按当地小麦赤霉病防治常规亩用量125mL，防治1次防效83.3%，防治2次防效86.8%。减量20%和30%的处理，防治1次效果为68.1%和61.3%，与常规处理相比防效显著下降；防治2次时分别为83.8%和79.1%，减量20%与常规处理无显著差别。

表1　激健在多菌灵减药防治小麦赤霉病中应用的效果

处理	防治1次			防治2次		
	病穗率（%）	病情指数	防效（%）	病穗率（%）	病情指数	防效（%）
1	30.5±4.0	8.3±1.6	83.3±3.4a	28.4±6.4	6.5±0.8	86.8±1.6b
2	48.4±10.9	15.8±5.9	68.1±11.9bc	29.1±6.1	8.1±3.0	83.8±6.0bc
3	58.9±8.2	19.2±2.9	61.3±5.8c	39.0±4.5	10.4±2.4	79.1±4.8c
4	56.3±7.8	11.8±1.8	76.3±3.7ab	18.0±3.8	3.9±1.4	92.1±2.9a
5	36.3±11.7	10.8±4.2	78.4±8.5a	30.6±6.3	8.5±2.6	83.0±5.3bc
18（CK）	95.0±1.5	49.7±7.1	0	95.0±1.5	49.7±7.1	0

注：同列数据后无相同小写字母表示组间差异显著（$P<0.05$）。表2至表5同。

表2表明，氰烯菌酯按当地小麦赤霉病防治常规亩用量150mL，防治1次防效73.9%，防治2次防效86.4%。减量20%和30%处理，防治1次效果52.1%和36.0%，与当地常规处理相比防效显著下降；防治2次时，虽防治效果增加明显，分别是74.5%和63.4%，但仍显著低于常规处理。

表 2　激健在氰烯菌酯减药防治小麦赤霉病中应用的效果

处理	防治 1 次			防治 2 次		
	病穗率（%）	病情指数	防效（%）	病穗率（%）	病情指数	防效（%）
8	46.7±3.3	13.0±1.5	73.9±3.1a	31.9±11.0	6.8±2.9	86.4±5.8a
9	69.4±6.7	23.8±4.8	52.1±9.7b	43.4±8.1	12.7±4.0	74.5±8.0b
10	83.0±3.7	31.8±2.8	36.0±5.6c	57.5±12.4	18.2±5.1	63.4±10.2c
11	67.0±5.0	21.6±3.5	56.5±7.0b	51.8±12.3	13.6±4.6	72.6±9.3b
12	81.9±4.2	29.6±4.0	40.4±8.0c	62.3±8.7	16.4±3.1	67.1±6.3bc
18（CK）	95.0±1.5	49.7±7.1	0	95.1±1.5	49.7±7.1	0

2.2　助剂激健在多菌灵和氰烯菌酯减量应用中的效果

表 1 中数据显示，多菌灵减量 20% 与激健组合（处理 4）处理，防治 1 次防效 76.3%，高于减量 20%（处理 2），低于常规处理（处理 1），但与两者均无显著性差异；防治 2 次时，防效 92.1%，显著高于常规和减量 20% 处理。多菌灵减量 30% 与激健组合（处理 5）处理，防治 1 次的防效 78.4%，显著高于减量 30% 处理，与常规和减量 20% 处理无显著差异；防治 2 次时，防效达 83.0%，与常规处理相当。表明助剂激健的应用可有效减少多菌灵施用剂量 20%～30%。

表 2 中数据显示，氰烯菌酯减量 20% 与激健组合（处理 11）处理，防治 1 次防效 56.5%，防治 2 次防效 72.6%，均与减量 20% 处理（处理 9）相当，且都显著低于氰烯菌酯常规处理（处理 8）。当氰烯菌酯减量 30% 与激健组合（处理 12）处理，防治 1 次和 2 次的防效，均与氰烯菌酯减量 30%（处理 10）的相当，也都显著低于常规处理的防效。表明氰烯菌酯减量 20%～30% 时增加助剂激健不能有效提高氰烯菌酯对小麦赤霉病的防治效果。

2.3　助剂新高脂膜在多菌灵和氰烯菌酯减量应用中的效果

表 3 表明，多菌灵减量 20% 与新高脂膜组合（处理 6）处理，防治 1 次的防效达 79.1%，显著高于多菌灵减量 20% 的处理（处理 2），与多菌灵常规处理（处理 1）相当；防治 2 次的防效 85.4%，与常规和减量 20% 处理相当。多菌灵减量 30% 与新高脂膜组合（处理 7）处理，防治 1 次的防效 72.6%，显著高于减量 30% 处理；防治 2 次的防效 86.8%，与常规处理相当。表明助剂新高脂膜的使用可有效减少多菌灵施用剂量 20%～30%。

表 3　新高脂膜在多菌灵减药防治小麦赤霉病中应用的效果

处理	防治 1 次			防治 2 次		
	病穗率（%）	病情指数	防效（%）	病穗率（%）	病情指数	防效（%）
1	30.5±4.0	8.3±1.6	83.3±3.2a	28.4±6.4	6.5±0.8	86.8±1.6a
2	48.4±10.9	15.8±5.9	68.1±11.9cd	29.1±6.1	8.2±3.0	83.8±6.0ab

（续表）

处理	防治 1 次			防治 2 次		
	病穗率（%）	病情指数	防效（%）	病穗率（%）	病情指数	防效（%）
3	58.9±8.2	19.2±2.9	61.3±5.8d	39.0±4.5	10.4±2.4	79.1±4.8b
6	34.5±9.1	10.4±5.3	79.1±10.6ab	29.7±6.3	7.3±2.8	85.4±5.6a
7	45.9±6.5	13.6±4.0	72.6±8.0bc	27.3±4.2	6.5±1.1	86.8±2.3a
18（CK）	95.0±1.5	49.7±7.1	0	95.0±1.5	49.7±7.1	0

表 4 中数据显示，氰烯菌酯减量 20% 与新高脂膜组合（处理 13）处理，防治 1 次的防效 70.8%，显著高于氰烯菌酯减量 20% 处理（处理 9），与氰烯菌酯常规（处理 8）处理相当；防治 2 次的防效 86.0%，与氰烯菌酯常规处理相当。氰烯菌酯减量 30% 与新高脂组合（处理 14）处理，防治 1 次防效 52.2%，显著高于减量 30% 处理（处理 10）；防治 2 次的防效 82.3%，与常规处理相当。表明助剂新高脂膜的使用可有效减少氰烯菌酯施用剂量 20%~30%。

表 4　新高脂膜在氰烯菌酯减药防治小麦赤霉病中应用的效果

处理	防治 1 次			防治 2 次		
	病穗率（%）	病情指数	防效（%）	病穗率（%）	病情指数	防效（%）
8	46.7±3.3	13.0±1.5	73.9±3.1a	31.9±11.0	6.8±2.9	86.4±5.8a
9	69.4±6.7	23.8±4.8	52.1±9.7c	43.4±8.1	12.7±4.0	74.5±8.0b
10	83.0±3.7	31.8±2.8	36.0±5.6c	57.5±12.4	18.2±5.1	63.4±10.2c
13	51.3±12.1	14.5±1.4	70.8±2.8a	25.9±3.0	7.0±1.6	86.0±3.1a
14	71.3±5.6	23.8±5.2	52.2±10.4b	34.9±5.0	8.8±1.6	82.3±3.3ab
18（CK）	95.0±1.54	49.7±7.1	0	95.0±1.5	49.7±7.1	0

2.4　助剂对生物药剂四霉素的增效作用

表 5 中数据显示，四霉素水剂按当地小麦赤霉病防治常规亩用量在 65mL，防治 1 次防效 26.8%，防治 2 次防效 66.7%；当与助剂激健配合应用时（处理 16），1 次防治为 59.6%，2 次防治为 72.6%，均显著高于相应的四霉素常规处理；当与新高脂膜配合使用时（处理 17），防治 1 次和防治 2 次的防效均比相应的常规处理低。表明配合使用激健具有增效作用。

表 5　激健与新高脂膜在四霉素防治中应用的效果

处理	防治 1 次			防治 2 次		
	病穗率（%）	病情指数	防效（%）	病穗率（%）	病情指数	防效（%）
15	88.4±3.6	36.4±3.9	26.8±7.8b	57.3±2.8	16.5±3.2	66.7±6.4a

（续表）

处理	防治 1 次			防治 2 次		
	病穗率（%）	病情指数	防效（%）	病穗率（%）	病情指数	防效（%）
16	61.8±10.3	20.1±4.5	59.6±9.1a	55.0±11.4	13.6±4.2	72.6±8.5a
17	92.9±2.6	38.5±4.7	22.5±9.5b	78.7±4.5	26.2±4.1	47.3±8.3b
18（CK）	95.0±1.5	49.7±7.1	0	95.0±1.5	49.7±7.1	0

3　小结

药剂防治仍是当前小麦赤霉病防控最为主要的手段。种植户为追求防治效果，大量应用化学药剂，不仅造成药剂的浪费，也容易引发食品安全、环境污染和抗药性菌株滋生等生态安全问题。在现有防治条件的基础上，通过精准防控和助剂应用来提高药剂的防治效果已成为当前化学防控药剂减量增效的重要举措。农药助剂本身对病菌无生物活性，但与农药配合应用时，能有效提高农药的防治效果。农药桶混助剂的增效作用与所选农药及助剂本身的理化特点有关。试验结果表明，激健对化学药剂 40%多菌灵悬浮剂减药增效作用和对生物药剂 0.3%四霉素水剂增效显著；新高脂膜对 40%多菌灵悬浮剂和 25%氰烯菌酯悬浮剂减药增效作用明显。基于桶混助剂并不是对所有农药都表现增效作用，因此，开展桶混助剂与农药的应用基础研究，筛选最佳增效组合才能在生产中切实地提高防效、取得最大经济和生态效益。

［来源于：浙江农业科学，2020（3）］

豫南植棉区不同药剂与新高脂膜配施防治棉花烂铃的田间防效比较

李　民[1]　全洪雷[1]　吕少洋[2]　杨立轩[1]　周　冉[1]　徐笑锋[1]　曹宗鹏[1]

（1. 河南省南阳市农业科学院/国家棉花产业技术体系南阳综合试验站，河南南阳　473083；2. 河南省唐河县农业技术推广中心，河南唐河　473400）

摘要：为了筛选出适合豫南植棉区防治烂铃病的化学药剂，2015 年在南阳市宛城区汉冢开展了 5 种化学药剂加助剂（新高脂膜）防治棉花烂铃病的田间药效试验。结果表明，在豫南植棉区棉花成熟期的田间气温低、湿度大的小气候环境下，喷施杀菌剂加助剂（新高脂膜母液）对棉花烂铃病的防治效果为 17.06%～34.70%，以 250g/L 嘧菌酯悬浮剂+新高脂膜母液处理的防治棉花烂铃效果较好，相对于喷清水（CK1）和空白（CK2）的防效分别为 41.35%和 34.70%，适宜在豫南植棉区推广应用。

关键词：豫南植棉区；棉花；烂铃病；化学药剂；新高脂膜；药效；比较

棉花烂铃病在我国棉区普遍发生，造成减产降质，雨水较多的季节更为严重。传统的防治烂铃措施施工量大，效果差，而化学药剂用量少，持续期长，防效好的优势逐渐凸显。杨春华和张德才等认为，烂铃主要是病虫危害、不利天气、栽培管理措施不当等因素造成，病害是造成烂铃、僵瓣的内因，高温高湿的棉田小气候是发病的外因，华北地区 8 月下旬降雨天数和降雨量是影响烂铃发生的关键因素。夏正俊等认为，棉花烂铃具有多病原、发生期长、药剂防治难度大等特点，各地应根据当地烂铃病害的发生情况确定适合本地区的防治药剂、施药时间及次数，提高棉花产量和品质，使防治经济效益增加。基于此，作者通过分析豫南植棉区的小气候和烂铃发病情况与趋势，于 2015 年选择 80%三乙磷酸铝可湿性粉剂等 5 种化学药剂，均加入 1 种助剂（新高脂膜母液）进行田间药效比较试验，以筛选出防效最好的化学药剂，以期在豫南植棉区推广应用。

1　材料和方法

1.1　试验材料

试验在南阳市宛城区汉冢乡万庄村进行，供试田地为连续 4 年麦棉套作，棉花品种为鲁棉研 28 号。供试药剂分别为 80%三乙磷酸铝可湿性粉剂、80%代森锰锌可湿性粉剂、70%甲基布津托可湿性粉剂、250g/L 嘧菌酯悬浮剂、46.1%氢氧化铜水分散粒剂。助剂为新高脂膜母液。

1.2　试验设计

试验设 8 个处理，共 24 个小区，随机区组排列，小区面积 0.33hm²，3 次重复。处理 1 为 80%三乙磷酸铝可湿性粉剂 2 249g/hm²+新高脂膜母液 2.0g/L；处理 2 为 80%代森锰锌可湿性粉剂 2.0g/L+新高脂膜母液 2.0g/L；处理 3 为 70%甲基布津托可湿性粉剂 2 999g/hm²+新高脂膜母液 2.0g/L；处理 4 为 250g/L 嘧菌酯悬浮剂 1.0g/L+新高脂膜母液 2.0g/L；处理 5 为 46.1%氢氧化铜水分散粒剂 1.0g/L+新高脂膜母液 2.0g/L；处理 6 为纯施助剂处理，新高脂膜母液 2.0g/L，处理 7 为喷清水（CK1）；处理 8 为空白（不喷清水和化学药剂，CK2）。试验于 8 月 19 日和 9 月 1 日两次分处理对棉花全株喷施，两次喷液量均为 450kg/hm²。棉花种植行株距分别为 1.2 和 0.37m，密度为 22 819 株/hm²。试验田的病虫草害防治和田间管理均与当地大田相同。

1.3　项目测定与方法

喷施化学药剂前，在每小区中间 2 行选取连续 20 株棉株挂牌标记。在第二次喷施完化学药剂后 15d（9 月 16 日），调查各小区挂牌棉株的病情、记录烂铃数，并按下列公式计算防治效果。

$$防效 = （处理区棉株平均烂铃数-对照区棉株平均烂铃数） /$$
$$对照区棉株平均烂铃数×100\%$$

2　结果与分析

2.1　试验期间气候条件及发病特点

2015 年 8 月 19 日至 9 月 3 日为晴天，9 月 4 日夜间到 15 日上午连阴雨，16 日调查时多云转晴，整个试验期间田间气温低、湿度大，有积水。试验期间试验田棉株上大部分棉铃进入成熟后期，连续降雨使开裂棉铃受镰孢霉病或交链孢菌感染，形成生理性铃病，多发生于中上部果枝；棉株中下部果枝因受土壤、雨水等病原菌侵入，形成红腐病、铃疫病和炭疽病，产生霉铃和烂铃。

2.2　不同杀菌剂对棉花烂铃病的防效对比

由表1可知，5种化学杀菌药剂和1种助剂处理对棉花烂铃病的防效与清水对照CK1和空白对照CK2相比，都有一定防效，相对于CK1的防效为7.96%~41.35%、相对于CK2的防效为-2.48%~34.70%。其中以250g/L嘧菌酯悬浮剂1.0g/L+新高脂膜母液2.0g/L（处理4）的防治效果最好，相对于CK1和CK2的防效分别为41.35%和34.70%，明显好于其他4种药剂和助剂。而仅喷施助剂新高脂膜母液2.0g/L的（处理6），其防效最差，相对于CK1和CK2的防效分别为7.96%和-2.48%。

表1　不同化学杀菌剂对棉花铃病的防效对比

处理	单株烂铃数（个）	相对于CK1防效（%）	相对于CK2防效（%）
1	8.7	25.5	17.06
2	8.05	31.0	23.26
3	7.35	37.07	29.93
4	6.85	41.35	34.70
5	8.23	29.43	21.54
6	10.75	7.96	-2.48
7（CK1）	11.68	0	-11.34
8（CK2）	10.49	11.34	0

3　小结

研究结果表明，在豫南植棉区棉花成熟期的田间气温低、湿度大的小气候环境下，喷施杀菌剂加助剂（新高脂膜母液）对棉花烂铃病的防治效果为17.06%~34.70%，以喷施250g/L嘧菌酯悬浮剂1.0g/L+新高脂膜母液2.0g/L防治效果最好，相对于喷清水对照和空白对照的防效分别为41.35%和34.70%。林玲等于2012年和2013年在江苏省开展4种杀菌剂防治棉花烂铃病田间药效比较，结果表明，嘧菌酯能够破坏病菌的能量合成，对棉花烂铃病具有良好防效，这与本试验喷施250g/L嘧菌酯悬浮剂1.0g/L+新高脂膜母液2.0g/L防治棉花烂铃效果较好的结果一致。李继军认为，采用传统的农技措施，间作套种、延期播种对防治烂铃虽有一定效果，但不适宜大面积推广。研究和使用化学药剂防治棉花烂铃病的成本太高，因而培育抗烂铃品种成为今后新的研究方向。

［来源于：棉花科学，2018（6）］

新高脂膜对非洲菊切花保鲜效果影响

叶秀妹

（福建省泉州市农业学校，福建泉州　362000）

摘要：以非洲菊切花为试材，以200mg/L的8-羟基喹啉作为试验的瓶插液，用

400倍、600倍、800倍、1 000倍、1 200倍的新高脂膜稀释液分别对非洲菊切花花朵进行喷雾处理，以清水为对照（以下简称CK）喷雾处理，试验结果表明稀释600倍、800倍、1 000倍的新高脂膜稀释液在非洲菊切花瓶插寿命的延长、花枝鲜重的提升、花朵直径的增大、水分平衡的保持等方面均有显著效果，但综合效果最好的是800倍液。

关键词：非洲菊；新高脂膜；保鲜

非洲菊（*Gerbera jamesonii* Bolus）是菊科扶郎花属多年生草本花卉，是世界五大切花之一，在国内（外）切花市场上占有很重要的地位，在日常的切花装饰中应用广泛。非洲菊在日常的水养过程中，外轮花瓣常因失水而容易发生外翻、瓣尖皱缩，内轮管状花瓣易发霉、腐烂，花头下垂、茎秆折断等现象而影响其瓶插寿命和观赏值。到目前为止，针对非洲菊切花的保鲜展开的研究颇多，但主要是围绕瓶插液配方方面展开。瓶插液的成分复杂，配制工序比较烦琐，不容易为花店店员及家庭插花爱好者所掌握。本试验采用稀释不同倍数的新高脂膜，采用喷雾处理非洲菊切花，以研究其保鲜效果。新高脂膜粉剂是以高级脂肪酸与多种化合物科学复配，采用特色科研新工艺合成的一种可湿性粉剂，其pH值中性，无激素、农药、肥料成分，无毒、无味、无不良反应。本品稀释使用后自动扩散，形成一层肉眼看不见的高分子保护膜，紧贴植物体表面，这层膜为植物生长表面保护膜剂，不影响植物的吸水、透气、透光，还能够优化植物吸水、透气、透光质量，可保温、保湿、防病驱虫，过滤杂质、防污染、抑制病毒感染等作用，在农业水果栽培与保鲜上都有应用。王芳等也在月季切花保鲜上进行了相关试验，效果显著。此外，新高脂膜粉剂使用起来简单易掌握，只需用水稀释，用喷壶对花朵进行喷雾，很容易被花店工作者或家庭插花爱好者所接受，由此可见，研究它在非洲菊切花保鲜上的效果还是很有意义与值得推广的。

1　材料与方法

1.1　试验材料

选用的供试材料为非洲菊朱红宽瓣"海力斯"，采自泉州农校现代温室大棚。

1.2　试验时间与地点

试验于2017年12月23日—2018年1月12日在泉州农校插花实验室内进行，试验期间室温为18℃~24℃，湿度为56%~75%。

1.3　试验方法

1.3.1　花材的处理

试材于清晨采摘，并立即带回实验室，马上放到装满清水的大塑料桶里进行深水浸泡养护4h，让试材充分吸水恢复姿态后，选择茎秆挺立粗度一致无病虫害，花朵形态完好开放程度与新鲜度一致的花枝，于水中用刀片统一将花枝斜切，保留每枝花枝长30cm。

1.3.2　瓶插液与瓶插容器的准备

瓶插容器统一采用规格一致的三角锥瓶，采用清水配制浓度为200mg/L的8-羟基喹啉作为瓶插液，每个三角锥瓶分别倒入250mL的瓶插液，瓶口用保鲜膜密封，再用刀片割开5mm"一"字形切口备用。

1.3.3　新高脂膜喷液的配制

配制母液：将新高脂膜粉剂原包装瓶内，加清水至瓶口，充分搅动（要求粉剂全部溶解）成乳膏状母液。

稀释液的配制：根据每瓶母液300g的重量计算，加清水稀释配制成400倍液、600倍液、800倍液、1 000倍液、1 200倍液5种浓度。

1.3.4　试验设计

试验设计分2组，每组6个处理，每个处理设3次重复（即每个处理3瓶，每瓶1枝花），分别用新高脂膜400倍液、600倍液、800倍液、1 000倍液、1 200倍稀释液及清水（CK）对花朵进行喷雾处理，将所有花枝都插在事先准备好的装有基本瓶插液的三角锥瓶中，每瓶1枝花，放置于有漫射光、通风良好的室内位置。一组用于测定切花的瓶插寿命、直径变化率、鲜重变化率、水分平衡值，另一组用于测定相对电导率。

1.4　测定项目

1.4.1　切花瓶插寿命

以瓶插的第1天作为切花瓶插寿命的起点，以花头耷拉花茎弯曲度达90°、外层2/3花瓣失水皱缩萎蔫、花瓣从尖端开始出现1/2枯萎作为切花寿命结束标志。

1.4.2　花朵直径变化率

每天用直尺测量非洲菊切花花朵3个不同方向的直径，取其平均值作为非洲菊切花花朵当天的直径，并计算其直径变化率。

直径变化率（%）＝（测定日直径−初始日直径）÷初始日直径×100%

1.4.3　花枝鲜重变化率

从切花瓶插第1天开始，每天用精确度为百分之一的电子天平称瓶+液+花与瓶+液的重量，两者的差值即为非洲菊花枝当天的鲜重，并计算出花枝鲜重的变化率，具体计算方法为：

鲜重变化率＝（测定日鲜重−初始日鲜重）÷初始日鲜重×100%

1.4.4　水分平衡值

采用称重法，先称取花枝+溶液+瓶重量，以2次连续称重之差为2次称重这段时期内的失水量；同样称溶液+瓶重量，以2次连续称重之差为2次称重这段时期内的吸水量，并计算这时段的水分平衡值：水分平衡值＝吸水量−失水量。

1.4.5　相对电导率测定

保鲜后的第2天开始每2d测定1次非洲菊花瓣细胞膜透性含量，即相对电导率测定，重复3次，取平均值。具体做法为：随机从花朵中摘取一定数量的花瓣，用剪刀剪碎，称取0.2g花瓣，放入50mL烧杯中，加入30mL去离子水，震荡1min，用DDS-IIA型电导率仪来测定其电导率EC_0，放在室温条件下24h，测其电导率EC_1，再置沸水中加热10min，取出冷却后摇匀，分别测电导率EC_2，计算出相对电导率：

相对电导率（%）＝（EC_1-EC_0）÷（EC_2-EC_0）×100%

2　结果与分析

由图1可以看出，分别用400倍液、600倍液、800倍液、1 000倍液、1 200倍液的新高脂膜处理过的非洲菊切花保鲜寿命依次为15d、16d、18d、16d、15d，没有用新高脂膜的 CK 处理保鲜寿命为 14d，由此可以得知 400 倍液、600 倍液、800 倍液、1 000倍液、1 200倍液的新高脂膜在不同程度上延长了非洲菊切花保鲜寿命，其中 800 倍液处理保鲜寿命比 CK 延迟 4d，效果非常显著；600 倍液与 1 000倍液处理保鲜寿命比 CK 延迟 2d，效果显著，400 倍液与 1 200倍液处理保鲜寿命比 CK 延迟 1d，效果不显著。

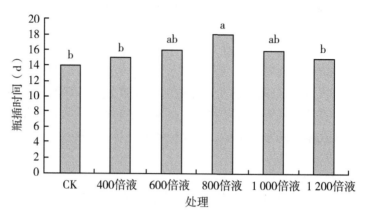

图中小写字母不同表示在 1% 的水平差异显著。

图 1　不同浓度新高脂膜对非洲菊切花保鲜寿命的影响

由图 2 可以看出，5 个供试处理和 CK 的花朵直径变化率整体呈现出先上升后下降的趋势，且花朵直径变化率都于第 4 天达到最大值，之后开始呈现出下降趋势，但 5 个处理的花朵直径变化率下降趋势有所不同，其中 800 倍液表现得最为平缓，其次为 600 倍液和 1 000倍液处理，400 倍液与 1 200倍液处理变化趋势相对急促，即在保持非洲菊切花花朵的直径大小方面效果 800 倍液最佳，其次为 600 倍液，400 倍液前 6 天效果良好，但之后就急促下降，1 200倍液效果与 CK 相近，效果不明显。

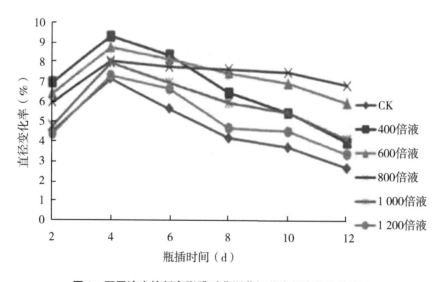

图 2　不同浓度的新高脂膜对非洲菊切花直径变化率的影响

由图3可知，CK和5个供试处理的非洲菊切花鲜重变化率都于第2天达到最大值，这也表明供试非洲菊切花鲜重达到峰值，之后鲜重变化率开始下降，其中CK于第5天转为负值，1 200倍液于第6天转为负值，400倍液、800倍液、1 000倍液于第7天转为负值，其中600倍液、800倍液、1 000倍液处理的鲜重变化率下降趋势较为缓和，1 200倍液处理与CK鲜重变化率下降趋势较急促，且1 200倍液处理与CK鲜重变化率下降趋势接近。400倍液处理鲜重变化率前6d下降趋势缓和，但之后鲜重变化率开始快速下降。由此可见，在鲜重变化率变化方面，即鲜重保持方面，800倍液最佳，其次为600和1 000倍液，1 200倍液效果不明显，400倍液表现出前好后差的效果。

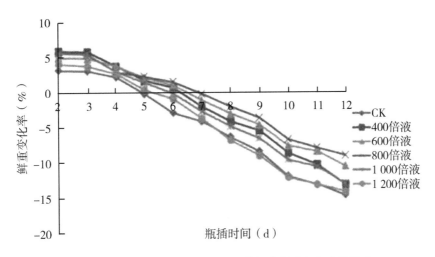

图3　不同浓度的新高脂膜对非洲菊切花鲜重变化率的影响

由图4可以看出，CK与5个供试处理第2天、第3天花枝的吸水量均大于失水量，水分平衡值为正值，到第4天花枝的吸水量小于失水量，水分平衡值开始转为负。其

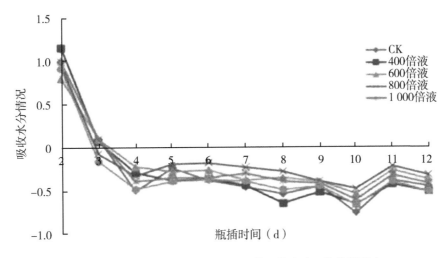

图4　不同浓度的新高脂膜对非洲菊切花水分平衡值的影响

中，800 倍液、600 倍液与 CK 对比，水分平衡值下降趋势较缓，说明花枝的失水比较小；1 200倍液与 CK 对比，水分平衡值下降趋势无明显差异；400 倍液处理在前 4d 的水分平衡值保持效果较理想，但从第 5 天开始 400 倍液处理水分平衡值开始急促下降。由此可见，与 CK 对比在水分平衡保持方面，800 倍液的效果最佳，其次为 600 和 1 000，1 000倍液效果不明显，400 倍液在后期效果不理想。

由图 5 可知，在非洲菊切花的整个瓶插期间，5 个供试处理和 CK 的相对电导率均呈上升趋势，在前 5d 上升比较平缓，第 6 天后上升趋势开始变大，这也就意味着花瓣细胞内的析出容物在整个瓶插过程中逐渐增多，花瓣细胞的膜质透性逐渐增大。在整个瓶插过程中 5 个处理的相对电导率的上升趋势均比 CK 缓和，均能有效降低花瓣细胞膜质透性增大幅度，但降低效果最好的依次是 800 与 600 倍液，其次是 400 和 1 000倍液，效果最不明显的是 1 200倍液。

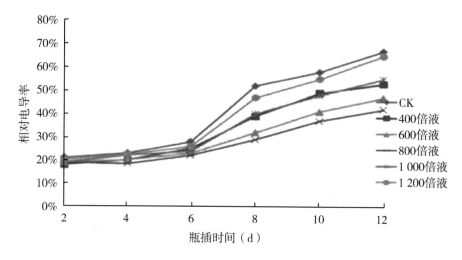

图 5　不同稀释倍数的新高脂膜对非洲菊切花花瓣细胞膜相对透性的影响

3　结论与讨论

切花的瓶插寿命与花朵直径变化率是衡量保鲜效果最直观、表外的指标。根据杨明艳的相关研究表明，非洲菊切花的瓶插寿命与水分平衡值、鲜重变化率分别呈线性和多项式回归关系。上述试验结果表明，非洲菊切花经 3 种稀释液新高脂膜的处理后，在延长切花瓶插寿命、提升和维持花朵直径、促进水分平衡，提高切花鲜重等方面都有不同程度的效果。

在瓶插寿命方面：800 倍液（18d）＞600 倍液（16d），1 000倍液（16d）＞400 倍液（15d），1 200倍液（15d）＞CK（14d）；相对于 CK，800 倍液处理延长了瓶插寿命 4d，效果极显著；600 倍液与 1 000倍液延长了瓶插寿命 2d，效果显著；400 倍液与 1 200倍液处理只比 CK 延长 1d，效果不明显。

在切花直径变化率、鲜重变化率、水分平衡值、相对电导率方面：800 倍液处理明显优于 CK；其次是 600 倍液与 1 000倍液；400 倍液与 1 200倍液处理优于 CK，但效果不明显。

切花水分亏缺是输导受阻、保水力降低和环境诱导等因素共同作用的结果。切花的新鲜度只有在吸水量大于蒸腾量时表现为切花鲜重上升，花色鲜艳，茎秆挺拔，代谢正常；吸水量小于蒸腾量时则相反。本试验采用新高脂膜粉剂稀释液对非洲菊切花进行喷施保鲜处理，其作用就是降低和抵制切花的蒸腾量，提高切花吸水量与蒸腾量的比值，使切花较长时间保持吸水大于蒸腾的状态，保持水分的吸收、传导，延缓切花的衰老。

从 5 个供试处理各测试指标表现分析，在瓶插试验的前期（4~6d）综合各测试指标来看，400 倍液与 600 倍液处理各指标都表现出优于 800 倍液处理，但在这之后各指标变化趋势开始分化，其中 400 倍液的处理各测试指标开始急剧变化，800 倍液各测试指标变化趋势比较平稳；从而使得在试验的中后期 800 倍液各测试指标表现出最优的效果。由此可见，稀释倍数高的新高脂膜对非洲菊切花的水分保持方面有一定的作用，但是稀释倍数也不是越高越好，会使切花后期的各方面指标下降急剧，由此可见高浓度的高脂膜对切花的呼吸等生理代谢方面还是有一定的影响；1 000 倍液与 1 200 倍液在整个试验过程中各测试指标都表现出不如 800 倍液处理。

由此可见，新高脂膜粉剂稀释液对非洲菊切花保鲜是有效果的，但在使用稀释倍数方面要把握一个平衡值，由本试验来看，非洲菊切花保鲜采用 800 倍液处理效果最好。但 400 倍液也有其优势，即在瓶插刚开始的前几天对蒸腾量的抵制效果比 800 倍液显著，从而能够很好地保持非洲菊切花的新鲜度和观赏价值，所以在一些切花装饰展示期较短，如小于 3~4d 的场合，400 倍液浓度反而能够获得比 800 倍液浓度更好的保鲜效果。

[来源于：福建热作科技，2018（4）]

枝蔓喷施抗蒸腾剂对免埋土酿酒葡萄越冬性的影响

许亚丽　李映龙　孙　霄　宋　申　单守明　刘成敏

（宁夏大学农学院，宁夏银川　750021）

摘要：为了提高免埋土酿酒葡萄的越冬性，以冬季不埋土的北红、北玫葡萄为试验材料，研究枝蔓喷施不同浓度抗蒸腾剂对葡萄越冬性的影响。结果表明，埋土处理、喷施新高脂膜和石蜡乳液处理均提高了枝条中可溶性总糖、脯氨酸和含水量，降低了相对电导率，提高了春季枝条萌芽率并降低了枝条抽条率。其中 w（石蜡乳液）= 20% 和 w（新高脂膜）= 0.6% 处理显著降低了抽条率、显著提高了萌芽率。对不同处理的越冬性进行主成分分析，除埋土处理外，以 w（石蜡乳液）= 20% 处理的综合得分最高，其次为 w（新高脂膜）= 0.6% 处理，这与实际试验结果相符。因此，在冬季葡萄休眠期，喷施适量浓度的新高脂膜和石蜡乳液可提高葡萄枝蔓中的含水量，从而提高免埋土葡萄的越冬性能。

关键词：抗蒸腾剂；葡萄；越冬；抽条

在中国北方干旱地区，苹果、梨、桃、核桃、枣、葡萄和樱桃等许多果树普遍存在抽条现象，1~3 年生幼树尤为严重。抽条与休眠期枝条的皮孔、组织解剖构造有关，也与休眠期枝条内渗透调节物质含量、储藏养分含量、束缚水与自由水比值密切相关，果树抗抽条能力和越冬性受树龄、砧木、品种、植物生长调节剂、栽培技术措施、休眠期树体保护措施等因素影响。宁夏贺兰山东麓独特的环境气候条件十分有利于酿酒葡萄品质的形成，葡萄和葡萄酒产业已成为宁夏重要的特色支柱产业之一。欧亚种酿酒葡萄在贺兰山东麓冬季必须埋土才能安全越冬，这就提高了生产成本，也不利于冬季生态环境的保护。北红、北玫葡萄高抗寒、抗病、品质上乘，在宁夏不埋土也可以安全越冬，但是宁夏早春气候干燥、多风而蒸发强烈易导致葡萄抽条，枝蔓不充实则发生率更高。因此，研究枝蔓喷施抗蒸腾剂对北红、北玫葡萄植株越冬性的影响，为免埋土酿酒葡萄的安全越冬提供一定的理论和技术支撑，对于宁夏贺兰山东麓生态环境保护、酿酒葡萄品种结构调整具有重要意义。

1　材料与方法

1.1　试验材料

试验于 2016 年 12 月至 2017 年 4 月在宁夏银川宁夏现代农业综合开发工程技术研究中心酿酒葡萄示范园进行。选择生长势相似的 4 年生北红葡萄、北玫葡萄为试验材料，未埋土，常规田间管理，"厂"字架形整形方式，春季萌芽后进行修剪。于 12 月中旬葡萄进入休眠期后对全树分别喷施质量分数为 1.2%（ⅡT1）、0.6%（ⅡT2）、0.4%（ⅡT3）的新高脂膜 [w（高级脂肪酸乳化液）= 70%] 以及质量分数为 30%（ⅢT1）、20%（ⅢT2）、10%（ⅢT3）的石蜡乳液 [w（液体石蜡）= 40%]，以喷施清水作为对照（CK），部分葡萄埋土 [Ⅰ，埋土厚度为 30cm（正常管理埋土厚度）]。每隔 30d 喷 1 次，共喷 3 次试验采用随机区组设计，重复 3 次，每个处理约 90 株葡萄。

1.2　越冬性能测定

于 3 月下旬葡萄发芽前 15d 左右采样，测定各处理枝蔓中的含水量和相对电导率，用蒽酮硫酸比色法测定可溶性糖含量，酸性茚三酮显色法测定脯氨酸含量。4 月上旬萌芽后统计二次枝的萌芽率以及抽条率，修剪后统计结果枝的萌芽率以及抽条率。

1.3　数据处理

采用 Microsoft Office 2010 处理数据，DPS 统计软件对数据进行方差分析和主成分分析。

2　结果与分析

2.1　不同处理对枝蔓含水量和细胞膜透性的影响

埋土、新高脂膜以及石蜡乳液处理使枝蔓含水量提高了 1.5%~16.9%，相对电导率降低了 11.2%~48.2%。埋土处理显著提高了北红和北玫枝蔓中的含水量，极显著降低了枝蔓的相对电导率（表 1）。新高脂膜和石蜡乳液处理均提高了 2 个葡萄品种枝蔓中的含水量并降低了相对电导率。ⅡT1、ⅡT2、ⅢT1、ⅢT2 显著提高了葡萄枝蔓中的含水量，并使枝蔓的相对电导率极显著降低。石蜡乳液和新高脂膜处理的葡萄枝蔓水分含量和相对电导率差异不显著。

表1 不同处理对枝条含水量和相对电导率的影响 （单位:%）

处理	北红		北玫	
	含水量	相对导电率	含水量	相对电导率
CK	44.77b	37.3aA	45.57b	41.1aA
I	59.37a	21.2cC	57.17a	21.3dc
ⅡT1	57.63a	24.3cBC	55.20a	32.2bcAB
ⅡT2	55.41a	23.3cBC	54.21a	27.9cdBC
ⅡT3	51.53ab	26.3bcBC	53.90ab	35.3abcAB
ⅢT1	58.11a	22.3cBC	55.53a	34.5abcAB
ⅢT2	56.43a	26.3bcBC	53.91a	29.4bcBC
ⅢT3	52.41ab	30.7bAB	51.41ab	36.5abAB

注：不同小写字母表示差异达到0.05显著水平；不同大写字母表示差异达到0.01显著水平。下表同。

2.2 不同处理对枝蔓中可溶性物质质量比的影响

在冬季对免埋土葡萄进行埋土、喷施不同质量分数高脂膜和石蜡乳液处理可提高发芽前葡萄枝蔓中可溶性总糖和脯氨酸质量比（表2）。在3种处理方式中，埋土处理的北红枝蔓中可溶性糖和脯氨酸含量最高，其次是石蜡处理，最低的是新高脂膜处理。埋土处理显著提高了北红和北玫枝蔓中可溶性糖含量，极显著提高了枝蔓中的脯氨酸含量。ⅡT2处理显著提高了北红和北玫枝蔓中可溶性总糖和脯氨酸含量，ⅡT2极显著提高了北红枝蔓中的脯氨酸含量。

表2 不同处理对葡萄枝条中可溶性糖和脯氨酸的影响

处理	北红		北玫	
	可溶性总糖（%）	脯氨酸（μg/g）	可溶性总糖（%）	脯氨酸（μg/g）
CK	0.39b	11.59dC	0.39b	14.11cB
I	0.42a	19.05aA	0.43a	23.28aA
ⅡT1	0.41ab	12.62cdBC	0.41ab	16.71bcB
ⅡT2	0.42a	13.54bcBC	0.43a	17.98bAB
ⅡT3	0.41ab	12.62cdBC	0.41ab	16.58bcB
ⅢT1	0.40ab	15.04bcABC	0.40ab	17.82bcAB
ⅢT2	0.42a	16.87abAB	0.43a	18.40bAB
ⅢT3	0.40ab	14.87bcdABC	0.41ab	17.28bcB

2.3 不同处理对葡萄枝蔓抽条率和萌芽率的影响

在冬季葡萄休眠期进行埋土、喷施新高脂膜和石蜡乳液处理，可提高萌芽率，随着新高脂膜和石蜡乳液质量分数的提高，枝蔓抽条率有降低趋势，萌芽率有升高趋势（表3）。埋土处理极显著降低了二次枝和结果枝的抽条率，使萌芽率极显著升高。新高脂膜和石蜡乳液处理使二次枝的抽条率降低了12.7%~64.5%，萌芽率提高了3.3%~18.8%。ⅡT1、ⅡT2、ⅢT1、ⅢT2均极显著降低了北红和北玫枝蔓二次枝和结果枝的抽条率，使二次枝的萌芽率极显著提高。ⅡT2、ⅢT2显著提高了2个葡萄品种结果枝的萌芽率。

表3　不同处理对葡萄枝条抽条和萌芽率的影响　　　　　　　　　（单位:%）

处理	北红				北玫			
	抽条率		萌芽率		抽条率		萌芽率	
	二次枝	结果枝	二次枝	结果枝	二次枝	结果枝	二次枝	结果枝
CK	79.97aA	18.03aA	26.60fD	58.86dB	73.33aA	33.14aA	34.45dD	57.34cB
Ⅰ	13.93dD	2.57gF	83.46aA	86.71aA	18.14fE	11.29eD	79.85aA	83.17aA
ⅡT1	34.53cC	11.53deCD	65.68bcdAB	68.44bcdAB	31.02deDE	19.40cdBC	58.98bcBC	70.77abcAB
ⅡT2	53.33bB	12.29cdBCD	75.44abcAB	76.41abcAB	48.91bcBC	21.42bcBC	66.15abcABC	79.38aAB
ⅡT3	55.78bB	15.74abAB	43.48eCD	60.81cdB	55.33bA	26.04bAB	58.52cBC	70.22abcAB
ⅢT1	28.37cCD	7.49fE	61.61cdBC	72.23abcdAB	39.59cdCD	16.02deCD	60.58bcABC	72.69abcAB
ⅢT2	54.27bB	9.03efDE	76.61abAB	79.64abAB	27.23efDE	21.29bcBC	72.74abAB	76.29abAB
ⅢT3	59.29bB	14.53bcABC	58.11dBC	63.44bcdB	50.26bBC	25.56bB	52.17cCD	62.64bcAB

2.4 越冬性指标主成分分析

将2个葡萄品种越冬性的8个指标（可溶性总糖、脯氨酸、含水量、相对电导率、二次枝抽条率、结果枝抽条率、二次枝萌芽率、结果枝萌芽率）用DPS数据处理系统进行主成分分析，最终提取出2个主成分（表4），它们的累计方差贡献率分别为89.817%（北红）和92.575%（北玫）。根据表4得出参试品种前2个主成分的因素模型方程式，北红为 $F_1 = 0.284X_1 + 0.313X_2 + 0.376X_3 + 0.355X_4 + 0.361X_5 + 0.373X_6 - 0.372X_7 - 0.383X_8$，$F_2 = 0.780X_1 - 0.345X_2 + 0.092X_3 + 0.3054X_4 + 0.252X_5 - 0.297X_6 + 0.003X_7 + 0.140X_8$；北玫为 $F_1 = 0.336X_1 + 0.344X_2 + 0.324X_3 + 0.369X_4 - 0.36X_5 - 0.357X_6 + 0.371X_7 + 0.365X_8$，$F_2 = -0.508X_1 + 0.011X_2 + 0.789X_3 - 0.158X_4 + 0.066X_5 + 0.254X_6 + 0.113X_7 + 0.114X_8$。

表4　2个主成分的特征向量、特征值、贡献率和累计贡献率

项目	北红		北玫	
	主成分1	主成分2	主成分1	主成分2
可溶性总糖	0.284	0.780	0.336	-0.508
脯氨酸	0.313	-0.345	0.344	0.011

（续表）

项目	北红		北玫	
	主成分1	主成分2	主成分1	主成分2
含水量	0.376	0.092	0.324	0.789
相对电导率	0.355	0.305	0.369	−0.158
二次枝抽条率	0.361	−0.252	−0.360	0.066
结果枝抽条率	0.373	−0.297	−0.357	0.254
二次枝萌芽率	−0.371	0.003	0.371	0.113
结果枝萌芽率	−0.383	0.140	0.365	0.114
特征值	6.556	0.629	7.005	0.402
贡献率（%）	81.954	7.862	87.556	5.019
累计贡献率（%）	81.954	89.817	87.556	92.575

利用 DPS 数据处理系统，将各主成分对应的方差贡献率作为权重，线性加权各主成分得分，构建 2 个葡萄品种越冬性评定的综合模型，依据 $F = F_1 \times \lambda_1 / (\lambda_1 + \lambda_2) + F_2 \times \lambda_2 / (\lambda_1 + \lambda_2)$，得出 2 个葡萄品种的越冬性得分和排序。综合得分大于 0 的。说明越冬性在平均水平之上。如表 5 所示，越冬性综合得分最高的是埋土处理，其次是 w（石蜡乳液）= 20% 处理，第三是 w（新高脂膜）= 0.6% 处理。

表5　2个葡萄品种的越冬性综合评价得分

处理	北红				北玫			
	主成分1得分	主成分2得分	综合得分	排序	主成分1得分	主成分2得分	综合得分	排序
CK	−5.017	−0.713	−5.730	8	−5.005	−0.735	−5.741	8
Ⅰ	4.242	−0.654	3.589	1	4.424	−0.149	4.275	1
ⅡT1	0.844	0.359	1.204	4	−0.139	0.590	0.451	5
ⅡT2	0.186	1.321	1.507	3	1.816	−0.551	1.265	3
ⅡT3	−1.502	0.810	−0.693	6	−1.276	0.651	−0.626	6
ⅢT1	1.540	−1.020	0.520	5	−0.138	1.049	0.911	4
ⅢT2	1.244	0.459	1.703	2	1.948	−0.659	1.289	2
ⅢT3	−1.536	−0.562	−2.098	7	−1.629	−0.196	−1.825	7

3　结论与讨论

在休眠期，果树抽条主要是由于枝条内水分供给与散失平衡被破坏造成失水胁迫所引起，休眠期枝条含水量可以作为果树抽条评价指标。新高脂膜和石蜡乳液可以在植物表面形成一层生物膜，降低水分蒸发。在冬季休眠初期，免埋土的北红和北玫葡萄枝蔓喷施不同质量分数的新高脂膜和石蜡乳液，均显著提高了葡萄枝蔓的含水量、显著降低了枝蔓的电导率。说明新高脂膜和石蜡乳液可以显著降低休眠期葡萄枝蔓表面自皮孔至角质层裂缝处的水分蒸发，降低水分胁迫，从而降低枝蔓的电导率。休眠期枝条含水量与枝蔓中可溶性糖和脯氨酸等渗透调节物质的含量密切相关，新高脂膜和石蜡乳液处理均明显提高了可溶性总糖和脯氨酸，提高了枝蔓的持水能力，从而显著提高了枝蔓中的水分含量，降低了抽条率。

春季枝蔓萌芽率是免埋土葡萄越冬能力的重要指标，在休眠初期喷施新高脂膜和石蜡乳液，次年春季葡萄萌芽后结果枝和二次枝的萌芽率均显著提高。T2 处理极显著提高了枝蔓的萌芽率，表明休眠初期免埋土葡萄枝蔓表面喷施一定浓度的抗蒸腾剂可以提高枝蔓中渗透物质含量，提高枝条含水量，从而提高葡萄越冬性，降低抽条率，进而显著提高春季枝蔓的萌芽率。主成分分析结果表明，除了埋土处理的越冬性最好外，w（石蜡乳液）= 20%处理的综合得分最高，其次是 w（新高脂膜）= 0.6%处理，模型分析结果与实际试验结果相符。因此采用主成分分析法可有效评价免埋土葡萄的越冬性能。

[来源于：农业科学研究，2018（2）]

2018 年阿荣旗新高脂膜农药减量控害增产试验示范总结

张海军

（内蒙古阿荣旗植保植检站/呼伦贝尔市植保植检站）

由于农药使用量较大和施药方法不够科学，带来生产成本增加、农产品残留超标、作物药害、环境污染等系列问题。为有效控制农药使用量，保障农业生产安全、农产品质量安全和生态环境安全，促进农业可持续发展，实现到 2020 年农药使用量零增长的目标，2018 年阿荣旗开展新高脂膜农药减量控害增产试验示范。

1 试验目的

为扎实推进农业农村部提出的《到 2020 年农药使用量零增长行动方案》的实施，实现农药减施增效、减量控害和农作物病虫害可持续治理，保障粮食安全、农产品质量安全和农业生态安全。达到农药减量使用、保证病虫防治效果。

2 试验条件和方法

2.1 试验地点

阿荣旗现代农业科技示范园区。

2.2 试验药剂

新高脂膜由陕西省渭南高新区促花王科技有限公司提供，除草剂在当地市场选购。

2.3 母液的配制

打开新高脂膜包装，先将包装瓶内小袋粉剂取出（每袋约 50g）共同放在一个器皿里，加水（50g/袋+250g 水）用力充分搅动成母液乳膏，将配制好的母液以每瓶 300g

重量计算。

2.4　供试作物及对象

大豆和玉米田苗后除草试验。

2.5　农药减量方法

除草剂按常量减 40%、30%，每亩加新高脂膜膏剂 30g。

2.6　试验设计和处理

试验示范采取大区对比试验，设 3 个处理，每个处理区面积 0.5 亩。处理与对照作物栽培方式、品种、管理、水肥条件一致。试验设计见表 1。

表 1　试验设计

	新高脂膜+24%硝磺烟莠去津 （g、mL/333.3m²）		24%硝磺烟莠去津 （g、mL/333.3m²）
玉米	处理 1 −40%	处理 2 −30%	处理 3 常规用药
	15+50	15+58	84
	新高脂膜+35%松喹氟磺胺 （g、mL/333.3m²）		35%松喹氟磺胺 （g、mL/333.3m²）
大豆	处理 1 −40%	处理 2 −30%	处理 3 常规用药
	15+42	15+49	70

2.7　试验方法

各处理分别于玉米、大豆苗后茎叶喷雾处理，亩兑水量 30kg，药剂采用二次稀释方法，充分搅拌，均匀喷雾。

3　防治效果调查

3.1　气象及土壤资料

施药当日气象资料见表 2。

表 2　施药当日试验地天气状况表

施药日期	天气状况	风向	风力 （m/s）	温度 （℃）	相对湿度 （%）	降雨情况	其他气象 因素
6 月 21 日	晴	西北风	0.9	23.4	65.4	0	

玉米试验田土壤为暗棕壤，地势平坦，肥力均匀，有机质含量为 2.6%，pH 值为 6.4，速效钾为 228mg/kg，速效磷为 41mg/kg，水解氮为 345.1mg/kg。前茬大豆，杂草分布均匀。

大豆试验田土壤为暗棕壤，地势平坦，肥力均匀，有机质含量为 2.4%，pH 值为 6.3，速效钾为 216.3mg/kg，速效磷为 39.2mg/kg，水解氮为 319.2mg/kg。前茬玉米，杂草分布均匀。

3.2　调查的方法、时间和次数

各处理分别于施药前和施药后 15d、30d 进行调查，每个处理取 5 点调查杂草数量。

3.3　各处理方法保护天敌对比

施药后通过多点观察，各处理对天敌和其他非靶标生物无影响。

3.4　对作物药害的影响

施药后 7 和 15d 进行调查，各处理对作物均无药害症状。

3.5　防除效果

玉米和大豆除草效果见表 3、表 4。

表 3　玉米除草效果调查表

处理	施药前杂草数量（株/m²）	施药后 15d		施药后 30d	
		杂草数量（株/m²）	防效（%）	杂草数量（株/m²）	防效（%）
1	73	4.5	93.8	4.5	93.8
2	75	3.5	95.3	3.5	95.3
3	76.5	3	96	3	96

表 4　大豆除草效果调查表

处理	施药前杂草数量（株/m²）	施药后 15d		施药后 30d	
		杂草数量（株/m²）	防效（%）	杂草数量（株/m²）	防效（%）
1	77	5.5	92.9	5.5	92.9
2	81	5	93.8	5	93.8
3	78	3	96.2	3	96.2

3.6　产量调查

玉米和大豆的产量见表 5、表 6。

表 5　玉米产量调查表

处理	株高（cm）	药害情况	亩穗数（穗）	穗粒数（粒）	百粒重（g）	折亩产量（kg）	增产率（%）
1	255	无	3 660	432	32.3	510.7	3.3
2	248	无	3 660	428	32	501.3	1.4
3	245	无	3 660	422	32	494.2	

表 6 大豆产量调查表

处理	株高（cm）	药害情况	密度（株/m²）	单株荚数（个）	单株粒数（个）	百粒重（g）	折亩产量（kg）	增产率（%）
1	79.0	无	22.5	29.5	64.2	16.5	158.9	4.3
2	78.5	无	22.2	28	65	16.5	158.7	4.1
3	77.0	无	22.3	27	62.5	16.4	152.4	

4 效益分析与结论

4.1 效益分析

玉米和大豆除草效益见表 7、表 8。

表 7 玉米效益分析表

处理	亩产量（kg）	亩增产（kg）	产品单价（元/kg）	亩成本（元）	新增产值（元）	投入产出比
1	510.7	16.5	1.26	12.20	22.59	1∶5.9
2	501.3	7.1	1.26	13.60	9.35	1∶2.5
3	494.2		1.26	14.00		

注：新高脂膜每亩成本 3.80 元。

表 8 大豆效益分析表

处理	亩产量（kg）	亩增产（kg）	产品单价（元/kg）	亩成本（元）	新增产值（元）	投入产出比
1	171.7	6.5	3.40	8.00	21.1	1∶5.6
2	171.7	6.3	3.40	8.70	19.72	1∶5.2
3	166.2		3.40	7.00		

注：新高脂膜每亩成本 3.80 元。

4.2 试验分析与结论

通过试验调查，采用新高脂膜加除草剂，防除玉米和大豆田杂草，除草剂减量使用与常规用量的除草效果没有明显差异，防效分别为：玉米田除草新高脂膜+24%硝磺烟莠去津减量 40%防效 93.8%，新高脂膜+24%硝磺烟莠去津减量 30%防效 95.3%；大豆田除草新高脂膜+35%松喹氟磺胺减量 40%防效 92.9%，新高脂膜+35%松喹氟磺胺减量 30%防效 93.8%。新高脂膜加除草剂对玉米和大豆有一定增产效果，其中玉米增产 1.4%~3.3%，投入产出比 1∶（2.5~5.9）；大豆增产 4.1%~4.3%，投入产出比 1∶（5.2~5.6）。应用陕西省渭南高新区促花王科技有限公司提供的新高脂膜，可以达到农药减施增效、减量控害效果。

（2018 年 10 月 20 日）

菇娘农药减量控害增产综合治理示范田总结报告

张海军

（内蒙古呼伦贝尔市植保植检站）

1 试验目的

为扎实推进农业部提出的《到2020年农药使用量零增长行动方案》的实施，实现农药减施增效、减量控害和农作物病虫害可持续治理，保障粮食安全、农产品质量安全和农业生态安全，实施乡村振兴战略，促进菇娘产业健康发展，早日脱贫致富达小康，通过开展本试验，以达到农药减量使用、保证病虫草防治效果，达到农药减量控害降残增产目标。

2 试验设计

2.1 地点

莫力达瓦达斡尔族自治旗尼尔基镇丰华菇娘示范基地。

2.2 供试作物及对象

菇娘除草、病害防控。

2.3 农药减量方法

农药、叶面肥按当地常规使用量减少40%；除草剂减30%。

2.4 试验情况

示范区面积30亩，处理与对照各15亩，处理与对照作物栽培方式、品种、管理、水肥条件都一致。前茬为玉米茬，土质为沙壤土，土壤肥力中等，施复合生物菌肥5kg，生长期滴灌5次及追肥5次，每次亩追施水溶性肥2~3kg。采用中棚基质育苗，4月16日播种，5月18日移栽。

2.5 处理

试验处理：苗前封闭除草，倍创与除草剂混用，倍创每亩次使用10g；S诱抗素50mL/亩（国光动力）+国光络康50mL/亩验证抗寒、抗旱、抗病、促早熟功效，苗期、定植后、采摘期各1次共3次与其他交替使用；激健与杀菌剂混用（减量40%），激健每亩次使用15g，施药4次；新高脂膜膏剂30g施药4次与激健交替使用；

对照处理：杀菌剂7次（其中苗期2次、定植后5次），叶面肥5次（苗期1次、定植后1次、采摘期3次），除草剂采用封闭灭草，按照当地常规使用量使用。

3 防治效果调查情况与分析

调查各处理防效，以调查标准为准，比较减量与常规用量防治效果，采取5点取样平均；分别在处理后的坐果期、采摘初期、采摘期3个时期进行；检查药剂对作物有无药害，记录药害的类型和危害程度，记录对作物有益的影响；对减量和常规用量全部分别实收，计算亩产，并对籽粒留样，进行质量及农残检测。调查结果见表1至表5。

表 1 坐果期生育性状调查表

处理	株高（cm）	防病效果	药害情况	除草效果	单株分枝数（个）	单株坐果数（个）	单果重（g）
试验处理	35	良好	无	良好	7	67	3.5
对照	36	一般	轻微	一般	7	54	3.2

表 2 采摘初期生育性状调查表

处理	株高（cm）	防病效果	药害情况	除草效果	单株坐果数（个）	单株可采果数（个）	可采单果重量（g）	单株可采产量（g）
试验设计	45	良好	无	良好、无杂草	86	56	4.6	257.6
对照	45	一般	严重	一般、少量杂草	79	41	4.2	172.2

表 3 采摘期生育性状调查表

处理	株高（cm）	防病效果	药害情况	除草效果	叶色	采摘日数（d）	单株可采果数（个）	单果重量（g）	单株产量（g）	亩株数（株）	亩产量（kg）
试验处理	55	良好	无	良好	浓绿	76	95	4.8	456	1 450	661.2
对照	54	差	严重	有杂草	淡绿	70	82	4.3	352.6	1 435	505.9

表 4 产量调查表

处理	总产（kg）	亩产量（kg）	亩增产（kg）	亩增产率（%）
试验处理	9 918	661.2	155.3	30.7
对照	7 588.5	505.9		

表 5 效益分析表

处理	亩产量（kg）	销价（元/kg）	亩产值（元）	亩成本（元）	亩效益（元）	亩纯增产值（元）	投入产出比
试验处理	661.2	3.2	2 115.84	864	1 251.8	651.28	1:13.5
对照	505.9	2.8	1 416.52	816	600.52		

从试验结果可以看出：

（1）除草处理中加入倍创，降低了除草剂用量，除草效果好于对照。

（2）从田间观察记载，可以看出试验处理在防病效果、药害、生长状况、除草效果等，明显好于对照，表现在生长良好、叶色浓绿、无药害产生、无杂草；而对照表现为生长势弱、叶色淡绿、药害反映明显、有水稗草等出现；从采摘日数看，试验处理比对照多 6d，试验处理生育期延长，说明试验处理长势好，抗逆性强。

（3）产量结果看，亩株数差异不大，试验处理比对照多出 15 株，差异不显著；株高、分枝数，差异不大；坐果期单株坐果数，试验处理比对照多 13 个，差异明显，说明试验处理对于保花保果明显优于对照，是增产的基础；坐果期单果重，试验处理比对照高 0.3g，有差异，但不显著，采摘初期单果重试验处理比对照高 0.4g，差异增加，采摘期单果重试验处理比对照高 0.4g，差异继续增加，显著增强；单株可采果数初期试验处理比对照多 15 个，采摘期多 13 个，差异显著，说明试验处理防治病害效果良好，植株生长旺盛，落果减少，是保证产量的基础；亩产量试验处理比对照增产 155.3kg，增产率 30.7%，增产效果极显著。

4 效益分析

通过试验分析，增产效果显著，亩增产 155.3kg，增产率 30.7%，销价处理高于对照 0.4 元/kg，亩增加投入 48 元，亩增加收入 651.28 元，投入产出比 1：13.5，说明该技术处理经济效益显著。

5 结论

通过试验分析，试验处理减少农药及叶面肥施用量 40% 以上，减少除草剂施用量 30% 以上，达到了减药减肥的目的，能够保护环境，具有良好的生态效益；同时达到了更好的防治杂草、防治病害的效果，提高了产量、改善了品质，效益增加，经济效益显著；通过该技术的广泛应用，能够进行菇娘绿色高质高效生产，解决了生产中病害防治难、药害严重等问题，能够推动菇娘产业的发展，带动相关产业发展，具有良好的社会效益。

总之，该试验结果无论是在经济效益，还是在社会效益、生态效益都非常显著。所以，应在生产中大力推广应用该技术措施。

水稻使用新高脂膜叶喷与常规对比试验报告

张海军

（内蒙古呼伦贝尔市植保植检站）

新高脂膜粉剂是一种植物生长表面保护膜剂。可保温、保湿、防病驱虫，过滤杂质、防污染、抑制病毒感染，无激素、农药、肥料成分。无毒、无味、无不良反应。稀释液喷涂在植物表面，能自动形成一层肉眼看不见的高分子保护膜，优化植物吸水、透气、透光质量。屏蔽病虫取食信号或繁殖所需营养物质和削弱传播媒介，抵抗和防御自然环境灾害。降低农药用量，提高农药或肥料应用效果。可用于植物种子拌种、育苗保墒、保护植株、防病驱虫、幼果套袋、果实保鲜、幼苗移栽、雹灾急救、接穗防氧化、抗旱保湿、抗寒保温、农药增效、果实增色、优化果蔬品质等。鉴于新高脂膜的诸多优点，作者于 2017 年在水稻上开展了试验示范。

1 试验目的

通过水稻新高脂膜叶喷与常规对比试验，掌握第一手数据，为今后大面积推广提供可靠的技术保障。

2 试验地点

本试验安排在莫力达瓦达斡尔族自治旗西瓦尔图镇前新发村、兴隆村、永安村水田区。

3 试验要求

3.1 试验地选择

选择农用灌溉水质、大气、农田土壤等环境没有污染的地块。

3.2 母液的配制

打开包装，将新高脂膜粉剂放进原包装瓶内，加凉水至瓶口，充分搅动（要求粉剂全部溶解）成乳膏状母液。标准包装规格每瓶（300mL），可配制母液300g。配成的母液可直接使用，也可保存。母液保质期6个月。

3.3 母液的稀释

根据用途选择稀释倍数，母液pH值中性，与酸性、碱性农药都可兼容，加入水中溶解即成稀释液，计算方法是：稀释倍数×300÷1 000＝加水量（kg）。稀释液现配现用，存放保质期20d内。

4 试验设计

采取大区设计，不设重复，每区1万 m^2。收获时每区15点取样，每点 $1m^2$ 计产，试验地四周不设保护区域，收获计产。用量参考：标准型新高脂膜稀释800倍液（240kg左右），使用常规喷雾器喷施水稻7.5亩。稀释倍数小，浓度越大，效果越好。安全卫生，无药害。

5 试验材料

水稻品种龙粳31；新高脂膜2瓶。

6 调查及室内考种项目

插秧期、返青期、分蘖期、孕穗期、开花期、成熟期、生育期、倒伏性、抗病性、分蘖数、株高、单株粒数、千粒重、折合亩产量（表1至表2）。

表1 水稻新高脂膜试验田间调查表

乡镇	村	插秧期（月/日）	返青期（月/日）	分蘖期（月/日）	孕穗期（月/日）	开花期（月/日）	成熟期（月/日）	生育期（d）	倒伏性	抗病性	分蘖数（个）
西瓦尔图镇	前新发	5/20	5/27	6/10	6/26	7/16	8/28	130	抗	抗	7.27
	前新发CK	5/20	5/27	6/10	6/28	7/18	8/30	131	抗	一般	7.13
	兴隆	5/20	5/27	6/10	6/26	7/16	8/28	129	抗	抗	9.25
	兴隆CK	5/20	5/27	6/10	6/24	7/15	8/30	129	抗	一般	8.26
	永安	5/20	5/27	6/10	6/28	7/16	8/28	129	抗	抗	8.21
	永安CK	5/20	5/27	6/10	6/28	7/18	8/29	131	抗	一般	7.26

表2　水稻新高脂膜试验测产表

地点	取样面积（m²）	代表面积（m²）	株高（cm）	穗长（cm）	每平方米穗数（个）	亩穗数（个）	穗粒数（个）	千粒重（g）	理论亩产量（kg）	测产亩产量（kg）
前新发	15	10 000	80	17.8	805	437 977	50.1	27.9	612.2	520.3
前新发 CK	15	10 000	77	15.0	554	394 919	51.9	27.0	553.4	470.4
兴隆	15	10 000	81	18.0	599	399 407	61.9	27.0	667.5	567.4
兴隆 CK	15	10 000	79	18.0	639	412 982	59.1	26.0	634.6	539.4
永安	15	10 000	87	18.1	694	459 507	60.2	26.5	733.5	623.5
永安 CK	15	10 000	84	16.0	528	449 391	58.1	26.4	689.3	585.9

7　结论

通过表1可以看出新高脂膜在水稻上叶喷与对照相比抗病效果显著，生育期提前1~2d，分蘖增加。新高脂膜在水稻上液喷与对照相比增产效果显著。建议今后可以在莫旗大面积推广使用。

不同保鲜剂对非洲菊切花保鲜效果的影响

王　芳　张　楠　张丽华

（宿迁学院，江苏宿迁　223800）

摘要：用蔗糖、硝酸钙、硫酸铝、乙醇等配制的2种不同配方的保鲜剂和新高脂膜对非洲菊切花进行瓶插试验，通过外部形态观察和各项指标测定，处理A试剂1［配方为：2%蔗糖（Suc）+0.5%乙醇+1g/mL硝酸钙］最不利于非洲菊切花的保鲜，它反而加快了切花花径展开和丙二醛含量上升的速度，加速了切花衰老；处理B试剂2（配方为：2% Suc+200mg/L 8-羟基喹啉（8-HQC）+150mg/L Al₂(SO₄)₃+蒸馏水）对非洲菊切花的保鲜效果最好，它显著地延长了瓶插寿命，增加了鲜重，推迟了切花鲜重和水分平衡值的下降速度，使花茎坚韧，明显提高了观赏价值；处理C（配方为：新高脂膜稀释100倍液）也有较好的保鲜效果，它有利于增加花重，增大花径，延缓丙二醛含量、电导率的上升和切花水分平衡值降为负值的时间，延缓切花衰老。

非洲菊（*Gerbera jamesonii* Bolus），又名扶郎花，为菊科宿根多年生草本植物，是常见的切花花材之一。它的生产用工少、成本低、产量高，在温暖地区可以周年开花，供应市场周期长，经济效益高。20世纪70年代迅速发展，在国际切花市场占据重要地位。因其花朵硕大，花枝挺拔，花型独特，花色丰富，备受消费者青睐。但非洲菊切花水培期长，在水培过程中，因其花序大而重，肉质花梗常久插水中而发生折梗的现象，由此缩短了它的寿命和观赏价值。本试验在实验室条件下，选用蔗糖Suc、乙醇、硝酸钙、8-羟基喹啉（8-HQC）、硫酸铝、新高脂膜等物质配成3种保鲜剂，探索它们对非洲菊的水分平衡值、电导率、丙二醛含量等指标的影响，寻找出非洲菊切花最佳的保鲜剂配方，为非洲菊切花的保鲜提供理论依据。

1 材料与方法

1.1 试验材料

试验材料为非洲菊"Mazurka"、新高脂膜粉剂、蔗糖、乙醇、硝酸钙、8-羟基喹啉和硫酸铝等。

1.2 试验方法

1.2.1 花材修剪 将花枝置于蒸馏水中，并将其茎基部削去，留取花朵和花枝的总长度 20cm 左右，花枝切口斜切，以增大其吸水面积。

1.2.2 新高脂膜配制。 配制新高脂膜母液：将新高脂膜粉剂放进原包装瓶内，加蒸馏水至瓶口，用玻棒充分搅拌至溶液成乳膏状。母液稀释：取 1g 母液兑水稀释 100 倍液。

1.2.3 试验设计 将剪切好的非洲菊分为 2 组，每组 4 个处理，分别标记为 CK、处理 A、处理 B 和处理 C，各处理 4 个重复。一组每瓶中插 1 枝花，另一组每瓶中插 2 枝花。用蒸馏水和配制好的 3 种试剂对 2 组非洲菊分别进行处理。一组用来测定切花鲜重变化率、水分平衡值、直径变化率、切花寿命。另一组用来测定丙二醛（MDA）含量和相对电导率。处理后的非洲菊瓶插于含 250mL 处理液，容量为 500mL 的三角瓶中，瓶口用塑料薄膜覆盖，防止水分过度蒸发。CK 组和处理 C 组瓶插液均为清水，处理 C 将稀释 100 倍液的新高脂膜对非洲菊花材进行喷雾处理。三角瓶放于光线充足但无阳光直射的室内。

本试验共分 4 种处理：①对照试验 CK（蒸馏水）；②处理 A 试剂 1（2%蔗糖+0.5%乙醇+1g/mL 硝酸钙）；③处理 B 试剂 2（2% Suc+200mg/L 8-HQC+150mg/L $Al_2(SO_4)_3$+蒸馏水）；④处理 C 新高脂膜稀释 100 倍液。

从切花瓶插当天开始，每天测定水分变化、花鲜重、花径、寿命、电导率和 MDA 的变化。

1.3 测定指标

1.3.1 瓶插寿命 以插瓶第 1 天作为切花寿命的起点，以花朵从外向内 2/3 花瓣严重失水出现萎蔫、花瓣从尖端开始出现 1/2 枯萎、花茎弯曲度达 90°等作为瓶插寿命的结束。

1.3.2 切花直径变化率 每天用直尺量取 3 个不同方向的非洲菊切花直径，取其平均值作为非洲菊切花当天的直径，并计算其直径变化率。直径变化率=（R_n-R_1）/R_1×100%（n=2、3、4···），R_1为第 1 天的花朵直径，R_n为第 n 天的花朵直径。

1.3.3 花枝鲜重变化率 每天用电子天平测量非洲菊花枝鲜重，并计算其鲜重的变化率。花枝鲜重变化率=（M_n-M_1）/M_1×100%（n=2、3、4···），M_1为第 1 天的花枝鲜重，M_n为第 n 天的花枝鲜重。

1.3.4 水分平衡值 花枝、保鲜剂和三角瓶的重量之和为 G_1，保鲜剂和三角瓶重为 F_1。24h 后测得花枝、保鲜剂和三角瓶的重量之和为 G_2，保鲜剂和三角瓶重为 F_2。花枝失水量 $D=G_1-G_2$，花枝吸水量 $A=F_1-F_2$，水分平衡值 E 为吸水量-失水量（即 $E=$

$D-A$）。

1.3.5　MDA含量　MDA含量的测定采用硫代巴比妥酸（TBA）法。称取试材1g，加入2mL 10%三氯乙酸（TCA）和少量石英砂，研磨至均浆，再加8mL TCA研磨，将所得的均浆液在4 000r/min下离心10min；吸取离心得到的上清液2mL（对照加蒸馏水2mL），加入2mL 0.6%硫代巴比妥酸溶液，混合均匀，放在沸水浴上加热15min，迅速冷却后再离心，取上再次离心获得的清液测定532nm、600nm、450nm波长下的吸光度。

$$C=6.45（D_{532}-D_{600}）-0.56D_{450}$$

式中，C为MDA的浓度（μmol/L）。

D_{450}、D_{532}、D_{600}分别代表450nm、532nm和600nm波长下的吸光度值。

MDA含量（μmol/g）= MDA浓度（μmol/L）×提取液体积（mL）/植物组织鲜重（g）。

1.3.6　电导率　用打孔器打取直径为0.7cm的花瓣圆片各24片，加入30mL的去离子水，震荡1min，用DDS-ⅡA型电导率仪来测定其电导率EC_0，放在室温条件下24h，测其电导率EC_1，再置沸水中加热10min，取出冷却后摇匀，分别测起电导率EC_2，则：相对电导率=（EC_1-EC_0）/（EC_2-EC_0）×100%。

2　结果与分析

2.1　保鲜剂对非洲菊切花寿命的影响

由图1可知，对照组切花瓶插寿命为14d，处理B组切花寿命为21d，比对照组延长了7d；处理C组切花寿命为17d，比对照组延长了3d；处理A组切花寿命为12d，比对照组缩短2d。结果表明：处理B和处理C都能有效地延长瓶插寿命，提高切花的观赏价值，且处理B比处理C的效果好。

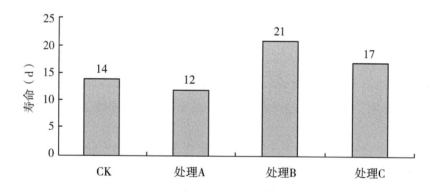

图1　不同保鲜剂对非洲菊切花寿命的影响

2.2　保鲜剂对非洲菊切花直径变化率的影响

如图2所示，3种处理和对照的花径变化率都有随处理天数的增加呈先增大后减小的趋势。其中处理A的花径变化率下降趋势大于CK，而处理B和处理C的花径变化率下降趋势小于CK。处理A在第4天花径达到最大值，而其他2种处理和CK均是在第5天花径达到最大值。处理A的花径变化率于第7天降为负值，CK和处理C的花径变化率均在第 9 天降为负值，处理 B 的花径变化率在第 11 天降为负值。即：经处理 B 处理过的非洲菊第 5 天以后开始衰老，第 11 天花径已低于瓶插第 1 天的值；经处理 C 和 CK 处理过的非洲菊均从第 5 天以后开始衰老，第 9 天花径已低于瓶插第 1 天的值；经处理 A 处理过的非洲菊第 4 天以后开始衰老，第 7 天花径已低于瓶插第 1 天的值。由此可以说明，提高切花的观赏价值效果依次是处理 A<CK<处理 C<处理 B。

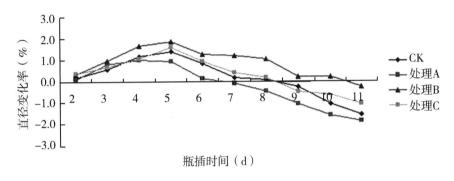

图 2　不同保鲜剂对非洲菊切花直径变化率的影响

2.3　保鲜剂对非洲菊切花鲜重变化率的影响

由图 3 可知，各处理和对照的花枝鲜重的变化趋势均为先增大后减小，说明 CK 及各种处理的保鲜剂在处理前期均能增加花枝的重量。处理前期，与 CK 相比，3 种处理的花枝重量增加的幅度较大，处理 B 和处理 C 在处理后期花枝鲜重的下降程度较 CK 小，而处理 A 的花枝鲜重在处理后期下降的较快。CK 在第 3 天鲜重达到最大值，并在第 5 天鲜重就已经降到起始重量以下；而其他 3 种处理虽然也都在第 3 天鲜重达到最大值，处理 B 和处理 C 分别在第 9 天和第 7 天低于初始鲜重；处理 A 在第 5 天低于初始鲜重，且从第 5 天后下降趋势大于 CK。由以上分析可知，不同处理对非洲菊鲜重变化率的影响效果为处理 A<CK<处理 C<处理 B。

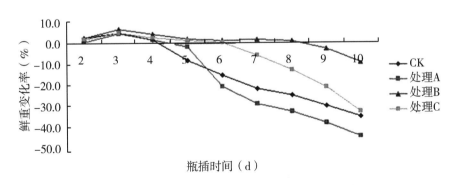

图 3　不同保鲜剂对非洲菊切花鲜重变化率的影响

2.4　保鲜剂对非洲菊切花水分平衡值的影响

不同处理的非洲菊切花水分平衡值均呈现出下降趋势，该变化先由正值降至零之后再降为负值。由图4可知，瓶插初期，水分平衡值为正值，表明吸水量>失水量，随着时间推移，水分平衡值变为负值，吸水量<失水量。CK和处理A瓶插第5天后降为负值。处理B和处理C分别于第9天、第7天降为负值。因此，从水分平衡值的变化情况来看，处理效果是：处理A<CK<处理C<处理B。

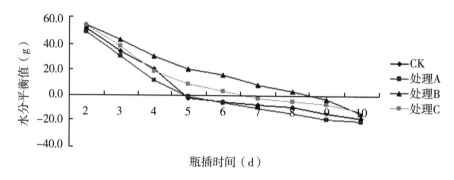

图4　不同保鲜剂对非洲菊切花水分平衡值的影响

2.5　保鲜剂对非洲菊切花 MDA 含量的影响

从图5中可以看出，各处理的丙二醛含量基本呈现逐渐增加的趋势，但增加的速度不同：处理A的MDA增长趋势明显大于处理B。第5天前，CK与其他3种处理均稳步增长；第5天后，CK与各处理的MDA有所起伏，但总体呈增长趋势。第10天后，各处理的丙二醛含量变化平稳。CK和处理A切花的MDA含量明显高于其他2个处理。说明经处理B和处理C处理的切花，可以减缓膜脂过氧化，减少MDA的产生，从而延缓植物的衰老，达到延长切花寿命的效果。

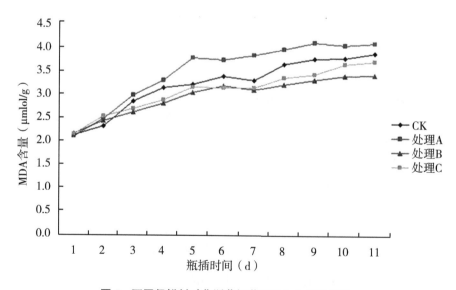

图5　不同保鲜剂对非洲菊切花 MDA 含量的影响

2.6 保鲜剂对非洲菊切花相对电导率的影响

如图6所示，在非洲菊切花的瓶插过程中，相对电导率一直保持上升的趋势，第6天前，对照组与其他3种处理均增长缓慢，各处理间差异并不明显，第6天后各处理的相对电导率增长趋势变大，各处理间差异变大。但处理A的相对电导率急速上升，而处理B和处理C的相对电导率较低，并且处理B的相对电导率一直远远低于其他处理。结果表明，处理B和处理C能有效地延缓花瓣相对电导率的增加，即有效降低了花瓣细胞质膜相对透性，延缓切花衰老，而且处理B的效果要比处理C的效果好。

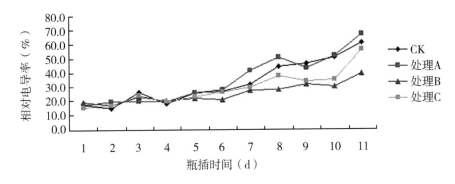

图6 不同保鲜剂对非洲菊切花相对电导率的影响

3 结果与讨论

从上述试验结果来看，切花直径变化率、寿命、鲜重变化率、水分平衡值、MDA含量和相对电导率指标，结果均是：处理A<CK<处理C<处理B。

该试验处理B配方为：2% Suc+200mg/L 8-HQC+150mg/L $Al_2(SO_4)_3$+蒸馏水。蔗糖是补充切花营养较理想的碳水化合物，采用适当浓度蔗糖处理切花，可以减少花瓣可溶性糖的降低幅度，从而延长瓶插寿命。8-羟基喹啉（8-HQC）具有减少花茎生理性堵塞、促进吸水、抑制微生物的作用。硫酸铝[$Al_2(SO_4)_3$]具有抑菌、抑制乙烯的作用。

处理C的配方为：新高脂膜稀释100倍液可延迟瓶插时间3d，综合各项测定指标，其效果比处理B差，但比处理A和对照的保鲜效果好。王芳等研究表明，新高脂膜粉剂使用后在植物表面形成一层保护膜，其不但不会影响作物的吸水、透气、透光等作用，反而能保护作物不受外界不良环境的影响，被称为"植物保健衣"。本次试验所采用的新高脂膜可以有效地防止水分散失，减少切花水分蒸腾，从而延长切花的寿命，达到保鲜的效果。

综合本次试验的结果可以看出，处理A的保鲜效果低于对照，但任秋萍等的研究表明，该试剂对非洲菊的保鲜效果好。另外，从切花直径变化率、鲜重变化率、水分平衡值等方面可以看出，非洲菊切花前期是处于生长状态，但MDA的含量却在一直增加，说明它一直处于衰老状态，这两者之间存在矛盾。上述2点还有待于进一步研究。

[来源于：现代园艺，2015（4）]

枣缩果病田间药剂防效试验

侯晓杰[1]　张海章[2]　李茂松[2]　尹玲莉[3]

(1. 衡水学院生命科学系, 河北衡水　053010;

2. 衡水林业技术推广站, 河北衡水　053099;

3. 衡水职业技术学院, 河北衡水　053000;)

摘要: 2013 年在衡水地区枣缩果病发病严重的枣园, 选用药剂新高脂膜与代森锰锌、农用链霉素、多菌灵、特谱唑、氧化乐果、高效氯氰菊酯, 组合成 6 种药剂配方进行了田间药剂防效测定试验。结果表明, 在衡水市不同的枣园单独施用新高脂膜、50% 多菌灵 S-WP 和 80% 的大生 M-45 代森锰锌 S-WP 中的一种药剂或者综合施用 3 种药剂, 可使平均每年的病果率降低 20.0% 左右, 防效在 40.0% 以上。

关键词: 枣缩果病; 田间试验; 化学防治

我国有关枣缩果病的正式报道始见于 20 世纪 70 年代后期, 随着我国枣产业的迅猛发展, 此病愈加严重, 重病区果实提前脱落, 病果满地, 枣农辛勤劳动的成果在短短几天里化为乌有, 惨不忍睹, 枣农急切盼望安全有效的防病技术。自此病害发现至今 30 多年来, 枣缩果病遍及全国各大枣区, 在河北、河南、山东、山西、陕西、安徽、宁夏、甘肃、辽宁、内蒙古等枣区均有大面积成灾的报道, 是目前枣树生产中最严重的果实病害, 成为当前大枣生产中亟待解决的重大问题。

20 世纪 80 年代, 科学工作者围绕枣缩果病的病原、初侵染来源、病原子实体的诱导和鉴定、主要病原菌的生物学特性、发病过程和流行规律、症状类型、影响发病因素等进行了大量的研究, 在防治方法和技术方面也有了初步的探索。时至今日, 枣缩果病的生理指标的变化、病原和防治方法等仍在不断研究中。

本研究根据前期分离病原菌的种类, 对枣缩果病的防治进行了田间试验。

1　材料方法

1.1　供试药剂

新高脂膜 (陕西省渭南高新区促花王科技有限公司); 50% 多菌灵 S-WP (上海升联化工有限公司); 80% 的大生 M-45 代森锰锌 S-WP (美国陶氏华农公司); 特谱唑 12.5% 可湿性粉剂 (江苏剑牌农药化工有限公司); 72% 的农用链霉素可溶性粉剂 (北京金禾源绿色发展有限公司); 40% 氧化乐果乳油 (山东坤丰生物化工有限公司); 4.5% 高效氯氰菊酯乳油 (青岛好利特生物农药有限公司)。

1.2　试验安排

试验于枣果生长期间进行, 在衡水市枣强县枣强镇孟庄村 (枣园 1)、武邑县龙店乡黄口村 (枣园 2) 和武强县武强镇东厂村 (枣园 3) 3 个枣园进行。每 10 株树用 1 种药剂处理, 各处理重复 3 次。对照也为每 10 株树为 1 个重复, 3 次重复, 分别设在每个试验枣园内各种药剂处理的邻近。各处理在 7 月 25 日枣果膨大前期进行第一次喷药, 施药方法为手动、正反面叶面喷雾, 每隔 10d 喷 1 次, 连续喷 4~5 次。在 9 月中旬鲜枣采收前 (距最后 1 次喷药 7~10d) 进行最后的药效调查。每树在东、南、西、北、中 5 个方位各随机抽取 20 个枣

果，统计病果数，计算病果率和防治效果。病果率（%）＝（病果总数/调查总果数）×100，
防治效果（%）＝（［对照病果率－处理病果率］/对照病果率）×100。

2 结果分析

由表 1 可知，在田间试验中，枣园 1 施用的 6 种农药，新高脂膜、50%多菌灵 S-WP
和 80%的大生 M-45 代森锰锌 S-WP 与对照比较差异明显；在枣园 2 中，新高脂膜、50%
多菌灵 S-WP 和 80%的大生 M-45 代森锰锌 S-WP、50%多菌灵 S-WP+新高脂膜与对照比
较都有明显差异；枣园 3 和枣园 1 的效果一样，只有新高脂膜、50%多菌灵 S-WP 和 80%
的大生 M-45 代森锰锌 S-WP 与对照比较差异明显。可知药剂新高脂膜、50%多菌灵 S-
WP 和 80%的大生 M-45 代森锰锌 S-WP 对枣缩果病具有一定的防治效果。

表 1 枣园药剂防治试验结果统计

处理	枣园 1		枣园 2		枣园 3	
	病果率（%）	防效（%）	病果率（%）	防效（%）	病果率（%）	防效（%）
新高脂膜 200 倍液	25.8	53.8	33.9	39.2	24.1	52.8
50%多菌灵 S-WP 800 倍液	30.8	44.8	25.6	54.4	23.3	54.4
80%大生 M-45 代森锰锌 S-WP 600 倍液	43.7	21.7	34.6	41.1	32.1	37.2
50%多菌灵 S-WP 800 倍液+新高脂膜 200 倍液	45.3	18.8	55.7	42.2	38.3	25
新高脂膜 200 倍液+72%农用链霉素 140U/mL+40%氧化乐果 1 000 倍液	57.6	-3.3	50.8	30.9	50.4	1.37
新高脂膜 200 倍液+12.5%特普唑 WP 3 000 倍液+4.5%高效氯氰菊酯乳油 3 000 倍液	59.4	-6.5	51.5	14.6	53.8	-5.28
CK（清水）	55.8	—	57	—	51.1	—

3 结论与讨论

经过田间枣园试验表明，效果稳定的药剂为新高脂膜、50%多菌灵 S-WP 和 80%的
大生 M-45 代森锰锌 S-WP，可以判断这 3 种药剂对枣缩果病有一定的防效。对这 3 种
药剂处理的病果率和防效进行分析可知，如果在 3 个枣园内单独施用新高脂膜、50%多
菌灵 S-WP 和 80%的大生 M-45 代森锰锌 S-WP，病果率分别下降 27.9、26.6 和
36.8%，防效为 49.0%、51.4%和 32.7%；如果在 3 个枣园同时施用新高脂膜、50%多
菌灵 S-WP 和 80%的大生 M-45 代森锰锌 S-WP，病果率下降 23.0%，防效为 42.0%。

因此可以判断，在衡水市不同的枣园单独施用新高脂膜、50%多菌灵 S-WP 和 80%
的大生 M-45 代森锰锌 S-WP 中的 1 种药剂或者综合施用 3 种药剂，平均每年的病果率
可降低 20%以上，防效在 40.0%以上。如果按枣园亩产 1 000kg 鲜枣计算，在施用了有
效防治药剂后平均亩可增收 200kg 左右。

枣缩果病的病原较为复杂，本研究前期工作进行了主要致病菌的研究，在此基础上进行了枣缩果病药剂的筛选和防治研究。另外，枣缩果病的发生程度与地势、气候条件等关系密切，由于化学农药会对人体及环境造成危害，我们在对枣果等食用类植物病害进行研究时，应该在综合防治措施的基础上对抗病品种的选育及生物制剂进行深入研究。

第十三节　植物表面免疫保护助剂技术发明专利内容节选

1. 一种抑制砂梨果皮锈斑的栽培方法（发明专利申请号：201810908392.X　摘选）

完成步骤2）后1～2d，向砂梨果面喷涂**新高脂膜粉剂**，形成一层高分子柔软膜，作为生物保护膜。果表物理清洁处理后，立即对梨幼果进行生物膜的上膜保护，利用**促花王免套袋膜**，主要成分是高浓缩套袋型**新高脂膜粉剂**，喷涂果面，迅速形成一层高分子柔软膜，母液每瓶500g，加水1 300倍搅动，待母液完全稀释均匀后再喷涂果面，每亩每次用200kg稀释液。

发明内容：本发明的目的在于提供一种抑制砂梨果皮锈斑的栽培方法，改进了传统通过套袋减少锈斑的方法，对砂梨从幼果期到果实成熟期，对果实采取持续果表锈斑抑制措施，在保证果实内在品质的同时，大幅度提升果实的洁净度，有效突破半锈砂梨外观差导致其商品性下降的瓶颈，有效解决了利用传统技术减少锈斑时效果存在稳定性不佳的问题。

上海市农业科学院：施春晖　骆　军　王晓庆

2. 一种提高叶螨防效的药剂组合物（发明专利申请号：202110204778.4 摘选）

本发明将新高脂膜与阿维菌素混合，用于叶螨防治，效果显著，防治率可达95.6%，且施药7～10d后，未见虫害明显发生。将**新高脂膜**与阿维菌素混配，还能减少用药次数和用药量，减少人工成本和药剂成本。

发明内容：本发明主要目的在于，提供一种药剂组合物。本发明所述药剂组合物包括**新高脂膜**和阿维菌素，将所述药剂组合物用于叶螨防治，效果显著且药效持续时间长，减少了用药次数和用药量，减少了人工成本和药剂成本，弥补了现有化学药剂的不足。

广西壮族自治区农业科学院：叶云峰　洪日新　付　岗　覃斯华　黄金艳　李桂芬
解华云　柳唐镜　陈东奎　许　勇　李　智　何　毅　李天艳

3. 一种防治番茄黄化曲叶病毒的方法（发明专利申请号：201911389293.6　摘选）

用药水比为1∶500的**新高脂膜**水溶液同药水比为1∶1 000的氨基寡糖水按体积比

1：1混合而成，在番茄定植后15d叶面喷施**新高脂膜**与氨基寡糖混合液，喷施**新高脂膜**于番茄叶面形成保护膜，趋避烟粉虱，喷施氨基寡糖促进番茄生长，健壮植株，增加番茄抗病性。因为**新高脂膜粉剂**是以高级脂肪酸与多种化合物科学复配，采用特色科研新工艺合成的一种可湿性粉剂。本品稀释使用后自动扩散，形成一层超薄的保护膜紧贴植物体，不影响作物吸水透光透气，保护作物不受外部病害的侵染，被美称为"植物保健衣"。可用于各种作物拌种、土壤保墒、苗体保护、防病减灾等。**新高脂膜**又是农药生产工艺中重要的中间体，亦可用于农药、叶肥增效。

发明内容：本发明提供了一种防治番茄黄化曲叶病毒病的方法，采取该方法可以有效控制番茄黄化曲叶病毒病的发生。

洛阳农林科学院：张春奇　黄江涛　李红波　于新峰

吴正景　杨爱国　朱　永　王　丽

4. 一种白术和黄豆间作的生态栽培方法（专利申请号：202110046576.1 摘选）

在含有光合菌剂、氯吡脲和芸苔素内酯的复合促生剂中加入一定的尿素、**新高脂膜**、钼酸铵和磷酸二氢钾可以满足白术在快速生长时期对氮素、磷素、钾素和钼元素的需求。**新高脂膜**喷施在白术表面，能防止病菌侵染，提高抗自然灾害能力，提高光合作用强度，保护白术苗壮成长。

发明内容：本发明的目的在于提供一种白术和黄豆间作的生态栽培方法。

湖北省农业科学院中药材研究所：周武先　张美德　段媛媛　王　华　黄东海

何银生　蒋小刚　郭坤元　刘海华　罗孝荣

5. 一种草莓白粉病防治药剂及其制备方法和用途（专利申请号：201911172111. X　摘选）

本发明提供一种草莓白粉病防治药剂，所述防治药剂通过将杀菌剂与**新高脂膜**500~800倍液复配，提高了杀菌剂药效，减少了农药的使用次数并提升了用药安全性。

发明内容：本发明提供一种草莓白粉病防治药剂，所述防治药剂通过将杀菌剂与**新高脂膜**复配，提高了药效并降低了农药使用量，将所述防治药剂应用在草莓上，防治药剂中的**新高脂膜**能在植株表面形成一层肉眼看不见的高分子保护膜，从而能够屏蔽病虫取食信号或繁殖所需营养物质和削弱传播媒介，抵抗和防御自然环境灾害，进一步达到防治草莓白粉病，提高草莓质量和产品安全的效果。

天津市植物保护研究所：郝永娟　霍建飞　姚玉荣　王万立　刘春艳　贾海燕　刘晓琳

6. 一种利用山桃树作砧木嫁接平乡大红桃的快速培育方法（专利申请号：202211413551.1　摘选）

10月初将砧木种子用新高脂膜拌种，在温度为20℃的环境中，保持适宜的湿度，待种子露白时即可播种，播种前整地，施底肥，浇水补墒，上述整地采用高低垄条播的方式，修成高8cm，宽50cm的高垄，垄间距15cm，在距垄中心线两侧各10cm顺垄向开沟，开沟深 6cm，覆土厚度 3cm，播种量为 35kg／亩，播种后要喷施新高脂膜稀释液。嫁接前 15d 除去砧木离地面 40cm 以下的腋芽，在砧木地径为 2cm，在砧木 50cm 高度处进行"丁"字形芽接，并在接口涂抹**护树将军**母液保护伤口。

发明内容：本发明提供了一种利用山桃树作砧木嫁接平乡大红桃的快速培育方法，本发明提供的培育方法具有成活率高、产量高、抗病性强、耐寒、抗旱、培育周期短、培育成本低等优势。

邢台市农业科学研究院：冯少菲　李林英　冯　辉　王宪宏　侯学亮　孙玉锐　李仁豹

7. 一种鱼腥草的栽培方法和采收方法（专利申请号：202010302261.4 摘选）

移栽，3 月中旬至 4 月初，在沙壤地畦面上开设出宽为 12cm、深 15cm 的栽植沟，将种茎按 4cm 的株距平放于沟内，覆 6cm 厚细土，并施加**新高脂膜**药剂保温保墒，浇水。追肥，5—6 月，每亩施加 10kg 尿素；每 40kg 水中加入**蔬菜壮茎灵胶囊** 1 粒，搅拌溶解后喷施植株面，7d 喷 1 次，采收前 1 个月停止追肥。

发明内容：本发明的目的是提供一种鱼腥草的栽培方法，以提高鱼腥草的采收质量和采收效率。

四川省农业科学院土壤肥料研究所：郑盛华　陈尚洪　梁　圣　陈红琳
杨泽鹏　沈学善　王昌桃　万柯均　门胜男　刘定辉

8. 一种航天丹参栽培技术（专利申请号：201310464159.4　摘选）

选优良品种并用**新高脂膜**稀释液拌种，能驱避地下病虫，隔离病毒感染，不影响萌发吸胀功能，提高呼吸强度，提高种子发芽率。为了保证养分能满足根部发育的生理需要，可以按每 100kg 液体中加入**药材根大灵胶囊** 1 粒，搅拌溶解后叶面喷施，使地下营养运输导管变粗，加大养分输送量，提高营养转换率和松土能力，使根茎快速膨大，有效物质含量大大提高，达到增产丰收的愿望。根腐病发病后使根部发黑腐烂，地上茎叶枯萎死亡，6—8 月多雨高温季节易发生此病。防治上可及时排水，忌连作，可喷施**护树将军**稀释液。

发明内容：为了提供一种更加适应航空育种丹参的栽培技术，本发明提供一种新的种植该种航天育种丹参的种植方法。

烟台民大生航天育种产品开发有限公司：姜　利　孙苣瑶　徐云增

9. 一种花椒的种植方法（专利申请号：201510007772.2　摘选）

剪去虫害枝，并在修剪口应时涂抹**愈伤防腐膜**保护伤口，防治病菌侵入，及时收集病虫枝烧掉或深埋，配合在树体上涂抹**护树将军**阻碍病菌着落于树体繁衍，以减少病菌成活的率。在花椒采收后及时喷洒针对性药剂加**新高脂膜**增强药效，防治气传性病菌的侵入，并用棉花蘸药剂在颗瘤上点搽，全园喷洒**护树将军**进行消毒。肥水充足，铲除杂草，在花椒花蕾期、幼果期、果实膨大期各喷洒 1 次**花椒壮蒂灵**，提高花椒树抗病能力同时可使花椒椒皮厚、椒果壮、色泽艳、天然品质香浓。

发明内容：本发明提供一种花椒的种植方法，使其有效保证花椒育苗的成活率，且出苗齐、出苗早、苗木根须生长旺盛，苗株发育完整健壮，提高了其栽种的成活率。

武胜县荣华生态花椒种植专业合作社：尹才华

10. 温室芹菜栽培方法（专利申请号：201210406357.0 摘选）

本发明公开了一种温室芹菜栽培方法。它包括以下步骤：A. 土壤选种，选择意大利冬芹、实秆绿芹丰产性较好的品种进行温室栽培，整地施肥后，喷施**新高脂膜**在地表上，然后耕翻1遍，保温保湿，驱避地下虫；B. 直播，在塑料日光温室中生产芹菜时采用直播，在播种前，用**新高脂膜**稀释液浸种，下种后喷雾土壤表面；C. 苗期管理，及时中耕除草，加强通风气，保持温度在20℃左右，适时灌溉追肥，喷施**蔬菜壮茎灵**，保持地面湿度，每次追肥后要及时浇水；D. 收割保护，采用掰收或割收的方法，割后应喷洒**新高脂膜**稀释液。采用本发明的温室芹菜栽培方法，由于栽培方法科学合理，使其产量很高，同时科学的管理手段，使其品质也很好，满足了人们对芹菜的需求。

发明内容：本发明要解决的技术问题是提供一种产量高、品质好的温室芹菜栽培方法。

镇江市丹徒区绿业生态农业有限公司：顾柳俊

11. 山药优质高产栽培方法（专利申请号：201110200760.3 摘选）

山药幼苗形成后，向叶面上喷施"药材根大灵"。在5月中旬至6月下旬，一般10d左右灌溉1次透水，6月下旬以后灌溉要根据土壤湿度适当浇水。追肥主要在山药生长的中后期，一般追施2~3次，每次用每亩30~50kg尿素。生长后期叶面喷施"**药材根大灵**"、0.2%磷酸二氢钾和1%尿素，并喷洒植物保护剂"**新高脂膜**"。

发明内容：本发明的目的是提供山药优质高产栽培方法。

屯留县民康中药材开发有限公司：白艳丽

12. 莴苣的生产方法（专利申请号：201410030155.X 摘选）

可将种子直接撒播在苗地上（播种前应用**新高脂膜**拌种），随即用齿耙轻耙表土，使种子播入土，并在地表喷施**新高脂膜**800倍液保温保墒，防治土壤结板，提高种子发芽率。移栽成活后应及时浇水追肥，中耕除草，防治病虫害，同时应在莴苣团棵期、茎部开始膨大时各追施速效氮肥、微量钾肥，并配合喷施**蔬菜壮茎灵**可使莴苣秆茎粗壮、植株茂盛，天然品质浓，同时可提升抗灾害能力。

发明内容：本发明的目的是提供莴苣的生产方法。

武汉绿佳移动菜园科技有限责任公司：兰桂娥

13. 一种红豆杉嫁接栽培方法（专利申请号：201610869075.2 摘选）

通过生根叶面肥溶液和**愈伤防腐膜**的使用，有效促进接口的愈合，有效提高嫁接的成活率。

发明内容：本发明意在提供一种红豆杉的嫁接方法，以解决传统撕皮嵌接法会损害树皮，对嫁接苗前期生长带来影响的问题。

道真自治县诚信农业综合开发有限公司：游成信

14. 一种晚秋黄梨的种植方法（专利申请号：201410694966.X 摘选）

本发明涉及农业种植领域，更具体地说，涉及一种晚秋黄梨的种植方法，在土地上喷施**新高脂膜**，可有效防止地上水分蒸发，苗体水分蒸腾，隔绝病虫害，缩短缓苗期，快速适应新环境，健康成长，在伤口处涂抹**愈伤防腐膜**，促进伤口愈合，防止病菌侵袭感染，同时采取这种种植方法，可以实现挂果早，见效快，效率高，产品质量好，技术易于推广。每2个月对树苗喷洒药剂灭虫，并同时加施**新高脂膜**增强药效；在秋末冬初时，要涂刷**护树将军**。

发明内容：本发明要解决的技术问题是提供一种晚秋黄梨的种植方法。

安徽久裕农业科技有限公司：鞠文武　冷提玲　黄　晨　鞠雷雷

15. 一种无公害优质刺梨的高产栽培方法（专利申请号：201711182420.6 摘选）

修剪后的树枝伤口涂抹"**愈伤防腐膜**"，防治干裂和病虫危害。

发明内容：本发明提供一种无公害优质刺梨的高产栽培方法。

沿河安发刺梨生态开发有限公司：张和英

16. 一种山茶树的种植方法（专利申请号：201811229171.6 摘选）

选择健康的1年生山茶树枝，在顶部的20cm的地方剥掉宽度在1cm左右树皮，在剥离掉树皮的地方均匀涂抹生长素溶液（生长素溶液由植物生长素、羊毛脂膏、乙醇溶液在50℃下混合而成），晾8min后，再用腐叶土、泥炭土、青苔覆盖枝条，浇透水，然后包上塑料薄膜，待枝条生根后，将枝条剪离母体，在枝条伤口处涂抹**愈伤防腐膜**，去掉塑料薄膜，将枝条带土栽入垄行上，单行种植，栽种深度为15cm，栽种间距为1m，移栽后浇水定根。

发明内容：本发明的目的在于提供一种山茶树的种植方法，其提高了山茶树的存活率和结果率。

安徽龙眠山食品有限公司：袁　凯

17. 一种5年以上树龄晚秋黄梨树种植方法（专利申请号：201410695031.3 摘选）

每2个月对树苗喷洒药剂灭虫，并同时加施**新高脂膜**增强药效；在秋末冬初时，要涂刷**护树将军**。

发明内容：本发明的目的是提供一种5年以上树龄晚秋黄梨树种植方法。

安徽久裕农业科技有限公司：鞠文武　冷提玲　黄　晨　鞠雷雷

18. 一种茶树预防倒春寒的方法 （专利申请号：201810496190.9　摘选）

全园喷施**护树将军**消毒杀菌；注意病虫害防治，采养结合，秋、冬季重施基肥。对采摘茶园进行轻修剪，轻修剪的时间为春季茶树萌发前两个时期，修剪程度以剪去秋梢的 1/3～1/2 为宜，在修剪口涂**愈伤防腐膜**。

发明内容：本发明的目的是提供一种茶树预防倒春寒的方法，有效预防倒春寒，减少影响茶叶品质和产量。

广西昭平县古书茶业有限公司：黄其东　唐宗军

19. 一种降低野生葡萄病虫害的种植方法 （专利申请号：201610968212.8　摘选）

选取完全老熟木质化 1～2 年生且芽眼饱满的野生葡萄枝条剪成 15～20cm 长的插条，并在插条的切口均匀涂抹**愈伤防腐膜**，然后在 25～30℃ 下，将插条置于生根剂中浸泡 12～24h。

发明内容：本发明的目的在于提供一种降低野生葡萄病虫害的种植方法。该种植方法结合插条处理、施用肥料的制作及其套袋等，多方位进行野生葡萄病害的预防，可以有效降低野生葡萄患病的概率，从而进一步增加野生葡萄的产量，增加种植效益。

广西都安密洛陀野生葡萄酒有限公司：周锡生

20. 一种无公害黄瓜的栽培方法 （专利申请号：201210198198.X　摘选）

将上述配制和消毒好的育苗床药土的 2/3 在育苗床中铺平，然后将催好芽的种子均匀摆在药土上，再用剩余的药土覆盖种子，覆盖厚度 3～4cm，再用**新高脂膜**600～800倍液喷雾土壤表面，新高脂膜由**陕西省渭南高新区促花王科技有限公司**提供。

发明内容：本发明公开了一种无公害黄瓜的栽培方法，从选地到施肥、病虫害防治几个方面采用无公害技术栽培黄瓜，所收获黄瓜果实大小均匀，表皮光滑，无污染，商品性大幅度提高。

蚌埠海上明珠农业科技发展有限公司：张国前

21. 一种采用微平衡技术的茄子种植方法 （专利申请号：201610037403.2　摘选）

冬季气温低，要采用二棚三膜覆盖，并给地面和植株喷施**新高脂膜**，保温保墒防病虫。植株结束缓苗恢复正常发育后，要及时喷施**促花王 3 号**，能有效抑制主梢和侧芽的狂长，促花芽分化，多开花，多坐果。要在花蕾期、幼果期和膨果期喷施**莱果壮蒂灵**，增粗果蒂，提高循环坐果率，促进果实发育，无畸形、无落果。

发明内容：本发明提供一种采用微平衡技术的茄子种植方法，使茄子在生长周期中保持 4 种微平衡状态，即土壤矿物元素平衡、土壤生态平衡、土壤环境平衡、植物营养平衡，从而保证茄子苗壮成长，提高抗病害能力，增加茄子产量与质量。

湖南润丰达生态环境科技有限公司：黄逸强　何安乐　吴增凤　王　磊

22. 一种在山坡上种植中药材的方法（专利申请号：201711151218.7 摘选）

中药材籽播种前需要用10~50倍液**新高脂膜**拌种；将固体营养液放置在施肥坑后，用塑料膜将施肥坑全部覆盖；本发明将难以开垦的山坡地作为种植地，合理利用土地资源，采用该种植方法收获的中药材体大个圆，稳产高产。

发明内容：本发明提供了一种在山坡上种植中药材的方法，解决了现有在山坡种植中药材施肥不方便，导致产量低的技术问题。

渠县金穗农业科技有限公司：陈　奎

23. 一种日光温室黄瓜烟粉虱的防治方法（专利申请号：201711195556.0 摘选）

黄瓜定植后25d叶面喷施**新高脂膜**与甲壳素混合液，黄瓜叶面形成一层超薄的保护膜，屏蔽烟粉虱嗅觉，起到驱避作用，驱使烟粉虱远离黄瓜植株向明月草迁移。

发明内容：本发明提供一种日光温室黄瓜烟粉虱的防治方法。采取该方法可有效地控制烟粉虱的发生，其防控原理为种植诱集植物，在空间上保护主栽作物黄瓜植株免受烟粉虱危害。利用对烟粉虱引诱作用明显高于黄瓜的植物以及定向隐蔽施药技术，可在烟粉虱扩散至黄瓜前扑灭，同时，能够实现减少化学农药用量和主栽作物非接触化学防治，保障食品安全与生态安全。

山东永盛农业发展有限公司：李金玲　梁增文　梁秀芹　梁友忠　杨朝霞

24. 一种优质红心猕猴桃的种植方法（专利申请号：201810634388.9 摘选）

喷洒**新高脂膜**于地面，达到抗旱保墒，隔绝病毒感染和除虫的效果。

发明内容：本发明的目的在于提供一种优质红心猕猴桃的种植方法。

怀宁县甘家岭生态林业有限公司：汪久明　汪海军

25. 一种苦瓜种子的催芽方法（专利申请号：201811395520.1 摘选）

在此期间，多次观察，待种子长出胚根3mm左右时，在其上喷施**新高脂膜**保温保湿。

发明内容：本发明涉及苦瓜种子的催芽技术领域，尤其涉及一种苦瓜种子的催芽方法。

成都金田种苗有限公司：李春文

26. 一种提高苏州青种子出芽率的培育方法（专利申请号：201911185885.6 摘选）

本发明提出的提高苏州青种子出芽率的培育方法，通过苗床土和**新高脂膜**配比进行调整，同时采用其他相同环境对种子进行育苗，最后对不同的幼苗进行观察，得出的数据显示苏州青种子在育苗时，需要用**新高脂膜**混合液对种子进行浸泡，种子要在特制苗床土中培育，这样育苗的发芽率高，同时幼苗不会出现病虫害和塌苗的情况。

发明内容：本发明的目的在于提供一种提高苏州青种子出芽率的培育方法。该方法具有发芽率高，同时幼苗不会出现病虫害和塌苗的情况。

马鞍山源之美农业科技有限公司：周承东　周先月　周先亮

27. 一种中药材的高产种植方法（专利申请号：201911322237.0　摘选）

本发明提出一种中药材高产种植方法，利用绿色、低廉的基肥和营养土来提高地块的营养成分，不仅防止对环境造成污染，而且节省了大量的使用成本；利用**新高脂膜粉剂**与种衣剂的混合液浸种，能够驱避地下病虫，隔离病毒感染，不影响萌发吸胀功能，提高呼吸强度，提高种子发芽率，增大中药材的产量；利用**新高脂膜**溶液对播种后的土壤进行喷洒，可以保墒防水分蒸发、防晒抗旱、保温防冻、防土层板结、窒息和隔离病虫源，提高出苗率，增大中药材的产量。

发明内容：本发明提供一种药用价值高、成本低的一种中药材的高产种植方法。

射阳县亚大菊花制品有限公司：吉根林　陈建凤

28. 一种香糯的栽培方法（专利申请号：201711167281.X　摘选）

所添加的**新高脂膜**，通常的使用方法是喷施在植物表面，本发明将**新高脂膜**添加在香糯专用肥后施入栽培田，与硝化细菌相互协作，能防止病菌侵入香糯植株，提高植株的抗病能力，促进香糯植株生长。

发明内容：本发明提供一种香糯的栽培方法。本方法是根据香糯的生长习性，为香糯提供充足的养分及健康的、适宜的生长环境，在提高产量的同时能减少农药和化肥的使用，降低成品香糯的药残，提升香糯质量，减少环境污染。

桂林国农生态农业有限公司：徐绍宣

29. 一种无公害富硒萝卜的栽培方法（专利申请号：202111269844.2 摘选）

选取当地适应性好的萝卜种子，将配制好的新高脂膜 600~700 倍液盛于容器中浸泡种子，倒入揉搓掉刺毛的萝卜种子，边倒边搅拌，浸泡 30~50min。

发明内容：本发明提供了一种无公害富硒萝卜的栽培方法，克服了现有技术的不足。

庐山市绿游生态农业开发有限公司：程招星　程　康　彭章伟

30. 一种石榴免套袋的保果技术（专利申请号：201610725372.X　摘选）

本发明使用**新高脂膜**调配药剂及叶面肥，充分利用**新高脂膜**水溶液在果面上喷雾干燥后，可形成一层均匀的薄膜，形成一个"液体袋"。这层膜可以起到防虫、防旱、防裂果、防干腐病等作用。

发明内容：本发明的目的是解决石榴成果期容易裂果、受到干腐病和其他病虫侵蚀的技术问题，提出一个免套袋的保果技术方案。

怀远县荆涂山石榴科技有限公司：刘长华　刘　杨　王幼蝶

31. 一种日光温室番茄蓟马的控制方法（专利申请号：201711192811.6 摘选）

番茄定植后 15d 叶面喷施**新高脂膜**与甲壳素混合液，番茄叶面形成一层超薄的保护膜，屏蔽蓟马嗅觉，起到驱避作用，将蓟马驱避远离番茄植株。

发明内容：本发明提供一种番茄蓟马的控制方法。采取该方法可有效地控制番茄蓟马的发生，其防控原理为种植诱集植物，在空间上保护主栽作物番茄植株免受蓟马危害。利用对蓟马引诱作用明显高于番茄的植物羽衣甘蓝以及定向隐蔽施药技术，可在蓟马扩散至番茄前扑灭，同时，能够实现减少化学农药用量和主栽作物非接触化学防治，保障食品安全和生态安全。

山东永盛农业发展有限公司：郭永军　李金玲　梁友忠　梁秀芹　袁　辉

32. 一种日光温室黄瓜蓟马的控制方法（专利申请号：201711192804.6 摘选）

黄瓜定植后 35d 叶面喷施**新高脂膜**与甲壳素混合液，黄瓜叶面形成一层超薄的保护膜，屏蔽蓟马嗅觉，起到驱避作用，将蓟马驱避远离番茄植株。

发明内容：本发明提供一种黄瓜蓟马的控制方法。采取该方法可有效地控制黄瓜蓟马的发生，其防控原理为种植诱集植物，在空间上保护主栽作物黄瓜植株免受蓟马危害。利用对蓟马引诱作用明显高于黄瓜的植物羽衣甘蓝以及定向隐蔽施药技术，可在蓟马扩散至黄瓜前扑灭，同时，能够实现减少化学农药用量和主栽作物非接触化学防治，保障食品安全和生态安全。

寿光市新世纪种苗有限公司：贾松锋　桑毅冲　桑毅振　王明钦

33. 一种提高老化水稻种子发芽率的方法（专利申请号：201810793272.X　摘选）

将**新高脂膜粉剂**放入原包装瓶内，加满凉水至瓶口，充分搅动至粉剂全部溶解成乳膏状母液，将母液用凉水稀释 500 倍后即可用于浸泡种子。

发明内容：本发明提供一种提高老化水稻种子发芽率的方法，用于解决自然储存老化的水稻种子发芽率低的问题。

安徽袁粮水稻产业有限公司：乔保建　乔　琪　任代胜　夏祥华
付锡江　陶元平　彭　冲　宾　娜

34. 一种防治番茄褪绿病毒病的方法（专利申请号：201711194458.5 摘选）

番茄定植后25d叶面喷施**新高脂膜**与甲壳素混合液。喷施新高脂膜，番茄叶面形成一层超薄的保护膜，屏蔽烟粉虱嗅觉，起到驱避作用，驱使烟粉虱远离番茄植株向诱集植物迁移。

发明内容：本发明提供一种防治番茄褪绿病毒病的方法。采取该方法可有效地控制番茄褪绿病毒病的发生，其防控原理为种植诱集植物，在空间上保护主栽作物番茄植株免受褪绿病毒病传毒媒介烟粉虱危害。利用对烟粉虱引诱作用明显高于番茄的植物，可在烟粉虱扩散至番茄前扑灭，以达到烟粉虱无法传播褪绿病毒的目的，同时，能够进一步减少化学农药用量，实现主栽作物非接触化学防治，改善通风效果，提高番茄产量。

山东省寿光蔬菜产业集团有限公司：李宇光　曹玉梅　李晓玲

35. 一种防治番茄黄化曲叶病毒病的方法（专利申请号：201711194459.X　摘选）

番茄定植后25d叶面喷施**新高脂膜**与甲壳素混合液。喷施**新高脂膜**，番茄叶面形成一层超薄的保护膜，屏蔽烟粉虱嗅觉，起到驱避作用，驱使烟粉虱远离番茄植株向诱集植物迁移。

发明内容：本发明提供一种防治番茄黄化曲叶病毒病的方法。采取该方法可有效地控制番茄黄化曲叶病毒病的发生，其防控原理为种植诱集植物，在空间上保护主栽作物番茄植株免受黄化曲叶病毒病传毒媒介烟粉虱危害。利用对烟粉虱引诱作用明显高于番茄的植物，可在烟粉虱扩散至番茄前扑灭，以达到烟粉虱无法传播黄化曲叶病毒病的目的，同时，能够进一步减少化学农药用量，实现主栽作物非接触化学防治，改善通风效果，提高番茄产量。

山东省寿光蔬菜产业集团有限公司：李　勇　张　强　李宇光

36. 一种防治番茄斑萎病毒病的方法（专利申请号：201711192785.7 摘选）

番茄定植后35d叶面喷施**新高脂膜**与甲壳素混合液，番茄叶面形成一层超薄的保护膜，屏蔽蓟马嗅觉，起到驱离作用，将蓟马趋避远离番茄植株。

发明内容：本发明提供一种防治番茄斑萎病毒病的方法。采取该方法可有效地控制番茄斑萎病毒病的发生，其防控原理为种植诱集植物，在空间上保护主栽作物番茄植株免受斑萎病毒病传毒媒介蓟马危害。利用对蓟马引诱作用明显高于番茄的羽衣甘蓝，可在蓟马扩散至番茄前扑灭，以达到蓟马无法传播斑萎病毒的目的，同时，能够进一步减少化学农药用量，实现主栽作物非接触化学防治，提高通风效果。

山东省寿光蔬菜产业集团有限公司：胡永军　朱　慧　辛晓菲

37. 一种铁皮石斛原球茎的播种方法（专利申请号：201711192785.7 摘选）

将成熟未开裂的铁皮石斛蒴果消毒杀菌后将其切开，并将种子放入萌发培养基中进行培养；将培养后的种子与羧甲基纤维素钠和**新高脂膜**混匀，获得原球茎悬浮液；再将原球茎悬浮液播种至基质上进行培养。

发明内容：本发明提供了一种铁皮石斛原球茎的播种方法。根据铁皮石斛的生长特性和形态特征，充分利用并结合铁皮石斛在大棚栽培和林下栽培的生长特点，优化铁皮石斛的栽培模式，增加收益。

华南农业大学梅州绿盛林业科技有限公司 广州美斛健生物技术有限公司：温碧柔 刘　伟　李远平　张婷婷　覃萌玲　庞　滢　林锐松　廖思艺　胡梅肖　李宗雨

38. 一种重楼的种植方法（专利申请号：201811308271.8　摘选）

在重楼根茎上依次覆盖自制营养土和**新高脂膜**，一方面，自制营养土中的枯草、腐熟的豆渣、木屑和骨粉含有一定量的氮、磷、钾和有机成分，对于重楼的生长发育均有好处；另一方面，喷洒在自制营养土的**新高脂膜**，可防水分蒸发、防晒抗旱、保温防冻、防土层板结，以及隔离病虫源，提高重楼抗病虫能力。

发明内容：针对现有技术中存在的化肥用量大导致土壤板结和农药用量大的问题，本发明提供了一种重楼的种植方法。

镇远县旺黔生态养殖有限公司：高　俊　高廷斌

39. 一种柑橘苗木嫁接方法（专利申请号：201811103915.X　摘选）

在多功能林木嫁接装置的密封橡胶的遮盖面内的嫁接膜上划小口，是为了在嫁接部位愈合期间喷洒溶液，所喷洒的**新高脂膜**溶液可有效封闭果树嫁接处，隔离病菌侵染，提高嫁接成活率。

发明内容：本发明提供一种柑橘苗木嫁接方法。本方法可加快嫁接部位愈合的速度，避免病毒虫害的侵蚀，提高柑橘苗木嫁接的成活率。

四川盛世佳禾农业开发有限公司：付云锋

40. 一种旱作栽培鹰嘴豆的方法（专利申请号：201810370035.2　摘选）

结果期在果实表面喷施适当的**新高脂膜**，降低残毒提高品质，**新高脂膜**喷施叶面，可防止叶片病毒感染，使枝叶翠绿茂盛、光合作用产物积累和定向转运能力增强，提高了鹰嘴豆的营养含量。

发明内容：本发明的目的在于提供一种旱作栽培鹰嘴豆的方法。

山东百家兴农业科技股份有限公司：梁志昕　宗成伟　宗　良　刘团结

41. 一种日光温室彩椒蓟马的控制方法（专利申请号：201711195564.5 摘选）

彩椒定植前 1~2d 和定植后 35d 叶面喷施**新高脂膜**与甲壳素混合液。本发明利用诱集植物以及定向隐蔽施药技术，可在蓟马扩散至彩椒前扑灭，同时，能够减少化学农药用量和实现主栽作物非接触化学防治，保障食品安全与生态安全。

发明内容：本发明提供一种彩椒蓟马的控制方法。采取该方法可有效地控制彩椒蓟马的发生，其防控原理为种植诱集植物。在空间上保护主栽作物彩椒植株免受蓟马危害。利用对蓟马引诱作用明显高于彩椒的植物羽衣甘蓝以及定向隐蔽施药技术，可在蓟马扩散至彩椒前扑灭，同时，能够实现减少化学农药用量和主栽作物非接触化学防治，保障食品安全与生态安全。

山东永盛农业发展有限公司：梁增文　郭永军　李金玲　梁秀芹

42. 一种石榴的嫁接方法（专利申请号：201510283003.5　摘选）

每年的 1 月，采用**新高脂膜**对石榴种子进行拌种处理，接着将石榴种子在整理后的土地上播种，之后进行除草和浇水管理，将石榴幼苗地上的杂草割除。

发明内容：本发明的目的是提供一种石榴的嫁接方法，以解决石榴嫁接成活率低而存在的不足。

安顺市西秀区春实绿化苗木有限公司：邱锋

43. 一种舒城小兰花种植方法（专利申请号：201811068847.8　摘选）

茶树最适宜的修剪期，是茶树根部营养贮藏量最多时候，修剪的作用主要是平衡地下部和地上部的关系，是树体形成良好的树冠结构，更新复壮茶树、促进新梢生长，修剪时造成的大伤口用"**愈伤防腐膜**"涂抹，促进伤口尽早愈合，使树体恢复生长。

发明内容：本发明的目的就是提供一种舒城小兰花种植方法，本发明方法种植的小兰花生长发育适中，香气足，形状优美，病虫害少，滋味鲜醇爽口。

舒城县舒茶镇启明家庭农场：吴啟明　吴绳友

44. 一种可提高茶叶品质的种植方法（专利申请号：201910536155.X 摘选）

应用**新高脂膜**溶液作为驱避虫害的主要手段，属于物理防治，效果好，不污染环境。青年期茶树控制在 120cm 以下，老年期茶树每 3 年进行一次大修剪，剪去枯死的枝干，每次修剪完毕在剪口涂抹**愈伤防腐膜**。

发明内容：本发明提供一种可提高茶叶品质的种植方法，从光照、水量等几个方面入手，提高茶叶的品质。

丹徒区上党温馨茶叶种植家庭农场：张志豪

45. 一种可抑制土壤肥力流失的茶叶种植方法（专利申请号：201910536151.1　摘选）

在地下深 100~120cm 处喷洒**新高脂膜**溶液，可形成一层保护膜，隔离病虫源。青年期茶树控制在 120cm 以下，老年期茶树每 3 年进行一次大修剪，剪去枯死的枝干，每次修剪完毕在剪口涂抹**愈伤防腐膜**。

发明内容：本发明提供一种可抑制土壤肥力流失的茶叶种植方法，着重施法减少土壤肥力的流失，将施肥量降低的同时不影响茶叶的生长。

丹徒区上党温馨茶叶种植家庭农场：张志豪

46. 中药材三七的种植方法（专利申请号：201810139346.8　摘选）

每年 10 月，选 3 年生植株所结的饱荫成熟变红果实，摘下，放入竹筛，搓去果皮，洗净，晾干表面水分，用**新高脂膜**800 倍液浸种 10min 消毒处理，趋避地下病虫，隔离病毒感染。

发明内容：本发明的目的在于提供一种中药材三七的种植方法，设计科学合理，成本低，产量高。

发明人：崔溪

第五章　果树伤口保护技术

　　果树修剪难免要造成伤口，有些果园出现树体腐烂，许多果农只会用刮树皮的方法治疗，造成病菌孢子飞扬传播感染，不但没有治病，反而促进了腐烂病害泛滥。腐烂病是苹果生产中带毁灭性的病害之一，每年3月、6月、9月、11月各为发病高峰期，通常防治方法是涂抹一些水溶性杀菌剂，或用塑料薄膜包扎，但效果甚微，同时影响愈伤组织形成。若遇雨天或太阳暴晒，伤口污染和干裂现象极为严重。为了解决这一难题，渭南高新区促花王科技有限公司的前身白水县KM化工厂研制出了油质的果树封剪膏，受到果农欢迎并在全国大面积应用。

　　果树封剪膏和果树治腐膏是蜡纸包装的涂擦式产品。虽然使用方便，但遇到高温天气不易储存，随后升级为塑料软管包装的愈伤防腐膜油质产品。配合护树大将军喷雾果树，对预防腐烂病和果园消毒起到了至关重要的作用。

第一节　果树伤口保护剂说明书

1. 愈伤防腐膜

　　剪树伤口涂抹本品可迅速形成防腐膜，封闭伤口，愈合快。防冻、防病菌、病毒侵入、防腐烂病传播、防越冬害虫栖息繁衍、防雨水污染、防大伤口干裂。涂抹树体阳面可防日灼。本品不含激素及农药成分，对伤口无刺激作用。适用于木本植物伤口保护。美称：化学树皮。也叫：树木创可贴。

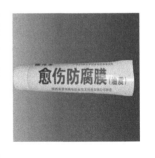

2. 护树大将军

　　护树大将军是护树将军（果树专用）的升级产品，本品是一种果树创伤口消毒剂，也是果树清园消毒剂，喷雾于各种植物创伤口表面或树皮上，可预防空气中传播的病毒侵染，可消灭病毒链生成，破坏细菌生殖条件，干扰病毒复制繁衍，保护植物生命临界点安全，降低不良气象灾害危害率。本品无毒、无药害、无污染，浓度大小和用药部位不受限制。

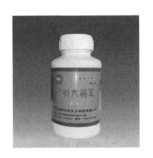

　　适用范围：适用于果树、棉花、蔬菜、药材、花卉、烟、麻、小麦、油菜等作物消毒防病。

　　母液配制：在包装瓶内加水至瓶口1cm处，加入本品1小袋（20g）溶解成透明液体备用，每瓶共 5 小袋，可共配母液 2kg。

用法用量

（1）伤口消毒

①用本品母液直接涂抹剪锯伤口，可消毒、防细菌侵染，促进伤口愈合。

②治疗果树腐烂病、溃疡病、流水病、流胶病的创伤口消毒方法是：先用洗洁精清洗病灶污染物，再用本品母液涂抹病灶消毒。可预防病菌复活繁衍，防治各种皮层病害。

（2）树体消毒

①果树落叶后用本品 100 倍液（每小袋兑 50kg）喷涂树干和树枝，可消除树体残留病毒，可预防气传性病毒传播和交叉侵染。

②早春可用本品 100 倍液（每小袋兑水 50kg）喷涂树干和树枝，可消毒、保温、防霜冻，预防越冬病毒着落于树体繁衍，保护果树抗冻因子生命临界点，保护花芽越冬免遭冻害，花椒、葡萄等树不干梢。

③防治腐烂病：用刀片在病皮上轻轻划道（震动可使腐烂病孢子飞扬），用毛刷涂本乳液，可使病皮迅速干枯，染有死孢子的病皮开始脱落。

（3）灌根消毒

用本品 100 倍液（每小袋兑水 50kg）围绕树冠浇灌 1 周，可消灭果树根系病毒。

（4）叶面消毒

用本品 100 倍液（每小袋兑水 50kg）喷雾植物叶面，可预防空气媒介传播病毒着落叶面危害。

提示：以上配比量仅参考值，用户可根据病毒危害程度，加大或减小本品浓度，浓度越大，消毒效果越好。

包装规格：每瓶 400mL，每瓶 5 袋，每箱 12 瓶。

保质期：本品 pH 值中性，常温下保质期 4 年。

第二节　政府文件

陕西省石油化学工业厅
颁发《果树封剪膏》新产品鉴定验收证书

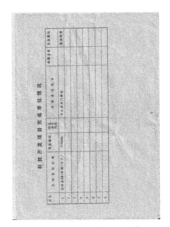

（白水县乡镇企业管理局、白水县工商局推荐函）

白水县科学技术局文件
白政科发〔1996〕012 号

---★---

关于使用高新技术产品《果树治腐膏》的函

各苹果专业户：

　　我县苹果已发展到 38 万亩，农民年人均收入超千元，已成为振兴农村经济的主导产业。目前，随着种植面积的发展，树龄的增长，产量的增加，腐烂病的危害在不断加剧，已成为广大果农的心腹之患。

　　腐烂病是苹果生产中带毁灭性的病害之一，每年 3 月、6 月、9 月、11 月各为发病高峰期，通常防治方法是涂抹一些水溶性杀菌剂，需 2 至 3 个疗程才能抑制，涂药后若遇酸、碱性药物或肥料，易起中合反应降低药效，同时腐烂病继续感染伤口，干裂干枯，影响愈伤组织形成。若遇雨水或太阳暴晒，防治效果不尽理想。

白水县 KM 化工厂在保持果树封剪膏优秀效果的基础上，革新配方，精细工艺，应用高新技术开发出二代产品——果树治腐膏。

从该产品应用于生产的初试和中试效果看，果树治腐膏涂抹伤口或患处，很快形成一层软膜，即可完全彻底的杀死膜内的病菌，又可防止环境中病菌再侵入，对促进愈合，健壮树势作用明显。多地试验证明，施用果树治腐膏铲除腐烂病具有其他药剂难以代替的独特作用。得到了有关科技人员的肯定。果树治腐膏性质稳定，冬不硬化，夏不渗油，可常时间贮存，是果树防腐治腐的常备药品。

果树治腐膏于 1996 年 2 月已获国家专利。经陕西省化工产品质量监督检验站检验合格，拟在本县推广应用，示范品限价 2 元/支。望各苹果专业户积极使用果树治腐膏，培养健壮树体，生产出优质果品。

白水县科学技术局

一九九六年九月八日

澄城县科学技术局文件

澄政科发〔1997〕07 号

---★---

关于推广果树封剪膏、果树治腐膏的函

各乡镇人民政府，各有关单位：

我县苹果已发展到 30 多万亩，已成为振兴农村经济的主要产业。但随着树龄的增长，产量的增加，腐烂病的危害不断加剧，已成为生产上一个潜伏的毁灭性危害。

腐烂病主要特点：一是病菌潜育年限长，寄主范围广，一般潜育 5~6 年，还可危害梨、杏、桃等树木。二是伤口侵入，是该病传播的主要途径。

　　农技中心和苹果中心，从1994年对白水县KM化工厂生产的果树封剪膏和果树治腐膏进行试验示范，3年试验示范结果表明，是目前防止腐烂病、涂抹伤口的最佳良药。其主要特点，封剪膏涂在剪口锯口上，木质部不龟裂，很快形成一层软膜，即可防止体内水分的蒸发，克服了一般封口药剂出现龟裂的现象，还可有效地杀死病菌。伤口愈合快，可防止冻害，对健壮树势有明显的作用。果树治腐膏是在果树封剪膏的基础上研究出的第二代产品，刮治病斑后，涂抹果树治腐膏，杀死膜内的大量病菌，还可防治环境中的病菌再侵染，根治效果较好，已被专家所肯定，值得大力推广。

　　果树封剪膏、果树治腐膏于1996年2月获国家专利，经陕西省化工厂产品质量检验站检验为合格产品。建议各服务部门大力推广。

一九九七年元月十日

合阳县科学技术局文件

合科发〔2000〕01号

---★---

关于大力推广《果树封剪膏》的函

各苹果专业户：

　　苹果已成为我县农村经济的支柱产业，农民管理果园的科技意识和水平在不断提高，市场竞争激烈的形势迫使果品生产高产化、优质化。但是，不少地区的腐烂病严重危害威胁果农的经济效益，已成为果农的心腹之患。

　　1994年白水县KM化工厂应用高新技术研制的"果树封剪膏"问世，县果业局、县果农协会、益农公司及县农技中心的科技人员对该产品进行反复试验，认真观察，并做了大量的用户应用调查，结果显示，用该产品涂抹剪锯伤口，迅速形成一层软膜紧贴木质，伤口不干裂，无冻伤或灼伤，冬剪口涂后100d产生愈合组织，150d伤口周围愈合组织达0.2~0.5cm，春剪口涂后60d产生愈合组织，100d愈合组织达0.3~0.6cm，伤口萌芽数增加，长势旺盛，所形成软膜又隔绝了环境中细菌伤口侵染，使腐烂病复发率下降98%，收到了同类产品难以表现的独特效果，被有关专家和科技人员肯定，受用户好评，历年来该产品为我县苹果生产做出了重要贡献，值得大力推广。

果树封剪膏质量稳定，造型科学，售价低廉。1996年2月获国家专利，省化工产品质量监督检验站抽检各项指标合格，省石油化学工业局验收批准投产。为加快这一科研成果向生产力转化，县局号召广大果农积极使用果树封剪膏，健壮树势，优化苹果品质，并希望有关部门大力推广。

合阳县科学技术局

二○○○年三月十七日

第三节　果树封剪膏在桑树上的应用试验

陈　芳　黄知源

（陕西省蚕桑丝绸研究所，陕西周至　710400）

桑树属叶用植物，每年都要进行一次春伐或夏伐，以抑制其生殖生长，促进营养生长。但夏伐后树液流失严重，削弱树势，影响桑树的再生能力。怎样才能减少或防止树液流失，维护树势，延长树龄，我们于1996—1997年进行了试验。

1　材料和方法

1.1　试验材料

果树封剪膏为陕西白水县KM化工厂生产，无色、无味、无污染，对人及蚕无毒副作用。试验地为陕西省蚕桑丝绸研究所试验桑园。

1.2　试验设2个处理

①不同株桑树处理与对照的比较试验。选地理条件相同、桑树长势一致的桑园地一块，从同一地点起选相邻行各10株桑树，其中10株夏伐后每个剪口立即涂封剪膏，其余10株桑树按常规剪伐。②同株桑树处理与对照的比较试验。按上述方法选10株长势一致的桑树，伐后在各个方位选几个剪口涂封剪膏，其余剪口不涂作对照，所涂剪口个数依此株桑树剪口多少而定，一般涂剪口1/3。夏伐后每隔2h观察1次树液流失情况，

2d 后每天观察 1 次，1 个月后调查处理与对照剪口的发芽数。3 个月后调查处理与对照剪口枯死情况，6 个月后再调查 1 次。

2 调查结果

2.1 调查对比

夏伐后每隔 2h 定时观察 1 次树液流失情况，前两次可以明显地看到：处理过的剪口树液流失较少，大部分剪口流出的树液只浸湿树干 2～3cm，有的剪口甚至不流。而没有处理的剪口树液流失较多，流出的树液浸湿了整个树干。

2.2 发芽数调查（表 1、表 2）

表 1、表 2 说明，不论是同一株桑树还是不同株桑树，处理后的剪口发芽数多，而没有处理的剪口发芽数较少。

表 1 不同株桑树处理与对照剪口发芽数 1996 年调查表 （单位：个）

序号	处理			对照		
	剪口数	发芽数	剪口枯死数	剪口数	发芽数	剪口枯死数
1	14	34	0	4	7	1
2	6	38	0	5	18	0
3	12	44	0	22	32	0
4	7	16	0	6	14	0
5	11	31	0	21	47	0
6	13	49	0	12	36	0
7	4	9	1	22	62	0
8	15	35	0	17	61	0
9	11	50	0	6	8	1
10	12	32	0	2	3	1

平均每个剪口发芽数：3.3　　　　　　　　平均每个剪口发芽数：2.66

表 2 同株桑树处理与对照剪口发芽数 1997 年调查表 （单位：个）

序号	处理			对照		
	剪口数	发芽数	剪口枯死数	剪口数	发芽数	剪口枯死数
1	4	13	0	9	21	1
2	6	20	0	12	37	0
3	7	36	0	14	48	0
4	7	35	0	16	43	0
5	6	23	0	13	38	0
6	6	19	0	11	25	0

（续表）

序号	处理			对照		
	剪口数	发芽数	剪口枯死数	剪口数	发芽数	剪口枯死数
7	8	25	0	16	47	0
8	5	13	0	10	24	1
9	8	26	0	16	50	0
10	6	21	0	11	36	0
平均每个剪口发芽数：3.4				平均每个剪口发芽数：2.85		

第四节　获奖证书和专家题词

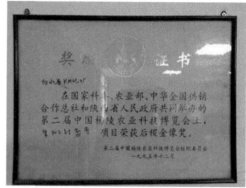

首届、第二届中国杨凌农业科技成果博览会后稷金像奖

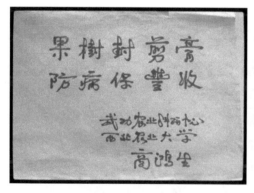

武功农业科研中心院士、西北农业大学
博士生导师、植物病理学家商鸿生
教授为公司产品题词

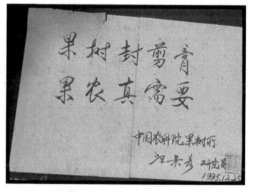

中国农科院果树研究所所长汪景彦
研究员为公司产品题词

农药增效剂

杜澍 98-5-23

致富好帮手

杜澍 98-05-23

陕西省农业农村厅首席专家、研究员杜谢为公司产品题词

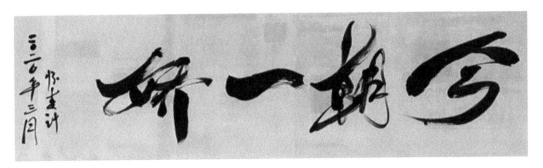

主编题词

第六章 研发人知识产权

怀春计自主知识产权汇总表

编号	知识产权名称	类别	授权日期	授权号
1	一种用于改变棉田通透性的棉株塑型助剂及其制备方法	发明专利	2018 年 3 月 23 日	ZL 201810245178.0
2	一种新型高分子脂肪膜助剂及其制备方法	发明专利	2018 年 3 月 23 日	ZL 201810242923.6
3	一种棉花塑造株形助剂及其制备方法	发明专利	2018 年 10 月 16 日	ZL 201811201056.8
4	一种棉花塑型免打顶剂及其制备方法	发明专利	2018 年 10 月 16 日	ZL 201811206142.8
5	新高脂膜药瓶（方）	外观设计	2016 年 3 月 11 日	ZL 201630074057.6
6	棉花打顶剂药瓶（圆）	外观设计	2016 年 3 月 11 日	ZL 201630074056.1
7	一种果树促控器	实用新型	2016 年 3 月 11 日	ZL 201620201695.4
8	便携式棉花剥壳机	实用新型	2016 年 4 月 19 日	ZL 201620366286.X
9	果树封剪膏（包装）	外观设计	1997 年 6 月 7 日	ZL 96314905.9
10	促花王（包装）	外观设计	2004 年 4 月 7 日	ZL 03307186.1
11	包装箱（新高脂膜粉剂）	外观设计	2018 年 10 月 29 日	ZL 201830604713.8
12	包装箱（棉花打顶剂）	外观设计	2018 年 10 月 29 日	ZL 201830604627.2
13	一种免胶粘包装箱	实用新型	2018 年 11 月 2 日	ZL 201821763842.2
14	包装瓶（促花王北方品）	外观设计	2018 年 11 月 1 日	ZL 201830615670.3
15	包装瓶（促花王南方品）	外观设计	2018 年 11 月 1 日	ZL 201830615668.6
16	包装箱（促花王）	外观设计	2018 年 11 月 1 日	ZL 201830615655.9

第一节　专利说明书

一、一种用于改善棉田通透性的棉株塑型助剂及其制备方法

（19）中华人民共和国国家知识产权局

（12）发明专利

（10）授权公告号 CN 108450178 B

（45）授权公告日 2020.10.09

（21）申请号 201810245178.0

（22）申请日 2018.03.23

（65）同一申请的已公布的文献号

申请公布号 CN 108450178 A

（43）申请公布日 2018.08.28

（73）专利权人　渭南高新区促花王科技有限公司

地址 714000 陕西省渭南市高新技术产业

开发区新宇大厦 301 室

（72）发明人 怀春计

（51）Int. CI .

A01G 7/06（2006.01）

（56）对比文件

CN 101404887 A，2009.04.08

CN 1468521 A，2004.01.21

CN 104876766 A，2015.09.02

CN 107512947 A，2017.12.26

WO 2013136340 A1，2013.09.19

审查员　许静

权利要求书 1 页　说明书 4 页

（54）发明名称

一种用于改善棉田通透性的棉株塑型助剂及其制备方法

（57）摘要

本发明公开了一种用于改善棉田通透性的棉株塑型助剂及其制备方法，包含以下各组分及配比：棉籽粉 28%～38%、甲烷 5%～9%、骨粉 6%～10%、甲酸棉酚 4%～8%、碳酸铵 4%～8% 及棉叶粉 35%～45%；使用时需进行二次配制，本发明棉株塑型

助剂替代了人工打顶、器械打顶、农药化控，改造了液体低含量农药的高污染之弊，改变了常规农药一次稀释法的不稳定性，使用后可塑造标准筒形株冠，改变了大田棉株无规则疯长，改善了棉田群体冠层通透性，增加有效铃重，提高产量和纤维质量。

1. 一种用于改善棉田通透性的棉株塑型助剂，其特征在于，包含下列组分的原料：棉籽粉、甲烷、骨粉、甲酸棉酚、碳酸铵及棉叶粉。所述原料依照以下质量百分比配制：

棉籽粉	28%~38%
甲烷	5%~9%
骨粉	6%~10%
甲酸棉酚	4%~8%
碳酸铵	4%~8%
棉叶粉	35%~45%

2. 根据权利要求 1 所述一种用于改善棉田通透性的棉株塑型助剂，其特征在于：所述的原料依照以下质量百分比配制：

棉籽粉	33%
甲烷	7%
骨粉	8%
甲酸棉酚	6%
碳酸铵	6%
棉叶粉	40%

3. 根据权利要求 1~2 任何一项所述的一种用于改善棉田通透性的棉株塑型助剂，其特征在于，依照下列步骤制备：

①先将阴凉干的棉籽粉粉碎成 600~800 目的细粉，再将鲜嫩的棉叶粉粉碎成 800~1 000 目的细粉，按所述重量比例混合搅拌均匀配成 A 项制剂；

②再将甲烷、甲酸棉酚和碳酸铵按所述重量比例混合配成 B 项制剂；

③再将所述 A 项制剂和 B 项制剂混合搅拌均匀，再按所述重量比例加入骨粉在真空容器内置放 30~40h 即可分装成品。

4. 根据权利要求 3 所述的一种用于改善棉田通透性的棉株塑型助剂，其使用方法如下：

①母液的配制：打开包装，将棉株塑型助剂与水依照重量比为 1∶16.7 的比例进行配制，制成母液；

②母液的稀释：使用时，将配制好的母液与水依照重量比为 1∶500 比例进行配制，充分搅拌溶解后即可。

一种用于改善棉田通透性的棉株塑型助剂及其制备方法

技术领域

［0001］ 本发明涉及一种植物助剂，具体地说，涉及一种用于改善棉田通透性的棉

株塑型助剂及其制备方法。

背景技术

［0002］目前棉农为了提高棉花产量，在棉花生长旺盛季节，采取了打顶保棉桃的技术措施来提高棉花产量。近年来，随着劳务市场人工价格上涨和劳动力严重缺乏的现状，具体实施时大都采用液体农药化控代替人工打顶和器械打顶。此种措施实属无奈之选，虽有一定的效果，但却严重破坏了植物生理系统的正常功能。使用不当会造成大面积药害，对棉花病虫害的天敌杀伤力也相当惊人。同时，大面积使用化控农药，也会导致植物顶梢营养转向侧枝和叶片，使其疯狂无规则旺长，导致棉田密不透风而高温败育。稍有不慎，例如缩节胺用量过大，就会造成严重落铃落桃，对棉花的纤维品质和产量造成威胁。

发明内容

［0003］针对现有技术中存在的问题，本发明提供了一种用于改善棉田通透性的棉株塑型助剂及其制备方法。本发明棉株塑型助剂替代了人工打顶、器械打顶、农药化控，使用后可塑造标准筒形株冠，改变了大田棉株无规则疯长，改善了棉田群体冠层通透性，增加有效铃重，提高产量和纤维质量。

［0004］本发明一种用于改善棉田通透性的棉株塑型助剂包含下列组分的原料：棉籽粉、甲烷、骨粉、甲酸棉酚、碳酸铵及棉叶粉。

［0005］本发明一种用于改善棉田通透性的棉株塑型助剂包含的原料依照以下质量百分比配制：

	棉籽粉	28%～38%
	甲烷	5%～9%
［0006］	骨粉	6%～10%
	甲酸棉酚	4%～8%
	碳酸铵	4%～8%
	棉叶粉	35%～45%

［0007］优选的，本发明一种用于改善棉田通透性的棉株塑型助剂包含的原料依照以下质量百分比配制：

	棉籽粉	33%
	甲烷	7%
［0008］	骨粉	8%
	甲酸棉酚	6%
	碳酸铵	6%
	棉叶粉	40%

［0009］本发明一种用于改善棉田通透性的棉株塑型助剂通过如下步骤的方法制备：

［0010］①先将阴凉干的棉籽粉粉碎成600～800目的细粉，再将鲜嫩的棉叶粉粉碎成800～1 000目的细粉，按所述重量比例混合搅拌均匀配成A项制剂；

［0011］②再将甲烷、甲酸棉酚和碳酸铵按所述重量比例混合配成B项制剂；

[0012] ③将所述 A 项制剂和 B 项制剂混合搅拌均匀，再按所述重量比例加入骨粉在真空容器内置放 30～40h 即可分装成品。

[0013] 本发明的技术指标：

[0014]

指标名称	指标
外观	白色粉末，无明显硬块
pH 值（25℃，0.1%）	6.0～11.0
黏度（mPa·s）（20℃）	≥20
水分（%）	≤2
稳定性 $\dfrac{40℃±2℃，24h}{-10℃±2℃，24h}$	理化性质无变化

[0015] 本发明的作用机理如下：

[0016] 本发明一种用于改善棉田通透性的棉株塑型助剂是一种非农药粉剂。使用时需要二次稀释，安全高效无污染。其作用机理是主要成分可使棉株本身迸发出的植物电子与高能电子极性感应，使光合产物导航向下输送，引导植物生长机能向生殖机能转化，迫使棉花顶部营养回流到棉桃发育，弱化顶部优势直至顶尖停止生长，从而达到封顶的目的。在使用过程中，采取循序渐进的方法，逐步弱化顶端优势，强化生殖生长，直到棉花顶端没有优势。这样不仅能达到人工打顶和农药化控打顶的作用，而且具有显著的增产效果。它彻底颠覆了传统植棉理念，证明使用棉花打顶剂不但可以达到增产和提高棉花产品纤维品质的作用，而且还可以解放大量的劳动力，避免了化学激素农药对丰产丰收造成的危害。

[0017] 本发明一种用于改善棉田通透性的棉株塑型助剂的有益效果是：

[0018] 1. 本发明的棉株塑型助剂非农药粉剂纯品，改造了液体低含量农药的高污染之弊；

[0019] 2. 本发明的棉株塑型助剂采用二次稀释法，改变了常规农药一次稀释法的不稳定性；

[0020] 3. 本发明的棉株塑型助剂使用时采用营养智控法，可塑造标准筒形株冠，改变了大田棉株无规则疯长，改善了棉田群体冠层通透性，增加有效铃重，提高产量和纤维质量；

[0021] 4. 本发明的棉株塑型助剂营养物理导航法替代了人工打顶、器械打顶、农药化控；

[0022] 5. 本发明的棉株塑型助剂，在棉花种植上实现"增加株高缩短株宽的农

艺"，改变了传统低株形对采棉机操作造成的障碍。

具体实施方式：

[0023] 实施例：本发明一种用于改善棉田通透性的棉株塑型助剂制备方法如下：

[0024] ①先将330g棉籽粉和400g棉叶粉按上面比列混合成A型制剂；

[0025] ②再将70g甲烷、60g甲酸棉酚和60g碳酸铵混合成B型制剂；

[0026] ③再将A料和B料混合搅拌均匀，再加入80g骨粉，在真空容器内置放35h，即可分装成品。

[0027] 使用方法：

[0028] 母液的配制：将本发明棉株塑型助剂与水依照重量比为1：16.7的比例进行配制，制成母液。即每瓶60g纯品加水1 000g，溶化成母液。

[0029] 母液的稀释：使用时，将配制好的母液与水依照重量比为1：500比例进行配制，充分搅拌溶解后即可。即将配制好的母液加入500kg水中，充分搅拌溶解后即可进行喷雾。

[0030] 使用办法：于初花期坐桃前后喷雾于棉花顶部，连续喷雾3次，每次间隔7~10d左右。本品原药保质期4年，稀释后保质期16d。

[0031] 田间试验：

[0032] 本发明一种用于改善棉田通透性的棉株塑型助剂是在棉花的生育期内使用棉花打顶助剂，是打顶技术的关键环节和主要措施，示范田从6月上旬现蕾以后每亩用缩节胺1~1.5g（第一次使用打顶剂）。间隔10d左右每亩1~5g缩节胺（第二次使用打顶剂）。打顶之前使用了两次打顶剂。可使第1、第2、第3果枝节间缩短，变粗，同时呈现叶小蕾大、叶缺深等特点，棉花壮而不疯。棉花人工打顶以后，结合缩节胺每亩5~8g使用促花王3号棉花打顶助剂，使顶端优势向生殖生长转化，顶端倒三台果枝不再迅猛的向两侧生长。彻底解决了新疆棉区"矮，密，早"机采棉栽培模式下无法解决的通透性问题。高分子棉花打顶助剂从7月5—10日初花期开始，棉株有7~8台果枝时，亩用促花王棉花打顶剂4g，兑水30kg喷施，因棉花长势结合缩节胺每隔8~10d喷1次，连续喷3次。采用平喷的方法，均匀喷施于棉花顶端冠层，喷雾器喷头距棉花30cm，可有效弱化了棉花顶尖生长优势，起到增加株高缩小株宽的目的，解决了通透性难题，起到类似人工打顶的作用，由于拉长了成铃空间，更有利于采棉机作业，提高了采净率，增加了产量效益。

[0033] 田间试验总结：本发明产品在新疆生产建设兵团第七师、第八师的大面积试验结果显示，人工打顶的缀芽丛生，下部叶枝长达40cm以上，而使用本发明棉株塑型助剂的棉花叶枝从用药后不会再长，果枝夹角也没有缀芽发生！促花王棉株塑型助剂在目前累计试验面积已经达到17万亩以上，减少用工成本500多万元，按亩均提高单产20kg计算，增加效益2 400万元。2015年是百年不遇的高温，稍有不慎（缩节胺用量过大）就会造成落花落果严重，由于高温败育、营养体长势过强容易郁闭，但是使用该产品依然保持了通透性，2016年多雨也造成棉花败育、营养体旺长郁闭，使用该产品依然保持了通透性，这两年特殊气候里，只要是科学使用促花王棉株塑型助剂的棉田，产量都非常好，较一般单产提高10%以上。

［0034］经过大田试验，归纳起来主要有这样几个方面：

［0035］一是株高增加了，通常情况下，人工打顶只有 7~9 台果枝，而使用棉株塑型助剂以后可以增加到 9~11 台，基本上增加了 2 台，相比高度也增加了 10~12cm，更利于采棉机作业。

［0036］二是果枝节间缩短了，同样的品种人工打顶果枝节间一般在 15~20cm，使用棉株塑型助剂以后 10~15cm。

［0037］三是植株顶端倒三叶叶面积缩小了，由于顶端优势取消了，使用棉株塑型助剂的棉花顶端叶面积一般直径都在 8~10cm，而人工打顶上部倒三叶面积在 12~14cm，通透性极差。

［0038］四是叶缺深，更利于通风透光，而且是越肥大的叶片用打顶剂以后叶缺就越深，叶缺最深可达 2cm 以上。

［0039］五是减少了无效花蕾的发生，一般人工打顶单株现蕾达 30 多个，真正成铃的 8~9 个，使用促花王棉株塑型助剂以后，通常现蕾 20 个以内，成铃也在 8~9 个。

［0040］六是单铃重增加了，一般人工打顶的由于无法解决郁闭的问题，3~5 果枝铃重非常低，往往只有 3g 左右。使用促花王棉株塑型助剂的棉花，1~7 果枝铃重基本上一致的。

［0041］七是抗早衰，人工打顶的棉花通常在 8 月 20 以后开始出现红叶黄叶，并且脱落，而使用促花王棉株塑型助剂的棉花一般在 9 月 5 号打脱叶剂之前依然是青枝绿叶，叶功能期至少延长 10d。

［0042］结论：使用本发明产品棉株塑型助剂完全可以塑造筒形株冠，改善棉田群体冠层通透性。替代了人工打顶，代替了机器打顶，替代了农药化控，减小了棉田污染。不伤病虫天敌。是培植大型采棉机操作棉田的基础产品。

［0043］社会效益

［0044］一旦大面积投入市场应用，将会产生巨大的经济效益和社会效益。根据 2017 年国家棉花监测系统统计到的数据显示，我国的棉花种植面积达到了 4 603.8 万亩，比 2016 年增加了近 5%。预计 2018 年、2019 年的棉花种植面积会在这个增长率的基础上继续增加。按照人工打顶农艺要求一叶一心掐顶，宜在 7 月 25 日至 7 月 30 日前完成，也就是说最佳完成时段是 5d 内。按每人每天 8h 工作制可掐顶 3 亩左右，5d 打顶效率是 15 亩。全国每年约 5 000 万亩棉花则需要 350 万技术熟练的专业工人工作 5d 才能完成一次打顶工序。也就是说全国棉花需要打顶的最佳时段要同时出动 350 万人 5d 才能完成一次打顶工序。集结 350 万人"田间短工"干 5d 活，人力资源就是个天大的难题。打顶工每天可打 5~7 亩棉田，2017 年棉花打顶工钱很任性，刚开始是 35 元/亩，中途已经涨到 60 元/亩，我国人工打顶工费每年可达 30 亿元之多，而应用棉株塑型助剂技术操作投入费用不足 2 亿元，也就是说该发明的应用每年可为棉农节省 28 亿元。

二、一种促进棉花提前成熟的方法

（19）国家知识产权局

（12）发明专利

（10）授权公告号 CN 114009298 B

（45）授权公告日 2023.03.28

（21）申请号 202111469205.0

（22）申请日 2021.12.03

（65）同一申请的已公布的文献号

申请公布号 CN 114009298 A

（43）申请公布日 2022.02.08

（73）专利权人 新疆农垦科学院

地址 832000 新疆维吾尔自治区石河子乌

伊路 221 号新疆农垦科学院

（72）发明人 孔新　李有忠　朱宗财　张力　赵曾强

（74）专利代理机构 北京方圆嘉禾知识产权

代理有限公司 11385

专利代理师 张秋菊

（51）Int. Cl.

A01G 22/50（2018.01）

A01G 7/06（2006.01）

审查员 吴艳艳

权利要求书 1 页　说明书 3 页

（54）发明名称

一种促进棉花提前成熟的方法

（57）摘要

本发明提供了一种促进棉花提前成熟的方法，属于棉花生产技术领域，所述方法包括以下步骤：在棉花打顶后，施用促花王棉花塑型剂。本发明在棉花打顶后，施用棉花促花王塑型剂，使棉花后期快速发育，提早开花，促进棉花提前吐絮。本发明的方法主要针对的问题是由于不良天气（如预测初霜较早等）、品种生育期偏长、水肥造成棉株过旺贪青晚熟，造成棉花打顶后生育期滞后，棉花无法正常吐絮。本发明的方法降低了棉花种植户秋季棉花不成熟的风险，能够有效地促进棉花早熟，提前吐絮生育进程 3～5d，解决了因棉花生育期滞后造成棉花减产，在促进棉花早熟，吐絮顺畅方面发挥重要作用，提高棉农种植棉花的经济收益，是一种切实可行实用技术。

1. 一种促进棉花提前成熟的方法，能够有效促进晚熟棉花提前成熟，包括以下步骤：所述棉花为陆地棉，所述棉花的种植地在新疆维吾尔自治区的北疆和南疆地区，在棉花打顶后，施用促花王棉花塑型剂，促花王棉花塑型剂购自于陕西渭南高新区促花王科技有限公司，使棉花后期快速发育，提早开花，促进棉花提前吐絮，所述施用的时间为棉花打顶后的 1~3d，所述施用的次数为 2~3 次，相邻两次施用的间隔时间为 8~12d；

当施用次数为 2 次时，每次所述促花王棉花塑型剂的施用量为 1.5~2g/亩；当施用次数为 3 次时，每次所述促花王棉花塑型剂的施用量为 1~1.5g/亩；

当所述棉花的种植地为北疆时，所述棉花的打顶时间为 7 月 1—5 日；当所述棉花的种植地为南疆时，所述棉花的打顶时间为 7 月 10—15 日。

2. 根据权利要求 1 所述的方法，其特征在于，所述施用的时间为棉花打顶后的 2d。

3. 根据权利要求 1 所述的方法，其特征在于，相邻两次施用的间隔时间为 10d。

4. 根据权利要求 1 所述的方法，其特征在于，在喷施促花王棉花塑型剂的同时还喷施叶面肥、杀虫剂和杀菌剂中的一种或几种。

5. 根据权利要求 4 所述的方法，其特征在于，所述叶面肥包含氮、磷、钾和微量元素中的一种或几种，所述氮元素由尿素提供，所述尿素的施用量小于等于 150g/亩；所述磷和钾元素由磷酸二氢钾提供，所述磷酸二氢钾的施用量小于等于 150g/亩，当微量元素缺乏时再施用微量元素。

一种促进棉花提前成熟的方法

技术领域

[0001] 本发明属于棉花生产技术领域，具体涉及一种促进棉花提前成熟的方法。

背景技术

[0002] 棉花是世界上最重要的经济作物之一和大宗农产品，是纺织工业的主要原料，也是重要食用植物油脂，是关系国计民生的重要战略物资。

[0003] 生育期是棉花品种选育的关键性状。生育期过短的棉花品种产量潜力小、易早衰，不易高产；过长则易受早霜的影响，霜前花率低。在此基础上再综合考虑产量、品质、抗逆性等。目前种植的棉花品种主要为早熟或中熟品种，且还需要采取铺塑料薄膜、打顶、喷洒脱叶剂等措施来提早棉花成熟。虽然对于棉花前期和中期促早技术研究的人比较多，但对于棉花打顶以后促早技术研究人较少，大多数棉农只是关注水肥运作和除虫防病，对于明显晚熟的棉花仍束手无策。

发明内容

[0004] 有鉴于此，本发明的目的在于提供一种促进棉花提前成熟的方法，能够有效促进晚熟棉花提前成熟。

[0005] 本发明提供了一种促进棉花提前成熟的方法，包括以下步骤：

[0006] 在棉花打顶后，施用促花王棉花塑型剂。

[0007] 优选的，所述施用的时间为棉花打顶后的 1~3d。

［0008］优选的，所述施用促花王棉花塑型剂为喷施促花王棉花塑型剂。

［0009］优选的，所述施用的次数为 2~3 次。

［0010］优选的，相邻两次施用的间隔时间为 8~12d。

［0011］优选的，每次施用促花王棉花塑型剂的施用量为 1~2g/亩。

［0012］优选的，所述方法还包括：施用叶面肥、杀虫剂和杀菌剂中的一种或几种。

［0013］优选的，所述叶面肥包含氮、磷、钾和微量元素中的一种或几种。

［0014］优选的，当所述棉花的种植地为北疆时，所述棉花的打顶时间为 7 月 1—5 日；当所述棉花的种植地为南疆时，所述棉花的打顶时间为 7 月 10—15 日。

［0015］本发明提供了一种促进棉花提前成熟的方法，包括以下步骤：在棉花打顶后，施用促花王棉花塑型剂。本发明在棉花打顶后，施用棉花促花王塑型剂，使棉花后期快速发育，提早开花，促进棉花提前吐絮。本发明的方法主要针对的问题是由于不良天气（如预测初霜较早等）、品种生育期偏长、水肥造成棉株过旺贪青晚熟，造成棉花打顶后生育期滞后，棉花无法正常吐絮。本发明的方法降低了棉花种植户秋季棉花不成熟的风险，能够有效地促进棉花早熟，吐絮进程提前 3~5d，解决了因棉花生育期滞后造成棉花减产，在促进棉花早熟，吐絮顺畅方面发挥重要作用，提高棉农种植棉花的经济收益，是一种切实可行实用技术。

具体实施方式

［0016］本发明提供了一种促进棉花提前成熟的方法，包括以下步骤：在棉花打顶后，施用促花王棉花塑型剂。

［0017］在本发明中，所述棉花优选为陆地棉。

［0018］在本发明中，所述促花王棉花塑型剂购自于陕西渭南高新区促花王科技有限公司。针对是由于不良天气（如预测初霜较早等）、品种生育期偏长、水肥造成棉株过旺贪青晚熟，造成棉花打顶后生育期滞后，棉花无法正常吐絮的问题，棉花促花王塑型剂，能够使棉花后期快速发育，提早开花，促进棉花提前吐絮。

［0019］在本发明中，所述施用的时间优选为棉花打顶后的 1~3d，更优选为棉花打顶后 2d。在本发明中，所述施用促花王棉花塑型剂优选为喷施促花王棉花塑型剂。在本发明中，所述施用的次数为 2~3 次，相邻两次施用的间隔时间优选为 8~12d，更优选为 10d。在本发明中，每次所述促花王棉花塑型剂的施用量优选为 1~2g/亩；当施用次数为 2 次时，每次所述促花王棉花塑型剂的施用量优选为 1.5~2g/亩；当施用次数为 3 次时，每次所述促花王棉花塑型剂的施用量优选为 1~1.5g/亩。在本发明中，所述喷施的方式优选的包括机车喷施或无人机喷施；当采用机车喷施时，所述促花王棉花塑型剂兑水后施用，优选为每克兑水 45kg，所述花王棉花塑型剂进行顶喷施用，所述机车的喷嘴与棉花顶部的高度差优选为 45~55cm，更优选为 50cm；当采用无人机进行喷施时，用水量控制在每亩 2kg，所述无人机的作用高度优选为 2~2.5m，所述无人机的航速优选为 4~5m/s，采用无人机进行喷施时优选的还包括外加助剂，以增强药剂附着力，无人机施用时，促花王棉花塑型剂的兑水量少，用助剂效果更佳。本发明对所述助剂的类型和用量没有特殊限制，采用本领域常规设置即可。

［0020］在本发明中，所述方法优选的还包括：施用叶面肥、杀虫剂和杀菌剂中的一种或几种，更优选的，在喷施促花王棉花塑型剂的同时优选的还喷施叶面肥、杀虫剂和杀菌剂中的一种或几种。在本发明中，所述叶面肥优选的包含氮、磷、钾和微量元素中的一种或几种。在本发明中，所述氮元素由尿素提供，所述尿素的施用量小于等于150g/亩；所述磷和钾元素优选的由磷酸二氢钾提供，所述磷酸二氢钾的施用量小于等于150g/亩。在本发明中，当微量元素缺乏时再施用微量元素。

［0021］在本发明中，所述棉花的种植地优选的包括新疆。在本发明中，当所述棉花的种植地为北疆时，所述棉花的打顶时间优选为7月1—5日；当所述棉花的种植地为南疆时，所述棉花的打顶时间优选为7月10—15日。

［0022］下面将结合本发明中的实施例，对本发明中的技术方案进行清楚、完整地描述。

［0023］实施例中采用的促花王棉花塑型剂购自陕西渭南高新区促花王科技有限公司。

［0024］实施例1

［0025］北疆，棉花施用药剂后，开花速度加快，结铃、吐絮提前。7月1日人工打顶后，分别于7月2日、7月12日、7月22日，采用机车喷洒促花王棉花塑型剂，顶喷，喷嘴高度50cm，水量充足。每次促花王棉花塑型剂的喷洒量为1~1.5g/亩。

［0026］实施例2

［0027］7月11日结束打顶后，分别于7月12日和7月22日采用无人机喷洒促花王棉花塑型剂、磷酸二氢钾和尿素，作业高度2m，航速4~5m/s，外加增附着力的助剂。每次促花王棉花塑型剂的喷洒量为1.5~2g/亩。磷酸二氢钾和尿素的总施用量分别为150g/亩。

［0028］实施例3

［0029］2019年，北疆一农户5月底播种棉花，6月初出苗，棉花生育期严重滞后，前期进行促早管理，7月20日开始免人工打顶后，进行3遍，8月10日结束打顶。8月10日、8月20日、8月30通过3次喷洒"促花王棉花塑型剂"，完成全程棉花促早措施。与9月20日无人机进行第一遍脱叶，9月底无人机进行第二遍脱叶，11月初完成收获，达到400kg/亩产量。

［0030］实施例4

［0031］2021年，南疆且末县棉花种植大户，利用棉花无线生长习性，增加果枝台数到1~13台，且末地区晚间温度偏低，棉花生长发育偏迟，为确保所有棉铃能正常吐絮，按打顶后喷施3遍，相邻两次间隔8~10d，机器采收在11月1日，棉花产量达到550kg/亩的好成绩。

［0032］尽管上述实施例对本发明做出了详尽的描述，但它仅仅是本发明一部分实施例而不是全部实施例，人们还可以根据本实施例在不经创造性前提下获得其他实施例。这些实施例都属于本发明保护范围。

第二节 "棉花塑型剂和打顶剂"项目通过科技成果评价

2018年11月14日,第三方专业科技成果评价机构——中科合创(北京)科技成果评价中心在北京依据科技部《科学技术评价办法》的有关规定,按照科技成果评价的标准及程序,本着科学、独立、客观、公正的原则,组织专家对渭南高新区促花王科技有限公司完成的"棉花塑型剂和打顶剂"项目进行了科技成果评价。

据悉,此次评价会的专家由中国农业大学教授华金平,中国农业科学院科技局副局长、研究员文学,北京市农林科学院研究员陶铁男,农业部科技发展中心研究员林友华,北京市农林科学院植物营养与资源研究所所长、研究员赵同科,中国农业科学院植物保护研究所研究员芮昌辉,教育部科技发展中心研究员金石等组成。

专家评审认为,该项目是采用植物提取物诱导植株生长塑型和免打顶的新产品,主要成分为棉籽粉、棉叶粉、骨粉、碳酸铵等,按一定比例和制备工艺配制,拥有自主知识产权。项目产品无毒、无味,经陕西省化工产品质量监督检验站检测合格,已在新疆农垦科学院安排的8个核心示范区应用,效果良好。经专家组全面审核,与会专家一致同意,"棉花塑型剂和打顶剂"通过科技成果评价。

报告编号：

| 2 | 0 | 1 | 8 | 6 | 1 | Z | K | 2 | 6 | 1 | 7 |

科学技术成果评价报告

中科评字〔2018〕第 2617 号

成 果 名 称：棉花塑型剂和打顶剂

成 果 类 型：技术开发类

完 成 单 位：渭南高新区促花王科技有限公司

委 托 评 价 单 位：渭南高新区促花王科技有限公司

委 托 日 期：2018 年 11 月 07 日

评 价 形 式：会议

评 价 机 构：中科合创（北京）科技成果评价中心（盖章）

评价完成日期 2018 年 11 月 14 日

中华人民共和国科学技术部

二〇〇九年制

成果名称		棉花塑型剂和打顶剂				
委托者	名　称	渭南高新区促花王科技有限公司				
	地　址	陕西省渭南市高新区新宇大厦 308 室				
	负责人	怀春计	电话	13891301964	传　真	
	联系人		电话	0913-2105261	邮政编码	714000
	电子信箱	3058131308@qq.com				
评价机构	名　称	中科合创（北京）科技成果评价中心				
	地　址	北京市海淀区四季青路 7 号院阿里云优客工场 3 层				
	负责人	严长春	电话	13901090520	传　真	
	联系人	颜晓婷	电话	18611780904	邮政编码	100089
	电子信箱	yanxiaotingezkhe.org				
委托评价要求方式						
分类加权量化评价方式						
评价基本过程陈述						

1. 由主持人介绍评价委员会专家。
2. 由评价委员会主任介绍会议流程。
3. 由项目方介绍项目具体情况。
4. 专家提问、技术交流。
5. 专家讨论评价综合意见（项目方暂时回避）。
6. 宣读专家意见，至会议结束。

科 技 成 果 简 要 技 术 说 明 及 主 要 技 术 经 济 指 标

（1）成果简介

棉花营养诱导因子（棉花塑型免打顶剂），可迫使棉花顶部营养回流使棉桃发育，弱化顶部优势直至顶尖停止生长，从而达到棉花打顶的效果。本品可有效改善棉田群体冠层通透性，防早衰，增加有效铃重，提高产量，节本增效。

用法用量：每瓶60g纯品加水1 000g，溶化成母液，然后再加入500kg水中充分搅拌溶解后即可喷雾。于初花期坐桃前后喷雾于棉花顶部，连续喷雾3次，每次间隔7~10d。

（2）任务来源

新疆棉花现在已经基本实现了全程机械化种植，最后一道瓶颈就是机采棉的采净率问题，棉花打顶提高坐桃率问题。最传统的方法一直是人工打顶，随着内地来疆的短期工减少，导致用工紧张，成本升高，不仅难以满足15d左右的时间里对大面积地块处理的要求，而且人工漏打率也较高。为了解决人工打顶问题，这几年化控药剂满天飞，对植物的生理系统的正常功能有刺激，同时大面积使用化学元素杀伤植物活细胞，会迫使棉株疯狂无规则旺长，导致棉田密不透风而高温败育，对棉花的纤维品质和产量造成威胁。

（3）应用领域和技术原理

该成果应用于棉花塑型免打顶领域。其技术原理是：棉花营养诱导因子可改变棉株体内营养流向，使棉株塑型株冠，控梢免打顶，增加棉田通透性，促进棉桃发育，增加有效铃重，提高产量和纤维质量。用棉花为主要原料提取的因子微纯品植物元素。替代常规化控农药的化学元素。代替人工打顶。

（4）性能指标

本发明的技术指标：

指标名称	指标
外观	白色粉末
pH值（25℃，0.1%）	7.0~11.0
黏度（20℃）（Pa·s）	≥160
水分（%）	≤2.0
稳定性 $\dfrac{(40\pm2)℃，24h}{(-10\pm2)℃，24h}$	恢复室温，样品正常

本发明的作用机理如下：

该成果棉花营养诱导因子微纯品（棉花塑型免打顶剂），是从棉花体内提炼出来的一种含植物电子的植物元素。这种植物电子可与棉株生长过程中迸发出来的高能电子产生电磁脉冲，诱导棉株内源生长激素回流生殖器官孕育棉桃，达到棉株塑型和控顶效果。

（5）与国内外同类技术比较

经查阅大量文献和资料，我国目前的棉花保桃技术仅有2种，一是人工掐梢或器械打顶，费工费时，造成的伤口会导致病虫害泛滥成灾。二是农药化控，会严重杀伤植株活细胞，降低棉花纤维质量。稍有不慎就会导致药害。

该发明专利成果棉花营养诱导因子（棉花塑型免打顶剂），是用植物元素诱导植株生长塑型免打顶的新技术。经新疆农垦科学院植物保护研究所和石河子植棉大户多年的试验观察：该技术的应用省工省时省钱，不伤害活细胞，不造成伤口，安全卫生无药害，新诞生的棉株塑型技术改变了传统控梢技术导致的棉田密不透风而高温败育现象。棉花纤维品质和投入产出比大大提高。

（6）作用意义

新疆农垦科学院植物保护研究所2018年在科学院1号试验地、145团6分场2连、芳草湖农场以及133团、135团、143团、142家庭农场等8个试验地使用棉花营养诱导因子（棉花塑型免打顶剂），效果进行了大数据采集，结果显示，棉花营养诱导因子（棉花塑型免打顶剂）对棉花长势有一定的促进作用，可增加棉花株高与果枝台数，单株棉花叶片总数也有所增加，相对于人工打顶，有较好的抗早衰作用。而在始节高与单株铃数，二者无较显著差异。对棉株具有塑型作用，其中表现在果枝长度、叶缺深与功能叶面积，喷施棉花营养诱导因子（棉花塑型免打顶剂）后，果枝长度缩短，叶缺深加深，功能叶面积减小，对大田中棉花通风透光有促进作用，可以直接提高棉花产量及质量。对提高棉花产量与品质有良好效果，表现在单铃重、衣分和绒长，喷施棉花营养诱导因子（棉花塑型免打顶剂）后，平均单铃重有所增加，绒长也有显著提高的现象。

（7）推广应用的范围、条件和前景以及存在的问题和改进意见

在试验过程中，由于新疆棉区地域差距大，生态多样。不同地区，植棉户在品种选择、栽培管理、病虫害防控及后期的采摘等方面均存在不同程度的差异，因此，本试验所选择的试验点也均在考虑范围，结果已初步显出了棉花营养诱导因子（棉花塑型免打顶剂），对棉花长势、塑型、产量与品质具有较好的促进作用。但因在实施过程中存在的不可避免的因素而造成的误差，仍需在后续的试验过程中完善弥补。

棉花营养诱导因子（棉花塑型免打顶剂）作为一项新型简化植棉的措施，对新疆棉区棉花全程机械化发展具有重要的现实意义，在进一步明确其技术效果的同时需要综合考虑气候、品种等多个因素，以提高产量和不影响品质为目标，完善配套技术规程，使其早日成为新疆棉花全程机械化的常规措施。

主　要　文　件　和　技　术　资　料　目　录

1. 陕西省化工产品质量监督检验站《检验报告》

2. 发明专利《一种用于改善棉田通透性的棉株塑型助剂及其制备方法》说明书

3. 新疆农垦科学院植物保护研究所《促花王棉花塑型免打顶剂大田示范观察试验报告》

4.《棉花塑型免打顶剂》产品介绍样本

5. 科技查新报告

6.《棉花塑型免打顶剂》企业标准 Q/WNCHW008—2012

7. 棉花营养诱导因子微纯品（棉花塑型免打顶剂）研制报告

8. 经济效益和社会效益分析报告

备注：

专 家 意 见

2018 年 11 月 14 日，中科合创（北京）科技成果评价中心组织专家，对渭南高新区促花王科技有限公司完成的"棉花塑型剂和打顶剂"产品进行会议评价。专家审阅了技术资料，听取了总结报告，经质询、答疑和讨论，形成如下意见：

1. 项目技术资料基本齐全，符合科技成果评价要求。

2. 本项目研发的棉花塑型剂和打顶剂，是采用植物提取物诱导植株生长塑型和免打顶的新产品，主要成分为棉籽粉、棉叶粉、骨粉、碳酸铵等，按一定比例和制备工艺配制，拥有自主知识产权。

3. 该产品无毒、无味，经陕西省化工产品质量监督检验站检测合格，已在新疆农垦科学院安排的 8 个核心示范区应用，效果良好。

建议：进一步加强产学研合作；跟踪试验结果，完善相关科学数据；进一步扩大经济效益。

专家组组长签字：

2018 年 11 月 14 日

组织单位（盖章）：

评价专家名单

姓　名	工作单位	职务/职称	从事专业	签　字
华金平	中国农业大学	教　授	作物遗传育种	华金平
文　学	中国农业科学院科技局	副局长、研究员	科技管理	
陶铁男	北京市农林科学院	研究员	果树学	
林友华	农业部科技发展中心	研究员	植物保护	
赵同科	北京市农林科学院植物营养与资源研究所	研究员	植物营养	
芮昌辉	中国农业科学院植物保护研究所	研究员	农药学	
金　石	教育部科技发展中心	研究员	科技管理	

评 级 机 构 意 见

同意专家意见

代表签字： （盖章）

2018 年 11 月 14 日

评 级 机 构 声 明

　　我单位依据《中华人民共和国科学技术进步法》《中华人民共和国促进科技成果转化法》，严格按照《科学技术评价办法》的有关规定和要求，秉承客观、公正、独立的原则，聘请同行专家对该项科技成果进行了评价。评价结论以客观事实为依据，评价过程不存在任何违反上述有关法律法规规定的情形。

　　我单位承诺对依据委托方提供的技术资料所做出的科技成果评价结论的客观性、真实性和准确性负责，将严格按照上述有关规定和要求，认真履行作为评价机构的义务并承担相应的责任。

　　科技成果评价结论不具有行政效能，仅属咨询性意见。依据评价结论做出的决策行为，其后果由行为决策者承担。

科 技 成 果 完 成 单 位 情 况

序号	完 成 单 位	邮政编码	详 细 通 信 地 址	联系人	联系电话
1	渭南高新区促花王科技有限公司	714000	陕西省渭南市高新区新宇大厦 308 室		0913-2105261

主 要 研 制 人 员 名 单

序号	姓名	性别	出生年月	职务/职称	文化程度	工作单位	对成果创造性贡献
1	怀春计	男	1957年3月4日		大学	渭南高新区促花王科技有限公司	专利发明人

注：主要研制人员超过15人可加附页

兵团财政科技计划项目验收证书

验字 ［2023］21003 号

项　目　名　称：第三师 44 团棉花新品种及高产栽培技术的示范推广
项　目　编　号：2020CB038
项　目　类　别：科技特派员创新创业计划
完　成　单　位：新疆农垦科学院
组织验收报告：新疆农垦科学院科研管理处
验　收　日　期：2023-06-25

新疆生产建设兵团科学技术局
二〇二一年制

基 本 信 息					
完成单位	单位名称	新疆农垦科学院			
	单位性质	科研院所			
	项目负责人	孔新	电话	0993-2696178	
	邮政编码	832000	电子信箱	907742311@qq.com	
	通信地址	新疆石河子乌伊路221农科院小区			
项目推荐单位		新疆农垦科学院科研管理处			
项目起始时间		2020-01-01	项目完成时间	2022-12-31	
成果形式		论文论著、研究（咨询）报告、计算机软件、技术标准、专利			
专利申请（件）		发明	1	实用新型 4	外观设计 0
专利授权（件）		发明	1	实用新型 4	外观设计 0
发表论文（篇）		论文总数	科学引文索引（SCI）		工程索引（EI）
		4	0		0
出版科技著作		2（部）	制定技术标准		1（个）
新产品		0（个）	农业新品种		0（个）
建成新装置		0（套）	新工艺		0（项）
新增产值（万元）		100	新增销售额（万元）		0
新增利税（万元）		0	出口创汇（万元）		0
项目经费总投入（万元）		合计：30	其中兵团拨款（万元）		30

计 划 任 务 书 指 标

　　主要技术指标，通过项目实施：一是为合作社筛选1~2个适宜当地种植优良品种，完成品种技术配套；二是在合作社广泛开展技术集成示范，第一年示范500亩，分3~4个点，第二年示范1 000亩；三是每年为合作社提供3~4次现场技术指导，重点解决生产中出现问题；四是每年进行两次技术培训，一次在冬闲，一次在生产现场培训。培训技术骨干2名，培训植棉户200人次；五是完成撰写论文2篇，研究（咨询）报告1份。主要经济指标，在不增加生产成本情况下，全面提高合作社种植水平，努力实现在现有亩产400kg基础上每亩增加产量20kg以上籽棉，按7元/kg市值算，每亩增收140元。按合作社现有5 000亩棉花算，实现新增经济效益70万元，实现每个合作社成员增收7 000元（合作社102位社员，植棉户不足100人）。选择优良品种，配套栽培技术措施，提高棉花品质，使更多棉花品质能达到"双29"水平，按照棉花优质优价，提高品质这一块，可以实现经济效益进一步扩大。

项目完成情况及主要技术经济指标

1. 筛选出新陆中 61 号、X19075 两个优质棉花品种（系），新陆中 61 具备优质高产潜力，在 44 团 16 连张西田 60 亩地，经专家鉴定验收产量达到 559kg/亩产量水平，品质达到"双 29"。X19075 在 49 团 17 连合作社 325 亩地块实现 500kg/亩以上好成绩，棉花品质达到"双 29"水平。

2. 2020—2022 年三年开展示范面积达到 3 500 亩，其中 2020 年 1 100 亩，2021 年 1200 亩，2022 年 1 200 亩。

3. 推广棉花塑型免人工打顶技术，该项技术主要在 42 团家庭农场开展，3 年累计推广 19 000 亩棉花。

4. 实现合作社 2019 年单产 400kg/亩基础上再增加 20kg/亩以上，达到 420kg/亩以上。按籽棉市场 7 元/kg 算，新增经济效益 70 万元（5 000亩棉花）。

5. 在 44 团 16 连采用干播湿出技术，棉花品种新陆中 61 号，60 亩集中连片实现产量 559kg/亩高产创建。

6. 技术骨干培训 2 名，农科所崔建明、49 团 17 连书记（合作社社长）；集中培训 400 余人，田间现场会培训 350 余人。

7. 撰写论文 4 篇，其中核心期刊论文 2 篇。作为副主编撰写论著 2 部，撰写文字在 5 万字以上；申报发明专利 1 项，授权发明专利 1 项；授权实用新型 4 项；授权软件著作权 1 项；撰写 3 师棉花干播湿出调研报告 1 份；撰写棉花苗期技术规程 1 份。

主要技术文件目录及来源

　　主要指发表的论文、技术标准、专利、新工艺、新产品等，包括名称、编号、技术来源及其他信息：

　　撰写论文4篇，其中核心期刊论文2篇。作为副主编撰写论著2部，撰写文字在5万字以上；申报发明专利2项，授权发明专利1项；授权实用新型4项；授权软件著作权1项；撰写棉花干播湿出调研报告1份；撰写棉花苗期技术规程1份。

项目主要参加人员名单

序号	姓名	性别	出生年月	技术职称级别	学历	工作单位	承担的主要研究任务
1	孔新	男	1967-7	副高级	本科	新疆农垦科学院生物技术研究所	组织实施
2	李有忠	男	1981-6	副高级	研究生	新疆农垦科学院棉花研究所	技术服务，科技培训，试验设计及数据调查分
3	陈兵	男	1979-5	正高级	研究生	新疆农垦科学院棉花研究所	技术服务，科技培训
4	王志军	男	1985-2	中级	研究生	新疆农垦科学院生物技术研究所	试验数据收集整理，撰写文章
5	张力	女	1973-12	副高级	本科	新疆农垦科学院作物研究所	技术示范，数据收集
6	赵曾强	男	1985-2	中级	研究生	新疆农垦科学院棉花研究所	整理数据，撰写专利软著
7	崔建民	男	1991-11	中级	本科	第三师农业科学研究所	技术示范，数据收集
8	张选	女	1984-1	中级	本科	第三师农业科学研究所	数据收集
9	杨志方	男	1988-9	初级	本科	第三师图木舒克 49 团 17 连	技术示范
10	董永梅	女	1980-6	副高级	研究生	新疆农垦科学院棉花研究所	技术服务
11	怀春计	男	1956-3	其他	本科	陕西渭南高新区促花王有限公司	塑型产品研发
12	王国民	男	1969-9	其他	中专高中	第三师图木舒克 42 团	高产示范
13	李荣博	男	1976-10	中级	大专	石河子花园镇洪本农机具修理厂	农机具研发

验收专家组名单

序号	专家组职务	姓名	工作单位	从事专业	职称	签名
1	组长	吕　新	石河子大学	农学	教　授	
2	副组长	谢宗铭	新疆农垦科学院	棉花育种	研究员	
3	组员	李宝坤	石河子大学	农产品加工	教　授	
4	组员	段震宇	新疆农垦科学院	作物学	研究员	
5	组员	刘洪亮	石河子农业科学研究院	农学	研究员	
6	组员	赵　海	石河子农业科学研究院	棉花栽培	研究员	
7	组员	张　静	新疆公信天辰有限责任会计师事务所	经济学	正高级会计师	

验 收 意 见 及 结 论

2023 年 6 月 25 日，受兵团科技局委托，新疆农垦科学院科研管理处组织有关专家对"第三师 44 团棉花新品种及高效栽培技术的示范推广"进行了验收。专家组审阅了相关材料，听取了项目组汇报，经质询答疑和讨论后，形成如下意见：

1. 筛选出新陆中 61 号、X19075 两个优质棉花品种，其中新陆中 61 号在 44 团 16 连示范 60 亩地，产量达到 559kg/亩，累计示范面积达到 3 500亩。

2. 推广棉花塑型免人工打顶技术，该项技术主要在 42 团家庭农场开展，3 年累计推广 19 000 亩棉花，通过科技服务合作社棉花单产由 2019 年 400kg 提升到 430kg。

3. 发表论文 4 篇，参与撰写论著 2 部；授权发明专利 1 项、实用新型 4 项、软件著作权 1 项；撰写棉花于播湿出调研报告 1 份；撰写棉花苗期技术规程 1 份，培训技术骨干 2 名；技术培训 750 余人次。

项目完成了计划任务指标，组织管理规范，资金使用较合理，专家组一致同意通过验收。

行业评议得分：＿＿78＿＿

财务评议得分：＿＿82＿＿

☑通过验收　□需要复议　□不通过验收　□结题

专家组组长：

副组长：

2023 年 6 月 25 日

组织验收单位意见

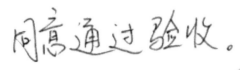

主管领导签字：（盖章）
　年　月　　日

任务委托单位审核意见

主管领导签字：（盖章）
　年　月　　日

第三节　成果证书照片

1. 工业和信息化部科学技术成果登记证书

2. 中国科学家论坛证书